国家出版基金项目
NATIONAL PUBLICATION FOUNDATION

绿色二次电池先进技术丛书

丛书主编 吴 锋

新型二次电池体系与材料

吴川 李雨 吴锋 著

U0233954

NEW SECONDARY
BATTERIES & MATERIALS

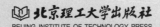

北京理工大学出版社
BEIJING INSTITUTE OF TECHNOLOGY PRESS

图书在版编目（CIP）数据

新型二次电池体系与材料 / 吴川，李雨，吴锋著
. -- 北京：北京理工大学出版社，2022.4
　ISBN 978 - 7 - 5763 - 1304 - 8

Ⅰ. ①新… Ⅱ. ①吴… ②李… ③吴… Ⅲ. ①电池 -
材料 Ⅳ. ①TM911

中国版本图书馆 CIP 数据核字（2022）第 072667 号

出版发行 / 北京理工大学出版社有限责任公司
社　　　址 / 北京市海淀区中关村南大街 5 号
邮　　　编 / 100081
电　　　话 / （010）68914775（总编室）
　　　　　　（010）82562903（教材售后服务热线）
　　　　　　（010）68944723（其他图书服务热线）
网　　　址 / http：//www. bitpress. com. cn
经　　　销 / 全国各地新华书店
印　　　刷 / 三河市华骏印务包装有限公司
开　　　本 / 710 毫米 × 1000 毫米　1/16
印　　　张 / 34
彩　　　插 / 11　　　　　　　　　　　　　　责任编辑 / 徐　宁
字　　　数 / 589 千字　　　　　　　　　　　文案编辑 / 李颖颖
版　　　次 / 2022 年 4 月第 1 版　2022 年 4 月第 1 次印刷　　责任校对 / 周瑞红
定　　　价 / 99.00 元　　　　　　　　　　　责任印制 / 王美丽

前　言

　　电化学技术的起源可追溯至 18 世纪末期，经历过 200 余年的发展，以电池为典型代表的电化学技术已成为社会发展的重要推动力。随着全球能源结构的加速转型，作为新能源变革的核心技术之一，二次电池及其相关技术已在信息家电、能源动力、规模储能等层面发挥了重要作用。研发新型二次电池技术，以提高电池综合性能、降低制造成本、减少对环境的影响和对战略资源的依赖，是符合国家长期发展布局和国民经济增长需求的。

　　目前，锂离子电池作为新能源电动汽车与大规模电化学储能的核心技术，正面临高比能、高功率、高安全、长寿命、低成本等方面（也即"三高一长一低"）的挑战。因此，开发设计高电压三元或富锂锰基正极材料，匹配具有高理论容量的硅基、金属锂等负极材料，结合高电压电解液，来构建新型高性能电池体系，已成为重要的研究方向。在此基础上，采用固态与准固态电解质替代传统有机液态电解质，有望进一步改善电池的安全性并突破能量密度的局限。以钠离子电池、钾离子电池为代表的新型碱金属离子电池，因资源较为丰富、具有潜在的成本优势，也同样迎来巨大的发展机遇。其中，钠离子电池正朝着商业化的方向迈进，目前国内已有数十家企业相继投入钠离子电池产业链的规划布局中。此外，在构筑新型电池体系的历程中，研究人员从电化学反应机制出发，发展多价金属离子作为电荷载体的二次电池体系（铝离子电池、锌离子电池、镁离子电池等）。新型二次电池的创新，逐渐发展为兼顾"新材料 – 新体系"的整体创新，电池活性材料及反应体系的选择范围进一步拓展：

以空气中的氧气、二氧化碳等气体成分为活性材料的金属？气体电池，以具有多电子反应机制的硫作为电极材料的金属？硫电池，具有多载流子协同作用机理的混合离子电池等体系，也引起了广泛的研发兴趣。

本书重点围绕新型二次电池体系的研究进展，从基础研究、实际应用等多个角度分别对以锂离子、钠离子、钾离子为主要电荷载体的碱金属离子电池，具有多电子反应体系的多价金属离子电池，金属气体电池，金属硫电池，混合离子电池等体系的反应机理、关键材料、研究瓶颈及发展策略等进行了系统性的阐述。此外，本书也针对涉及电池材料体系设计的理论模拟计算方法进行了介绍，并着眼于绿色电池未来的产业化发展与应用前景进行了总结和讨论。

本书在撰写过程中得到了北京理工大学白莹教授、赵然博士后等人的帮助；著者的研究生们在文献资料收集、图表编制、数据整理及编撰校稿等方面做出了诸多细致的工作，他们分别是：郭瑞琪、李树强、张安祺、龙博、郑路敏、钟玉茜、韩晓敏、王子路、李莹、张锟等。在此，特地向所有为本书付出辛勤劳动的老师和学生致以真诚的感谢。

在本书出版之际，由衷地感谢国家 973 计划、国家重点研发计划和国家自然科学基金对相关研究长期以来的大力资助与支持。同时，也要感谢北京理工大学出版社和编辑们在本书出版过程中给予的有力帮助。

本书可用于相关专业研究生的教材，也可供从事新型二次电池研究的研究人员参考。新型二次电池体系涉及的科学概念和理论知识非常广泛，包括但不限于材料、物理、化学、机械、电子、信息、计算等诸多学科，相关领域的科学理论等仍处于蓬勃发展的阶段。本书编者水平有限，难免有所缺漏与不足之处，敬请专家和广大读者批评指正。

目　录

第 1 章

绪　论

本章首先对电池的起源以及主要二次电池体系的发展历程进行了系统的回顾。同时，本章也对二次电池中电化学方面的理论知识基础进行了概述，使读者能够对现今二次电池行业产生基本认知。在此基础上，本章进一步地对目前电池体系的行业发展现状及主要需求进行了简要的说明，并深度剖析了二次电池行业发展的关键影响因素。最后，本章也为读者总结了二次电池体系的几个主要未来发展方向，以便于读者在后续相关章节的学习中提前掌握基本知识要领。本章要求读者了解电池的起源与发展历程，掌握二次电池中涉及的电化学相关基础知识概念，并熟悉了解二次电池新体系的各个主要方向。

1.1　电池的起源与发展

　　"能源"是人类社会发展历程中的永恒命题。回顾现代社会的发展史，可以发现，无论是以煤炭为主要能源、蒸汽机提供动力基础的第一次工业革命，还是以石油为主要能源、内燃机提供动力基础的第二次工业革命，几乎每一次社会发展的重大变革都伴随着能源形式的转变以及能源革命的兴起。如今，在全球能源结构转型不断加速的阶段，传统的能源体系逐渐被新型能源体系所取代，一场新的能源革命已经到来。而在这场决定未来世界发展的革命浪潮之中，中国也发挥出了极大的推动作用，在能源革命中占据着举足轻重的地位。

　　自 18 世纪 60 年代的第一次工业革命以来，人们便开始对化石能源的大规模开发使用，整个社会的生产力也得到了极大的提升。直到今天，化石燃料所提供的能源仍然在社会生产中占据着很大的比例。然而，随着信息技术革命（第三次工业革命）的开展，人们的科技水平与经济实力日益增长，整个社会对于能源的需求也达到一个空前的高度。而经过数个世纪的开采，地球现有的化石燃料已经很难长久地继续支撑大规模的能源消耗。同时，化石燃料的过度燃烧也带来了一系列不容忽视的生态环境问题，如气候变暖、大气污染、极端天气等。因此，为了顺应发展需求，更好地融入工业 4.0（第四次工业革命）的时代浪潮，必须加快全球范围的能源结构转型，大力开发以风能、潮汐能、太阳能、地热能、生物质能以及核能为主要代表的可再生新能源体系来逐步代替传统化石燃料能源。正如之前提到的，中国在世界能源转型方面起到了良好的带头作用。国家能源局公布的数据显示，截至 2021 年 10 月，我国可再生能源发电的累计装机容量首次突破 10 亿千瓦大关，达到 10.02 亿千瓦，对比 2015 年实现翻倍增长，占全国发电总装机容量的比重也达到 43.5%，相比 2015 年提高了 10.2 个百分点。其中，水电、风电、太阳能发电和生物质发电装机分别达到 3.85 亿 kW、2.99 亿 kW、2.82 亿 kW 和 3 534 万 kW，各项指标均持续保持世界第一。我国也相应提出构建"双碳"（力争在 2030 年前实现碳达峰，2060 年前实现碳中和）的重大目标。由此可见，推动可再生能源的发展具有极其重要的现实意义与战略意义。然而，受到自然条件本身特点的影响，可再生能源的发电过程往往具有瞬时性、波动性以及不稳定性的缺陷，直接进行电能输出会给电网的正常运行带来一定的冲击，同时也伴随着比较大的电量损耗。为了增加可再生能源供应的安全性、可持续性以及低耗性，必须建立高效稳定的能量存储与转化体系。

新能源革命得以顺利开展的关键在于储能技术水平的提高。目前的能源存储技术主要包括物理机械储能、电磁储能、化学储能以及电化学储能等方面。其中，电化学储能具有能量密度高、响应速度快、工作效率高的特点，在过去几十年间取得了不错的发展。同时，电化学储能也符合清洁能源的发展方向。电化学储能主要是通过化学反应进行电池正负极之间的充放电来实现能量的转换，在使用寿命、转换效率等方面具有优势。此外，电化学储能的开发与维护成本较低，符合可持续发展的战略方针。以二次电池为代表的电化学储能体系具有模块化的特点，在电子设备、动力汽车、国防军工电源系统以及大规模储能电站等领域均具有较高的应用价值。目前市场上所应用的电化学储能体系主要包括铅酸电池、镍镉/镍氢电池、高温钠硫电池、液流电池、锂离子电池（lithium - ion batteries，LIBs）等。然而，随着对电能需求水平的不断提升，现有的几种电池体系都表现出一定程度的局限性。即使是目前应用最为广泛的锂离子电池，也受到锂资源储量低及其他因素的限制，出现发展上的瓶颈。而随着科技水平的进步以及电池相关研究的不断深入，人们逐渐探索出多种具有潜在优势的电池新体系。同时，针对现有的锂离子电池等体系也构建出了新的技术路线。为了在新能源革命大格局下充分发挥电化学储能体系的技术优势，有必要对电池新体系与技术路线进行总结。在此，首先对电池的起源与发展历程进行回顾与分析。

1.1.1 电池的诞生

"当你回首看得越远，你向前看得也会越远。"正如英国首相温斯顿·丘吉尔所说，通过对电池的历史进行回顾，更有利于带来关于电池未来发展的启迪与感悟。电池出现的根本是来源于人们对于获取稳定的电流的需求，而电池则来源于一场偶然的生物解剖实验。

1780 年，意大利生物学家伽伐尼在一次青蛙解剖实验中偶然发现，当用两手分别拿着不同的金属器械来触碰青蛙腿部时，青蛙的腿部肌肉会发生抽搐，而只用一种金属器械触碰时，青蛙的腿部肌肉却不会发生抽搐。针对该有趣的现象，伽伐尼又进行了多种不同条件下的类似实验。经过进一步的推理，伽伐尼将此现象的驱动力归因于生物体内部产生的一种"生物电"。同时，伽伐尼对"生物电"的产生机制进行了解释，即将神经和肌肉与两种不同的金属接触，再使两种金属相接触，便会从神经传到肌肉的特殊的电流质中激发出电。

尽管经过后续研究人员的验证，该解释并不正确，但伽伐尼的发现在当时引起了研究者们对于探索电流产生原因的极大兴趣。其中，最为典型的工作当属意大利物理学家亚历山德罗·伏特关于"伏特电堆"的设计发明。伏特针对伽伐尼的观点提出了自己的质疑，认为青蛙肌肉所产生的电流很大程度上是由于体内的某种液体所致。为了进一步论证自己的观点，伏特将不同的金属片浸渍在各种溶液中进行试验。最终发现，一旦在两种金属片中有一种能够与溶液发生化学反应，金属片之间就能产生电流。1800 年，伏特将锌板与银板同时浸渍在盐水中，并以导线将两种金属连接，发现有电流通过。在此基础上，他进一步将多块锌片与银片堆叠，并在金属间隙之间垫上浸透盐水的绒布或纸片，当用手触摸金属堆两端时，会感受到强烈的电流刺激。利用此方法，伏特成功制成了世界上第一个电源装置——"伏特电堆"。"伏特电堆"是世界上首个可以提供稳定电流的化学电池。为了纪念该伟大成就，科学界也将"伏特"作为电压单位的命名。

1.1.2　电池的发展历程

"伏特电堆"的成功发明标志着电化学时代的开启。19 世纪初期，许多研究人员针对"伏特电堆"进行了改良，发明了许多新的电池体系。1836 年，英国的丹尼尔将 Zn、Cu 分别置于 $ZnSO_4$ 及 $CuSO_4$ 溶液中，并用盐桥或离子膜等方法将两电解质（electrolyte）溶液连接，以此构建出第一种实用性电池，即"丹尼尔电池"。1842 年，德国物理学家罗伯特·威廉·本生制作了"本生电池"，该电池使用碳棒和锌做阴极和阳极，使用硝酸和稀硫酸分别作为电解质溶液。

针对"伏特电堆"而改进的早期电池体系在铁路交通信号灯领域表现出一定的应用价值。然而，此类电池都需在金属板之间灌装液体，在运输过程中极为不便，尤其是许多电池体系会采用硫酸作为电解质，在制造及搬运过程中也存在一定的安全风险。因此，人们迫切需要可以便携使用的电池体系。在此背景下，"干电池"逐渐发展起来。1866 年，法国的乔治·勒克朗谢发明了酸性锌锰电池的原型，该电池也被称为"勒克朗谢电池"。其外壳是由锌筒作为负极，电池中心是作为正极导电材料的石墨棒，正极区为围绕石墨棒的粉状 MnO_2 和炭粉，负极区为糊状的 $ZnCl_2$ 和 NH_4Cl 混合物。采用黏着的糊状电解质来替代潮湿水性电解质，使电池的制造过程更为便利。"勒克朗谢电池"为"干电池"的诞生提供了基础，是电池发展史上的一个重大的转折。1888 年，盖斯南将淀粉加入锌锰电池的电解质 NH_4Cl 中，制成糨糊状。从此锌锰电池就正式成为"干电池"，该类型的电池也逐渐应用到广大人民的生活之中。随着时代的发展，普通的锌锰电池已难以满足人们的需求。直到 20 世纪 50 年代左右，德国埃贝尔公司研制出商用的碱性锌锰电池，使电池性能成倍地提高。碱性电池的结构与酸性电池完全相反，电池的中心是锌粉与凝胶碱液调制成的锌膏作为负极，外层则为 MnO_2 正极并与 KOH 或 NaOH 等碱性的电解质混合，最外壳层是钢筒。碱性锌锰电池克服了酸性电池存放时间短和电压不稳定的缺点，不仅具有更高的容量，还适用于大电流连续放电，具有优良的低温性能、储存性能和防漏性能。尽管碱性锌锰电池在前期的发展中存在含汞量过大等环境问题，但随着科技的进步，其逐步实现了低汞化和无汞化。目前的碱性锌锰电池已经可以应用于大功率电子器件所需的设备电源，具有十分高的实用价值。

干电池发展到如今已经形成了一个庞大的家族。目前的干电池种类繁多，其中锌锰电池是目前全球产量最大、应用最广的干电池体系。尽管干电池使用便利、合成工艺简单且价格低廉，但由于其属于一次电池的范畴，一旦放电完之后便只能舍弃，无法继续使用。此外，废弃后的干电池也极易造成金属原料浪费以及环境污染的问题。因此，大力发展可多次充放电循环、反复使用的二次电池（也称蓄电池或可充电电池）成为时代发展的主流。

二次电池的历史可追溯至 1803 年。当时的德国化学家里特认为电流的来源与化学作用有关。里特发现当用两根铂丝放入水中并通以电流时，在铂丝上会分别出现氢气和氧气。而一旦将铂丝与电源切断，再用导线相互连接之后，两根铂丝仍然会作为电源的两极，并在短时间内使整个电路有电流通过，但方向却与原电流相反。基于此现象，里特发明了最早的二次电池。与同一时期的"伏特电堆"中的金属对不同，该电池只含有一种金属。里特用原电池给该电池充电，一段时间后撤去原电池，在电池两极之间接上一段铁丝，铁丝很快会被烧红，该电池就具有了可以反复使用的电性能。里特的发现正式开启了二次电池发展的大门。1859 年，法国科学家 Gaston · Planté 发现利用直流电通过浸在稀硫酸中的两块铅板时能够在铅板上重复地产生电动势。基于此原理，Planté 成功地发明了世界上第一款可以实际应用的铅酸蓄电池。该蓄电池是将铅板电极（electrode）浸渍在含有硫酸溶液的玻璃容器中。当电池使用一段时间导致电压下降时，可以通以反向电流，使电压回升，赋予其可以反复充电使用的特性。铅酸蓄电池在汽车等大型用电设备中得以广泛应用，Planté 也因此被称为"现代蓄电池之父"。铅酸蓄电池的成功普及，也开启了二次电池为主导的电化学时代。

铅酸电池具有价格低廉、原料易得和适于大电流放电等优势，同时也存在一些不可忽视的缺陷，如能量密度低、体积与质量较大且难以压缩、硫酸电解质易造成环境危害等。此类固有特性使铅酸电池只能应用于一些大型的动力耗电设备。而随着电子信息技术相关行业的发展，对于电能的需求也使电池向便携化、轻量化、高能量密度等方向发展。1899 年，瑞典人 Waldmar Jungner 首先使用了镍极板，并成功设计出镍镉电池，为现代电子科技的发展提供了能源基础。镍镉电池的正负极分别是镍和镉金属，电解质为 KOH 溶液。1947 年，美国的 Georg Neumann 设计了一种重复利用电池内部镍镉金属的制造工艺，使具有同样镍镉用量的电池寿命大幅延长，镍镉电池也开始大量走向市场。由于具有较好的耐过充能力，镍镉电池在小型电子设备中曾风靡一时。但由于存在严重的"记忆效应"问题，镍镉电池逐渐被镍氢电池所替代。镍氢电池分别采用 Ni（OH）$_2$ 和金属氧化物做正负极材料，电解质同样选用 KOH 溶液。首先由美国于 20 世纪 70 年代研制出高压镍氢电池，并将其成功应用在卫星等航天设备中。高压镍氢电池具有能量高、寿命长、耐过充电以及可通过氢压来指示电池的荷电状态等优点。但其成本过于昂贵，普通民众难以负担。高压镍氢电池也大多应用于国家大型军工及航空航天的电源设备之中。20 世纪 70 年代中期，适合民众使用的低压镍氢电池开始走向市场，低压镍氢电池能量密度高，可快速充放电，低温性能良好，耐过充放电能力强，主要应用在通信等民用电子设备电源之中，相关产品主要来自日、美、德等国家。而对于我国而言，在 863 计划"镍氢电池产业化"项目的推动下，我国的镍氢电池及相关材料产业实现了从无到有、赶超世界先进水平的奋斗目标。我国的科研机构和公司跨界携手合作，依靠自己的力量完成了镍氢电池中试生产示范线的全套生产工艺及相应技术装备的开发，先后在广东、辽宁、天津等地建立镍氢电池的中试基地、产业化示范基地和一批相关材料的生产基地。客观来讲，镍氢电池体系也存在一些不可忽视的缺陷，如电池的热效应、充电效率低以及自放电较为严重、提炼成本高、回收困难等。

电池化学储能发展史上的一次伟大的飞跃是锂离子电池的诞生。20 世纪 70 年代，以 Whittingham 为代表的研究人员发现锂离子可以在 TiS$_2$ 等化合物的晶格中嵌入或脱出的行为机制，由此奠定了锂离子电池工作原理的基础。该团队也研制出了首个电压可达 2 V 的 Li/TiS$_2$ 电池。1980 年，美国固体物理学家 Goodenough 团队发现了具有更高能量密度的 LiCoO$_2$ 等一系列正极材料，进一步拓宽了锂离子电池的工作电压并使电池容量得以提升。几乎在同一时期，日本的 Yoshino 团队开发设计了以碳材料为主的负极材料，并正式构建了匹配 LiCoO$_2$ 正极的锂离子电池体系。以上三人也因为在锂离子电池上所做出的主要成就而共享 2019 年诺贝尔化学奖。锂离子电池的商业化最早是由日本索尼公司于 1990 年实现。该公司采用高电位的 LiCoO$_2$ 以及能使锂离子自由脱嵌的石油焦炭材料分别作为正负极，同时匹配以能与正负极相容的 LiPF$_6$ 体系的电解质，正式推出实用化的新型锂二次电池，即锂离子电池。1996 年，Padhi 和 Goodenough 等发现了更具安全性的磷酸铁锂（$LiFePO_4$）正极材料，锂离子电池体系得以更进一步优化，可以实现快速充放电。锂离子电池也一跃成为动力电源的首要选择。与其他电池相比，锂离子电池具有工作电压高、体积小、质量轻、能量高、无记忆效应、无污染、自放电小、循环寿命长等优点。锂离子电池一经问世，就在便携式电子产品等领域取得了广泛的应用，逐步取代了之前的电池体系，从而极大地改变了人们对于电子产品的消费观念。时至今日，锂离子电池仍是电子数码等产品的主要电源器件，同时在动力汽车、能源存储等领域推广并逐步占据主导地位。许多科技工作者和企业都在努力发展关于锂离子电池的材料制备、电池组装及充电站等相关技术，不断致力于进一步提高电池的安全性、降低成本，开发新产品，将市场范围扩大至电子医疗、智能机器人、特种军备、军事及航空航天等更为广阔的领域。

回顾电池体系的发展历程（图 1.1），可以总结出电池行业发展历程中的三大主要趋势：一是电池体系向绿色化、环保化方向发展，以锂离子电池、镍氢电池为代表的绿色电池成为目前消费的主流；二是由一次电池向二次电池转化，发展可重复使用的高性能二次电池更符合可持续发展的战略方针；三是电池设备进一步地向更小、更轻、更薄的方向发展。在目前已有的商品化电池体系中，锂离子电池具有最高的质量比能量与体积比能量，且基本做到对环境无污染，特别是近年来开发的聚合物锂离子电池，可以实现可充电电池的薄形化，符合电池行业发展的特点，因此在许多国家中表现出逐步增长的应用态

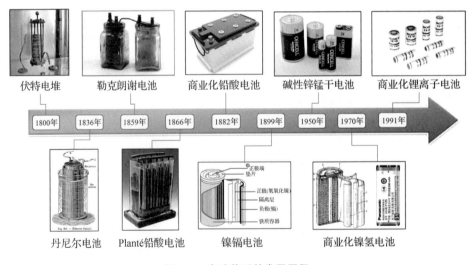

图 1.1　电池体系的发展历程

势。而随着能源消费市场的不断扩展，对于电池的需求也向更高能量密度以及更高安全性的方向迈进。

1.1.3 电池的理论基础

电池体系的不断发展归根结底是得益于电化学等相关理论的建立与不断完善。电化学是有关电与化学变化关系的一个跨多领域的交叉学科。"电化学"最初的定义是"研究物质的化学性质或化学反应与电的关系的一种科学"。而电池所起到的作用正是将电与化学反应相互联系起来，因此，电化学在大多数情况下也可以代表"电池的科学"。如今，"电化学"拥有更为准确的定义，即"研究两类导体形成的带电界面现象及其上所发生的变化的科学"，电化学也发展出多个分支。本节将主要介绍电池体系中涉及的电化学理论基础，并进一步对电池中的基础知识概念进行总结。

1. 电化学系统的基本构成

对于一个完整的电化学系统，主要包含由电解质隔离开并通过外部电子导体连接的两个电极。离子通过电解质在电极之间传输，并且通过流过外部导体的电子形成完整电路。

电极，指电子在其中可自由移动的一类材料。电极可以是金属或其他电子导体，如碳、合金、金属间化合物、过渡金属硫属元素化物等材料。

电解质，是离子导体，指离子能在其中自由移动，而电子的移动受阻隔的材料。

电化学电池的关键特征在于两个电极之间的电子传输只能通过外电路进行，电子被电解质隔开，电解质允许离子移动但阻挡电子的移动。

2. 电化学反应的主要特征

电化学反应区别于普通化学反应（特指氧化还原反应）的最主要特征在于，在普通的化学反应中，还原和氧化都在相同的位置发生。而在电化学反应中，氧化与还原反应是分别发生在两个电极之上的，即氧化与还原在空间上是分离的。因此，一个完整的氧化还原反应被分成两部分，在电池中对应两个半电池（half cell）。其反应的速率可以利用外部电源改变电势差来进行调控。此外，电化学反应一般是非均相的，主要发生在电解质和电极之间的界面处。

3. 电化学反应所遵循的基本规则

电化学反应所遵循的基本规则是电荷守恒和法拉第定律。

尽管半电池反应发生在不同的电极上，但反应的进行仍必须满足电荷守恒和电中性原理。由于电荷彼此之间的空间分离是极为困难的，因而电荷以连续不断的电流的形式进行传输，离开一个电极的所有电流必须进入另一个电极。在电极和电解质之间的界面处，电流仍然保持连续，但带电物质的特性由电子转变为离子。在电解质中，电中性要求阴离子与阳离子的电荷数量相同。

法拉第定律将反应速度与电流联系起来。该定律表明在电化学反应中某种产物的生成速率与电流成正比，产生的总质量与电荷量和物质的摩尔质量的乘积成正比：

$$m_i = -\frac{s_i M_i I t}{nF} \tag{1.1}$$

其中，m 是通过化学计量系数为 s 的反应生成的物质 i 的质量，转移电子数为 n；M 为 i 的摩尔质量；F 代表法拉第常数（96 487 C·mol^{-1}）；电流 I 与时间 t 的乘积代表通过的电荷总量。

上述内容为电池反应体系所涉及的最为基础的电化学理论，接下来，以锂离子电池为例，为读者系统地介绍有关电池的基础知识，主要包括电池的工作原理、概念术语及常规的测试技术等方面。

正如之前所述，电池是一种能量转化与储存的装置，有一次电池与二次电池之分，二者产生区别的最主要原因在于活性物质的不同。二次电池的活性物质可逆，而一次电池的活性物质并不可逆。此外，一次电池的自放电相对较小，但内阻却远比二次电池要大，导致其负载能力较低。作为二次电池中的典型代表，锂离子电池主要是由正极片、负极片、电解质（以有机电解质为主）、隔膜、引线、绝缘材料以及外包装构成。锂离子电池的工作原理是基于 M. Armand 所提出的"摇椅式电池"的工作机制。所谓的"摇椅式电池"，其工作机制是金属阳离子在特定的电势下，在宿主材料体系（主要指电池正负极材料）之间进行可逆的嵌入和脱出的定向迁移过程，可以用式（1.2）~式（1.4）表示（以 LiCoO$_2$ 作为正极材料，石墨为负极材料，正向代表充电时发生的反应，逆向则相反）：

正极反应：$\qquad LiCoO_2 \leftrightarrows Li_{1-x}CoO_2 + xLi^+ + xe^- \tag{1.2}$

负极反应：$\qquad 6C + xLi^+ + xe^- \leftrightarrows Li_xC_6 \tag{1.3}$

电池总反应：$\qquad LiCoO_2 + 6C \leftrightarrows Li_{1-x}CoO_2 + Li_xC_6 \tag{1.4}$

具体而言，如图 1.2 所示，在充电过程中，锂离子首先从正极材料中脱出，经过电解质嵌入负极材料中，完成充电反应。为了保持电荷平衡，电子在外电路从正极流向负极。放电过程则与之相反。

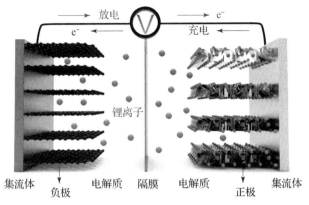

图 1.2　锂离子电池充放电反应机理示意图

4. 电池体系中涉及的相关概念及基本术语

（1）电池容量：电池容量是指电池能输出的电量，有理论容量、额定容量和实际容量之分，单位有 A·h、mA·h 等。电池的理论容量是将活性物质的质量按照法拉第定律计算得到的最高理论值。通常选用比容量的概念，即单位质量或单位体积电池的理论电量，单位为 A·h·kg^{-1}（mA·h·g^{-1}）或 A·h·L^{-1}（mA·h·cm^{-3}）。电池的额定容量是指保证电池在一定的放电条件下，应该放出最低限度的电量。电池的实际容量是指电池在一定的放电条件下所放出的实际电量，主要受放电倍率和温度的影响。

（2）电池电压：电池电压有开路电压、工作电压及标称电压之分。开路电压是指电池在非工作状态下即电路无电流流过时，电池正负极之间的电势差。工作电压又称端电压，是指电池在工作状态下即电路中有电流流过时电池正负极之间的电势差。标称电压指的是在正常工作过程中表现出来的电压。

（3）电池内阻：电池内阻指电流通过电池内部时所受的阻力，内阻所带来的影响是使电池的电压降低、放电时间缩短。内阻大小主要受电池的材料、制造工艺、电池结构等因素的影响，是衡量电池性能的一个重要参数。电池内阻由欧姆内阻与极化内阻两部分组成。

（4）电池的循环寿命：电池在完全充电后完全放电，循环进行，直至容量衰减为初始容量的 80%，此时电池的循环次数即为电池的循环寿命。电池的循环寿命与电池的充放电条件及所处的环境有关。

（5）充放电倍率：充放电的电流大小通常以充放电倍率（C）来表示。规定额定容量为 1 000 mA·h 的电池以 100 mA 的电流充放电时，其充放电倍率为 0.1 C。

（6）电池的自放电：电池按标准完全充电后，常温放置一个月，然后用 1 C 放电至 3.0 V，此时电池的容量与初始容量之比即为电池的自放电率。电池的自放电与电池放置的环境有关，其自放电率的大小与电池内阻结构及材料有关。

5. 电池体系中涉及的相关测试技术

由于锂离子电池在充放电过程中会涉及多个电化学反应过程，影响电极材料的结构形貌和电池性能，因此，必须通过一系列电化学测试技术对锂离子电池中存在的反应过程和循环性能进行分析表征。鉴于电化学测试技术的快速进步和数据分析方法的不断完善，本节主要对循环伏安法（cyclic voltammetry，CV）、电化学阻抗（electrochemical impedance spectroscopy，EIS）和充放电测试（charge and discharge test）等基础电化学测试技术展开介绍，主要概述相关电化学技术的测试原理，以下测试方法同样适用其他体系的二次电池。

1）循环伏安法

循环伏安法是电池等电化学相关工作者普遍使用的一种分析测试方法。该方法是通过在一定的区间内，将一个线性变化电压（等斜率电压）施加在一个电极上，并以一定的扫描速率往复扫描，记录电流随电势的变化，得到循环伏安曲线。一般的扫描区域控制在静置电位的 ±3~5 V 范围内，大多数电极反应都发生在该电位区域。在曲线中，每一个氧化或还原过程都会对应一个电流峰。因此，通过循环伏安法可以在比较宽的电势范围内了解电化学反应的电极反应过程和可逆性，推断反应机理。此外，循环伏安法还可以进一步研究电池中的离子扩散系数和赝电容效应等。

2）电化学阻抗技术

锂离子电池的充放电容量、循环稳定性能和倍率性能等重要参数均与锂离子在电极材料中的嵌入/脱出等过程密切相关，而该过程可以从电化学阻抗谱的测试和分析中进行解析。通过测试设备（电化学工作站）对电极输入扰动信号，得到相应的输出信号，把电极发生的反应过程等同于电阻与电容串、并联组成的简单电路，根据得到的电化学阻抗谱图确定等效电路或数学模型，与其他方法结合，可推测电池中包含的动力学过程及其机理。一般使用小幅度的正弦波来对电极进行极化，不会引起表面状态变化，扰动与体系的响应会呈现出近似线性的关系，不同速率的过程会在频率域有所区分。因而电化学阻抗技术能比其他常规的电化学方法得到更多的电极过程动力学信息和电极界面结构信息。锂离子电池典型的 EIS 谱图主要由 4 部分组成：①高频区域：与锂离子通过活性材料颗粒表面固态电解质膜（solid electrolyte interphase，SEI）扩散迁移相关的半圆；②中高频区域：与电子在活性材料颗粒内部的输运有关的半圆；③中频区域：与电荷传递过程有关的半圆；④低频区域：与锂离子在活性材料颗粒内部的固体扩散过程相关的一条斜线。

3）充放电测试技术

在新能源汽车和消费类电子产品领域涉及的锂离子电池的开发过程中，全方位地测试评价锂离子电池的能力至关重要。因此，必须对锂离子电池测试方法的规范化和全面化建立更为严格的要求。充放电测试技术作为最为直接和普遍的测试分析方法，可以对材料的容量、库仑效率、过电位、倍率性能、循环寿命、高低温性能等多种特性进行测试。

当前所使用的充放电测试仪器都具备比较全面的测试功能，可以做到多通道共同充放电测试。充放电测试仪器的主要工作是充电和放电两个过程。对于锂离子电池而言，选择好的充放电方法不仅可以延长锂离子电池的生命周期，还能提高电池的利用率。一般的扣式电池的充放电模式主要包括恒流充电法、恒压充电法、恒流放电法、恒阻放电法、混合式充放电以及阶跃式等不同模式充放电。实验室中对锂离子等扣式电池的充放电测试主要包括充放电长循环测试、倍率充放电测试以及高低温充放电测试等。

循环伏安、电化学阻抗和电池充放电等测试技术在锂离子等电池体系的研究中得到了广泛应用。通过分析循环伏安曲线可获得电极材料的氧化还原反应电位、离子扩散系数、赝电容等信息；对电化学阻抗进行拟合可得到电解质阻抗、电极/电解质界面阻抗等信息；通过电池充放电测试可获得电池容量、充放电平台等信息。上述测试信息对于研究电极反应过程、电池性能衰退机理都具有重要意义。

需要注意的是，尽管电化学测试技术的测试原理基本相同，但是测试仪器、测试方法和分析方法的不同会对数据造成很大影响。因此，必须制定并规范测试标准，建立健全测试和分析方法，以获取真实可靠的数据。此外，还应进一步完善原位测试技术，以便实时动态地观察电池在不同工作状态下的信息，深刻分析电化学反应机理。而为了深入研究电池的性能衰退等机制，除了采用电化学测试技术，还应联合其他的物理化学表征手段，揭示电化学信息与材料组成、结构、形貌等之间的内在关系。毫无疑问，建立一个针对不同电池体系，涵盖电池关键材料、电池理化和电化学等信息的大数据库，必将有效指导电池的研究与开发，在当前储能技术和大数据技术快速发展的时期，此类工作也愈发显得必要。

|1.2 电池新体系简介|

1.2.1 电池行业的现状及发展需求

实现碳达峰、碳中和，努力构建清洁低碳、安全高效的能源体系，是国家的一项重大决策部署，也是应对当今世界普遍存在的能源与环境问题的最有效的手段。电池作为能源体系中最为重要的基本环节，在如今的能源革命新时代，也被赋予了新的发展使命。

21世纪的电池具有大容量、高功率、长寿命、无污染、安全可靠、轻便的特点，是高科技、高产出、高利润产品，被国内外专家称为21世纪十大高科技之一。电池也是我国具有综合优势的传统产业，中国既是电池生产大国，也是电池消费大国，近年来，中国电池行业发展迅速，已逐渐发展成为世界电池生产、加工和贸易中心。以锂离子电池为例，据统计，2016—2020年，我国的锂离子电池复合装机增速为105%。尤其是在2020年全球新冠肺炎疫情的影响下，我国积极应对并出台相应的刺激消费政策，使锂离子电池的产量呈现出加速增长的态势。2020年，我国累计锂离子电池产量达到188.5亿，同比增长19.9%，较2019年提升近7.5个百分点。按容量计算，2020年我国锂离子电池产量148.0 GW·h，同比增长19.2%，其中动力电池产量83.4 GW·h（三元电池产量累计48.5 GW·h，磷酸铁锂电池累计34.6 GW·h），消费型电池产量56.2 GW·h，锂离子电池相关产业规模达到1 980亿元。同时，在进出口贸易方面，贸易顺差持续高速增长，据海关统计，2020年锂离子电池出口22.2亿，出口贸易金额159.4亿美元，保持较快增长势头。同时，进口数量与进口金额持续下滑，贸易顺差扩大至124.0亿美元。锂离子电池主要出口面向亚洲、欧洲以及北美市场。其中亚洲仍然为主要出口地区，出口额为78.0亿美元，占总额比重48.9%。欧洲占出口总额比重达到29.2%，金额达到46.5亿美元，同比增长高达40.9%，对北美洲出口额达到25.7亿美元，同比增长31.8%，对欧洲与北美洲的出口高增速主要是由于相应地区新能源市场对动力电池的需求增长，从而拉动了我国锂离子电池的对外出口。

而纵观全球市场，锂离子电池的产业发展也一路高歌猛进。2020年全球锂离子电池总出货量达到294.5 GW·h，市场规模约为535亿美元，同比增长19%。全球锂离子电池市场结构加快调整。其中，新能源汽车市场高速增长，导致动力电池增速显著提升，占比增长明显，电动汽车类锂离子电池市场占比达到 53.7%，首次突破 50%。消费类电池市场平稳过渡，合计占比约为 32.8%。而随着锂离子电池在储能电站、5G 基站等领域的不断渗透，储能市场占比达到 6.4%，较 2019 年增长 1.3 个百分点。储能电池发展潜力巨大，但由于成本、技术、政策等原因仍处于市场导入阶段，相对于动力电池增长滞后。未来随着技术逐渐成熟、成本的逐步下降，储能市场也将有望成为拉动锂电池消费的另一增长点。从锂电池市场格局来看，中国、日本和韩国形成了三足鼎立的局面，生产的锂电池占全球产量的 90% 以上。其中，韩国企业快速增长，产量逐步接近我国；日本企业逐步下滑，差距逐渐拉大。欧盟方面也在全面加强布局，并试图构建本土供应链体系。随着全球经济复苏、下游市场需求的释放，预计全球电池行业将持续回暖。同时，电池企业也在逐渐重视回收体系。扩大再生资源的利用效率，通过将废旧锂离子电池中的镍、钴、锰、锂等金属进行循环利用，生产锂离子电池正极材料，使镍、钴、锰、锂资源在电池产业中实现循环，是规避原生矿产短缺及价格波动风险，实现经济可持续发展的有效途径。目前电池回收行业规范仍处于起始阶段，随着动力电池报废规模逐步增长、动力电池回收规则明确、回收渠道规范、动力电池拆解回收技术进步，锂电池梯次利用和报废回收的规模将逐年扩大。

综上可以看出，面对新能源技术的飞速发展，以锂离子电池为代表的电池行业在全球范围内掀起了新的浪潮。然而，尽管现有的电池体系已经在移动电子设备、固定电源和小型电动工具中取得成功的应用，但随着新型便携式通信、电动汽车和储能电站等领域的市场需求规模不断扩大，在面向储能动力电池乃至大规模储能电站的应用方面仍然表现得捉襟见肘。现有的传统电池体系或多或少都存在各自的技术瓶颈，主要表现在以下几个层面。

一方面，电池能量密度难以实现质的突破。现有二次电池的能量密度较低，究其原因是受限于电极活性物质和电极反应体系的选择。以铅酸电池为例，反应体系的铅电极过于沉重，且工作电压偏低（2 V 左右），导致电池的能量密度普遍处于较低水平。即使对于现今能量密度水平最高的锂离子电池体系而言，涉及的也往往为嵌入反应，电极材料以嵌入化合物为主，而嵌入化合物正极材料的化学式量偏大，同时为了确保嵌入化合物的结构稳定，参与嵌入反应的电子数大多小于 1。活性材料的化学式量大和反应电子数少，从反应机制源头上就使锂离子电池的能量密度难以突破瓶颈。而随着电池应用市场的不断扩展，对于电池高能量密度的需求将会进一步提升。尤其是在新能源汽车方面，2021 年我国新能源汽车产量突破 180 万辆，所带动的锂离子电池产量需求也达到 220 亿只以上，并保持继续增长的势头。新能源汽车高产量的同时也带来了更高的续航里程需求（500公里以上），给现有的锂离子电池等体系带来了能量密度上的挑战。

另一方面，锂离子电池等体系的安全性能难以保障。目前商用的锂离子电池主要采用有机系电解质用以保证比较高的工作电压和适宜的能量密度。但该类体系在特定条件下极易引发电池热失控以至于出现失火事故，此外由于锂枝晶的生长问题也会导致电池内部短路带来安全隐患。在储能方面，尤其是在由数万个电池模块组装的MW级别的储能电站的应用中，锂离子电池的安全性更是面临着极为严峻的考验。据统计，近10年来，全球共发生30余起大规模严重的储能电站安全事故，其中涉及锂离子的安全事故占比90%以上。以韩国为例，仅在2017—2019年之间，储能电站的失火事故就发生近20起。从事故类型看，采用三元体系的锂离子电池发生事故率相对较高，而对于安全程度相对较高的磷酸铁锂体系，能量密度可能不足以支撑大规模储能的需求。在动力电池方面，据不完全统计，2020年我国新能源汽车发生起火安全事故超过100起，与往年对比并没有任何下降的趋势。而国家市场监督管理总局发布的公告显示，2020年我国新能源汽车召回45次，共计35.7万辆，其中大部分召回是由于涉及电池系统的安全问题。不仅是国内市场，在国际市场上的新能源汽车召回事件也频频出现，如通用汽车召回6.9万辆雪佛兰Bolt电动车，召回原因是电池存在起火隐患；现代汽车召回2.5万辆电动汽车，原因是电池自身短路缺陷问题。针对此情况，国家也相应出台一系列强制性标准来规范电池的安全性能，同时也在鼓励开发新一代具有高安全性能的电池体系。

电池行业发展的另一个关键问题即开发生产的成本。随着社会对于锂离子电池等的需求不断增长，相应电池的发展成本必会逐年升高。而目前全球的锂资源分布不均且储量极为有限。对于我国，锂资源量在全球总量占比仅为5%左右，且大部分以液体卤水的形式存在，开采提取成本较高。因而我国的锂资源主要以对外进口为主，依赖度占比高达80%以上。在地缘政治等因素的影响下，国际市场上势必会出现对锂资源的激烈竞争，在不远的将来必会出现锂资源短缺和锂价格上涨的严重问题。除了锂资源外，在锂离子电池中起主要活性作用的其他元素资源（如钴、镍等）的价格也呈现出增长态势。高昂的价格使锂离子电池在发展动力电池以及储能电站方面逐渐失去优势。如图1.3所示，二次电池的下一步发展趋势必将是基于新体系、新材料、新技术的进一步深化研究，致力于大幅度提高电池的能量密度、解决电池的安全性问题以及进一步实现电池的低成本化及资源再生利用等方面。

图 1.3　二次电池新体系发展的三大需求

1.2.2　电池体系发展缓慢的深度原因

　　人们通常会将电池体系的缓慢进展状况与半导体等电子产品呈现出的指数级增长的发展趋势进行对比。后者在"摩尔定律"的加持下，自 20 世纪 60 年代以来加快了消费类电子产品的小型化进程，而在此期间，体积较为笨重的电池产业化进展极为缓慢。该发展差距可以通过以下推断得到例证：以第一个可充电铅酸电池为起点，并假设其能量密度的演变（ ~ 1 $W \cdot h \cdot kg^{-1}$ 或 3 600 $J \cdot kg^{-1}$）受摩尔定律支配，则到 1928 年，存储在 1 kg 电池中的能量将相当于第一颗原子弹的引爆量（ ~ 1 011 $W \cdot h$ 或 ~ 1 014 J）；到 1950 年，该能量将等于根据爱因斯坦的质能方程从电池质量转换而来的能量（ ~ 10^{13} $W \cdot h$ 或 ~ 10^{16} J）。而实际上，当今时代所能实现的电池的最高能量密度仍低于 400 $W \cdot h \cdot kg^{-1}$，自 1970 年以来的平均增长率仅为 5% 左右。

　　电池和半导体产品行业发展的不同之处在于所试图移动的对象不同。半导体产品只关注电子的移动，而电子是无质量和无体积的，在特定条件情况下具有隧道效应等量子特性。电池的反应本质上是一种化学过程，需要移动相对笨拙且具有显著质量的离子物种，而所有离子的运动都表现出较为缓慢的化学扩散特性。同时，为了保持全局电荷中性，每个离子的运动在电解质中的运动都伴随着反离子相应运动，使电池的动力学进一步复杂化，而电子运动则不存在此种库仑阻力。据 Rolison 和 Nazar 的分析，如果每年的性能提升可以表示为

$1/2^n$，其中 n 表示传输函数的数量，则集成电路中的电子运动所对应的 n 的数值为 1，其实际含义代表每 2 年可提升 1 倍以上的性能。同时，对于电池中涉及的电子、离子和分子的耦合扩散，所对应的 n 的数值至少为 3，实际上，考虑到阴离子、阳离子和溶剂化分子的协同运动，该数字可能远远大于 3，表明电池能量密度性能的每年提升率要远低于 10%。此根本性的差异使电池材料体系的发展走上一条充满挑战性的道路。另外，常规的电池设备是由三种活性成分和其他惰性成分组成，其中活性成分主要包括正极、负极和以离子方式连通电极的电解质。该配置看似简单，但实际上三种组分之间存在直接或间接的多重相互作用和反应。为了实现三种组分之间的彻底平衡，必须通过精心设计、选择和集成，同时优化几个关键性能指标（能量和功率密度、循环寿命、工作效率、安全性和成本等），使新电池体系的发展难度进一步提高。除活性组分以外，惰性成分（隔膜、集流体等）的存在也会使电池的设计变得更加复杂，主要原因在于组成材料在化学和电化学方面都无法做到真正的"惰性"。毕竟从两个多世纪前第一个伏特电池的发明以来，仅仅只有 20 余种电池体系（包括一次电池和二次电池）得以成功实现商业化。以锂离子电池为例，该体系无一不是在研究人员对于反应体系的基本理解、结合材料设计和开发工艺以及偶然发现等方面综合得到的产物。

1.2.3 电池新体系的发展方向简介

如今的电池已成为深刻影响人们现代生活的标志性技术之一，特别是锂离子电池的成功商业化更是开创了一个新的时代。毫无疑问，电池产业链的发展不仅影响人们在数字通信和电子娱乐方面的生活，还进一步地渗透到对地球的能源和环境未来具有更高战略意义的应用市场。

人们对于更高性能电池的追求脚步从未停歇。无论是针对现有电池材料体系进行技术改进，还是发展具有新型反应体系的电池设备，电池的发展应该始终以能量密度、安全性以及成本等为主要的考虑因素。正如之前所提到的，现有的成熟电池体系的最高能量密度仍难以突破 $400\ W \cdot h \cdot kg^{-1}$。为了打破此类限制，研究者们在能量密度最高的锂离子电池体系的基础上进行优化，在关键的活性材料方面推陈出新。正极材料方面，涉及镍、钴、锰元素之间协同作用的三元正极材料取得了一定进展。其中镍元素的引入可以显著提升材料的容量，钴元素能有效稳定材料的层状结构并改善循环性能，锰元素的引入则在提升结构稳定性的同时进一步降低成本。此外，富锂锰基正极材料也因其具有较高的工作电压与高理论容量等优势受到广泛关注。负极材料方面，关键在于寻找可替代石墨材料的新型负极。其中，硅（Si）基材料具有较大的容量优势，但 Si 的体积膨胀仍亟待研究人员寻求解决之道。除去 Si 基负极外，金属锂由于具有极高的质量容量和体积容量，同时满足低氧化还原电位的需求而一度被认为是最为理想的锂离子电池负极材料。然而，金属锂负极同样存在锂沉积不均匀和锂枝晶的生长等问题。研究人员也在针对锂负极保护等方面做出了许多努力。在电解质方面，具有高安全性、高稳定性的固态电解质成为目前研究的主流方向之一。固态电解质可以有效抑制锂枝晶的生长，从而提高电池的安全性。同时固态电解质的使用可以进一步降低电池的质量与体积，使电池能量密度突破瓶颈。

尽管从能量密度的角度来考虑，位于元素周期表左上方的锂元素是二次电池电荷载体的首要选择，但由于锂本身的资源丰度低，难以完全弥补未来大规模储能及动力电池需求的缺口，研究者们也在探索可以替代锂离子电池的新型二次电池技术，在选择电荷载体上对多种元素进行了尝试。其中，与锂位于同一主族的单价金属元素（钠、钾等）具有与锂相似的理化性质而被广泛关注。钠的储量丰富、性质与锂接近，使其研发可以借鉴锂离子电池的生产工艺而被寄予厚望，国内外在工程中试开发方面也已经取得了一些进展。事实上关于钠离子电池的研究早在 20 世纪 70 年代就已经有所展开，但由于当时研究技术条件的不足以及锂离子电池所表现出的性能优势，钠离子电池的发展进入低谷。直到 2010 年左右，钠离子电池迎来了真正的发展机遇，相继报道了许多性能优异的钠离子电池正极、负极及电解质材料体系。在正极方面，主要有层状和隧道型过渡金属氧化物、普鲁士蓝类似物（prussian blue analogues，PBAs）、聚阴离子化合物等；在负极方面主要有以硬碳为代表的碳材料、合金材料以及其他转化反应类材料（硫化物、磷化物等）；而在电解质方面则借鉴了现有的锂离子电池并大力开拓水系电解质以及固态电解质等体系。在新材料的研究之外，国内外也着手于使钠离子电池朝实用化、商业化的脚步迈进。英、美、法等多个国家相继开创了钠离子电池公司并推出相应的产品。对于我国而言，钠离子电池的相关技术也已经走在世界前列。以宁德时代、中科海钠为代表的相关公司在钠离子电池实用化方面做出了巨大的努力，截至 2021 年，国内已有十多家企业相继投入钠离子电池产业链的规划布局中。在钠离子电池受到人们广泛关注的同时，同为单价金属之一的钾作为电荷载体的二次电池也取得了一定的研究进展。钾元素的地壳储量与钠元素相近，尽管钾的离子半径与质量都要大于锂与钠，但钾具有其他方面的独特优势。一方面，相比钠，钾的电极电位更接近锂，使钾离子电池具有与锂离子电池类似的高电压优势；另一方面，钾离子电池中的电极材料体系的选择可以参考成熟的锂离子电池体系，以低成本的石墨负极为例，钾离子可以嵌入石墨层状结构中，并提供大约 250 $mA \cdot h \cdot g^{-1}$ 的比容量，而钠离子却无法顺利地嵌入石墨层。在实际的电池材料以及全电池设计中，钾离子的劣势借助基体材料、较高的电位平台以及全电池的工艺优化得以弥补。近年来，对于钾离子电池的研究报道出现迅速增长的趋势，其在未来的应用前景值得关注。

在传统的二次电池体系中，电极材料体系主要是由具有较大分子量的过渡金属氧化物或其他含有重金属元素的化合物组成。同时，为了保证在电池充放电过程中材料的结构稳定性，参与反应的电子数较少，使电池可以供给的能量密度有限。为了构筑具有高能量密度的新型二次电池体系，需要从电化学反应机制源头进行创新。"多电子反应体系"概念也应运而生。"多电子反应体系"，即指 1 mol 的活性材料能够在特定的电化学反应过程中表现出大于 1 mol 电子的转移反应，以具有多价态金属元素（镁、锌、钙、铝等）作为电荷载体的电池反应体系。在选择具有多电子反应体系的元素同时，可以针对性地引入轻元素来起到减轻电极材料的化学式量的目的，从而进一步提高电池的能量密度。"多电子反应体系"的概念最初是由 2002 年国家基础研究发展计划资助的国家 973 计划项目"绿色二次电池新体系相关基础研究"所提出的。项目团队在早期开展了大量的研究工作，为构筑具有高能量密度的绿色二次电池新体系奠定了关键的材料与理论基础。其中典型的代表工作是验证了高铁酸盐电极材料在每摩尔的电化学反应过程中可以实现三电子的转移，此发现证明了多电子反应材料的可行性。基于高铁酸盐的初步探索使该体系的二次电池得以表现出比早期水系电池更高的能量密度，进一步为多电子反应体系的可实用性提供了重要的理论依据。在此之后，多电子反应体系的发展也迈进新的阶段。在 2009 年的国家 973 计划项目"新型二次电池及相关能源材料的国家基础研究"支持下，团队提出"轻元素多电子反应"的概念。从提高电子转移数以及降低材料的质量两方面入手，更有助于解决能量密度不理想的问题。在该阶段的研究中，团队成员在电极材料中引入硼、氟、氧、硅等轻元素以减轻材料的化学式量，并且通过从水性电池系统转移到高电压窗口的有机体系，使电池的能量密度实现了巨大飞跃。在 2015—2019 年国家 973 计划项目"新型高性能二次电池的基础研究"中，团队着力于解决如何高效地实现多电子反应问题，重点关注了轻元素多电子反应中与离子相关的理论基础，并提出多电子反应的多离子效应，为电池系统获得更高能量密度提供了一条科学途径。近 20 年来，"多电子反应体系"始终处在不断探索与发展上升的阶段。

在追求高性能二次电池的探索之路上，电极活性材料对于电池能量密度的提高发挥举足轻重的作用。其中，以空气中的氧气作为电池体系的正极活性物质，以电极电位较负的金属（如锂、镁、铝、锌等）作为负极的金属 – 空气电池是一种新兴的高比能绿色电池体系。在该类电池体系中，空气电极可以源源不断地从周围环境中汲取氧气，其中锂 – 空气电池的理论能量密度高达 3 500 $W \cdot h \cdot kg^{-1}$，远远超出当前锂离子电池的能量密度极限。锌 – 空气电池在金属 – 空气电池系列中研究也较为广泛，近 20 年来围绕二次锌 – 空气电池，科学家做了大量的研究。日本三洋公司已制出大容量的二次锌 – 空气电池，采用空气和电液受力循环的办法，研制出高电压及高容量的牵引车用的锌 – 空气电池，其放电电流密度可达 80 $mA \cdot cm^{-2}$，最高可达 130 $mA \cdot cm^{-2}$。法国及日本的一些公司采用循环锌浆的办法制成锌 – 空气电池，活性物质的恢复在电池外部进行，其实际比能量达 115 $W \cdot h \cdot kg^{-1}$。金属 – 空气电池作为一种新兴的绿色电源，具有极大的发展潜力。一方面其比能量较高。空气电极所用活性物质是空气中的氧，基本是用之不竭的，理论上正极的容量是无限的，加之活性物质在电池之外，使空气电池的理论比能量比一般金属氧化物电极大。另一方面，由于构成电池的材料均为常见的材料，金属 – 空气电池的生产成本较为低廉。但金属 – 空气电池也存在电极腐蚀及自放电等缺陷。同时，由于涉及气 – 液 – 固三相的复杂反应体系，其对于电池的加工工艺等方面都存在挑战。而随着金属 – 空气电池研究的深入与发展，相信该体系电池的性能将不断提高，并进一步推进其实用化进程。

|1.3　本书的主要内容|

发展新能源革命的关键在于构建新一代高性能的绿色电池体系。基于此，本书在接下来的章节中总结了近年来关于绿色电池各种新体系的研究进展。主要介绍了以锂、钠、钾为主要电荷载体的单价金属二次电池，具有多电子反应体系的多价金属二次电池，金属 – 空气电池，混合离子电池，金属硫电池等体系。针对不同电池体系的反应机理、关键材料进展、目前面临的研究瓶颈及未来的发展策略等进行了重点剖析。此外，本书还对涉及电池材料体系设计的理论模拟计算方法进行了介绍，旨在为电池相关的研究人员总结出行之有效的研究手段。最后，本书针对目前绿色电池未来的产业化发展与应用前景进行了总结。旨在为新型电池的未来发展提供切实可行的路线，为我国新能源革命的开展打造坚实的理论基础。

参 考 文 献

［1］ 白建华，辛颂旭，刘俊，等. 中国实现高比例可再生能源发展路径研究
　　［J］. 中国电机工程学报，2015，35：3699－3705.

［2］ CHU S, MAJUMDAR A. Opportunities and challenges for a sustainable energy
　　future ［J］. Nature, 2012, 488 (7411)：294－303.

［3］ 国家能源局. 我国可再生能源发电累计装机容量突破 10 亿千瓦 ［R/OL］.
　　(2021－11－20). http://www.nea.gov.cn/2021－11/20/c_1310323021.htm.

［4］ 吴锋. 绿色二次电池：新体系与研究方法 ［M］. 北京：科学出版
　　社，2009.

［5］ 吴锋. 绿色二次电池及其新体系研究进展 ［M］. 北京：科学出版
　　社，2007.

［6］ 尹蔚. 电池 200 年发展简史 ［J］. 今日科苑，2012，10：68－70.

［7］ 但世辉，陈莉莉. 电池 300 余年的发展史 ［J］. 化学教育，2011，32
　　(7)：74－76.

［8］ 梁宏. 电池发展史 ［J］. 多媒体世界，2004，10：58－59.

［9］ 陈泽宇，熊瑞，孙逢春. 电动汽车电池安全事故分析与研究现状 ［J］. 机
　　械工程学报，2019，55 (24)：93－104.

［10］ ROLISON D R, NAZAR L F. Electrochemical energy storage to power the 21st
　　century ［J］. Mrs bulletin, 2011, 36：486－493.

［11］ MANTHIRAM A, YU X, WANG S. Lithium battery chemistries enabled by
　　solid－state electrolytes ［J］. Nature reviews materials, 2017, 2：16103.

［12］ JIAN Z L, LUO W, JI X L, Carbon electrodes for K－ion batteries ［J］.
　　Journal of the American Chemical Society, 2015, 137 (36)：11566－11569.

第 2 章

单价离子电池

本章节主要围绕单价离子电池体系展开讨论，其中包括锂离子电池、钠离子电池和钾离子电池。锂离子电池部分从正极材料、负极材料以及电解质三方面进行介绍，正极材料中介绍了高镍三元正极材料以及富锂锰基正极材料的结构特点以及改性手段；负极材料中介绍了硅基负极与锂金属负极的现存问题与解决手段；电解质中分别介绍了固态电解质的种类及特点、水系电解质现存问题与优化方法。钠离子电池部分主要从正极材料、负极材料以及电解质与界面三方面展开讨论，首先介绍了正负极材料以及电解质的分类，并分析总结了其理化性质以及近年来所取得的一些研究进展。另外，本部分还对钠离子电池的其他关键材料（隔膜、粘结剂等）进行了简介。然后，针对钠离子电池目前面临的研究瓶颈及未来的发展策略等进行了重点剖析，并对其发展和应用前景进行了总结与展望。钾离子电池部分从钾离子电池的工作原理出发，对正负极材料、电解质、隔膜、粘结剂等组件的种类、结构和性能进行了介绍与论述，其中对电极材料的常用合成方法进行了简单的总结与介绍，对钾离子电池面临的挑战及应用前景进行了总结与展望。本章展示了关于单价离子电池理论研究和工艺技术的最新成果，章节中收录了电池及电极材料合成与表征的工艺技术参数和有参考价值的图表，可为化工、冶金工程、应用化学、材料化学、能源等专业的学生和科研人员提供一定参考。

|2.1　锂离子电池|

2.1.1　概述

化石燃料燃烧造成严重的能源危机，随之而来的环境污染和气候恶化等问题也日益突出，随着碳中和概念的提出，大幅压减煤炭使用、大力发展非化石能源、适度调整能源结构成为新的战略方向。随着能源需求的快速增长，建设以可再生能源（如风能、太阳能、潮汐能等）为生产端的低碳社会已受到广泛关注。可再生能源具有间接性、不稳定性且使用受地理因素限制，并且此类间歇性的电力供应需要储能设备作为中间载体，因此可靠的储能设备是可再生能源集成的必要条件。到目前为止，锂离子电池在便携式电子产品、电动汽车、航空航天等商用可充电电池市场上占据主导地位。然而，传统的锂离子电池存在成本高、功率密度低、安全性差及环境污染等问题。随着人们对能源需求的不断增长以及环保意识的逐渐增强，具有更高能量密度、更好的安全性和更低成本的下一代动力电池受到越来越广泛的关注。

动力电池是锂离子电池的重要应用领域，对长续航动力电池的追求不断推动锂离子电池的发展。同时，在全球范围内，汽车电动化的趋势也已不可避免，新能源车近几年在我国快速发展，也将迅速成为我国重要的产业，2020 年发布的《节能与新能源汽车技术路线图 2.0》指出，截至 2035 年，新能源汽车将逐渐成为主流产品，汽车产业基本实现电动化转型，同时，在碳达峰阶段，布局新能源汽车，迅速转型摆脱石油依赖也是重中之重，这对动力电池提出了更高的要求。依靠现有的动力电池体系，2035 年后电池能量密度难以达到国家要求。目前，我国动力电池采用的正极材料已由磷酸铁锂转向三元体系，逐渐向高镍三元体系发展，负极材料当前产业化仍集中于石墨、硅基等材料领域，并逐渐采用硅基材料替换石墨，同时锂金属负极的应用也逐步在向产业化方向靠拢，电解质的研究方向集中在开发环保、无毒的水系电解质以及高安全性的固态电解质。本节主要内容示意图如图 2.1 所示。

图 2.1　2.1 节主要内容示意图

2.1.2　正极材料

1. 高镍三元正极材料

随着碳中和概念的提出，以电动汽车为代表的低碳交通出行得到了普及，电动汽车的续航里程成为人们关注的焦点，对于低成本、高能量密度、高安全性的电池开发显得尤为重要。锂离子电池中常见的正极材料有钴酸锂（$LiCoO_2$）、镍酸锂（$LiNiO_2$）、锰酸锂（$LiMn_2O_4$）、磷酸铁锂等，$LiCoO_2$ 曾经是锂离子电池正极材料中使用最为广泛的材料，理论容量高达 274 mA·h·g^{-1}，但是出于正极结构稳定性考虑，实际容量只有理论值的一半（137 mA·h·g^{-1}），因此 $LiCoO_2$ 正极难以在动力电池领域大规模普及。$LiNiO_2$ 与 $LiCoO_2$ 的结构类似，但在 $LiNiO_2$ 中的氧八面体被纵向拉长，出现了 4 个短的 Ni－O 键（1.91 Å）和 2 个长的 Ni－O 键（2.09 Å），这使 Li$^+$ 扩散相对容易，但是在合成过程中不可避免地存在一些未被氧化的 Ni^{2+}，这造成了合成产物为非化学计

量的 $Li_{1-x}Ni_{1+x}O_2$，并且在充电过程中占据锂位的 Ni^{2+} 会氧化为 Ni^{3+}，进而引发局部的结构坍塌，导致循环稳定性降低。$LiMn_2O_4$ 的突出优点为成本低、低温性能好，但是比容量低（148 $mA\cdot h\cdot g^{-1}$），并且高温性能差，循环寿命短。$LiFePO_4$ 拥有高安全性、环保、循环稳定性好等优点，理论容量约为 170 $mA\cdot h\cdot g^{-1}$，但实际只能达到 140 $mA\cdot h\cdot g^{-1}$ 左右，并且低温性能差、倍率性能差的特点限制了 $LiFePO_4$ 的进一步发展。

与橄榄石结构正极（$LiFePO_4$）与尖晶石结构正极（$LiMn_2O_4$）相比，层状过渡金属氧化物正极拥有最高的理论容量（280 $mA\cdot h\cdot g^{-1}$）。如图 2.2（a）所示，$Li(Ni_xCo_yMn_{1-x-y})O_2$（NCM）材料可以视为 $LiNiO_2$（LNO）及 $LiCoO_2$（LCO）材料的衍生物，其中 Ni 元素、Co 元素和 Mn 元素之间存在明显的协同效应，Ni 元素的引入可以提升 NCM 材料的容量，但是由于 Li^+ 半径（0.76 Å）与 Ni^{2+} 半径（0.69 Å）相似，过多的 Ni^{2+} 引入会与 Li^+ 产生混排效应，放电过程中从负极迁移回来的一部分 Li^+ 不能回到原来的位置，从而导致材料的容量损失；Co 元素能有效稳定三元材料的层状结构并抑制阳离子混排，提高材料的导电性并改善循环性能；Mn 元素的引入在提升材料结构稳定性的同时凭借较低的价格可降低材料的成本，但含量过高将导致比容量的下降。

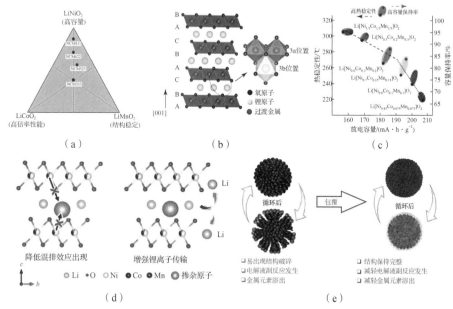

图 2.2　高镍三元正极材料

（a）过渡金属元素比例对 NCM 正极电化学性能影响示意图；（b）NCM 三元材料晶体结构示意图；
（c）$Li(Ni_xCo_yMn_{1-x-y})O_2$ 材料的热稳定性、容量保持率及放电容量关系图；
（d）NCM 正极掺杂改性示意图；（e）NCM 正极包覆改性示意图

1）高镍三元材料结构特点

$Li(Ni_xCo_yMn_{1-x-y})O_2$ 的晶体结构如图 2.2（b）所示，Ni、Mn、Co 随机占据 3b 位置，氧原子形成立方密堆积层，形成 MO_6 八面体，Li 原子占据 3a 位置，形成 LiO_6 八面体。Li^+ 位于 MO_6 八面体层间，可以在层间可逆地嵌入和脱出。三元材料主要有 $Li(Ni_{1/3}Co_{1/3}Mn_{1/3})O_2$（NCM111）、$Li(Ni_{0.5}Co_{0.2}Mn_{0.3})O_2$（NCM523）、$Li(Ni_{0.6}Co_{0.2}Mn_{0.2})O_2$（NCM622）及 $Li(Ni_{0.8}Co_{0.1}Mn_{0.1})O_2$（NCM811）等，另外把 $LiNi_{0.8}Co_{0.15}Al_{0.05}O_2$（NCA）也归为三元材料，不同过渡金属元素含量的 NCM 材料的电化学性能如图 2.2（c）所示。当 $Li(Ni_xCo_yMn_{1-x-y})O_2$ 中 $x > 0.6$ 时，通常被称为高镍三元材料，代表的有 622 型、811 型。由于 Ni^{2+} 的氧化能使 Li^+ 置换脱出，Ni 元素含量越高，能脱出的 Li^+ 就越多，材料的比容量越大。因此高镍三元材料凭借高放电容量，成为当下研究的焦点。

NCM111 结构中 Ni、Co、Mn 的化合价分别为 +2、+3、+4。其中 Ni^{2+} 和 Co^{3+} 作为活性物质而存在，Mn^{4+} 在材料中起骨架的作用。充放电过程中，Ni 在 3.75 V 左右参与反应，而 Co^{3+} 只有在充电电压达到 4.6 V 时才可能氧化为 Co^{4+}。因此 3.75 V 左右脱锂产生的金属空位由 Ni^{2+} 氧化补偿，而高于 4.6 V 的情况下则由 Co^{3+} 氧化补偿。NCM523 结构中，Ni 为 +2 价态，Co 包括 +2/+3 两种价态，Mn 为 +4 价态，由于镍元素含量上升，Li/Ni 阳离子混排现象加剧；NCM622 中，随着 Ni 元素含量的进一步提升，材料放电容量得到进一步提升；NCM811 中 Ni 的平均价态为 +3 价，有一定比例的 Ni^{2+} 存在，Co 为 +3 价，Mn 为 +4 价。在循环过程中，随着 Li^+ 的嵌入与脱出，Ni 经历了 Ni^{3+}/Ni^{4+}、Ni^{2+}/Ni^{4+}、Ni^{2+}/Ni^{3+} 的变化过程，Co^{3+} 的氧化电位较高，在 4.6 V 左右，较难氧化为 Co^{4+}，Mn 的价态保持 +4 价不变，不参与电化学反应过程。

2）高镍三元材料改性手段

高镍三元正极材料在提供高容量的同时也存在诸多问题，在 Ni 元素含量较高的三元材料中，混排效应的出现会导致电池首周库仑效率低及循环稳定性差的问题；同时混排效应的出现会导致 Li^+ 的表面析出并产生 Li_2CO_3、LiOH 等副产物，这些副产物的分解会产生气体并造成电池鼓包等安全问题。此外，三元材料在脱嵌系数较高时，层状结构会转变为尖晶石结构或岩盐相结构，在晶体内部产生结构化差异及局部应力，引发颗粒破碎。此外，在充电过程中 Li^+ 扩散不充分会使 NCM 颗粒荷电状态不均、最终材料电化学性能恶化。这些问题可以通过掺杂和改性的方法得到有效的解决。

如图 2.2（d）所示，掺杂可以减小阳离子混排度，改善电极材料本身结构的稳定性，扩大 Li$^+$ 扩散通道，提高离子迁移速率。例如，当与 Li$^+$（0.76 Å）半径相近的元素 Na$^+$（1.02 Å）、K$^+$（1.38 Å）掺杂进入 NCM 材料后，会产生将过渡元素层与 Li$^+$ 分离的驱动力，有效地降低了混排效应的出现。Xie 等在 NCA811 中掺杂了 Na 元素，使 Li 位点上 Ni 的含量从 1% 降至 0.57%，并且 Na 原子的引入扩大了层状结构的间距，有助于 Li$^+$ 的扩散。K$^+$ 掺杂的作用机理与 Na$^+$ 掺杂相近，均起到降低离子混排、提升循环稳定性的作用。不等价的阳离子掺杂中，会产生空穴或者电子，兼具改善材料的电子电导率的作用，并且同样具有抑制混排现象出现的作用，高镍材料中常见的不等价掺杂金属有 Mg、Ru、Ti、Zr、Nb、V、Ce 等。Qiu 等使用 Ti 掺杂 NCA 后，其离子混排程度从 4.74% 降到 1.34%，Ti^{4+} 增强了金属 – 金属和金属 – 氧键合作用，抑制了 Ni^{2+} 向锂位点的迁移。Choi 等通过共沉淀法将 Zr 元素引入 NCM622 材料中，形成了键能更加强的 Zr—O 键，使层状结构更加稳定，减少了颗粒表面的结构转变，增强了 Li$^+$ 的扩散，并减小了阳离子混排，提高了 NCM622 材料的循环稳定性及倍率性能。

除了用阳离子对材料进行掺杂改性外，也可采用阴离子（F、Cl）对高镍三元材料进行掺杂。Yue 等制备了 LiNi$_{0.6}$Co$_{0.2}$Mn$_{0.2}$O$_{2-z}$F$_z$ 材料，F 元素的引入提高了 NCM622 材料的循环性能和倍率性能。Chen 等采用 K$^+$ 和 Cl$^-$ 对 NCM523 进行共掺杂制备了 Li$_{0.99}$K$_{0.01}$Ni$_{0.5}$Co$_{0.2}$Mn$_{0.3}$O$_{1.99}$Cl$_{0.01}$ 材料，K$^+$ 部分替代 Li$^+$ 进入 NCM 结构，以减少阳离子的混排，提高 Li$^+$ 扩散系数，Cl$^-$ 部分替代 O^{2-} 形成更强的 Mn—Cl 键、Ni—Cl 键、Co—Cl 键稳定结构，提高了循环稳定性，在 1 C 条件下循环 100 周之后容量保持率为 78.1%。

在高镍三元材料的循环的过程中，活性较高的 Ni^{4+} 与电解质发生反应，并伴有析氧和副反应。为了保护高镍三元材料，包覆也是一种有效的方法。如图 2.2（e）所示，包覆可以在材料表面形成保护层，避免电极材料与电解质的直接接触，减少界面处副反应的发生并提高界面稳定性，减少过渡元素溶出，减小相变应力并抑制材料粉化等。常见的作为高镍三元材料包覆层的物质包括碳材料、金属氧化物材料、导电聚合物材料、离子导体等。Chen 等采用超声波法将纳米 Al$_2$O$_3$ 包覆到 NCM622 粉体表面，形成了厚度约为 20 nm 的包覆层，研究表明包覆量为 1.0 wt% 的 Al$_2$O$_3$ 的电极材料倍率性能获得提高，电化学阻抗降低。Meng 等通过固态法制备了 Li$_2$TiO$_3$ @ NCM811 正极材料，Li$_2$TiO$_3$ 是一种电化学惰性的导电剂，具有传输 Li$^+$ 的三维通道以及良好的结构稳定性，Li$_2$TiO$_3$ 层的引入有效阻止了 NCM811 材料与电解质的直接接触，降低了副反应的发生，增强了界面之间的 Li$^+$ 扩散，Li$_2$TiO$_3$ @ NCM811 在循环 170 周后容量保持率高达 98%，而 NCM811 材料只有 80.5%。此外，具有较高离子电导率以及较宽电化学窗口的活性物质包覆材料同样具有广阔的发展前景。例如，室温下 LATP[$Li_{1.3}Al_{0.3}Ti_{1.7}(PO_4)_3$] 的离子电导率约为 10^{-3} S·cm^{-1}，Lee 等采用 LATP 对 NCM622 材料进行包覆，LATP 包覆的 NCM622 电极材料循环 100 周后容量保持率达到 98%。

掺杂和包覆是解决高镍三元材料离子混排、界面副反应发生及不可逆相变等问题的有效手段，实际的生产中综合考虑成本和改性工艺才能制造出能量密度高、经济效益好的高镍三元正极材料。

2. 富锂锰基正极材料

现阶段已商品化的锂离子电池负极材料石墨比容量高达 372 mA·h·g^{-1}，然而相较之下，正极材料包括 $LiCoO_2$、层状三元材料（NCM 和 NCA）、$LiFePO_4$ 和 $LiMn_2O_4$ 等，实际比容量在 100～200 mA·h·g^{-1}，很难满足人们对于长里程电动汽车的需求，因此发展高电压、高比容量的正极材料以提高电池的能量密度成为研究重点。层状富锂锰基正极材料由于具备 250～300 mA·h·g^{-1} 的高比容量而备受关注。

1）富锂锰基材料结构特点

富锂锰基正极材料的通式可以描述为 $xLi_2MnO_3·(1-x)LiMO_2$（M = Mn、Ni、Co 等）或 $Li_{1+(x/(2+x))}M'_{1-(x/(2+x))}O_2$（M' = Mn + M），如 $0.5Li_2MnO_3·$ $0.5LiMn_{0.42}Ni_{0.42}Co_{0.16}O_2$ 也可以描述为 $Li[Li_{0.2}Mn_{0.567}Ni_{0.166}Co_{0.067}]O_2$。如图 2.3（a～c）所示，富锂锰基正极材料 $xLi_2MnO_3·(1-x)LiMO_2$ 由 $LiMO_2$ 和 Li_2MnO_3 两相组成，其均为 $\alpha-NaFeO_2$ 型岩盐结构。$LiMO_2$ 结构中的过渡金属（TM）层不含 Li$^+$，属于六方晶系 $R\bar{3}m$ 空间群，而 Li_2MnO_3 结构中过渡金属层中的 Mn 有 1/3 被 Li 取代，形成六个 Mn 包围 Li 的"蜂窝"结构。这种有序的 Mn、Li 排列形成了 $LiMn_6$ 超晶格结构，使 Li_2MnO_3 的点群对称性由 $R\bar{3}m$ 变为单斜晶系 $C2/m$。Li_2MnO_3 的单斜晶结构与 $LiMO_2$ 的菱形结构非常相似，同时 $LiMO_2$ 相（001）晶面间距与 Li_2MnO_3 相（003）晶面间距接近（0.47 nm），两相具有形成固溶体的可能性，但是由于 Li_2MnO_3 可以视为 $LiMO_2$ 结构的特殊形式，也可认为富锂锰基正极材料是以 $LiMO_2$ 结构中包含 Li_2MnO_3 的形式存在。

富锂锰基正极材料的充电截止电压相对较高（4.5～4.8 V），充电过程中伴随两个过程：①当电压低于 4.5 V 时，Li$^+$ 从 $LiMO_2$ 相中脱出，伴随 Ni^{2+}、Co^{3+} 的氧化反应（Mn^{4+} 价态不变）。当材料中 Ni^{2+} 和 Co^{3+} 全部转变为 +4 价，电压接近 4.5 V。此过程中 Li_2MnO_3 相可以起到稳定材料结构的作用，Li$^+$ 可全

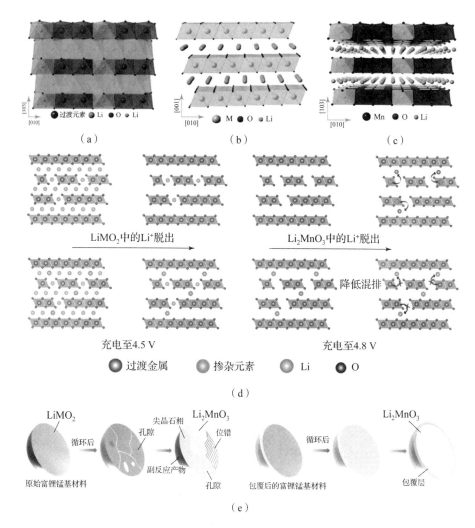

图 2.3　富锂锰基正极材料

（a）$x\text{Li}_2\text{MnO}_3 \cdot (1-x)\text{LiMO}_2$ 结构示意图；（b）LiMO_2 相结构示意图；

（c）Li_2MnO_3 相结构示意图；（d）富锂锰基材料掺杂改性示意图；

（e）富锂锰基材料包覆改性示意图

部从 LiMO_2 相中脱出。②当电压在 $4.5 \sim 4.8$ V 时，该阶段 Li^+ 从 Li_2MnO_3 结构中脱出，实质为 Li^+ 和晶格氧同时脱出，形式上相当于脱出了"Li_2O"。放电过程中，当放电电压高于 3.5 V 时，发生可逆的电化学还原反应，即式（2.1）过程中脱出的 Li^+ 全部回嵌到正极材料中，伴随过渡金属离子价态的升高。当放电电压低于 3.5 V，式（2.2）过程中脱出的 Li^+ 部分回嵌至材料晶格，发生不可逆还原反应。Li_2MnO_3 相的存在是富锂锰基正极材料具有高容量的根本原因。

$$xLi_2MnO_3 \cdot (1-x)LiMO_2 \rightarrow xLi_2MnO_3 \cdot (1-x)MO_2 + (1-x)Li \quad (2.1)$$

$$xLi_2MnO_3 \cdot (1-x)LiMO_2 \rightarrow xMnO_2 \cdot (1-x)MO_2 + xLi_2O \quad (2.2)$$

2）富锂锰基材料改性手段

Li_2MnO_3 相的活化也引发了一系列问题，高电压下过渡金属离子（Co、Ni、Mn）易溶出，同时电极表面易被电解质生成的 HF 腐蚀，生成不稳定的 SEI 膜，造成界面阻抗增大；首周充电过程中，氧空位的存在使过渡金属离子从表面向体相迁移至锂、氧空位处，引发材料表面结构重组，晶体结构发生由层状结构向尖晶石结构的不可逆转化，Li^+ 迁移阻力增大，造成容量衰减；此外，氧空位的产生还会导致电解质副反应的出现，副反应产物出现将会导致电极界面阻抗增大，进而影响循环性能。过渡金属离子迁移、晶格氧析出、界面副反应等问题导致富锂锰基材料首周库仑效率低、倍率及循环性能差，限制了其进一步的发展。

掺杂是提高富锂锰基正极材料电化学性能的一种有效手段，能够显著提高材料的结构稳定性和倍率性能。如图 2.3（d）所示，通常选择与所替换元素的离子半径相近的元素（Ti、Al、Fe、Cr、Mg 等）对材料进行掺杂改性，以改善材料的导电性，增大晶胞参数，形成更强的 M－O 键，促进 Li^+ 迁移。Tang 等在 $Li[Li_xMn_{0.65(1-x)}Ni_{0.35(1-x)}]O_2$ 中掺入了 Co 元素，结果显示掺杂后的形成的 $Li[Li_{0.0909}Mn_{0.588}Ni_{0.3166}Co_{0.0045}]O_2$ 的首周效率高达 78.8%，远超未掺杂的 56.5%。Kim 等发现与未掺杂的阴极相比，Co 掺杂的富锂材料环过程中具有更低的阻抗值，并具有更大的容量和优异的倍率性能。类似地，Jiao 等通过溶胶－凝胶法制备了 $Li[Li_{0.2}Ni_{0.2-x/2}Mn_{0.6-x/2}Cr_x]O_2$ 材料，Cr 元素的引入同样具有降低材料阻抗、提高材料容量和倍率性能的作用。Song 等在 $0.55Li_2MnO_3 \cdot 0.45LiNi_{1/3}Co_{1/3}Mn_{1/3}O_2$ 中引入了 Ru 元素，Ru 元素的引入增加了 Li 层的层间距，降低了 Li_2MnO_3 和 $LiMO_2$ 两相中 Li^+ 的扩散势垒，因此正极材料每周衰减从 0.13% 降到 0.06%。除了可以在富锂锰基材料中掺杂过渡元素与稀土元素外，碱金属元素掺杂（Na、K）也是一种有效的方法，Na^+、K^+ 占据 Li 位点能显著扩大 Li 层的间距，促进 Li^+ 的传输，稳定层状结构，抑制 Mn 迁移，缓解尖晶石结构的形成。

除了用阳离子对富锂锰基正极材料进行掺杂改性外，还可采用阴离子（F、S）掺杂的方法。Kang 等在 $Li_{1+x}M_yO_2$ 中掺入 F 元素制备了 $Li_{1+x}M_yO_{2-z}F_z$，F 元素的引入改变了过渡金属组分的氧化态，更多离子半径较大的 Mn^{3+} 取代了 Mn^{4+} 以实现电中性。并且 F 元素的掺杂生成了较强的 M－F 键，使尖晶石结构更加稳定。Chen 等选取 S^{2-} 替代 O^{2-}，制得富锂材料 $Li_{1.2}Mn_{0.6}Ni_{0.2}O_{1.97}S_{0.03}$，通过理论计算表明，掺杂 S 元素的材料脱出和嵌入 Li^+ 所需能量差（9.36 eV）远低于未掺杂的富锂材料脱出和嵌入 Li^+ 所需能量相差（259.21 eV），说明 Li^+ 能够在 S 掺杂的富锂材料中可逆穿梭。

包覆可以有效提高富锂锰基材料的容量保持率、倍率性能、首周效率等，如图 2.3（e）所示，包覆层可形成物理保护屏障，减小材料与电解质之间的副反应，稳定材料界面并抑制相变。常见的包覆材料有碳材料、氧化物（ZrO_2、TiO_2、Al_2O_3、MgO、MnO_2、CeO_2、RuO_2、V_2O_5 等）、氟化物（AlF_3、NH_4F、CaF_2、Cof_2、YF_3 等）及磷酸盐（$CoPO_4$、$LiCoPO_4$、$LiNiPO_4$、$LiMnPO_4$ 等）等。Chen 等通过蔗糖炭化在 $Li_{1.2}Ni_{0.13}Co_{0.13}Mn_{0.54}O_2$ 上包覆导电碳。碳层不仅形成了导电网络促进离子和电子的传输，还将部分的 Mn^{4+} 还原为 Mn^{3+}，形成三维立方大通道的尖晶石相，促进了 Li^+ 的传输。Li 等采用 AlF_3 包覆 $Li(Li_{0.17}Ni_{0.25}Mn_{0.58})O_2$，$AlF_3$ 涂层有效地抑制了 HF 对于正极材料的腐蚀，减小了副反应的发生，降低了 SEI 膜的厚度，同时提供了更多的活性位点，加速了表面电荷转移和 Li^+ 扩散，在 5 C 倍率下，200 周循环后可逆容量稳定在 $104\ mA \cdot h \cdot g^{-1}$。

富锂锰基正极材料的放电容量高，但过渡金属离子溶出、晶格氧析出、界面副反应等问题阻碍其发展。掺杂、包覆等改性手段可以提高首周效率、循环稳定性、倍率性能等电化学性能。未来发展中，开发工艺流程简单、成本低的改性技术，并将其与产业化应用相结合是富锂锰基材料实现跨越式发展的关键。

2.1.3　负极材料

1. 硅基负极

石墨凭借高导电性、优异的结构稳定性以及低廉的价格等优点成为锂离子电池中最为常用的负极材料。然而，石墨的理论容量为 $372\ mA \cdot h \cdot g^{-1}$（$LiC_6$），只能提供约 $150\ W \cdot h \cdot kg^{-1}$ 的比能量，难以满足电动汽车高续航里程的需求。同时《节能与新能源汽车技术路线图 2.0》规定，到 2030 年能量型电池的能量密度要超过 $400\ W \cdot h \cdot kg^{-1}$，因此开发可替代石墨的新型高比容量负极尤为重要。

在众多替代石墨的材料中，硅基材料凭借容量高、丰度高等优点成为最有前途的负极材料之一。例如，Si 材料理论容量高达 $3\ 579\ mA \cdot h \cdot g^{-1}$，SiO 材料理论容量高达 $2\ 043\ mA \cdot h \cdot g^{-1}$。单个 Si 原子可以与多个锂原子反应形成 $Li_{15}Si_4$，但在石墨中，6 个碳原子只能和一个锂原子反应形成 LiC_6。常温下 Li

与 Si 的反应过程中会出现固态非晶化现象。在首次锂化过程中，晶体 Si 会变为非晶态。虽然晶态合金相具有比非晶合金低的吉布斯自由能，但在室温下不易结晶，当 Si 颗粒被锂化时，Si 颗粒外层先出现非晶态的 Li_xSi，内层依然保持晶态 Si，随着更多的 Li^+ 的嵌入，非晶 Li_xSi 迅速结晶成晶态 $Li_{15}Si_4$。首次脱锂后，随着 Li^+ 的脱出，$Li_{15}Si_4$ 相逐渐向非晶 Li_xSi 转变，在一定时间内两相共存，最终，$Li_{15}Si_4$ 相全部转变为非晶 Li_xSi。然而相转变的过程也伴随巨大的体积膨胀，当完全锂化时，体积膨胀高达 300%。如图 2.4（a）所示，Li^+ 的连续嵌入和脱出在 Si 材料内部产生较大的机械应力，导致 Si 颗粒的粉化和电极开裂。体积变化会导致电极严重膨胀，导致活性物质从集流体上脱离，造成容量迅速下降。Si 颗粒在循环过程中的体积变化会影响 SEI 膜的结构稳定性。在锂嵌入/脱出过程中，Si 颗粒的体积变化会产生较大的应力，使脆弱的 SEI 膜破碎，导致 SEI 膜持续增长。当 SEI 在体积膨胀过程中破裂时，Si 材料再次暴露在电解质中，导致电解质的持续消耗，同时延长 Li^+ 扩散距离，导致电极阻抗增加并显著降低倍率性能和循环稳定性。此外，Si 材料本身也存在反应动力学慢的问题，Si 具有较低的电子电导率（$10^{-5} \sim 10^{-3}$ S·cm^{-1}）和离子扩散系数（$10^{-14} \sim 10^{-12}$ cm^2·S^{-1}），这些问题可以通过以下改性方法得到有效解决。

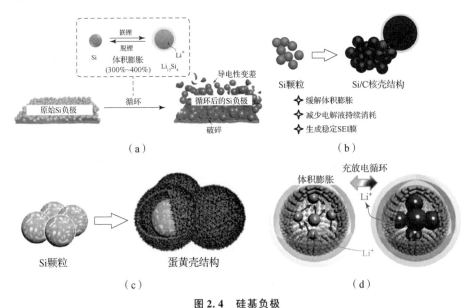

图 2.4　硅基负极

（a）Si 负极失效机理示意图；（b）核壳结构示意图；

（c）蛋黄壳结构示意图；（d）碳壳封装多个 Si 颗粒结构示意图

1）机械研磨

由于碳材料既能提供快速的电子扩散通道，又能缓冲 Si 颗粒的体积膨胀，因此制备 Si/C 复合材料是一种简单并且有效的方法。Si/C 复合材料通常通过机械混合或者球磨技术制备，使 Si 颗粒能够嵌入致密碳基体，从而电极材料具有较高的振实密度，目前该技术已经成功商业化。例如，SiO/C 复合材料可以通过低成本的球磨方法合成。经过球磨处理后，SiO 颗粒均匀地分散在石墨基体中，石墨基体有效缓冲了 SiO 颗粒的体积变化，因此这种复合材料拥有较好的循环稳定性（每周容量衰减率为 0.43%）。Huang 等将回收的废旧太阳能电池板中的块状 Si 材料与 SiC、Ni 颗粒混合球磨，制备了 Si – SiC – Ni 复合材料，在球磨过程中，SiC 颗粒被用作硬质研磨介质的一部分以减小 Si 废料的尺寸，Ni 颗粒的引入是为了提高 Si – SiC – Ni 复合材料的导电性，Si – SiC – Ni 复合材料在 2 C 的倍率下拥有 710 mA·h·g^{-1} 的比容量，100 周循环后容量保持率为 99%。类似地，Yu 等从有机硅烷工业废料中获得 Si 颗粒，经过酸洗后进行研磨，与商用的石墨微球（graphite microspheres，GMs）和蔗糖混合后碳化获得了 Si/C 复合材料，在 0.5 A·g^{-1} 的电流密度下，该材料循环 20 周后仍具有 93.9% 的容量保持率。

2）核壳结构

包覆技术是缓解 Si 负极破裂、延长电池循环寿命的有效方法之一。在包覆层选择方面，碳材料凭借较高的机械强度、良好的离子传导能力和电子传递能力而备受关注。如图 2.4（b）所示，用均匀的碳壳封装 Si 颗粒可以抑制体积膨胀，降低电解质的持续消耗，生成稳定的 SEI 膜，改善负极的电化学性能。Ngai 等以柠檬酸为原料，采用喷雾热解法合成了核壳结构的碳包覆 Si 纳米颗粒（C@Si）复合材料。在 400 ℃退火后，表面碳壳厚度约为 10 nm。C@Si 复合电极显示出 2 600 mA·h·g^{-1} 的高比容量并且 20 周循环后仍具有超过 1 250 mA·h·g^{-1} 的可逆容量。Park 等通过聚合反应和碳化反应制备了核壳结构 Si/C 复合材料，其中碳包覆层厚度均匀（13 nm），具有良好的导电性和较高的机械强度，缓解了 Si 在循环过程中的体积变化并抑制了循环过程中电解质的持续消耗，同时提供了 910 mA·h·g^{-1} 的高比容量。Liu 等通过简单的聚合、碳化和蚀刻工艺设计了一种双碳壳 C@Si@C 管状复合材料。在 C@Si@C 管状复合材料中，Si 纳米管的厚度为 15 nm，两层碳壳的厚度均为 3~5 nm。双碳壳可以有效地防止 C@Si@C 材料在循环过程中的断裂。因此，C@Si@C 纳米管电极提供了 2 200 mA·h·g^{-1} 的高容量并且 60 周循环后容量保持率达到 98%。

3）蛋黄壳结构

为了进一步提高 Si 负极的结构稳定性，开发 Si 颗粒和碳包覆层之间具有预留空隙的核壳结构也是行之有效的方法，如图 2.4（c）所示，这种结构可以使 Si 颗粒自由伸缩而不发生断裂，从而提高结构稳定性、延长电池寿命。Mi 等开发了蛋黄壳结构的 Si@空隙@C 的复合材料，在这种独特的结构中，碳壳可以防止电解质的渗透和 Si@空隙@C 材料的断裂，空隙可以让 Si 颗粒自由膨胀而不破坏碳壳。因此，即使在循环过程中内部 Si 颗粒完全破碎，蛋黄壳结构也可以保持电极整体结构的稳定性，这种结构大大抑制了由于 Si 颗粒破碎导致的 SEI 膜持续生成，因此 Si@空隙@C 电极在具有 854.1 mA·h·g^{-1} 的高容量的同时拥有良好的循环性能。蛋黄壳结构中，空隙的存在有效缓解了充放电过程中 Si 颗粒的体积变化，但是空隙也在一定程度上阻碍了电子与离子的传输，Jiao 等利用传统的溶胶－凝胶法在大尺寸工业硅（粒径 400～500 nm）表面包覆 SiO$_2$ 层和碳层，经刻蚀后得到具有可控空间的蛋黄壳结构硅碳材料。该材料在碳壳内形成互连多孔碳网络，改善了 Si 核与中空碳壳之间的接触，并能够防止 Si 颗粒暴露于电解质中，提高了 Si@空隙@C 材料的稳定性，在 100 mA·g^{-1} 的电流密度下循环 100 周后仍具有 950.7 mA·h·g^{-1} 的比容量。

4）其他方法

除上述核壳结构和蛋黄壳结构外，如图 2.4（d）所示，将大量 Si 颗粒封装在一个大的外层碳壳中是有效的方法。Chen 等通过化学气相沉积法（chemical vapor deposition，CVD）和镁热还原工艺制备了一种双壳纳米 Si 颗粒（double carbon shells coated Si nanoparticles，DCS－Si）复合材料，DCS－Si 复合材料中，纳米 Si 颗粒的直径为 20 nm，两种碳壳的厚度均为 10 nm。纳米 Si 颗粒具有较大的比表面积，因此具有良好的离子/电子电导率，并缩短了 Li$^+$ 的扩散距离。同时内部碳壳具有良好的柔韧性，允许内部碳壳内的 Si 纳米颗粒发生较大的体积变化，而坚固的外壳有利于形成稳定的 SEI。因此 DCS－Si 电极除具有 1 802 mA·h·g^{-1} 的高比容量外，1 000 周循环后还具有 75.2% 的高容量保持率。Lu 等使用间苯二酚－甲醛树脂作为前驱体开发了非完全填充碳涂层多孔 Si 微粒。在这种独特的结构中，多孔硅微粒本身由许多互连的 Si 纳米颗粒组成，被外层碳壳包围。Si 颗粒和碳壳之间的大空隙可承受体积变化阻止 Si 颗粒和电解质之间的直接接触进而生成稳定的 SEI，这种结构的体积容量达到 1 000 mA·h·cm^{-3}。此外，除在包覆技术中应用最为广泛的碳壳外，在 Si 颗粒上包覆各种金属是提高导电性、减少极化和缓冲体积变化的有效方法。金属包覆层必须与电解质不反应，允许 Li$^+$ 穿过并嵌入 Si 颗粒中，同时需要提供一定的机械强度，常见的金属包覆层有 Cu、Bi、Ag、Ge 等；类似地，金属氧化物（TiO$_2$、Al$_2$O$_3$ 等）可提高 Si 负极的电化学性能。

多孔结构设计中，孔隙空间为 Si 颗粒合金化过程中体积膨胀提供了足够的空间，相应地减小了颗粒接触损失和界面应力。同时，多孔结构具有比表面积大、活性位点多、扩散距离短等优点。多孔 Si 材料凭借良好的结构稳定性和优异的电化学性能引起了研究人员的广泛关注。例如，Zhang 等通过简单的镁热还原工艺制备了一种新型的花状 Si（silicene flower，SF）纳米材料，高度分散的微孔缩短了 Li$^+$ 和电子的传输距离，提高了结构稳定性，SF 纳米材料具有 2 000 mA·h·g^{-1} 的高比容量，并且 600 周循环后剩余可逆容量高达 1 100 mA·h·g^{-1}，此外 SF 纳米材料具有高振实密度，在实际应用中有助于提高电池整体的能量密度。但镁热反应具有能耗高、资源利用率低以及孔隙不可控等问题。为解决镁热反应中出现的问题，Yu 等通过电沉积方法设计了一种具有可控孔隙率的多孔 Si 材料，三维通道的形成有助于 Li$^+$ 的传输，同时缓解 Si 材料循环中产生的内应力，从而保证了 Si 材料在循环过程中的结构完整性，该负极具有 1 200 mA·h·g^{-1} 的比容量并且 230 周循环后容量保持率高达 83.3%。

硅基材料以低成本、高容量、低电压平台等优点受到广泛关注，对高比容量电池的发展具有重要意义。然而，硅基材料体积变化大、容量衰减快，制约其进一步发展，合理的结构设计（核壳结构、蛋黄壳结构、纳米线结构等）可以有效地解决这些问题，在实际大规模生成中还需考虑工艺改进带来的成本问题以及安全问题等。

2. 锂金属负极

锂金属可以提供最高的质量比容量（3 862 mA·h·g^{-1}）、较高的体积比容量（2 093 mA·h·cm^{-3}）和最低的电位（−3.05 V *vs.* SHE）。然而，锂金属电池存在锂沉积不均匀和锂枝晶出现的问题。循环过程中断裂的枝晶变成了"死锂"，不再贡献容量，降低了库仑效率，并可能引发安全问题。锂枝晶生长受到多种因素影响，深入研究生长机理并采用界面调控手段稳定 Li$^+$ 沉积是实现锂金属电池应用的关键。

1）锂枝晶生长机理

电沉积过程可分为离子扩散、沉积和结晶过程。在电场作用下，Li$^+$ 首先从电解质中转移到锂金属表面，随后这些离子接收电子并沉积到锂金属负极上。新产生的锂原子沉积并迁移到晶格中，或形成晶核并逐渐生长。在电解质中，Li$^+$ 的传输行为（扩散、对流和电迁移）会影响沉积形态。在电场中，阳离子扩散的方向与电迁移路径一致。如图 2.5（a）所示，扩散动力学性质不同的阳离子会导致电极附近产生浓度梯度，Li$^+$ 更有可能在双电层的外部极限处接受电子。在锂金属电池中，电解质中 Li$^+$ 的传输很大程度上受到电流密度的影响，许多研究已经证实，高电流密度会导致枝晶的出现。例如，Cohen 等观察到在施加高电流密度时锂表面会出现裂纹。此外，Monroe 等通过理论计算发现不同电流密度下锂枝晶生长行为存在差异。在锂枝晶生长早期，锂枝晶的尺寸随时间近似呈线性增长，而一段时间之后锂枝晶生长加速。降低电流密度则有可能延长线性生长的时间并降低锂枝晶生长的速度。

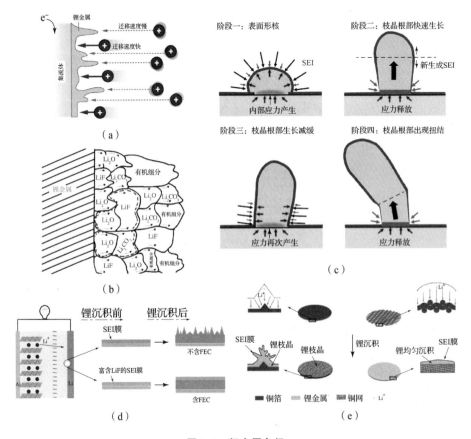

图 2.5　锂金属负极

（a）Li$^+$ 沉积速率不同导致锂金属表面沉积不均匀的示意图；
（b）SEI 膜有机/无机组分分布示意图；（c）锂枝晶生长机理的示意图；
（d）FEC 促进富含 LiF 的 SEI 膜生成示意图；（e）三维铜网抑制锂枝晶生长示意图

SEI 膜中的有机/无机组分对性能也存在影响，SEI 膜中有机/无机组分分布如图 2.5（b）所示。一方面，有机物含量高可以使 SEI 膜具有柔韧性以适应体积变化。另一方面，有机物传导离子的性能差，过多的有机物会阻止 Li$^+$

在 SEI 中运输,这可能导致电流分布不均和 Li^+ 沉积不均匀。对于 SEI 膜的无机成分,如碳酸锂(Li_2CO_3)、氟化锂(LiF)和氧化锂(Li_2O)均可以实现电极与电解质之间的快速离子传输,极大地提高了 SEI 膜的离子电导率,但是无机物不能形成高度黏合的表面膜,因此平衡无机物与有机物之间的比例是关键。

电池循环期间的体积变化和锂枝晶的生长是 SEI 产生缺陷的主要原因,裂纹下的新鲜金属表面暴露于电解质中,导致电解质的快速消耗。SEI 膜的不均匀性会导致 Li^+ 在电极上的不均匀沉积,并反作用于锂枝晶的生长。此外,新生成的 SEI 膜与原始 SEI 膜不同,在膜内部也会产生不均匀的应力。同样,SEI 膜上的尖锐边缘、裂纹等缺陷导致局部电流密度大,从而成为锂沉积位点。Kushima 等通过采用透射电子显微镜(transmission electron microscope,TEM)观测并定量分析,如图 2.5(c)所示,将锂枝晶的生长过程分为四个阶段:①球形锂核出现在表面,并且直径与时间的平方根成正比,在这个阶段,SEI 膜使表面钝化并逐渐降低锂沉积速率;②锂晶须开始从根部出现,将最初生成的锂核推离电极,晶须长度快速增加且宽度不变;③锂晶须新生成部分上的 SEI 膜导致锂枝晶生长速率显著下降;④锂晶须形成扭结,这种扭结随机出现在锂枝晶的生长过程中。

此外,温度也是影响锂枝晶生长的重要因素,一方面温度影响 Li^+ 的传输行为,高温可以促进 Li^+ 的扩散并间接改变锂枝晶的形貌;另一方面温度的变化可影响锂金属的力学性能。Aryanfar 等提出了热松弛效应,该效应认为高温促进了 Li^+ 的运动并使 Li^+ 更易从金属表面的凸起部分扩散到平坦部分;此外,Xu 等发现微米级别的锂在室温下屈服强度高达 105 MPa,而在 90 ℃ 时屈服强度显著降低,仅为 35 MPa。

2)界面调控手段

电解质调控锂枝晶生长可以改善原位生长的 SEI 膜的成分和结构,直接对界面反应进行调控。构造富含 LiF 的 SEI 层是调控 Li^+ 界面沉积行为最有效的方法之一。某些电解质和添加剂的还原能够增加界面处 LiF 的含量。例如,1,1,2,2,3,3-六氟丙烷-1,3-二磺酸酰亚胺锂(LiHFDF)相较于其他锂盐最高占据分子轨道(highest occupied molecular orbital,HOMO)能级较高(-3.57 eV),并且最低未占分子轨道(lowest unoccupied molecular orbital,LUMO)能级较低(3.92 V)。将 LiHFDF 应用于 Li-S 电池中后会分解并形成富含 LiF 的 SEI 膜,从而抑制了锂枝晶的生长和多硫化物 Li_2S_n 的穿梭效应。如图 2.5(d)所示,使用其他类型的电解质添加剂,如碳酸氟亚乙酯(FEC)和聚二甲基硅氧烷(PDMS)也可以达到类似的效果。

调节电解质溶剂的化学性质是抑制锂枝晶生长的另一种方法，如将非极性溶剂（己烷和环己烷）添加到极性醚类溶剂（1,2－二甲氧基乙烷和1,3－二氧戊环）中可以显著减少锂沉积/剥离过程中的形核过电势，进而抑制锂枝晶的生长。此外，高浓度电解质体系也可起到优化 Li^+ 界面沉积的作用，游离的溶剂分子会引发锂金属负极和电解质的强烈分解，而高盐浓度电解质可以固定游离的溶剂分子并防止副反应的发生。

建立人工界面层是稳定 Li^+ 沉积的另一种有效方法，其具有稳定锂金属与电解质界面、抑制锂金属体积变化并减小 SEI 膜内部应力的作用。Zhang 等构建了含氯化锂（LiCl）、聚偏氟乙烯（PVDF）和六氟丙烯（HFP）的有机/无机双层保护界面。其中，原位生长的 LiCl 无机内层提供了较高的机械强度（杨氏模量 6.5 GPa）和较低的扩散势垒（0.09 eV），从机械应力和化学扩散两方面抑制锂枝晶生长；原位涂覆的 PVDF－HFP 有机外层具有较好的柔韧性和离子通透性，能缓冲锂金属的体积变化，并抑制 LiCl 内层的溶解和自由溶剂的界面副反应。

锂金属负极在循环过程中的体积变化不容忽视。锂金属巨大的体积变化源于其无骨架结构。将三维骨架放置在金属锂中能够限制金属锂的体积变化、改善 Li^+ 沉积形貌。三维骨架结构通过降低局部电流密度和提供更多的沉积位点来抑制锂枝晶的形成，从而提高了锂金属负极的稳定性。如图 2.5（e）所示，Li 等采用机械压力法将不同孔径（60～170 mm）的三维铜网和锂金属复合。在 100 周循环中，复合电极的库仑效率高达 93.8%。复合电极的使用促进了电荷的转移并减少了循环过程中的体积膨胀。

锂枝晶的生长是锂金属电池商业应用的"绊脚石"。锂枝晶的生长源自固有性质和外部因素的综合作用。从热力学的角度来看，锂的沉积在高维沉积相和低维沉积相之间的吉布斯自由能差异很小。因此，锂金属更容易形成锂枝晶。从动力学的观点来看，锂金属的固相扩散不足会导致 Li^+ 在某一点容易积聚形成锂枝晶。面对锂枝晶生长的问题，电解质的修饰是一种简单有效的方法，可以改变界面处的化学反应以及 Li^+ 的沉积行为，进而抑制锂枝晶的生长。另外，电解质修饰需要克服添加剂的消耗的问题，一旦添加剂完全反应，添加剂将不能维持界面的稳定；人工界面薄膜具有促进 Li^+ 稳定沉积、阻止锂枝晶穿透和降低局部电流密度的特点，在应用这种方法时应该注意人工界面层的厚度，较厚的层将限制 Li^+ 的传输；将三维骨架放置在锂金属中可以限制锂金属的体积变化，还将改善初始阶段的成核，这对后续锂形态至关重要，开发具有良好锂亲和力、结构均匀和机械强度高的高性能三维骨架尤为重要。在未来锂金属电池发展过程中，采用多种改性方法协同作用来抑制锂枝晶生长是一种值得期待的发展方向。

2.1.4　电解质

1. 固态电解质

电动汽车起火、自燃等事故主要是由于电池热失控引发。过充电、低温或高温环境下动力电池会发生短路，短时间内电池释放大量热量，点燃电池内部的液态电解质，最终导致电池起火。与传统电解质不同，固态电解质具有不可燃、无腐蚀、不挥发、不漏液、电化学稳定性好等优点。同时，固态电解质的剪切模量高，可有效抑制电池循环中锂枝晶生长引发的电池短路等安全问题，大大提高电池的安全性。固态电解质根据组分的不同，可分为有机聚合物固态电解质（SPE）、无机固态电解质（ISE）和复合固态电解质（CSE）。

1）有机聚合物固态电解质

有机聚合物固态电解质通常是非电子导体，具有较高的杨氏模量及柔韧性，可以很好地缓解电极材料的体积变化，提高电池的安全性。常见的有机聚合物固态电解质有聚氧化乙烯（PEO）、聚碳酸酯（PC）、PVDF、聚乙烯腈（PAN）和聚甲基丙烯酸甲酯（PMMA）等。

PEO 的结构重复单元为—$(CH_2CH_2O)_n$—，PEO 具有稳定性好、耐腐蚀性好、成本低、柔韧性高和化学稳定性好等特点，是目前最受欢迎的聚合物基体之一。PEO 通过具有孤对电子的氧原子和金属阳离子的配位与分离实现离子的传输。然而，PEO 是一种半结晶聚合物，在室温下只有在无定形区域才可以进行金属阳离子的传输。PEO 在室温下结晶度较高导致离子电导率较低（10^{-8} S·cm^{-1}），制约其进一步的发展。在高温下晶相与非晶相转化，PEO 才能展现出较高的离子电导，但高温会导致 PEO 变成黏稠状液体，影响成膜性。目前可以通过引入无机填料（TiO_2、Al_2O_3）以及进行聚合物共混、共聚等方式降低 PEO 在室温下的结晶度。此外，PEO 基固态电解质在室温下电化学窗口低于 4 V，无法与高电压正极匹配。

PC 基聚合物电解质是一类具有强极性碳酸酯基团和高介电常数的材料，可以抑制阴阳离子间的相互作用，提高电流载体的数量，从而提高离子电导率（10^{-5} S·cm^{-1}）。PC 基电解质的离子传输区域分为晶态与非晶态两部分，其中晶态部分是通过离子在配位点之间的跳跃来实现迁移扩散，而非晶态的传导则是通过聚合物骨架上的离子配位点的链段运动来实现。目前，PC 基固态电解质已经开发出聚氯乙烯（PVC），聚碳酸乙烯（PEC），聚碳酸丙烯酯（PPC）和聚碳酸三甲乙烯（PTMC）等。

PVDF 的结构重复单元为—$(CH_2—CF_2)_n$—，PVDF 具有与电解质亲和力好、电化学稳定性好、介电常数高等优点。PVDF 基固态电解质的室温离子电导率在 10^{-4} S·cm^{-1} 与 10^{-3} S·cm^{-1} 之间。得益于大分子骨架中较强键和作用的 C–F 键，PVDF 基固态电解质稳定性较高，同时在固态电解质的形成过程中 C–F 键促进了锂盐向 Li$^+$ 的解离，增加了载流子的浓度。但 PVDF 均聚物结构导致结晶度较高，通常需要将 PVDF 与 HFP 进行共聚，HFP 的引入可以有效降低 PVDF 链段的规整排列，降低 PVDF 的结晶度，获得较高的离子电导率和良好的机械性能。

PAN 的结构重复单元为—$(CH_2—CH(CN))_n$—，PAN 具有高热稳定性、高离子导电性、良好的电解质相容性以及抑制锂枝晶形成等优点。PAN 在界面稳定性、力学稳定性等方面优于 PVDF。PAN 中的 –CN 基团可以与 Li$^+$ 产生相互作用形成缔合体，随着高分子链段的运动，参与缔合的活性位点不断地发生移动或替换，使 Li$^+$ 在电场作用下产生定向运动，使 PAN 拥有较高的离子电导率。但 PAN 基固态电解质也存在热力学稳定性差与机械强度低等问题，当在 PAN 基质中加入较多增塑剂时将会导致机械性能下降，因此提高离子电导率的同时兼顾机械强度是 PAN 基固态电解质的研究难点。同时，PAN 基固态电解质的热力学稳定性较差，长时间放置后易出现液相偏析现象，表层出现的富液相将导致电解质的电导率下降。此外，在电解质与锂金属接触过程中，容易在界面处形成不稳定的钝化层，导致电池内阻增大。

PMMA 的结构重复单元为—$(CH_2C(CH_3)(COOCH_3))_n$—，PMMA 是一种具有高透明度、高强度、价格低廉的非晶聚合物，侧链中含有大量酯键，可与 Li$^+$ 进行配位，并能较好地吸附液态溶剂。但 PMMA 的玻璃化转变温度高、柔韧性差阻碍了 PMMA 作为聚合物电解质的使用，因此 PMMA 通常不能单独使用，需要和 PVDF、PVDF–HFP、PAN 等聚合物进行共聚、共混或者交联，从而制备出拥有高电导率和优异力学性能的固态电解质。

2）无机固态电解质

常见的无机固态电解质有钠快离子导体（Na$^+$ superionic conductor, NASICON）型、钙钛矿型、石榴石型和硫化物型，其结构如图 2.6（a、d）所示。代表性的钙钛矿固态电解质是 Li$_{3x}$La$_{2/3-x}$TiO$_3$（LLTO），虽然 LLTO 在室温下表现出超过 10^{-3} S·cm^{-1} 的离子电导率，但是结构稳定性较差，与锂金属接触时 Li$^+$ 进入 LLTO 晶格内将 Ti^{4+} 还原成 Ti^{3+}，因此钙钛矿型固态电解质并不适用于锂离子电池。

NASICON 型电解质具有较高的离子电导率并且对水、空气具有优异的稳定性。Goodenough 等于 1976 年首次合成了 Na$_{1+x}$Zr$_2$Si$_x$P$_{3-x}$O$_{12}$ 材料，其具有

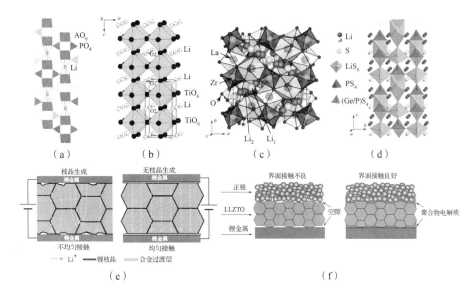

图 2.6　固态电解质

（a）快离子导体结构示意图；（b）钙钛矿型结构示意图；（c）石榴石型结构示意图；

（d）硫化物型结构示意图；（e）优化 Li^+ 沉积行为的锂合金过渡层示意图；

（f）聚合物电解质优化 LLZTO 界面接触示意图

$AM_2(PO_4)_3$ 型结构，A 位由 Li、Na 或 K 占据，M 位通常由 Ge、Zr 或 Ti 占据。$LiTi_2(PO_4)_3$ 体系固态电解质已被广泛研究，研究人员采用掺杂的方法替代部分 Ti^{4+} 形成 $Li_{1+x}M_xTi_{2-x}(PO_4)_3$（M = Al、Cr、Fe 等）型结构进一步提高固态电解质的离子电导率。其中 Al^{3+} 的掺杂最为有效，$Li_{1+x}Al_xGe_{2-x}(PO_4)_3$ 型材料在拥有较高离子电导率的同时兼具宽电化学窗口，是有前景的 NASICON 材料。

石榴石型固态电解质具有出色的电化学性能（高离子电导率和宽化学窗口），良好的机械性能和安全性。传统的石榴石型电解质是 $Li_7La_3Zr_2O_{12}$（LLZO）及其衍生物。石榴石型材料的通式为 $A_3B_2Si_3O_{12}$，其中 A 离子和 B 离子的配位形式分别是八配位及六配位。自 1969 年首次发现 $Li_3M_2Ln_3O_{12}$（M = W、Te）以来，研究人员已开发出一系列石榴石型材料，代表性体系为 $Li_5La_3M_2O_{12}$（M = Nb、Ta）、$Li_6ALa_2M_2O_{12}$（A = Ca、Sr、Ba；M = Nb、Ta）、$Li_{5.5}La_3M_{1.75}B_{0.25}O_{12}$（M = Nb、Ta；B = In、Zr）和立方系 $Li_7La_3Zr_2O_{12}$ 与 $Li_{7.06}M_3Y_{0.06}Zr_{1.94}O_{12}$（M = La、Nb、Ta）。Murugan 等研究发现，立方石榴石相相对稳定，适量掺杂 Te 可提高材料的离子导电性，在室温下实现了 $Li_{6.5}La_3Zr_{1.75}Te_{0.25}O_{12}$ 的高离子电导率（1.02×10^{-3} S·cm^{-1}）。石榴石型电解质与电极材料界面接触问题导致 Li^+ 在循环过程中沉积不均匀，易产生枝晶，存在严重的安全隐患。Tsai 等对锂金属电极的表面进行抛光以去除钝化膜并且在锂金属表面溅射了一层金，如图 2.6（e）所示。由于金和锂之间的良好亲和力，界面电阻显著降低，抑制了锂枝晶的生成。如图 2.6（f）所示，在 LLZTO（Ta doped LLZO）和锂金属负极之间添加 SPE 同样缓解了接触性差的问题。

硫化物固态电解质最突出的优点是室温离子电导率高（$10^{-4} \sim 10^{-3}$ S·cm^{-1}）。硫化物固态电解质中的 S^{2-} 电负性低，对 Li$^+$ 的束缚较小，有利于 Li$^+$ 在电解质中的自由移动。硫化物固态电解质主要分为 Li$_2$S – SiS$_2$ 体系和 Li$_2$S – P$_2$S$_5$ 体系，Li$_2$S – P$_2$S$_5$ 体系硫化物固态电解质主要包括 Li$_2$S – P$_2$S$_5$ 基二元硫化物（Li$_7$P$_3$S$_{11}$、Li$_3$PS$_4$ 等）和 Li$_2$S – P$_2$S$_5$ – MS$_2$（M = Si、Ge、S 等）基三元硫化物固态电解质材料。目前研究最为广泛的硫化物固态电解质是快离子导体，其离子电导率已接近甚至超过液态电解质的水平，如 Li$_{10}$GeP$_2$S$_{12}$（LGPS）和 Li$_{9.54}$Si$_{1.74}$P$_{1.44}$S$_{11.7}$Cl$_{0.3}$（LSPSC）的室温离子电导率分别达到 1.2×10^{-2} S·cm^{-1} 和 2.5×10^{-2} S·cm^{-1}。此外，硫化物固态电解质还具有热稳定性好、电化学窗口宽和机械性能好等优点。但硫化物在空气中极不稳定，容易和空气中的水和氧气反应并生成有剧毒性的 H$_2$S 气体，这种不可逆的化学反应会导致硫化物电解质的结构发生变化，降低离子电导率，并产生严重的安全问题。

3）复合固态电解质

有机聚合物固态电解质具有易加工、柔韧性好、与电极界面接触良好等优点，但是离子电导率较低；无机固态电解质的离子电导率较高，但与电极的接触问题始终是发展路上的绊脚石，开发复合固态电解质是一个有效的解决方法，复合固态电解质兼具有机聚合物固态电解质和无机固态电解质的优点。制备复合固态电解质的手段主要包括聚合物共混、离子液体浸润、无机填料复合等。复合固态电解质的电子电导率和离子电导率取决于无机填料的特性，包括填料的大小、孔隙率、浓度、表面积以及填料与聚合物基体之间的相互作用等。

无机陶瓷填料分为不参与离子传导的惰性填料和部分参与离子传导的活性填料。惰性填料表面与聚合物基质、锂盐之间的物理作用也可以降低聚合物结晶度，促进锂盐解离，从而提高电导率。Liu 等采用 Y$_2$O$_3$ 掺杂的 ZrO$_2$ 纳米线与 PAN 复合得到的复合电解质，纳米线上丰富的氧空位与 Li$^+$ 作用促进锂盐的解离，使复合电解质具有 1.07×10^{-5} S·cm^{-1} 的电导率。

无机陶瓷电解质的添加不仅可以降低聚合物的结晶度，还额外提供 Li$^+$ 传导路径，提高了离子电导率。Zheng 等采用同位素标记和高分辨率固态锂核磁共振技术追踪 LLZO – PEO 复合固态电解质中 Li$^+$ 的迁移路径，发现 Li$^+$ 倾向于在 LLZO 陶瓷相中扩散，而不是界面或 PEO 聚合物相。Liu 等将静电纺丝得到

的 $Li_{0.33}La_{0.557}TiO_3$（LLTO）纳米线与聚丙烯腈混合制备了复合电解质，LLTO 纳米线在聚合物基质中形成了有效的离子传输网络，显著提高了离子电导率，室温离子电导率达到 $2.4 \times 10^{-4}\ S \cdot cm^{-1}$。

固态电解质凭借高安全性在电动汽车、电网储能及军工等领域具有广阔的应用前景，但要实现其实际的工业应用仍需进一步研究。模拟计算与实验的相互结合是一种有效的方法，此外，应用先进表征技术探索离子传输机制是提高离子电导率的关键。

2. 水系电解质

锂离子电池中采用安全、环保的水系电解质取代易燃、有毒的有机电解质是提高锂离子电池安全性的有效途径之一。在水系可充电锂离子电池中，正极材料（$LiCoO_2$、$LiMn_2O_4$、$LiNi_xCo_{1-x}O_2$、$LiFePO_4$ 等）与负极材料（VO_2、LiV_3O_8、$LiNbO_5$、$\gamma - FeOOH$ 等）大多是嵌入型材料，其充放电机制与有机体系锂离子电池类似。然而水系电解质也面临诸多问题，如水系电解质的电化学稳定窗口较窄，在选择水系锂离子电池电极材料时必须考虑水的分解。水系电解质的窗口由析氢反应（hydrogen evolution reaction，HER）和析氧反应（oxygen evolution reaction，OER）共同决定，通常情况下水系电解质的窗口大约在 1.23 V，但是在此区间内电极材料无法发挥出最大容量，若是超过电化学窗口则会造成水的分解，使电极附近 pH 值产生变化，降低电极材料的稳定性。此外，质子共嵌反应在水系电解质中也不容忽视，由于 H^+ 的半径比 Li^+ 小很多，Li^+ 发生嵌入反应时会伴随 H^+ 的嵌入。质子共嵌反应一般与电极材料的晶体结构和电解质的 pH 值有关，为解决这些问题，科研人员针对水系电解质做出了许多研究。

由于电解质窗口以及质子共嵌反应受到 pH 值的影响，在实际操作过程中可以通过调整 pH 值来匹配不同的电极材料。图 2.7（a）显示了析氢电位与析氧电位与 pH 值之间的关系。将电解质的 pH 调至酸性，使水盐电解质的析氧电位发生正移，可达到析氧电位向更高电压方向移动的目的，从而拓宽水系电解质的电化学窗口，提高电极材料的实际利用率。Wang 等采用 21 $mol \cdot kg^{-1}$ LiTFSI 为电解质，使用 1M HTFSI 溶液将电解质的 pH 从 7 调到 5 后，将 $LiNi_{0.5}Mn_{1.5}O_4/Mo_6O_8$ 电池的电压提升至 2.9 V，同时提供了 126 $W \cdot h \cdot kg^{-1}$ 的能量密度。

另外，锂盐的浓度显著影响电解质的电化学稳定性。Wessells 等比较了两种常见锂盐（$LiNO_3$、Li_2SO_4）的电化学稳定性，研究发现电解质稳定性随着浓度的增加而增加（至少达到 5 M）。盐包水（water - in - salt）电解质是常见

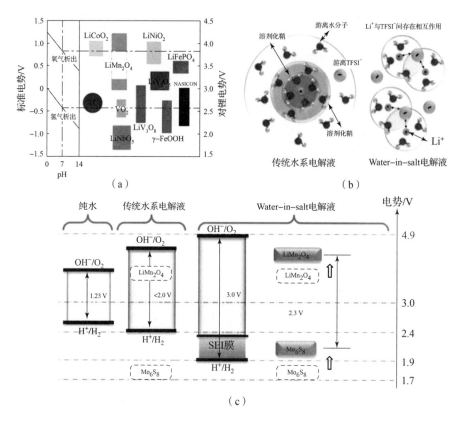

图 2.7　水系电解质

（a）不同 pH 值下的析氢电位与析氧电位（左）、不同电极材料的插层电位（右）；

（b）Li⁺ 在传统水系电解质与 water‐in‐salt 电解质中溶剂化行为示意图；

（c）water‐in‐salt 电解质中析氢电位与析氧电位变化示意图

的高电压电解质，其显著特点是水与锂盐的比例小于 1，即锂盐中含有少量的水分，水分的存在降低了黏度，增强了 Li⁺ 的传输，同时其中游离水分子较少，无法与电极表面直接接触并产生反应，因此电化学稳定窗口被拓展。Suo等采用有机盐双三氟甲基磺酰亚胺锂（LiTFSI）与水形成的 21 M 的超高浓度水溶液，如图 2.7（b）所示，每个离子周围的水分子数远低于常规水系电解质中的数量，形成了包含阴离子 TFSI⁻ 的 Li⁺ 溶剂化鞘。在稀溶液中，Li⁺ 在溶剂化鞘中保持良好的水合状态，但 Li⁺ 的锂化电位低于水的还原电位，导致水优先还原并且氢气持续析出，阻止 Li⁺ 锂化以及 TFSI⁻ 的还原。然而，当 LiTFSI浓度超过 20 M 时，每个 Li⁺ 溶剂化鞘中会有两个 TFSI⁻，反应以 TFSI⁻ 的还原为主并形成了富含 LiF 的界面膜。如图 2.7（c）所示，TFSI⁻ 浓度的增加抑制了析氢反应与析氧反应的发生，析氢电位由 2.63 V 降低至 1.9 V，析氧电位由

3.86 V 提升至 4.9 V，实现了约 3 V 的电化学窗口。水合物熔融电解质在水分子存在的情况下制备共晶熔盐，使更多水分子进入离子中，降低游离水分子含量。Yamada 等研究发现水合物熔体电解质的稳定电位窗口比盐水电解质的稳定电位窗口宽，$Li(TFSI)_{0.7}(BETI)_{0.3} \cdot 2H_2O$ 展现出 2.7 V 的宽电位窗口（2.35 ~ 5.05 V *vs.* Li^+/Li）。

在水系锂离子电池电解质中加入添加剂可在电极材料和电解质之间形成保护层，阻碍电解质中的水分子与电极材料的直接接触。常用的添加剂有羧甲基纤维素钠（CMC）、十六烷基硫酸钠（SDS）、三甲基硅基硼酸酯（TMSB）、1,3 – 二磺酸丙烷二钠（PDSS）、乙腈等。Wang 等在 21 M LiTFSI 的水系电解质中加入三甲基硅基硼酸酯，得益于保护性界面膜的生成，在水系电解质中成功应用了高电压正极材料 $LiCoO_2$。

水中的氧气含量也是影响电解质电化学稳定性的重要因素，水中的氧气会使负极材料被氧化，氧气的含量越高，电池的循环稳定性越差。此外，电解质中的溶解氧会引起电池自放电，从而影响电池的整体性能。Luo 等降低了 Li_2SO_4 电解质中的氧含量，实现了 $LiTi_2(PO_4)_3/LiFePO_4$ 电池的稳定长循环，在 1 000 周循环后容量保持率超过 90%。

水系电解液凭借安全、环保的特点提高了电池的安全性，但水系电解液电化学窗口较窄的问题限制了其应用，电解液 pH 值调整、高浓电解液应用和加入添加剂等方法可有效拓宽电化学窗口。此外，选择与电解液匹配的电极材料同样是实现水系锂离子电池应用的关键。

2.1.5　小结与展望

锂离子电池凭借能量密度高、使用寿命长、无记忆效应等优点成为应用最为广泛的动力电池，为早日实现汽车产业的电动化转型，电池材料的研发显得尤为重要。正极材料方面，高镍三元材料以及富锂材料凭借高比容量、高平台电压以及低成本等优点逐渐成为市场的主流，掺杂技术与包覆技术的应用进一步提升了正极材料的电化学性能，多角度深入研究正极材料失效机理，兼顾高比容量与高安全性成为未来的研发重点。负极材料方面，硅基负极材料受制于 Si 颗粒的剧烈体积变化，合理设计结构是开发比容量高、循环稳定材料的关键；锂金属负极枝晶生长问题始终阻碍其产业化的应用，电解质修饰、三维骨架结构应用、建立人工界面层等方法可以优化 Li^+ 的界面沉积，但是深入研究锂枝晶生长机理才是解决问题的有效途径。电解质方面，固态电解质与水系电解质的应用是提升电池安全性的重要途径，拓宽电解质窗口、提升离子电导率、降低成本是未来重要发展方向。由于锂元素在地壳中丰度较低，建立完整废旧电池的回收体系不仅能够节约资源，还能减少环境污染，也是实现碳中和的有效方式。此外，受制于有限的锂资源，开发可替代锂离子电池的新体系电池也成为新的研究热点。

|2.2　钠离子电池|

2.2.1　概述

当前，世界正处于一场能源革命的起点，全球碳中和理念已成为共识，能源结构转型也进入一个长期的加速阶段。目前全球能源转型的趋势是由化石燃料能源向低碳能源体系方向转变，并最终进入可再生能源时代。推动可再生能源的发展不仅可以提供持续发展的安全保障，也在缓解气候变暖、减少极端天气、减轻环境污染等问题方面具有重要的现实意义。然而，受自然条件的限制，光伏、风能、潮汐等主要可再生能源的功率输出往往表现出随机性、波动性、不稳定的问题，一旦直接输出电能，会对电网带来巨大冲击并伴随较大的电量损耗。因此，为了增加能源供应的安全性与可持续性，必须发展高效稳定的大规模储能体系。在众多储能体系中，电化学储能具有较高的工作效率以及低的开发与维护成本，符合可持续发展的战略方针。开发高效的电池体系是破解能源与环境约束难题的关键。目前市场发展的电化学储能体系主要有以下几种：铅酸电池、镍镉/镍氢电池、锂离子电池、钠离子电池等。其中，钠离子电池具有低成本、环境友好性、安全性高、寿命长的特点，有望在未来储能应用中发挥重大作用。本节围绕钠离子电池体系展开讨论，主要内容示意图如图2.8 所示。

与锂离子电池相似，钠离子电池的早期研究可以追溯到 20 世纪 80 年代左右。受到 $LiCoO_2$ 锂离子电池的启发，法国科学家 Delmas 于 1981 年首次报道了关于层状氧化物 Na_xCoO_2 在钠离子电池正极材料中的应用，相关研究表明 Na_xCoO_2 能实现钠离子的可逆脱嵌。同时，Delmas 根据钠离子在过渡金属层间的配位方式，将层状氧化物主要分为 O 型和 P 型两类，这种分类方法也一直沿用至今。随后，研究者们也相继报道了多种含钠的层状过渡金属氧化物正极材料（Na_xMO_2，M = Ni、Ti、Co、Mn、Cr、Nb 等），Na_xMO_2 也成为最早被研究的钠离子电池正极材料。1987 年，Delmas 等证明了另一类材料钠快离子导体具有一定的储钠性能，也可以实现钠离子的快速脱嵌。早期钠离子电池相关材

图 2.8　2.2 节主要内容示意图

料的基础研究都是沿用锂离子电池的标准体系。然而，在锂离子电池中成功商业化的石墨负极材料在应用到钠离子电池时表现出极差的储钠能力，导致钠离子全电池的研究陷入瓶颈。由于当时技术条件与研究手段的局限性，加之锂离子电池相关研究的成功吸引了研究者们的更多关注，自 20 世纪 80 年代后期，钠离子电池的研究陷入了缓慢乃至近乎停滞的状态。

　　自 20 世纪 90 年代以来，钠离子电池重新回到人们视野之中，尤其是近几年，钠离子电池的相关研究呈现出接近指数增长的态势。主要原因在于：一方面，锂离子电池自身发展所遇到的研究瓶颈以及全球有限的锂资源，使人们将目光转向钠离子电池体系；另一方面，基于锂离子电池丰富的研究经验与先进技术促进了钠离子电池的发展。1993 年，Doeff 等开创性地将碳化后的石油焦（一种软碳材料）应用于钠离子电池负极，表现出 90 mA·h·g^{-1} 的可逆比容量，随后多种软碳负极材料被研发用于钠离子电池，但相应储钠容量的提升程度不明显。直到 2000 年，钠离子电池负极材料的发展迎来了转折。Stevens和 Dahn 等通过热解葡萄糖制备了一种硬碳负极材料，其具有理想的储钠平台（~0.1 V）以及较高的平台容量（0.1 V 以下比容量达 150 mA·h·g^{-1}）。

Wang 等通过氧化和部分还原的方法制备了层间距约 0.43 nm 的膨胀石墨，表现出较好的储钠容量。Adelhelm 等于 2014 年首次报道了石墨在醚类电解质中的储钠机制，研究表明石墨在醚类电解质中通过溶剂化离子共嵌入的方式实现储钠。除了碳负极材料外，以过渡金属氧化物、硫化物等为代表的转化反应材料以及第Ⅲ、第Ⅳ主族金属元素为例的合金化反应材料也取得了一定的研究进展。正极材料方面，则是在层状氧化物的基础上进行改性以提高其容量，同时也研究了其他结构的储钠正极材料。1994 年，Doeff 等对具有隧道结构的 $Na_{0.44}MnO_2$ 进行了储钠性能的研究，发现钠离子可以在 $0.15 \sim 0.66$ 的钠含量范围内实现可逆的嵌入/脱出，并以此为基础开展了大量关于隧道结构氧化物的研究工作。除过渡金属氧化物外，聚阴离子类正极材料也有一定的进展，包括磷酸盐（$NaFePO_4$、$Na_3V_2(PO_4)_3$）、氟磷酸盐 [Na_2MPO_4F（M = Fe、Co、Mn）、$NaVPO_4F$、$Na_3V_2(PO_4)_2F_3$] 等。2003 年，Barker 等首次将 $NaVPO_4F$ 与硬碳组合装配钠离子全电池，该全电池具有 3.7 V 的工作电压以及 82 mA·h·g^{-1} 的比容量。Nazar 等在 2007 年提出具有正交结构的 Na_2FePO_4F 正极材料，其可以实现 1 个钠离子的自由脱嵌，且具有较低的体积形变。聚阴离子型材料具有稳定的三维框架结构和较强的阴离子诱导效应，表现出较高的工作电压和良好的循环稳定性。此外，普鲁士蓝（prussian blue，PB）及其类似物、金属氟化物、有机类等也是常用的钠离子电池正极材料。2012 年，Goodenough 等对 $KFe[Fe(CN)_6]$ 材料进行了储钠性能分析，其首周放电比容量可以达到 120 mA·h·g^{-1}，并于 2013 年进一步设计出具有较高电压和优良倍率性能的普鲁士白正极材料。Gocheva 等首次证明了 $NaMF_3$（M = Fe、Mn、Ni）等金属氟化物的电化学活性，其中以 $NaFeF_3$ 的可逆比容量最高，为 120 mA·h·g^{-1}。随着新材料技术的不断发展，钠离子电池体系中的多种关键材料呈现出多元化、高性能化的发展趋势。

与锂离子电池相似，钠离子电池主要是由正极片（涂覆于铝箔集流体）、负极片（涂覆于铜箔/铝箔集流体）、电解质、隔膜等构成。钠离子电池的工作原理也是基于 M. Armand 所提出的"摇椅式电池"的工作机制。对于钠离子电池，在充电过程中，钠离子首先从电池正极材料中脱出，经过电解质穿过隔膜，嵌入负极材料中，完成充电反应。此时，正极处于贫钠态，负极处于富钠态，同时为了保持电荷平衡，电子在外电路从正极流向负极。放电过程与之相反，钠离子首先从负极材料中脱出，经过电解质并穿过隔膜，进一步嵌入正极材料之中，完成放电反应。外电路中的电子则是由负极流向正极。在整个充放电过程中，电池内部正负极之间钠离子来回迁移的数量与外电路中电子迁移的数量相同，电池的正负极材料也分别对应地发生氧化反应与还原反应。以正负极材料分别为层状金属氧化物 Na_xMO_2 与硬碳为例，电极与电池的反应可以整理为式（2.3）~式（2.5）：

正极反应：
$$Na_xMO_2 \xrightleftharpoons[\text{放电}]{\text{充电}} Na_{(x-y)}MO_2 + yNa^+ + ye^- \qquad (2.3)$$

负极反应：
$$nC + yNa^+ + ye^- \xrightleftharpoons[\text{放电}]{\text{充电}} Na_yC_n \qquad (2.4)$$

总反应：
$$Na_xMO_2 + nC \xrightleftharpoons[\text{放电}]{\text{充电}} Na_{(x-y)}MO_2 + Na_yC_n \qquad (2.5)$$

式中，正反应为充电过程，相反，逆反应则为放电过程。整个电池的充放电反应在理想情况下应该为高度可逆的，这就需要保证钠离子在正负极嵌入和脱出的过程中不能对材料的晶体结构等产生破坏。同时，为了确保电池能输出最大的有用功，使电池获得较高的电动势，需要选择合适的电极材料，使钠离子在正负极之间具有足够大的化学势差值。因此，材料体系的选择是关系到钠离子电池能否发挥优异电化学性能的关键。

与锂离子电池相比，钠离子电池在成本、低温性能等方面具有一定的综合优势，如图 2.9 所示，具体可以总结为以下几个方面：①相对于锂而言，钠的资源丰度更高、分布更广，据统计，地壳中钠的丰度占 2.75%（锂的丰度仅占约 0.006 5%），储量丰富的钠资源使钠离子电池的开发成本更低；②钠与铝在低电位下不会发生合金化反应，因此钠离子电池的集流体可以选择价格低廉的铝箔来替代铜箔；③尽管钠的离子半径大于锂的离子半径，但其在电解质中的溶剂化半径小于锂离子的溶剂化半径，因此表现出更为优异的离子界面扩散能力；④钠盐的电导率高于锂盐，钠离子电池可以选择低浓度的电解质，使电解质的选择范围更广，电解质成本更低；⑤钠离子电池具有更高的安全性，钠离子电池的内阻比锂离子电池稍高，其瞬间发热量少，起火安全隐患较小。

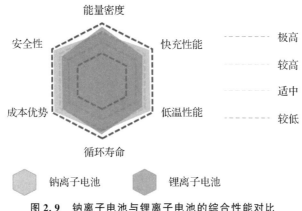

图 2.9　钠离子电池与锂离子电池的综合性能对比

发展钠离子电池的关键在于构建先进的电池材料体系。基于此，本节主要总结了近年来钠离子电池中正极材料、负极材料、电解质以及隔膜、粘结剂等其他关键材料的研究进展，针对这些材料的理化性质、目前面临的研究瓶颈及未来的发展策略等进行了重点剖析。最后，本节针对目前钠离子电池的发展与应用前景进行了总结与展望。

2.2.2　正极材料

钠离子电池的所有正极材料按其结构类型可分为四种：过渡金属氧化物正极材料、聚阴离子型正极材料、普鲁士蓝类正极材料、有机物类正极材料。常见过渡金属氧化物、聚阴离子和普鲁士蓝等正极材料的工作电压和比容量如图 2.10 所示，钠离子电池的反应机理与锂离子电池类似，但是钠离子的半径和电化学标准电势与锂离子相比存在差异（Na^+/Na 的 $E^{\ominus} = -2.71$ V $vs.$ SHE，比 Li^+/Li 高 0.3 V），使实现钠离子电池的实用化仍然面临一些问题，因此寻找合适的正极材料是钠离子电池实现实用化的关键。

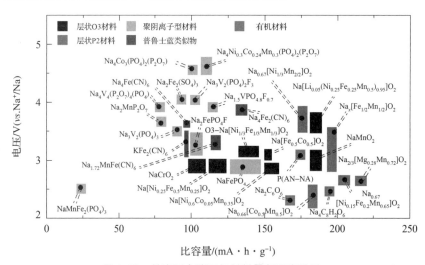

图 2.10　钠离子电池正极材料最新研究进展

1. 过渡金属氧化物正极材料

过渡金属氧化物正极材料主要分为层状过渡金属氧化物和隧道结构过渡金属氧化物。

钠离子电池中的层状过渡金属氧化物于 20 世纪 80 年代初被提出，其结构通式为 Na_xTMO_2。Delmas 等根据 TMO_6 多面体中钠离子的配位构型，将层状过渡金属氧化物 Na_xTMO_2 分为 On 型和 Pn 型（$n = 1, 2, 3\cdots$），主要有 O2、O3、

P2、P3 这四种。其中字母 O、P 分别代表晶胞中钠离子的配位构型，数字 n 代表氧最少重复单元的堆垛层数（2 代表 ABBA……，3 代表 ABCABC……）。O 代表在该晶胞中钠离子以八面体形式排列，即钠离子和氧原子形成一个八面体，钠离子位于八面体中央，并且氧原子和过渡金属离子同样形成八面体，氧原子位于八面体的 6 个顶点，过渡金属离子位于八面体中央，形成 TMO_6 的框架结构。每个氧原子被 3 个八面体共用，在晶胞中以 TMO_2 形式存在。在相邻的上下两层 TMO_6 中，钠离子随机分布，和上下 TMO_6 层共用顶点形成八面体。在 Pn 型结构中，钠离子和相邻的上下两层 TMO_6 八面体共用氧原子形成三棱柱状，氧原子作为棱柱的 6 个顶点。其中，O3 相和 P2 相是钠离子电池层状材料中的两种常见晶型。O3 相结构为阳离子有序岩盐超结构氧化物，该类材料晶体结构如图 2.11 所示。过渡金属（TM = Ti、V、Cr、Mn、Fe、Co、Ni、Cu……）与 6 个氧原子沿 c 轴方向配位时可形成八面体。这些 TMO_6 八面体通过边缘共享方式相互连接，形成 TMO_2 层。在 TMO_2 层之间，钠离子只有一种占位，该位点与 TMO_6 八面体共用六条边。当垂直于［111］方向观测时，这些阳离子有序交替层分别为 NaO_2 层和 TMO_2 层。O 型 $NaTMO_2$ 以 TMO_2 层之间的八面体位命名，这些位点很容易通过 TMO_2 层的滑动形成。在 O3 型结构中，氧空位是按照 AB – CA – BC（与 $CdCl_2$ 同结构）的顺序进行堆积，而钠离子以图 2.11 所示的三层不同的方式分布在八面体位置，氧空位分别表示为 A、B、C。当 TMO_2 层滑动形成棱柱位时，也会发生同样的情况，P2 型结构是以氧堆积的顺序命名的（AB – BA）。

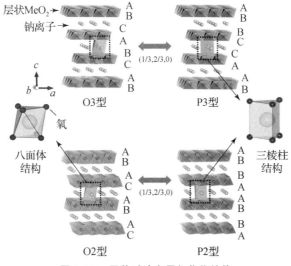

图 2.11　层状过渡金属氧化物结构

在 P2 相中，所有的钠离子分布在钠层的三棱柱间隙位，三棱柱分为两种：一种是三棱柱上下两侧均与过渡金属 TMO_6 以共棱形式连接，这种钠位称为 Na_e（e = edge，边）；另一种是上下两侧均与过渡金属 TMO_6 八面体以共面形式连接，这种钠位称为 Na_f（f = face，面）。对于 P2 相材料，如果 Na_e 位置和 Na_f 位置同时占满，钠含量可以达到 2，但是由于这两个位置之间存在很强的库仑力，故相邻的两个位置不能被同时占据，两个位置钠离子占比与充放电状态和过渡金属元素的选择均有关系。一般来说，Na_e 位置能量相对较低，更容易被占据。O 或 P 右上方的撇号（′）表示其结构扭曲。过渡金属层间钠离子的分布不同，P2 和 O3 相层状材料的电化学性能也不同。在 P2 型结构中，钠离子通过一条开放的路径迁移到三角棱柱面，这个三角棱柱面就是 P2 型结构中钠离子的共享位点。对于 O3 型结构，钠离子通常不能从最初的八面体位置直接迁移到相邻的八面体位置，而是迁移到相邻四面体位置共享的一个面，然后通过不同的平面迁移到共享的相邻八面体位置。与 P2 型结构相比，此过程需要消耗更多的能量，因此钠离子在 P2 型结构中具有更高的迁移速率，P2 型材料也比 O3 型材料具有更好的结构稳定性和倍率性能。

隧道结构过渡金属氧化物的结构比层状过渡金属氧化物更复杂。早在 1971 年，Hagenmuller 等首次报道了隧道结构材料。1994 年，Doeff 等首次将隧道结构材料应用于钠离子电池中，发现钠离子含量可以在 0.17~0.61 之间可逆脱嵌。$Na_{0.44}MnO_2$ 是典型的隧道结构化合物，其空间群为 Pbam，具有较大的 S 形通道，此通道由 12 个过渡金属元素围成，包含 5 个独立的晶格位置，可以实现钠离子的快速扩散。如图 2.12 所示，所有的正四价锰离子和一半的正三价锰离子可以与 6 个氧配位，形成八面体，而其他的正三价锰离子与 5 个氧原子形成正方棱锥结构。这些多面体通过边共享和角共享相互连接，形成两种不同类型的隧道：一个是大 S 形隧道，里面一半空间填满了钠离子；另一个是小隧道。在隧道型结构中可以观察到 5 种不同配位的锰离子占据位点，分别为 Mn1、Mn2、Mn3、Mn4（位于八面体位置）和 Mn5（位于金字塔位置）。另外，此结构中还存在 3 个不同的钠离子位点，分别是位于大 S 形隧道中的 Na1 位点和 Na2 位点，以及位于小隧道中的 Na3 位点。

2. 聚阴离子型正极材料

聚阴离子型材料是指化合物结构中由一系列四面体构型单元 $(XO_4)^{n-}$ 及其衍生单元 $(X_mO_{3m+1})^{n-}$（X = S、P、Si、As、Mo、W 等）和多面体单元 MO_x（M 指过渡金属）组成的一类化合物。在大多数聚阴离子化合物中，$(XO_4)^{n-}$ 单元不仅可以起到稳定过渡金属的氧化还原电对的作用，而且有助于离子在框

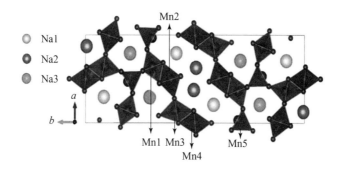

图 2.12　$Na_{0.44}MnO_2$ 的晶体结构

架结构中进行快速传导。与层状材料相比，聚阴离子材料结构中强的共价键可以诱导金属和氧之间的共价键产生更强的电离度，从而产生更高的氧化还原电位，有助于获得高电压的电极材料，这就是聚阴离子材料中的"诱导效应"。另外，X 与 O 之间的强共价键稳定了晶格结构中的氧，因此使聚阴离子材料具有较高的结构稳定性和安全性。聚阴离子型电极材料具有体积形变小、工作电位较高、碱金属离子扩散快、循环寿命长等特点，是理想的二次电池正极材料。钠离子电池聚阴离子型正极材料可以分为磷酸盐类、焦磷酸盐类、混合磷酸盐类、氟磷酸盐类、硫酸盐类以及硅酸盐类材料。

1）磷酸盐类

目前，研究较多的磷酸盐类材料主要有 $NaFePO_4$、$Na_3V_2(PO_4)_3$ 和氟磷酸盐类 $[Na_2MPO_4F$、$Na_3(VO_x)_2(PO_4)_2F_{3-2x}(M=Fe、Co、Mn)]$。$LiFePO_4$ 在锂离子电池中具有较好的电化学性能，因此，与之类似的 $NaFePO_4$ 被用作钠离子电池正极材料。磷铁钠矿型和橄榄石型 $NaFePO_4$ 和无定形 $NaFePO_4$ 的晶体结构如图 2.13 所示。其中，无定形 $NaFePO_4$ 表现出较为优异的电化学性能，具有实际应用的潜力；橄榄石型 $NaFePO_4$ 具有一维钠离子通道，表现出一定的电化学性能；而磷铁钠矿型 $NaFePO_4$ 缺少钠离子传输通道，因此不具备电化学活性。2015 年，Kisuk Kang 等首次报道了磷铁钠矿型 $NaFePO_4$ 的可逆脱嵌钠行为，结合理论计算和实验结果，证实了钠离子的嵌入和脱出机制：当第一个钠离子脱出后，磷铁钠矿型 $FePO_4$ 转变为无定形相 $FePO_4$，降低了钠离子的扩散阻力。磷铁钠矿型 $NaFePO_4$ 作为钠离子电池正极材料表现出 142 mA·h·g^{-1} 的可逆比容量，循环 200 周后容量损失仅有 5%。橄榄石型 $NaFePO_4$ 作为钠离子电池正极材料，具有 154 mA·h·g^{-1} 的理论比容量和较高的工作电压。然而，由于橄榄石型 $NaFePO_4$ 正极材料中钠离子的扩散系数较低，因此其倍率性能远低于以 $LiFePO_4$ 为正极材料的锂离子电池。

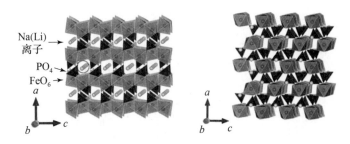

图 2.13　磷铁钠矿型和橄榄石型 NaFePO$_4$ 和无定形 NaFePO$_4$ 的晶体结构

Na$_3$V$_2$(PO$_4$)$_3$ 具有三维开放的网络结构，作为钠离子电池正极材料，具有较高的理论比容量（117 mA·h·g^{-1}）、较高的电压平台（3.4 V）、优异的热稳定性和结构稳定性等优点。其结构具有正交对称性，属于 $R\bar{3}C$ 空间群，晶胞参数为 $a = b = 8.738$ Å，$c = 21.815$ Å。Na$_3$V$_2$(PO$_4$)$_3$ 的晶体结构如图 2.14（a）所示，每个 Na$_3$V$_2$(PO$_4$)$_3$ 晶胞由 6 个 Na$_3$V$_2$(PO$_4$)$_3$ 分子单元组成，Na$_3$V$_2$(PO$_4$)$_3$ 的结构可以看作是每个 VO$_6$ 八面体与 3 个相邻的 PO$_4$ 四面体共用氧原子组成。其中，一个钠离子位于 M1（八面体位）位点，另外两个钠离子位于 M2（四面体）位点。M1 位点处于 [V$_2$(PO$_4$)$_3$] 带的两个相邻的 [V$_2$(PO$_4$)$_3$]$^{3-}$ 单元中，而 M2 位点处于两个相邻的 [V$_2$(PO$_4$)$_3$] 带。[V$_2$(PO$_4$)$_3$]$^{3-}$ 单元沿着 c 轴形成 [V$_2$(PO$_4$)$_3$] 带，[V$_2$(PO$_4$)$_3$] 带与 PO$_4$ 四面体相互连接形成三维开放网络结构。作为钠离子电池正极材料时，位于 M2 位点的两个钠离子将从材料本体中脱嵌，发生 Na$_3$V$_2$(PO$_4$)$_3$/NaV$_2$(PO$_4$)$_3$ 的两相变化，此相变过程所引起的晶胞体积变化非常小，仅为 8.26%。此外，Na$_3$V$_2$(PO$_4$)$_3$ 具有较高的电化学反应平台，其电化学反应曲线如图 2.14（b）所示，在 3.4 V 处的电压平台对应 V^{3+}/V^{4+} 的氧化还原反应，在此平台反应中，两个钠离子可以进行可逆的脱嵌，其理论比容量为 117.6 mA·h·g^{-1}。此外，Na$_3$V$_2$(PO$_4$)$_3$ 也可作为钠离子电池负极材料使用，其放电平台较高，约为 1.6 V，对应 V^{2+}/V^{3+} 的氧化还原反应。

尽管 Na$_3$V$_2$(PO$_4$)$_3$ 具有稳定的结构和较好的热稳定性，但其晶体结构由 VO$_6$ 八面体和 PO$_4$ 四面体相互交替排列，金属离子相距较远，导致其电子电导率较低，从而严重限制了其电化学性能。因此，为了提高 Na$_3$V$_2$(PO$_4$)$_3$ 材料的电化学性能，目前的改性方法主要集中在：①碳包覆以提高材料的电子电导率；②金属离子本体掺杂提高材料本体电导率；③将材料进行纳米化制备、特殊形貌制备以提高材料的电化学性能。研究表明，Na$_3$V$_2$(PO$_4$)$_3$ 材料在进行碳包覆后性能可以得到大幅度提升。在制备纳米结构材料的方法中，静电纺丝技

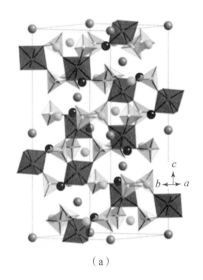
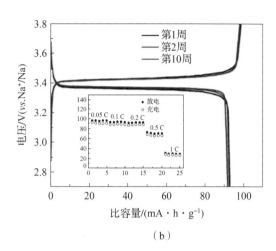

（a）　　　　　　　　　　　　　（b）

图 2.14　Na₃V₂(PO₄)₃的晶体结构与充放电曲线

（a）Na₃V₂(PO₄)₃晶体结构图；（b）Na₃V₂(PO₄)₃充放电曲线

术作为一种制备纳米纤维的方法，在钠离子电池电极材料制备中得到了广泛的应用，并且这些材料的电化学性能得到了明显的提升。李慧等通过静电纺丝法成功制备了发芽柳枝状 Na₃V₂(PO₄)₃/C 纳米纤维，制备流程图如图 2.15 所示。所制备的 Na₃V₂(PO₄)₃/C 纳米纤维外层包覆一层厚度均匀的碳，碳包覆层内部为 Na₃V₂(PO₄)₃活性材料。其特殊的形貌结构提高了 Na₃V₂(PO₄)₃的电化学性能：当在 0.2 C 倍率下充放电时，首次放电比容量为 106.8 mA·h g⁻¹，循环 125 周后，比容量仍高达 107.2 mA·h·g⁻¹。此外，发芽柳枝状 Na₃V₂(PO₄)₃/C纳米纤维也展现了优异的倍率性能，当倍率从 0.2 C 增大到 2 C，其容量保持率高达 95.7%。较好的循环性能和倍率性能主要是因为纳米纤维的形貌增大了电解质和电极的接触面积，同时外包碳层提高了材料的电子电导率。倪乔等通过一种非原位静电纺丝方法制备了三维电子通道包裹的大尺寸颗粒 Na₃V₂(PO₄)₃柔性电极，其制备示意图如图 2.16 所示。该柔性电极表现出优异的电解质浸润性、较高的电子电导率和钠离子扩散系数。与传统方法制备的电极相比，利用静电纺丝法制备的 Na₃V₂(PO₄)₃柔性电极表现出优异的电化学性能：当在 0.1 C 的倍率下循环时，该柔性电极可以得到接近 99% 的理论比容量；在 0.5 C 倍率下循环 150 周仍然有 88.6% 的容量保持率；即使升高倍率到 30 C，仍然可以得到 54.3% 的初始比容量。将该柔性电极材料匹配 NaTi₂(PO₄)₃@C 负极材料组装的软包全电池同样能够表现出可逆的钠存储性能和合适的工作电压。

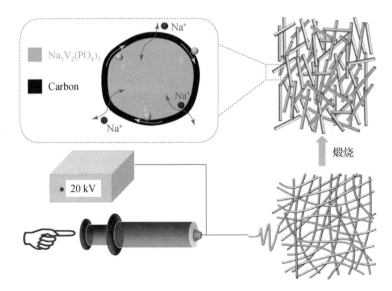

图 2.15　静电纺丝法制备 $Na_3V_2(PO_4)_3$/C 纳米纤维流程图

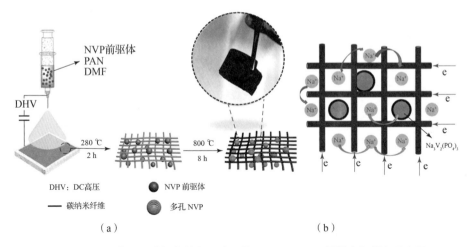

（a）　　　　　　　　　　　　　　（b）

图 2.16　三维电子通道包裹的大尺寸颗粒 $Na_3V_2(PO_4)_3$ 柔性电极制备示意图

（a）NVP – Freestanding 复合电极的合成示意图；（b）电子和钠离子在 3D 结构中的传输示意图

2）焦磷酸盐类

焦磷酸盐类材料具有比磷酸盐类材料更加优异的动力学性能。基于钠的焦磷酸盐材料有 $NaMP_2O_7$（M = Ti、V、Fe）、$Na_2MP_2O_7$（M = Fe、Mn、Co）和 $Na_4M_3(PO_4)_2P_2O_7$（M = Fe、Co、Mn）等。

$Na_2MP_2O_7$（M = Fe、Mn、Co）具有不同的晶体结构，如三斜晶系、单斜晶系和正方晶系（图 2.17）。其中，$Na_2FeP_2O_7$ 具有开放的三维晶体结构，有利于钠离子的快速扩散，作为钠离子电池正极材料，其在 2.5 V 和 3 V 处有两个不同的电压平台，首周充电比容量达到 130 mA·h·g^{-1}，甚至高于理论比容量。然而，由于 Fe^{3+}/Fe^{4+} 氧化还原电对电极电势较高（~5 V），因此在一般有机电解质电化学窗口下（<4.5 V），该材料只能脱出一个钠离子。

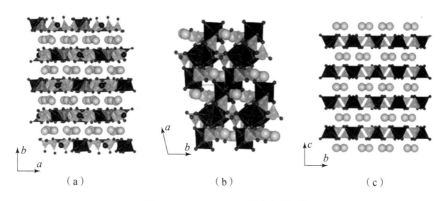

图 2.17　$Na_2CoP_2O_7$ 的空间构型

（a）$Na_2CoP_2O_7$ - I ；（b）$Na_2CoP_2O_7$ - II ；（c）$Na_2CoP_2O_7$ - III

另一类混合磷酸盐材料 $Na_4M_3(PO_4)_2P_2O_7$（M = Fe、Co、Ni），作为钠离子电池正极材料，其在充放电过程中体积形变小，具有较好的循环性能。其中，最具代表性的混合磷酸盐材料是 $Na_4Fe_3(PO_4)_2P_2O_7$。Chou 等通过一步溶胶 - 凝胶法合成了具有多孔结构的 $Na_4Fe_3(PO_4)_2P_2O_7$ 材料，其在 0.05 C 和 20 C 的电流密度下分别表现出 113 mA·h·g^{-1} 和 80.3 mA·h·g^{-1} 的可逆比容量，并且在 20 C 的高电流密度下循环 4 400 周还有 69.1% 的容量保持率。另外，即使在 -20 ℃ 和 50 ℃ 的极限温度下，该材料仍然能表现出全天候的优异电化学性能。结合原位 XRD（X 射线衍射）和原位 X 射线吸收近边结构谱（X-ray absorption near edge structure，XANES）结果表明，该材料在循环过程中具有高度的可逆性和结构稳定性。Kang 等通过第一性原理结合实验结果表明，$Na_4Fe_3(PO_4)_2P_2O_7$ 的嵌脱钠过程为一个典型的单相反应过程，对应于 Fe^{2+}/Fe^{3+} 的氧化还原反应，且充放电过程中材料的体积形变低于 4%。

3. 普鲁士蓝类正极材料

普鲁士蓝作为电极材料历史悠久。普鲁士蓝是立方晶体结构，其中 Fe^{2+} 和 Fe^{3+} 离子交替位于面心立方晶格上（图 2.18）。在此之后的几十年里，人们对普鲁士蓝及其衍生物（普鲁士蓝类似物、金属氧化物、金属硫化物等）在电池和超级电容器中的电化学性质进行了广泛研究。普鲁士蓝和普鲁士蓝类似物是一类重要的多核金属氰化物，具有沸石特性，可以快速取代水溶液中的碱金属离子并且与不同价态的过渡金属阳离子发生氧化还原反应。

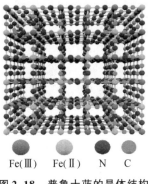

Fe(Ⅲ) Fe(Ⅱ) N C

图 2.18 普鲁士蓝的晶体结构

通过改变金属元素种类，可以得到不同的普鲁士蓝类似物。普鲁士蓝衍生物包含金属和有机两部分，可以通过在大气、氧气、氮气等不同气氛中煅烧将其转化为更为复杂的纳米结构材料。另外，普鲁士蓝作为前驱体可以合成多种衍生物，包括金属氧化物、双组分金属氧化物、金属硫化物、石墨氮化碳等。普鲁士蓝具有大离子通道的开放框架结构，有助于各种离子的嵌脱，另外，可以通过控制材料中过渡金属离子的元素组成和价态来调节氧化还原电位，所以普鲁士蓝及其衍生物作为电极材料普遍表现出良好的电化学性能（比容量高、倍率性能好、循环稳定性好等）。然而，普鲁士蓝类材料存在结构变形、离子转移受阻、空隙和结合水的含量高等问题，限制了其在钠离子电池中的实际应用。

4. 有机物类正极材料

有机化合物具有廉价、可回收和可设计性等特点，可以用作钠离子电池正极材料。与无机材料相比，有机物类正极材料具有以下优点：①有机材料通常由四种元素（C、H、O、N）组成，其合成步骤简单，原料易获且环境友好；②有机分子的可设计性有助于正极材料的目标设计和功能化；③有机材料具有良好的柔韧性，更容易容纳半径较大的钠离子，从而有利于钠离子的快速嵌入和脱出。

目前，用于钠离子电池的有机物类正极材料主要有芳香羰基衍生物、蝶啶衍生物和聚合物。根据分子量可以将有机物类电极材料分为两大类：有机小分子和高分子聚合物。其中，有机小分子材料主要包括三类：羰基（C＝O）化合物、席夫碱和蝶啶衍生物（C＝N）、偶氮衍生物（N＝N）。在羰基（C＝O）

化合物中，醌和酮表现出较高的氧化还原电位，羧酸具有较低的嵌钠电压，酸酐化合物则具有高比容量和长循环寿命；基于 C = N 键的席夫碱和蝶啶衍生物表现出可调节的电化学活性；另外，通过对分子结构的修饰，基于 N = N 键的偶氮衍生物可以用来制备高容量和高倍率的钠离子电池正极材料。高分子聚合物材料主要包括硝酰基自由基聚合物、导电聚合物、有机金属聚合物、共价有机骨架和金属有机骨架等。其中硝酰基自由基聚合物、有机金属聚合物通常表现出较快的动力学特性，但其容量非常低。共价有机骨架和金属有机骨架衍生材料因其特殊的纳米结构与形貌，在储钠方面具备一定的优势。

目前有机正极材料也存在一些问题，限制了其实际应用。有机小分子材料普遍存在溶解度高、稳定性差等问题，且高分子聚合物材料往往理论比容量低、电导率低。解决这些问题的有效策略可以概括为以下三个方面：功能导向的分子设计、形态控制、有机材料与无机材料的复合。例如，吸电子基团的引入可以提高工作电压，增加 π 共轭度可以提高倍率性能，适当的形貌控制可以提高有机材料的稳定性和钠离子电池的电化学性能。有机材料与无机材料的复合不仅提高了稳定性，而且增强了导电性，使材料的性能得到充分发挥。

2.2.3　负极材料

作为钠离子电池的关键材料之一，负极材料对钠离子电池的性能有决定性的作用。目前被开发的钠离子电池负极材料主要有五种类型：碳材料、钛基材料、合金反应材料、转化反应材料和有机材料。这五种类型的负极材料可以通过嵌入反应、合金化反应、转化反应或氧化还原反应的形式进行钠离子的可逆存储。接下来本节将对这五种类型的负极材料进行详细的介绍。

1. 碳负极材料

碳材料一直是最受关注的钠离子电池负极材料，虽然钠离子与锂离子具有相似的化学性质，但是在传统酯基电解质中石墨与钠不能形成热力学稳定的化合物，因此无法将商用化的石墨负极直接用作钠离子电池负极。开发适用于钠离子电池的负极材料成为发展钠离子电池的关键之一。目前被开发出的碳材料主要有膨胀石墨、碳球、碳管、碳纤维、石墨烯片和其他无定形碳等。通常来说，碳基负极材料的比容量在 $200 \sim 500$ mA·h·g^{-1} 的范围内。而且碳材料满足负极材料选择的一些基本标准，如来源广泛、安全无毒、空气中稳定和成本低等，所以碳材料适合作为钠离子电池负极材料。目前钠离子电池碳负极材料主要分为四类：石墨、石墨烯、硬碳和软碳材料，其结构如图 2.19 所示。

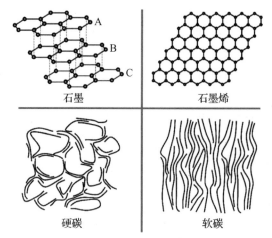

图 2.19　石墨、石墨烯、硬碳、软碳材料的结构示意图

1）石墨

石墨晶体具有典型的层状结构，同层的碳原子以 sp^2 杂化形成共价键，每一个碳原子以 3 个共价键与另外 3 个原子相连，在同一平面的碳原子还各剩下一个 p 轨道，彼此相互重叠，形成大 π 键。石墨晶体中层与层之间通过范德华力结合，层间距为 0.335 nm。作为锂离子电池负极材料，石墨通过与锂形成 LiC_6 石墨插层化合物的形式储锂，表现出高达 372 mA·h·g^{-1} 的比容量以及合适的工作电位。虽然钠离子与锂离子具有相似的化学性质，但是石墨在钠离子电池中的电化学性能并不理想。研究表明，钠离子在石墨中脱嵌时，会引起碳层结构内部 C–C 键伸缩变形，造成嵌层化合物不稳定。Okamoto 等提出由于 Na/Na$^+$ 较高的氧化还原电位，使得 NaC_6 化合物和 NaC_8 化合物均不稳定。Goddard 等通过理论研究发现 NaC_6 的形成能为 +0.03 eV·atom^{-1}，在热力学上属于非自发反应，而其他碱金属（Li、K、Rb、Cs）与石墨形成化合物的形成能均为负值，能够自发形成稳定的二元化合物。因此，造成石墨无法储钠的真正原因是 Na 的固有性质而非石墨材料的层间距。

直到 2014 年，石墨在钠离子电池中的研究迎来了突破。Jache 等研究发现在醚类电解质中石墨能够发挥出优异的储钠性能，其比容量为 125 mA·h·g^{-1}，首周库仑效率接近 90%，在 0.1 C（1 C = 372 mA·g^{-1}）电流密度下循环 1 000 周后比容量仍然保持在 100 mA·h·g^{-1}，如图 2.20 所示。2015 年，Kisuk 等指出在醚类电解质中石墨材料不仅具有优异的循环稳定性，还表现出超高的倍率性能，在 5 A·g^{-1} 电流密度下仍然存在明显的共嵌入现象，循环 2 500 周后容量保持率达 83%。

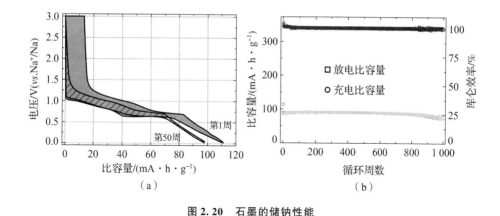

图 2.20　石墨的储钠性能

（a）在 NaOTf – 二乙二醇二甲醚电解质中石墨的充放电曲线；（b）循环稳定性

钠离子与碳无法形成稳定的二元化合物，使钠离子不能独自存储在石墨中，只能以溶剂化钠离子的形式存储在石墨内部形成稳定的三元共嵌化合物。作为反应物，溶剂的种类对钠离子在石墨中的可逆脱嵌过程起到了关键作用，研究表明与钠离子结合较弱的碳酸酯类溶剂以及环状醚均无法以溶剂化钠离子的形式嵌入石墨，仅线状醚才能协助钠离子在石墨中完成共嵌入反应，并且不同链长的线状醚与钠离子形成的溶剂化结构存在较大差异，对离子的脱嵌行为也存在明显的影响。虽然在溶剂的协助下，钠离子能在石墨中可逆脱嵌，但是溶剂化离子的嵌入会使石墨产生巨大的体积膨胀，通常体积膨胀会引起 SEI 膜的破碎，从而导致钠离子电池的循环稳定性降低。当石墨作为钠离子电池负极材料时，虽然溶剂化钠离子会使石墨产生巨大的体积膨胀，但是电池的循环稳定性和库仑效率却没有受到影响。溶剂化钠离子脱嵌过程中，石墨如何维持结构稳定以及 SEI 膜在体积变化过程中处于怎样的状态，逐渐成为研究者们关注的重点。Han 等揭示了石墨材料在大体积形变下保持稳定的主要原因：溶剂分子嵌入后通过范德华力与碳层结合在一起，理论计算表明溶剂嵌入后石墨层剥离所需要克服的能量比纯石墨层剥离所需要克服的能量更高，溶剂在石墨层间具有类似 "胶" 的作用，将碳层与碳层结合在一起，从而维持了石墨结构的稳定。另外，关于巨大体积膨胀下醚基 SEI 膜的演变机制存在两种不同的观点：一种观点认为大体积形变下不存在醚基 SEI 膜；另一种观点则认为首周不可逆容量的出现势必会生成 SEI 膜，只是特殊结构的 SEI 膜在体积形变下依旧会保持稳定。2017 年，Stimming 等研究了溶剂化钠离子在石墨中共嵌入的过程，并证明了在石墨表面存在 SEI 膜，但是对成膜机理没有进行深入的讨论。

为了明确石墨优异储钠性能与表/界面的关系，王兆华等通过第一性原理计算、电化学交流阻抗、原子力显微镜验证了醚基 SEI 膜存在于石墨表面，并且醚基 SEI 膜具有优异的力学性质。同时，他们借助红外光谱、X 射线光电子能谱等手段揭示了醚基 SEI 膜的组成以及成分分布。结果发现，碳酸酯基 SEI 膜表现为有机物 [$CH_3CH_2OCO_2Na$ 和（CH_2OCO_2Na）$_2$] 与无机物（NaF 和 Na_2CO_3）混合排列的结构，并且能阻止溶剂化钠离子嵌入石墨内部；而醚基 SEI 膜则表现为一种多层结构，内部为无机成分占主导（Na_2CO_3、NaF）并混合有少量有机成分，外部则主要为有机物（$CH_3OCH_2CH_2ONa$ 和 $CH_3CH_2OCH_2CH_2ONa$），如图 2.21 所示。内部无机物的集中分布有助于提高醚基 SEI 膜的机械强度，少量有机物的存在可以维持石墨材料在大体积变化下的结构稳定性，同时外部有机成分通常具有多孔的特性，能够有效地降低界面阻抗，进而保证石墨在醚类电解质中优异的循环稳定性以及较高的库仑效率。

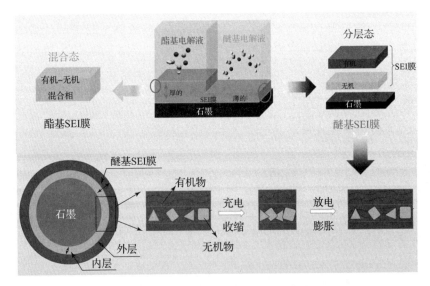

图 2.21　醚基 SEI 以及碳酸酯基 SEI 的组成结构示意图

2）硬碳

硬碳是指在 2 500 ℃以上难以石墨化的碳。早在 1886 年，Tighe 等首次报道了硬碳的结构特征。1951 年，Franklin 等首次将碳材料分为石墨碳和非石墨碳两类。1985 年，硬碳作为负极材料被首次用于锂离子电池中。直到 2000 年，Dahn 等首次将葡糖糖基硬碳作为负极材料引入钠离子电池中，发现硬碳具有理想的储钠平台（~0.1 V）以及超过 300 mA·h·g^{-1} 的高比容量。此后，多种前驱体被用来制备硬碳材料，诸如生物质材料（柚子皮、泥煤苔、香蕉皮、海藻、苎麻等）和天然高分子聚合物酚醛树脂等。

研究钠离子的储存机理、阐明硬碳的结构与电化学性能之间的关系对指导硬碳结构优化、提升储钠性能具有重要意义。然而硬碳无定形结构的特征，使建立硬碳结构和储钠性能之间的关系比较困难。近年来，研究者们提出了 Na^+ 在硬碳中的不同存储机制。最早的机制主要是"插层－吸附"机制［图 2.22（a）］和"吸附－插层"机制［图 2.22（b）］。Komaba 等通过原位 XRD 分析发现，当从 2.0 V 放电到 0.1 V 时，硬碳的（002）峰向较小的角度移动，当充电到 2.0 V 时，硬碳的（002）峰恢复，因而提出斜坡区（2.0~0.1 V）对应 Na^+ 可逆地"插入"（002）层间的过程。Cao 等基于原位 XRD 和非原位拉曼分析表明，斜坡容量的占比与 $I_D/(I_D+I_G)$ 的比率相关，这说明斜坡区容量取决于缺陷的数量，原位 XRD 结果表明层间变化发生在平台区，所以是"吸附－插层"机制。此外，减小硬碳颗粒尺寸或引入杂原子，都会导致更多的缺陷，并产生更多的吸附容量，这也证实了斜坡区容量和缺陷数量之间的关系。Xu 等通过 XRD 和充放电曲线细分研究发现，硬碳的微观结构可分成三类：① <0.36 nm 的类石墨区，不具有储钠能力；② 0.36~0.4 nm 层间区域，以层间嵌入的形式贡献储钠容量；③ >0.4 nm 的层间区域，以赝电容吸附的形式贡献储钠容量。该研究提出理论平台容量对应 NaC_8 化合物的形成。此后也有研究将平台容量归因于"微孔填充"，因为当硬碳的孔隙被硫填充时，低压平台消失，直观地证明了平台区容量来自 Na^+ 在微孔的填充过程。此外，Tarascon 等研究发现，在碳化温度高达 2 000 ℃ 时，硬碳中存在大量的微孔，并且在 ~0.1 V 时会出现一个占主导地位的电压平台，而斜坡容量可以忽略不计，表明硬碳中的微孔数量与电压平台具有一定的相关性。Hu 等利用压汞法、N_2 吸附、小角 X 射线散射法（small angle X-ray scattering，SAXS）和骨密度法对硬碳孔的类型和作用进行了分析，明确了各种孔的作用：开放的大孔有助于循环过程中稳定碳结构，开放的微孔影响钠离子电池首周库仑效率，封闭的纳米孔有利于平台容量的增加。基于此，其提出硬碳结构中的纳米闭孔提供平台容量的机制。此外，Bommier 等通过恒电流间歇滴定曲线分析了 Na^+ 扩散系数变化趋势以研究储钠机制，发现硬碳负极的 GITT（galvanostatic intermittent titration technique，恒电流间歇滴定技术）曲线一般显示出三个区域，分别对应硬碳负极中 Na^+ 存储的三个不同阶段：0.1 V 以上的斜坡区，钠离子扩散系数高，这可能对应于缺陷等易于捕获 Na^+ 的位置储钠；0.03~0.1 V 电压区间，钠离子扩散系数显著降低，这可能对应于 Na^+ 在硬碳微区的层间嵌入过程；0~0.03 V 区间，扩散系数突然呈现上升趋势，这可能是由于孔隙中填充了准金属性的 Na 团簇。

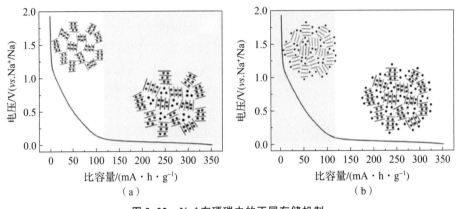

图 2.22　Na$^+$ 在硬碳中的不同存储机制

（a）插层 – 吸附模型；（b）吸附 – 插层模型

　　明确钠离子在硬碳中的稳定存储状态对全面认识硬碳至关重要。Titirici 等通过对 ^{23}Na 固态核磁共振分析表明，随着 Na 金属化程度的增加，Na 的费米能级的态密度也增加，表明随着孔隙尺寸的增加，孔隙中 Na 的金属性更强。Yamada 等对不同温度下合成的硬碳样品进行了原位广角 X 射线散射分析，发现当硬碳样品的钠化程度超过 50% 时，在 $q \approx 2.0 \sim 2.1$ Å^{-1} 处出现一个宽峰，其随着钠化程度的增加而增大。当样品暴露于微量的 H_2O、O_2 或 CO_2 时，宽峰消失，表现出金属 Na 的典型特征。与块状 Na 金属的尖峰不同，该宽峰可能是由硬碳纳米孔内沉积的准金属 Na 团簇引起的，因此"吸附 – 插层 – 孔充填"储钠机制可以更好地解释大部分实验结果，更具有说服力。然而钠离子在硬碳中的稳定状态至今仍存在争议。王兆华等将不同储钠态的极片与含酚酞的乙醇溶液反应，发现均有显色现象发生且伴随气泡生成 ［图 2.23（a）］。气相色谱结果确定了该气体成分是氢气 ［图 2.23（b）］。对反应后的乙醇溶液中 Na$^+$ 的溶度以及离子电导率进行检测，结果显示随着极片放电程度的增加，反应后的乙醇溶液中 Na$^+$ 的溶度以及离子电导率也逐渐提高；而随着极片充电程度的增加，反应后的乙醇溶液中 Na$^+$ 的溶度以及离子电导率逐渐降低。基于以上研究结果，证实了钠离子以"准金属"态稳定存储在硬碳材料内部，而非正一价的 Na$^+$ ［图 2.23（c）］。

　　硬碳负极应该具有低成本、高比容量、高倍率、高首效以及长循环稳定等特性。近年来，为了制备出性能优异的硬碳材料，研究者们采用结构调控、形貌设计、界面构造等改性方法对硬碳负极的性能进行了优化，但由于硬碳中缺陷的存在对电池的首周库仑效率和倍率性能的影响是相悖的，因此难以兼顾首周库仑效率和倍率性能。醚类电解质可以较好地解决首周库仑效率和倍率性能

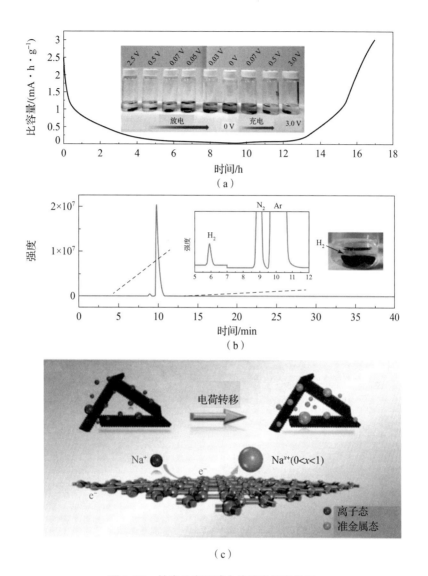

图 2.23　钠离子在硬碳中的稳定状态分析

（a）放电/充电到不同电压的硬碳与含酚酞的乙醇溶液反应变色过程；
（b）完全钠化的电极与乙醇反应后产生 H_2 的气相色谱图；（c）钠离子在硬碳中存储形式示意图

无法兼顾的问题，相比酯类电解质，硬碳负极在醚类电解质中表现出超高的首周库仑效率和优异的倍率性能。但醚类电解质仍然存在一些问题，如其在电压达到 4.0 V 时会分解，不利于全电池工作电压和能量密度的进一步提升；而且醚类电解质中的循环稳定性也需要进一步提升。当前对硬碳的研究应该从单纯提升其电化学性能过渡到更为实际的综合性能的优化，需要从成本、工艺、性能多方面考量：①开发来源广泛的生物质衍生物碳源并结合简单的制备方法，获取成本低且一致性好的硬碳材料，进一步降低硬碳的成本；②开发稳定的、具有高电压特性和钠离子快速扩散动力学特性的电解质，结合合适的结构调控、形貌设计、界面构造等改性方法，以提升硬碳的倍率性能和循环稳定性；③开发简单且安全、低成本、适合大规模应用的预钠化方法，从而有效解决首周库仑效率低的问题；④对硬碳表面钠枝晶的生长行为及其电池安全性和循环寿命的影响进行进一步研究；⑤进一步关注实用化硬碳负极所涉及的物理参数（压实密度、负载量等）对电化学性能的影响。

3）软碳

软碳是一种特殊的碳材料，具有有序碳层和无序结构，软碳的石墨化程度可以通过热处理方式来进行调节。软碳通常可由聚吡咯、沥青、焦油、烃基材料等转化制备。与硬碳不同，软碳在 2 500 ℃ 以上退火时可以转化为石墨。软碳的碳层排列有序度更高、碳层更长，具有更高的导电性，因此倍率性能相对较好。另外，软碳的比表面积较小、缺陷浓度较低，弱化了电解质的分解程度，有助于首周库仑效率的提高。此外，软碳储钠电压通常位于 0.2 ~ 1.2 V 之间，高于钠沉积的电压，安全性更高。然而，高的电压区间会收缩全电池的电压窗口，不利于全电池能量密度的提升。

1996 年，软碳材料首次用作钠离子电池的负极，但直到 2017 年，软碳的储钠机制才被阐明。Ji 等发现 Na^+ 嵌入软碳的类石墨层间会导致在 0.5 V 电压处出现不可逆的准平台和体积膨胀。这种不可逆的平台区域归因于 Na^+ 与插入位点巨大的结合能量。此外，具有高度可逆性的斜坡区域归因于更多的缺陷和持续的膨胀（图 2.24）。除了首次充放电过程外，Na^+ 插入湍层结构晶格中所引发的晶格膨胀是高度可逆的。与硬碳类似，通过结构调控等手段也可以改善软碳的储钠性能。软碳的石墨化程度随着热处理温度的升高和时间的延长而提高，另外，通过调控含氧官能团可以改善软碳材料的物理结构和 Na^+ 储存能力。虽然软碳材料的高石墨化程度能加快电子传导速率，但是较小的层间距和较长的石墨层对 Na^+ 的扩散不利。软碳的石墨化程度高度依赖碳化温度：温度过高，层间距会随碳化温度升高而迅速减小，同时孔结构迅速减少，导致其储钠容量显著下降；而碳化温度较低又会导致低的导电性、大的不可逆容量和电压滞后，严重降低了软碳的储钠性能。

2. 钛基负极材料

虽然硬碳综合性能较好，但是其容量贡献主要在 0 ~ 0.1 V 电位区间，该电位接近镀钠电位，因此存在形成钠枝晶从而导致安全问题的风险。在钠离子

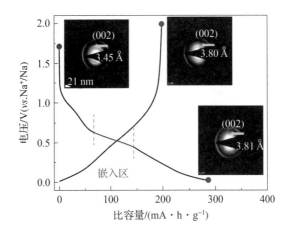

图 2.24 软碳的充放电曲线与不同电位下的选区电子衍射图

电池中，Ti^{3+}/Ti^{4+} 的氧化还原电位通常在 $0.5 \sim 1.0$ V 之间，有效地避免了钠沉积行为，保证了高安全性。此外，钛基化合物的低晶格应变非常有利于电池的长循环寿命。因此，钛基材料可以在保持结构完整性的同时可逆地进行钠离子的嵌入/脱出。钛基化合物具有价格低廉、无毒友好、体积应变小和优异的循环稳定性等优点。目前，应用于钠离子电池中的钛基负极材料主要有二氧化钛（TiO_2）、$Li_4Ti_5O_{12}$ 和 $Na_4Ti_5O_{12}$ 与 $NaTiO_2$ 等。

1）TiO_2

二氧化钛具有性质稳定、价格低廉、资源丰富、环境友好且易于制备的特点。TiO_2 有多种晶型，如锐钛矿、金红石、板钛矿、锰钡矿及单斜晶系型等（图 2.25）。锐钛矿型 TiO_2 属于四方晶系，其基本结构为钛氧八面体（TiO_6），每个八面体与相邻的 8 个八面体相连。金红石型 TiO_2 也属于四方晶系，每个八面体与相邻的 10 个八面体相连，其八面体畸变程度较锐钛矿要小，对称性不如锐钛矿相。锐铁矿型 TiO_2 为亚稳态相，在加热处理过程中（500 ℃）会发生不可逆的放热反应，最终转变为金红石相，因此金红石相较锐钛矿稳定。单斜晶系的 TiO_2，因其结构类似于单斜 VO_2（B），因此常被记作 TiO_2（B），其结构也是由 TiO_6 八面体通过共边和共顶点形成。TiO_2（B）稳定性不高，易转变为锐钛矿型 TiO_2 并最终转变为金红石型 TiO_2。

TiO_2 的带隙约为 3.2 eV，其电子导电率和离子导电率较低，因此倍率性能较差；另外，TiO_2 的首周库仑效率偏低。一般通过构建纳米结构、碳包覆、元素掺杂、分层结构设计、电解质优化、晶面优化和晶相复合等方式来对 TiO_2 电极材料进行性能改善。Xiong 等利用静电纺丝技术合成了直径约 12 nm 的 TiO_2/C 纳米纤维。该 TiO_2/C 纳米纤维在 200 mA·g^{-1} 电流密度下循环 1 000 次仍

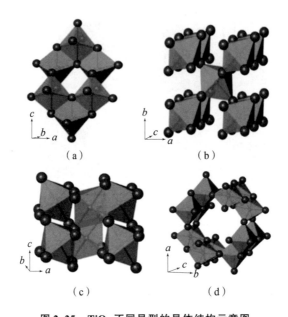

图 2.25　TiO_2 不同晶型的晶体结构示意图

（a）锐钛矿型 TiO_2；（b）金红石型 TiO_2；（c）TiO_2（B）；

（d）锰钡矿型 TiO_2

具有 237.1 mA·h·g^{-1} 的高比容量。Chen 等通过还原 $NaBH_4$ 制备了具有氧空位的黑色锐钛矿二氧化钛（B–TO）。在 0.2 C 的电流密度下，B–TO 的充电比容量可以达到 207.6 mA·h·g^{-1}，高于白色 TiO_2（W–TO）的 189.6 mA·h·g^{-1}。即使电流密度增加到 20 C，B–TO 仍然能够提供 91.2 mA·h·g^{-1} 的比容量，表明 B–TO 具有优异的倍率性能。

2）$Li_4Ti_5O_{12}$ 和 $Na_4Ti_5O_{12}$

尖晶石结构 $Li_4Ti_5O_{12}$ 具有优异的循环稳定性、热稳定性以及较好的快充特性，但是较大的钠离子很难进入尖晶石结构的八面体结构中，因此限制了尖晶石结构材料在钠离子电池中的应用。$Li_4Ti_5O_{12}$ 具有 2 eV 的宽带隙能量，导致其较低的电子电导率和离子电导率，通常采用碳包覆的方式来克服以上这些问题。Chen 等设计了一种由新型多孔结构 $Li_4Ti_5O_{12}$ 纳米纤维包裹在相互连接的石墨烯框架上形成的复合气凝胶。该复合材料在 35 mA·g^{-1} 的电流密度下展现出 175 mA·h·g^{-1} 的比容量，超过 $Li_4Ti_5O_{12}$ 的理论比容量，这是由于额外的界面储存了更多的 Na^+。此外，该复合材料还表现出超长的循环寿命，循环 12 000 周后其可逆比容量仍高达 120 mA·h·g^{-1}。

$Na_4Ti_5O_{12}$ 具有两种构型：三角相 $Na_4Ti_5O_{12}$（T–$Na_4Ti_5O_{12}$），具有三维框架

结构，700 ℃以下稳定；单斜相 $Na_4Ti_5O_{12}$（$M-Na_4Ti_5O_{12}$），700 ℃以上获得的准二维层状结构。两者都不同于 $Li_4Ti_5O_{12}$ 的尖晶石结构。$T-Na_4Ti_5O_{12}$ 只能贡献 50 $mA\cdot h\cdot g^{-1}$ 的可逆比容量，而 $M-Na_4Ti_5O_{12}$ 可以提供约 137 $mA\cdot h\cdot g^{-1}$ 的较高比容量，但随后便快速衰减至 64 $mA\cdot h\cdot g^{-1}$，这可能是由于较大的各向异性体积形变导致的。尽管 $M-Na_4Ti_5O_{12}$ 具有合适的嵌钠电位，并且在初始不可逆变化后能够高度可逆循环，但如此低的比容量无法满足钠离子电池的实际应用需求。

3）$NaTiO_2$

菱形 $R\bar{3}m$ 层状结构的 $O3-NaTiO_2$ 因能够嵌入钠离子而不引起大的体积变化也可作为钠离子电池负极材料，其晶体结构如图 2.26 所示。$O3-NaTiO_2$ 在 0.1 C（1 C = 293.3 $mA\cdot g^{-1}$）倍率下可提供 152 $mA\cdot h\cdot g^{-1}$ 的充电比容量，并且还表现出优异的循环性能，循环 60 周后容量保持率为 98%，这可能是由于其循环前后极低的体积应变。DFT（density functional theory，密度泛函理论）计算表明，在 O3 和 O′3 相中，Na 扩散势垒均低于 224 meV，这与 $NaTiO_2$ 电极优异的倍率性能表现一致；原位 XRD 结果揭示了 Na^+ 嵌入/脱出时 $NaTiO_2$ 材料由 O3 相到 O′3 相的可逆相变。Vasileiadis 等发现锰钡矿 TiO_2 结构的进一步钠化会形成层状 $O3-NaTiO_2$ 相，因此其提出使用锰钡矿 TiO_2 作为前驱体材料或许可以在较低的退火温度下制备 $NaTiO_2$。

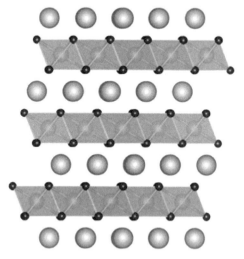

图 2.26　$O3-NaTiO_2$ 晶体结构

$Na_xTi_yTM_{1-y}O_2$（TM = Li、Co、Ni 或 Cr）化合物可通过 Ti 位掺杂获得，其在储钠过程中表现出低的甚至零晶格应变，有效地确保了电极在循环过程中的结构稳定性，从而实现了优异的长循环稳定性。Yu 等制备了用于钠离子电池的 $Na_{2/3}Co_{1/3}Ti_{2/3}O_2$ 负极，其在 $0.5\ A \cdot g^{-1}$ 的电流密度下可以稳定循环 3 000 周，表现出较好的循环稳定性，并且在 $0.2\ A \cdot g^{-1}$ 电流密度下循环 500 周后体积收缩非常小，仅为 0.046%。Wang 等研究了层状 $P2 - Na_{0.66}[Li_{0.22}Ti_{0.78}]O_2$ 负极的储钠性能，该材料展示出优异的循环稳定性，在 2 C（1 C = 106 mA $\cdot$ g^{-1}）倍率下经过 1 200 周循环后，容量保持率为 75%，原位和非原位 XRD 结果表明 Na^+ 在 $Na_{0.66}[Li_{0.22}Ti_{0.78}]O_2$ 的嵌入/脱出过程中具有近似单相行为，晶格膨胀只有 0.77%，表现出"零应变"特性。

与其他材料相比，钛基负极材料具有稳定的结构、高循环性能、高安全性和环境友好性的优点。然而，较低的比容量、较差的导电性抑制了其进一步的发展和应用。未来的研究可以在以下几个方面进行：①借助理论计算进一步开发新型钛基负极材料，进一步发展可规模化、低成本和简单的方法用于制备形态可控、粒度和孔隙率可调整的钛基负极，从而加速离子/电子转移并改善循环稳定性。此外，对钛基负极尤其是 TiO_2 负极的储钠机制也应该进一步深入研究。②提高比容量，如可以将 TiO_2 负极与其他高比容量活性材料复合，构建兼具高比容量和稳定性的负极材料。对于层状的钛基负极，其维度可以从 3D 调整为 2D，或者可以构建层间含低比例金属离子的层状负极，从而构造更多的储钠位点，提升储钠能力。③提高电导率，常用的一个手段是用碳基材料或高导电聚合物包覆钛基负极。各种类型的阳离子或阴离子掺杂也可以影响钛基材料的电子结构，这些策略可能从根本上提升钛基材料的电子电导率。总之，钛基材料具有合适的 Na^+ 嵌入电位和循环过程中的低应变行为，具有非常高的循环稳定性，但其实际应用能力的评估还需要进一步的系统研究。

3. 合金反应负极材料

第Ⅳ和第Ⅴ主族元素（P、Si、Bi、Sn、Sb 和 Ge 等）能够通过与 Na^+ 发生合金化反应形成二元合金的方式来存储 Na^+，并提供较高的储钠容量，可用作具有高能量密度的钠离子电池负极材料。不同于碳负极材料和钛基负极材料的嵌入脱出机制，合金反应负极材料是通过一系列化学键的形成或断裂以及结构演变进行的。合金反应负极材料的钠化反应在低电位下发生，因此其具有较高的能量密度，一些合金反应负极材料的理论容量和合金化反应发生的电位如图 2.27 所示。合金化反应通常可以表示为

$$M + xNa^+ + xe^- \leftrightarrow Na_x M \tag{2.6}$$

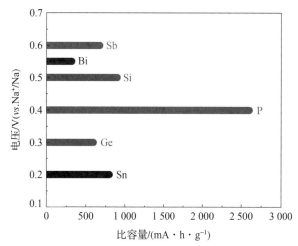

图 2.27　各种合金反应负极材料的理论钠化比容量和电压

　　许多合金反应负极材料在合金化反应达到最终状态之前可能存在多种中间相。虽然可以利用相图来预测在钠化/脱钠过程中形成的中间体，但仍然存在一些实验结果与理论预测不匹配的情况，而最终的合金化产物决定了材料合金化反应的理论比容量和体积变化，所以对合金化反应机制仍然需要进一步的深入研究。

　　1）磷

　　磷主要有三种常见的同素异形体：白磷、黑磷和红磷。白磷由四面体 P_4 分子组成，其中每个 P 原子通过单键与其他 3 个 P 原子结合，其可以在焦炭和二氧化硅共存的情况下，通过烧结矿物磷酸盐岩石获得。白磷具有易燃性和毒性，暴露在空气中会很快自燃起火，因此不适用于电极材料。黑磷又叫黑磷烯，黑磷块状晶体由磷烯层状结构堆叠组成，这些堆叠层之间的相互作用与范德华相互作用相似。黑磷导电性较高，但是其制备条件苛刻且性质不稳定，导致成本较高。红磷化学性质稳定，且成本低廉。但是红磷的电导率较低（$10^{-2}\,S\cdot m^{-1}$），且储钠过程中伴随剧烈的体积膨胀（400%），导致其较短的循环寿命和较差的倍率性能。

　　红磷与黑磷的储钠机理类似，磷与钠可以通过式（2.7）所示的合金化反应形成 Na_3P：

$$P + Na^+ + 3e^- \leftrightarrow Na_3P \qquad (2.7)$$

　　该反应涉及 3 个电子转移过程，可以提供 2 596 $mA\cdot h\cdot g^{-1}$ 的理论比容量。磷的电化学储钠反应在 0.45 V 的相对低电压范围内进行。除了极高的理论比容量之外，与其他合金负极相比，Na_3P 极小的摩尔体积与较强的 P – Na

共价特性使磷具有较高的理论体积比容量。

2）硅

硅可以与 Li 形成稳定的合金化合物（$Li_{3.75}Si$），对应于超高的理论比容量（3 600 mA·h·g^{-1}），且氧化还原电位较低（相对于 Li/Li$^+$ < 0.5 V），成本低廉，是锂离子电池中最有发展前景的负极材料之一，已与碳材料复合应用于商业化锂离子电池中。在钠离子电池领域，硅一直被认为无储钠活性。但近年来有研究表明，晶体硅的储钠能力较差，而非晶硅则有望实现可逆储钠。

据计算，钠硅二元化合物中最高富钠相为 NaSi，其通过式（2.8）所示合金化反应生成：

$$Si + Na^+ + e^- \leftrightarrow NaSi \tag{2.8}$$

该反应对应于 954 mA·h·g^{-1} 的理论比容量，但循环前后硅的体积膨胀率高达 244%。虽然第一性原理计算表明 NaSi 具有负的形成能，在热力学上为自发反应，但钠离子在晶体硅材料中的迁移势垒极高，因此晶体硅很难储钠。DFT 计算表明晶体硅的非晶化改性可以使硅材料更适合嵌钠。非晶硅与钠的结合能强于晶体硅，且钠嵌入非晶硅中消耗的能量远小于晶体硅。此外，晶体硅转变为非晶硅可缓解硅负极的体积膨胀现象，因此非晶硅有潜力作为钠离子电池负极材料。研究发现非晶硅的每个 Si 原子结合 0.76 个 Na 原子，对应于 725 mA·h·g^{-1} 的理论比容量（图 2.28）。完全钠化的 $Na_{0.76}Si$ 相的体积膨胀率为 114%，在室温下 Na 扩散系数为 7×10^{-10} cm^2·s^{-1}，表明非晶硅材料是一类有潜力的钠离子电池负极材料。

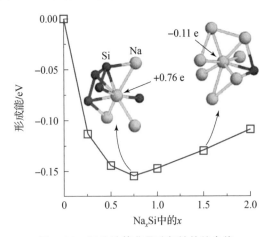

图 2.28　理论计算非晶硅与钠的结合能

3）锡

单质 Sn（锡）能与 Na 形成 $Na_{3.75}Sn$ 合金，对应于 765 mA·h·g^{-1} 的理论

储钠比容量。锡储量丰富、价格低廉、无毒无害，具有较广阔的应用前景。

Na – Sn 合金的相转变顺序随测试参数（截止电压、电流密度、循环编号、电极厚度、电池配置、电解质等）的变化而变化。根据 Sn – Na 相图，$NaSn_6$、$NaSn_4$、$NaSn_3$、$NaSn_2$、Na_9Sn_4、Na_3Sn 以及 $Na_{15}Sn_4$ 皆为热力学稳定相，但通常认为 Sn 在储钠时经历了 4 个两相反应并最终形成晶态 $Na_{15}Sn_4$。密度泛函理论计算了 Na – Sn 相（$NaSn_5$、$NaSn$、Na_9Sn_4、$Na_{15}Sn_4$）的合金化电位，然而，在实验结果中得到证明的 $NaSn_5$ 相在理论计算中并未被计算出来。后续的研究也证明了 $Na_{15}Sn_4$ 的形成。先进的原位 TEM 技术表征也被用来分析 Sn – Na 合金化过程的结构演变，与之前的传统机制认知相反，Wang 等认为，Sn 在合金化过程中并没有生成 Na_3Sn、$NaSn_3$、$NaSn_4$ 等中间相，而是与 Na 先后经历两相反应、单相反应分别生成 a – Na_9Sn_4、a – Na_3Sn 非晶相，当 Na^+ 完全嵌入后，最终生成具有晶体结构的 $Na_{15}Sn_4$（图 2.29）。

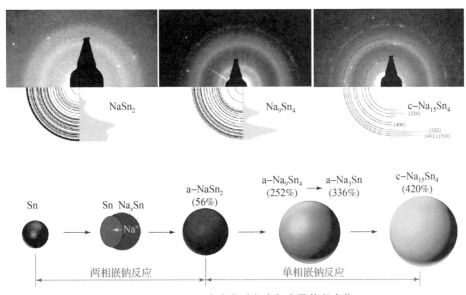

图 2. 29　Sn – Na 合金化过程中相变及体积变化

4）锑

相较于其他合金负极，锑（Sb）具有高的电子导电性（2.56×10^6 S · m^{-1}），因此其具有优异的倍率性能。Sb 可通过合金化反应与钠形成 Na_3Sb 合金，对应 660 mA · h · g^{-1} 的理论比容量。其相较于 Si、Ge、Sn，Sb 基材料独特的层状褶皱结构提供了更多的钠离子传输通道，有利于钠离子的传输和内部应力的释放。Sb 暴露在空气中不易被氧化，因而具有较好的化学稳定性和热稳定性。Sb 负极具有较高的理论比容量以及较低的工作电压（0.8~0.9 V），是一类具有潜力的钠离子电池负极材料，但其储钠后会发生高达293%的理论体积膨胀。

Sb负极在储钠过程中会形成非晶态和高反应性的中间相，但这些中间相与相图中所示的化学计量化合物存在偏差。因此，直到今天，Sb的储钠机理仍然存在争议。通常认为Sb负极的脱嵌钠过程在达到最终结晶态Na_3Sb之前会形成一系列Na_xSb中间相。Darwiche等通过结构研究和理论计算表明，由于Na空位的存在，Na–Sb体系中存在较高的局部应变弛豫，导致较慢的远程应变传播，从而有利于非晶相而不是平衡中间相的形成。另外，储钠过程中首先生成的无定形中间相类似于NaSb，随后进一步形成晶态Na_3Sb。

5）铋

铋（Bi）与磷和锑属于同一主族元素，具有较高的电导率、独特的层状结构以及较大的层间距。理论上1 mol Bi可与3 mol Na结合，形成合金化合物Na_3Bi，对应于385 mA·h·g^{-1}的理论比容量。

目前关于Bi的储钠机理仍然存在争议。Tan等通过原位XRD测试结果证明了Bi的两步合金化—脱合金化过程（Bi→NaBi→Na_3Bi），且这种机理符合相图规律。然而，非原位XRD结果表明，Bi晶格在c轴方向具有较大的层间距，其储钠机理可以解释为插嵌式反应。

4. 转化反应负极材料

金属二元化合物可以通过转化反应机制储存钠离子，具有理论比容量高、种类丰富的优点。然而，金属二元化合物通常面临可逆性差、电压滞后大、首周库仑效率低、体积变化大、循环稳定性差等问题，可以通过材料结构设计、纳米化、表面工程和电解质优化等策略来进行改进。

转化反应负极材料在储钠过程中会发生相分解，此过程伴随旧键的断裂和新键的形成。金属二元化物与钠的转化反应如式（2.9）所示：

$$M_aX_b + (b \cdot z)Na \leftrightarrow aM + bNa_zX \qquad (2.9)$$

其中，M是金属；X是非金属；z是X的氧化态。对于典型的转化型材料，M是过渡金属元素，如Fe、Co、Ni、Cu、Mn等，X是非金属元素，主要包括O、S、Se、P等。这些金属M可以进一步与Na形成合金，这意味着转化反应负极材料的容量贡献源自合金化和转化反应机制两方面，因此M_aX_b材料的理论比容量比纯金属材料的理论比容量要高。另外，转化反应电极材料在充放电过程中会发生相分解而转化为纳米颗粒。金属可以成核形成无定形或晶型纳米粒子，而成核的Na_zX倾向于分布在金属纳米粒子周围。金属纳米粒子可以和Na_zX基体形成连续的导电网络，从而有利于电子/Na$^+$的传输和转化反应的可逆性。导电金属相和导离子 Na_2X 相之间的界面可以通过"共享"机制进一步储存 Na^+ 以产生额外的容量。

转化反应电极材料既可作为钠离子电池的正极，也可以作为电池的负极，这取决于其热力学特性。根据反应物和产物的热力学数据，可以计算其理论电位、比容量和电池的能量密度。另外，热力学数据也可用于比较锂和钠转化反应的主要特性和差异。Klein 等根据转化反应的吉布斯自由能变化（ΔrG），计算了 M_aX_b 与钠或锂发生转化反应的电位差。与基于锂的转化反应相比，基于钠的转化反应的氢化物、氧化物、硫化物和氟化物显示出较低的氧化还原电位，而溴化物和碘化物则显示出更高的氧化还原电位。

1）氧化物

作为锂离子电池的负极材料，氧化物可提供高的可逆比容量（甚至高于理论比容量），并且其成本较低，制备方法简单。近年来，过渡金属氧化物与钠的转化反应受到了相当多的关注，如 CoO、Co_3O_4、Fe_2O_3、Fe_3O_4、CuO、NiO 和 MnO 等。然而，作为钠离子电池的负极材料，氧化物所展现的容量比理论容量低很多。例如，一维 Co_3O_4 碳纳米线作为锂离子电池负极时可提供 $768\ mA\cdot h\cdot g^{-1}$ 的可逆比容量，但作为钠离子电池负极时，容量降低至 $377\ mA\cdot h\cdot g^{-1}$。二维 Fe_2O_3/还原氧化石墨烯（rGO）复合材料，作为锂离子电池和钠离子电池中的负极时，其可逆比容量分别为 $1\ 238\ mA\cdot h\cdot g^{-1}$ 和 $402\ mA\cdot h\cdot g^{-1}$。He 等比较了 NiO 电极的钠化和锂化动力学，发现在钠化开始时 Na_2O 层在 NiO 晶体周围形成，阻碍了进一步的钠化反应。相反地，对于锂化过程，局部 NiO 晶格因 Li 的反位缺陷而扭曲，促进了锂的进一步插入（图 2.30）。尽管具有较低的可逆比容量，但用于钠存储的氧化物的反应电位低于锂存储的氧化物的反应电位，这一特性使其更适合作为钠离子电池的负极。

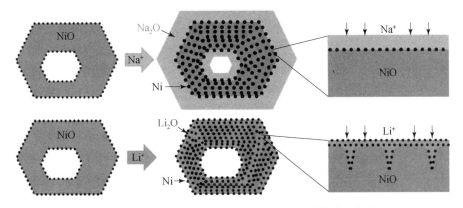

图 2.30　NiO 负极钠化和锂化之间的不同反应模式示意图

通过优化电极结构、与其他导电材料耦合等方法可以改善氧化物的反应动力学，但在大多数研究报道中，其可逆比容量的提升非常有限。除过渡金属氧化物外，主族金属氧化物如 SnO_x、SnO、SnO_2、Sb_2O_4 和 Sb_2O_3 等也可以用作钠离子电池的负极材料。类似于过渡金属氧化物，这些主族金属氧化物也表现出较低的可逆比容量，远低于对应的理论比容量，其低的比容量与不完全合金化反应有关。Su 等合成了 SnO 微球并探究了其电化学行为。结果表明，SnO 通过转化反应转化为 Sn 和 Na_2O，然后 Sn 发生不完全合金化反应形成最终产物 $NaSn_2$，而非 $Na_{3.75}Sn$。类似于 SnO，Sb_2O_3 的可逆比容量要比理论容量低得多，甚至低于 Sb 金属。例如，Sb_2O_3 电极在 50 mA·g^{-1} 的电流密度下仅可提供 509 mA·h·g^{-1} 的比容量。研究发现，在初始的转化反应中，生成的 Sb 与钠进一步发生合金化反应形成的化合物是 $NaSb$ 而不是 Na_3Sb。目前，尽管在氧化物的反应机理方面取得了较多的研究进展，但在有效提升可逆比容量方面取得的研究成果非常有限。

2）硫化物

与氧化物相比，过渡金属硫化物具有较低的理论比容量和更高的理论氧化还原电位，但其具有更加优异的动力学性能，因而表现出更高的可逆比容量。目前，研究者们开发了多种硫化物作为钠离子电池负极，如 FeS、FeS_2、CoS、Co_3S_4、Co_9S_8、NiS、MnS、CuS、ZnS 等。Cho 等设计并合成了一维多孔 Fe_2O_3 和 FeS 纳米线，比较了其电化学行为，发现在 0.5 A·g^{-1} 的电流密度下，FeS 纳米线的可逆比容量高达 456 mA·h·g^{-1} 且首周库仑效率高达 81%；而 Fe_2O_3 纳米线的比容量仅为 328 mA·h·g^{-1}，首周库仑效率仅为 62%。另外，虽然 FeS（1.33 V）的理论反应电位高于 Fe_2O_3（0.66 V），但是 Fe_2O_3 和 FeS 实际表现出的反应电位相似，表明硫化物具有较小的极化和更快的动力学特性。与 FeS 类似，CoS 也具有较好的电化学性能，包括高的可逆比容量和首周库仑效率以及较好的循环稳定性。Zhou 等通过热解含钴金属有机骨架纳米线前驱体合成了一维 CoS/C 纳米线，在 5 A·g^{-1} 的电流密度下循环 1 000 周后，其可逆比容量为 504 mA·h·g^{-1}，略低于理论值的 589 mA·h·g^{-1}。对循环 200 周后的 CoS/C 纳米线的形貌进行研究发现，其原始结构在循环后得以保留。

近年来，层状结构的二硫化物 MS_2（M = Mo、W、Ti、Nb 和 V 等）作为钠离子电池的负极材料受到了广泛关注。作为二硫化物 MS_2 的典型代表，MoS_2 具有较大的层间距，可以与钠发生插层反应，Na^+ 的嵌入/脱出会引发 $2H-MoS_2$ 相到 $1T-MoS_2$ 相的相变。当 1 mol MoS_2 嵌入超过 1.5 mol 钠离子时，转化反应开始发生，MoS_2 相分解为 Na_2S 和金属 Mo。转化反应发生后，MoS_2 晶体结构无法恢复，即使充电到 3.0 V。基于转化反应的 MoS_2 及其复合材料可以提供非常高的可逆比容量，甚至超过理论比容量。然而，转化反应过程对电极的结构稳定性有影响，导致其较差的循环稳定性。与 MoS_2 不同，NbS_2 总是以嵌入的形式进行钠储存，并且在 0.01～3 V 的电压范围内没有转化反应发生。

有些硫化物（M = Sn、Sb、Bi）通常既发生转化反应又发生合金化反应以进行钠存储。例如，SnS 通过以上两个反应生成最终产物 Na_2S 和 $Na_{15}Sn_4$，如式（2.10）和式（2.11）所示：

$$SnS + 2Na^+ + 2e^- \leftrightarrow Sn + Na_2S \qquad (2.10)$$

$$4Sn + 15Na^+ + 15e^- \leftrightarrow Na_{15}Sn_4 \qquad (2.11)$$

SnS 的理论比容量高达 1 022 mA·h·g^{-1}，高于 Sn 金属（847 mA·h·g^{-1}）。与 SnO_x 相比，SnS 作为钠离子电池负极时表现出更快的反应动力学，因而具有更高的可逆比容量。通过优化电极结构设计，可以使 SnS 电极的可逆比容量达到 900 mA·h·g^{-1} 以上。Chao 等通过简单的热浴法合成了二维 SnS_2 纳米阵列，其通过发生转化反应和合金化反应表现出 900 mA·h·g^{-1} 的高比容量（图 2.31）。此外，Chao 等又设计制造了由石墨烯泡沫支撑的纳米蜂窝状 SnS 负极，其在 30 mA·g^{-1} 下可提供 1 147 mA·h·g^{-1} 的储钠比容量，甚至在高电流密度下也可提供较高的比容量。与 SnS 类似，Sb_2S_3/石墨烯复合材料在 50 mA·g^{-1} 时提供的比容量达到 750 mA·h·g^{-1}，略低于 946 mA·h·g^{-1} 的理论比容量。

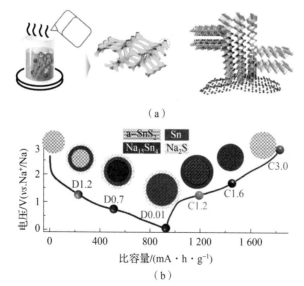

图 2.31　二维 SnS_2 纳米阵列合成过程、充放电曲线及结构转变示意图

（a）热浴法合成二维 SnS_2 纳米阵列过程示意图；（b）SnS_2 充放电曲线及结构转变示意图

3）硒化物

硒与硫位于同一主族，因此金属硒化物（M_aSe_b）与金属硫化物在许多方面具有相似的化学性质。与硫相比，硒在地壳中含量并不丰富，且毒性更大、成本更高。然而，金属硒化物具有较高的密度和较好的导电性，因而表现出更高的体积能量密度和更快的储钠动力学。以 CoSe 为例，CoSe/碳复合材料在 $0.2\ A \cdot g^{-1}$ 电流密度下可提供 $594\ mA \cdot h \cdot g^{-1}$ 的比容量、超过 $389\ mA \cdot h \cdot g^{-1}$ 的理论比容量。Wu 等合成了一维 CoS/碳纳米线和 CoSe/碳纳米线，并且比较了两者的电化学行为。CoSe/碳纳米线与 CoS/碳纳米线相比，在 $5\ A \cdot g^{-1}$ 的高电流密度下表现出较高的比容量和较小的电压滞后。

4）磷化物

磷在地壳中含量丰富且分布广泛，成本相对较低。金属磷化物（M = Fe、Co、Ni 和 Cu）具有较低的氧化还原电位和较高的理论比容量。目前，许多金属磷化物已被应用于钠离子电池负极，如 FeP、CoP、CuP_2、Ni_2P、NiP_3、Cu_3P 和 Zn_3P_2 等。然而，大部分磷化物都表现出非常低的可逆比容量，远低于其对应的理论比容量。Xia 等总结了目前报道的磷化物的可逆比容量和循环稳定性，发现磷化物的低可逆比容量主要归因于其较差的反应动力学。设计合成不同纳米结构的金属磷化物及其复合材料可以改善磷化物较差的反应动力学问题。然而，到目前为止，磷化物在电化学性能方面的提升非常有限，特别是在可逆比容量的提升方面。例如，在 $50\ mA \cdot g^{-1}$ 电流密度下，CuP_2 的理论比容量为 $1\ 281\ mA \cdot h \cdot g^{-1}$，而 CuP_2/碳纳米颗粒仅可提供 $550\ mA \cdot h \cdot g^{-1}$ 的比容量。Huang 等合成了薄碳包覆的 MoP 纳米棒复合电极材料，用作钠离子电池负极时，其表现出优异的循环稳定性，但在 $100\ mA \cdot g^{-1}$ 的电流密度下仅提供 $398.4\ mA \cdot h \cdot g^{-1}$ 的可逆比容量，远低于理论比容量的 $633\ mA \cdot h \cdot g^{-1}$。

另外，对金属磷化物（M = Sn）作为负极用于钠储存也进行了研究，如 Sn_4P_3、SnP_3 和 Cu_4SnP_{10} 等。与纯 Sn（$847\ mA \cdot h \cdot g^{-1}$）相比，$Sn_4P_3$ 具有更高的理论比容量（$1\ 133\ mA \cdot h \cdot g^{-1}$）。Qian 等合成了 Sn_4P_3/C 复合物，其可以提供较高的可逆比容量，高于相应的 Sn/C、P/C 复合材料的比容量。此外，Sn_4P_3 与钠的转化反应是不可逆的，在初始放电过程中，发生如下两步反应：

$$Sn_4P_3 + 9Na^+ + 9e^- \leftrightarrow 4Sn + 3Na_3P \tag{2.12}$$

$$4Sn + 15Na^+ + 15e^- \leftrightarrow Na_{15}Sn_4 \tag{2.13}$$

在随后的充放电循环中，$Na_{15}Sn_4$ 和 Na_3P 转化为 P 和 Sn，然后发生可逆的合金化和去合金化反应：

$$Na_{15}Sn_4 \leftrightarrow 4Sn + 15Na^+ + 15e^- \qquad (2.14)$$

$$Na_3P \leftrightarrow P + 3Na^+ + 3e^- \qquad (2.15)$$

　　转化型负极具有较高的理论比容量，但自身的热力学和动力学问题导致其较低的可逆比容量和较大的电压滞后。除了动力学问题外，转化型负极还面临体积形变大和循环稳定性差等问题。转化型负极材料要达到实际应用还必须考虑许多方面，包括材料的合成成本、规模化制备的难易程度、储钠性能、可逆比容量、还原电位、电压滞后、倍率能力、循环性能和安全性等。

5. 有机负极材料

　　有机电极材料具有成本低廉、环境友好、能量/功率密度高、良好的结构设计性等优点，是一类有潜力的钠离子电池负极材料。1985 年，Shacklette 等最早证明了将聚乙炔和聚对苯撑这两种聚合物基负极用于钠离子电池的可能性。近年来，全球许多研究小组已经开始对有机化合物电极材料进行深入研究，以探索其潜在的储钠特性。目前，用于钠离子电池的有机负极材料主要可分为有机小分子（羧酸盐有机化合物）和聚合物两大类，其中聚合物可进一步分为席夫碱聚合物（反应发生在 C = N 位点）、聚酰胺（反应发生在 C = O 点）和聚醌、导电聚合物如共轭聚合物三类。

2.2.4　电解质与界面

　　作为电池的重要组成部分，电解质起在正负极之间传导离子、参与正负极表面氧化还原反应的重要作用，影响电池的循环稳定性、倍率性能、安全性能等关键指标。钠离子电池的电解质根据其物理性质可分为液态电解质和固态电解质。

　　液态电解质主要由溶质和溶剂组成，若有特殊需求，可在电解质中加入添加剂。液态电解质按照溶剂种类可分为有机电解质、离子液体和水系电解质。有机电解质具有较高的离子导电性、较好的电极兼容性以及低的制造成本，是目前应用最广泛的电解质材料。但由于有机溶剂的挥发性和易燃性，其热稳定性较差，因此后续开发了离子液体电解质、水系电解质和固态电解质等提高电池的安全性能。离子液体具有超低的挥发性、高离子电导率、良好的热稳定性、低可燃性、宽的电化学窗口以及可调节的极性和酸碱度等优点。然而离子液体的高成本可能会限制其短期内的大规模应用。水系电解质具有较低制造成本、快速离子传输性能和不可燃性。然而，较窄的电化学窗口限制了其应用，电极材料的氧化还原电位应在水的电解电位范围内，否则易发生析氢反应或吸氧反应。另外，水溶液或残余氧与电极材料的副反应也会影响电池的循环稳定性。

固态电解质具有良好的安全性和电化学稳定性。在电池中，固态电解质既可以作为隔膜，也可以作为离子传导的介质。不同于液态电解质中钠离子借助溶剂化流动的形式，在固态电解质中，钠离子以链段运动或空位迁移机制进行离子传输。相较于液态电解质，固态电解质更难以流动，导致其离子电导率较低，阻碍了其进一步应用和发展。

目前，对于钠离子电池电解质和界面的相关研究大都借鉴了锂离子电池的相关经验，包括溶剂、盐、添加剂的选择。然而，由于钠和锂的化学性质存在差异，具体来说，钠离子具有较弱的路易斯酸性、大的离子半径和较小的溶剂化半径，这些因素导致钠离子电池与锂离子电池不同的电解质性能和界面性质。钠离子电池电解质和界面的基础科学问题亟待研究。

一般来说，电解质应满足以下要求：①具有良好的离子导电性和电子绝缘性，以便离子快速传输并且保持较低的自放电；②具有较宽的电化学窗口，避免电解质在正负极工作电位范围内发生分解；③具有良好的化学稳定性，对其他电池组件如电池隔膜、集流体和电池包装材料等呈惰性；④具有良好的热稳定性和较低的可燃性，避免安全隐患；⑤环境友好、无毒；⑥成本低廉；⑦液态电解质要满足低熔点、高沸点的特性，保证电解质在电池使用温度范围内保持稳定。

1. 电解质盐和添加剂

1）钠盐

钠离子电池电解质中钠盐的选择应考虑以下几点：①钠盐在溶剂中应具有较高的溶解度，因为其溶解度决定了电解质中载流子的浓度；②钠盐的氧化和还原电位决定了电解质的电化学窗口；③钠盐中阴阳离子的化学性质会影响隔膜、溶剂、电极和集电体的稳定性；④钠盐应该是环境友好且无毒性的，低成本的钠盐有助于钠离子电池的大规模应用。

钠盐比锂盐有更多的选择，这是因为钠离子的离子半径较大，可以溶解在低介电常数的溶剂中。钠盐中的阴离子含有稳定的中心原子和通过弱配位键连接的负电性配体，这有利于形成离域负电荷以进行钠离子的传输。阴离子的性质决定了电解质的性能优劣。因此，钠盐的开发应着眼于阴离子基团的结构优化。目前，常用的钠盐包括高氯酸钠（$NaClO_4$）、六氟磷酸钠（$NaPF_6$）、四氟硼酸钠（$NaBF_4$）、三氟甲磺酸钠（$NaCF_3SO_3$，$NaOTf$）、双（三氟甲基磺酰基）亚胺钠（$NaTFSI$）等。

高氯酸钠具有离子传输速度快、成本低廉等优点。ClO_4^-阴离子基团抗氧化能力强，可与高电压正极良好匹配。然而，$NaClO_4$含水量高，难以干燥。即使是在 80 ℃下真空状态下干燥 12 h，基于 $NaClO_4$ 的电解质仍旧表现出较高的含水量（＞40 ppm），远高于同等条件下基于 $NaPF_6$ 的电解质的含水量（＜10 ppm）。除此之外，在高温条件下，ClO_4^- 作为一种强氧化剂，易与大多数有机物种发生剧烈反应，有爆炸风险，具有较大的安全隐患。

六氟磷酸钠溶解性较好，易溶于有机溶剂，具有较高的离子电导率。$NaPF_6$ 与各类电极兼容性好，有利于形成稳定的界面钝化层。然而，$NaPF_6$ 对水敏感，在高温和有水存在的情况下，会水解产生 PF_5、POF_3 和 HF。PF_5 作为路易斯酸性物质，可以催化溶剂的分解与聚合。HF 可以与电解质和电极材料发生反应，破坏电极结构，促进电解质的进一步分解，导致电池性能的衰减。

四氟硼酸钠热稳定性较好，相较于 ClO_4^-，BF_4^- 具有更好的安全性。尽管 BF_4^- 显示出较高的离子迁移率，但其与 Na^+ 的结合力较强，解离常数明显小于 $NaPF_6$，因此在有机溶剂中具有中等的离子导电性。

三氟甲磺酸钠属于有机钠盐类，其以有机超强酸的共轭碱为基础，通过强吸电子基团来稳定阴离子。NaOTf 具有极高的抗氧化性、热稳定性、无毒和对环境湿度不敏感等优点。然而，NaOTf 具有较低的离子电导率，并且会腐蚀铝集流体，阻碍了其在钠离子电池中的应用。

双（三氟甲基磺酰基）亚胺钠和双（氟磺酰）亚胺钠（NaFSI）具有相似的结构，性质接近 NaOTf。NaTFSI 和 NaFSI 具有比 $NaPF_6$ 更高的稳定性、比 NaOTf 更高的电导率，但两者也会和铝集流体发生反应，目前主要应用于离子液体和聚合物电解质中。

2）添加剂

添加剂是外来分子，以小剂量添加到电解质中（一般小于 10%），可以在不替换电解质主要组分的情况下调节电解质的成膜特性、可燃性、机械稳定性等关键性质。

理想的钠离子电池添加剂应满足以下标准：①绿色可持续，合成和制备过程是环境友好、容易扩展的，并且对环境影响尽可能小；②添加总量尽可能小；③除了预期功能外，不对电池产生其他负面影响；④成本低廉。

2. 液态电解质

液态电解质具有离子电导率高、制造成本低等优点，是目前应用最广泛的电解质类型，主要包括有机电解质、离子液体和水系电解质。

1）有机电解质

钠离子电池中电解质的溶剂一般为极性非质子的有机溶剂。有机溶剂应具有较高的介电常数（3~15），以便促进盐的解离、限制离子对数量、增加自由载流子数量、提高电导率。溶剂应尽可能表现出低黏度以便改善离子迁移率。另外，有机溶剂应满足高电化学稳定性、高化学稳定性、安全、无毒等电解质的基本要求。如前所述，钠离子在有机溶剂中易被溶剂化，以溶剂化离子形式存在，溶剂化结构随电解质性质的变化而变化。溶剂的施主数（donor number, DN）是溶剂溶解阳离子和路易斯碱能力的量度。另外，溶剂的酸碱度对溶剂化性质也有影响，根据软硬酸碱理论，溶剂的酸碱度决定了溶剂-溶剂和离子-溶剂之间的相互作用。目前，钠离子电池主要采用碳酸酯类和醚类有机溶剂。

碳酸酯由于其较高的电化学稳定性和较强的溶解能力，已成为钠离子电池的主要溶剂。最常用的碳酸酯溶剂主要基于两种类型：环状的碳酸亚丙酯（PC）和碳酸亚乙酯（EC），以及线性的碳酸乙酯（EMC）、碳酸二甲酯（DMC）和碳酸二乙酯（DEC）。所有环状碳酸酯均具有较高的介电常数和黏度，而线性碳酸酯则具有较低的介电常数和黏度。这种差异是由于介电常数受到分子旋转性的影响，环状碳酸酯结构中分子内应变有利于分子偶极子更好地排列，而线性碳酸酯的开放结构导致这些偶极子的相互抵消，从而表现出较低的介电常数。

上述溶剂中，EC 是钠离子电池中最常用的溶剂之一。EC 的介电常数较高（89.78），可以通过强大的偶极-偶极分子间作用力与钠盐相互作用，因此对盐的解离性强、溶解性好。同时，EC 有利于在各种电极表面形成坚固的 SEI 界面层。但由于其较高的熔点（36 ℃），因此难以在常温下作为单一溶剂使用。

PC 具有宽液相范围和相对较高的介电常数（64.92），是早期锂离子电池中应用最广泛的有机溶剂，其在钠离子电池中也具有较好的兼容性。然而，钠离子电池的容量衰减可能与 PC 的连续分解密切相关。

除了上述的环状碳酸酯溶剂外，介电常数小、黏度低的线性 DMC、DEC 和 EMC 经常用作 EC 或 PC 的共溶剂。助溶剂体系的协同效应可以使离子导电性、黏度、电化学稳定窗口、安全性能都得到显著提高。

醚类溶剂具有低黏度和适中的介电常数以及良好的离子导电性。由于其较强的化学稳定性，其目前主要应用于锂硫电池和锂-空气电池中。醚类电解质与钠离子电池中各类电极都具有良好的兼容性，使其电化学性能显著提升。常用的醚类溶剂主要基于两种类型：线性的乙二醇二甲醚（DME）、二乙二醇二甲醚（DEGDME）和四乙二醇二甲醚（TEGDME）以及环状的 1,3-氧环戊烷（DOL）和四氢呋喃（THF）等。由于环状醚类易开环聚合，电化学稳定性较差，因此环状醚类在钠离子电池中应用较少，而线性醚类由于其较好的稳定性得到了广泛应用。

电解质的离子导电性、电化学稳定性、热稳定性对电池的电化学性能、安全性能至关重要。链长不同的线性醚类溶剂，其离子电导率也有所不同，DME 和 DEGDME 基电解质的室温电导率约为 2×10^{-3} S·cm^{-1}，TEGDME 的室温电导率约为 1×10^{-3} S·cm^{-1}，表明醚类电解质的电导率随着溶剂链长的缩短而增加，这可能是由于短链的溶剂具有更低的黏度。除离子电导率外，DME 和 DEGDME 电解质在 20～60 ℃ 的温度范围内的钠离子传输数（t^+）约为 0.5，表明醚类电解质可以实现钠离子的快速传输，满足钠离子电池的快充需求。

如前所述，电解质的宽电化学窗口代表高的电化学稳定性。溶剂和盐的宽电化学窗口可以通过 HOMO 值和 LUMO 值之间的相对差异来推断。各种醚类溶剂（DME、DEGDME 和 TEGDME）的 HOMO 和 LUMO 值较为接近，表明其具有相似的氧化和还原电位。目前关于醚类溶剂的基础性质研究较少，大多数醚电解质显示出低于 4.0 V 的稳定电位，因此醚类电解质无法匹配高电压（>4 V）正极材料。

另外，醚类电解质具有稳定的溶剂化结构，这源于醚溶剂的低溶剂化能垒以及 Na$^+$ 与醚氧之间的强静电相互作用。醚溶剂具有醚极性基团（–C–O–C–），其中具有孤对电子的 O 原子通过静电相互作用吸引带正电的 Na$^+$。当醚溶剂与 Na$^+$ 之间的相互作用强于阴离子基团与 Na$^+$ 之间的结合能时，盐会发生解离，Na$^+$ 会被溶剂化，并被溶剂化壳包裹。溶剂化壳的组分和空间结构可以直接影响溶剂化 Na$^+$ 的扩散和 SEI 的形成。由于醚类溶剂的强溶剂化能力，一般认为在稀电解液中溶剂化壳不含阴离子基团。醚溶剂的种类对溶剂化结构也有影响。图 2.32 为 DME、DEGDME 和 TEGDME 醚类溶剂的分子结构与溶剂化结构。经计算验证，最稳定的醚 – Na$^+$ 溶剂化配合物为 [Na(DME)$_3$]$^+$、[Na(DEGDME)$_2$]$^+$、[Na(TEGDME)$_1$]$^+$，表明随着链的延长，醚溶剂的溶剂化能力增强。溶剂化 Na$^+$ 的溶剂化结构对离子扩散和电池性能有至关重要的影响。例如，由于较大的空间构型和较高的黏度，TEGDME – Na$^+$ 表现出缓慢的离子传输和高去溶剂化能垒。因此，与 DME 和 DEGDME 基电解质相比，使用 TEGDME 基电解液的钠离子电池表现出较差的倍率能力。DME 和 DEGDME 溶剂有利于离子的快速传输。但 DME 的电荷屏蔽作用较小，意味着去溶剂化过程的能耗较高。因此，综合考虑黏度、溶剂化结构和稳定性等因素，DEGDME 在钠离子电池中的应用最广泛。

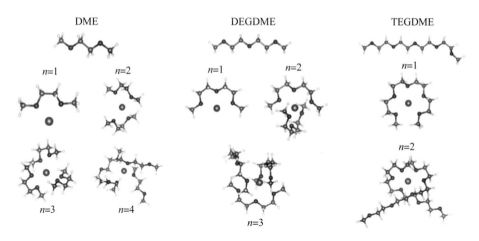

图 2.32   DME、DEGDME 和 TEGDME 醚类溶剂的分子结构与溶剂化结构

2）离子液体

离子液体，也称室温熔融盐，由有机阳离子和无机/有机阴离子组成。离子液体中离子之间的分离会弱化并屏蔽离子之间的静电力，从而降低其熔点，使之在室温下呈液态。由于离子液体中的阳离子在电荷中心周围存在烷基，因此其受到一定程度的电荷保护。阴离子由于可能存在的共振结构，通常具有能量接近且电荷离域的构象异构体。常见的用于电池体系中的离子液体的阴离子主要有 TFSI⁻ 和双（氧代磺酰基）酰亚胺（FSI⁻），其具有高导电性、高稳定性和良好的 SEI 膜形成能等优点。阴阳离子的组合决定了离子液体的特性，因此可以根据特定应用来定制离子液体。例如，根据其组成，离子液体可以分为非质子型（适用于锂离子电池和超级电容器）、质子型（适用于燃料电池）和两性离子型离子液体（适用于基于离子液体的膜）。每种类型的离子液体都具有特定的应用场所，表明其多功能性。

离子液体具有超低挥发性、良好的热稳定性、低易燃性、可调节的极性和离子电导率，因此可在二次电池储能领域得到广泛应用。离子液体中的静电、氢键和疏水性相互作用会产生强大且可调节的溶解能力；低挥发性和低可燃性可以提高分子溶剂电解质的安全性；宽电化学窗口和良好的热稳定性可以提高其电池体系应用的可行性；离子结构中静电荷、芳族基团和烷基链段的共存有助于提高离子液体对无机和有机材料的亲和力，从而有利于制备复合电极材料，改善界面性能并产生有序的纳米结构。

熔点是离子液体最重要的物理性质之一。离子液体的熔点主要与阳离子和阴离子有关，阳离子对于熔点的影响要远大于阴离子。一般来说，阳离子的体积越大、烷基链越长、对称性越差、电荷越分散、离子间作用力越弱，相应的熔点就越低；对于阴离子来说，如果负电荷离域作用强、对称性低，则相应的离子液体的熔点也越低。

与传统的有机溶液相比，离子液体阴、阳离子之间的相互作用较强，属于黏性液体，其黏度要比有机溶液高 1 ~ 3 个数量级。这种高黏度会对操作过程产生负面影响。离子液体的黏度主要由范德华力、阴阳离子之间的库仑引力和氢键作用控制，范德华力、库仑引力和氢键作用的增强都会导致黏度增大。此外，离子液体的黏度也与阴阳离子密切相关：阳离子尺寸越大、烷基链越长，阴阳离子之间的范德华力会随之增强，但是氢键作用会逐渐减弱，所以离子液体的黏度会表现出增加或先降低后增加的变化；而阴离子尺寸越大，黏度越大。特别地，具有氟化阴离子的离子液体由于其非常强的氢键作用也会使黏度增大。离子液体的离子电导率一般与黏度有关，黏度越大，离子电导率就越低。另外，其离子电导率也与阴阳离子相关：若阳离子具有平面结构、不饱和键、供电子官能团，则能够降低阴阳离子之间的相互作用力，从而提高离子电导率；若阴离子具有较小的体积、低的负电荷密度，也能够提高离子液体的离子电导率。

离子液体的电化学稳定性和热稳定性均较好。大多数的离子液体都具有 4 V 以上的电化学窗口。与有机溶液相比，离子液体的热稳定性更好。$TFSI^-$ 型阴离子具有较好的热稳定性，热分解温度高达 350 ℃。使用离子液体作为电解质溶剂，能为电池反应过程提供较大的操作温度范围。

在钠离子电池离子液体电解质中，通常应用较多的阳离子有咪唑鎓、吡咯烷鎓、季铵阳离子；阴离子有 $TFSI^-$、FSI^-、BF_4^- 等。此外，通过匹配不同的阳离子和阴离子可以调整离子液体的某些特性（如黏度、离子电导率、降解温度、熔点和密度等）。

尽管离子液体高昂的制造成本限制了其广泛应用，高的黏度会导致不利的倍率性能，但离子液体的使用拓展了电化学测量的温度极限和截止电压范围，且可以改善界面性质，因此离子液体是一类有潜力的电解质材料。

3. 固态电解质

传统有机液态电解质存在泄漏、易燃、易爆等风险，固态电解质的出现可以有效提高电池安全性。图 2.33 展示了典型的钠离子电池固态电解质材料及其离子电导率，可以看出固态电解质材料的室温离子电导率较高，与有机液态电解质接近。

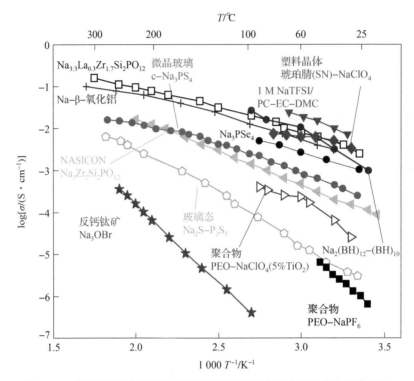

图 2.33　典型钠离子电池固态电解质材料及离子电导率和温度之间的关系

　　固态电解质通常具有较高的离子电导率和离子迁移数、较好的稳定性及力学性能。目前广泛应用的固态电解质材料主要包括氧化物材料、硫化物材料以及络合氢化物材料。氧化物固态电解质具有优异的热稳定性和化学稳定性。相比氧化物固态电解质，硫化物固态电解质具有更高的离子电导率、更低的晶界电阻和更温和的合成条件。对于络合氢化物，在引入离子和离子基团后，其也可以展现出极高的室温离子电导率（$10^{-4} \sim 10^{-2}$ S·cm^{-1}）。尽管如此，在全固态电池的实际应用中，不同类型的固态电解质材料仍有问题亟待解决：氧化物固态电解质质地坚硬，晶体颗粒之间的接触较差，即使高温长时间烧结也难以消除其晶界电阻；硫化物固态电解质具有较低的晶界电阻，但是其化学和电化学稳定性较差，给合成与应用带来了极大的困难；对于络合氢化物固态电解质，其电化学稳定性还有待提高。

　　钠离子固态电解质主要分为硫化物电解质、聚合物电解质和复合固态电解质。

　　1）硫化物电解质

　　相比氧化物电解质，S 离子半径比 O 离子大，极化性更强，与钠离子的相互作用较弱，因此，钠离子硫化物电解质离子电导率更高，图 2.34 为典型的硫化物电解质的离子电导率。硫化物电解质多属玻璃或玻璃–陶瓷，晶界阻抗较小，通过冷压处理容易加工成型，无须高温热压处理来减小电极/电解质界面阻抗，使大多在高温下与氧化物陶瓷电解质发生反应的电极材料能够用于固态钠离子电池。硫化物电解质主要包括三元硫代磷酸钠及其类似物（Na_3PS_4、Na_3SbS_4、Na_3PSe_4 和 Na_3SbSe_4 等）、四元硫代磷酸盐（$Na_{10}GePS_{12}$、$Na_{11}Sn_2PS_{12}$）以及硫化物玻璃/玻璃–陶瓷电解质（$75Na_2S \cdot 25P_2S_5$、$94Na_3PS_4 \cdot 6Na_4SiS_4$、$Na_2Se - Ga_2Se_3 - GeSe_2$）等。

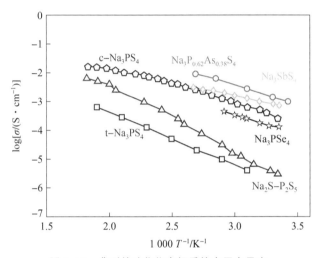

图 2.34　典型的硫化物电解质的离子电导率

2）聚合物电解质

聚合物电解质可被看作是碱金属盐"溶解"在具有极性的聚合物基体这种特殊的干态溶剂中。除了拥有与液态电解质相同的传导离子功能外，其还具有无溶剂、质轻、透明、柔性好、易成膜等特性。相比液态电解质，聚合物电解质可以避免漏液、抑制枝晶形成以提高电池的安全性，能避免由电解质分解形成的较厚惰性电极/电解质界面层以提高电池的循环稳定性。根据杂原子基团不同，钠离子聚合物电解质可以分为聚醚［PEO、PEG、PPO（聚苯醚）等］、P（VDF – HFP）、PMMA、PAN、PVP、单离子导体及多糖等类型。为使碱金属盐在聚合物基体中更好地"溶解"，聚合物基体和碱金属盐需要满足不同的条件。对于聚合物基体：①应含有较强给电子能力的原子或原子团，可以和金属阳离子发生配位；②含有利于碱金属盐解离的较高介电常数；③含有较低的键旋转能垒、较低的玻璃化转变温度、良好的柔顺性；④含有较小的空间位阻；⑤能够自支撑成膜；⑥化学稳定性好，电化学稳定窗口宽。不同溶解性和稳定性的碱金属盐对离子传导也有影响，一般需满足以下条件：①盐的晶格能越小，形成聚合物电解质的能力越强；②高离解常数的盐形成离子对和离子聚集体的倾向小；③阴离子体积较大的盐可以提高阳离子迁移数。可用于聚合物电解质的钠盐包括氯酸钠（$NaClO_3$）、高氯酸钠、磷酸钠、溴化钠（NaBr）、碘化钠（NaI）、双氟磺酰亚胺钠、双三氟磺酰亚胺钠、四氟硼酸钠、六氟磷酸钠、三氟甲烷磺酸钠（NaTf）、二氟草酸硼酸钠（NaDFOB）、4,5－二氰基－2－三氟甲基咪唑钠盐（NaTDI）、4,5－二氰基－2－五氟甲基咪唑钠盐（NaPDI）等。

3）复合固态电解质

如前所述，固态电解质具有较高的离子电导率、良好的机械强度，但其与电极材料相容性较差，力学性能和界面阻抗不理想。聚合物电解质具有轻质、柔性和可伸缩等特性，并且与电极兼容性较好。但是，其热稳定性有限、机械强度较差，室温离子电导率不理想。为了解决单相固态电解质和聚合物电解质的问题并利用其优势，可以将两者结合形成复合固态电解质。从理论上来说，通过适当控制复合固态电解质的几何特征，可以在复合固态电解质的单相和两相之间的界面区域形成有效连续的离子传输通道。另外，对电解质的组成部分进行优化可以开发出具有高离子电导率、良好机械性能的复合固态电解质。尽管复合固态电解质的研究进展较快、研究力度较大，但目前对复合固态电解质的研究还处于初级阶段，其技术成熟度仍不足以达到实际应用和商业化的要求。

4. 电极／电解质界面

电极和电解质之间的界面对钠离子电池的循环性能和安全性至关重要。1979 年，电极表面存在钝化层这一观点被首次提出。钠离子电池中的界面钝化层位于电极和电解质之间，具有电子绝缘性和离子导电性。当电极和电解质接触时，二者之间的热力学电位差通过形成界面层得到补偿。因此，界面形成的驱动力在于电极材料氧化还原反应的电子能级与电解质最低未占分子轨道或最高占据分子轨道之间的电位差值。当负极的电化学电位（μ_A）高于电解质的 LUMO 值时，电子会自发地从负极转移到电解质，从而导致电解质的还原和随后 SEI 的生成。同样，当正极的电化学电位（μ_C）低于电解质的 HOMO 值时，电子将从电解质转移到正极，电子的损失导致溶剂分子的氧化，如碳酸丙烯酯溶剂分子的开环，而电子的获得可能导致过渡金属阳离子（如 Mn^{4+}、Ni^{4+}、Co^{4+}等）的还原。在此过程中，电解质氧化分解产物留在正极表面，形成正极钝化层（cathode electrolyte interface，CEI），防止电子进一步扩散，从而抑制电解质持续的分解反应。理想情况下，电池的电化学电位 μ_A 和 μ_C 一般应小于电解质的氧化还原稳定窗口。然而，在实践中，为了确保更高的能量密度，大多数电极的氧化还原反应都发生在电解质稳定性之外的电压下，从而促使 SEI 及 CEI 的生成。

界面钝化层的形成机制受到两种初始电化学行为的强烈影响，分别为离子溶剂化行为与特性吸附行为。

通常认为，离子溶剂化行为诱导了界面形成以及相应溶剂分子或阴离子的优先还原/氧化。离子的溶剂化结构主要与溶剂分子（如羰基/醚氧）或阴离子的电负性原子（如 NaPF$_6$ 盐中的 F$^-$）与钠阳离子之间的配位有关，其结合能在很大程度上取决于阳离子、阴离子和溶剂的类型。金属阳离子的离子半径和离子电荷密度对离子 – 溶剂结合能产生影响，从而影响离子 – 溶剂的溶剂化结构。另外，对于同一金属阳离子，不同溶剂分子具有不同的配位能力，因而产生不同的溶剂化结构。例如，在酯类溶剂中，环状分子（如 EC 和 PC）通常比链状分子（如 DMC 和 DEC）与阳离子有更强的配合能力，表明环状分子的溶剂化能力更强。此外，当溶剂与离子结合形成溶剂 – 离子络合物时，电解质 LUMO 能级将显著降低，这与溶剂分子中碳原子轨道的调节程度密切相关。分子水平上溶剂化环境的改变会影响溶剂分子或阴离子的消耗顺序，从而决定了 SEI 内层初始组分的形成，进而影响有机/无机组分的排列、结构的演变和整体的离子传输能力。当电解质盐浓度增加到一定水平时，由于游离溶剂分子数量不足，阴离子将参与溶剂化结构。因此，高浓度电解质中生成的界面钝化层主要由盐分解产生的无机物组成，如 NaF、NaCl 和 Na$_2$CO$_3$ 等。

电极表面的特性吸附是另一类重要的电化学行为。通常认为，某些物种与电极表面的竞争性强相互作用会驱动界面双电层（electric double layer，EDL）的形成，从而产生特性吸附行为，改变离子的溶剂化。在电解质体相中，相较于阴离子，钠离子更倾向于与溶剂分子相互作用。考虑到尺寸和空间的限制，电极表面的特定吸附物种主要是盐离子和中性小分子。双电层模型由两部分组成：内亥姆霍兹平面（inner Helmholtz plane，IHP）和外亥姆霍兹平面（outer Helmholtz plane，OHP）。一般情况下，无溶剂化分子的特性吸附行为主要发生在 IHP 中，而电离溶剂化结构主要存在于 OHP 中。因此，这两种形成机制具有不同的作用。最初吸附在电极表面的特定物种决定了初始界面的组成和结构，而离子溶剂化结构决定了循环过程中界面的生长和演化。此外，两种形成机理之间也存在密切的联系，可以通过溶剂分子在 IHP 和 OHP 中的相互作用程度来反映。溶剂化结构中溶剂分子的优先相互作用会导致更多的阴离子吸附在电极表面形成阴离子诱导的界面相，而溶剂分子与电极表面的强相互作用会使更多的中性小分子进入 IHP，从而使 IHP 中的吸附行为与 OHP 中的溶剂化行为不同，并可能生成溶剂诱导界面相。尽管很少有研究着眼于电极表面的特性吸附行为上，但这一领域有望为二次电池的发展带来新的机遇。然而，由于缺乏先进的分析技术，通过实验方法来实际检测双电层结构具有极大的挑战性。

2.2.5 其他关键材料

正极材料、负极材料、电解质是钠离子电池的主要构成材料，除此之外，一个完整的钠离子电池还应该包括隔膜、粘结剂等材料。隔膜的作用是确保钠离子顺畅通过但不允许电子通过，以避免电池短路；粘结剂的作用是将活性物质、导电剂、集流体黏结起来，以获得相应的电极极片。

1. 隔膜

隔膜作用于电池正负极之间，阻隔两者的直接接触，并且在阻挡电子通过的同时，允许钠离子穿过。因此，隔膜在钠离子电池体系中起非常关键的作用。另外，隔膜材料不参与电池内部的任何反应，但是其结构和特性却会影响电池的整体能量和功率密度，以及循环寿命和安全性。因此，比起筛选新电极、复杂的材料改性或其他任何独特的结构控制方法，选择合适的隔膜是提高钠离子电池电化学性能的简单策略。隔膜在一定程度上决定了电池的寿命，因为如果隔膜没有机械强度，会在电池组装过程中受到损坏；同样隔膜应具有高浸润性，以使其易于被电解质润湿；另外，隔膜应该是疏松多孔的，以使电解质的流动和吸附变得容易。因此，从本质上讲，隔膜是钠离子电池系统的一个非常重要的组成部分。适合作为隔膜的材料有天然和合成聚合物、无机材料等，根据隔膜的结构和组成，可以将隔膜划分成三种：微孔聚烯烃隔膜、无纺布隔膜和纤维素基隔膜。

作为钠离子电池的关键组成部分，隔膜对于电池性能有很大的影响。在筛选合适的隔膜材料时，应该考虑多种因素：①具有优良的电子绝缘性，以保证正负极之间有效的物理隔离；②适当的孔径大小和孔隙率来确保钠离子很好地透过以降低阻抗、提高离子导电性；③耐电解质腐蚀，在高极性有机溶剂中具有良好的化学和电化学稳定性；④优异的电解质润湿性（即充分的液体吸收和保湿能力）；⑤良好的机械性能，包括穿刺强度、拉伸强度等，但在此基础上隔膜要尽可能地薄；⑥空间内稳固的稳定性和完整性，确保在电池使用过程中不能变形或损坏；⑦优异的热稳定性和自动关机保护性能；⑧成本低。

目前实验室或实际生产中所应用的钠离子电池隔膜材料基本都沿用于锂离

子电池。但是由于电解质和电极材料的不同，锂离子电池的隔膜有时不能直接应用于钠离子电池。例如，商用多孔隔膜 PE 和 PP 对钠离子电池中含有高黏度溶剂（如碳酸丙烯酯）的电解质表现出较差的润湿性能，明显增加了界面电阻并降低了离子迁移速率。实验室中通常使用玻璃纤维隔膜作为钠离子电池的隔膜，其由无机非金属纤维组成。该隔膜的熔点超过 500 ℃，并具有优异的耐火性能，但同时也存在明显的问题，如柔韧性和机械强度较差、成本较高。这些问题不仅增加了钠离子电池的装配难度，而且给电池的大规模应用带来了巨大的安全隐患。因此在设计钠离子电池隔膜时，要满足一些不同于锂离子电池隔膜的特定要求：①由于钠离子电池电解质黏度高，要求隔膜具有较好的化学稳定性和浸润性；②钠枝晶的反应速率和危险性高于锂枝晶，因此要求隔膜对钠枝晶的抑制性更强。

2. 粘结剂

粘结剂是钠离子电池正负极的重要组成部分，一般为高分子聚合物。粘结剂可以将电池的关键部件，如电极材料、导电剂和集流体等，在充放电过程中牢固地黏结在一起，主要提供以下作用：①既是分散剂又是增稠剂，使电池的关键部件均匀分布；②通过一定的机械力、分子间作用力或形成化学键将活性物质与集流体连接在一起，以保持机械完整性；③在循环时保持电子接触，使电子在聚合物链附近或穿过聚合物链；④改变电极/电解质界面上钠离子的润湿性，促进了钠离子的传输过程。

粘结剂主要为高分子材料，按照来源的不同，可以把粘结剂分为天然粘结剂和合成粘结剂两类。天然粘结剂来自动植物等天然有机物，通过直接提取或经过后处理得到。例如，海藻酸钠（SA）是从褐藻类的海带或马尾藻中提取碘和甘露醇之后的天然多糖，可以直接使用；而羧甲基纤维素钠（CMC）是通过纤维素与氯乙酸的碱催化反应制得的。聚偏氟乙烯是当前应用最广泛的合成粘结剂，一般采用 NMP（N - 甲基吡咯烷酮）为溶剂，但这种溶剂的挥发温度较高且容易污染环境。由于 PVDF 分子链中的 C - F 键长短、键能高，这种材料具有较好的电化学稳定性和优异的机械性能、加工性能和抗氧化性，具有一定的耐化学腐蚀性和耐高温性。但是 PVDF 的杨氏模量比较高，导致应用粘结剂之后的电极片韧性存在些许不足。聚丙烯酸（PAA）是一种水性合成粘结剂，其分子链结构中的羧基含量比 CMC 高，具有良好的机械性能和机械加工性。PAA 在电解质中有较好的稳定性，在碳酸酯溶剂中几乎不会产生溶胀现象，在充放电循环中可以使电极片保持结构稳定。

2.2.6　小结与展望

现阶段，钠离子电池已经逐步进入一个飞速发展的阶段，为了开发具有竞争力的钠离子电池，需要进一步开发先进的正极材料、负极材料和电解质。以下是推进和实现钠离子电池的一些方向。

（1）正极材料：正极材料在很大程度上决定了钠离子电池的能量密度。因此，未来正极材料的研究应侧重于理论或实际能量密度高的体系。对于层状正极材料，应重点研究元素掺杂和共生长结构，以提高其能量密度和循环稳定性。进一步探究全浓度梯度、核壳结构等形貌优化，以及开发新型过渡金属氧化物材料，以实现其高电压和高能量密度。此外，应该设计新的策略来增加正极材料对水分的结构稳定性。

（2）负极材料：负极材料方面的研究工作应该集中于缓解负极材料体积膨胀的问题上，从锂离子电池中硅负极吸取的经验教训也可以用于钠离子电池的负极材料。此外，还需要探索先进的粘结剂和碳基体的使用，以防止电极颗粒剥离。

（3）电解质：首先，需要发展先进的表征技术与理论模拟方法来研究电解质的基本机理；其次，需要注意钠离子电池与锂离子电池体系的区别，以便有针对性地研究钠离子电池电解质的传输机理；再次，需要关注电极/电解质的界面稳定性，厘清界面层的形成机理及影响因素，从而改善电极/电解质的界面相容性，提高钠离子电池的各项性能；最后，还需考虑电解质的安全性和经济效益等。

为了提高钠离子电池的市场竞争力，需要开发具有更高性价比的产品，而提高钠离子电池的能量密度是降低单位成本的关键因素。进一步开发具有高比容量的正负极材料，进而有效减少非活性物质（隔膜、粘结剂等）在总成本中的占比（目前约40%）；同时开发材料制备新工艺，以降低生产制造成本，这些将是未来钠离子电池在基础研究和产业化探索方面的重要突破方向。

|2.3　钾离子电池|

与锂相比，钠和钾元素具有更高的地壳丰度和更低的开发成本；与钠相比，钾的还原电位更低，具有更高的工作电压和能量密度。因此，钾离子电池是一类有潜力的新型二次体系。然而，钾离子电池在实际应用中也面临着离子扩散速率低、体积膨胀大、电池安全性等一系列问题与挑战。本节主要论述了钾离子电池的工作原理、电极材料，电解质，隔膜及粘结剂等组件的种类、结构和性能以及电极材料的常用合成方法，最后对钾离子电池面临的挑战及应用前景进行了总结与展望，本节主要内容如图 2.35 所示。

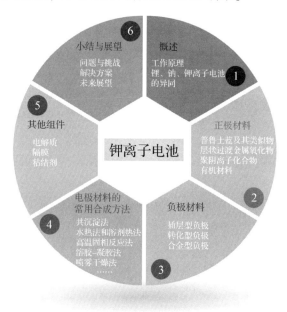

图 2.35　2.3 节主要内容示意图

2.3.1　概述

1. 钾离子电池简介

化石燃料的使用导致严重的全球变暖问题，为了应对环境恶化的影响，绿色可充电二次电池因其零排放的特性而引起了广泛关注。在各种可充电电池中，锂离子电池因其高能量密度、低自放电率和长寿命占据了市场的主导地位。然而，由于地壳中的金属锂储量有限，锂离子电池的生产成本不断增加，成为制约锂离子电池进一步发展的主要问题。

与锂相比，钠和钾在地壳中的含量更丰富，图 2.36（a）展示了锂、钠、钾元素在地球上的丰度和开发成本，图 2.36（b）展示了碳和其他金属的价格。此外，钾资源在世界范围内分布均匀，而锂资源主要集中在南美洲，且碳酸钾价格远低于碳酸锂，因此，钾离子电池被认为是锂离子电池合适的替代品，成为当前的研究热点。

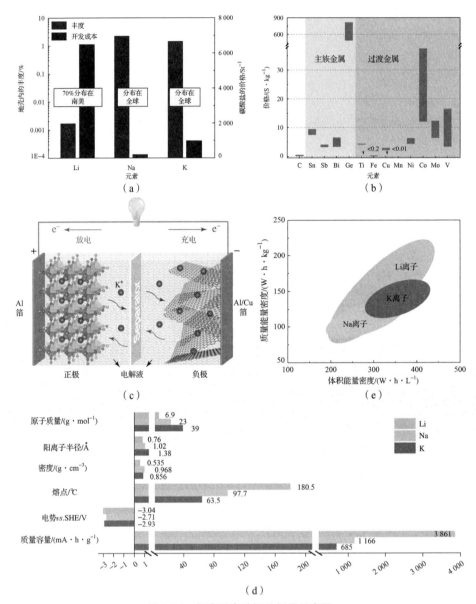

图 2.36　钾离子电池概述相关示意图

（a）锂、钠、钾元素的丰度和成本；（b）碳和金属的价格；

（c）钾离子电池工作原理示意图；（d）锂、钠、钾元素的理化性质比较；

（e）锂、钠、钾离子电池的能量密度

典型的钾离子电池由三个主要部件组成，即正极、负极和电解质。其他功能组件包括隔膜、集流体和电池壳。钾离子电池的正极通常是一种含钾无机化合物，具有开放的通道以便于钾离子扩散，而化合物的晶体结构决定了正极的电化学电位和理论容量。与正极相比，钾离子电池负极材料的成分和结构更加多样。例如，碳材料、金属及其氧化物/二硫化物已被广泛研究作为钾离子电池的负极材料。电解质是使钾离子能够在正极和负极之间传输的关键组分，通常由有机溶剂和溶解在其中的钾盐组成，用于传输其中的钾离子。正极和负极通常由聚合物制成的隔膜隔开，以防内部发生短路，同时电流通过高导电性集流体从电极被引到外部电路。电极集流体通常是铜或铝箔，提供电极的机械支持，并促进电极氧化还原中心和外电路之间的电子传输。

2. 钾离子电池工作原理

钾离子电池的工作原理类似于锂离子电池体系，是一个基于钾离子在正负极材料之间嵌入脱出的"摇椅式模型"。可充电钾离子电池运行的基础是电极上发生可逆的电化学反应。以可逆插层反应为例，含钾层状金属氧化物 KMO_2（其中 M 为 Mn、Co 或 Ni）正极与石墨负极的化学反应可表示如下：

正极反应：$\qquad KMO_2 \leftrightarrow K_{1-x}MO_2 + xK^+ + xe^-$　　　　(2.16)

负极反应：$\qquad xK^+ + 8C + xe^- \leftrightarrow K_xC_8$　　　　　　　(2.17)

总反应：$\qquad KMO_2 + 8C \leftrightarrow K_{1-x}MO_2 + K_xC_8$　　　(2.18)

钾离子电池实际上是一种钾离子浓差电池，正负电极由两种不同的钾离子嵌入化合物组成。其工作原理如图 2.36（c）所示，充电时，钾离子从正极脱嵌，经过电解质嵌入负极，负极处于富钾态，正极处于贫钾态，同时电子的补偿电荷从外电路供给到石墨负极，保证负极的电荷平衡。放电过程则相反，钾离子从负极脱嵌，经过电解质嵌入正极，正极处于富钾态。在正常的充放电情况下，钾离子在层状结构的碳材料和层状结构的氧化物的层间嵌入和脱出，一般只引起层间距的变化，不破坏晶体结构。在充放电过程中，负极材料的化学结构基本不变。对于石墨负极，钾盐中的钾离子在充电过程中嵌入石墨层中，形成稳定的石墨插层化合物（KC_8），其理论比容量为 $279\ mA \cdot h \cdot g^{-1}$，与锂离子电池中的 LiC_6 类似。

钾离子电池的工作电压与构成电极的钾离子嵌入化合物和钾离子浓度有关。

3. 锂、钠、钾离子电池的异同

钾离子电池是锂离子电池和钠离子电池某种程度上的替代品，它们有许多相似的功能和特点。因此，过去几十年建立的关于锂离子电池和钠离子电池的基本认识和实验方法都可以部分地转移到钾离子电池体系。例如，石墨是锂离子电池最常用的商用负极材料，由于类似的碱金属离子存储机制，石墨也显示出作为钾离子电池负极的潜力和优势。尽管这三个电池体系对电解质黏度和离子电导率的要求略有不同，但由于酯类液体具有优异的离子解离能力和较低的黏度，目前三个电池体系使用的绝大多数电解质都是酯类有机溶剂。用于锂离子电池正极的活性材包括层状氧化物、聚阴离子化合物和普鲁士蓝类似物等。实验和研究表明，这些材料中的大部分也适用于钾离子电池正极材料。总之，钾离子电池与其他碱金属离子电池有许多相似之处，可以沿用其他碱金属离子电池特别是锂离子电池的技术基础。

尽管钾离子电池与锂/钠离子电池具有相同的"摇椅式"原理，并且许多为锂/钠离子电池开发的电极材料也具有一定的钾离子存储能力，但同一材料在不同的电池体系中却表现出明显的差异。产生差异的根本原因是钾元素与锂、钠元素物理和化学性质不同，如图 2.36 (d)、(e) 所示。阳离子半径是与电极的碱金属离子储存机制及动力学直接相关的关键参数之一。在碱金属离子中，锂离子具有最小的离子半径，因此在大多数电极材料中具有最快的扩散动力学。但在钠离子电池和钾离子电池中，一些电极材料的性质可能会出现相反的趋势。例如，石墨可以可逆地储存钾离子，而半径较小的钠离子却很难插入石墨晶格中。此外，阳离子半径同样影响电极材料的容量，因为存储碱金属离子的位点数量受离子半径的影响。

与钠离子相比，钾离子具有更负的标准电极电位（$K^+/K = -2.93$ V $vs.$ SHE，$Na^+/Na = -2.71$ V $vs.$ SHE），这保证了钾离子电池具有更高的工作电压和更高的能量密度。此外，由于钾离子的路易斯酸性较弱，虽然在三种碱金属离子中钾离子的离子半径最大，但在某些有机溶剂中，离子半径最大的钾离子却显示出最小的斯托克斯半径 [K^+ (3.6 Å) < Na^+ (4.6 Å) < Li^+ (4.8 Å)]。因此，在 PC 溶剂中，钾离子表现出最高的离子电导率（~ 10 mS·cm^{-1} 在 1 mol·L^{-1} PC 中）。在溶剂化结构方面，在 EC 溶剂中，钠离子和钾离子都具有无序和灵活的溶剂化结构，而锂离子则表现为清晰有序的壳层结构。低序和无规则的溶剂化结构有助于钾离子更快地扩散，提高电池的充放电速率。

总之，钾离子电池与锂离子电池和钠离子电池的相似性大于差异性，这使基于锂离子电池和钠离子电池的现有知识可以为钾离子电池的研发提供经验，但同时也需要特别注意钾离子电池与其他碱金属离子电池之间的差异。基于钾离子电池的上述优势，学术界和商业界致力于研究和开发钾离子电池，以满足未来固定式和便携式储能应用的需求（图 2.37）。

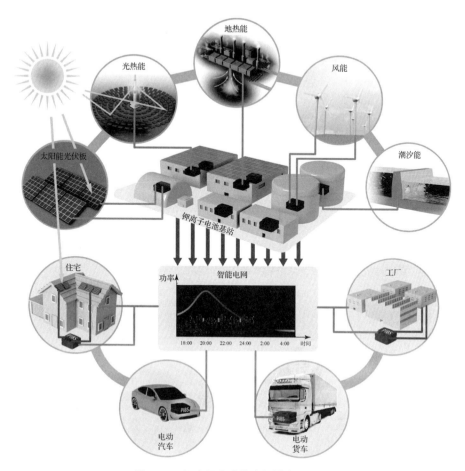

图 2.37　钾离子电池的大规模应用前景

2.3.2　正极材料

目前制约钾离子电池进一步发展的因素主要集中在正极、负极和电解质三个方面。本节介绍了钾离子电池正极材料的最新研究进展。目前钾离子电池正极材料主要涉及普鲁士蓝及其类似物、层状过渡金属氧化物、聚阴离子化合物及有机材料等。

1. 普鲁士蓝及其类似物

1）反应机理

普鲁士蓝及其类似物具有结构开放、可控性好、循环稳定性好、制备简单、成本低等优点，是极具发展前景的钾离子电池正极材料。早在 1936 年，

Keggin 和 Miles 就提出了普鲁士蓝的第一个面心立方结构假设。1962 年，Robin 确定了普鲁士蓝的面心立方结构和电子构型，如图 2.38（a）所示。PBAs 的化学式一般可表示为 $A_xM[M'(CN)_6]_{1-y} \cdot nH_2O (0 < x < 2, y < 1)$，其中 A 表示碱金属离子（如 Li、Na、K），M 和 M' 表示过渡金属离子（如 Fe、Ni、Mn）。当 A 为钾离子时，x 的值越高，PBAs 的可逆储钾能力越强。M 和 M' 的过渡金属离子分别与 C 和 N 配位，通过氰化物配体（CN）互连。PBAs 的每个主单元包括 8 个次单元和 8 个可用的间隙位点，可以容纳中性分子和过渡金属离子。当离子插入 PBAs 中时，无论是填隙插入还是大量插入，PBAs 都能通过大量开放通道和间隙位置保持电中性。PBAs 开放的框架结构可以促进各种嵌入离子在结构中快速扩散，有利于提高材料的倍率性能。需要注意的是，水分子可以占据 PBAs 晶体的间隙位点 [图 2.38（b）]，且 PBAs 的结构几乎没有明显变化，这在一定程度上限制了 PBAs 作为钾离子电池正极材料的电化学性能。PBAs 作为钾离子电池正极材料的反应机理可表述如下：

$$K_xM^{II}[M'^{II}(CN)_6] \cdot nH_2O \leftrightarrow K_xM^{II}[M'^{III}(CN)_6] \cdot nH_2O + yK^+ + ye^-$$

$$(2.19)$$

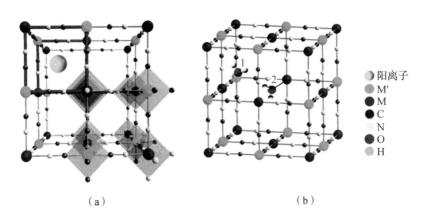

（a）　　　　　　　　　　　（b）

图 2.38　PBAs 及含间隙水的 PBAs 的晶体结构

（a）PBAs 的晶体结构；（b）含间隙水的 PBAs 晶体结构

在充放电过程中，钾离子的嵌入和脱出是一个固态过程。M^{II}/M^{III} 和 M'^{II}/M'^{III} 氧化还原对通过从 PBAs 晶格中嵌入/脱出钾离子来进行电化学存储。

2）电化学性能及其优化

PBAs 中较低的钾含量会严重限制材料的可逆比容量。因此，提高 PBAs 中钾离子的化学计量是 PBAs 作为钾离子电池正极材料的一个研究重点。掺杂和共掺杂铁、钴、镍、锌、锰等离子是优化 PBAs 结构的常用方法。例如，通过共沉淀法可以制备同时含锰、铁的 PBAs 正极材料 $K_{1.89}Mn[Fe(CN)_6]_{0.92} \cdot$ $0.75H_2O$，钾含量被提高到 1.98，非常接近理论值 2，在 0.2 C 时的放电比容量可达 146.2 $mA \cdot h \cdot g^{-1}$。此外，水合 PBAs 正极对改善水系钾离子电池性能也有一定帮助，$K_{0.220}Fe[Fe(CN)_6]_{0.805} \cdot 4.01H_2O$ 正极材料在水系钾离子电池中的可逆比容量可达 73.2 $mA \cdot h \cdot g^{-1}$，且容量衰减每循环小至 0.09%。将 PBAs 与其他导电材料混合也有利于提高材料的循环稳定性和倍率性能。例如，通过在 PBAs 中加入聚吡咯，可以提高复合材料的导电性，降低缺陷浓度，提高放电容量和循环稳定性；碳纳米管（CNTs）、石墨烯也常被用于制作 PBAs 复合材料。

PBAs 多采用水溶液体系制备，间隙水的存在不可避免，其能够改变 PBAs 材料的结晶度，从而对电池比容量产生负面影响。在 PBAs 电极材料的合成过程中，晶体生长速度的减缓和及时的热处理工艺可以有效降低间隙水的含量，从而提高电化学性能。此外，通过增加 PBAs 中配位离子的比例以及改善配位离子的类型，可以增加电化学过程中的活性位点，促进电解质/电极间的相互作用。

2. 层状过渡金属氧化物

1）反应机理

在钾离子电池中，层状过渡金属氧化物作为典型的正极材料具备高能量密度、优异的循环稳定性和低成本等优点。

在层状 K_xMO_2 化合物中，由边相接的 MO_6 八面体形成（MO_2）$_n$ 片层，（MO_2）$_n$ 片层与钾层交替堆垛，这种结构为钾离子的嵌入/脱出提供了二维的传输通道。按照 Delmas 等提出的层状结构分类符号，根据钾离子的配位环境和氧层的堆垛顺序不同，将 K_xMO_2 层状氧化物分为 P2、O3、O2 和 P3 等相，O 与 P 分别表示钾离子的八面体位点与棱柱体位点，符号中字母表示钾离子所处的化学环境，数字表示晶胞内过渡金属层的数量。公认的层状过渡金属氧化物作为正极材料的电极反应如下：

$$KMO_2 \leftrightarrow K_{1-x}MO_2 + xK^+ + xe^- \tag{2.20}$$

在充放电过程中，钾离子可以在 MO_2 形成的骨架结构中嵌入和脱出，并伴随相结构的转变。

2）电化学性能及其优化

以高锰酸钾为原料制作的 $K_{0.3}MnO_2$ 是最早用于钾离子电池正极材料的层状过渡金属氧化物之一。$K_{0.3}MnO_2$ 具有两层正交单元结构，氧阴离子以八面体的形式与锰原子配位，而钾离子以三角棱柱配位的方式位于两过渡金属层之间。然而，在高压下 $K_{0.3}MnO_2$ 容易形成中间相，导致晶体的不可逆膨胀，并导致容量进一步衰减。通过降低工作电压上限，可以避免中间相的形成，但这也限制了电池的容量。通过调节过渡金属的种类和比例可以有效改善层状过渡金属氧化物在高压下容量衰减的问题，如 $P2 - K_{0.83}[Ni_{0.05}Mn_{0.95}]O_2$、$P3 - K_{0.54}[Co_{0.5}Mn_{0.5}]O_2$、$P3 - K_{0.45}[Mn_{1-x}Fe_x]O_2(x \leq 0.5)$。此外，用 N 原子部分取代 O 原子有利于提高材料的电子导电性，增大层间距，从而容纳更多的钾离子插层，促进钾离子的迁移。例如 $K_{0.6}CoO_{2-x}N_x$ 纳米框架具有独特的空心结构，可以提供大量的电化学活性位点，有效提高了容量保持率。除锰基层状过渡金属氧化物外，一些其他层状过渡金属氧化物也被用于钾离子电池正极材料中，如 P2 型的 K_xCoO_2。含 TeO_6^{6-} 的 P2 型 $K_2NiCoTeO_6$ 也具有稳定层状结构的作用。一些钒酸钾化合物，如 $K_2V_3O_8$、$K_{0.486}V_2O_5$ 等也是可行的钾离子电池正极材料。

与 PBAs 一样，层状过渡金属氧化物含钾量低，也限制了钾离子电池体系中电化学活性钾离子的数量。为了解决这个问题，Kim 等开发了一种 P2 型层状 $K_{0.6}CoO_2$，但发现当 K/Co 的比例接近于 1 时，层状结构会被破坏。此外，根据电子构型和密度泛函理论，发现 $KSCO_2$ 和 $KCrO_2$ 在热力学上是稳定的，可以作为钾离子电池正极的候选材料。此外，通过水热钾化的方法可以设计高钾含量的层状过渡金属氧化物水合纳米片阵列，如 $K_{0.77}MnO_2 \cdot 0.23H_2O$。

钾离子半径较大，层状结构在充放电过程中往往会发生不可逆的结构损伤，导致电池容量迅速衰减。借鉴其他碱金属离子电池的发展经验，设计多孔纳米结构电极有助于减轻结构损伤。Wang 等将层状过渡金属氧化物 $K_{0.7}Fe_{0.5}Mn_{0.5}O_2$ 纳米线编织成稳定的三维网络骨架，如图 2.39（a、d）所示，扫描电子显微镜（scanning electron microscope，SEM）及透射电子显微镜（transmission electron microscope，TEM）的表征结果证实了材料的三维网络骨架与多孔结构。多孔结构有助于钾离子的快速扩散，提高了倍率性能。多孔结构还有助于减少由于体积变化大而引起的正极分层现象，促进良好的循环稳定性。通过碳骨架能够增强电子导电性，相互连接的 $K_{0.7}Fe_{0.5}Mn_{0.5}O_2$ 纳米线具有较高的放电容量和良好的循环稳定性。当用作钾离子全电池的正极材料时，其在 250 周循环后容量保持率为 76%［图 2.39（e、f）］。类似地，将层状过渡金属氧化物设计成纳米球结构，提供足够的空间来容纳体积的变化，也将是改善层状结构损伤的有效途径之一。

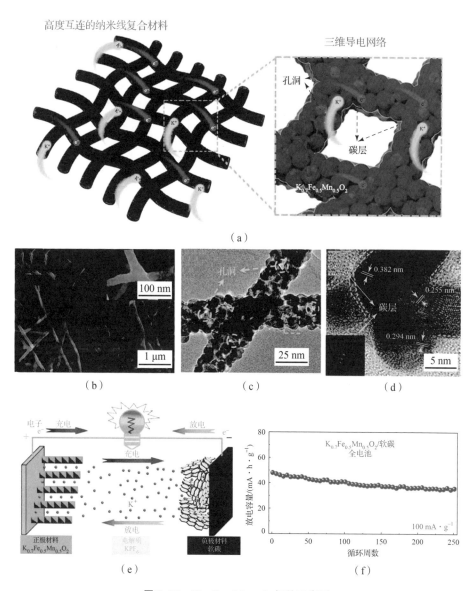

图 2.39 K₀.₇Fe₀.₅Mn₀.₅O₂ 相关示意图

（a）三维互连的 $K_{0.7}Fe_{0.5}Mn_{0.5}O_2$ 纳米线复合材料；

（b）SEM 图像；（c）TEM 图像；（d）高分辨率 TEM 图像；

（e）基于互连的 $K_{0.7}Fe_{0.5}Mn_{0.5}O_2$ 纳米线/软碳的钾离子全电池示意图；

（f）钾离子全电池在 100 mA·g⁻¹ 电流密度下的循环性能

尽管层状过渡金属氧化物正极材料在商用锂离子电池中表现出优异的性能，但在钾离子电池中发展与应用层状过渡金属氧化物仍然存在巨大的挑战，如复杂的相变、各种副插层反应、较低的插层电位。与锂离子电池和钠离子电池相比，层状过渡金属氧化物作为正极的钾离子电池的电压曲线更陡，这极大地限制了钾离子电池的商业应用。在未来的研究中，迫切需要进行化学成分设计和结构控制等优化，以稳定层状结构，抑制钾离子在插层和脱层过程中引起的大体积变化，从而提高其在商业应用中的电化学性能。

3. 聚阴离子化合物

1）反应机理

聚阴离子化合物结构中包含各种具有四面体或八面体阴离子结构的基团 $(AO_m)^{n-}$（A = P、S、Mo、W 等），作为碱金属离子电池的正极材料已成为当前研究的热点。在锂离子电池领域，磷酸铁锂是最常见的一种正极材料。聚阴离子化合物材料具有较强的共价骨架和阴离子基团诱导效应，开放的通道具有较低的碱金属离子扩散能垒，从而具有氧损失低、热稳定性高、工作电位高、循环稳定性好等优点。因此，聚阴离子化合物是一类有前景的钾离子电池正极材料。$KMPO_4$（M = Fe、Mn）在钾离子电池中的反应机理一般如下：

$$KMPO_4 \leftrightarrow K_{1-x}MPO_4 + xK^+ + xe^- \tag{2.21}$$

在充放电过程中，过渡金属原子 M 的氧化还原反应为钾离子的插入或脱出提供了容量。$(PO4)^{3-}$ 在晶体结构中存在八面体配位，其诱导效应提高了 M 离子的氧化还原电位。

2）电化学性能及其优化

与锂离子电池不同，在橄榄石结构的 $FePO_4$ 中插入或脱出半径较大的钾离子会破坏 $FePO_4$ 的结构稳定性。无定形态多孔结构的 $FePO_4$ 具有较好的结构稳定性。无定形态的 $FePO_4$ 在钾离子嵌入过程中转变为晶态，当钾离子脱出后返回无定形态。多孔结构缩短了电解质的扩散路径，并能够适应较大的体积变化，从而改善循环性能。但无定形态 $FePO_4$ 的工作电位较低（2.1～2.4 V）。焦磷酸盐和氟磷酸盐也被用作聚阴离子型钾离子电池正极材料。此类聚阴离子化合物通常含有铁或钒元素，在锂离子电池和钠离子电池中表现出优异的电化学性能。含碳的多孔复合材料 $K_3V_2(PO_4)_3$，可以在 3.6～3.9 V 的高电位下工作。通过掺杂改性可使材料具有更好的电化学性能，如通过简单溶胶 – 凝胶法可合成 Rb 掺杂的 $K_{3-x}Rb_xV_2(PO_4)_3/C$（$x = 0$、0.03、0.05）。与钠离子电池正极材料 $Na_3V_2(PO_4)_2F_3$ 对应，$K_3V_2(PO_4)_2F_3$ 可用于钾离子电池正极材料，在嵌入/脱出的过程中，其体积变化仅为 6.2%。研究结果表明，$K_3V_2(PO_4)_2F$ 的容量超过 100 mA · h · g^{-1}，平均电位高达 3.7 V（vs. K$^+$/K）。钒基正极材料 $KVOPO_4$ 和 $KVPO_4F$ 具有类似的结构，均含有由 VO_6 八面体和 PO_4 四面体共价键合而成的开放框架结构。$KVOPO_4$ 和 $KVPO_4$ 在 5 V 的充电电压下可以保持良好的稳定性，在充放电过程中的体积变化很小（3.3% 和 5.8%），在高电流密度下，也表现出优异的倍率性能。水热法合成的层状可控形态的 $KVOPO_4$ 正极材料，比容量高达 115 mA · h · g^{-1}（0.2 C，1 C = 120 mA · h · g^{-1}），循环稳定性好，0.5 C 下循环 100 周后容量保持率为 86.8%。以 $KVPO_4F$ 为正极、VPO4 为负极组装的钾离子全电池，具有 3.1 V 的高工作电压，容量高达 101 mA · h · g^{-1}，在 2 000 个循环周期内，具有 86.8% 的容量保持率。

过渡金属基焦磷酸盐（KAP_2O_7，A = Ti、V、Mn 等）聚阴离子化合物在钾离子电池中显示出非常具有应用前景的性能。通过密度泛函理论计算和无机晶体结构数据，KVP_2O_7、$KTiP_2O_7$、$KFeP_2O_7$、$KCrP_2O_7$、$KMoP_2O_7$、$KNiP_2O_7$ 和 $KCoP_2O_7$ 7 种焦磷酸盐可作为钾离子电池的正极候选材料。其中，KVP_2O_7 材料在充放电过程中具有较高的放电电位，约为 4.2 V。单斜 KVP_2O_7 和三斜 $K_{1-x}VP_2O_7$（$x \approx 0.6$）的比容量约为 60 mA · h · g^{-1}，对应的能量密度为 253 W · h · kg^{-1}（0.25 C）。通过第一性原理理论计算预测，$K_4Fe_3(PO_4)_2(P_2O_7)$ 可作为钾离子电池的正极材料。$K_4Fe_3(PO_4)_2(P_2O_7)$ 的每个分子式单元中允许约 3 mol 的钾离子脱嵌，在充放电过程中体积变化约 4%。此外，$K_4Fe_3(PO_4)_2(P_2O_7)$ 的钾离子扩散能垒较低，当电流密度增加到 600 mA · g^{-1} 时，500 周循环后容量保持率可达 82%。

近年来，钛基正极材料在钾离子电池中也逐渐受到重视。碳网修饰的菱形 $KTi_2(PO_4)_3$ 复合材料，容量可达 126 mA · h · g^{-1}，约为理论容量的 98.5%，循环 500 周后容量保持率为 89%。详细结构分析表明，在 1~4 V（vs. K$^+$/K）电压范围内，$KTi_2(PO_4)_3$ 的钾离子脱/插层电化学反应可能是在 $K(Ti^{4+})_2(PO_4)_3$ 和 $K_3(Ti^{3+})_2(PO_4)_3$ 相之间的 $Ti^{4+/3+}$ 双相氧化还原过程。$KTiPO_4F$ 钛基正极材料可以在钾离子电池体系中维持 3.6 V 的电极电位；将钛酸盐化合物与碳混合涂层，可以使钾离子迁移能垒降低，在以 5 C 速率循环 100 周后，容量几乎没有衰减。上述结果证实钛的氧化还原活性可以将电极电位提升至接近 4 V，这为设计具有良好电化学性能、可持续和经济的钾离子电池钛基正极材料打开了新思路。

硫酸盐和碳氧化合物可用作钠离子电池正极材料，因此在钾离子电池中也进行了类似的研究。氟草酸 $KFeC_2O_4F$［图 2.40（a、b）］作为钾离子电

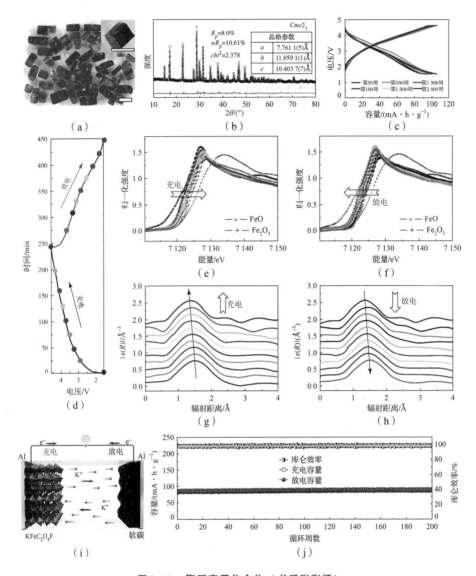

图 2.40　聚阴离子化合物（书后附彩插）

（a）合成后的 $KFeC_2O_4F$ 微晶的光学图像（比例尺 =1 mm）；

（b）对原始 $KFeC_2O_4F$ 样品进行粉末 XRD 的 Rietveld 拟合，插图显示了拟合的结果；

（c）钾半电池中 $KFeC_2O_4F$ 在电流密度为 $0.2\ A\cdot g^{-1}$ 时不同循环的充放电曲线；

（d~h）$KFeC_2O_4F$ 正极的结构演变和电荷补偿机制；（d）稳定半电池在 $0.1\ A\cdot g^{-1}$ 时的
典型充电 - 放电曲线；（e）充电期间相应的 Fe - K 边 X 射线吸收近边结构 XANES 谱；

（f）放电期间相应的 Fe - K 边 X 射线吸收近边结构 XANES 谱；（g）充电期间的 Fe - EXAFS 谱；

（h）放电期间的 Fe - EXAFS 谱；（i）钾离子全电池在

$1.7\sim4.4\ V$ 下的工作机理；（j）钾离子全电池在 $0.1\ A\cdot g^{-1}$ 时的循环性能

池的正极材料表现出前所未有的循环稳定性，0.2 A·g⁻¹电流密度下放电容量达 112 mA·h·g⁻¹，在 2 000 周循环后容量保持率高达 94%［图 2.40 (c)］。如图 2.40 (d~h) 所示，充放电曲线以及 X 射线吸收近边结构谱与扩展 X 射线吸收精细结构谱（extended X - ray absorption fine structure, EXAFS）的结果表明，刚性的（FeC_2O_4F）⁻框架和开放的通道显著减小了 $Fe^{2+/3+}$ 氧化还原反应期间的体积变化。此外，与软碳负极配对的 $KFeC_2O_4F$ 全电池表现出优异的倍率性能，在 200 个循环周期内容量衰减仅为 0.003%，以及具有 235 W·h·kg⁻¹ 的优异能量密度［图 2.40 (i、j)］。钾基氟硫酸盐，如 $KFeSO_4F$ 也被用作钾离子电池正极材料，MO_4F_2 八面体和 SO_4 基团形成宽的钾离子通道。通过简单水热法合成的高性能羟基硫酸根正极材料 $K_2Fe_3(SO_4)_3(OH)_2(H_2O)_2$ 用于可充电碱金属离子（锂、钠和钾）电池，在三种碱金属离子电池体系中，$K_2Fe_3(SO_4)_3(OH)_2(H_2O)_2$ 均表现出良好的电化学活性、可逆性、稳定性和倍率性能。

聚阴离子化合物具有稳定的骨架结构和阴离子交换性能，是高能量密度钾离子电池非常具有前景的正极材料之一。然而，与锂离子电池和钠离子电池系统相比，科学界对聚阴离子化合物作为钾离子电池正极材料的研究较少。钾基聚阴离子化合物的振实密度低，导致体积能量密度较低。此外，常见的电解质在高压下会发生分解，导致电池循环稳定性和库仑效率较低。因此，开发与聚阴离子化合物的高工作电压相匹配的新型电解质也是未来研究应该着重关注的问题。聚阴离子化合物具有较为丰富的结构和组成，应设计新的聚阴离子化合物，结合实验与理论模拟，从而得到性能更佳的聚阴离子化合物作为钾离子电池正极材料。

4. 有机材料

1）反应机理

与传统的刚性无机材料不同，有机材料在可充电电池的应用中具有独特的优点，如化学结构灵活、电化学稳定性好、结构丰富、成本低、自然环境友好等。由于分子间相互作用弱，半径较大的钾离子可以容易地插到有机框架中，因此有机材料作为钾离子电池正极材料可获得良好的比容量和倍率性能。以首次报道的 3,4,9,10 - 苝四甲酸二酐（PTCDA）为例，其在充放电过程中主要发生以下反应：

$$PTCDA + 2K^+ + 2e^- \leftrightarrow K_2PTCDA + (2K^+ + 2e^- \rightarrow K_4PTCDA + 2K^+ + 2e^- \rightarrow K_{11}PTCDA)$$

$$(2.22)$$

PTCDA 在 0.01 V 的低放电电位下与钾离子形成 K_{11}PTCDA 化合物，在

1.5~3.5 V 的电位下形成 K_2PTCDA 和 K_4PTCDA。PTCDA 的放电/充电平台明显，但仅 35 周循环后比容量就迅速下降至 60% 左右。

2）电化学性能及其优化

近年来，在有机材料中引入具有氧化/还原电化学活性位点的官能团成为研究的热点。聚蒽醌硫化物（PAQS）电极材料与 PTCDA 相比具有更好的循环稳定性，循环 50 周后容量下降至 75% 左右。相较于 PAQS 与 PTCDA，聚三苯胺（$PTPA_n$）的循环稳定性大为提高，循环 500 周后容量保持率为 75.5%。然而，在高放电速率下 $PTPA_n$ 的倍率性能会受到限制，在 50 $mA \cdot g^{-1}$ 电流密度下其比容量仅为 60 $mA \cdot h \cdot g^{-1}$。PPTS 是一种可用于钾离子电池正极材料的高性能聚戊烯酮硫化物。PPTS 电极的比容量可达 260 $mA \cdot h \cdot g^{-1}$（0.1 $A \cdot g^{-1}$ 电流密度下），5 $A \cdot g^{-1}$ 电流密度下循环 5 000 周，电极比容量可保持在 190 $mA \cdot h \cdot g^{-1}$，即容量保持率 73%。PPTS 也表现出较强的倍率性能，在 10 $A \cdot g^{-1}$ 电流密度下，比容量高达 163 $mA \cdot h \cdot g^{-1}$。Xiong 等报道了有机物 3,4,9,10 - 四甲酰二亚胺（PTCDI）作为钾离子电池的正极材料，在半电池中以 4 $A \cdot g^{-1}$ 的电流密度循环 600 周后比容量稳定在 120 $mA \cdot h \cdot g^{-1}$ 左右。当组装成全电池时，30 周循环后 PTCDI 正极的平均比容量约为 127 $mA \cdot h \cdot g^{-1}$（50 $mA \cdot g^{-1}$ 电流密度下）。Hu 等进一步开发了一种有机小分子正极材料 [N,N′-双(2-蒽醌)]-茈-3,4,9,10-四羧基二亚胺（PTCDI-DAQ），分子结构如图 2.41（a）所示。在 100 $mA \cdot g^{-1}$ 电流密度下循环 50 周后，其放电比容量高达 211 $mA \cdot h \cdot g^{-1}$ [图 2.41（b）]。如图 2.41（c）所示，使用含 1 $mol \cdot L^{-1}$ KPF_6 的 DME 作为电解质时，在 20 $A \cdot g^{-1}$ 电流密度下，放电比容量可以保持在 133 $mA \cdot h \cdot g^{-1}$ 的高值。如图 2.41（d）所示，当其与还原性的对苯二甲酸钾（K_4TP）负极结合组装成全电池时，所得电池可以实现超长寿命，在 3 $A \cdot g^{-1}$ 电流密度下循环 10 000 周后，放电容量仍可达 62 $mA \cdot h \cdot g^{-1}$。Obrezkov 等设计了一种聚（N-苯基-5,10-二氢吩嗪）（p-DPPZ）高压正极材料。p-DPPZ 正极在 200 $mA \cdot g^{-1}$ 电流密度下表现出 162 $mA \cdot h \cdot g^{-1}$ 的比容量，在 100 周和 1 000 周充放电循环后分别表现出 96% 和 79% 的容量保持率。Tong 等采用简单的聚合方法对 PTCDA 正极和电解质的电子结构、氧化还原动力学以及界面进行了优化。优化后的 PTCDA 正极表现出良好的循环稳定性，在 7.35 C 下循环 1 000 周后容量下降可以忽略不计。当电流密度增加到 147 C 时，其能量密度仍然可以保持在 113 $W \cdot h \cdot kg^{-1}$，这意味着在 10 s 内完全放电是可能的。与其他有机钾离子全电池相比，使用优化后的 PTCDA 正极和对苯二甲酸二钾负极组装的全电池显示出优异的能量密度和循环稳定性。

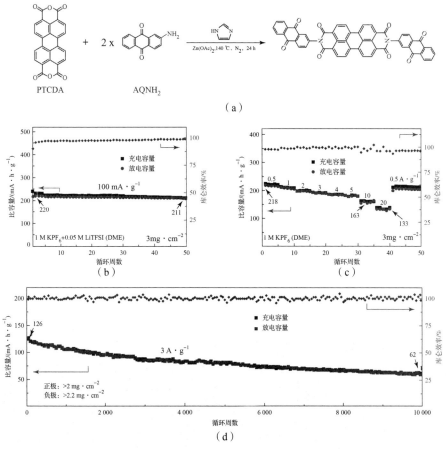

图 2.41　PTCDI – DAQ 的分子结构与性能

（a）PTCDI – DAQ 的分子结构；（b）PTCDI – DAQ 正极在 100 mA·g^{-1} 时的循环性能；
（c）PTCDI – DAQ 的倍率性能；（d）K$_4$TP/PTCDI – DAQ 全电池在 3 A·g^{-1} 时的循环稳定性

　　羰基有机聚合物是常见的钾离子电池有机正极材料，Tian 等合成了一系列不同形态的羰基有机聚合物，包括一维聚酰亚胺（PI）、一维聚醌酰亚胺（PQI）和二维共轭微孔聚合物（PI – CMP）。其中，PQI 由于较高的羰基比例，显示出最高的初始容量。虽然 PI – CMP 表现出中等的比容量，但由于其扩展的 p 共轭结构，PI – CMP 具有最佳的循环稳定性和倍率性能。

　　金属有机化合物是另一种常见的有机正极材料。四氰基对苯醌二甲烷铜（CuTCNQ）作为钠离子电池的正极时表现出良好的电化学性能，其中 Cu$^+$ 和 TCNQ$^-$ 均表现出电化学活性。CuTCNQ 作为钾离子电池的正极材料时，在 2.0~4.1 V 的高压范围内均具有电化学活性。在 50 mA·g^{-1} 的电流密度下，初始比容量可以达到 244 mA·h·g^{-1}，在 50 周循环后下降至 170 mA·h·g^{-1}。

以偶氮基团作为氧化还原中心的偶氮苯 – 4,4′ – 二羧酸钾盐（ADAPTS）和钾离子之间扩展的 p 共轭结构以及稳定的表面反应可以在较高的温度下实现可逆的充放电过程。其在 60 ℃下循环 80 周后，在 2 C 电流密度下的容量保持率为 81%。Zhao 等通过一锅质子交换反应法制备了一系列可膨胀的碳氧盐 $M_2(CO)_n$（M = Li、Na、K；n = 4、5、6），虽然这些盐中的大多数都可溶于常用的有机电解质中，但在同等条件下 $K_2C_5O_5$ 和 $K_2C_6O_6$ 显示出较高的可逆比容量。Li 等将聚阴离子蒽醌 – 2,6 – 二磺酸钠（$Na_2AQ_{26}DS$）用作钾离子全电池的正极，钾插层的还原态石墨用作负极，由此组装的全电池在 100 mA·g^{-1} 的电流密度下循环 250 周后的平均比容量约为 105 mA·h·g^{-1}，并在 500 mA·g^{-1} 的电流密度下能够保持 2 500 周循环。Chen 等针对钠离子电池和钾离子电池设计了对二钠 – 2,5 – 二羟基 – 1,4 – 苯醌化合物（$p-Na_2C_6H_2O_6$）作为正极活性物质，当用于钾离子电池中时，其在 0.1 C 的电流密度下表现出 190.6 mA·h·g^{-1} 的高比容量。

有机化合物具有多种特性，具有作为钾离子电池正极材料的良好可能性。钾离子电池有机正极材料面临的首要挑战是循环寿命短，这通常是由于有机活性材料易溶解造成的。醚类电解质中致密且稳定的衍生 SEI 层能够有效保护正极活性材料，并且形成离子导电的无机保护层。此外，大多数有机正极的低工作电压降低了实际的能量密度。再者，小分子化合物在电化学反应过程中很容易分解，导致比容量随着循环次数的增加而显著降低。从钠离子电池的发展中吸取经验，使用锚定、聚合、电解质固化等技术可以避免小分子溶解的问题。阻碍有机正极适用性的另一个挑战是有机材料固有的低电导率。在这方面，将聚合物材料与导电剂混合有助于解决活性材料的低电导率问题。含金属有机正极，特别是高钾含量的有机正极，能够与商业石墨负极良好匹配。

2.3.3　负极材料

钾离子电池负极材料的研究在过去几年得到了迅速发展。金属钾的剧烈反应性意味着其很难用作商业钾离子电池的负极材料。目前的负极材料主要包括石墨碳、非石墨碳、金属/合金、金属氧化物、金属硫化物/硒化物以及各种复合材料。根据储钾机制，将钾离子电池负极材料分为三类：插层型负极、转化型负极和合金型负极。本节将介绍钾离子电池负极的最新研究进展。

1. 插层型负极

1）石墨碳材料

石墨具有优异的电子导电性、良好的导热性、稳定的化学结构等一系列特性，是钾离子电池中使用最广泛的负极材料。客体金属离子可在主体碳层之间可逆地插入/脱出。众所周知，锂离子在充电过程中嵌入石墨片层形成各种中间化合物，最后转化为 LiC_6。同样，钾离子在插入/脱出的过程中也与石墨形成一种或几种嵌入化合物。钾离子插入首先在 0.2~0.3 V 电压范围内形成 KC_{36}，然后在 0.1~0.2 V 范围内转化为 KC_{24}，最后在 0.01 V 转变为 KC_8。在钾离子脱出过程中，KC_8 在约 0.3 V 时直接转化为 KC_{36} 化合物，当电压高于 0.5 V 时返回到具有低结晶度的石墨。研究表明，钾离子嵌入石墨的路径为 $C \leftrightarrow KC_{24} \leftrightarrow KC_{16} \leftrightarrow KC_8$。DFT 计算模拟结果表明，由于 KC_8 的形成焓（27.5 kJ·mol^{-1}）低于 LiC_6（16.5 kJ·mol^{-1}），因此钾离子比锂离子更容易嵌入石墨层。此外，KC_8 的理论扩散系数（2.0×10^{-10} m^2·s^{-1}）也远大于 LiC_6（1.5×10^{-15} m^2·s^{-1}），表明钾离子插入石墨层是一个更有利的动力学过程。

在钾离子电池中，石墨碳材料的理论比容量为 279 mA·h·g^{-1}。在非水电解质中钾离子嵌入石墨的过程中，在初始钾化过程后的比容量为 475 mA·h·g^{-1}，第一次脱钾过程后的比容量为 273 mA·h·g^{-1}，与理论比容量非常接近。在首周嵌钾过程中，钾离子电池中 SEI 层形成在石墨表面，导致石墨负极的初始库仑效率仅为 57.4%。此外，石墨材料在整个钾化/脱钾化过程中的结构破坏可能影响电池的倍率性能和循环性能。常通过控制形貌、增加层间距离和引入无序区域等方法来提高钾离子电池石墨负极的倍率性能和循环稳定性。比如高度石墨化的碳空心纳米笼结构，互连的空心纳米笼三维结构能够改善电子转移，缩短离子扩散距离并缓冲层间膨胀。Cao 等认为碳空心纳米笼的钾存储机制是氧化还原反应（嵌入/脱出）和电容型反应（表面吸附/脱附），这为钾离子电池中石墨碳材料的结构设计提供了新的思路。Tai 等通过使用商用 8B 铅笔涂覆滤纸制造出柔性石墨负极，并且该柔性石墨电极在钾离子电池中的倍率性能优于锂离子电池。高结晶度和多孔结构可以减轻钾插入/脱出过程中大体积变化引起的应力，有利于提高其电化学性能。氮掺杂高度缺陷的石墨纳米碳（GNC）负极显示出比其他薄壁石墨碳纳米材料（包括碳纳米笼和纳米管）更好的电化学性能。在 50 mA·g^{-1} 电流密度下，其比容量为 280 mA·h·g^{-1}，当电流密度增加到 200 mA·g^{-1} 时，200 周循环后比容量仍可保持在 189 mA·h·g^{-1}。Xing 等使用化学气相沉积方法在纳米多孔石墨碳上沉积石墨纳米域，产生了独特的短程有序和长程无序结构。以无序结构作为负极进行测试时，其在 240 周循环后容量可保持 50%。Tai 等以石墨为碳源，氢氧化钾为刻蚀剂，通过高温退火工艺合成了活性炭材料，通过将纳米尺寸的碳片锚定在石墨颗粒上，可以促进钾离子快速嵌入/脱嵌，增大钾离子扩散系数。他们所制备的活性炭（AC）负极在 0.2 A·g^{-1} 的大电流密度下 100 周循环后可提供 100 mA·h·g^{-1}的比容量。通过上述方法优化结构后，石墨负极材料的容量和倍率能力得到提高。然而，初始库仑效率和循环稳定性仍然限制了石墨负极在钾离子电池中的实际应用。

在石墨碳材料中，石墨烯因其独特的物理和化学性能而广受关注。石墨烯的理论比表面积为 2 630 m^2·g^{-1}，理论杨氏模量为 1.0 TPa，室温下载流子迁移率高达 200 000 cm^2（V·s）$^{-1}$，热导率达 5 300 W·m^{-1}·K^{-1}。通过引入更多的点缺陷、杂原子、边缘、晶界和结构设计对石墨烯结构进行优化，可以调整石墨烯表面润湿性，提高整体电极电导率，缩短离子传输途径，增强石墨烯电极的电化学性能。目前，用于掺杂碳材料的杂原子主要有氟、氮、氧、硫、磷等。

氟是电负性最强的元素，掺杂氟后碳原子的诱导杂化可以从 sp^2 变为 sp^3，从而提高石墨烯的电化学性能。使用 PVDF 作为氟源，通过高温固态法合成 F 掺杂的石墨烯泡沫负极，500 mA·g^{-1} 电流密度下可逆比容量可达 212.6 mA·h·g^{-1}，在 500 mA·g^{-1}下循环 200 周后，掺氟石墨烯负极仍可提供 165.9 mA·h·g^{-1}的比容量。氟掺杂后与石墨烯的协同效应导致高比表面积、快速离子和电子传输以及丰富的钾离子存储活性位点，提高倍率性能和循环稳定性，同时掺氟的处理扩大了石墨烯层间距，进一步减小了由于快速钾离子嵌入/脱出引起的体积变化。在氟掺杂的基础上，Lu 等开发了一种氧和氟双掺杂的功能化多孔碳纳米多面体负极材料，碳纳米多面体中氧/氟双掺杂可以促进对钾离子的吸附，而不会出现明显的结构畸变，促进电极反应并增强电化学性能。

氮掺杂可产生大量的外在缺陷并增强电极/电解质的相互作用，是另一种广泛用于石墨烯改性的方法。Ju 等通过自下而上的合成方法制备了氮掺杂的石墨烯材料，其氮含量高达 14.68 at%。离子电导率的增强导致石墨烯电极的高比容量、优异的倍率性能和长期循环能力。Liu 等通过 MgO 模板法制备了氮掺杂的软碳骨架负极材料，能够实现快速的钾离子扩散和电子转移。吡咯/吡啶氮掺杂的项链状空心碳纳米结构具有高比表面积、超高的氮掺杂含量和丰富的分级微/中/大孔，制备的电极具有易嵌/脱钾离子、适应大的体积膨胀等各种优点，从而提高循环稳定性。Li 等通过在 LDH（层状双金属氢氧化物）纳米片上生长 MOF（金属有机框架），然后进行热解酸蚀刻制备了蜂窝状氮掺杂碳的纳米片；所制备的氮－碳材料具有高比表面积、更大的层间距和均匀的微/中/大孔结构，由该氮－碳纳米片制成的负极材料具有优异的循环性能。

硫或磷元素的杂原子掺杂是另一种提高碳负极电化学性能的常用方法。由于大阴离子半径和额外的钾活性位点，硫或磷原子扩大了层间距并促进了钾离子的嵌入/脱出。掺杂硫或磷元素使单位储钾量增加,从而提高整体比容量。硫可提供额外的可逆反应(如 K_2S),有助于提高容量。硫接枝的空心碳球(SHCS)负极,具有扩散距离短(约 40 nm)、高比表面积和强碳-硫化学键等优点,从而表现出优异的比容量、倍率性能以及循环稳定性。磷和氧原子的共掺杂可扩大层间距,促进钾离子的插入和脱出,并减轻体积变化。诸如 O/F、O/N、O/P 两种不同的杂原子双掺杂策略在近年成为研究热点。通过 N/S 双掺杂的石墨烯纳米片[CFM-SNG,图 2.42(a)]制备的三维碳框架,具有扩大的层间距(0.448 nm)和额外的边缘缺陷[图 2.42(b、c)],在 50 mA·g^{-1} 电流密度下可将比容量提高至 348.2 mA·h·g^{-1},倍率性能也显著提高[图 2.42(d、e)],在 2 A·g^{-1} 下循环 2 000 周后,容量仍可保持在 188.8 mA·h·g^{-1}。DFT 计算表明,吡咯的氮和硫位点在扩大石墨烯层间距和减少钾离子的能量吸附方面具有显著的效果[图 2.42(f~k)]。

提高石墨烯基负极电化学性能的另一种策略是设计三维多孔结构。三维还原氧化石墨烯气凝胶负极,由于开孔结构具有高钾离子表观扩散系数,从而提高石墨烯基负极的电化学性能。通过合成具有可控孔径和形状的石墨烯多孔碳,其开放式框架确保了快速的离子传输和较高的离子存储容量,进一步提高储钾容量和循环稳定性。Zhang 等通过在 rGO 表面锚定碳点,获得了具有独立、灵活的三维结构(CD@rGO)的纸状负极。CD@rGO 具有丰富的缺陷、含氧官能团以及 CD(碳点)和 rGO 薄片之间的高效纳米通道等多种优势。CD@rGO 负极表现出较高的比容量、优异的倍率性能和长循环寿命。

2)非石墨碳材料

非石墨碳材料由于具有随机分布的无序结构或部分无序结构,从而在离子扩散和电子传输方面具有优势,作为钾离子电池的负极材料得到较大关注和研究。非石墨碳材料通常包括各种无定形碳,如硬碳和软碳,以及杂原子掺杂的非石墨碳。本节将重点介绍用于储钾的非石墨碳基负极的制备、表征和性能优化。

先前报道的硬碳材料主要包括生物质衍生碳材料、MOF 衍生碳材料和其他多孔硬碳材料。生物质衍生的碳材料通常是通过天然碳氢化合物的热碳化产生的,如糖、果胶、纤维素、半纤维素、木质素和蛋白质。Wang 等以生物质衍生碳材料如蔗糖为碳源,制备了无定形有序的介孔碳。与石墨碳材料相比,无定形碳材料在短程内具有更大的层间距和更少的碳原子。因此,无定形碳材料可以容纳更多的钾离子并更好地耐受充放电过程中的体积膨胀。大多数植物,包括树木、农作物和蔬菜,也是可用于电化学储能的可持续碳源。Tao 等以低成本、丰富的大豆为原料制备出分级多孔硬碳,制备出的硬碳材料具有中

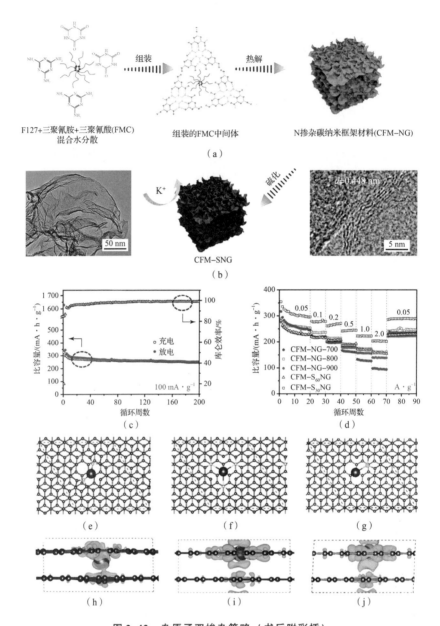

图 2.42　杂原子双掺杂策略（书后附彩插）

（a）CFM – SNG 材料合成示意图；（b）CFM – S_{30}NG 样品的 TEM 图像；（c）高分辨率 TEM 图像；
（d）CFM – S_{30}NG 电极在 100 mA · g^{-1}电流密度下的充放电容量和库仑效率；（e）CFM – SNG 材料
在不同电流密度下的倍率性能；（f～h）K^+ 在 （f）N_5、（g）N_6 和 （h）S_6 掺杂的石墨烯结构上
的吸附；（i～k）在 （i）N_5、（j）N_6、（k）S_6 掺杂的石墨烯结构上吸收的 K^+ 的电子密度的差异。
棕色、蓝色、黄色和紫色分别表示 C、N、S 和 K 原子，图像 （i～k）中的黄色和蓝色区域
分别代表电子密度增加和电子密度降低

等比表面积、低石墨化程度和大层间距，从而表现出优异的电化学性能。在硬碳材料表面进一步涂覆一层 Al_2O_3 薄膜（约 2 nm）作为人工 SEI 层，库仑效率可达到 99.6%。其他材料如丝瓜、玉米壳、马铃薯、萝卜、梧桐果、莲藕、棉花、茧丝、稻壳、橙皮、杧果籽壳等均可用作钾离子电池负极的碳源。上述生物质衍生的碳材料中的大多数都显示出良好的电化学性能，是低成本、可持续的钾离子电池负极材料。使用生物质作为碳源的另一个优势是直接生产具有孔隙特性的纳米结构。Chen 等报道了一种洋葱状碳负极材料，该材料来自蜡烛燃烧时的烟灰。当用作钾离子电池负极时，其表现出良好的电化学性能。

Zhang 等通过矿化虾壳的自模板辅助热解方法［图 2.43（a、b）］制备了具有大量活性位点的多孔硬碳纳米带。硬碳纳米带用作钾离子电池负极具有吡咯/吡啶–氮/氧双掺杂、大层间距、分层的微/中/大孔结构等多个优点。如图 2.43（c）所示，硬碳纳米带电极在 $1 \ A \cdot g^{-1}$ 的高电流密度下也具有较长的循环寿命（超过 1 600 周循环后容量为 277 $mA \cdot h \cdot g^{-1}$）。与大多数生物质衍生碳类似，DFT 计算表明硬碳纳米带的钾离子存储机制由电容和吸附过程主导。氮/氧共掺杂硬碳纳米带中丰富的活性位点增强了电容–吸附机制。

多孔 MOF 也被用作前驱体，通过简单的煅烧过程制备碳基材料。不同的 MOF 组成和不同的合成条件将导致 MOF 衍生的碳材料具有不同的形貌和组成，从而进一步影响电化学性能。沸石咪唑酯骨架（ZIF）是最常见的 MOF 衍生碳原材料。Zhang 等通过热解含锌的 MOF（ZIF–8）制备了中空碳纳米气泡材料，多孔结构缩短了钾离子的扩散路径并增加了钾离子的活性表面，从而电池在高电流密度下也具有良好的比容量。Xiong 等用含钴的 ZIF 材料（ZIF–67）制造出氮掺杂的碳负极，与无定形的 ZIF–8 衍生的碳纳米气泡不同，由于钴的催化效果，ZIF–67 倾向于转化为结晶态石墨碳纳米管。虽然 ZIF–67 衍生的碳初始比容量与 ZIF–8 衍生的碳相似，但 ZIF–67 衍生的碳纳米管负极具有更高的循环稳定性。

其他 MOF，如 NH_2–MIL–101(Al)、Bi–MOF 等也用于生产各种钾离子电池负极的硬碳材料。在氩气气氛中于 700 ℃下直接退火 Bi–MOF，可得到超薄碳膜–碳纳米棒–Bi 纳米颗粒。碳纳米棒可以提供高速离子传输通道并缓冲 Bi 纳米粒子在 $Bi \leftrightarrow KBi_2 \leftrightarrow K_3Bi_2 \leftrightarrow K_3Bi$ 钾化/去钾化过程中的体积变化。

了解多孔碳的结构特征（如孔结构和层间距离）与电化学性能之间的关系是优化钾离子电池和碱金属离子电池负极性能的基础。Qian 等使用 1–十二烷醇作为碳源，通过溶剂热法制备了一系列具有各种孔结构（包括比表面积、

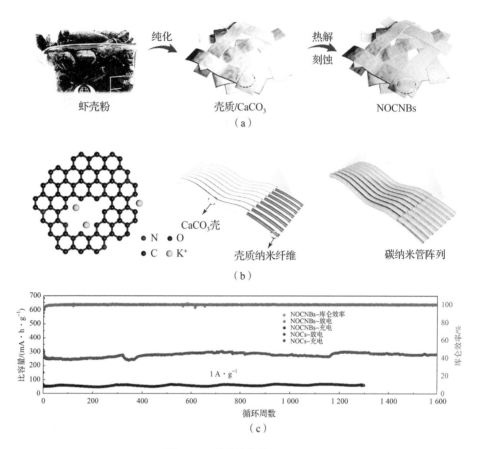

图 2.43　硬碳纳米带 NOCNB

（a）氮/氧共掺杂多孔硬碳纳米带 NOCNBs 的制备示意图；（b）K^+ 在 NOCNB 负极上的吸附；
（c）钾离子电池中 NOCNB 电极的长循环稳定性

孔径和孔体积）的多孔碳材料。实验结果表明，层间距离、比表面积和孔径大小在钾离子存储中的作用相对较小。介孔可以促进钾离子迁移，并作为吸附钾离子的活性位点，适应钾化/去钾过程中的体积变化。具有最大介孔体积和适当表面积的材料具有较高容量和循环稳定性。

　　与其他类型的碳材料相比，研究人员对软碳的研究较少，但软碳高度可调节的结晶度和层间距，使其在钾离子电池的应用中具有独特的优势，表现出高能量密度和稳定性。将沥青粉末在 1 200 ℃ 中的氩气氛围中碳化，产生一种以微尺寸颗粒的大聚集体形式存在的软碳材料，提高了碳材料的结晶度并防止晶格大范围的有序化。沥青粉末碳化产生的碳具有较大的层间距，有利于钾离子的存储。研究表明，由沥青粉末衍生的软碳材料的钾离子嵌入发生在 1 V 以下的低压下，与其他非石墨碳材料相比，整个电池的工作电压和能量密度都得到了提高。此外，通过球磨、酸洗、氧化、碳化等工艺可从低成本煤中制备高性能软碳。更多研究表明，硬 – 软碳复合的负极在大电流下的性能优于单一硬碳负极。Jian 等报道了一种硬 – 软碳复合微球材料，其中 20 wt% 的软碳分布在硬碳中，使用羧甲基纤维素钠作为粘结剂。硬 – 软复合碳在 560 mA·g⁻¹ 电流密度下表现出 190 mA·h·g⁻¹ 的比容量，高于纯硬碳的 135 mA·h·g⁻¹。在 280 mA·g⁻¹ 电流密度下循环 200 周后，复合碳负极可以保持接近 200 mA·h·g⁻¹ 的比容量，容量保持率为 93%，比纯硬碳和软碳材料都更稳定。

碳纳米管是一种典型的钾离子电池软碳负极材料，然而，钾离子嵌入 CNTs 后的体积变化高达 61%，因此由碳纳米管制作的电极会发生严重的机械损伤，导致电池容量衰减迅速。通过调整工艺制备分层多壁碳纳米管、多孔气凝胶等可显著改善碳纳米管材料的瓶颈问题。

杂原子掺杂也是改善非石墨碳材料钾离子存储容量和循环稳定性的常用方法。Zhang 等通过共聚热解过程制备出富含缺陷和边缘氮掺杂的碳负极。氮原子的掺杂率达 10 at% 以上，边缘氮比例为 87.6%。富含缺陷的边缘氮掺杂碳负极具有 423 mA·h·g⁻¹ 的储钾比容量，循环 3 个月后容量保持率达 93.8%。Xia 等以金属有机框架 Cu – BTC 为原料，通过碳化 – 刻蚀工艺制备了氮/氧共掺杂的八面体介孔无定形碳材料。制备的八面体无定形碳材料具有明显的分层介孔结构，比表面积达 1 411 m²·g⁻¹，层间距约 0.387 nm。Ruan 等通过原位气相聚合自组装和热解方法合成了氮/氧双掺杂的无定形碳网络材料，氮/氧双掺杂的无定形碳表现出良好的循环性能。此外，氮和磷共掺杂的碳负极也表现出明显提高的电化学性能。

除了氮、氧、磷掺杂碳外，硫掺杂也是常见的非石墨碳材料改性方法。Zhang 等通过在 K_2SO_4@LiCl/KCl 熔盐中加热葡萄糖制备出硫含量达 25.8 wt% 的硫掺杂硬碳材料。硫掺杂的硬碳负极在第一周循环中表现出 361.4 mA·h·g⁻¹ 的比容量，在 50 mA·g⁻¹ 电流密度下 100 周循环后容量保持率为 88%。Chen 等在 2021 年报道了一种硫和氧共掺杂的多孔硬碳微球（PCM）负极材料。无定形态的 PCM 具有多孔结构，具有 983.2 m²·g⁻¹ 的比表面积、0.393 nm 的扩大层间距，结构缺陷丰富。这些特性有助于提升 PCM 材料的钾离子存储性能，如在 50 mA·g⁻¹ 电流密度下超过 100 周循环时具有 226.6 mA·h·g⁻¹ 的高比容量，以及在 1 A·g⁻¹ 电流密度下 2 000 周循环后仍具有 108.4 mA·h·g⁻¹ 的高度稳定的循环比容量。其在 50、200、500 mA·g⁻¹ 和 1 000 mA·g⁻¹ 电流密度下的可逆比容量分别为 230、213、176 mA·h·g⁻¹ 和 158 mA·h·g⁻¹，表现出优异的倍率性能。DFT 计算表明，硫/氧共掺杂降低了钾离子在硬碳上的吸附能垒，共掺杂还减少了钾化/去钾化过程中的结构变形，从而提高了循环稳定性。

非石墨碳材料由于特殊的多孔结构、大的比表面积而具有良好的循环稳定性和倍率性能。氮、氧、磷、硫等杂原子掺杂的非石墨碳材料在材料表面提供了更多的活性位点，促进了钾离子与负极之间的相互作用。然而，在钾离子电池的实际应用中，仍需要新的方法和策略来解决非石墨碳材料初始库仑效率低和循环稳定性差的问题。同时，也需要进一步深入研究非石墨碳材料的组成/结构与电化学性能之间的关系，为提高石墨碳材料的性能和促进钾离子电池储能技术实用化提供更有效的解决方案。

3）其他非碳插层型负极材料

其他非碳插层型负极材料，主要有过渡金属氧化物、硫化物、硒化物、碳氮化物等。$K_2Ti_4O_9$ 是较早出现的钾离子电池非碳插层型负极材料，但 $K_2Ti_4O_9$ 的实际比容量较低，此后研究者们开发出 $K_2Ti_8O_{17}$、$K_2Ti_2O_5$ 等非碳插层型负极材料。

聚阴离子化合物是用于钾离子存储主要的非碳插层型负极材料之一。Han 等通过水热法制备了 $KTi_2(PO_4)_3$ 纳米立方体，以糖为碳源进行碳层包覆、在 64 mA·g^{-1} 电流密度下 100 周循环后，比容量从 30 mA·h·g^{-1} 增加到 80 mA·h·g^{-1}。此外，碳涂层的 $KTiOPO_4$，在 5 mA·g^{-1} 电流密度下可实现 102 mA·h·g^{-1} 的可逆比容量，并且在 200 周循环后具有约 77% 的容量保持率。

金属硫化物，如 MoS_2、SnS_2、WS_2、TiS_2、ZnS、CoS 等，具有较高的理论比容量，在钾离子电池的应用中备受关注。钾离子可以嵌入 MoS_2 晶格中形成六方 $K_{0.4}MoS_2$。尽管钾离子的半径很大，但与 MoS_2 的插层对硫化物晶体的破坏并不大。使用 MoS_2 作为活性材料的负极表现出良好的循环稳定性。但当化合物 K_xMoS_2 中的 x 值高于 0.4 时，插层化合物便不稳定，从而限制了钾离子电池的实际比容量。Zheng 等设计了一种氮/氧共掺杂的管状 MoS_2 – N/O 碳纳米复合材料，其层间距扩大为 0.92 nm，管状结构减轻了钾离子嵌入过程中的机械应变。氮/氧共掺杂碳可起到三重作用：第一，提高了材料的电子导电性；第二，可缓冲扩容；第三，抑制了活性成分的溶解和其他副反应，从而改善了 MoS_2 材料本身的不足，提高了 MoS_2 在钾离子电池中的实际应用性。

除硫化物外，金属硒化物是另一类可用作钾离子电池负极活性材料的硫族化合物。$MoSe_2$、$CuSe$、$TiSe_2$ 等及其与碳的复合材料用作钾离子电池负极活性材料时均表现出具有实际应用价值的电化学性能。其他具有发展性的负极硒化物包括 VSe_2 纳米片、氮掺杂 $FeSe_2$/C 复合材料、$NbSe_2$ 片、石墨烯包裹的 $NiSe_2$

复合材料等。

为了提高硒化物负极的电化学性能，三元硫化物成为研究的热点。层间距为 1.1 nm 的三元 Ta_2NiSe_5 薄片具有优异的钾离子存储性能。Tian 等在锚定在碳纳米纤维膜上的 MoSSe 阵列中引入双阴离子空位。与无空位的 MoSSe 相比，阴离子空位提高了材料对钾离子的吸附。在 100 mA·g^{-1} 电流密度下 60 周充放电循环后，其比容量可以达到 370.6 mA·h·g^{-1}。富含空位的 MoSSe 阵列的三维多孔结构可以缓解循环过程中的体积膨胀，因此在 500 mA·g^{-1} 电流密度下 1 000 周循环后仍可保持 220.5 mA·h·g^{-1} 的高比容量。

由过渡金属碳化物和碳氮化合物组成的二维层状 MXene 作为钾离子电池的负极材料时表现出良好的电化学性能。Sun 等开发了一种基于二维 MXene（$Ti_3C_2T_x$）薄片与硬碳相结合的三维负极材料。三维架构可以有效地适应循环过程中硬碳的体积膨胀，制备的三维负极材料表现出 30 mA·g^{-1} 电流密度下 280.6 mA·h·g^{-1} 的比容量以及 500 mA·g^{-1} 电流密度下 102.2 mA·h·g^{-1} 的倍率能力。

碱金属离子电池中的插层型负极材料可分为有机材料与无机材料两种。有机材料与无机材料相比具有毒性低、成本低、来源丰富和化学结构可控等优点。例如，层状有机对苯二甲酸二钾（K_2TP）具有的环状部分和共轭结构可用于钾离子存储。K_2TP 溶解在 DME 基电解质中，活性羧酸酯类团的协同作用和稳定的 SEI 层的形成，使电化学性能得到增强。具有 π 共轭结构的微孔聚合物（CMPs）也用作钾离子电池的负极材料。CMPs 的电化学性能与最低未占有分子轨道的分布有关。通过控制 LUMO 能级和缩小带隙，以及 CMP 的多孔结构，可以增强电子电导率、活性位点的数量以及缓冲钾离子嵌入过程中的体积变化。然而，与其他碱金属离子电池一样，有机材料在电解质中较差的导电性和溶解度仍然限制了其在钾离子电池中的实际应用。在未来的研究中仍需要更多的实验和探索来解决这些问题。

2. 转化型负极

在转化型负极中，活性材料与来自电解质的碱金属离子反应，改变负极材料中至少一种金属的氧化态，结果通常是过渡金属离子与碱金属离子发生交换反应产生新的化合物。由于在电化学反应过程中过渡金属离子通常是被默认还原到金属态，因此转化型负极材料的理论容量总是高于插层型负极材料。式（2.23）描述了钾离子电池中转化反应的一般机理：

$$M_xA_y + (yn)K^+ + (yn)e^- \leftrightarrow xM + yK_nA \tag{2.23}$$

其中，M 是过渡金属（Fe、Co、Mo 等）；A 是阴离子（O、S 等）；n 是 A 的氧化态价数。钾离子电池转化型负极主要包括金属氧化物和金属硫化物。

1）金属氧化物

金属氧化物由于电化学转化过程的高度可逆性，是一种具有应用前景的钾离子电池转化型负极材料。超薄厚度的 CuO 纳米板具有较大的比表面积，并且 CuO 纳米板可提供较短的钾离子扩散距离和较大的电极–电解质接触界面。因此，CuO 负极在 200 mA·g^{-1} 电流密度下显示出 342.5 mA·h·g^{-1} 的高比容量，约为理论值的 92%。基于 CuO 纳米板的负极也表现出较高的循环稳定性，在 1 A·g^{-1} 的高电流密度下 100 周循环后容量仍可保持在 206 mA·h·g^{-1} 以上。

Nithya 等通过简单的一步水热法制备了 MnCO$_3$ 纳米棒与石墨烯的复合材料，该复合材料由直径为 5~10 nm 的纳米 MnCO$_3$ 纳米棒与石墨烯薄片组合而成，高比表面积（122.6 m^2·g^{-1}）有利于促进转化反应。使用 MnCO$_3$/rGO 复合材料作为负极组装的钾离子电池具有高比容量和优异的长期循环稳定性（在 200 mA·g^{-1} 电流密度下 500 周循环后容量可达 841 mA·h·g^{-1}）。主要的转化机制为

$$MnCO_3 + 2K^+ + 2e^- \leftrightarrow Mn + K_2CO_3 \qquad (2.24)$$

Sultana 等通过熔盐法制备了 Co$_3$O$_4$–Fe$_2$O$_3$/C 纳米复合材料，电化学表征表明 Co$_3$O$_4$–Fe$_2$O$_3$/C 纳米复合材料能够减轻由转化反应引起的结构损伤问题。与不含碳的 Co$_3$O$_4$–Fe$_2$O$_3$ 纳米颗粒相比，Co$_3$O$_4$–Fe$_2$O$_3$/C 复合材料具有更高的比表面积和电导率，在 50 mA·g^{-1} 电流密度下 50 周循环后的比容量为 220 mA·h·g^{-1}。Co$_3$O$_4$–Fe$_2$O$_3$/C 主要的储钾机制是 Co$_3$O$_4$ 和 Fe$_2$O$_3$ 转化为金属态，即

$$Co_3O_4 + 8K^+ + 8e^- \leftrightarrow 3Co + 4K_2O \qquad (2.25)$$

$$Fe_2O_3 + 6K^+ + 6e^- \leftrightarrow 2Fe + 3K_2O \qquad (2.26)$$

2）金属硫化物

基于转化机制的金属硫化物是重要的钾离子电池负极活性物质之一。金属硫化物具有良好的导电性和电化学活性。然而，纯金属硫化物在转化反应中具有较短的循环寿命。研究人员通过将金属硫化物与碳复合来解决纯金属硫化物循环寿命短的问题。设计具有层状结构的碳包覆 Co$_3$O$_4$ 或 MoS$_2$ 复合负极，可以很好地适应体积膨胀。Xie 等使用 rGO 作为载体将 MoS$_2$ 稳定在玫瑰形，MoS$_2$/rGO 复合材料在 20 mA·g^{-1} 和 500 mA·g^{-1} 的电流密度下分别具有 679 mA·h·g^{-1} 和 178 mA·h·g^{-1} 的超高储钾比容量。MoS$_2$/rGO 复合材料在储钾过程中同时经历了插层反应和转化反应，反应机制如下：

$$MoS_2 + xK^+ + xe^- \leftrightarrow K_x MoS_2 \qquad (2.27)$$

$$K_x MoS_2 + (4-x)K^+ + (4-x)e^- \leftrightarrow Mo + K_2S \qquad (2.28)$$

此外，在 rGO 基体上生长纳米级 SnS_2 和 Sb_2S_3 有助于改善金属硫化物的电化学性能，与纯 SnS_2 和 Sb_2S_3 相比，SnS_2/rGO 和 Sb_2S_3/rGO 的比容量有所提高，但循环稳定性仍有待提高。研究表明，硫/氮共掺杂的 Sb_2S_3/rGO 有助于增强循环稳定性。为了缓冲由钾化/去钾化反应引起的结构损伤，Liu 等使用高剪切混合器在水和乙醇中将散装的层状 Sb_2S_3 剥离成二维结构，厚度为 6～7 nm，最终获得了用于钾离子电池的 Sb_2S_3/C 负极材料。与块状 Sb_2S_3 相比，二维 Sb_2S_3 纳米片可以有效地缓解电化学反应过程的体积变化。Sb_2S_3/C 电极在 500 mA·g^{-1} 电流密度下 200 周循环后，比容量为 404 mA·h·g^{-1}。当电流密度从 50 mA·g^{-1} 增加到 500 mA·g^{-1} 时，容量保持率约为 76%，表现出良好的倍率性能。在充放电过程中可以检测到 K_3Sb 和 K_2S 等相，表明除了转化反应之外，Sb_2S_3/C 还经历了插层反应。

将纳米尺寸的金属硫化物颗粒支撑在石墨烯上，纳米颗粒可能发生自聚集，从而减小了可用作电解质/电极界面的表面，因此电化学性能降低。为了解决这个问题，Wu 等将 FeS_2 限制在氮掺杂的碳基体中，FeS_2 纳米粒子上的外部碳壳可以抑制自聚集并增强钾离子转移动力学，所制备的 FeS_2@NC 复合材料在超过 5 000 周循环后容量损失仅为 0.016%。

NiS 由于导电率低和体积膨胀大等问题，在钾离子电池中很少报道。通过表面碳包覆可以缓解 NiS 在钾化/去钾化循环期间的体积膨胀。另外，$NiSe_2$ 具有低钾离子扩散能垒（0.05 eV）和高载流子迁移率 [1 658 cm^2·$(V·s)^{-1}$]，即使不与导电材料混合，也具有比 NiS 更好的电化学性能。Shen 等仅使用二维 $NiSe_2$ 作为负极活性物质而并没有进行碳包覆，初始比容量可以达到 247 mA·h·g^{-1}，并且比大多数二维钾离子电池负极材料具有更好的循环稳定性。

CuS 和 Cu_2S 也是常见的转化型钾离子电池负极材料。Cu_2S 具有无毒、低成本和高导电性等特点。Peng 等通过阴离子交换工艺设计了一种均匀的氮掺杂的碳涂层 Cu_2S 中空纳米立方体，然后通过聚多巴胺（PDA）涂层和碳化步骤得到了 Cu_2S@NC 复合材料，制备过程如图 2.44（a～d）所示。如图 2.44（e）所示，复合纳米笼具有足够的内部空间来缓解循环过程中的体积膨胀。此外，高比表面积缩短了钾离子/电子的扩散路径。Peng 等还通过使用高浓度醚类电解质形成了具有低界面阻抗的稳定 SEI 层 [图 2.44（g）]。Cu_2S@NC 负极表现出优异的电化学性能，100 mA·g^{-1} 电流密度下 530 周循环后比容量为 372 mA·h·g^{-1}，1 A·g^{-1} 电流密度下 1 200 周循环后比容量达 317 mA·h·g^{-1}。此外，锌基转化型负极，如 ZnS，也是具有发展前景的钾离子电池负极材料，具有安全、无毒、丰富和低成本等优点。

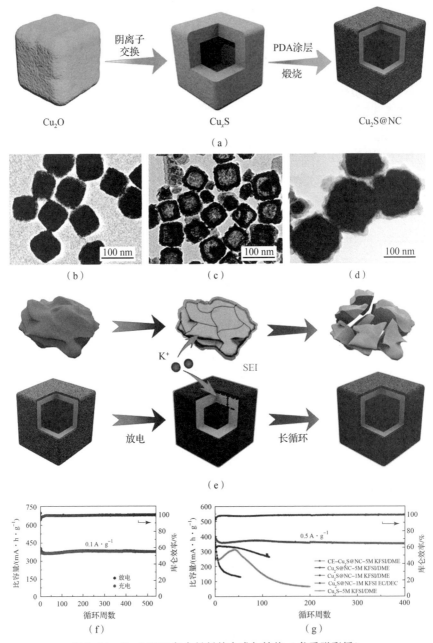

图 2.44 Cu₂S@NC 复合材料的合成与性能（书后附彩插）

（a）Cu₂S@NC 的合成示意图；（b）Cu₂O 前体的 SEM 图像；（c）CuₓS 的 SEM 图像；

（d）Cu₂S@NC 的 SEM 图像；（e）Cu₂S 和 Cu₂S@NC 复合材料在充放电过程中

的降解机制示意图；（f）Cu₂S@NC 负极在 100 mA·g⁻¹ 时的循环稳定性；

（g）Cu₂S@NC 负极在 500 mA·g⁻¹ 时在不同电解质中的循环性能

具有高比表面积和反应性的量子点是钾离子电池的负极材料之一。Gao 等制备了 CoS 和氧化石墨烯（GO）的复合材料作为钾离子电池的负极活性材料。Gao 等采用两步水热法将 Co(OH)$_2$ 纳米片与 GO 原位硫化，在硫化过程中，Co(OH)$_2$ 纳米片在 GO 表面转变为 CoS 量子点纳米团簇，材料的比表面积、导电性、结构稳定性和优电化学性能均得到提升，在 500 mA·g^{-1} 的电流密度下，100 周循环后表现出 310.8 mA·h·g^{-1} 的高比容量。

通常，上述金属氧化物和金属硫化物的反应机理是基于插层、转化和合金化过程。但由于活性材料的聚集和粉化严重限制了其倍率性能和循环稳定性。大多数研究都通过设计各种纳米结构或与导电碳混合来克服这些问题，在这两种情况下，性能的优化主要归因于纳米结构和碳的综合优势，如接触面积大、反应位点丰富、扩散路径短、电子导电性高以及在循环过程中具有足够的弹性以减轻体积变化和团聚的作用。

3）其他转化型负极

MOFs 通过无机 – 有机连接体的氧化还原反应发生多电子转移，从而可作为钾离子电池的负极活性材料。MOFs 具有化学成分可控、高孔隙率、大受控孔径以及高比表面积等优点。因此，MOFs 可以加大钾离子的扩散速率并改善电解质/电极界面的相互作用。Deng 等设计了一种低成本微孔铁基有机骨架与碳纳米管混合的复合材料。该复合电极在 200 mA·g^{-1} 电流密度下经过 200 周循环后的比容量为 132 mA·h·g^{-1}。碳纳米管有利于增强电子传导性，来自有机部分的大量活性位点有助于提高钾离子存储容量。然而，MOFs 的可逆容量和循环稳定性离实际应用还相距甚远。因此，需要更有效的策略来对 MOFs 的电化学性能进行调控。

3. 合金型负极

与锂离子电池和钠离子电池类似，ⅣA 和 ⅤA 族元素（如硅、磷、锗、锡、锑、铅、铋等）可以在外加电位下与钾发生可逆合金化反应，从而实现钾离子存储。上述元素及其许多金属化合物（如金属互化物、硫化物和磷化物等）因其低工作电压和高理论比容量在钾离子电池的应用中备受关注。活性物质一般根据以下反应，形成富含钾的金属互化物：

$$x\mathrm{A} + y\mathrm{K}^+ + y\mathrm{e}^- \leftrightarrow \mathrm{K}_y\mathrm{A}_x \tag{2.29}$$

其中，A 是合金元素；K$_y$A$_x$ 是最终的合金化反应产物。例如，锑的最终合金化产物是 K$_3$Sb，其理论比容量高达 660 mA·h·g^{-1}，远高于碳质负极材料。然而，与许多合金型负极一样，锑基负极由于充放电过程中大的体积变化而容易发生容量快速衰减。此外，巨大的体积变化使粉碎后活性材料的新表面总是暴露出来，SEI层会在每个循环中重新形成，导致电解质和负极材料快速消耗。设计特殊的纳米结构、在负极表面引入保护层和使用合适的电解质是几种实用的电极改性方法。本节综述了提高合金型负极电化学性能的科学途径以及相关的研究进展。

1）锡基负极

锡由于低成本和高理论比容量（$Li_{22}Sn_5$作为最终相的理论比容量为900 mA·h·g^{-1}，$Na_{15}Sn_4$作为最终相为847 mA·h·g^{-1}），是一种具有发展前景的锂离子电池和钠离子电池合金型负极材料。然而，在锂离子电池和钠离子电池的循环过程中，锡负极的体积变化很大（分别为~420%和~260%），这导致严重的结构粉碎和容量快速衰减问题。同时，纯锡负极的理论比容量适中（226 mA·h·g^{-1}），电极也很容易在钾化/去钾化反应中粉化。研究人员大多采用设计纳米结构的策略来缓解大的体积变化。其中，一种方法是使用混有多孔碳质材料的纳米锡来缓冲体积变化。Sultana等在氩气气氛中通过机械球磨法制备了重量比为7∶3的锡/碳合金。合金型负极的可逆比容量约为150 mA·h·g^{-1}。Huang等以NaCl为模板，通过高温固态法制备了三维锡/多孔碳复合材料。在不同温度下碳化后，尺寸在22~94 nm范围内的锡纳米颗粒均匀地附着在多孔碳基体上。其在50 mA·g^{-1}电流密度下100周循环后可逆比容量可上升至276.4 mA·h·g^{-1}，当电流密度增加到500 mA·g^{-1}时，比容量仍可达到150 mA·h·g^{-1}，这表明制备的三维材料具有较好的倍率性能。在另一项研究中，Wang等将锡颗粒封装在三维多孔石墨烯网络中。其在500 mA·g^{-1}电流密度下500周循环后表现为123.6 mA·h·g^{-1}的可逆比容量，在2 000 mA·g^{-1}下表现出67.1 mA·h·g^{-1}的倍率性能。另一种方案是使用锡化合物代替纯金属来限制体积膨胀。Luo等通过水热法合成了尺寸为2~6 nm的均质SnO_2量子点，嵌在多孔碳中。由于超小的SnO_2量子点在多孔碳基体中能受到良好的约束，复合电极在100周循环后呈现出300 mA·h·g^{-1}的优异可逆比容量；即使在1 A·g^{-1}的高电流密度下10 000周循环后，仍可保持108.3 mA·h·g^{-1}可逆比容量。Fang等在石墨烯基质上制造了多层SnS_2纳米片，其在50 mA·g^{-1}电流密度下表现出448 mA·h·g^{-1}的高比容量。高比容量归因于钾化过程中同时发生转化反应（$SnS_2 \rightarrow Sn$）和合金化反应（$Sn \rightarrow K_4Sn_{23}$、$KSn$）。尽管大量研究都在致力于提高锡基负极的电化学性能，但其实际容量仍远低于理论容量，需要进一步的深入研究。

2）锑基负极

锑具有良好的导电性以及与碱金属元素合金化的能力。在锑负极钾化的过程中，锑从KSb_2、KSb转变为K_5Sb_4，最后转变为K_3Sb，电位逐渐变高，具有

660 mA·h·g^{-1} 的高理论容量。然而，其体积膨胀 4 倍以上，导致容量迅速下降。使用碳基质缓冲锑基负极的体积变化，电化学性可以得到明显改善。Han 等通过一步溶剂热"复分解"反应在 18.6 nm 厚的超薄碳纳米片表面嵌入平均尺寸为 14.0 nm 的锑纳米颗粒。复合负极在 200 mA·g^{-1} 电流密度下 600 周循环后显示出 247 mA·h·g^{-1} 的可逆比容量，相当于初始比容量的 90%。此外，Tian 等将锑纳米颗粒与导电性 MXene 相结合，形成独立的柔性锑/MXene 负极。锑/MXene 在 50 mA·g^{-1} 的电流密度下表现出 516.8 mA·h·g^{-1} 的高可逆比容量以及稳定的长期循环能力，每个循环的容量衰减率仅为 0.042%。

Xiong 等通过冷冻干燥和热解方法将铋 – 锑合金纳米颗粒嵌入多孔碳基体中，形成铋 – 锑/碳复合纳米片。铋和碳可以有效缓冲充放电过程中的体积变化，通过 $(Bi, Sb) \leftrightarrow K(Bi, Sb) \leftrightarrow K_3(Bi, Sb)$ 的可逆合金化反应，复合负极材料在 500 mA·g^{-1} 电流密度下超过 600 周循环可提供约 320 mA·h·g^{-1} 的可逆比容量。当所制备的复合材料组装成以普鲁士蓝为正极的全电池时，在 70 周循环后仍具有 360 mA·h·g^{-1} 的高比容量。

此外，锑基硫族化物，如 Sb_2Se_3，也用作钾离子电池合金型负极。当与多孔碳纳米材料（如石墨烯）结合时，其可以缓冲 Sb_2Se_3 纳米粒子的体积膨胀，从而提高可逆比容量和循环稳定性。锑的双金属氧化物 Sb_2MoO_6 也具有改善锑负极的功能。Wang 等将 Sb_2MoO_6 材料锚定在 rGO 基底上，制备出 Sb_2MoO_6/rGO 复合材料。Sb_2MoO_6/rGO 复合材料在 100 mA·g^{-1} 电流密度下具有 402 mA·h·g^{-1} 的放电比容量，100 周循环后比容量仍能稳定保持在 247 mA·h·g^{-1}。原位 XRD、TEM 与 DFT 计算表明，大部分高容量来自锑的合金化/去合金化过程。同时，第一周循环后产生的无定形态 Mo 可以提高电极的导电性，缓冲循环过程中锑的体积变化。

3）铋基负极

与锡和锑类似，铋也是一种具有应用前景的钾离子电池金属负极，由于铋独特的层状晶体结构和 3.95 Å 的大层间距，一个铋原子可以与 3 个钾离子形成合金。虽然纯金属铋电极可以提供 385 mA·h·g^{-1} 的高理论容量，但纯金属铋负极较低的库仑效率以及容量快速衰减，导致纯金属铋负极在钾离子电池中的应用较少。Zhang 等指出铋基负极合金化/去合金化过程包括两个典型的多相反应，分别为 $Bi \leftrightarrow Bi(K)$ 和 $Bi(K) \leftrightarrow K_5Bi_4 \leftrightarrow K_3Bi$。从 Bi 到 K_3Bi 的相变总体积膨胀高达 515.23%。与锡和锑基负极类似，设计纳米结构的铋基负极可以促进离子快速扩散、电解质渗透以及缓冲体积变化。除了设计纳米结构之外，在主体铋颗粒中引入碳质也是缓解体积膨胀的一种有效方法。Zhao 等通过简单的原位自发还原法制备了一种分层铋纳米点/石墨烯复合材料。尺寸为

3 nm 的铋纳米点被很好地限制在石墨烯层之间，可有效防止自聚集效应。除了提供离子传输通道外，复合负极材料还具有很好地适应体积变化的能力。Xiang 等通过简单的蒸发方法制备了空心的铋/氮掺杂碳纳米棒。在该结构中，中空纳米棒可以缓冲钾化/去钾化循环过程中铋基的体积变化，外层导电碳壳可以促进电子转移。Li 等将层状卤氧化铋用作钾离子电池的负极活性材料，所制备的 BiOCl 纳米薄片在 50 mA·g^{-1} 电流密度下具有 367 mA·h·g^{-1} 的高比容量。其储钾机制来源于在钾化反应过程中形成钾 – 铋合金。

4）磷基负极

磷（P）可以与钾通过三电子反应形成 K$_3$P 化合物。除了具有重量轻的优势之外，磷负极材料在钾离子电池中的理论比容量可达 2 596 mA·h·g^{-1}。磷元素有几种同素异形体：白磷在空气中具有毒性和可燃性，不适用于电化学储能。红磷和黑磷都是可应用的钾离子电池负极材料。然而，因为纯磷基材料的反应活泼性会降低材料的初始库仑效率和容量，从而将电池寿命限制在几个循环周期内，所以纯磷基材料的实际应用很难实现。引入导电碳材料是改善纯磷基材料固有的电子绝缘性和优化循环稳定性的有效方法。Wu 等通过蒸发 – 冷凝法将红磷嵌入氮掺杂的多孔碳纳米纤维（P@N – PHCNF）中，制造过程如图 2.45（a）所示。SEM 和 TEM 图像表现出复合材料结构表面的无定形特征，说明在碳纳米纤维表面没有任何红磷颗粒［图 2.45（b~d）］。中空的管状结构可以缓冲体积膨胀。图 2.45（e）和（f）的结果表明 P – C 键较强，磷原子吸附在氮掺杂位点，从而促进钾离子的转移和扩散。由 P@N – PHCNF 组装的电池在 100 mA·g^{-1} 的低电流密度下 100 周循环后可提供 650 mA·h·g^{-1} 的超高可逆比容量［图 2.45（g）］；在 2 A·g^{-1} 的高电流密度下 800 周循环后，比容量仍保持在 465 mA·h·g^{-1}［图 2.45（h）］。此外，P@N – PHCNF 还表现出优异的倍率性能，在 5 A·g^{-1} 电流密度下的比容量为 342 mA·h·g^{-1}［图 2.45（h）］。Fang 等在磷 – 活性炭复合材料上涂上一层薄的聚吡咯层，产生空气稳定的红磷，并保护活性材料不与电解质发生剧烈反应。涂有聚吡咯的磷 – 活性炭材料的磷含量约为 52 wt%，在 20 mA·g^{-1} 电流密度下的比容量约为 400 mA·h·g^{-1}。

5）合金型负极的优化

除了对活性材料进行改性优化外，合理使用电解质和粘结剂是改善合金型负极性能的有效方法。如前文所述，纯金属或化合物形式的负极材料在钾化/去钾化过程中会发生很大的体积膨胀。反应过程中纯金属锑和铋的膨胀率分别约为 300% 和 406%，过大的体积变化导致钾离子电池的循环性能较差。Zhang 等发现用双（氟磺酰）亚胺钾（KFSI）代替碳酸酯类电解质中的

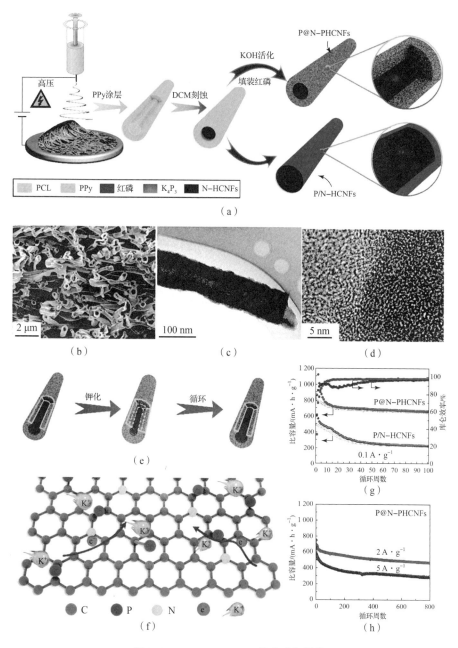

图 2.45 P@N－PHCNF 的合成与性能

（a）P@N－PHCNFs 的合成过程；（b~d）P@N－PHCNFs 的（b）SEM、（c）TEM 和
（d）高分辨率 TEM 图像；（e~f）P@N－PHCNF 的钾化/去钾化过程和电荷转移；
（g~h）P@N－PHCNFs 样品在 0.1 A·g^{-1}、2 A·g^{-1} 和 5 A·g^{-1} 电流密度下的循环性能

六氟磷酸钾（KPF_6），可以获得更稳定的 SEI 层，从而提高电化学性能。进一步的研究表明，FSI^- 阴离子可以抑制电解质分解，改变表面钝化，形成更均匀、稳定和坚固的 SEI 层，从而提高循环稳定性。KFSI 盐也非常通用，可以显著提高其他合金型负极材料的电化学性能，如锡和锑基负极。此外，醚类电解质 DME 中，DME 分子与铋之间的相互作用有助于形成弹性、稳定的 SEI 层，从而提升钾化/去钾化过程的存储容量、循环稳定性和倍率性能。因此，电解质或粘结剂的合理选择可以促进离子转移并增强活性材料之间以及与集流体的电子接触。关于电解质和粘结剂的优化，有望提高合金型负极的整体性能。

2.3.4 电极材料的常用合成方法

电极材料的合成方法对钾离子电池的实际应用至关重要。研究人员已经进行了许多实验来探究材料的合成方法、形态、结构和性能之间的关系。目前制备钾离子电池电极材料的方法主要包括共沉淀法、水热法和溶剂热法、高温固相反应法、溶胶－凝胶法、喷雾干燥法、机械球磨法、电沉积法及其他方法，将上述方法中的两种或多种结合使用可能起到优化电极结构和性能的作用。本节总结了制备钾离子电池电极材料常用的合成方法，并对其优缺点和应用前景进行了总结和评价。

1. 共沉淀法

共沉淀法是制备储能电极材料的常用方法。在共沉淀法中，金属盐溶解在水中，然后与制备剂反应，形成水不溶性化合物。共沉淀法简单易行、合成周期短，可以通过控制沉淀反应条件，如 pH 值、沉淀剂和溶液温度，甚至在沉淀过程中使用导向剂或模板，控制产品的最终形态和结晶度。关于钾离子电池，共沉淀法主要用于合成正极材料，如普鲁士蓝及其含钾类似物、层状金属氧化物和硫化物。调整合成参数以控制电极材料的微观结构和形态为增强电极材料的性能提供了基础。通过将 $FeCl_3$ 溶液滴入 $K_4Fe(CN)_6$ 溶液中制备的 PBA 纳米粒子，呈现出晶格尺寸在 $20 \sim 30$ nm 的相对不规则的球形形态。但当在60 ℃下将稀盐酸溶液滴入 $K_4Fe(CN)_6$ 溶液中时，PBA 的形貌则变为规则的立方纳米颗粒，晶格尺寸为 $500 \sim 700$ nm。研究表明，立方 PBA 比不添加盐酸的不规则球形颗粒具有更好的结晶度，有利于提高比容量和循环稳定性。

然而，共沉淀法存在几个主要的问题。首先，由于混合溶液中的浓度梯度，制备的晶粒成分和尺寸可能不均匀。其次，通过共沉淀法获得的产品结晶度通常较低，因此，通常需要额外的工艺如进一步的热处理，优化材料的结晶度。最后，需要严格控制共沉淀反应的条件，以确保电极材料的质量。

2. 水热法和溶剂热法

水热法和溶剂热法通常在密封压力容器中进行，基于在水/有机溶剂中的高温高压化学反应，已广泛用于制备碱金属离子电池正极材料，如层状金属氧化物和聚阴离子化合物。Deng 等以尿素、抗坏血酸和聚乙烯吡咯烷酮为原料通过水热法制备了直径约为 100 nm 的层状 $P2 - K_{0.65}Fe_{0.5}Mn_{0.5}O_2$ 微球。制备的 $P2 - K_{0.65}Fe_{0.5}Mn_{0.5}O_2$ 微球具有缩短离子扩散距离、优化电解质/电极接触面以及缓冲钾离子嵌入/脱出引起的应变和应力等功能。此外，水热法和溶剂热法也用于制备钾离子电池负极材料，如各种纳米结构的氧化物、硫化物、硒化物等。例如，通过简单的水热工艺即可从 $Cu(NO_3) \cdot 3H_2O$ 中合成直径为 20 nm 的 CuO 纳米板。所制备的纳米板具有良好的结晶性，中等的比表面积（48.5 $m^2 \cdot g^{-1}$）和丰富的反应位点。

与其他方法相比，水热法或溶剂热法制备的颗粒尺寸均匀，可以控制在纳米级别。此外，还可以通过调整反应时间、温度、pH 值和添加剂等反应条件，有效地控制电极材料的形貌。然而，水热法或溶剂热法易受反应条件和所用设备的影响。此外，这两种方法的生产率较低，给商业化大规模生产带来了许多挑战。

3. 高温固相反应法

高温固相反应法是合成陶瓷材料的常用方法，也适用于制备钾离子电池的多种电极材料。由于制备的产品具有良好的高温性质和结晶性，高温固相反应法通常用于制备层状金属氧化物正极材料。Zhang 等通过在 1 000 ℃ 下加热的 K_2CO_3、NiO 和 MnO_2 30 h 制备了 $P2 - K_{0.44}Ni_{0.22}Mn_{0.78}O_2$ 正极材料。XRD 结果表面，制备的产物结晶度高、纯度高，NiO 杂质含量仅为 3%，这有利于钾离子的嵌入/脱出过程。使用 $P2 - K_{0.44}Ni_{0.22}Mn_{0.78}O_2$ 正极和软碳负极组装的钾离子全电池表现出优异的钾离子存储性能，500 周循环后容量保持率可高达 90%。

高温固态工艺也常被用于制备负极材料，如碳复合材料和金属氧化物材料。Ju 等通过在惰性气氛中高温加热聚偏二氟乙烯，获得了 4 nm 厚和高表面积（874 $m^2 \cdot g^{-1}$）的少层氟化石墨烯泡沫（FFGF）。在 100 $mA \cdot g^{-1}$ 的电流密度下 50 周循环后，FFGF 的容量可以保持在 800 $mA \cdot h \cdot g^{-1}$。Kishore 等通过在 900 ℃下煅烧 K_2CO_3 和 TiO_2 制备了 $K_2Ti_4O_9$ 负极材料。

虽然高温固态方法简单易于扩展，但仍存在一些问题，阻碍了其广泛应用。其中，最主要的问题是制备的材料粒度大，降低了电极在循环时抵抗粉碎的能力。在固态加热过程中，活性物质容易被各种杂质污染，从而破坏材料的电化学性能。此外，许多固态方法需要在高温下长时间加热，这使原本简单的固态方法成为能源密集型工艺。

4. 溶胶 – 凝胶法

与固态方法类似，溶胶 – 凝胶法是陶瓷工业中常用的工艺。该方法主要通过前驱体在溶液中的缩聚反应形成固体网络结构。为了提高合成材料的结晶度，溶胶 – 凝胶法的产物通常需要在中等温度下进行煅烧。Zheng 等通过溶胶 – 凝胶法，使用柠檬酸作为螯合剂，在 850 ℃下进行煅烧，制备了一种碳包覆的 $K_{3-x}Rb_xV_2(PO_4)_3/C$ 正极材料。制备的样品表现出良好的循环稳定性，在 $200\ mA \cdot g^{-1}$ 的电流密度下 100 周循环后容量保持率为 95.4%。Chen 等通过溶胶 – 凝胶法从海产品废弃物中制备了一种氮掺杂的多孔碳微球（NCS）负极材料。

溶胶 – 凝胶法制备电极材料具有反应温度低、反应时间短、粒径分布均匀和粒径小等优点，但也存在前驱体复杂、产品对干燥/煅烧条件较敏感以及煅烧步骤难以控制等问题。

5. 喷雾干燥法

喷雾干燥法使用热气体对样品进行快速干燥，从液体或浆料中产生干粉。一般来说，喷雾干燥法可以获得相对均一的粒径以供工业使用。例如，Jo 等通过喷雾干燥法合成了粒径为 2 μm 的层状 $P2 - K_{0.75}[Ni_{1/3}Mn_{2/3}]O_2$ 正极材料，具有较高的放电容量。Zhao 等以 TiO_2、K_2CO_3 和 $C_6H_{12}O_6$ 的混合物为原料，采用类似的方法制备了平均直径约为 12 μm 的 $K_2Ti_2O_5$ 微球，接着通过化学气相沉积工艺将 10 nm 的碳层涂覆在微球表面。核壳结构促进了电子的快速转移，提高了电极材料的结构稳定性，从而使电极材料的储钾性能显著提高。虽然喷雾干燥法具有高生产率的显著优势，但也存在弊端。例如在生产过程中材料容易被污染、粒径大以及需要高温和真空的严格条件。

6. 机械球磨法

机械球磨法通过微小刚性球体碰撞过程中形成的局部高压将原材料混合物研磨成精细的材料粉末。该过程可能涉及由机械力引起的相变或化学反应。Jo

等将 $K_2V_3O_8$ 粉末与 5 wt% 的炭黑混合，通过高能球磨 12 h 得到 $K_2V_3O_8/C$ 复合正极材料。除了减小粒径外，球磨还有助于在碳和 $K_2V_3O_8$ 中引入缺陷，从而获取更多的活性位点来引发电化学存储反应。虽然机械球磨法操作简单、成本低，但粒径分布的均一性难以控制。

7. 电沉积法

通过电沉积法，可以将固体材料沉积在导电材料的表面。通过控制电化学特性（如外加电位、电流密度、电解质成分和电极表面特性）可以控制材料沉积的形态。Tian 等使用铂对电极在 1 mA·cm^{-2} 的恒定电流密度下从 $C_2H_6O_2 - SbCl_3$ 溶液中沉积出锑纳米颗粒，锑纳米颗粒沉积在 $Ti_3C_2T_x$ 分层多孔平台表面。沉积锑后的 $Ti_3C_2T_x$ 材料具有更稳定的结构，为钾离子的扩散提供了更短的距离，并且多孔结构还可以缓冲钾化/去钾化过程中的体积膨胀。除了产品形貌可控外，电沉积法还具有产品纯度高、能耗低、废物产生量少、易于工业化生产等优点。然而，该方法的应用仅限于在导电基板上沉积金属或半金属。

8. 其他方法

除上述方法外，还有许多其他制备钾离子电池电极材料的方法，如模板法、溶液浸渍法、静电纺丝法和高温碳化法等。通过不同工艺制备的材料的电化学性能也可能不同。未来需要在优化现有合成方法的基础上开发新的合成方法，或利用不同合成方法的优势组合，以提高电极材料的性能，进一步促进钾离子电池在实际储能中的应用。

2.3.5　电解质

作为连接电池正极和负极的桥梁，电解质促进碱金属离子在两个电极之间转移，也决定电池中电化学反应的发生方式以及电压窗口和离子存储性能。一般来说，电解质主要由盐、溶剂和功能添加剂组成。成分的选择和电解质的配置显著影响电池整体的电化学性能。本小节讨论了钾离子电池中电解质各组分的种类、结构及其对电解质整体功能特性的影响。

1. 电解质用盐

六氟磷酸钾、高氯酸钾（$KClO_4$）、双（氟磺酰）亚胺钾是非水系钾离子电池电解质的三种典型钾盐。其中，KPF_6 在钾离子电池中的应用是基于其类似物 $LiPF_6$ 在锂离子电池中的成功应用。然而，研究发现 KPF_6 溶解在酯类溶剂中，在高浓度（>1 mol·L^{-1}）下会形成白色分散体，$KClO_4$ 盐也会发生类似情况。但当 KFSI 溶解在 EC、DEC 等酯类溶剂中时，即使在高浓度下也能形成无色透明的溶液。因此，一般说来，KFSI 类电解质具有更高的电位和离子导电性，并有效减少了不可逆反应，保护电解质不被分解。然而，当电位高于 4.0 V *vs.* K$^+$/K 时，FSI$^-$ 阴离子容易腐蚀铝基底，形成铝–钾合金，严重限制了其在高压正极中的应用。

Deng 等以 MoS$_2$ 负极为观察对象，研究了 KPF$_6$ 盐和 KFSI 盐电解质之间的差异。实验结果表明，MoS$_2$ 负极在含 KFSI 的电解质中表现出比在 KPF$_6$ 电解质中更好的循环稳定性和首周库仑效率。究其原因，在含 KFSI 的电解质中形成了坚固、稳定和富含 KF 的 SEI 层，在 KPF$_6$ 对应电解质中形成了不稳定、缺乏 KF 和富含有机物的 SEI 层。此外，还发现高浓度的 KFSI 基电解质有助于加速钾离子的迁移、降低工作电压并减少电化学极化，从而提升电池的循环性能和倍率性能。与 KFSI 类似，双（三氟甲基磺酰）亚胺钾（KTFSI）也是相对稳定的钾离子电池电解质用盐。总之，KFSI 及 KTFSI 盐在非水系电解质中的应用表现出比传统 KPF$_6$ 盐更好的性能。

2. 电解质溶剂

溶剂是电解质的另一个重要组成部分。EC 因高介电常数和宽电压窗口而被广泛用作非水系电解质的溶剂，常与 DEC、PC、DMC 等溶剂混合形成二元或三元电解质体系。由于更小的溶剂化半径，在酯类电解质中，钾离子通常比锂离子和钠离子具有更好的迁移率。除酯类溶剂外，醚类溶剂如 DME、DEGDME 是另一类广泛用于碱金属离子电池的电解质溶剂。醚类电解质具有良好的界面润湿性，容易形成稳定 SEI 层，并具有增强电荷转移动力学的能力。在钾/石墨电池的研究中发现，酯类混合电解质 EC/DEC 在循环过程中会分解形成不稳定的 SEI 层，导致容量快速衰减，如图 2.46（a）所示。相比之下，电池在醚类电解质 DEGDME 中表现出较高的比容量和循环稳定性，说明醚类电解质具有更高的稳定性。图 2.46（b）为关于 EC/DEC 和 DME 电解质对 TiS$_2$ 负极性能的比较。恒电流间歇滴定技术和电化学阻抗谱的结果表明，DME 电解质在电荷转移和离子扩散方面具有更好的动力学。因此，一般来说醚类电解质比酯类电解质具有更好的电极反应动力学。此外，研究发现 DEGDME 作为溶剂可溶解高达 2.5 mol·L^{-1} 的高浓度 KPF$_6$ 盐，而这在酯类溶剂中是不可能的。电化学测试表明，随着 KPF$_6$ 浓度的增加，电池的循环性能会变得更加稳定。结合本小节的内容，可以说明电解质的选择和组合对电池的电化学性能十分重要。

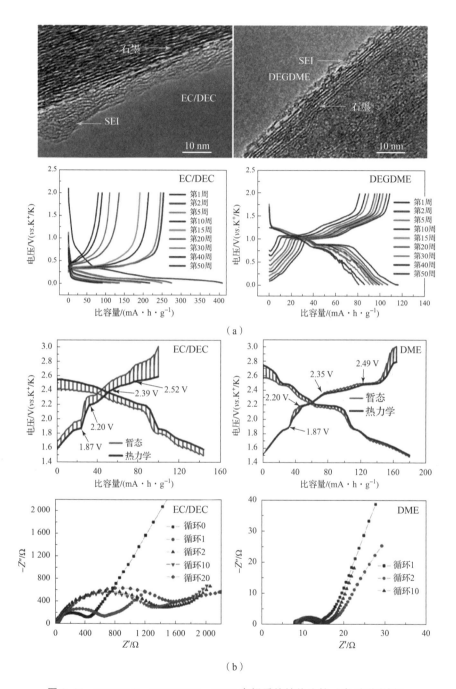

图 2.46　EC/DEC、DEGDME、DME 电解质的性能比较（书后附彩插）

（a）20 周循环后石墨负极的 TEM 图像以及钾/石墨电池中 EC/DEC、DEGDME 电解质的 CV 曲线；

（b）EC/DEC 和 DME 电解质中 TiS$_2$ 负极的 GITT 曲线和 EIS 结果

3. 添加剂

添加剂可以有效地抑制电化学反应过程中电解质的分解，有助于形成稳定的 SEI 层，避免钾离子的持续消耗。与其他碱金属离子电池类似，FEC 是钾离子电池常用的电解质添加剂，FEC 作为添加剂已广泛用于稳定锂离子电池和钠离子电池的电极性能。然而，在针对钾离子电池的实际应用中，添加 FEC 的电解质在钾化/去钾化过程中表现出较高的滞后性，尤其是在碳基负极中电极的极化很大。如图 2.47（a）所示，DFT 计算表明，在基于 EC/DEC 的电解质中添加 FEC 后，溶剂化能从 0.305 eV 增加到 1.281 eV，使钾离子在电解质中的扩散更加困难。这可能是由于 FEC 的加入会引发副反应，促进电解质的消耗和钾枝晶的生长。事实上，在电极中使用 FEC 添加剂比在电解质中更有效。如图 2.47（b）所示，在针对普鲁士蓝正极的研究中，FEC 有助于形成稳定的钾导电钝化层，从而有效地抑制了副反应、极化和枝晶生长，电池的电化学性能大为改善。除 FEC 外，其他电解质添加剂，如碳酸亚乙烯酯（VC）也被用于钾离子电池中。

2.3.6 其他关键材料

1. 隔膜

隔膜的主要作用是分隔电池的正、负极，防止两极直接接触而短路，此外还具有使电解质离子通过的功能。隔膜材质是不导电的，其物理化学性质对电池的性能有很大的影响。电池的种类不同，采用的隔膜也不同。聚丙烯和聚乙烯隔膜是锂金属电池和锂离子电池常用的隔膜。玻璃纤维（GF）隔膜最常用于钾离子电池和钠离子电池。在钾离子电池中，普遍使用的是 GF 隔膜。目前还尚未完全明确为什么 GF 隔膜对钾或钠离子电池比聚烯烃隔膜更稳定，可能的原因是玻璃纤维具有更大的孔径改善了电解质的润湿性。玻璃纤维的问题在于机械黏合性较低，只适用于实验室环境下的电池组装，无法用于工业上的大规模生产。因此，目前工业化的电池制造依然采用 PP 和 PE 隔膜。

由于与有机电解质的高反应性，钾金属负极容易形成不稳定的 SEI 层并伴随不可逆的枝晶生长。由于钾金属具有比锂和钠金属更强的活性，在抑制枝晶和稳定 SEI 上面临更大的挑战。Liu 等通过在 PP 隔膜上双面刮涂微米尺寸的 AlF_3 对隔膜进行改性，获得了钾金属电池多功能隔膜。钾金属负极一侧的 AlF_3 与钾反应生成含有 KF、AlF_3 和 Al_2O_3 的人工 SEI，正极侧的 AlF_3 可以防止由于过渡元素穿梭和循环引起的正极粉化。在不同的电流密度下，由 AlF_3@PP 组装

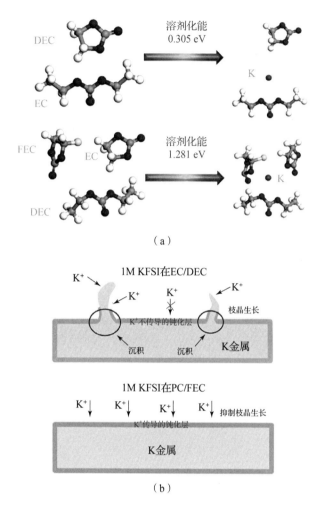

图 2.47　加入 FEC 前后的溶剂化能及不同电解质中钾沉积对比

（a）根据 K + Y 团簇的结合能估算的溶剂化能，其中 Y = EC + DEC 或 EC + DEC + FEC；

（b）不同电解质中钾沉积的示意图

的全电池表现出比 PP 全电池更高的比容量、容量保持率、库仑效率以及循环稳定性和倍率性能。即使在 $100\ mA \cdot g^{-1}$ 的高电流密度下，AlF_3@PP 全电池在 120 周循环的时候仍然具有较高的容量保持率，而 PP 全电池在 100 周循环左右时容量就迅速衰减。因此，隔膜的修饰和改性为提升钾离子电池的电化学性能和促进其商业化应用提供了新的机遇和可能。

2. 粘结剂

粘结剂是确保活性材料之间以及活性材料与集流体紧密连接的关键，显著影响电极的电化学性能。除了碱金属离子电池中传统的粘结剂聚偏氟乙烯，水溶性的羧甲基纤维素、聚丙烯酸酯和海藻酸钠也是常见的粘结剂，分子结构如图2.48（a）所示。

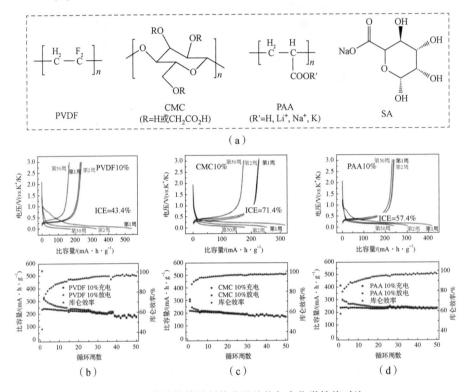

图 2.48　常见的粘结剂的分子结构与电化学性能对比
（a）PVDF、CMC、PAA 和 SA 粘结剂的分子结构；
（b~d）使用 PVDF、CMC、PAA 粘结剂的石墨负极的电化学性能比较

　　传统的 PVDF 粘结剂具有良好的黏度和稳定性，但需要通过 N－甲基吡咯烷酮溶剂溶解才能形成均匀的浆料，增加了成本和环境污染问题。此外，仅靠 PVDF 无法满足日益增长的高性能电极的开发需求。CMC 是一种线性纤维素衍生物，可增加材料的附着力并提高 SEI 层的机械强度。如图2.48（b~d）所示，在石墨负极的电化学测试中，CMC 粘结剂在前 50 周循环中表现出最高的库仑效率，而 PAA 粘结剂具有最高的循环稳定性。PAA 含有丰富的 -COOH 官能团，可通过强氢键与集流体和活性材料形成高分子复合物，保证了电极的机械稳定性。而使用 PVDF 粘结剂的电池容量较低可归因于循环过程中 PVDF 的脱氟和分解引起的电极极化。对于在循环期间具有明显体积变化的转化型负极和合金型负极，粘结剂的选择至关重要。

2.3.7　小结与展望

在过去的 10 年里，大量的研究工作都致力于探究钾离子电池的能量储存机制和探索适合钾离子电池的电极材料，并获得了重要进展。虽然研究人员对现有信息进行了全面收集和长时间的讨论，但开发钾离子电池各种类型的电极材料和电解质的工作仍处于初级阶段。首先，虽然先前建立的锂离子电池电极材料和电解质信息库为钾离子电池的研究工作提供了基础和经验，但不同电极材料或电解质中正负极的储钾机制存在差异，了解不同材料储钾机制的差异对于优化电极和电解质的设计以及改善钾离子电池的电化学性能至关重要。换句话说，现有电极材料和电解质的电化学性能远不能满足实际需求，无法与成熟的锂离子电池技术匹敌。其次，目前关于钾离子电池电化学性能的一些重要研究进展只展示了其在半电池配置中的一些良好性能。而在实际应用中，全电池的性能测试更为重要。因此，需要对全电池进行更深入的研究。最后，电解质成分与正负电极匹配的问题、低能量密度和低运行功率的问题以及高安全性保证的问题，一直阻碍着钾离子电池的商业化进程。

为了解决上述问题，研究人员在结构设计、表面改性和电解质配置方面做出了大量探索和研究，钾离子的尺寸比锂离子和钠离子大得多，使钾离子电池在解决同样的问题时更加困难。鉴于上述问题，实现商业上可行的钾离子电池似乎还有一段漫长而艰难的路要走。本节主要总结了钾离子电池未来发展面临的主要问题与挑战，并提出了可能的解决方案。

1. 钾离子电池面临的挑战

虽然钾离子电池具有高理论能量密度，但高性能钾离子电池的开发仍处于起步阶段。现存的一些问题和困难使钾离子电池的实际性能远不如最先进的锂离子电池和钠离子电池。为了实现高能量密度和高循环稳定性的钾离子电池，需要深入研究钾离子电池的界面化学、电极离子扩散、电解质性能等以及相互之间的影响。目前钾离子电池存在的主要问题可总结为以下六个方面。

1）电极中的低离子扩散速率

钾离子电池的倍率性能不仅取决于电解质中的离子扩散，还取决于电极中的离子扩散和电子转移。虽然钾离子具有最弱的路易斯酸性和最小的斯托克斯半径，导致其在电解质中的离子导电性很好，但由于钾离子本身离子半径较大，其在固体电极材料中的扩散阻力较大，因此扩散速率较慢，其在固体电极材料中的低扩散率也限制了电池的倍率性能。

2）钾化/去钾化过程中体积变化明显

钾离子较大的半径使钾离子电池在充放电过程中引起的体积变化比其他碱金属离子电池更明显。钾化后石墨负极的体积膨胀率约为60%，是锂离子电池的6倍，而在转化型负极中体积膨胀率约为400%，在合金型负极中甚至可达680%。电极体积变化较大通常会引起严重的机械不稳定性，从而影响电池的循环寿命。

3）严重的电解质分解和副反应

由于K^+/K的电化学势较低，电解质中的溶剂很容易在电极表面被还原。实验表明，在较低截止电压下循环的电池具有较低的初始库仑效率，这表明在较低截止电压下电极发生的副反应较多。严重的副反应和电解质分解会进一步消耗电解质，导致极化增加，从而使电池容量急剧下降。

4）钾枝晶生长

与锂枝晶类似，不均匀的离子通量或电子分布将导致钾沉积/溶解的不均匀，较大的离子半径导致钾离子扩散速率较慢，在高电流密度下较慢的扩散速率很容易导致钾沉积/溶解的不均匀性，从而导致钾枝晶的生长，钾枝晶的形成将造成电池内部短路并引发安全问题。在直接以金属钾作为负极的电池中更容易生长锂枝晶。

5）电池安全性

热失控是引发电池安全问题的主要原因。与锂相比，钾具有更低的熔点和更多的反应特性，因此需要更加重视钾离子电池的安全问题。锂/石墨电池在约150 ℃下会发生热失控，而钾/石墨电池在100 ℃左右。此外，目前钾离子电池的电解质主要是溶解在酯类溶剂中的钾盐类，而酯类溶剂容易产生高温，造成火灾、爆炸等安全隐患。除上述问题外，金属钾的熔点仅为63.65 ℃（锂、钠分别为180.54 ℃和97.72 ℃），当工作温度超过较高水平时，钾便不能使用，这意味着在较高温条件下，传统钾离子电池的应用将受到限制。

6）电化学性能待提高

虽然钾离子电池的工作电压比钠离子电池更高，接近于锂离子电池，这有助于提高电池能量密度，但钾较大的原子质量以及较大的离子半径，导致钾离子在嵌入/脱出过程中缓慢的反应动力学，因此目前钾离子电池的能量密度和功率密度仍然是有限的。此外，碱金属离子电池中大多数正极是依靠可逆地嵌入/脱出碱金属离子来实现能量存储。因此，正极材料需要提供大量的内部空位来容纳钾离子，钾离子具有较大的离子半径，使钾离子电池的可选正极材料不如锂离子电池和钠离子电池的同类材料那么丰富。而目前用于锂离子电池和钠离子电池的正极材料在钾离子电池的长循环中很少表现出优异的电化学性能。在锂离子电池中广泛使用的石墨负极用于钾离子电池中时，与锂离子电池中 6 个碳原子存储一个锂离子相比，钾离子电池中 8 个碳原子中才能存储一个钾离子，因此钾离子电池中石墨负极的理论容量要小于锂离子电池。

认清以上六个主要问题并厘清它们之间的相互关系是应对问题与解决问题的关键。

2. 钾离子电池未来展望

2.3.1 小节参考图 2.36 讨论了锂、钠、钾等碱金属元素在成本、丰度和物理化学性质方面的差异。钾离子电池技术与成熟的锂离子电池技术有许多相似的地方，如离子存储机制和电解质体系，这使对钾离子电池的探索能够遵循锂离子电池现有进展的经验。作为锂离子电池的潜在替代品，钾离子电池具有丰富的自然资源和较低的开发成本。特别是理论和实验证明钾离子可以插层到普通廉价的石墨负极中形成 KC_8 相，而钠离子则不能。此外，钾离子电池具有比钠离子电池更高的能量密度和更低的标准电极电位，更接近于锂离子电池。然而，钾的阳离子半径大于锂和钠，不利于钾离子存储动力学，并在循环过程中伴随大体积膨胀。因此，钾离子电池当前的正负极材料通常比锂离子电池和钠离子电池的存储容量低、循环稳定性差、倍率性能差，这使钾离子电池作为商业上可行的电池体系不如钠离子电池具有吸引力。为了缓解钾离子电池大体积变化和副反应等问题，需要进行更多针对性的研究。同时还需要加强钾离子扩散动力学，促进其在高电流密度下能够发生完整的电化学反应。下面从电池的正负极材料、电解质、电极制造技术、电池安全性等方面对钾离子电池的未来发展和应用进行了总结和展望。

1）正负极材料

虽然研究人员已相继开发出来各种高性能的正负极材料用于钾离子存储，但与锂离子电池相比，对钾离子电池的现有认识和电化学性能的研究与实际应用相差甚远。为此，有必要探索出更多可用的电极材料。对于正极而言，虽然 $LiCoO_2$ 已成功应用于锂离子电池中，但层状过渡金属氧化物正极应用于钾离子电池中时，在循环过程中会发生不可逆的结构损伤以及钾离子/空位有序化，导致其工作电位较低、循环性能较差。普鲁士蓝类似物因其丰富的氧化还原活性中心和高工作电压而适合作为钾离子电池的正极材料。此外，由于钾离子的大尺寸，与刚性晶体结构相比，具有柔性和无序空间的无定形态结构更适合钾离子的存储。在这方面，具有柔性可变结构的有机化合物更具有存储大尺寸钾离子的潜力。然而，为确保富钾正极与贫钾负极结合时全电池的高能量密度，对其他富钾正极材料的探索仍然是必要的。对于负极而言，石墨由于其长期的循环稳定性、低成本和锂离子电池已有的成熟技术，仍然是钾离子电池最有希望的商业应用材料。虽然其他非石墨碳材料在实现高容量、高倍率性能和小体积变化方面取得了较大进展，但仍然很难取代石墨。石墨在 $0.1\ V\ vs.\ K^+/K$ 以上有一个长而稳定的反应电压平台，保证了高工作电压和高能量密度。然而，在理解石墨的储钾机理上仍需要更加深入的研究。由 $K_{1.75}Mn[Fe(CN)_6]_{0.93} \cdot 0.16H_2O$ 正极和石墨负极组成的全电池在 $2\ A \cdot g^{-1}$ 的高电流密度下 60 周循环后可提供 $60\ mA \cdot h \cdot g^{-1}$ 的高放电比容量。然而，全电池的低能量密度仍然是一个需要克服的主要问题。此外，由于铝在电化学反应过程中不会与钾反应生成铝－钾合金，因此可以在正极和负极中用作集流体，以取代铜箔，进一步降低成本。

2）电解质

电解质的成分和结构直接决定了电极的工作电压和电化学性能，是一项迫切需要发展的基础工作。实际上，钾离子电池电解质用盐的开发也得益于对锂离子电池电解质的已有理解。尽管如此，仍需进行深入的理论研究，以确定最适合钾离子电池的电解质盐。关于电解质溶剂，传统的碳酸酯类电解质在钾离子电池系统中仍占主导地位。与锂离子电池和钠离子电池类似，钾离子电池在醚类电解质中能够形成更薄、更稳定的 SEI 层，循环性能也得到改善。但是当前研究人员对 SEI 层的形成机制仍然缺乏清晰的认知。SEI 层的稳定生长可以减少电极/电解质界面的副反应，并尽可能减少钾离子的消耗。自从发现 FEC 添加剂对锂、钠离子电池电化学性能的负面影响以来，在钾离子电池中添加电解质添加剂便成为一个热门话题。与锂离子电池和钠离子电池的确切观点不同，目前研究人员对在钾离子电池中添加 FEC 的效果持有不同的观点。从目前的实验和理论计算结果来看，可以说 FEC 的加入可能会形成稳定的 SEI 层，但会引发一些副反应，从而在降低容量的情况下提高循环稳定性。在这方面，除了深入探究反应机制和可能的解决方案外，还应进一步研究电解质添加剂的影响在不同类型电极之间的差异。

3）电极制造技术

电极制造是所有碱金属离子电池共同面临的问题。与钾离子电池密切相关的问题之一是粘结剂的种类和结构。PVDF 粘结剂是锂离子电池常用粘结剂，但不能承受因钾离子嵌入/脱出引起的大体积变化。因此，在钾离子电池中，活性材料从金属箔集流体上剥离是十分常见的，这将会导致容量快速衰减和较差的电子导电性。为了提高钾离子电池在实际应用中电极的机械完整性，有必要探索出具有良好弹性的新型粘结剂。

4）电池安全性

在电动汽车和便携式电子产品的早期应用中，电池安全性一直是最关键的问题之一。金属钾的反应性更高（钾很容易被氧化，并与许多有机电解质反应），导致钾离子电池比锂离子电池和钠离子电池面临更严重的安全问题。此外，当钾金属用作负极或参比电极时，钾枝晶的生长是不可避免的，从而可能会导致电池内部短路，产生热失控行为。因此，后续的研究应该更多地关注电池内部的温度分布和局部升温的问题。同时，研究适用于钾离子电池的固态电解质和阻燃剂也是一项重要的工作。此外，对现有隔膜进行修饰或进一步开发新型隔膜也是优化电池性能的重要途径。

5）其他

现阶段，大多数关于电池开发的研究都集中在电极的高质量比容量上，而通常不关注体积比容量。在电池的实际应用中，体积比容量比质量比容量更重要。由于电极的低密度和多孔结构通常会导致电极的低体积比容量。此外，电极材料的电化学测试通常主要在半电池中进行，虽然半电池体系中的充放电电压和库仑效率是具有参考意义的，但使用单个电极测量的能量密度和功率密度有时是不准确的。因此，全电池测试必须作为钾离子电池整体性能评估的重点，以获得更公平、更可靠的结果。

此外，福特汽车公司在 2021 年发布的报告中评估了锂离子电池应用的机遇和挑战。以汽车应用为例，报告指出了汽车动力电池多年来应达到的性能目标，包括比能量、比功率、成本、使用寿命和周期，如表 2.1 所示。这项分析对确定钾离子电池的长期性能指标也具有指导意义。近年来，钾离子电池的发展和研究越来越受到重视。当前的工作清楚地表明，钾离子电池在某些应用中是传统锂离子电池可行的替代品之一，这得益于钾离子电池具有可比的电化学性能和低成本优势。然而，考虑到钾的原子量是锂的 5.6 倍，这意味着钾离子电池必须比锂离子电池更大、更重，才能存储相同的能量。因此，目前电化学能力水平的钾离子电池并不完全适用于电动汽车，更有可能应用于大型储能设备领域，其成本将比锂离子电池低得多，且不需要严格的重量和体积控制。实际上，碱金属离子如锂离子、钠离子和钾离子在全电池的电极中只占很低的质量和体积百分比。例如，$LiFePO_4$ 正极的分子量为 $157.76 \ g \cdot moL^{-1}$，而 Li 的原子量为 $6.94 \ g \cdot moL^{-1}$，表明 Li^+ 仅占 $LiFePO_4$ 总质量的 4.4%。因此，有可能通过活性材料的重新配置、电压平台的改进以及电解质和全电池的合理设计来弥补为电动车辆提供动力的钾离子电池的不足。

表 2.1　国际电动汽车电池组报废目标

组织	目标年	比能量 /($W \cdot h \cdot kg^{-1}$)	比功率 /($W \cdot kg^{-1}$)	成本 /($\$ \cdot kW \cdot h^{-1}$)	使用寿命 /年
USABC	2020	235	470	125	10
EUCAR	2030	288	1 152	84	汽车寿命
NEDO	2020s	250	1 500	190	10～15

注：USABC（美国先进电池联盟），EUCAR（欧洲汽车研发委员会），NEDO（日本新能源和工业技术发展组织）。

总之，钾离子电池是一种新兴的储能系统，这得益于其与传统锂离子电池的相似性以及其独特的储能特性。尽管未来仍有许多问题需要解决，但值得庆幸的是，现有的表征和理论工具以及先进的纳米材料技术将使我们在未来能够更好地理解不同类型钾离子电池的工作机制，提高其电化学性能，使其在未来具有商业可行性。

参 考 文 献

［1］ ZHANG R, HANAOKA T. Deployment of electric vehicles in China to meet the carbon neutral target by 2060: provincial disparities in energy systems, CO_2 emissions, and cost effectiveness ［J］. Resources, conservation and recycling, 2021, 170: 105622.

［2］ MOLENDA J. Electronic limitations of lithium diffusibility. from layered and spinel toward novel olivine type cathode materials ［J］. Solid state ionics, 2005, 176 (19 - 22): 1687 - 1694.

［3］ SUN H H, CHOI W, LEE J K, et al. Control of electrochemical properties of nickel - rich layered cathode materials for lithium ion batteries by variation of the manganese to cobalt ratio ［J］. Journal of power sources, 2015, 275: 877 - 883.

［4］ HAYNER C M, ZHAO X, KUNG H H. Materials for rechargeable lithium - ion batteries ［J］. Annual review of chemical and biomolecular engineering, 2012, 3: 445 - 471.

［5］ JUNG C H, SHIM H, EUM D, et al. Challenges and recent progress in $LiNi_xCo_yMn_{1-x-y}O_2$ (NCM) cathodes for lithium ion batteries ［J］. Journal of the Korean Ceramic Society, 2020, 58 (1): 1 – 27.

［6］ GENT W E, LI Y, AHN S, et al. Persistent state – of – charge heterogeneity in relaxed, partially charged $Li_{1-x}Ni_{1/3}Co_{1/3}Mn_{1/3}O_2$ secondary particles ［J］. Advanced materials, 2016, 28 (31): 6631 – 6638.

［7］ XIE H, DU K, HU G, et al. The role of sodium in $LiNi_{0.8}Co_{0.15}Al_{0.05}O_2$ cathode material and its electrochemical behaviors ［J］. The journal of physical chemistry C, 2016, 120 (6): 3235 – 3241.

［8］ CHEN Z, GONG X, ZHU H, et al. High performance and structural stability of K and Cl Co – doped $LiNi_{0.5}Co_{0.2}Mn_{0.3}O_2$ cathode materials in 4. 6 voltage ［J］. Frontiers in chemistry, 2018, 6: 643.

［9］ SATHIYA M, ABAKUMOV A M, FOIX D, et al. Origin of voltage decay in high – capacity layered oxide electrodes ［J］. Nature materials, 2015, 14 (2): 230 – 238.

第 3 章

多价金属二次电池

本章对锌二次电池（zinc rechargeable batteries，ZRBs）、镁二次电池（magnesium rechargeable batteries，MRBs）、钙二次电池（calcium rechargeable batteries，CRBs）、铝二次电池（aluminum rechargeable batteries，ARBs）以及其他多价金属二次电池的发展现状进行了总结，如图 3.1 所示。对每种多价金属二次电池常用的正极材料、负极材料以及电解质进行了简要的介绍，包括每一部分目前所面临的问题、采用的改进方法、研究现状以及未来发展方向。旨在让读者能够对多价态金属二次电池有一个系统的理解，以便对电池新体系形成更清晰的认知。本章要求读者能够对各种多价金属二次电池常用的正极材料、负极材料和电解质的类别以及发展现状有一个初步的了解。

图 3.1　本章主要内容示意图

|3.1　多价金属二次电池简介|

化石燃料燃烧带来的环境污染和气候恶化等问题日益突出。随着能源需求的快速增长，人们大力提倡建设以可再生能源（如风能、太阳能、潮汐能等）为基础的低碳社会。由于具有间接性、不稳定性且使用受地理因素限制，可再生能源对储能技术有较高的需求。实现大规模的能量存储是可再生能源得以高效利用的必要条件。到目前为止，具有高能量密度的锂离子电池，在便携式电子产品、电动汽车、航空航天等商用可充电电池市场上占据主导地位。然而，LIBs 存在原材料资源有限、成本高、能量密度不足、安全性差和环境污染等问题。随着人们对能源需求的不断增长以及环保意识的逐渐增强，具有更高能量密度、更好的安全性和更低成本的下一代可充电电池作为新一代大规模储能装置成为人们的研究热点。

近些年来，研究学者发现多价金属离子（Mg^{2+}、Zn^{2+}、Ca^{2+} 和 Al^{3+}）电池在储能方面具有较大优势。多价金属离子电池的电极材料较为丰富，并且具有制造成本低、环境友好、安全性高、较高的能量密度以及循环寿命长等特点。为了更直观地展示其优势，多价金属（Zn、Mg、Ca 和 Al）与 Li、Na 的氧化还原电位、质量和体积比容量的比较如图 3.2 所示。

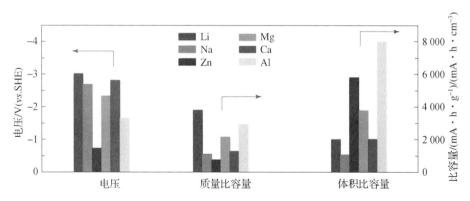

图 3.2　多价金属（Zn、Mg、Ca 和 Al）与 Li、Na 的氧化还原电位、重量和体积比容量的比较（书后附彩插）

多价金属离子电池是由正极材料、负极材料以及电解质组成，每一部分对优化电池的性能、降低成本、延长电池的寿命和提升安全性都至关重要。同时调控好多价金属离子电池中正极、负极与电解质界面之间的相互作用以及多价金属离子在电极扩散中较强的库仑作用，是发挥多电子反应优势的关键。其中，以离子嵌入为主要储能机制的正极与多价金属离子之间的相互作用是影响性能的主要因素，此外，研究清楚正极材料的储能机理也是提升性能的关键。目前主要应用的多价金属离子电池正极材料包括碳材料、金属氧化物、金属硫化物和金属硒化物等。多价金属离子电池的负极材料一般是金属单质或合金类材料。电解质多为水系电解质、有机电解质、熔融盐电解质和聚合物电解质等。尽管有关多价金属离子电池的研究越来越多，但仍然存在一些基础科学问题和工业化的挑战未能解决。其中，对正极材料的电荷存储机制的探究以及实现全电池性能优化是该领域研究的热点。

|3.2 锌二次电池|

3.2.1 锌二次电池简介

1799 年，研究学者首次报道了锌金属作为电极材料的相关工作。随后，作为一种理想的负极材料，锌金属得到了广泛的研究。在早期的研究中，锌负极被广泛应用于碱性电池系统，如碱性 $Zn - MnO_2$ 电池、$Zn - Ni$ 电池、$Zn - Ag$ 电池和锌–空气电池等。锌金属能够提供较高的质量比容量和体积比容量（820 mA·h·g^{-1} 和 5 855 mA·h·cm^{-3}）。此外，锌金属具有成本低、毒性低、地壳中储量丰富（比锂金属高 300 倍）、环境友好、易于回收、使用安全等优点，直接推动了锌电池的发展。然而，使用具有腐蚀性的碱性电解质会在锌负极上形成金属枝晶（尖锐的金属突起），并形成可溶性 ZnO_2^{2-}，导致迅速的容量衰减。早期研究的碱性锌电池不具备可充电性，阻碍了其在电子产品中的广泛应用。

锌二次电池作为一种可充电电池，具有安全性高、环境友好等优点。ZRBs 的发展历史如图 3.3 所示，其中的锰基 ZRBs 是由碱性锌锰电池（$Zn - MnO_2$ batteries，ZMBs）演化而来。1986 年 Yamamoto 等首次在 ZMBs 体系中使用中性的硫酸锌电解质，对 ZMBs 的性能进行了研究，但对其充放电机理尚不清楚。直到 2011 年，Kang 等发现在充放电过程中 Zn^{2+} 在 MnO_2 正极上能够实现可逆的嵌入/脱嵌，并将具有此机理的电池称为 ZRBs。ZRBs 主要由四部分构成：负极、正极、电解质和隔膜，且其性能主要受正、负电极材料和电解质选取的影响。ZRBs 负极遵循 $Zn \leftrightarrow Zn^{2+} + 2e^-$ 的沉积/剥离反应过程，为了保证负极在充放电过程中的稳定，抑制枝晶的生长尤为重要。ZRBs 的电化学性能主要受正极材料影响，不同的正极在储能过程中具有不同的电化学机制，目前广泛研究的正极材料包括锰基氧化物（如 $\alpha - MnO_2$、$\beta - MnO_2$、$\delta - MnO_2$、$\gamma - MnO_2$）、钒基氧化物（如 V_2O_5、VO_2、V_2O_3、V_6O_{13}）、钒酸盐（如 $NH_4V_3O_8$、NaV_3O_8、CuV_2O_7）、普鲁士蓝类似物〔如 ZnHCF、CuHCF、FeHCF、NiHCF、$CoFe(CN)_6$〕，以及其他材料（如 VS_2、VS_4、VSe_2、MoS_2、NASICON）和一些聚合物（如醌类化合物、MOFs、COFs）。与负极相比，在工作电压范围、动力学特性、倍率性能、循环稳定性上，不同的正极材料具有不同的性质和反应机理。接下来，对 ZRBs 的正极材料做简要介绍。

图 3.3　ZRBs 的发展历史

3.2.2　正极材料

1. 锰基电极材料

MnO_6 八面体是构成锰基氧化物的晶胞单元，其不同的排列方式使二氧化锰（MnO_2）具有多种晶型结构。根据 MnO_6 八面体不同的排列方式，如边共享、角共享或其他方式，MnO_2 晶型结构分为三种：通道型、层状和尖晶石型。

MnO_6 八面体通过边缘共享组装成单链，单链通过角共享形成具有 1×1 通道结构的 $\beta - MnO_2$ 框架结构〔图 3.4（a）〕。MnO_6 八面体通过边缘共享组装成双链，双链通过角共享形成具有 1×2 通道结构的 $R - MnO_2$ 框架结构〔图 3.4（b）〕。$\gamma - MnO_2$ 则是由 $\beta - MnO_2$ 和 $\gamma - MnO_2$ 框架结构共同构成，具有 1×1 和 1×2 通道结构〔图 3.4（c）〕。MnO_6 八面体通过边缘共享组装成双链，双链通过角共享形成具有 2×2 通道结构的 $\alpha - MnO_2$ 框架结构〔图 3.4（d）〕。除了通道内阳离子不同，钠锰矿、锰钾矿、铅硬锰矿的结构相似，都属于

α–MnO₂。双链和三链通过角共享形成具有 2×3 通道的钡硬锰矿框架结构 [图3.4（e）]。三链通过角共享形成具有 3×3 通道的钙锰矿框架结构 [图3.4（f）]，其较大的通道结构可以容纳阳离子和水。

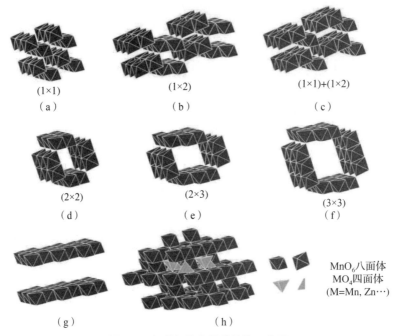

图 3.4　锰基氧化物晶体结构示意图

（a）β–MnO₂（软锰矿型）；（b）R–MnO₂（斜方锰矿型）；（c）γ–MnO₂（六方锰矿型）；

（d）α–MnO₂（锰钡矿型）；（e）钡硬锰矿型 MnO₂；（f）钙锰矿型 MnO₂；

（g）δ–MnO₂（水钠锰矿型）；（h）λ–MnO₂（尖晶石型）

除了上述通道型结构的 MnO₂，MnO₆ 八面体还可以通过边共享组装成片，形成了层状的 δ–MnO₂ 框架结构 [图 3.4（g）]。在层间容纳阳离子或水分子能够稳定层的结构，具有不同的层间阳离子和水分子的锌锰矿、水钠锰矿、水合软锰矿等有类似的层状结构，只是层间距不同。黑锰矿（Mn₃O₄）具有尖晶石状的 λ–MnO₂ 框架结构，Mn²⁺ 位于四面体位置，Mn³⁺ 位于八面体位置 [图 3.4（h）]。ZnMn₂O₄ 则是由 Zn²⁺ 取代了框架结构四面体位置上的 Mn²⁺ 形成的。

尽管结构较多且复杂，不同结构之间锰基氧化物可以相互转变。例如，通过干燥失去部分层间水，层间距为 10 Å 的布塞尔矿可以转化为层间距为 7 Å 的水钠锰矿。由于镁离子具有较强的水化作用，研究学者们发现通过交换层间钠离子与镁离子可以由水钠锰矿得到布塞尔矿，再经水热处理可以由布塞尔矿得到钙锰矿。将水钠锰矿层间的 Na^+ 与 Li^+、K^+、Mg^{2+}、Ba^{2+} 进行交换，再经过不同条件下的水热处理，可实现水钠锰矿向斜方锰矿（具有 1×2 通道结构）、尖晶石相（具有 3D 结构）、锰钡矿（具有 2×2 通道结构）、钙锰矿（具有 3×3 通道结构）、软锰矿（具有 1×1 通道结构）和钡硬锰矿（具有 2×3 通道结构）的转变。伴随着不同的阳离子或水分子的嵌入或脱嵌，锰基氧化物会发生相的转变，且具有不同结构的锰基氧化物拥有不同的反应机理，表现出不同的电化学性能。对不同相之间的转变进行研究，并对锰基氧化物电化学性能进行比较，有利于进一步了解其作为 ZRBs 正极材料的工作机理。

1）$\gamma - MnO_2$

2003 年，Kumar 等首次将 $\gamma - MnO_2$ 作为正极材料应用于 ZRBs，并以含有 $Zn(CF_3SO_3)_2$ 盐的凝胶聚合物作为电解质，对 Zn^{2+} 在 $\gamma - MnO_2$ 中可逆的嵌入/脱嵌机理进行了研究。在水溶液电解质 [如 $ZnSO_4$ 或 $Zn(NO_3)_2$] 中，Xu 等发现 H^+ 在充放电过程中会嵌入/脱嵌 $\gamma - MnO_2$，这与碱性锌锰电池中的反应机理一致。基于原位 XANES 和原位 XRD 的进一步研究，Alfaruqi 等证明 MnO_2 中的 Mn^{4+} 在放电后被还原为 Mn^{3+} 和 Mn^{2+}，并且在一个完整的放电/充电循环后，$\gamma - MnO_2$ 又恢复到原始状态。在放电过程中，出现了尖晶石型 $ZnMn_2O_4$、通道型 $\gamma - Zn_xMnO_2$ 和层状 Zn_yMnO_2，说明在 $\gamma - MnO_2$ 中实现了 Zn^{2+} 的嵌入。在放电初期，部分 $\gamma - MnO_2$ 向尖晶石型 $ZnMn_2O_4$ 转变；在放电中期，由于 Zn^{2+} 的不断嵌入，出现了通道型 $\gamma - Zn_xMnO_2$；在放电终期，通道发生膨胀和塌陷，$\gamma - MnO_2$ 转变为层状 Zn_yMnO_2。在充放电过程中，虽然体积变化率达到 9.21%，但是再充电之后，几乎所有放电产物都能恢复到原始 $\gamma - MnO_2$ 的状态。这表明，在具有 1×1 和 1×2 通道结构的 $\gamma - MnO_2$ 中，Zn^{2+} 的嵌入/脱嵌是相对可逆的。

2）$\alpha - MnO_2$

2009 年，Xu 等首次将比容量达到 $210\ mA \cdot h \cdot g^{-1}$ 的 $\alpha - MnO_2$ 作为正极材料应用于 ZRBs。具有较大且稳定的 2×2 通道结构的 $\alpha - MnO_2$，在 6 C 的倍率下循环 100 周后，容量保持率仍在 100% 左右。放电后，$\alpha - MnO_2$ 中的 Zn、Mn 比值为 0.36/0.33，这表明 Zn^{2+} 在放电过程嵌入正极中并伴随 Mn 价态的降低。Zn^{2+} 在 $\alpha - MnO_2$ 中的嵌入过程可用式（3.1）表示。

$$Zn^{2+} + 2e^- + 2MnO_2 \xrightarrow{\text{嵌入}} ZnMn_2O_4 \qquad (3.1)$$

如图 3.5（a）所示，Alfaruqi 等发现在伴随 Zn^{2+} 嵌入的放电过程中形成了 $ZnMn_2O_4$ 相，在伴随 Zn^{2+} 脱嵌的充电过程中 $ZnMn_2O_4$ 相消失。根据同步辐射 X 射线吸收光谱（synchrotron X - ray absorption spectra，XAS）的分析结果，

Alfaruqi 等发现充放电过程中 Mn 在 Mn^{4+} 和 Mn^{3+} 之间进行转换 [图 3.5 (b)、(c)]。通过计算得出，在 Zn^{2+} 嵌入/脱嵌的过程中，$\alpha-MnO_2$ (110) 相邻面的间距值在 6.915~7.036 Å 之间变化 [图 3.5 (d)]，对应为单元晶胞 3.12% 的体积变化 [图 3.5 (d)]。在放电/充电过程中，Zn^{2+} 可以在 $\alpha-MnO_2$ 中进行可逆的嵌入/脱嵌，且 $\alpha-MnO_2$ 的比容量大于 225 $mA \cdot h \cdot g^{-1}$ [图 3.5 (e)、(f)]。

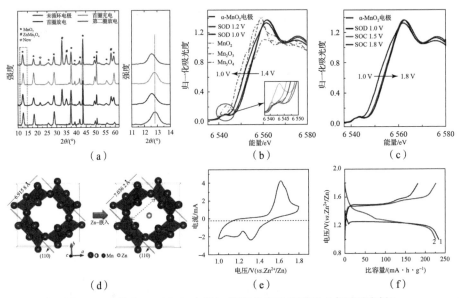

图 3.5 Zn^{2+} 在 $\alpha-MnO_2$ 中嵌入/脱嵌的电化学过程（书后附彩插）

(a) 不同放电/充电状态下，$\alpha-MnO_2$ 电极的非原位同步辐射 XRD 图谱；(b) $\alpha-MnO_2$ 电极在放电状态下的非原位 XANES 图谱；(c) $\alpha-MnO_2$ 电极在充电状态下的非原位 XANES 图谱；(d) Zn 嵌入后，相邻 (110) 面的间距变化；(e) 0.5 $mV \cdot s^{-1}$ 扫描速率下的 CV 曲线；(f) 83 $mA \cdot g^{-1}$ 电流密度下的恒流放电/充电曲线

Lee 等发现在放电过程中 Zn^{2+} 的嵌入会导致 $\alpha-MnO_2$ 发生向类黄铜矿或 Zn-水钠锰矿结构的可逆相变。在放电过程结束后，形成了具有与水钠锰矿层状结构相似的 $ZnMn_3O_7 \cdot 3H_2O$ 类似物。由于存在 Jahn-Teller 效应，电极中 1/3 的 Mn 在放电过程中溶解在电解质中 [式 (3.2) 和式 (3.3)]，然而在充电结束后，$\alpha-MnO_2$ 又完全恢复到放电前的状态。

$$Mn^{4+}(s) + e^- \xrightarrow{\text{放电}} Mn^{3+}(s) \tag{3.2}$$

$$2Mn^{3+}(s) \rightarrow Mn^{4+}(s) + Mn^{2+}(aq) \tag{3.3}$$

$$Mn^{2+}(aq) \xrightarrow{\text{充电}} Mn^{4+}(s) + 2e^- \tag{3.4}$$

如图 3.6 所示，随着 Zn^{2+} 的嵌入，Mn^{4+} 被还原为 Mn^{3+}，Mn^{3+} 发生歧化反

应并以 Mn^{2+} 的形式溶解到电解质中，导致 $Mn^{3+}O_6$ 单元的灰色桥状双链逐渐被破坏，随后形成 Zn-水钠锰矿结构。在充电过程中，溶解的 Mn^{2+} 能够嵌入材料中，并将各层与通道连接起来，$\alpha-MnO_2$ 结构得以恢复。

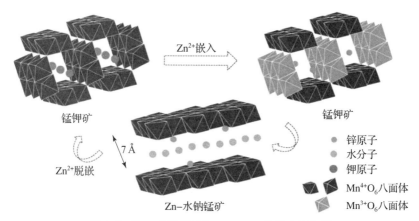

图 3.6　Zn-水钠锰矿与 $\alpha-MnO_2$ 的相变示意图

3）钙锰矿型 MnO_2

钙锰矿型 MnO_2 具有较大的 3×3 通道结构，能够实现 Zn^{2+} 在其内部的嵌入和传输，具有较高的容量和倍率性能。为了维持在充放电过程中钙锰矿型结构的稳定性，研究者们通常在通道中嵌入除了 Zn^{2+} 的其他阳离子和水分子，这将对 Zn^{2+} 的嵌入过程产生影响。通道中物种的数量和类型受所选用的合成方法影响。对 Mg-布塞尔矿进行水热处理，Lee 等制备的 Mg^{2+} 和水分子优先占据的钙锰矿型 MnO_2（$Mg_{1.8}Mn_6O_{12}\cdot4.8H_2O$）在第一周循环的比容量仅为 $98\ mA\cdot h\cdot g^{-1}$。由于钙锰矿结构的 MnO_2 具有较大的通道结构，其循环性能和倍率性能均优于 $\alpha-MnO_2$。但是，尚未对放电过程中钙锰矿结构的 MnO_2 电极的 XRD 进行详细分析，未能揭示 Zn^{2+} 的嵌入机理和材料的结构变化。

4）$\delta-MnO_2$

Alfaruqi 等发现作为 ZRBs 正极材料的具有层状结构的 $\delta-MnO_2$ 纳米片，在放电后的 XRD 谱中有尖晶石型 $ZnMn_2O_4$ 相出现，并未检测到其他不可逆相（如 MnOOH、Mn_2O_3 和 ZnO 等）。放电后的 $\delta-MnO_2$ 纳米片电极中锌含量较高（Zn∶Mn＝0.59∶1），说明部分层状 $\delta-MnO_2$ 向尖晶石型 $ZnMn_2O_4$ 结构发生转变。同时，在非水溶液电解质中，Han 等对 $\delta-MnO_2$（$K_{0.11}MnO_2\cdot0.7H_2O$）的研究结果表明，层状 $\delta-MnO_2$ 实现了在充放电过程中的可逆循环，在未掺杂 Zn^{2+} 的原始 $\delta-MnO_2$ 和 Zn_xMnO_2 之间进行转换且没有质子参与。但经过长时间的循环后，可以观察到明显的电容衰减和阻抗变化，这与 Mn^{2+} 的溶解、电解质的分解和 ZnO 在负极上的沉积有关。

5）λ – MnO$_2$

Xu 等发现 Zn^{2+} 在具有相对狭窄三维通道结构的 λ – MnO$_2$ 中的嵌入受到限制。Yuan 等将 LiMn$_2$O$_4$ 中的 Li$^+$ 浸出成功合成了 λ – MnO$_2$，并测得在 13.8 mA·g^{-1} 电流密度下，λ – MnO$_2$ 的比容量为 442.6 mA·h·g^{-1}，实现了 Zn^{2+} 在 λ – MnO$_2$ 中的嵌入以及尖晶石 ZnMn$_2$O$_4$ 和 MnMn$_2$O$_4$（Mn$_3$O$_4$）在 ZRBs 正极材料中的应用。

6）其他锰基氧化物

在相对较高的电流密度下电解二氧化锰会沉积一种 ε – MnO$_2$ 亚稳相，与具有正交晶型的 γ – MnO$_2$ 不同，ε – MnO$_2$ 呈现六方对称晶型结构。ε – MnO$_2$ 由面共享的 MnO$_6$ 和 YO$_6$ 八面体组成（Y 表示空位），Mn^{4+} 在接近一半的面共享八面体位点上随机分布。Sun 等将相互连接的 ε – MnO$_2$ 纳米薄片在碳纤维纸表面均匀沉积，并通过多种表征手段观察到放电后电极上产生了 MnOOH（H$^+$ 插入）和 ZnMn$_2$O$_4$（Zn^{2+} 嵌入），这一现象验证了 H$^+$ 和 Zn^{2+} 共嵌入的电荷存储机制。

Jiang 等发现在放电过程中的 Zn^{2+} 嵌入 α – Mn$_2$O$_3$ 过程会伴随 Mn^{3+} 还原为 Mn^{2+}，导致方铁锰矿型 Mn$_2$O$_3$ 转变为层状 Zn – 水钠锰矿。Zn^{2+} 在充电过程中又会从 α – Mn$_2$O$_3$ 中脱嵌，伴随 Mn^{2+} 氧化为 Mn^{3+}，Zn – 水钠锰矿又转化为 α – Mn$_2$O$_3$。然而，含 Mn^{3+} 的材料通常面临着 Mn^{2+} 溶出的问题，具有较差的稳定性。

总之，不同结构的 MnO$_2$（包括 α – MnO$_2$、β – MnO$_2$、γ – MnO$_2$、δ – MnO$_2$、ε – MnO$_2$、λ – MnO$_2$ 和钙锰矿 MnO$_2$ 等）作为 ZRBs 正极材料在放电/充电过程中具有不同的电化学行为，且关于各种结构 MnO$_2$ 的反应机理还有待深入研究。

2. 钒基电极材料

由于钒的氧化态众多、不同氧化态钒的性质具有较大差异、钒氧配位多面体结构复杂，钒元素的化学物质种类繁多（已超过 179 种）且认为钒基化合物是具有优势的二次电池正极材料。为了深入了解钒基材料作为 ZRBs 正极在充放电过程中的反应机理，需要对其结构有初步的了解。

钒配位多面体包括四面体、正四方棱锥、三角双锥体、规则八面体和扭曲八面体（图 3.7），且不同的多面体中 V 的氧化态不同。任何 V 价态的微小改变都会引起钒基化合物结构的巨大变化，因此具有四面体结构的钒氧化物（如四面体链）在电化学过程中是不稳定的，很难在不改变其结构的情况下实现二价离子可逆的嵌入/脱嵌。四面体中的 V 的价态是 +5，钒四面体具有 4 个

O 原子，在与面相对的位置增加一个 O 原子，同时将 V 原子移到该面中心，可以将四面体转变为三角双锥体或正四方棱锥，第 5 个 O 原子可以来自与 V 相邻的四面体链（图 3.8）。三角双锥体和正四方棱锥中的钒离子可以是 V^{4+} 或 V^{5+}，其不同之处在于底部的 4 个 O 原子是否共面。添加的第 6 个 O 原子可以来自另一个棱锥体链，正四方棱锥首先转换为扭曲八面体，然后再转换为规则八面体。扭曲八面体中的钒离子可以是 V^{4+} 或 V^{5+}。在较低的氧化态（ +3 或以下），V 像大多数其他过渡金属一样具有规则八面体构型。上述多面体以不同形式连接可以构成具有不同结构的钒氧化物（包括层或三维框架结构）。将 5 种不同的配位多面体进行排列和组合，可以得到 60 多种具有不同开放框架结构的钒氧化物。

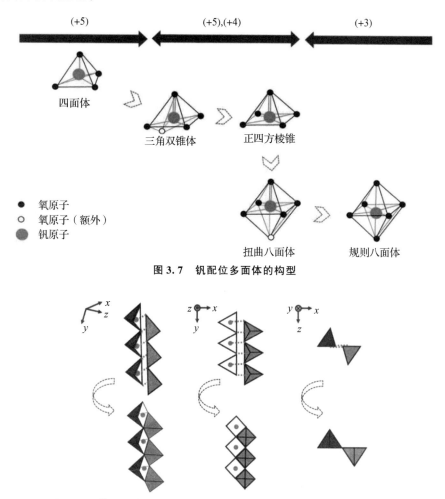

图 3.7　钒配位多面体的构型

图 3.8　从不同方向观察两个四面体链向一个正四方棱锥双链的转化

1）V_2O_5和$M_xV_2O_5$

众多钒氧化物中，在催化、电化学等其他领域具有广泛应用的V_2O_5是最早应用于ZRBs的钒基正极材料。Badot等通过离子交换法将V_2O_5直接浸泡在$ZnCl_2$水溶液中，实现了Zn^{2+}在钒氧化物中的嵌入，制备了含有Zn^{2+}的钒氧化物（$Zn_xV_2O_5 \cdot yH_2O$）。1995年，Park等首次实现了Zn^{2+}在V_6O_{13}中的电化学嵌入。

V_2O_5和$M_xV_2O_5$（M=金属）等化合物通常具有二维和三维结构，由单层或双层的正四方棱锥或八面体构成，$\sigma - Zn_{0.25}V_2O_5$、$\delta - Zn_{0.25}V_2O_5$、$Ca_{0.25}V_2O_5$都是由单层V_2O_5构成的，$\delta - LiV_2O_5$为双层结构，$Na_{0.33}V_2O_5$为三维网状结构。通常认为，V_2O_5是由正四方棱锥层通过棱角共享形成的，但在一些报道中也称$\alpha - V_2O_5$是由扭曲八面体层构成的。四方棱锥层$\alpha - V_2O_5$的结构如图3.9（a）所示，然而，当四方棱锥与下一层氧组合就构成了扭曲八面体层［图3.9（b）］，显然其是对结构的两种不同认识，但四方棱锥的表示方式可以更清晰地将嵌入的组分表示出来，更有利于理解材料晶型结构。

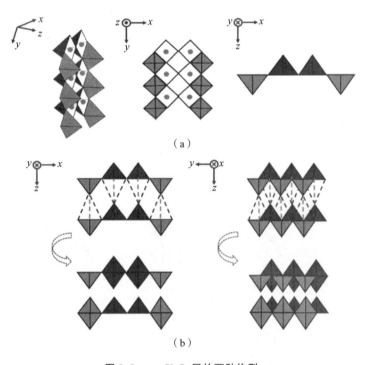

（a）

（b）

图3.9　$\alpha - V_2O_5$层的两种构型

（a）四方棱锥链构成的$\alpha - V_2O_5$层结构；（b）扭曲八面体链构成的$\alpha - V_2O_5$层结构

Kundu 等制备了 $Zn_{0.25}V_2O_5 \cdot nH_2O$ 并发现其也是由 V_2O_5 层组成，结构与 V_2O_5 相似，可作为 ZRBs 的正极材料。进一步研究发现，$Zn_{0.25}V_2O_5 \cdot nH_2O$ 中的 V_2O_5 层是由 VO_6 八面体、VO_5 三角双锥体和 VO_4 四面体构成，层与层被 Zn^{2+} 和水分子隔开，Zn 原子与 V_2O_5 层顶端处的两个 O 原子和 4 个共面水分子呈八面配位。在充放电过程中，$Zn_{0.25}V_2O_5 \cdot nH_2O$ 的结构发生可逆变化。以上结果表明，层间的 Zn^{2+} 或水分子的存在会改变 V_2O_5 的层状结构，对 ZRBs 的充放电过程和电化学性能具有显著影响。

Ca 原子与来自水分子的 4 个 O 以及来自 V_2O_5 层的 3 个 O 原子配位形成 CaO_7 八面体 [图 3.10（b）]，再通过四联八面体链的边共享构成了 $Ca_{0.25}V_2O_5$ [图 3.10（a）]。由于 Ca—O 键比 Zn—O 长，$Ca_{0.25}V_2O_5$ 的层间距比 $Zn_{0.25}V_2O_5$ 的更大，较大的层间距将加快 Zn^{2+} 的嵌入/脱嵌。Xia 等发现，$Ca_{0.25}V_2O_5$ 与 $Zn_{0.25}V_2O_5$ 具有相似的纳米结构，但 $Ca_{0.25}V_2O_5$ 电导率是 $Zn_{0.25}V_2O_5$ 的 4 倍。在功率密度为 1 825 $W \cdot kg^{-1}$ 时，以 $Ca_{0.25}V_2O_5$ 作为正极材料的 ZRBs 的能量密度高达 133 $W \cdot h \cdot kg^{-1}$，且 ZRBs 具有良好的循环稳定性（循环超过 8 000 周）。$Ca_{0.25}V_2O_5$ 稳定的晶体结构能够实现 Zn^{2+} 高度可逆的嵌入和脱出，是具有优异循环稳定性能的重要原因。当放电到 0.6 V 时，电池容量迅速衰减且 $Ca_{0.25}V_2O_5$ 的 XRD 结果中的峰出现了明显的分裂，说明 Zn^{2+} 的嵌入引起了结构应力和晶格畸变。在 $Zn_{0.25}V_2O_5$ 中的 ZnO_6 多面体顶端的 O 通常是由 VO_4 四面体提供的，而 $Ca_{0.25}V_2O_5$ 的 V_2O_5 层中并不存在 VO_4 四面体（只存在 VO_6 八面体），大量 Zn^{2+} 的嵌入会引发 Ca^{2+} 和 Zn^{2+} 之间的离子交换，使配位多面体由 VO_6 八面体向 VO_4 四面体转变，诱发晶格畸变和容量衰退。

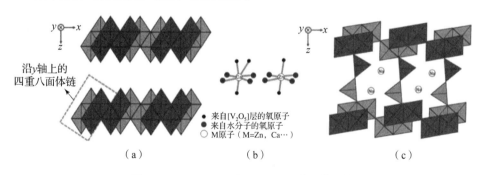

图 3.10　$Ca_{0.25}V_2O_5$ 和 $Na_{0.33}V_2O_5$ 的晶体结构

（a）$Ca_{0.25}V_2O_5$ 中的 V_2O_5 层；（b）CaO_7 和 ZnO_6 多面体；（c）$Na_{0.33}V_2O_5$ 的晶体结构

$Na_{0.33}V_2O_5$ 的八面体链与 $Ca_{0.25}V_2O_5$ 不同，是由两个正四方棱锥链通过角共享连接起来的 [图 3.10（c）]。Na^+ 是结构稳定剂，能够维持可逆的相变，保

证充放电过程中 $Na_{0.33}V_2O_5$ 的循环稳定性（超过 1 000 周循环）。但由于容纳外来离子的空间相对有限，He 等发现，Zn^{2+} 嵌入后 $Na_{0.33}V_2O_5$ 的框架结构会受到巨大的结构应力，导致在放电过程中其晶体结构发生改变，伴随新的 $Zn_xNa_{0.33}V_2O_5$ 相形成。在最初的两周循环中，由于 Zn^{2+} 在材料的不可逆嵌入和脱嵌，$Na_{0.33}V_2O_5$ 的容量从 373 mA·h·g^{-1} 下降到 277 mA·h·g^{-1}。

2）LiV_3O_8 和 NaV_3O_8

边共享八面体（VO_6）链和正四方棱锥（VO_5）链通过角共享沿 z 轴构建 V_3O_8 层，V_3O_8 层由空隙中的 Li^+ 或 Na^+ 连接起来，分别构成了 LiV_3O_8 和 NaV_3O_8。LiV_3O_8 和 NaV_3O_8 具有层状结构，且其中的钒离子处于较高的氧化态（V^{5+}），有利于实现 Zn^{2+} 的嵌入/脱嵌。在伴随 Zn^{2+} 嵌入的放电初始阶段（1.28~0.82 V），会发生 LiV_3O_8 溶解。在放电过程中间阶段（0.82~0.7 V），LiV_3O_8 发生连续的两相反应，形成 $ZnLiV_3O_8$ 相之后又发生溶解，最终转化为 $Zn_yLiV_3O_8$（$y \geq 1$）。充电过程较为简单，$Zn_yLiV_3O_8$ 直接转化为 LiV_3O_8。由于 LiV_3O_8 具有层状结构，Zn^{2+} 的嵌入/脱嵌几乎是完全可逆的，循环后其结构变化可以忽略不计。

3）$H_2V_3O_8(V_3O_7 \cdot H_2O)$

$H_2V_3O_8$ 与 LiV_3O_8 层的结构相似，也是 VO_6 八面体和 VO_5 正四方棱锥以不同的连接方式形成 V_3O_8 层，但 VO_6 八面体中的 O 原子还会与 H_2O 中的 H 原子结合形成氢键。在 $H_2V_3O_8$ 中，V^{5+} 和 V^{4+} 共存且比例为 2:1，因此 $H_2V_3O_8$ 的电化学性能与只有 V^{5+} 存在的 LiV_3O_8 不同。在高扫描速率下，电容贡献在总容量中占比较高，$H_2V_3O_8$ 具有优异的倍率性能（5 A·g^{-1} 时比容量为 113.9 mA·h·g^{-1}）。在长循环过程中，$H_2V_3O_8$ 与石墨烯的复合材料具有较快的电荷转移动力学。根据电化学测试，Kundu 等发现在 $H_2V_3O_8$ 中最多能够实现两个 Zn^{2+} 可逆的嵌入/脱嵌，形成具有不同晶体结构的可逆的放电产物（具有 $Zn_2V_3O_7 \cdot H_2O$ 相的 $Zn_xH_2V_3O_8$）。上述结果表明，大量（超过两个）Zn^{2+} 离子的嵌入会导致 $H_2V_3O_8$ 的配位环境和结构发生变化，造成不可逆的相变。

4）$M_xV_2O_7$

V 以四面体配位构成的 V_2O_7 基团沿 z 轴排列，形成了 $Zn_2V_2O_7$ 骨架结构。在多孔 $Zn_2V_2O_7$ 晶体结构中，由 VO_4 四面体隔开的氧化锌层的层间距为 7.19 Å，能够实现水分子的随机分布且有利于 Zn^{2+} 的扩散。然而，四面体骨架配位结构不稳定，在充放电过程中会发生较大的变化。由于五配位的 ZnO_5 三角双锥和水分子能够为稳定结构发挥重要作用，$Zn_3V_2O_7(OH)_2 \cdot 2H_2O$ 与 $Zn_2V_2O_7$ 相比具有较好的结构稳定性。

5）M_xVO_2

具有锰钡矿结构的 M_xVO_2 由正四方棱锥组成，含有与 $\alpha - MnO_2$ 结构类似的 2×2 通道结构。Jo 等将具有 M_xVO_2 结构的 $VO_{1.52}(OH)_{0.77}$ 作为 Zn^{2+} 嵌入/脱嵌的正极材料应用到 ZRBs 中，并对其电化学性能进行研究。为了进一步提升电化学性能，通过 Al^{3+} 部分取代钒离子，制备的 $V_{1-x}Al_xO_{1.52}(OH)_{0.77}$ 具有较小的粒径和较大的比表面积，使其具有较多的电化学活性位点，电化学性能得到了提升。由于 $Al - O$ 键比 $V - O$ 键更强，Al^{3+} 掺杂可以提高 $V_{1-x}Al_xO_{1.52}(OH)_{0.77}$ 的工作电压，稳定通道结构，进而提高循环稳定性。

6）M_xVO_4

VO_4 四面体由 ZnO_6 八面体链相互连接形成 $Zn(OH)VO_4$ 三维骨架，再由 Zn^{2+} 填充其中的空洞，形成了具有 M_xVO_4 结构的 $Zn_2(OH)VO_4$。Zn^{2+} 在空洞中的填充说明 Zn^{2+} 的嵌入/脱嵌不会导致骨架结构的改变，$Zn(OH)VO_4$ 具有较好的循环性能和较高的倍率性能。

7）其他钒基材料

除了钒基氧化物外，钒基磷酸盐和钒基硫化物也可作为 ZRBs 的正极材料。以石墨烯类碳包裹的具有 NASICON 结构的 $Na_3V_2(PO_4)_3$ 作为 ZRBs 正极，Li 等发现在第一次充电过程中有两个 Na^+ 离子从 $Na_3V_2(PO_4)_3$ 骨架中脱嵌，形成了 $NaV_2(PO_4)_3$ [图 3.11（a）]。放电过程中伴随 Zn^{2+} 嵌入 $NaV_2(PO_4)_3$ 基体中，V^{4+} 转变为 V^{3+}，形成了 $Zn_xNaV_2(PO_4)_3$。由于 NASICON 材料的比容量较小，在 $50\ mA \cdot g^{-1}$ 电流密度下，仅 $Na_3V_2(PO_4)_3$ 作为正极材料的 ZRBs 电池的比容量仅为 $97\ mA \cdot h \cdot g^{-1}$ [图 3.11（b）]。Li 等发现 $Na_3V_2(PO_4)_2F_3$ 的放电平台所对应的电压比 $Na_3V_2(PO_4)_3$ 的高 0.6 V 且电化学性能得到了提升 [图 3.11（c）]，说明提高放电电压是增大比容量的一种方法。

通过 V 层与两个 S 层相连，过渡金属硫化合物 VS_2 具有三明治层状结构，其层间距为 5.76 Å。He 等发现 VS_2 具有较高的导电性和较大的层间距，对其作为 ZRBs 正极材料的电化学性能进行研究。结合多种分析手段发现，VS_2 的放电过程分为两个步骤：在第一步（0.82～0.65 V）中，Zn^{2+} 嵌入 VS_2 层中形成导电的 $Zn_{0.09}VS_2$；在第二步（0.65～0.45 V）中，发生了由 $Zn_{0.09}VS_2$ 到 $Zn_{0.23}VS_2$ 的相变，此步骤比第一步具有更大的容量贡献。在放电过程中，Zn^{2+} 在 VS_2 层间嵌入，VS_2 层沿 c 轴扩展（仅 1.73%），沿 a 轴和 b 轴收缩。在充电过程中，Zn^{2+} 离子从 $Zn_{0.23}VS_2$ 中脱嵌，VS_2 相得以恢复。研究结果表明，具有层状结构的过渡金属硫化合物具有优异的电化学性能，可作为 ZRBs 的正极材料。

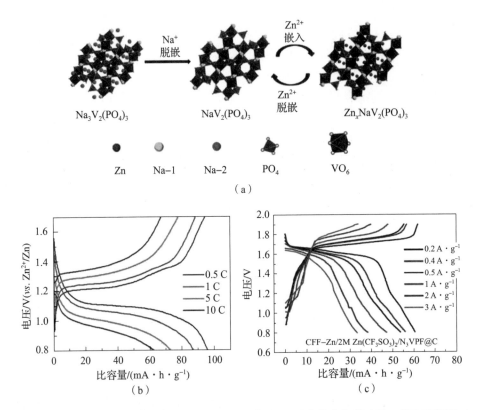

图 3.11　$Na_3V_2(PO_4)_3$ 和 $Na_3V_2(PO_4)_2F_3$ 中 Zn^{2+} 嵌入/脱嵌的电化学过程（书后附彩插）

（a）$Na_3V_2(PO_4)_3$ 在循环过程中的相变示意图；

（b）$Na_3V_2(PO_4)_3$ 电极在不同倍率下的恒流充放电曲线；

（c）$Na_3V_2(PO_4)_2F_3$ 电极在不同电流密度下的恒流充放电曲线

3. 普鲁士蓝类似物

与锰基和钒基材料相比，PBAs 虽然在能量密度和循环稳定性方面不具有明显优势，但由于具有较高的功率密度、较低的成本和简单的合成方式，也可作为 ZRBs 的正极材料。PBAs 的通式为 $A_xM_A[M_B(CN)_6]_z \cdot wH_2O$，A 为碱土金属，M 为金属。如图 3.12（a）所示，在 PBAs 的开放骨架结构中，较大的间隙和层间通道能够为各种金属离子提供嵌入的位点。近年来，广泛研究的 PBAs 材料包括 ZnHCF、CuHCF（六氰铁酸铜）、FeHCF、NiHCF、FeFe(CN)$_6$、$Na_2MnFe(CN)_6$ 等。

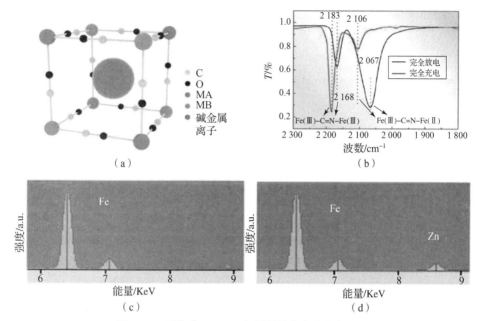

图 3.12　可作为 ZRBs 正极材料的普鲁士蓝类似物

（a）普鲁士蓝类似物结构示意图；（b）FeHCF 完全充电/放电状态下的 FT－IR 光谱；
（c）初始 FeHCF 的 EDX 结果；（d）完全放电状态时 FeHCF 的 EDX 结果

PBAs 类似物中过渡金属元素的存在会增加电极的质量，导致正极材料的质量比容量降低。在 M_A 和 M_B 位点引入具有多电子反应的金属离子是提高比容量的一种可行性策略。Endres 等将制备的 $FeFe(CN)_6$ 纳米颗粒作为 ZRBs 的正极材料，并对 Zn^{2+} 在其中的嵌入行为进行了研究。从傅里叶变换红外光谱（Fourier transform infrared spectroscopy，FTIR）结果可以看出，在放电过程中峰值波数从 2 168 cm^{-1} 移至 2 067 cm^{-1}，说明 Zn^{2+} 的嵌入导致材料中的 Fe^{3+} 被还原为 Fe^{2+}［图 3.12（b）］。能量色散 X 射线光谱仪（EDX）结果表明，完全放电状态下的 Zn 与 Fe 的摩尔比为 1∶3，证明实现了 Zn^{2+} 在材料中的嵌入［图 3.12（c）］。

PBAs 在水系电解质中会发生溶解和相变，较差的稳定性造成迅速的容量衰减和较差的循环性能。Zhou 等分别在 25 ℃和 100 ℃下采用共沉淀法制备了不含配位水的立方相和非立方相 ZnHCF，并对两种材料的性能进行了比较，发现立方相比非立方相的溶解性更强，且非立方相在浸入电解质后会缓慢地转变为立方相。与锰基和钒基材料相似，电解质的优化可以提高 PBAs 的稳定性。虽然在电解质中加入过量的 Zn^{2+} 可以延缓 ZnHCF 相的转变和溶解，但 Kasiri 等发现较高的 Zn^{2+} 浓度会加速相变介导的老化过程，最终导致 PBAs 正极材料的稳定性下降。Qian 等将十二烷基磺酸钠加入水系 ZRBs 的电解质中，在 2 000 周循环后，具有纳米立方结构的 $Na_2MnFe(CN)_6$ 正极材料的容量保持率为 75%。

与其他正极材料相比，PBAs 具有的较宽电压窗口可能会降低水系 ZRBs 的性能。Mantia 等报道了一种以六氰铁酸铜为正极材料的 ZRBs，其平均放电电位高达 1.73 V（是迄今为止所有水系 ZRBs 中最高的）。然而，较高的充电电压（2 V）会使电解质中的水发生分解（在正极发生析氢反应，在 Zn 负极表面生成 ZnO 和 O_2），导致 Zn^{2+} 缓慢的扩散动力学和较低的库仑效率（在 $0.1 A \cdot g^{-1}$ 下为 95%）。

综上所述，实现 PBAs 正极材料的商业化仍有很长的路要走，稳定性差和比电容低是限制其实际应用的两个主要问题。目前，改进方法包括：①研发工作电压较宽的电解质，以减少活性材料的损失；②开发三元过渡金属 PBAs 正极材料；③对 PBAs 正极材料进行修饰，如包覆和表面改性。

4. 其他材料

目前，虽然 ZRBs 正极材料的研究主要集中在无机材料，但是也有不少研究围绕有机正极材料展开。有机正极材料具有独特的优点：①重量轻；②环境友好；③分子间范德华力较弱，更容易实现离子的嵌入/脱嵌；④更好地适应结构变化，具有较好的循环稳定性。Niu 等对以聚苯胺/碳毡（PANI/CFs）作为正极材料的水系 ZRBs 的电化学性能进行研究。经 XPS 光谱分析发现，PANI/CFs 具有与无机材料不同的能量存储机制［图 3.13（b）］：①在放电过程中［除去了阴离子（Cl^- 和 $CF_3SO_3^-$）的基础上］，伴随 Zn^{2+} 的嵌入 PANI 中的 $=NH^+-$ 和 $=N-$ 分别被还原为 $-NH-$ 和 $-N^--$；②在充电过程中，伴随 Zn^{2+} 的脱嵌 $-NH-$ 和 $-N^--$ 与 $CF_3SO_3^-$ 发生反应分别被氧化为 $=NH^+-$ 和 $=N-$。基于"离子－配位"机制，Chen 等通过与还原羰基中的氧原子配位合成了具有优异的 Zn^{2+} 离子的存储性能的高容量（在 $0.02 A \cdot g^{-1}$ 电流密度下，容量为 335 $mA \cdot h \cdot g^{-1}$）醌（C4Q）电极［图 3.13（a）］，以其作为电极材料的水系 ZRBs 具有稳定的电压平台和良好的循环稳定性（在 $0.5 A \cdot g^{-1}$ 下，1 000 周循环后的容量保持率为 87%）。然而，该体系还存在一些问题，如放电产物的溶解、含氟膜（Nafion 膜）的价格昂贵、醌会导致 Zn 负极失活等。Wang 等合成的芘－4,5,9,10－四酮（PTO）正极材料具有较高比容量（在 $0.04 A \cdot g^{-1}$ 电流密度下，容量为 336 $mA \cdot h \cdot g^{-1}$）和较长的循环寿命（超过 1 000 周循环）。如图 3.13（c）所示，在放电过程中，电解质中的 Zn^{2+} 通过配位反应嵌入 PTO 正极中，充电过程则与放电过程相反。

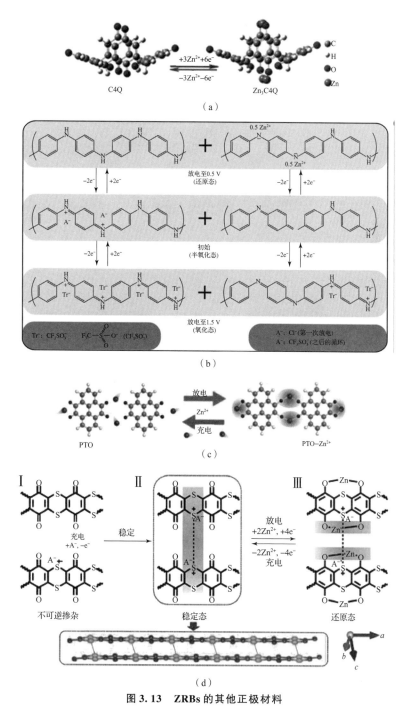

图 3.13　ZRBs 的其他正极材料

（a）Zn^{2+} 嵌入前后 C4Q 的模型图；（b）PANI/CFs 的机理示意图；（c）PTO 正极的机理示意图；

（d）充放电过程中 PDB 正极的机理示意图

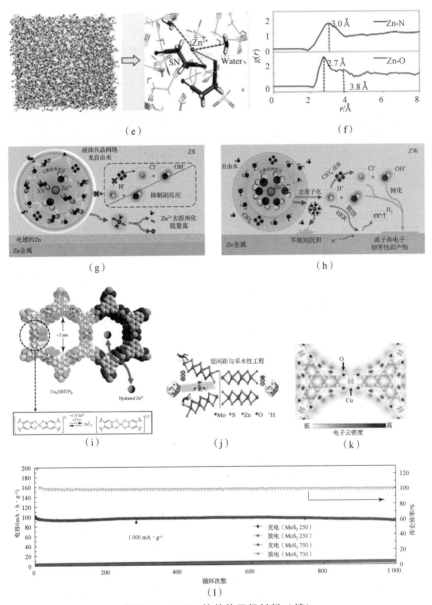

图 3.13 ZRBs 的其他正极材料（续）

（e）分子动力学模拟得到的三维快照和 ZS 电解液中具有代表性的 Zn^{2+} 溶剂化结构；

（f）ZS 的 MD 模拟中 Zn^{2+} - N 和 Zn^{2+} - O 的径向分布函数；

（g）ZW[$Zn(ClO_4)_2 \cdot 6H_2O$：$H_2O = 1$：8] 电解质；

（h）ZS（$Zn(ClO_4)_2 \cdot 6H_2O$：SN = 1：8）电解质中 Zn^{2+} 溶剂化结构及相应界面反应示意图；

（i）Cu_3（HHTP）$_2$ 的结构和电化学反应；（j）MoS_2 的层间间距调控及亲水性工程；

（k）Cu_3（HHTP）$_2$ 还原过程中电子密度的变化；（l）在 1 000 $mA \cdot g^{-1}$ 电流密度下的循环性能

Zhang 等通过新型的原位电化学阴离子掺杂策略合成了阶梯状的聚（2,3 - 二硫基 - 1,4 - 苯醌）（PDB）聚合物正极材料。将光谱表征和 DFT 计算相结合，Zhang 等揭示了 PDB 的电化学反应机理 [图 3.13 (d)]：①在初始充电过程中，PDB 上发生了不可逆的阴离子掺杂，并且在杂环硫醚基团（C - S - C）上形成了分子间 S - S 相互作用；②在随后的放电过程中，嵌入的 Zn^{2+} 能够与相邻的羰基或两个 PDB 分子形成配位存储在 PDB 分子上。此外，为了抑制有机电极的溶解、进一步提升有机正极在水系 ZRBs 中的稳定性，Yang 等将 $Zn(ClO_4)_2 \cdot 6H_2O$ 与琥珀腈（SN）中性配体偶联制备了一种水溶液共晶电解质。通过分子动力学（MD）模拟，图 3.13 (e) 展示了 Zn^{2+} 在 $ZS[Zn(ClO_4)_2 \cdot 6H_2O : SN = 1 : 8]$ 电解质中的溶剂化结构，Zn^{2+} 通过与两个水分子和两个 SN 分子配位形成四配位的 Zn^{2+} 配合物。径向分布函数（RDFs）也证明了 Zn^{2+} 与 SN 和 H_2O 形成了配合物 [图 3.13 (f)]。由于 $Zn(OH_2)_6^{2+}$ 不稳定 [图 3.13 (g)]，传统电解质中的钝化、腐蚀和析氢等副反应会与 Zn/Zn^{2+} 氧化还原过程产生竞争。而在 ZS 电解质中，SN 分子占据 Zn^{2+} 的溶剂化壳层 [图 3.13 (h)]，抑制了高氯酸盐的分解，增强了界面稳定性。

与金属配体之间具有共价键配位关系的金属有机骨架也可作为稳定的正极材料应用于 ZRBs 中，其具有的多孔结构能够实现快速的离子传输。Stoddart 等将二维导电 $MOF[Cu_3(HHTP)_2]$ 作为水系 ZRBs 正极材料，并对其电化学性能进行研究发现，$Cu_3(HHTP)_2$ 具有较高的比容量（在 50 $mA \cdot g^{-1}$ 电流密度下达到 228 $mA \cdot h \cdot g^{-1}$）和良好的稳定性 [在 4 $A \cdot g^{-1}$ 电流密度下循环 4 000 周后容量保持率为 75%，图 3.13 (i)]。通过 DFT 计算，发现 Cu 原子和配体都参与了反应，同时提供 6.9 个氧化还原电子 [图 3.12 (k)]。

除了钒基和锰基化合物，其他过渡金属（如 Mo、Co、Ni）基化合物也在水系 ZRBs 中得到了广泛的应用。MoS_2 具有的开放晶体结构和刚性骨架能够实现一价离子（Li^+ 和 Na^+）可逆的嵌入和脱嵌。由于具有较高的价态和较大的离子半径，Zn^{2+} 的嵌入和脱嵌较为困难，研究人员发现可以通过调节层间距和构建缺陷来优化。Liang 等通过少量的氧掺杂（5%）扩大层间距（从 6.2 Å 到 9.5 Å）的同时提升了材料的亲水性 [图 3.13 (j)]，Zn^{2+} 的扩散能力提高了 3 个数量级，电极材料的比容量也增大了 10 倍。结合理论和实验研究，Wang 等发现掺杂后的 MoS_2 与无缺陷的 MoS_2 电极相比含有更多有利于离子传输的边缘、边界位点和缺陷位点，显著提升了 Zn^{2+} 扩散能力。通过构建缺陷，MoS_{2-x} 纳米片的容量（100 $mA \cdot g^{-1}$ 时为 128.23 $mA \cdot h \cdot g^{-1}$）和循环稳定性（在 1 $A \cdot g^{-1}$ 循环 1 000 周后的容量保持率为 87.8%）也都得到了提高 [图 3.13 (l)]。

具有多种氧化态且电化学活性较高的 Ni 和 Co 基化合物也可作为 ZRBs 的正极材料。然而，正极材料的失活和负极材料上枝晶的形成会导致 Ni 和 Co 基化合物在 ZRBs 应用中具有较低的比容量和库仑效率。与 Co^{2+}/Co^{3+}（1.419 V vs. Zn）相比，Co^{3+}/Co^{4+} 具有更高的电势（> 1.95 V vs. Zn），但仍存在材料激活困难以及关键组分失活这两个问题。通过杂原子掺杂策略，Li 等合成了碳布支撑的 $CoSe_{2-x}$（$CoSe_{2-x}$@C/CC）正极材料，其循环寿命超过 10 000 周且单周循环的容量衰减仅为 0.02%。在初始的几周循环中，$CoSe_{2-x}$ 转化为 $Co_xO_ySe_z$（稳定的富 Co 态）且 Co^{3+} 向 Co^{2+} 的转变被抑制。

3.2.3　负极材料

1. 负极材料面临的挑战

锌金属作为一种多功能、高能量、低成本的电极材料广泛应用于各种电池中，如锌–空气电池、ZRBs 和锌液流电池，如图 3.14 所示。每一种电池的锌电极和电解质都有各自的特点，如锌–空气电池是在负极中将 Zn 转化为 ZnO，需要对 ZnO 的沉积行为进行控制；ZRBs 则是在正极材料中进行 Zn^{2+} 的嵌入/

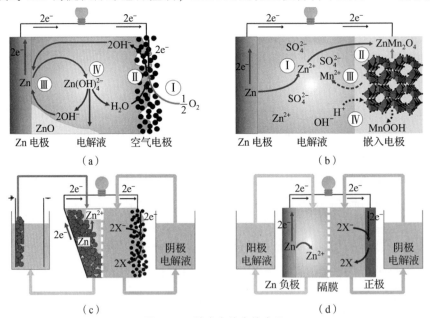

图 3.14　锌在电池中的应用

（a）使用强碱性 KOH 电解质的锌–空气电池；
（b）使用弱酸性 $ZnSO_4$ 电解质的 ZRBs；（c）能量和功率非耦合系统；
（d）能量和功率耦合系统的锌液流电池中主要元件和半电池反应示意图

脱嵌，需要避免 ZnO 或任何锌盐的沉积。选择合适的电解质，合理设计锌电极的结构，是实现不同应用需求的关键。

锌金属负极的性能主要受电解质的影响。目前，商业化的锌电池通常采用浓碱性电解质（如 KOH）或近中性电解质（如 nCl$_2$ 或 NH$_4$Cl），ZRBs 则通常使用接近中性的 ZnSO$_4$ 作为电解质。图 3.15 为 Zn – H$_2$O 体系的平衡转化示意图。在水溶液中，锌电极反应的机理和平衡电位主要受电解质溶液的 pH 和组成影响。

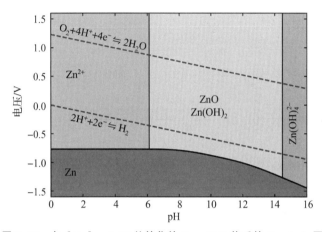

图 3.15　在 [Zn]$_T$ = 1 M 处简化的 Zn – H$_2$O 体系的 Pourbaix 图

注：虚线表示 OER 和 HER 的电势。根据 Zn^{2+} 的电解浓度计算出 Zn 电极的电位

1）腐蚀

当溶液 pH 值较低时，锌金属的热力学不稳定，库仑效率较低，电极发生自放电反应生成 H$_2$ 气体。

在酸性介质中：

$$Zn + 2H^+ \rightarrow Zn^{2+} + H_2 \tag{3.5}$$

在碱性介质中：

$$Zn + 2H_2O + 2OH^- \rightarrow Zn(OH)_4^{2-} + H_2 \tag{3.6}$$

在密闭的电池中，H$_2$ 的生成会造成电池内压力增加，导致机械形变的发生。缓解 Zn 电极的腐蚀有两种方法：①合金化或加入能够抑制 HER 动力学的添加剂；②通过涂层设计或电解质改性，避免 Zn 电极表面与水接触。

2）钝化

当溶解的 Zn 过饱和时，Zn 以沉淀的形式析出。在碱性电解质中，会有 ZnO 产生；在近中性电解质中，产物通常受电解质组成影响；在含氯化物盐的近中性电解质中，会析出 Zn$_5$(OH)$_8$Cl$_2$；在含硫酸盐的近中性电解质中，会析出 Zn$_4$(OH)$_6$SO$_4$。电极表面形成的钝化膜阻碍了物质的传输，降低了电极和电解质之间的物质交换速率。钝化的严重程度取决于沉淀膜的厚度、孔隙率以及电流密度的大小。

在碱性电解质中，Zn 钝化过程通常分为三个步骤：① 锌溶解；② 多孔 ZnO（Ⅰ 型氧化锌）膜可逆地成核和生长；③ 形成不可逆的致密 ZnO 层（Ⅱ 型氧化锌）。在设计 Zn 电极时，Ⅰ 型 ZnO 膜对电极性能的影响相对较小，有些甚至能达到较高的能量密度。然而，Ⅱ 型 ZnO 膜的形成对电极性能产生较大影响，会造成电池突然失效。改善锌负极性能的方法包括构建人工界面膜、调控电解质组成、负极结构设计等。

3）电极形变和枝晶形成

Zn 电极的尺寸从几百微米到几毫米不等，靠近电极 – 电解质界面的 Zn 首先溶解，随着放电过程的不断进行，电极内部的 Zn 才能够参与电化学反应。通过 X 射线计算机断层扫描和模型的研究能够观察到上述现象，Zn 不均匀溶解会对 ZRBs 的性能造成不利影响。Zn 电极的某个区域发生溶解，溶解在电解质中的 Zn 随电解质进行传输，经过一段距离的扩散，在电极上不同于溶解区域的地方发生沉积；经过多次充放电循环后，可能导致活性物质的重新分布和电极的形状发生变化。在充电过程中，Zn 电极表面枝晶的生成是阻碍 ZRBs 发展的一个重要原因，如果枝晶足够大，刺穿隔膜，接触到正极，会发生短路，使电池停止工作。

在改善电极形变和枝晶生长方面，研究人员提出了很多方法：①通过加入添加剂和/或修饰电极结构；②通过表面掺杂或在合适的基底上进行电沉积，促进 Zn 枝晶定向生长；③加脉冲电压或电解质强制对流实现 Zn 的均匀沉积。

2. 具有保护层的 Zn 负极

Zn 枝晶的形成机理如图 3.16（a）所示。经过电化学循环后，在没有保护层的 Zn 负极上会产生枝晶 [图 3.16（d）、（e）]。如图 3.16（b）、（c）所示，通过形成不同类型的保护层能够有效地抑制枝晶的生长，有机和无机涂层都可以抑制 Zn 负极上枝晶的形成 [图 3.16（f ~ i）]。各种功能材料，如碳基材料、无机非金属材料、聚合物、金属材料和复合材料等都可以作为 Zn 负极的保护层。

1）碳基材料作为保护层的 Zn 负极

碳基材料具有良好的导电性，作为 Zn 负极的保护层有利于稳定 Zn^{2+} 的沉积/剥离行为。Xu 等将锌粉与活性炭混合制备的浆料涂覆在 Zn 箔上，经过真空干燥后，得到 Zn 负极材料。Liu 等将 AC、碳纳米管和乙炔黑涂覆在多孔 Zn 负极上制备了复合材料。Kang 等将 Zn 颗粒与不同比例的 AC 混合制备了复合电极。在充电过程中，AC 的孔隙能够吸附电解质中的 Zn^{2+}。与未复合的 Zn

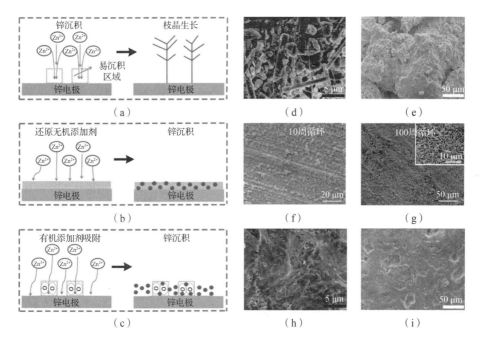

图 3.16　不同添加剂影响枝晶生长的机理

（a）无添加剂；（b）使用无机添加剂；（c）使用有机添加剂；（d）450 周循环和
（e）100 周循环后锌负极的 SEM 图像；在电流密度为 0.25 mA·cm^{-2}、面积容量为
0.05 mA·h·cm^{-1}下，（f）10 周循环后和（g）100 周循环后 NA–Zn–60 的 SEM 图像；
经过（h）1 000 周循环和（i）100 周循环后，PA 层包覆锌负极的 SEM 图像

负极相比，AC 浓度为 12 wt% 的 Zn 负极表面更加光滑、平整，且 Zn 沉积/剥离的可逆性和 Zn/α – MnO$_2$ 电池的循环稳定性都得到了提高。然而，活性炭的孔隙结构为枝晶和副产物提供了沉积位点，加速了枝晶的形成和副产物的沉积。

　　石墨烯具有较高的机械强度和导电性，能够有效地抑制 Zn 负极的枝晶生长。Shen 等利用还原氧化石墨烯对 Zn 负极进行修饰，rGO 作为保护层，能够抑制 Zn 负极上枝晶的生长。在不同电流密度下，由 Zn/rGO 组装成的对称电池能具有较低的极化电位和较小的电化学阻抗，同时使离子在正极材料中可逆地嵌入/脱嵌 [图 3.17（a）、（b）]。经过电化学循环后，Zn/rGO 电极上未观察到枝晶的生成，且沉积与剥离之间的过电位明显降低。将 rGO 作为涂层，Xia 等也制备了 Zn/rGO 复合电极。如图 3.17（c）所示，层状 rGO 在 Zn 箔表面形成膜，使 Zn 负极具有较大的电化学活性面积。如图 3.17（d）所示，由 Zn/rGO 组装成的对称电池具有较低的过电位和较好的循环稳定性。

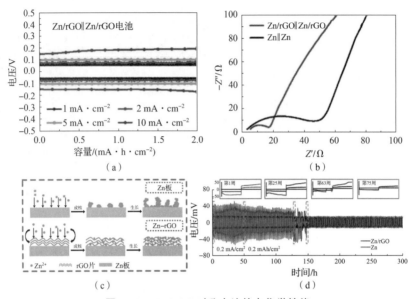

图 3.17　Zn/rGO 对称电池的电化学性能

（a）Zn/rGO 对称电池在不同电流密度下的电压分布；
（b）Zn/rGO‖Zn/rGO 和 Zn‖Zn 对称电池在电流密度为 1 mA·cm^{-2} 下循环后的阻抗谱 Nyquist 图；
（c）Zn 和 Zn/rGO 负极的镀锌行为示意图；（d）在电流密度为 0.2 mA·cm^{-2}、
沉积/剥离容量为 0.2 mA·h·cm^{-2} 时，以 Zn/rGO 电极（黑色）
和 Zn 板（灰色）作为负极的对称电池的循环性能

2）无机非金属材料作为保护层的 Zn 负极

除碳基材料外，不与 Zn 负极发生反应的 TiO$_2$、CaCO$_3$、ZrO$_2$ 等无机非金属材料也可作为 Zn 负极的保护层。Fey 等在 Zn 颗粒表面包覆的一层 Li$_2$O – 2B$_2$O$_3$（LBO）膜有效地抑制了析氢反应，并且提高了 Zn 负极的利用率。Kang 等在 Zn 表面包覆了具有纳米级多孔结构的 CaCO$_3$ 层，显著提高了 Zn 沉积/剥离的稳定性［图 3.18（a）］。与未包覆的 Zn 负极相比，包覆层表面的锌沉积层均匀且致密，有效地抑制枝晶的形成［图 3.18（b）］，提高了 ZRBs 的库仑效率和循环稳定性。Mai 等采用超薄的 TiO$_2$ 涂层作为金属 Zn 负极的保护层［图 3.18（c）］，稳定了循环过程中 Zn 的沉积/剥离过程［图 3.18（d）］，进而抑制了枝晶生长等不良反应。此外，Yi 等通过在金属 Zn 表面包覆 ZrO$_2$ 纳米颗粒制备了高度可逆的 Zn 负极，ZrO$_2$ 包覆层可为 Zn^{2+} 提供可控的成核位点，加快离子传输动力学，使 Zn^{2+} 在负极表面能够快速且均匀地沉积，并且阻止了 Zn^{2+} 的反向迁移，加快了 Zn 负极的沉积/剥离过程［图 3.18（e）］。此外，ZrO$_2$ 保护层具有化学和电化学惰性，可以作为绝缘层减少负极与电解质之间的接触，防止 Zn 腐蚀和 ZnO 的形成，维持锌负极的高度可逆［图 3.18（f）］。高岭土（KL）是一种具有电绝缘性质的离子导体，Zhou 等制备了 KL 包覆的 Zn

负极来抑制枝晶的形成 [图 3.18 (g)、(h)]。与之前报道的多孔保护层不同，具有均匀孔隙结构的层状 KL 能够筛分离子，实现 Zn^{2+} 定向且均匀沉积 [图 3.18 (i)、(j)] 的同时还阻止了电极与电解质之间的直接接触，抑制了副反应的发生。

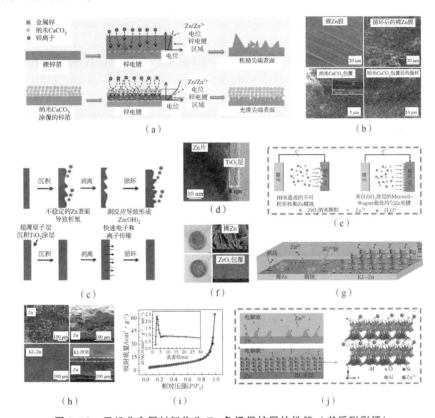

图 3.18　无机非金属材料作为 Zn 负极保护层的性能（书后附彩插）

(a) Zn 箔和纳米 $CaCO_3$ 包覆的 Zn 箔在 Zn 电镀/沉积循环过程中的形貌演变示意图；
(b) 100 次沉积/剥离循环前后，Zn 箔和纳米 $CaCO_3$ 包覆的 Zn 箔的 SEM 图像；
(c) TiO_2 包覆稳定 Zn 负极示意图；(d) $100TiO_2$@Zn 的横切面 STEM 图像；
(e) Zn 负极和包覆 ZrO_2 的 Zn 负极电镀/沉积工艺示意图；
(f) Zn 负极和包覆 ZrO_2 的 Zn 负极循环后的数字图像及相应的 SEM 图像；
(g) Zn^{2+} 沉积过程中 Zn 和 KL-Zn 负极形貌示意图；(h) 以 MnO_2 为正极，
在 $0.5\ A \cdot g^{-1}$ 电流密度下循环 600 次后，Zn 和 KL-Zn 负极表面和截面形貌的 SEM 图像；
(i) KL 的 N_2 吸附/脱附等温线及孔径分布；
(j) 实现 Zn^{2+} 定向移动的单层 KL 孔隙层状结构示意图

3）聚合物材料作为保护层的 Zn 负极

聚合物材料也可以作为锌负极的保护层改善 Zn 负极界面处的性能。Cui 等合成了一种聚酰胺（PA）涂层包覆的 Zn 负极，其具有不同的 Zn 沉积行为

[图 3.19（a）]。含有氢键的聚合物保护层能与 Zn 形成较强的配位，有效保护 Zn 负极的表面，同时可以增加 Zn 的成核位点，形成均匀且致密的 Zn 沉积层 [图 3.19（b）]。此外，PA 保护层可有效抑制 Zn 负极表面的腐蚀和副产物的形成，如图 3.19（c）所示，无保护层的 Zn 负极随着 Zn^{2+} 的沉积出现了许多枝晶，而有保护层的 Zn 负极表面相对平整，是因为 PA 保护层上 Zn^{2+} 的二维扩散面有限，成核位点增加，最终形成均匀的 Zn 层 [图 3.19（d）]。以聚合物保护的 Zn 作为负极，MnO_2 作为正极，组装成的 ZRBs 电池在 1 000 周循环后的容量保持率为 88%，库仑效率为 99% [图 3.19（e）]。

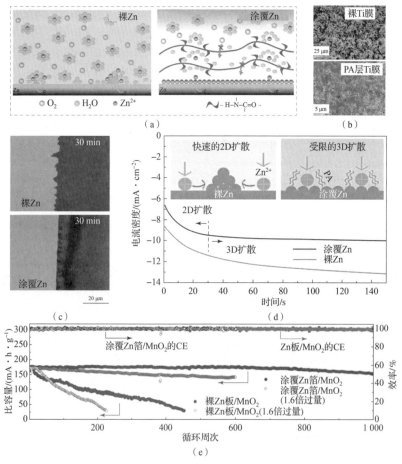

图 3.19 聚合物材料作为 Zn 负极保护层的性能

（a）Zn 箔和被包覆 Zn 箔上的 Zn 沉积示意图，说明 PA 层能够抑制副反应的发生；
（b）Ti 箔和包覆有 PA 层的 Ti 箔上 Zn 沉积的 SEM 图像（PA 层分解）；
（c）有和无 PA 层包覆的 Zn 负极上，Zn 沉积后的侧视形貌图；
（d）Zn 箔和被包覆 Zn 箔的计时电流图（插图：Zn^{2+} 扩散过程示意图）；
（e）电流密度为 2 C 时的循环稳定性

4）金属材料作为保护层的 Zn 负极

一些金属材料也作为 Zn 负极保护层用来抑制枝晶生长和腐蚀等副反应的发生。通过一种简单的溅射方法将尖端均匀的金纳米颗粒沉积在 Zn 负极上，Kang 等发现金纳米粒子会导致 Zn 沉积层的形态发生变化 ［图 3. 20 （a）］，抑制了较大枝晶的形成 ［图 3. 20 （b）］，进而实现了较为均匀和稳定的 Zn 沉积/剥离 ［图 3. 20 （c）］。通过简单的置换反应在 Zn 负极表面包覆了具有双功能的金属铟 （In） 层，Weng 等发现该层既可缓解腐蚀又可促进成核，能够有效抑制枝晶的生长。将包覆的 Zn 负极组装成对称电池的循环寿命达到 5 000 周（长达 1 500 h）。此方法可显著提高 Zn 负极的稳定性，说明金属材料作为 Zn 负极保护层具有很好的应用前景。

5）复合材料作为保护层的 Zn 负极

复合材料也可用作 Zn 负极保护层。Yang 等合成了一种具有纳米尺寸的金属有机骨架，其作为一种人工复合保护层可以优化 Zn 负极与电解质之间接触界面 ［图 3. 20 （d）］。由 MOF 和 PVDF 构成的一层薄薄的保护层可以增加电解质对 Zn 负极的润湿作用 ［图 3. 20 （e）］，进而降低循环过程中电解质与 Zn 负极的界面电荷转移电阻 ［图 3. 20 （f）］。由于 MOF 颗粒具有纳米润湿作用，每个 MOF 纳米颗粒都能与 Zn 紧密接触，使保护层具有良好的 Zn 亲和性能，完全润湿的固液界面具有较低的电荷转移电阻。紧密包裹的 MOF 粒子实现了离子在润湿粒子表面的快速传输，与未包覆的 Zn 负极相比，MOF – PVDF 包覆的电极具有较好的循环稳定性，在 1 mA·cm^{-2} 的电流密度下，循环 200 周后，电极的形貌没有发生变化 ［图 3. 20 （g）］。

综上所述，导电保护层作为具有一定物理和机械强度的功能化保护层 （如碳和金属材料） 可以减少 Zn 枝晶对 Zn 负极表面所产生的副作用。然而，Zn 枝晶可以穿透隔膜向正极生长，在延长电池循环寿命方面，功能化导电保护层的应用还具有局限性。采用不导电的稳定保护层 （如 TiO_2、$CaCO_3$ 等） 可阻止负极和正极的接触，能够有效抑制副反应的发生。然而，不导电的稳定保护层通常不具有电化学活性，不利于离子和电子传输，从而降低 Zn 负极的倍率性能。导电保护层必须具有良好的导电性和较差的 Zn 亲和力，在实现离子和电子高效传输的同时抑制枝晶生长。一般来说，无缺陷碳原子比有缺陷碳原子具有更强的导电性和更差的 Zn 亲和力。通过界面电场的重新分布，无缺陷的碳材料 （包括纯石墨烯和碳纳米管） 能够有效抑制 Zn 枝晶的生长。通过亲金属界面的构建来促进均匀的离子成核和抑制枝晶生长在其他二次电池中已有报道。密集的界面层可能会阻碍离子在电极表面的迁移，进而导致负极失活。由于缺陷存在导致的表面电荷分布不均匀，电解质可以穿透具有多孔结构的包覆

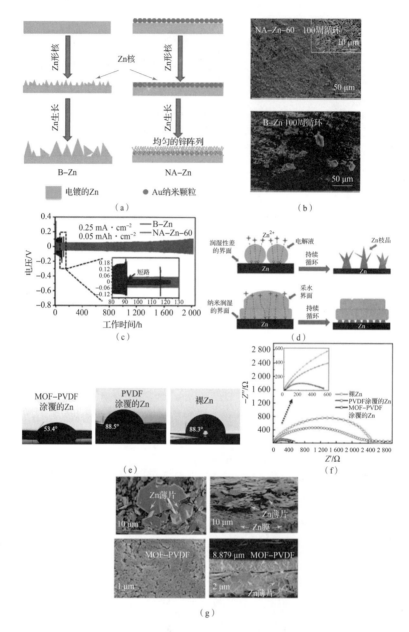

图 3.20　金属材料作为 Zn 负极保护层的性能

（a）B－Zn 和 NA－Zn 上沉积/剥离 Zn 的工艺示意图；

（b）在 100 次沉积/剥离 Zn 循环后，NA－Zn－60 和 B－Zn 的 SEM 图像；

（c）以 B－Zn（黑线）和 NA－Zn－60 电极（灰线）为负极的 Zn/Zn 对称电池的
长循环恒流充/放电曲线；（d）Zn 和 MOF－PVDF 包覆 Zn 上的 Zn 电镀机理示意图；

（e）电解液与不同负极的接触角图像；（f）由不同负极组成的 Zn 对称电池的电化学阻抗谱；

（g）循环后的 Zn 箔和 MOF 包覆 Zn 箔的 SEM 图像

层。然而，Zn 与电解质界面只能在一定范围内优化 Zn 的沉积，在充放电容量较大的情况下负极表面仍会生长 Zn 枝晶导致电池失效，因此有必要探索更合适的解决方案。

3. 不同结构设计的 Zn 负极

改变 Zn 负极的结构是抑制枝晶生长的另一种方法，结构优化的目的是通过降低内阻来抑制电极材料的形状变化和 Zn 枝晶的形成，抑制因枝晶生长引起的 Zn^{2+} 在负极表面的不均匀分布。近年来，研究人员发现制备性能优异的三维 Zn 负极材料可以增大材料的表面积，降低 Zn 沉积的过电位，从而抑制枝晶生长和负极钝化。三维 Zn 负极可分为三维多孔纯金属 Zn 负极、在三维衬底上电镀获得的三维 Zn 负极和复合电极。

三维多孔纯金属 Zn 负极已在碱性电解质中得到广泛的应用。Zhang 等合成了具有不同结构的 Zn 负极，如不同厚度和长度的锌纤维、锌棒和锌板。多孔 Zn 纤维负极具有较高的机械稳定性、良好的柔韧性和较大的比表面积，适用于大规模碱性锌电池。Parker 等制备的三维多孔海绵状 Zn 负极具有较高的 Zn 利用率和充电容量，并且此结构增加了电化学活性表面积，降低了局部电流密度，从而抑制了枝晶的形成。虽然三维多孔纯金属 Zn 负极的理论容量利用率（90%）较高，但由于缺乏刚性衬底，导致在反复充放电过程中负极结构被破坏并逐渐失去活性，甚至在高电流密度和高放电深度时破坏程度加深。

通过在不同的基底材料上电沉积 Zn，可以得到三维电镀 Zn 负极。通过减小电池充放电过程中的局部电流密度，基底材料具有的较大电活性表面和均匀电场能够抑制三维电镀 Zn 负极上枝晶的形成。目前，研究的基底主要有碳基材料、金属骨架材料、MOFs 材料和二维 MXene 材料。

1）碳基上电沉积 Zn 负极

由于具有良好的导电性和结构稳定性，碳基材料是应用广泛的 Zn 沉积基底材料。通过电沉积在碳骨架上形成致密的锌膜，制备 Zn 负极。Lu 等通过将 CNTs 的三维结构引到碳布基板的表面，以其作为沉积/剥离 Zn 的支架，制备了无枝晶的 Zn 负极［图 3.21（a）、（b）］。与原始的 Zn 负极相比，改性后的电极具有较好的循环稳定性，有利于实现高可逆的 Zn 沉积/剥离。由 Zn/CNT 负极组装成的 Zn/MnO_2 电池，在超过 1 000 周循环后仍保持稳定的电化学性能［图 3.21（c）］。

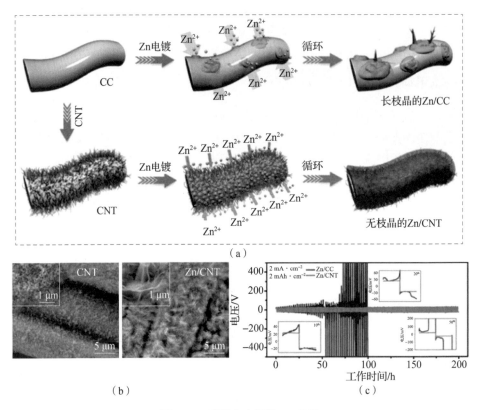

图 3.21　碳基上电沉积 Zn 负极

（a）CC 和 CNT 电极上 Zn 沉积示意图；（b）CNT 和 Zn/CNT 样品的 SEM 图像；

（c）在 2 mA·cm^{-2} 时，以 Zn/CC 和 Zn/CNT 为负极的对称电池的电压分布

2）金属骨架上电沉积 Zn 负极

除了碳载体外，一些金属骨架也可作为 Zn 负极的基底。如图 3.22（a）所示，通过在多孔铜骨架上电沉积 Zn，Xu 等制备了高度稳定的三维 Zn 负极。三维多孔铜框架具有开放的结构和良好的导电性，使 Zn 的沉积/剥离较为均匀［图 3.22（b）］。对 Zn/Zn 对称电池进行测试，发现改性后的负极在 350 h 后的电化学性能仍然保持稳定，电池寿命明显长于普通的 ZRBs。泡沫铜也是 Zn 沉积的合适载体，Zhou 等通过电沉积法制备了三维多孔 Zn@Cu 泡沫负极［图 3.22（c）］，其具有较低含量的 ZnO、高的导电性以及与电解质有较大的接触面积，因此能够实现高度可逆的 Zn 沉积/剥离［图 3.21（d）］。

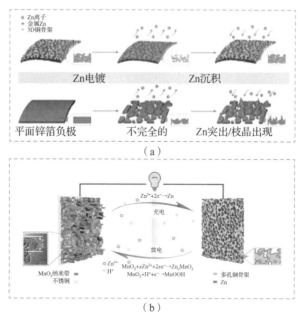

（a）

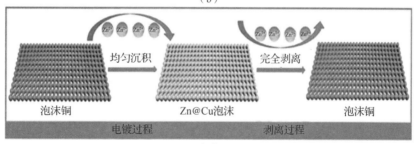

（b）

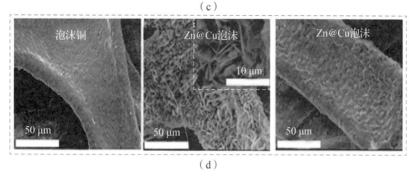

（c）

（d）

图 3. 22 金属骨架上电沉积 Zn 负极

（a）三维 Zn 电极和平面 Zn 箔电极上的 Zn 沉积/剥离过程示意图；

（b）三维 Zn 负极/MnO_2 纳米片全电池结构示意图；

（c）在泡沫 Cu 上电镀 Zn 及剥离 Zn 的工艺示意图；

（d）泡沫 Cu（左）、电镀后的 Zn@Cu 泡沫（中）、剥离后的 Zn@Cu 泡沫（右）的 SEM 图像

3）MOFs 上电沉积 Zn 负极

MOFs 也可作为沉积三维 Zn 负极的基底材料。Wang 等通过在 ZIF – 8 包覆电极上电沉积 Zn 制备了 Zn@ZIF – 8 负极［图 3.23（a）］。具有多孔结构的 ZIF – 8 骨架内含有微量的 Zn，且具有较高的脱氢过电位，是实现高效无枝晶 Zn 沉积的理想基底材料［图 3.23（b）］。ZIF – 8 – 500 电极在不同的电流密度下均表现出稳定的库仑效率和循环寿命［图 3.23（c）、（d）］，由其组装成的对称型电池 Zn@ZIF – 8 – 500/Zn@ZIF – 8 – 500 的测试结果表明，在 30.0 mA·cm^{-2} 的电流密度下经过 200 周循环后的库仑效率仍高达 99.8%。

4）MXenes 上电沉积 Zn 负极

二维 MXenes 具有层状结构和良好的导电性，可以实现离子的快速扩散，是理想的金属离子宿主材料。Tian 等发现柔性的三维层状 $Ti_3C_2T_x$ MXene@Zn 能有效抑制 Zn 枝晶的生长［图 3.23（e）］。在水溶液中能够可逆且快速地沉积/剥离 Zn，获得光滑的无枝晶表面［图 3.23（f）］。$Ti_3C_2T_x$ MXene@Zn 的金属导电性和亲水性较好，在沉积/剥离过程中作为负极具有较好的循环稳定性和较低的过电位［图 3.23（g）、（h）］。

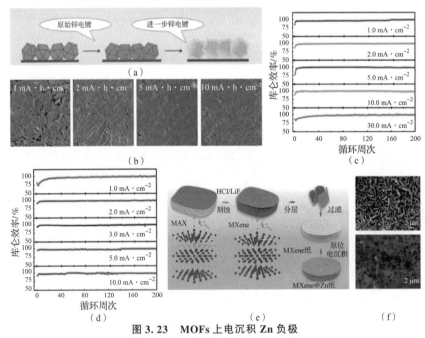

图 3.23　MOFs 上电沉积 Zn 负极

（a）电镀 Zn 示意图；（b）不同容量下，电流密度为 1.0 mA cm^{-2} 的 Zn 镀层的 SEM 图像；
（c）在 1.0 mA·h·cm^{-2} 容量下，ZIF – 8 – 500 电极不同电流密度下的库仑效率；
（d）不同容量下，电流密度为 20.0 mA·cm^{-2}，ZIF – 8 – 500 电极上 Zn 沉积的库仑效率；
（e）柔性层状 $Ti_3C_2T_x$MXene@Zn 的制备流程图；
（f）Zn（上）和 $Ti_3C_2T_x$MXene@Zn（下）循环后的 SEM 图像

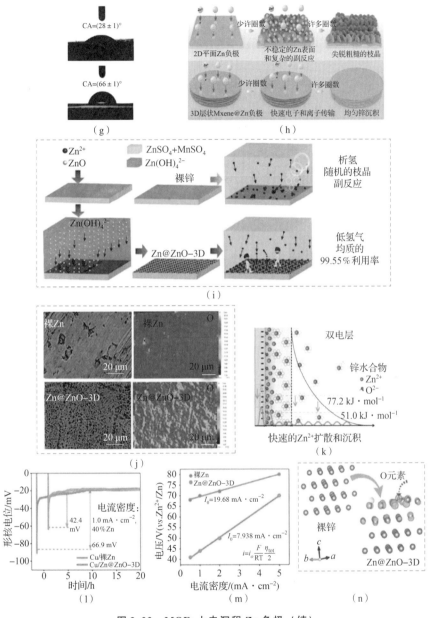

图 3.23　MOFs 上电沉积 Zn 负极（续）

（g）2 M $ZnSO_4$ 与 $Ti_3C_2T_x$ MXene@Zn（上）和 Zn 箔（下）的接触角；

（h）在沉积/剥离过程中，Zn 和 $Ti_3C_2T_x$ MXene@Zn 负极的形貌演化示意图；

（i）Zn@ZnO-3D 负极的制备流程及负极上沉积 Zn^{2+} 的示意图；

（j）Zn 和 Zn@ZnO-3D 负极的 SEM 和 EPMA 映射图；

（k）靠近负极的双电层结构及相应的活化能垒；Zn@ZnO-3D 和 Zn 上；（l）离子的成核势垒；

（m）交换电流密度对比图像；（n）Zn@ZnO-3D 负极电荷密度分布的第一性原理计算

5）复合电极

复合电极也能有效地改善 Zn 的沉积/剥离行为。将电极结构控制和界面功能化相结合，通过一步液相沉积的方法，Zhou 等制备了具有三维结构和 ZnO 修饰界面的 Zn@ZnO–3D［图 3.23（i）、（j）］。对成核势垒、交换电流密度和活化能进行分析发现，Zn@ZnO–3D 具有较快的 Zn 沉积和迁移反应动力学、不容易发生析氢反应并且具有较高的可逆性［图 3.23（k ~ m）］。第一性原理计算表明，Zn@ZnO–3D 中 O 元素的电荷诱导效应可以优先吸附 Zn^{2+}，避免了水合 Zn^{2+} 的沉积［图 3.23（n）］，降低了去除负极附近致密水化层的能量消耗，提升了 Zn 的利用率和界面稳定性。通过结构优化和界面工程，有望解决系统中类似的动力学滞后问题，实现锌基电池的大规模应用。此外，对其他水系金属负极的研究也具有重要意义。

综上所述，Zn 负极在上述导电基底上的循环性能和稳定性得到了显著提高。但随着比表面积的增加，负极上的析氢位点也增加，导致析氢速率增加。此外，锌的沉积行为在大电流密度下难以控制，即使在低电流密度下，Zn 枝晶仍然存在。因此，为了在 Zn 负极表面形成均匀且光滑的沉积层，需要进一步探索。

4. 合金化 Zn 负极

Zn 与其他金属形成合金也能够抑制不可逆的枝晶生长，抑制由析氢和腐蚀等问题所带来的副反应，进而提升 Zn 负极的稳定性和耐蚀性。Endres 等通过在三氟化锌离子液体中添加三氟化镍制备了具有纳米晶结构的无枝晶锌负极。在 Zn 电镀初期，Ni^{II} 的加入改变了离子液体与负极之间的界面层结构。Zn – Ni 合金薄膜和固体电解质界面（SEI 层）的形成影响了 Zn 的成核和生长，得到了晶粒尺寸为 25 nm 的纳米晶 Zn 镀层［图 3.24（a ~ f）］。添加 Ni 盐后的 Zn 镀层保持高孔隙率的无枝晶状态，具有良好的电化学性能和较高的循环稳定性。

以黄铜为前驱体经过热退火、原位电化学还原和脱合金处理，Chen 等制备了三维纳米多孔 Zn – Cu 合金电极。该电极增加了材料在单位基底上的负载，具有较高的面积比容量和良好的循环稳定性，实现了较快的电子和离子传输。由于铜在表面的快速扩散，合金区域可以形成纳米多孔结构，有利于降低循环过程中的局部电流密度，同时减少 ZnO 的沉积。

5. Zn^{2+} 嵌入的 Zn 负极

基于 Zn^{2+} 嵌入/脱嵌机理，出现了 Zn^{2+} 嵌入型负极材料。Zn^{2+} 能稳定地存

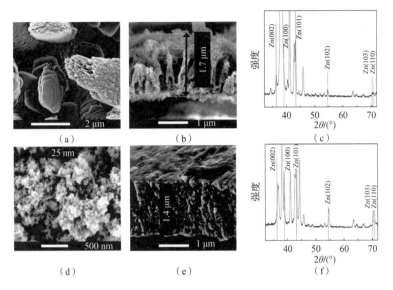

图 3.24 以含有 0.1 M Zn(TfO)$_2$ 的 [EMIm] TfO (a~c) 和 0.015 M Ni(TfO)$_2$ (d~f) 作为电解质，在 1.7 V 下反应 2 h，在金属表面电镀的 (a, b, c, d) Zn 薄膜形貌和 (e, f) XRD 图谱

在于多种电解质中，因此可作为能量载体。更重要的是，如果配以合适的电极材料，体系可以表现出相当高的比容量。然而，用于 ZRBs 的正极材料中大多不含 Zn^{2+}，因此设计 Zn^{2+} 嵌入型负极材料具有很好的研究前景，不仅能够为电池系统提供足够的 Zn^{2+}，而且这些 Zn^{2+} 能够作为电荷载体在正极和负极之间穿梭，是解决水系 ZRBs 电极所面临问题的一个很好的途径。高性能的嵌入/脱嵌型负极需要具有合适的电位、高的容量、高的初始库仑效率、好的倍率性能和稳定的循环性能。设计一种能够实现快速可逆的 Zn^{2+} 嵌入/脱嵌的负极是目前解决问题的关键。在了解各种正极材料嵌入/脱嵌 Zn^{2+} 的电化学行为的基础上，具有隧道结构和较大的层间距的负极材料成为研究热点。目前，Zn^{2+} 嵌入型负极主要有硫化物和钼钒氧化物，Zn^{2+} 嵌入型负极材料的发展为 ZRBs 负极材料的设计提供了指导意义。

1）Chevrel 相 Mo_6S_8 负极

Chevrel 相 Mo_6S_8 是一种钼硫化合物，由三维的 Mo_6S_8 单元阵列组成，每个单元中含有 6 个 Mo 原子，构成的八面体 6 – Mo 团簇具有规整的晶体结构，簇间的巨大空间为 Zn^{2+} 提供了理想的嵌入位点。在水溶液中进行原位电化学 Zn^{2+} 嵌入，Hong 等制备了 Chevrel 相 $Zn_xMo_6S_8$（$x = 1$、2）[图 3.25（a）]。通过 XRD 分析确定 Zn 的插入位点 [图 3.25（c）]，并对其晶体结构和电化学性能进行了研究［图 3.25（b）］。Li 等还合成了具有纳米立方结构的 Mo_6S_8［图 3.25（d～f）］，作为 ZRBs 的负极材料，Mo_6S_8 在水溶液和非水溶液中均能可逆吸附 Zn^{2+}，并表现出良好的嵌入动力学和循环稳定性。将 Mo_6S_8 电极组装为扣式电池，对其倍率性能和循环稳定性进行测试，50 次充放电循环后，电池容量仍保持在 $60\ mA \cdot h \cdot g^{-1}$，说明以 $Zn_xMo_6S_8$ 作为 Zn^{2+} 嵌入型负极的 ZRBs 具有良好的循环稳定性和倍率能力。

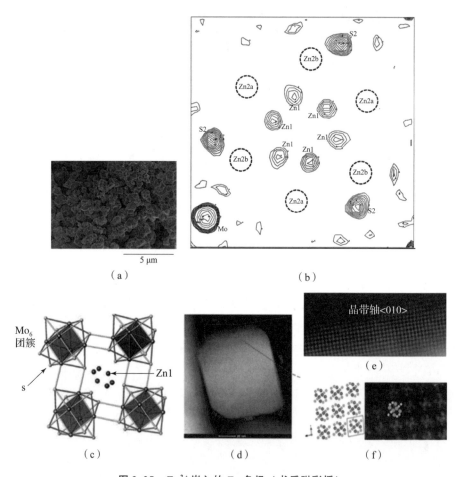

图 3.25　Zn^{2+} 嵌入的 Zn 负极（书后附彩插）

（a）Mo_6S_8 颗粒的 FE – SEM 图像；（b）在 Zn_2 原子定位前的细化阶段，$z = 0.029$ 处的（001）区域的傅里叶图；（c）$ZnMo_6S_8$ 中 Zn1 位置周围的局部结构；（d）单立方体 Mo_6S_8 颗粒的 STEM – HAADF 图像；（e）和（d）中矩形区域的原子尺度 STEM – HAADF 图像，显示了 Chevrel 团簇之间的巨大空间；（f）Mo_6S_8 相的晶体结构示意图及对应的 STEM 图像；

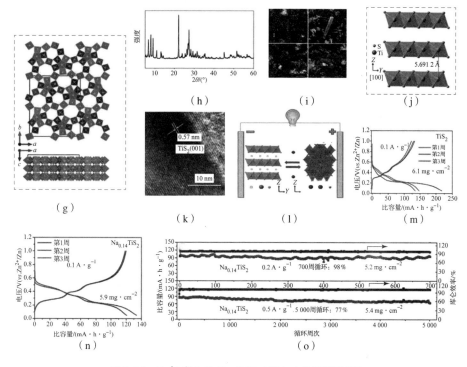

图 3.25　Zn^{2+} 嵌入的 Zn 负极（续）（书后附彩插）

（g）$Mo_{2.5+y}VO_{9+z}$ 主体框架（在理论上预测了 Mo 和 V 不同的氧化态和占据率，

绿色：Mo^{5+}/V^{4+}；红色：Mo^{6+}/V^{5+}；蓝色：Mo^{6+}/Mo^{5+}；橙色：Mo^{5+}；紫色：Mo^{6+}），

用黑色矩形表示单元格；（h）$Mo_{2.5+y}VO_{9+z}$ XRD 图谱；

（i）微波辅助化学插入法制备的 $Zn_xMo_{2.5+y}VO_{9+z}$ 样品的 SEM 图像；

（j）TiS_2 的晶体结构；（k）高分辨率 TEM 图像；（l）水系 $Na_{0.14}TiS_2/ZnMn_2O_4$ ZRBs 的结构示意图；

在 $0.1\ A\cdot g^{-1}$ 电流密度下，（m）TiS_2 和（n）$Na_{0.14}TiS_2$ 起始 3 周循环的充放电曲线；

（o）在 $0.2\ A\cdot g^{-1}$ 和 $0.5\ A\cdot g^{-1}$ 电流密度下，$Na_{0.14}TiS_2$ 的长期循环性能

2）$Zn_xMo_{2.5+y}VO_{9+z}$ 负极

在正极不含 Zn^{2+} 的 ZRBs 中，含 Zn 的负极可以释放出 Zn^{2+}，Zn^{2+} 作为载流子在两极之间移动。钼钒氧化物 $Mo_{2.5+y}VO_{9+z}$ 具有开放的通道结构，包含 Mo_6 八面体（$M/4Mo^{5+/6+}$ 或 $V^{4+/5+}$）的三元环通道、六元环通道和七元环通道 [图 3.25（g）、（h）]。Manthiram 等利用微波辅助法实现了 Zn^{2+} 的嵌入，制备了 $Zn_xMo_{2.5+y}VO_{9+z}$ [图 3.25（i）]。在水溶液电解质和非水溶液电解质中，$Zn_xMo_{2.5+y}VO_{9+z}$ 作为嵌入型负极具有良好的电化学性能。在 ZRBs 的应用中，Zn^{2+} 嵌层负极材料具有优异的性能和较好的应用前景。

3）$Na_{0.14}TiS_2$负极

TiS_2具有层状结构，且具有较大的层间距，有利于金属离子的嵌入/脱嵌［图 3.25（j）、（k）］。此外，TiS_2具有良好的塑性、稳定性和易调节的能带结构，是一种极具研究价值的负极材料。将 TiS_2 和预嵌 Na 的 TiS_2（$Na_{0.14}TiS_2$）作为水系 ZRBs 的嵌入型负极材料，Jiang 等对性能的差异进行了比较［图 3.25（l）］。如图 3.25（m）所示，TiS_2 的平均放电电位约为 0.3 V，作为负极材料，可以抑制 Zn 枝晶的生长和氢气的析出。但是，部分嵌入的 Zn^{2+} 不能可逆地脱嵌，导致电池性能恶化。将钠离子预嵌到 TiS_2 中得到 $Na_{0.14}TiS_2$，增大了材料的层间距，减少了 Zn^{2+} 嵌入对电极材料造成的不利影响，$Na_{0.14}TiS_2$ 的初始库仑效率达到 88%，电池的电化学性能得到了优化［图 3.25（n）］。同时，在相同的电流密度下，$Na_{0.14}TiS_2$ 具有良好的循环性能，50 周循环后容量保持率可达 99%［图 3.25（o）］。

目前，虽然在抑制 Zn 枝晶生长、提高电极利用率、提高循环可逆性等方面已经取得了重大突破，但是对嵌入型负极材料的研究还不够深入。因此，还需要对 Zn^{2+} 嵌入型负极材料的选取和优化进行探索。

3.2.4　电解质

电解质是"摇椅式"ZRBs 的重要组成部分。电解质中的盐、溶剂和添加剂对电极/电解质界面的稳定性、库仑效率、电极的化学/电化学稳定性、离子电导率、Zn^{2+} 迁移数、扩散系数和电压窗口都会产生显著的影响，最终影响电池的电化学性能。理想的电解质通常与电极和隔膜之间具有良好的相容性，高的化学和电化学稳定性，优异热稳定性，快速的离子迁移能力，较低的成本和环境友好性。目前在 ZRBs 中广泛应用的有水系电解质、有机电解质、水凝胶电解质和固态电解质等。

1. 水系电解质

由于具有不易燃、廉价、快速动力学、环境友好等优点，水系电解质（尤其是中性或微酸性的水系电解质）得到了学者们的广泛研究。但是中性水溶液稳定的工作电压窗口较窄（1.23 V *vs.* SHE），导致 ZRBs 的能量密度较低。此外，在充放电过程中容易发生析氢反应或析氧反应，导致 ZRBs 的电化学性能迅速衰减。为了改善电化学的可逆性，提高 ZRBs 的能量密度，需要进一步扩大电解质的电化学稳定窗口。

锌的盐溶液可作为应用到 ZRBs 中的水系电解质，包括 $ZnSO_4$、$Zn(CF_3SO_3)_2$、$Zn(NO_3)_2$、$Zn(TFSI)_2$、ZnF_2、$ZnCl_2$、$Zn(CH_3COO)_2$、$Zn(ClO_4)_2$ 和 $Zn(BF_4)_2$·

$x\mathrm{H_2O}$ 等。由于具有优异的稳定性且能够与电极良好相容，$\mathrm{ZnSO_4}$ 和 $\mathrm{Zn(CF_3}$ $\mathrm{SO_3)_2}$ 成为最常用的电解质。与 $\mathrm{ZnSO_4}$ 相比，适当浓度的 $\mathrm{Zn(CF_3SO_3)_2}$ 具有更高的库仑效率、更好的稳定性和更快的反应动力学，能够有效抑制电极材料的溶解，同时减少析氢反应的发生［图 3.26（a）、（b）］，但 $\mathrm{Zn(CF_3SO_3)_2}$ 盐的成本相对较高。

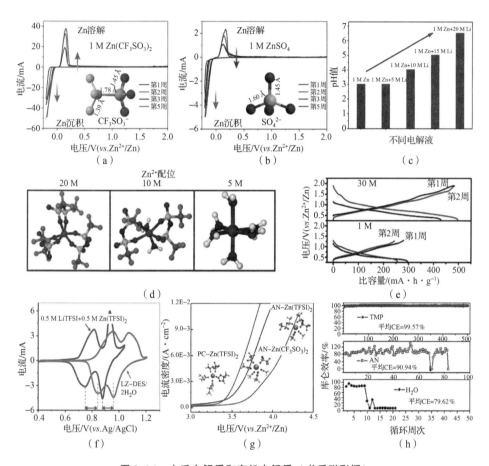

图 3.26　水系电解质和有机电解质（书后附彩插）

（a）1 M $\mathrm{Zn(CF_3SO_3)_2}$ 和（b）1 M $\mathrm{ZnSO_4}$ 的 CV 曲线；（c，d）LiTFSI 浓度对阳离子溶剂 – 鞘结构和体相性能的影响；（e）$\mathrm{ZnCl_2}$ 浓度对容量和电压的影响；（f）深水共熔溶剂；（g）AN – Zn（TFSI）$_2$、AN – Zn（$\mathrm{CF_3SO_3}$）$_2$ 和 PC – Zn（TFSI）$_2$ 有机电解质的 CV 曲线；（h）Zn/SS 电池在 TMP、AN 和水溶液中的库仑效率

采用含有适量添加剂的高浓度盐溶剂体系（如 $\mathrm{MnSO_4}$、$\mathrm{Mn(CF_3SO_3)_2}$、$\mathrm{Na_2SO_4}$ 等），可以提高库仑效率，抑制析氢反应，拓宽电化学稳定窗口。Wang 等在高浓度的中性电解质［1 M Zn（TFSI）$_2$ + 20 M LiTFSI］中进行的 Zn 沉积/

剥离过程中没有 Zn 枝晶形成（库仑效率为 100%），无论正极是 $LiMn_2O_4$ 还是 O_2 的 ZRBs 都具有较高的可逆性［图 3.26（c）、（d）］。与低浓度的 LiTFSI 电解质相比，pH 值接近 7 的高浓度电解质具有较高的 Li^+ 浓度且水分子被限制在 Li^+ 的溶剂化结构中，表现出更好的稳定性［图 3.26（d）］。Zhao 等制备了一种深水低共熔溶剂（water – in – deep eutectic solvent，DES）［含有约 30 mol% H_2O 的尿素/LiTFSI/Zn（TFSI）$_2$ 共熔混合物］电解质，其中所有的水分子都参与了溶剂的内部相互作用［图 3.26（f）］。在平均放电电压为 1.92 V 时，在水和 DES 介质的协同作用下，$Zn/LiMn_2O_4$ 电池具有良好的可充电性。Zhang 等发现，含有极少量自由水分子的 30 M $ZnCl_2$ 盐包水电解质构成的 ZRBs 具有良好的可逆性。尤其是当 $ZnCl_2$ 浓度从 1 M 增加到 30 M 时，ZRBs 的比容量和电压窗口都得到了显著提高［图 3.26（e）］。除此之外，其他优化的电解质［如乙酰胺 – Zn（TFSI）$_2$ 共熔电解质］也可以提高 ZRBs 的电化学性能。结果表明，合适的、具有高性能的电解质在拓宽工作电压的同时能够提升 ZRBs 的比容量和循环稳定性。

2. 有机电解质

除了水系电解质，有机电解质［如乙腈（AN）］不仅能够有效地抑制氢气的析出，而且能够为 ZRBs 提供更宽的电压窗口，因此得到了广泛的研究。如图 3.26（g）所示，适当浓度（0.5 M）的 AN – Zn（TFSI）$_2$、AN – Zn（CF_3SO_3）$_2$ 和 PC – Zn（TFSI）$_2$ 电解质具有较宽的电化学窗口，分别达到 3.7、3.5 V 和 3.4 V（vs. Zn^{2+}/Zn）。此外，由适当的有机盐和有机溶剂构成的有机电解质具有良好的可逆性。由于具有较高的电化学/化学稳定性，TEP：H_2O（7：3）– Zn（CF_3SO_3）$_2$（以 KCuHCF 为正极）和 TMP/碳酸二甲酯 – Zn（CF_3SO_3）$_2$［图 3.26（h），以 VS_2 为负极］作为有机电解质的 ZRBs 具有较高的库仑效率（>99%）和较好的循环稳定性。有机电解质在 ZRBs 中具有较好的应用前景，但相关的研究仍处于起步阶段，同时还存在一些问题需要解决，如界面电荷转移缓慢导致的电压滞后大、离子电导率低、倍率性能差等。此外，有机电解质中的电荷储存机制与水系电解质的不同，还需要进一步研究。

3. 水凝胶电解质和固态电解质

水凝胶电解质和固态电解质作为电解质、黏合剂和分离器制造一体化柔性器件，广泛地应用在高性能的 ZRBs 中。水凝胶电解质和固态电解质作为促进离子迁移的物理框架能够抑制水的分解和水分的蒸发、抑制析氢反应的发生、避免电解质泄漏和稳定电化学性能；同时，具备优越的机械柔韧性，极大地推动了柔性可穿戴储能设备的发展。作为 ZRBs 的水凝胶电解质，对聚丙烯酰胺 [图 3.27 （a）]、明胶、聚乙烯醇（PVA） [图 3.27 （e）]、聚丙烯酸钠、两性离子磺基三甲铵乙内酯/纤维素（zwitterionic sulfobetaine/库仑效率 llulose，ZSC）[图 3.27 （c）]、瓜尔胶生物聚合物等各种聚合物的研究已有报道。

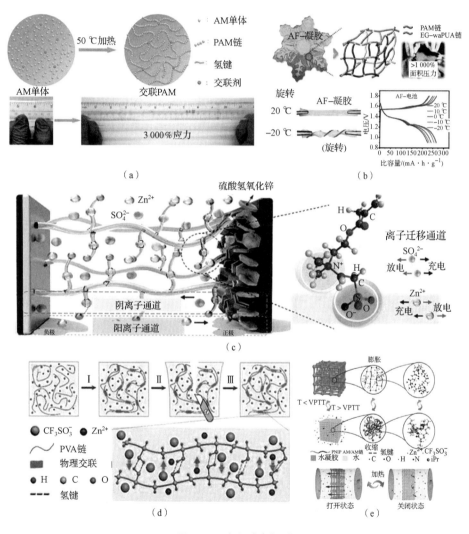

图 3.27　水凝胶电解质

（a）PAM 水凝胶；（b）抗冻水凝胶电解质；

（c）生物相容性两性离子磺基三甲铵乙内酯/纤维素水凝胶电解质；

（d）自愈 PVA – Zn（CF₃SO₃）₂水凝胶电解质；（e）热控聚合物电解质

Tang 等人制备了三维分层 Zn^{2+} 导体凝胶电解质，发现将其应用到 Zn/MnO_2 电池中具有良好的循环稳定性和优异的倍率性能。Mo 等设计了一种抗冻水凝胶电解质，该电解质在 -20 ℃的环境下仍可以保持较高的离子电导率 [图 3.27（b）]。应用于 Zn/MnO_2 电池中，凝胶电解质具有良好的自愈特性且在长循环下具有良好的稳定性。Mo 等合成的生物相容性 ZSC 水凝胶电解质具有较高的离子电导率（24.6 mS·cm^{-1}），能够提供充足的正负离子迁移通道且加快离子的迁移 [图 3.27（c）]。此外，一些水凝胶电解质还具有智能化功能，能够适应恶劣的环境。Huang 等制备的用于 ZRBs 的 PVA - Zn(CF$_3$SO$_3$)$_2$ 水凝胶电解质可以在多周循环后恢复其原始的电化学性能，具有良好的自愈性 [图 3.27（d）]。Zhu 等研发了一种聚异丙基丙烯酰胺 [poly(N - isopropylacrylamide)，PNIPAM] 水凝胶电解质 [图 3.27（e）]，发现随着温度的升高，PNIPAM 的孔隙结构由开向闭，润湿性也由亲水转向疏水，说明这种独特的热响应功能有助于在高温环境下实现良好的自我保护，保持较长的循环寿命。

3.2.5　小结与展望

综上所述，在众多能源存储系统中，ZRBs 显示出良好的发展潜力，并获得了研究学者们的广泛研究。本小节对近年来应用于 ZRBs 中材料的研究进展进行了系统的总结，包括对各种类型的正极材料、负极材料和电解质进行了简要介绍。

1. 正极材料

开发稳定性好、容量高、效率高的正极材料是改善 ZRBs 性能的关键。虽然已经有很多研究工作围绕优化 ZRBs 正极材料展开，但设计出能够实现更高 ZRBs 性能要求的正极材料仍然具有挑战。目前，由于 Zn^{2+} 扩散动力学缓慢，正极材料选择有限，ZRBs 正极材料的研究仍处于起步阶段。除此之外，正极材料在充放电过程中的工作机理较为复杂，深入研究其储能机理，对于提升 ZRBs 的性能同样具有重要的意义。

2. 负极材料

Zn 负极的库仑效率较低，可逆性较差，同时面临的枝晶生长和钝化等问题严重限制了 ZRBs 性能的提升，引起了研究学者们关注。为了提升 Zn 电极的性能，报道了一些有效的改进策略，如加入添加剂、涂覆工艺等。在不同的电解质中，Zn 负极具有不同的反应机制、不同的氧化还原电位。在碱性电解质中，Zn 负极存在严重的腐蚀、溶解、钝化（形成致密的 ZnO 层）、枝晶形成和析氢等问题。与碱性体系相比，在中性和大多数微酸性含水盐电解质中，虽然 Zn 负极的钝化在一定程度上得到了抑制，但会发生 Zn 负极的腐蚀同时还经常伴随析氢副反应的发生。因此，在 Zn 负极的改进方面，同样面临巨大挑战。

3. 电解质

电极与电解质的相互作用通常会影响电极材料的储能行为，为了进一步提升 ZRBs 的性能，需要进一步对电解质展开研究，包括固态电解质的开发和液态电解质的优化等。目前，液态电解质得到广泛关注，其中 KOH 是应用最广泛的碱性电解质，$ZnSO_4$、$Zn(CF_3SO_3)_2$ 和 $Zn(TFSI)_2$ 是常用的中性电解质。由于具有较低的溶剂化效应，$Zn(CF_3SO_3)_2$、$Zn(TFSI)_2$ 和 $Zn(OTf)_2$ 的电化学性能要优于 $ZnSO_4$ 电解质。此外，采用超浓电解质或盐包水电解质能够有效地拓宽电化学窗口并且减少副反应的发生，提高 HER 和 OER 的过电位，拓宽电化学窗口，实现 ZRBs 性能的提升。

总之，ZRBs 具有较好的安全性、生态友好性和较低的成本。随着研究和优化的不断深入，ZRBs 的商业化前景较为可观。但是，ZRBs 的发展还处于起步阶段，其性能的优化需要进一步系统、科学的研究，进而满足人们对于能源的需求。

|3.3　镁二次电池|

3.3.1　镁二次电池简介

具有储备丰富、稳定性好、成本低和生态友好等优点的镁二次电池是极具研究价值的储能装置之一。Mg 具有较高的理论比容量（2 205 $mA \cdot h \cdot g^{-1}$）和体积比容量（3 833 $mA \cdot h \cdot cm^{-3}$）。相比 Li 元素（0.002%），地壳中 Mg 元素较高的含量（2.9%）有效降低了 MRBs 的生产成本。最重要的是，与 Li 金属电极和 Na 金属电极不同，Mg 金属电极在循环过程中不会形成枝晶。MRBs 作为新一代的储能设备得到了越来越多的关注。

通常，MRBs 由四部分组成：正极、负极、电解质和隔膜。通过电化学反应,实现电子和离子在两电极与电解质之间传输,MRBs 进行能量存储。MRBs 的性能主要受电子的传输、离子的嵌入/脱嵌过程、电极材料结构的稳定性以及电解质中离子的传输速率影响。其中,Mg^{2+} 在电极材料中可逆地嵌入和脱嵌是实现高容量的 MRBs 的关键。然而,二价态的 Mg^{2+} 具有较强的极化性质,与电极材料具有较强的相互作用,Mg^{2+} 在材料中快速地嵌入/脱嵌受到阻碍,抑制了离子的扩散过程。并且有机溶剂(如碳酸酯、腈)和镁盐{如 $Mg(ClO_4)_2$、$Mg(SO_3CF_3)_2$、$Mg[N(SO_2CF_3)_2]_2$}会在金属 Mg 上形成钝化膜,该层沉积的钝化膜会阻碍反应的进行,减小电压窗口,降低 MRBs 的能量密度。因此,想要进一步提升 MRBs 的性能,满足人们日益增长的能源需求,需要发掘更多具有优异性能的电极材料和电解质。下面将对 MRBs 中常用的正极材料、负极材料和电解质进行介绍。

3.3.2 正极材料

为了使 MRBs 具有更好的性能,正极材料应具有以下特点:①较高比容量和工作电位;②快速且可逆的 Mg^{2+} 扩散动力学;③良好的循环稳定。目前,正极材料的研究主要集中在过渡金属化合物上,包括金属铋化物、金属硒化物和金属氧化物。除此之外,聚阴离子化合物、有机物等其他正极材料也有报道。

1. 过渡金属硫化物

1)Chevrel 相

Chevrel 相 $M_xMo_6T_8$ 化合物(M = 金属,如 Li、Mg、Cu、Zn 等,以及 T = S、Se、Te 等)是超导材料。由 Mo 团簇(Mo_6)构成,此类材料具有灵活的阴离子骨架结构、多向的扩散路径和不同类型的空腔,能够嵌入不同尺寸的阳离子,甚至能够实现四价离子的嵌入。如图 3.28(a)所示,Chevrel 相 Mo_6S_8 具有三维开放结构,每个 Mo_6 中有 12 个位点,能够作为扩散通道,实现 Mg^{2+} 的快速扩散。由于几何效应和静电相互作用,Mg^{2+} 嵌入后主要占据 Mo_6S_8 团簇之间的 A、B 位点 [图 3.28(b)]。在初始嵌入阶段,Mg^{2+} 优先占据 A 位点,如式(3.7)所示。占据 A 位点后,Mg^{2+} 进一步占据外部的 B 位,如式(3.8)所示。

$$Mo_6S_8 + Mg^{2+} + 2e^- \leftrightarrow MgMo_6S_8 \qquad (3.7)$$

$$MgMo_6S_8 + Mg^{2+} + 2e^- \leftrightarrow Mg_2Mo_6S_8 \qquad (3.8)$$

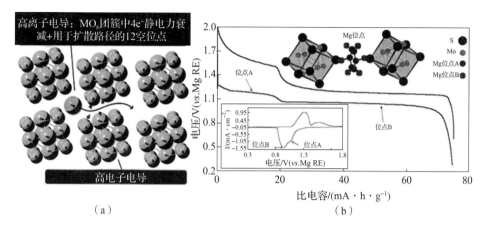

（a）　　　　　　　　　　　　　（b）

图 3.28　Mg²⁺ 在 Chevrel 相 Mo₆S₈ 中的扩散

（a）Mg²⁺ 离子在 Chevrel 相 Mo₆S₈ 中的固相扩散示意图；

（b）Mo₆S₈ 阴极的电化学行为和基本结构

　　研究人员尝试了各种改进方法，设法进一步提高 Mo₆S₈ 的性能。经研究发现，减小颗粒尺寸能够显著缩短 Mg²⁺ 的扩散路径，进而加快离子扩散动力学，因此可通过减小 Mo₆S₈ 纳米尺度团簇的粒径来提高 MRBs 的性能。纳米材料通常具有较大的比表面积，能够增加电极材料与电解质的有效接触面积，增加反应活性位点的数量。在氩气和空气中，Schöllhorn 等对 Mo₆S₈ 进行不同时间的球磨，研究了球磨时间对材料表面积的影响，发现球磨能够有效减小 Mo₆S₈ 颗粒的尺寸，提高颗粒的表面电导率。与空气相比，Ar 气氛能有效抑制 Mo₆S₈ 颗粒表面副反应的发生。Cho 等通过球磨法制备了亚微米级的 Mo₆S₈，发现较小的颗粒可以为 Mg²⁺ 提供更短的扩散路径，从而实现电化学性能的提升。Mao 等通过碘蒸气输送反应（iodine vapor transport reaction，IVT）获得了高纯度的 Mo₆S₈ 纳米片。具有三维结构的碘能够调控 Mo₆S₈ 的生长动力学，诱导定向生长，进而形成纳米片。与传统的制备方法得到的 Mo₆S₈ 颗粒相比，Mo₆S₈ 纳米片具有较低的极化率、更高的容量和更好的低温性能（−40 ℃）。

　　作为 Mo₆S₈ 的前驱体，Cu$_x$Mo₆S₈ 能够进行快速的 Mg²⁺ 嵌入和脱嵌，具有良好的性能。在循环过程中，Cu$_x$Mo₆S₈ 中 Cu 元素的存在能够有效抑制电荷捕获，提升了 Mg²⁺ 的传输动力学，对 MRBs 的性能的提升具有积极影响。尽管 CuMo₆S₈ 的理论容量略低于 Mo₆S₈（114 mA·h·g⁻¹ vs. 122 mA·h·g⁻¹），但其具有较好的倍率性能和循环稳定性。通过化学嵌层法，Woo 等成功制备了 CuMo₆S₈ 正极材料。通过简单的化学法嵌入的 Cu 不仅重新调控了材料的组成，并且能够提升 MRBs 的电化学。在 PhMgCl – AlCl₃/THF 电解质中，CuMo₆S₈ 的相变是可逆的，在超过 50 周循环后容量仍然保持稳定。Cu$_x$Mo₆S₈ 传统的合成方法（固相和熔盐法）通常需要较长的反应时间、复杂的合成步骤和复杂的反应条件，需要对更简单的合成方法进行探索。以 CuS、Mo 和 MoS₂ 为前驱体，采用高能球磨方法，Saha 等成功合成了具有稳定容量、较高库仑效率和良好倍率性能的 Cu$_x$Mo₆S₈。

虽然 Chevrel 相化合物具有稳定的循环性能和较快的 Mg²⁺ 扩散动力学，但 Chevrel 相化合物具有较低的理论容量（< 150 h·g⁻¹）和较低的输出电压（< 1.5 V），限制了其在 MRBs 中的应用。事实表明，Chevrel 相化合物只能算是中等或低能量密度正极材料，Mo₆S₈ 通常作为正极材料的评判标准，用来评估其他 MRBs 正极材料或电解质的适用性。

2）TiS₂

二维层状过渡金属硫化物 MX₂（M = Ti、M、Nb、W、V、X = S）具有较弱的层间范德华相互作用和较大的层间距离，是离子嵌层的理想宿主材料。Tao 等发现，以 Mg(ClO₄)₂ – AN 为电解质，以 TiS₂ 纳米管为正极、Mg 金属为负极组装成的电池，在 10 mA·g⁻¹ 电流密度下的初始最大放电容量为 236 mA·h·g⁻¹，在 20 ℃下循环 80 周后的容量仍保持在 78%。TiS₂ 具有较高的理论容量，但 Mg²⁺ 在室温下的迁移势垒较高（> 1 eV）。因此，许多研究人员设法通过提高温度和减小材料的粒度来提高 Mg²⁺ 在 TiS₂ 中的迁移速率。制备纳米尺度电极材料可以缩短 Mg²⁺ 的扩散路径，同时也能改善电极/电解质的相互作用。通过第一性原理计算与实验结果相结合，Saha 等揭示了 Mg²⁺ 嵌入 TiS₂ 的机理：在全苯基络合物（all – phenyl complex，APC）/THF 电解质中，Mg²⁺ 的嵌入过程涉及一个多步骤的嵌入机制。Mg²⁺ 首先占据 TiS₂ 的八面体位点，随着不断的嵌入，又占据四面体位点。四面体位点占据过程在电化学上是可逆的，而八面体位点占据过程通常是不可逆的。Tchitchekova 等发现，在 Mg(TFSI)₂/EC/PC 电解质中，只有溶剂化的 Mg²⁺ 能够嵌入 TiS₂ 层间，如式（3.9）所示。

$$[x\mathrm{Mg}^{2+} - y\mathrm{S_L}] + 2\mathrm{e}^- + \mathrm{TiS_2} \rightleftharpoons \mathrm{Mg}_x\mathrm{S_L}\mathrm{TiS_2} \tag{3.9}$$

$\mathrm{S_L}$ 是 EC 和 PC 的通用表示符号。由于电解质与 Mg²⁺ 具有较强的相互作用，非溶剂化的 Mg²⁺ 不能从 EC/PC 混合物中嵌入 TiS₂。然而，由于溶剂分子能够部分屏蔽 Mg²⁺ 的电荷，溶剂化可以促进 Mg²⁺ 的扩散进而实现 Mg²⁺ 在 TiS₂ 中的嵌入。Yoo 等将 PY14⁺ 嵌入 TiS₂ 层间制备了层间距拓宽的正极材料，并以金属 Mg 作为负极，以传统含氯的镁盐作为电解质组装 MRBs，实现了

MgCl$^+$ 阳离子在 TiS$_2$ 中的嵌入 [图 3.29]。一价 MgCl$^+$ 作为嵌入离子时，离子嵌入过程只是简单的脱溶过程（$E_a \sim 0.8$ eV），不涉及 Mg – Cl 键的断裂。与 Mg^{2+} 相比，MgCl$^+$ 在正极材料中的扩散能垒显著降低（~ 0.18 eV），扩散速率显著提高。

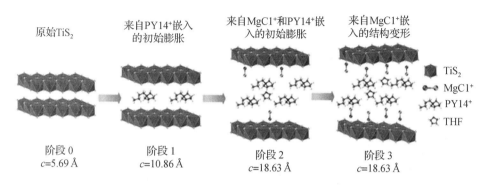

图 3.29　TiS$_2$ 在不同离子嵌入阶段的结构演化示意图

3）TiS$_3$

层状 TiS$_3$ 也可作为 MRBs 的正极材料。Arsentev 等利用第一性原理计算对 TiS$_3$ 的电化学性能进行了研究，Mg^{2+} 离子在 TiS$_3$ 中的迁移势垒仅为 0.292 ~ 0.698 eV（取决于嵌入 Mg 的量），远低于在层状和尖晶石状 TiS$_2$ 中的迁移势垒值（0.8 ~ 1.2 eV），说明 TiS$_3$ 在离子传输方面具有优势。Taniguchi 等通过高温固相反应合成了具有 d – p 轨道杂化的 TiS$_3$。d – p 轨道杂化的电子结构使 Mg^{2+} 在 TiS$_3$ 单元上发生电荷离域，有利于实现 Mg^{2+} 可逆的嵌入/脱嵌。但随着 Mg 含量的增加，TiS$_3$ 会发生不可逆分解，形成 MgS 和 TiS$_2$，具有较差的电化学稳定性。

4）MoS$_2$

MoS$_2$ 是一种广泛应用于储能系统的层状金属硫化物，具有与石墨烯类似的结构，可以实现较快的 Mg^{2+} 嵌入和脱嵌，具有较高的理论比容量（223.2 mA·h·g^{-1}）。利用第一性原理，Yang 等对 Mg^{2+} 在无缺陷的单层 MoS$_2$ 纳米片中的嵌入行为展开了研究，发现 Mg^{2+} 在 MoS$_2$ 纳米片表面的扩散能垒仅为 0.48 eV，是在大尺寸材料层间迁移能垒（2.61 eV）的 1/5 [图 3.30 (a)]。无缺陷单层 MoS$_2$ 正极上的反应可以总结为式（3.10）：

$$6\,\text{MoS}_2 + 4\,\text{Mg}^{2+} + 8\,\text{e}^- \leftrightharpoons \text{Mg}_4\text{Mo}_6\text{S}_{12} \tag{3.10}$$

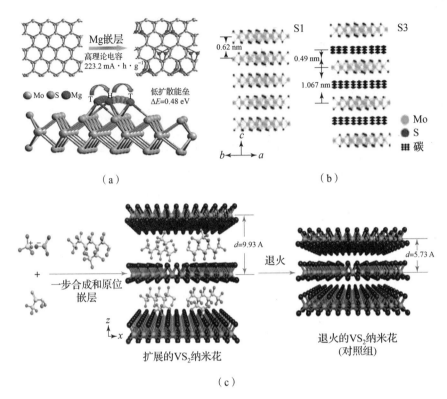

图 3.30　Mg^{2+} 在 MoS_2 纳光片中的嵌入行为及扩散动力学改善
与在 VS_2 正极材料中的扩散动力学改善

（a）Mg 在 MoS_2 纳米片表面的扩散路径；（b）类石墨烯 MoS_2/C 的微观结构示意图；

（c）原位嵌层 VS_2 纳米花和原位脱嵌 VS_2 纳米花制备的工艺流程示意图

　　无缺陷的单层 MoS_2 两侧都能够嵌入 Mg^{2+}，容量高达 223.2 mA·h·g^{-1}。通过溶剂热法，Chen 等制备了一种高度剥离的、石墨烯状的 MoS_2（G - MoS_2），其工作电压为 1.8 V，在 20 mA·g^{-1} 时的放电容量为 170 mA·h·g^{-1}。尽管 G - MoS_2 具有与石墨烯类似的结构，且剥离程度较高，但仍不是理想的单层结构，且实际容量仅达到理论容量的 76%，Mg^{2+} 只能从 MoS_2 层的一侧嵌入。

　　近些年，为了更好地改善 Mg^{2+} 在 MoS_2 中的扩散动力学，研究学者们提出了几种策略，如图 3.31 所示。Liu 等将水热炭化的葡萄糖嵌入 MoS_2 层之间，合成了具有碳质材料和三明治结构的类石墨烯 MoS_2/C 微球。碳质材料不仅提高了 MoS_2 的电导率，还扩大了 MoS_2 的层间距离 [图 3.30（b）]。Jiao 等通过将石墨烯嵌入 MoS_2 层中，制备了三明治结构的 MoS_2/石墨烯，发

现其具有优异的 Mg^{2+} 存储容量和良好的循环性能。Shuai 等发现，拓宽的层间距能够很好地改善 Mg^{2+} 在 MoS_2 中的嵌入动力学。通过控制环氧乙烷（ethylene oxide，PEO）的嵌入量，Liang 等合成了层间距离可调的 MoS_2 – PEO 纳米复合材料。随着层间距从 0.62 nm 提高到 1.45 nm，MoS_2 – PEO 的比容量提高了 200%，Mg^{2+} 迁移率提高了 100 倍。Li 等实现了 Mg^{2+} 与溶剂在 MoS_2 中的共嵌入。与 Mg^{2+} 相比，溶剂化 Mg^{2+}（$[Mg(DME)_x]^{2+}$）具有更大的离子半径和较低的电荷密度，在 MoS_2 上的扩散能垒降低，具有更快速的嵌入动力学。

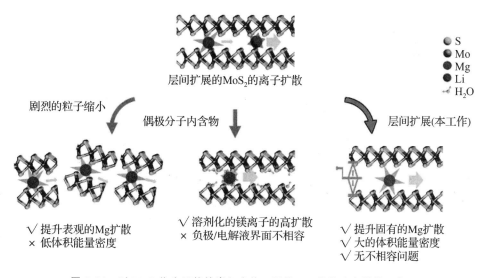

图 3.31　以 MoS_2 作为层状的嵌入主体，强化 Mg 扩散动力学的示意图

5）其他过渡金属硫化物

其他硫化材料，如 Ti_2S_4、CuS、VS_4 和 VS_2，也可作为 MRBs 的正极材料。在 60 ℃ 下，Sun 等对 Ti_2S_4 尖晶石的循环稳定性进行了测试，在平均电压为 1.2 V 时，Ti_2S_4 能够提供的容量高达 $200\ mA\cdot h\cdot g^{-1}$。随后，与 Ti_2S_4 具有类似结构的 Cr_2S_4、Mn_2S_4、Zr_2S_4 等材料也得到了研究，但室温下 Mg^{2+} 较为缓慢的扩散动力学阻碍了这些材料的实际应用。Nazar 等对 CuS 正极材料在 APC 电解质中的电化学性能进行了研究，发现 CuS 是一种转化材料，具有较高的理论容量（$560\ mA\cdot h\cdot g^{-1}$），但实际容量很低，且室温下的循环稳定性较差。减小 CuS 纳米粒子的粒径是提升可逆性的有效手段。

VS_4 具有独特的一维原子链纳米结构，为 Mg^{2+} 离子的扩散提供了开放的通道和足够的活性位点。Li 等发现，独特的结构使 VS_4 具有快速的 Mg^{2+} 扩散动力学，独特的电子构型赋予 VS_4 较高的氧化还原活性，阳离子和阴离子都为可逆的多电子氧化还原反应做出贡献。随着［BMP］$^+$（1－丁基－1－甲基吡咯烷氯铵，［BMP］Cl）的嵌入，链间扩展的 VS_4 具有较高的可逆容量。采用相似的方法，在 VS_2 正极材料的层间嵌入异辛胺等分子或 $PP14^+$ 等离子［图 3.30（c）］，扩大的 VS_2 间距不仅提高了 Mg^{2+} 的扩散系数和结构稳定性，而且提升了电极材料的 Mg^{2+} 存储性能。此外，层状 WS_2－石墨烯复合材料也表现出优异的 Mg^{2+} 存储能力和循环稳定性。优异的性能得益于碳链的稳定性和良好的导电性，其为金属薄膜提供物理支撑的同时，还促进了充放电过程中离子和电子的传输。

2. 过渡金属硒化物

1）$TiSe_2$

通过 Se 取代硫化物中的 S，Mao 等合成了具有较高电导率的过渡金属硒化物，发现其具有较大的离子扩散通道，且与 Mg^{2+} 之间的相互作用较弱，降低了 Mg^{2+} 的扩散能垒。Gu 等合成了具有微米尺寸的 $TiSe_2$ 正极材料，发现 $TiSe_2$ 的 d－p 电子轨道发生杂化，并研究了电子结构对 Mg^{2+} 嵌入过程的影响，发现金属配体单元中强化的 d－p 轨道杂化会引发电荷离域，能够加快 Mg^{2+} 的嵌入/脱嵌。

2）WSe_2

以 Se 粉和 W 箔作为原料，通过化学气相沉积法，Liu 等合成了 WSe_2 纳米线（7~100 nm）。如图 3.32（a）所示，独特的纳米线形貌为 Mg^{2+} 的嵌入提供了较多的活性位点和较短的扩散路径。

3）Cu_2Se

Tashiro 等合成了微米尺度的 β－Cu_2Se 正极材料，以 Mg 金属作为负极，以 $Mg(AlCl_2EtBu)_2$－THF 作为电解质，组装成了 MRBs 并进行电化学性能测试。正极的平均比容量为 117 mA·h·g^{-1}，达到理论容量（260 mA·h·g^{-1}）的 45%。在非化学计量的 $Cu_{2-x}Se$ 中，Cu^+ 在 Se 原子间无序分布，且 $Cu_{2-x}Se$ 电导率比 Cu_2Se 高 3 000 倍，在 Mg^{2+} 存储上具有优势。Chen 等合成的 $Cu_{2-x}Se$ 纳米片，具有层层自组装的海星状结构。在 100 mA·g^{-1} 的电流密度下，$Cu_{2-x}Se$ 纳米片的可逆容量高达 210 mA·h·g^{-1}，同时具有优秀的倍率性能（在 1 000 mA·g^{-1} 的电流密度下，容量为 100 mA·h·g^{-1}）和良好的循环稳定性（超过 300 周循环）。Cheng 等将作为电荷载体的 Cu^+ 嵌入 Cu_3Se_2 正极材料中，加快了充放电过程中的反应动力学。在充放电过程中，Cu^+ 发生高度可逆的氧

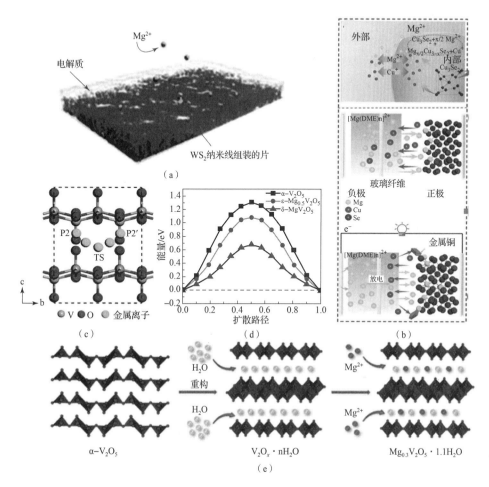

图 3.32 不同正极材料中在充放电过程中的储 Mg 机制

（a）由 WSe$_2$ 纳米线作为正极材料的 MRBs 的工作原理示意图；

（b）Cu$_3$Se$_2$ 体相中 Cu$^+$ 的溶解机理（上图）、在静置过程中 Cu$_3$Se$_2$ – Mg 电池中

Cu$^+$ 的溶解和转化机理（中图）以及放电过程的原理示意图（下图）；

（c）在 δ – V$_2$O$_5$ 中，Mg 迁移能垒最小的路径；（d）不同形态 V$_2$O$_5$ 中 Mg 的迁移能垒；

（e）具有双层结构的 Mg$_{0.3}$V$_2$O$_5$ · 1.1H$_2$O 的合成示意图和电化学性能

化还原反应，此反应能够对 Mg^{2+} 在 Cu$_3$Se$_2$ 正极材料中嵌入/脱嵌的动力学产生影响［图 3.32（b）］。电化学测试显示，MRBs 的可逆比容量达到 310 mA·h·g^{-1}，同时具有较低的极化性能、优异的倍率性能和良好的循环稳定性。Peng 等发现 Mg^{2+} 离子在 NbSe$_2$ 中嵌入/脱嵌的放电平台在 1.3 V 出现，但由于 Mg^{2+} 较强的极化作用，活性位点被占据后的再生能力较差，充放电过

程中，$NbSe_2$ 的容量会迅速下降。

迄今为止，过渡金属硒化物在 MRBs 中的应用还比较少。在各种硒化物中，具有较高容量和较稳定放电电压的 WSe_2 作为正极材料的应用相对更为广泛。一价铜离子的化学平衡调控策略为加快正极材料中离子扩散动力学提供了新的思路。除此之外，有必要通过结构工程和尺寸优化等方法进一步开发性能优异的硒化物正极材料，以实现 MRBs 性能的进一步提升。

3. 过渡金属氧化物

为了实现 MRBs 性能的进一步优化，正极材料至少应该具有以下两个特性：①拥有较高的 Mg^{2+} 嵌入电压；②具有较大的 Mg^{2+} 嵌入容量。由于氧 – 金属键较为稳定，过渡金属氧化物具有较强的离子性质和较高的正极氧化电位。作为 MRBs 的正极材料，不同的过渡金属氧化物（如 V_2O_5、MnO_2、MoO_3、TiO_2 等）具有不同的嵌入和转化机理，引发了人们的研究热潮。

1）钒氧化物

Novak 等首次将层状结构的 V_2O_5 作为正极材料应用到 MRBs 中，且在充放电过程中实现了 Mg^{2+} 可逆嵌入/脱嵌。通过第一性原理计算方法，Novak 等对 Mg^{2+} 在层状 V_2O_5 正极材料中的嵌入/脱嵌机理展开研究。随着 Mg^{2+} 嵌入量的增加（0 ~ 1），V_2O_5 的结构由 $\alpha - V_2O_5$ 转变为 $\varepsilon - Mg_{0.5}V_2O_5$ 和 $\delta - MgV_2O_5$。嵌入 Mg^{2+} 后，V_2O_5 的能带间隙减小，说明 Mg^{2+} 的嵌入有利于提高 $\alpha - V_2O_5$ 电极材料的电导率。并且，Mg^{2+} 在 $\delta - MgV_2O_5$ 中的迁移能（0.68 eV）比在 $\varepsilon - Mg_{0.5}V_2O_5$（1.06 eV）和 $\alpha - V_2O_5$（1.30 eV）中更低，说明离子传输动力学加快 [图 3.32（c ~ d）]。Mg^{2+} 沿 $\alpha - V_2O_5$ 的 b 轴方向进行扩散，且优先分布在由 4 个 V 原子组成的四边形中心位点的上方和附近。与 $\alpha - V_2O_5$ 相比，$\delta - MgV_2O_5$ 具有更好的 Mg^{2+} 迁移能力和更高的电压，是具有优势的 MRBs 正极材料。但是，$\delta - MgV_2O_5$ 的热力学稳定性较差，只有在几乎完全放电状态下才能稳定存在。Fu 等利用同步衍射和 X – 射线吸收光谱对 $V_2O_5/Mg(ClO_4)_2 - AN/Mg_xMo_6S_8$ 电池系统中 $\alpha - V_2O_5$ 的结构演化和电荷补偿机制进行了研究。

为了提升钒氧化物电化学性能，研究学者们聚焦到电极材料改性上：①调控电极材料的结构。以 $Mg(ClO_4)_2/AN$ 为电解液，Tepavcevic 等在碳纳米泡沫上通过电化学过程原位生长了具有双层纳米带结构的 V_2O_5，并对 Mg^{2+} 嵌入过程的电化学性能展开研究。该电极具有开放的骨架结构，首次放电容量为 $240\ mA \cdot h \cdot g^{-1}$，但是电容随着循环的进行急剧下降。Mukherjee 等制备了具有分层结构的单分散球形 V_2O_5 正极材料。以无水 $Mg(ClO_4)_2$ – AN 为电解质，V_2O_5 的起始放电容量达到 $225\ mA \cdot h \cdot g^{-1}$，且放电容量随着电化学过程的进行稳定在 $190\ mA \cdot h \cdot g^{-1}$ 左右。②在电解质中加入少量的水，降低 Mg^{2+} 的极化程度。Novak 和 Sa 等发现，在电解质中加入少量的水可以降低 Mg^{2+} 的极化，进而显著加快 Mg^{2+} 从材料中的脱嵌。由于电解质中的水和 V_2O_5 中的结构水都与 Mg^{2+} 存在配位作用，Sai 和 Sa 等发现 Mg^{2+} 与水的共同嵌入能够提升 V_2O_5 的放电电压。③通过层间嵌入修饰正极材料。通过在层间嵌入 PEO，Perera 等将 V_2O_5 的层间距从 11.6 Å 拓宽到 12.6 Å。PEO 的加入能够屏蔽 Mg^{2+} 与 V_2O_5 晶格间的强相互作用，提高了 Mg^{2+} 扩散动力学。因此，与 V_2O_5 相比，V_2O_5 – PEO 纳米复合材料的放电电容提高了 4 倍。④制备复合材料。通过制备 V_2O_5 复合材料（与碳材料或其他金属材料复合）进一步提高 Mg^{2+} 储存能力。An 等合成的水合 V_2O_5 纳米线/石墨烯纳米复合材料具有较大的表面积和优异的结构稳定性。与多晶 V_2O_5 相比，Mg^{2+} 在非晶 V_2O_5 – P_2O_5（V_2O_5：P_2O_5 = 75：25）正极材料中的嵌入电压较高。水合 V_2O_5 纳米线中的晶体水对 Mg^{2+} 具有保护作用，提供了较快的电子/离子传输通道，加快了 Mg^2 嵌入动力学，提升了 MRBs 的电化学性能。⑤调控 V_2O_5 的层间距和结晶性可以改善 Mg^{2+} 的扩散动力学。通过在水合钒氧化物中预嵌 Mg^{2+}，Xu 等制备的 $Mg_{0.3}V_2O_5 \cdot 1.1H_2O$ 具有较高的电导率、快速的离子迁移速率和良好的结构稳定性 [图 3.32（e）]。Ni 等发现，当 $x = 2$ 时，在有氢离子嵌入的 α – V_2O_5（$H_xV_2O_5$）中，Mg^{2+} 离子迁移势垒降低到 0.56 eV。说明此方法为 V_2O_5 作为高性能 MRBs 正极材料提供了可能性。

目前，应用于 MRBs 的钒基正极材料还包括 VO_2、VO_x、钒青铜（V_3O_8）等。Luo 等对在 VO_2 纳米棒正极材料中 Mg^{2+} 嵌入的电化学性能进行研究。当放电电压为 2.17 V vs. Mg/Mg^{2+}、电流密度为 $25\ mA \cdot g^{-1}$ 时，VO_2 纳米棒的初始放电比容量为 $391\ mA \cdot h \cdot g^{-1}$。Kim 等发现 VO_x 纳米管中的 V^{3+} 能够降低 Mg^{2+} 在电极/电解质界面上的电荷转移电阻，提高 Mg^{2+} 扩散动力学。然而，在充电过程中，电解质在界面上会发生分解，形成的副产物会导致电化学性能恶化。由于层与层之间通过离子连接，层状 V_3O_8 具有稳定的晶体结构和较大的层间距，此结构为离子存储和传输提供较大的通道，表现出优异的 MRBs 电化学性能。Tang 等研究了不同种类的嵌入离子对层状 V_3O_8 正极材料结构稳定性和电化学性能的影响 [图 3.33（a）]。通过比较发现，预嵌入的大半径阳离子可作为层间支柱稳定层间结构，具有独特晶体结构的 V_3O_8 能够为 Mg^{2+} 的嵌入提供较多的活性位点。其中，NaV_3O_8 具有较好的循环稳定性和较高的比容量［图3.33（b）］。随后，Sun 等又合成了以金属离子和结构水为层间支柱的 $Na_2V_6O_{16} \cdot 1.63H_2O$，作为 MRBs 的正极材料表现出良好的结构稳定性和较快的离子传输动力学。

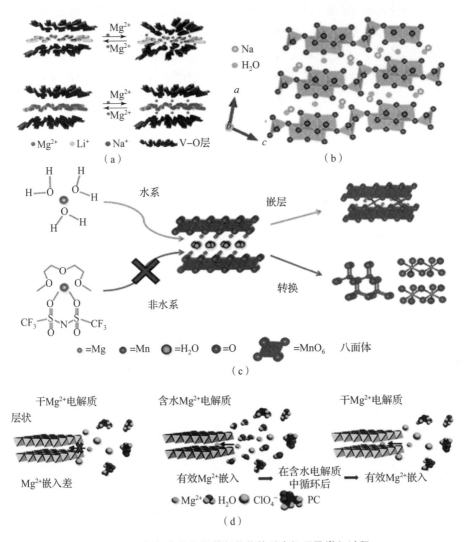

图 3.33　钒氧化物和锰基氧化物的反应机理及嵌入过程

（a）在钒氧化物晶体结构中预嵌入阳离子（Na^+，K^+）的示意图；

（b）$Na_2V_6O_{16} \cdot 1.63H_2O$ 的晶体结构；

（c）在非水系电解质和水系电解质中，水钠锰矿 MnO_2 的反应机理示意图；

（d）在含水电解质中循环后，Mg^{2+} 在干 Mg^{2+} 电解质中嵌入过程示意图

2）钼氧化物

正交相 MoO_3 具有独特的层状结构，是 Li^+ 和 Mg^{2+} 等离子理想的嵌入基体。对充放电循环过程中 Mg^{2+} 在 MoO_3 中的嵌入行为展开研究，Gregory 等发现 MoO_3 材料的结构随 Mg^{2+} 嵌入发生剧烈变化，容量迅速衰减。Wan 等发现电解质中不同的阴离子对 MoO_3 表面 Mg^{2+} 脱溶剂化的影响不同，因此可以选取合适的电解质来优化 MoO_3 的电化学性能。Gershinsky 等合成了一种正交相 MoO_3 薄膜状电极（具有纳米级的厚度和颗粒尺寸），在大约 1.8 V *vs.* Mg^{2+}/Mg 的电位下，其具有相对较高的容量（220 $mA \cdot h \cdot g^{-1}$）。将 $\alpha - MoO_3$ 轻度氟化，Incorvati 和 Wan 等发现得到的 $MoO_{2.8}F_{0.2}$ 产物中的晶格能略微降低，电导率和 Mg^{2+} 离子的扩散动力学都有所提升。

3）钛氧化物

锐钛矿型 TiO_2 是一种常用的 Li^+ 嵌层电极材料，具有良好的稳定性和较低的放电速率，也可作为具有发展潜力的 MRBs 正极材料。在 APC 电解质中，Zhang 等观察到 Mg^{2+} 在锐钛矿型 TiO_2 中的嵌入，证实了锐钛矿在 Mg^{2+} 嵌入/脱嵌行为上的可能性。然而，离子与 TiO_2 晶格间存在强烈的库仑相互作用，导致 Mg^{2+} 的传输动力学较为缓慢，Mg^{2+} 的可逆嵌入受到抑制，TiO_2 具有较差的电化学活性和稳定性。研究学者们发现，缺陷工程可以有效地改善 TiO_2 的性能。根据电荷补偿机制，Koketsu 等利用 F 掺杂在尖钛矿 TiO_2 中引入了大量的钛空位（阳离子缺失），为 Mg^{2+} 提供了更多嵌入位点。Wang 等利用原子取代策略合成了富含氧空位（oxygen vacancies，OVs）的多孔超薄 TiO_{2-x} 纳米片（B - TiO_{2-x}）。OVs 的引入可以显著提升材料的电导率，同时增加 Mg^{2+} 存储的活性位点。含有丰富氧空位的 B - TiO_{2-x} 纳米片的可逆容量约为 150 $mA \cdot h \cdot g^{-1}$，且具有良好的循环稳定性（在 300 $mA \cdot g^{-1}$ 电流密度下，循环超过 300 周）。

4）锰基氧化物

由于合成方法简单、具有多种晶体结构、环境友好、价格低廉、电化学性能易于调节，MnO_2 也可作为 MRBs 的正极材料。Zhang 等合成了纳米尺度的 $\alpha - MnO_2$（具有 2 × 2 隧道结构），其初始放电容量高达 280 $mA \cdot h \cdot g^{-1}$，但在随后的循环过程中，容量迅速衰减。Arthur 等对 Mg^{2+} 在 K - αMnO_2 中的嵌入机理展开了研究，发现随着 Mg^{2+} 的不断嵌入，K - αMnO_2 逐渐被还原，在界面处先形成 Mn_2O_3，之后形成 MnO，在完全放电后，又转变为具有核 - 壳结构的 K - $\alpha MnO_2@(Mg, Mn)O$。Kim 等发现 Mg^{2+} 在尖晶石 MnO_2 中的嵌入机理与在 $\alpha - MnO_2$ 中观察到的转化反应机理不同。Ling 等发现 $\alpha - MnO_2$ 在嵌入 Mg^{2+} 后发生相转变，结构不稳定且会发生结构崩塌，而尖晶石状 MnO_2 在 Mg^{2+} 嵌入后能够保持结构的稳定。但是，Mg^{2+} 的嵌入数量较少，说明在尖晶石状 MnO_2 材料中的 Mg^{2+} 的离子扩散动力学较为缓慢。Nam 等发现，在含水电解质中 Mg^{2+} 存在水合作用和晶体水屏蔽作用，两者协同加快 Mg^{2+} 在 MnO_2 水钠锰矿中的传输。在高放电电压（2.8 V *vs.* Mg^{2+}/Mg）下，MnO_2 水钠锰矿的放电容量高达 $227.6 \text{ mA} \cdot \text{h} \cdot \text{g}^{-1}$。Sun 等发现，在非水系电解质中 MnO_2 水钠锰矿通过一种相转化机制进行储能，而在水系电解质中则是一种嵌层机制［图 3.33（c）］。在水系电解质中进行充放电循环后，形成了水活化的 MnO_2，其具有较快的 Mg^{2+} 嵌入/脱嵌动力学，即使在非水系电解质中也能实现较快的 Mg^{2+} 嵌入/脱嵌，如图 3.33（d）所示。除此之外，减小材料尺寸和增加层间距也能提高 MnO_2 正极材料的性能。

5）其他正极材料

此外，其他具有不同结构的金属基复合正极材料也得到了广泛关注。具有橄榄石状晶体结构的聚阴离子化合物拥有良好的结构稳定性和环境亲和性，是极具研究价值的 MRBs 正极材料。橄榄石结构材料（如 $MgMnSiO_4$、$MgFeSiO_4$、$MgCoSiO_4$）和尖晶石结构材料（如 MgV_2O_4、$MgMn_2O_4$、$MgCrMnO_4$）都得到了广泛的研究。具有橄榄石结构的材料具有较高的放电容量和较高的工作电压。Zhou 等制备了层间距为 1.42 nm 的聚负离子 $VOPO_4$ 材料，发现其具有较好的倍率性能（在 $2\ 000 \text{ mA} \cdot \text{g}^{-1}$ 电流密度下，容量达到 $109 \text{ mA} \cdot \text{h} \cdot \text{g}^{-1}$）和良好的循环稳定性（在 $100 \text{ mA} \cdot \text{g}^{-1}$ 电流密度下循环 500 次后，容量达到 $192 \text{ mA} \cdot \text{h} \cdot \text{g}^{-1}$）。NASICON 结构化合物（包括 $Na_3V_2(PO_4)_3$、$Mg_{0.5}Zr_2(-PO_4)_3$、$Li_3V_2(PO_4)_3$ 等），具有三维开放框架结构，能够实现离子的快速扩散。近些年，具有开放框架结构的化合物（如普鲁士蓝）成为研究热点，独特的金属 – 有机骨架结构能够实现 Mg^{2+} 离子的快速传输。然而，在有机电解质中此类正极材料的循环性能还有待进一步提高。此外，研究学者发现有机材料也可作为 MRBs 的正极材料，由于具有能够发生氧化还原反应的有机基团，有机材料表现出良好的循环稳定性和较好的放电能力。此外，利用 Li^+ 在正极材料上快速地嵌入/脱嵌，构建了 Mg – Li 双离子电池。具有高容量、高倍率、长循环寿命的 Mg – Li 混合电池拥有很好的应用前景。

3.3.3 负极材料

Mg 金属在大气环境中的化学性质相对稳定，且在充电过程中不产生枝晶，因此是电池工业生产中较为常见的负极材料。然而，在大多数极性有机电解质中进行 Mg 沉积和溶解会在电极表面形成一层 Mg^{2+} 钝化膜，抑制了接下来的 Mg 沉积过程。因此，需要抑制镁钝化层的形成，进而改善 Mg 的沉积/剥离动力学。目前，通过负极材料的修饰来提升 MRBs 的性能，包括改性的 Mg 金属、合金材料、碳基材料等。

1. Mg 金属负极

由于具有较低的标准电势（-2.37 V *vs.* SHE）且不易产生枝晶，Mg 金属可作为 MRBs 负极材料。然而，在充放电过程中形成的钝化膜会阻碍 Mg^{2+} 的传输，导致 MRBs 的容量迅速衰减。为了解决此问题，研究学者发现，具有微/纳米结构的 Mg 金属可以有效降低钝化膜的厚度，促进离子扩散，进而提高 MRBs 的性能。利用一种简单的气相输运法，Liang 和 Li 等合成了具有不同纳米结构的 Mg 金属，并研究其在镁 – 空气电池应用中的电化学性能。纳米结构的构建能够扩大材料的比表面积，进而有效降低 Mg 金属的极化作用。作为 MRBs 负极材料，平均直径为 2.5 nm 的超细 N – Mg 纳米颗粒比大块的 B – Mg 具有更好的循环稳定性 [图 3.34（a）、（b）]。此外，Yim 等发现，经 $Ti(TFSI)_2Cl_2$ 处理后形成的多配位化合物（Mg – O – Ti）能够显著降低 Mg – O 之间的亲和力，且去除 Mg 负极表面的氧化层，进而显著提高 MRBs 的电化学性能，如图 3.34（c）、（d）所示。

与导电的固体电解质界面不同，在 Mg 负极表面形成的是不具有传导离子和电子能力的表面钝化膜，会导致 MRBs 容量的迅速衰减。为了解决此问题，近年来的研究主要集中在改善 Mg 负极与电解质界面的相容性上。涂层材料作为一层保护层，能够有效地将 Mg 金属负极和正极材料与电池的电解质分离。为了发掘更多具有潜力的涂层材料，Chen 等通过第一性原理计算，对多种不具备氧化还原活性的 Mg 化合物的电化学稳定性窗口进行了评估。Attias 等对涂层修饰后 Mg 负极的沉积/剥离性能进行了研究。在 PC 电解质溶液中，恒流循环 1 000 h 后具有涂层修饰的 Mg 负极仍具有良好的可逆性。相反，未包覆的 Mg 负极表面形成了一层钝化膜，并表现出较差的电化学性能。另一种方法是通过开发合适的溶剂、盐和/或添加剂，在 Mg 负极表面形成稳定的镁离子导电膜，从而实现 Mg 金属负极与常规电解质溶液在 MRBs 中的集成。Son 等将此方法称为"人工 SEI 沉积"。研究发现，在电化学过程中 LBhfp 盐的部分分解会在 Mg 金属负极表面形成稳定的 SEI（包含 Li 物种），其能抑制 Mg 金属负极与电解质之间寄生反应的发生，使电解液保持长期的电化学循环稳定。此外，Li 等发现，通过控制 Mg 金属表面与氢氟酸的反应，形成的惰性氟化镁钝化层不仅抑制了 Mg 金属表面与电解质之间的副反应，还为 Mg^{2+} 在电极和电解质之间传输提供了路径。

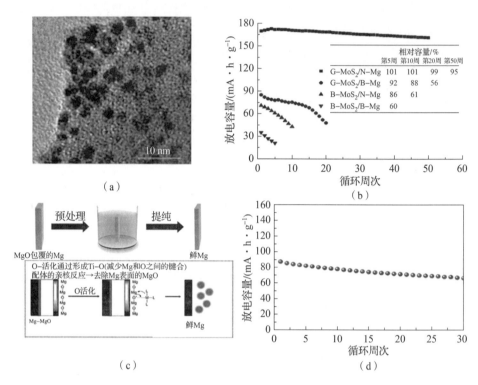

图 3.34　Mg 金属做 MRBs 负极材料的性能研究

（a）N－Mg 的 TEM 图像；（b）放电电流为 20 mA·g^{-1}时，电池的循环性能；
（c）采用钛络合物对 Mg 负极进行预处理的流程示意图；（d）以预处理后的 Mg 为负极、
以 DME/DGM 为电解质、以 Mo$_6$S$_8$ 为正极组装成的 MRBs 电池的循环性能

2. Mg 合金负极

研究人员发现，通过合金工艺合成的嵌入式负极材料能够有效抑制钝化膜的生成。Bi 具有较低的氧化/还原电位，Sb 具有较高的理论容量，制备 BiSb 合金可将这两个优点结合起来。研究发现，BiSb 合金作为负极的 MRBs 具有较高的能量密度。Sb 金属循环性能较差，在电化学过程中会发生较大的体积变化，而在常规电解液中制备的 Bi$_{0.88}$Sb$_{0.12}$ 具有良好的循环性能，说明合金化能够改善电极材料的稳定性 。通过水热反应，Shao 等合成了 Bi－NTs 纳米材料，其具有较强的离子和电子的传输性能，且能够有效地抑制材料充放电过程中的膨胀，具有高的可逆比容量（3 430 mA·h·cm^{-3}）和优异的稳定性（200 周循环后容量保持率为 92.3%），且库仑效率接近 100%［图 3.35（a～c）］。

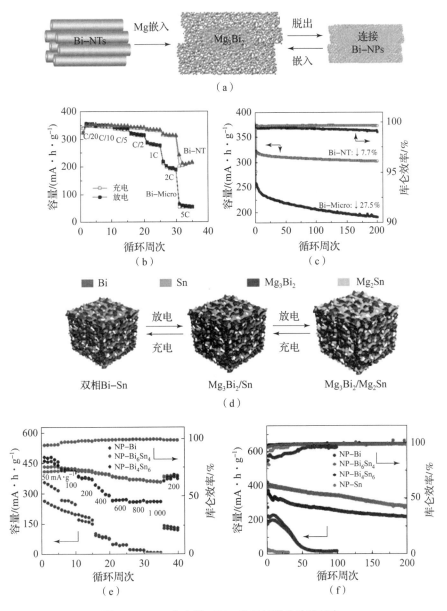

图 3.35　Mg 合金做 MRBs 负极材料的性能研究

（a）在放电/充电过程中，铋结构的转变；（b）Mg – Bi 电池的倍率性能；
（c）Mg – Bi 电池的循环稳定性；（d）NP – Bi – Sn 合金电化学反应机理示意图；
（e）NP – Bi 和 NP – Bi – Sn 的倍率性能；（f）在 200 mA·g^{-1}电流密度下，
NP – Bi、NP – Bi – Sn 的以及在 20 mA·g^{-1}电流密度下，NP – Sn 的循环稳定性

电压窗口的增大能够进一步提升电池的能量密度，需要 MRBs 负极材料具有更低的 Mg^{2+} 嵌入/脱嵌电压和更高的容量。通过 DFT 分析，Jin 等发现 Mg^{2+} 在 Sn 和 Bi 中的扩散势垒较低（分别为 0.43 eV 和 0.67 eV），且 Mg^{2+} 在 Sn 负极中的嵌入/脱嵌电压（ + 0.15/0.20 V）远低于在 Bi 负极中的（ + 0.23/0.32 V）。通过 DFT 计算，Malyi 等发现 Sn 负极具有较低的晶格膨胀率（120%）和扩散势垒（0.50 eV）。结合 Bi 和 Sn 的优点，Niu 等合成了一种新型的高性能的 NP – Bi – Sn 合金，具有较高的相边界密度，可以提供更多的 Mg^{2+} 传输通道；同时具有独特的纳米孔结构，抑制了较大的体积变化，$NP – Bi_6Sn_4$ 作为 MRBs 负极表现出良好的电化学性能［图 3.35（d）、（e）］。此外，通过将 DFT 计算结果与对 SnSb 和 Mg^{2+} 的结构分析相结合，随着 Mg^{2+} 逐渐嵌入，Cheng 等发现 SnSb 合金负极材料发生相转化，形成了 Mg_2Sn 和 Mg_3Sb_2。在 200 mA·g^{-1} 电流密度下 NP – Bi、NP – Bi – Sn 的循环稳定性以及在 20 mA·g^{-1} 电流密度下的 NP – Sn 的循环稳定性如图 3.35（f）所示。

3. 其他负极材料

碳基材料为 Mg 负极材料提供了更多的选择。通过 DFT 计算证明，Er 等发现富含缺陷的石墨烯和石墨烯同素异体具有较好的 Mg^{2+} 存储性能，且 Mg^{2+} 的存储量随着结构中空位和拓扑缺陷浓度的增加而提高。在空位浓度为 25% 的石墨烯中，Mg 存储容量为 1 042 mA·h·g^{-1}。此外，DFT 计算表明，石墨可以作为 Mg^{2+} 嵌入基体，同时也可以实现可逆的 Mg^{2+} 与 DME 和 DEGDME 等线性醚溶剂的共嵌入。结合 DFT 计算结果，Wu 等证明了具有低应变特性的尖晶石 $Li_4Ti_5O_{12}$ 可以作为 Mg^{2+} 嵌入型负极材料，其可逆容量高达 175 mA·h·g^{-1}。此外，DFT 证明单层黑磷也可作为 MRBs 负极材料，具有较低的 Mg^{2+} 吸附能（1.09 eV），且形成的 $Mg_{0.5}P$ 具有较稳定的晶格结构。

3.3.4　电解质

电解质作为传输介质，能够实现离子在电池正极和负极的输运。在 MRBs 中，如图 3.36 所示，电解质应具有以下特征：①在其中的 Mg 沉积和溶解是可逆的；②具有较高的离子电导率；③具有较宽的电化学窗口。此外，电解质还应该具有良好的热稳定性、低挥发性、低可燃性和低毒性等安全性能。MRBs 的电解质可分为液态电解质和固态电解质，本节将依次进行介绍。

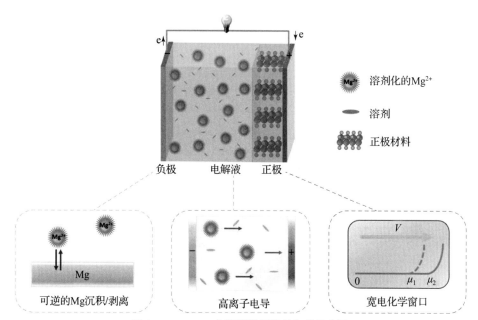

图 3.36　MRBs 电解质所需满足条件示意图

1. 液态电解质

具有氧化性质的化合物会与 Mg 金属负极发生反应，形成含有 Mg^{2+} 的非导电钝化层。在传统极性溶剂（如碳酸盐）和普通商用镁盐［如 $Mg(ClO_4)_2$］构成的电解质中，不能实现可逆的 Mg 沉积/溶解，导致 MRBs 具有较差的电化学性能。因此，就如何实现可逆的 Mg 沉积/溶解这一问题，研究学者们对电解质的优化进行了研究。根据成分的不同，液态电解质可分为四类：格氏试剂、含硼电解质、$(HMDS)_2Mg$ 电解质和其他新型电解质。

1）格氏试剂

格氏试剂化学式可表示为 RMgX（R 可为烷基或芳基；X 为 Cl、Br 或其他卤化物），能够实现可逆的 Mg 沉积/溶解，防止钝化膜的形成。2000 年，Aurbach 组使用了 $Mg(AlCl_2R)_2$/四氢呋喃作为 MRBs 的电解质，发现该电解质具有较窄的电化学稳定窗（~2.2 V *vs.* Mg^{2+}/Mg），导致 MRBs 具有较低的能量密度。随后，Pour 等研发了一种在高压下稳定的全苯基络合物电解质，该电解质是由 $PhMgCl$ 和 $AlCl_3$ 在醚溶液中的反应产物构成。研究发现，APC 电解液在 Pt 电极上具有较大的电化学窗口［>3.0 V，图 3.37（a）］，电导率约为 2×10^{-3} S·cm^{-1}，且具有较低的过电位，循环效率接近 100%。与此同时，Attias 等也认为 APC 电解质溶液是相对较好的 MRBs 电解质。Wang 等通过有机

Mg 盐（ROMgCl）与 AlCl$_3$ 的反应合成了一种在空气中稳定的电解质体系，该体系具有良好的离子导电性（2.56×10^{-3} S·cm^{-1}）和稳定性。一部分研究学者使用胺类或酚类物质来取代 R，且发现具有不同的 R 基团的 RMgX 电解质的性质不同。

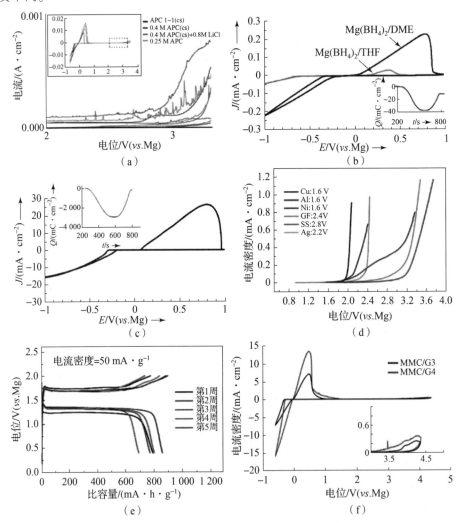

图 3.37　格氏试剂和含硼电解质的性能

（a）不同 APC 电解质的 CV 曲线和 LSV 测试结果；（b、c）0.1 M Mg(BH$_4$)$_2$/DME 与 0.5 M Mg(BH$_4$)$_2$/THF 和 DME 中 LiBH$_4$（0.6 M）/Mg(BH$_4$)$_2$（0.18 M）的 CV 曲线对比，插图显示沉积/溶解电荷平衡；

（d）不同工作电极在 0.5 M Mg(BH$_4$)$_2$/1.0 M THFPBDGM 电解质中的 LSV 测试结果；

（e）在 50 mA·g^{-1} 时，Mg/0.5 M Mg(BH$_4$)$_2$/1.0 M THFPBDGM/S 电池的充放电电压分布；

（f）0.75 M MMC/G3 和 0.75 M MMC/G4 电解质的 CV 曲线

　　添加离子液体添加剂是提高负极稳定性和格氏试剂电解质离子电导率的有效策略。Yoshimoto 等报道了含有 EtMgBr/THF 和离子液体的电解质体系，其离子电导率高达 7.44×10^{-3} S·cm^{-1}（25 ℃）。Lee 等发现加入离子液体后格氏试剂性能得到了显著提升，并对机理展开研究，发现格氏试剂可以选择性地从离子液体中提取酸性质子，产生具有较高化学稳定性的 Mg 配合物，进而提高负极材料的稳定性。

　　2）含硼电解质

　　含硼阴离子电解质不含氯元素，能够实现可逆的 Mg 沉积/溶解，是一种无腐蚀性的 MRBs 电解质，具有很好的应用前景。

　　20 世纪 90 年代，Gregory 等证明了含有有机硼酸镁 [Mg(BPh$_2$Bu$_2$)$_2$ 或 Mg(BPhBu$_3$)$_2$] 的电解质溶液与 Mg 负极是兼容的，然而较差的负极稳定性导致 MRBs 只能在低于 2 V 的电压下工作。Mg(BH$_4$)$_2$ 是一种强还原剂，可以用来治理污染物，同时在电解质溶液中与 Mg 负极具有良好的相容性。Mohtadi 等发现以溶解 Mg(BH$_4$)$_2$ 的乙醚（THF 和 DME）作为电解质，能够在 Mg 负极上实现可逆的 Mg 沉积/溶解，如图 3.37（b）所示。在 Mg(BH$_4$)$_2$/DME 电解质中加入 LiBH$_4$ 添加剂后，库仑效率和电流密度显著提高 [图 3.37（c）]。虽然电化学稳定性较低（1.7 V $vs.$ Mg^{2+}/Mg），但此工作可作为硼氢化物电解质体系的开创性研究，为电解质性能的进一步提升奠定了基础。将 Mg(BH$_4$)$_2$ 和 LiBH$_4$ 溶解在 TG、DME 和 PP14TFSI 混合溶剂中，Su 等把电化学稳定性窗口提升到 3.0 V。以 THFPB 作为添加剂的 Mg(BH$_4$)$_2$/二甘醇二甲醚电解质具有较高的离子电导率（3.72×10^{-3} S·cm^{-1}）、较高的库仑效率（>99%）和较好的负极稳定性 [2.8 V $vs.$ Mg^{2+}/Mg，图 3.37（d）、（e）]。总之，BH$_4^-$ 具有还原性，通常会导致负极的稳定性较低，因此需要选择合适的溶剂或添加功能性添加剂来提高 Mg(BH$_4$)$_2$ 基电解质的电化学稳定窗口。

　　研究学者们发现，以碳 – 闭环 – 硼酸阴离子构成的镁盐具有较好的电化学稳定性。Tutusaus 等报道了一种 Mg(CB$_{11}$H$_{12}$)$_2$/四相体（MMC）电解质体系，该体系具有相对较高的负极稳定性 [3.8 V $vs.$ Mg^{2+}/Mg，图 3.37（f）]，对电池无腐蚀性，且与 Mg 负极具有良好的兼容性。随后报道了一些由碳硼烷阴离子组成的电解质（如 CB$_{11}$H$_{11}$F$^-$、HCB$_9$H$_9^-$）具有较高的库仑效率（100%）和较宽的电化学窗口（>3.5 V $vs.$ Mg^{2+}/Mg）。

　　此外，Karger 等对 Mg[B(hfip)$_4$]$_2$ 基电解质的性质展开研究，发现其具有良好的负极稳定性（在 SS 和 Al 上的电压为 4.3 V），良好的离子电导率（在 25 ℃下为 6.8 mS cm^{-1}）和较高的 Mg 沉积/溶解库仑效率（>98%）。将 THFPB 与四种常见的镁盐（Mg(BH$_4$)$_2$、MgF$_2$、MgO、MgCl$_2$）相结合，开发了四种含硼电解质，可应用于 MRBs 电池。

3）（HMDS）$_2$Mg 电解质

（HMDS）$_2$Mg – 基（HMDS = 六甲基二肼）电解质具有较高的负极稳定性和非亲核性，能够与高压正极相匹配。Kim 等制备了与亲电硫正极相匹配的非亲核电解质（HMDSMgCl – AlCl$_3$/THF），但组装成的 MRBs 容量迅速衰减。随后，Zhao – Karger 等报道了一种（HMDS）$_2$M – AlCl$_3$/醚电解质体系，与 0.35 M（HMDS）$_2$Mg – 2AlCl$_3$/二甘醇二甲醚电解质一样，其表现出良好的电化学性能、较好的负极稳定性［3.9 V $vs.$ Mg^{2+}/Mg，图 3.38（a）、（b）］和较高的离子电导率（1.70 mS·cm^{-1}）。在（HMDS）$_2$Mg – AlCl$_3$电解质体系中添加 MgCl$_2$，中性副产物［（HMDS）AlCl$_2$］能够转化为电化学活性配合物［Mg$_2$Cl$_3$］［（HMDS）AlCl$_3$］。此外，使用（HMDS）$_2$MgAlCl$_3$电解质与乙二醇二甲醚和离子液体的混合溶剂，Zhao – Karger 等首次将 MRBs 电池的放电电位提升到 1.65 V 左右。

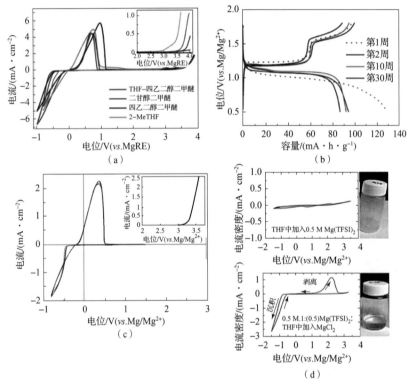

图 3.38　（HMDS）$_2$Mg 基电解液、MACC 电解液与 Mg（TFSI）$_2$ 基电解质的电化学性能

（a）（HMDS）$_2$Mg – 2AlCl$_3$ 在不同溶剂中的 CV 曲线；（b）使用 0.35 M（HMDS）$_2$Mg – 2AlCl$_3$/二醚电解质溶液，在 10 mA·g^{-1}和 25 C 下，可充电 Mg/Mo$_6$S$_8$电池的循环性能；

（c）含有 0.25 M MACC（2∶1）的 DME 电解质中的 CV 曲线；

（d）Mg（TFSI）$_2$基电解质的 CV 曲线和光学图像

在（HMDS）$_2$Mg – AlCl$_3$ 电解质中，Al^{3+} 会与 Mg^{2+} 发生共沉积，最终影响 Mg 沉积/溶解的库仑效率。为了解决此问题，Liao 等制备了不含 Al^{3+} 的高浓度（HMDS）$_2$Mg – MgCl$_2$ 电解质，其可以实现可逆的 Mg 沉积/溶解，库仑效率为 99%。Hu 等利用（HMDS）$_2$Mg – MgCl$_2$/醚电解质对 Mg 负极界面上的 Mg 沉积/溶解过程进行了深入研究。此外，在四乙二醇二甲醚体系中，Mg 负极上缓慢且均匀地沉积了条状的晶体且具有良好的可逆性，说明其也可作为 MRBs 电解质。

LiTFSI 是一种在 LIBs 中常用的锂盐电解质。在 MRBs 电池中，以 LiTFSI 作为添加剂的（HMDS）$_2$Mg – LiTFSI 电解质，Gao 等将 Mg 的沉积/溶解与 S 正极可逆的氧化还原反应结合起来，通过 Li$^+$ 来激活 Mg 和 MgS$_2$，发现电池在 30 周循环后，容量仍能达到 1 000 mA·h·g^{-1}，能量密度达到 874 W·h·kg^{-1}。

4）其他新型电解质

有机金属镁配合物的使用使大多 MRB 电解质面临安全性问题。由于具有安全性高、制备简单、价格低廉等优点，以氯化镁铝络合物（magnesium aluminum chloride complex，MACC）为代表的无机电解质得到了广泛的研究。2014 年，Doe 和 Liu 等发现，在 MgCl$_2$ – AlCl$_3$ 电解质溶液中，能够实现 Mg 可逆的沉积/溶解。由于具有较低的沉积过电位（< 200 mV）和较高的负极稳定性（< 3.1 V *vs.* Mg^{2+}/Mg）［图 3.38（c）］，See 等发现溶解有 0.25 M MgCl$_2$ – AlCl$_3$ 的 DME 表现出优异的电化学性能，但是在实现可逆的 Mg 沉积/溶解之前，MACC 电解质需要进行连续的循环伏安扫描。研究人员发现，在 MACC 电解质制备过程中加入 Mg 粉、Mg(HMDS)$_2$ 和 Mg(TFSI)$_2$ 等添加剂，可以避免使用前的激活步骤。此外，Ha 等发现 Mg 金属可以溶解在含有 CrCl$_3$ 的 AlCl$_3$/THF 中，使 MACC 电解质在第一周循环中的库仑效率达到 100%。

Mg(TFSI)$_2$ 电解质具有较好的电化学稳定性（3.4 V *vs.* Mg/Mg^{2+}）、良好的离子导电性，且在醚中有较好的溶解度。然而，由于杂质/TFSI$^-$ 与 Mg 金属负极之间会发生钝化反应，在 Mg 沉积/溶解过程中，Mg(TFSI)$_2$/醚电解质具有较大的过电位（> 2.0 V）。为了在 Mg(TFSI)$_2$ 基电解质中实现可逆的 Mg 沉积/溶解，添加剂的引入是非常必要的。如图 3.38（d）所示，在 0.5 M Mg(TFSI)$_2$ – MgCl$_2$/二乙二醇二甲醚电解质（Mg(TFSI)$_2$：MgCl$_2$ = 1：0.5）中，Mg 沉积/溶解具有较高的库仑效率（93%）。同样，含有 6 × 10^{-3} M Mg(BH$_4$)$_2$ 的 0.5 M Mg[TFSI]$_2$/四乙二醇二甲醚电解质，在 500 周循环后表现出稳定的循环性能（~75%）。

综上所述，不同的电解质具有不同的特性。格氏试剂是最早用于 MRBs 的电解质，具有库仑效率高、过电位低等优势，但负极的化学反应活性较高导致稳定性差。在含硼电解质中［以溶解有 $Mg(BH_4)_2$ 的醚溶剂作为电解质］，负极稳定性较低且溶解度有限。碳酸盐负离子电解质具有较宽的电化学窗口，但其价格较高。$(HMDS)_2Mg$ 基电解液具有良好的电化学性能，但其成本较高，不适合大规模使用。MACC 电解液价格低廉，但存在严重的腐蚀问题，且需要电化学激活步骤。$Mg(TFSI)_2$ 基电解质具有较高的负极稳定性和良好的离子导电性，但 $TFSI^-$ 阴离子在 Mg 负极上存在钝化反应。综上所述，想要获得兼容所有优点的液态电解质，还需要进一步的研究。

2. 固态电解质

近年来，因固态电解质具有安全性能好、机械性能好、电压窗口宽、能量密度高等优点，对固态电解质的研究越来越多。目前，在 Goodenough 和 Manthiram 等做了大量前瞻性工作的基础上，关于 LIBs 固态电解质的研究已经相当深入，有望实现固态 LIBs 的商业化。受固态 LIBs 的启发，学者们对固态 MRBs 展开了研究。本节从无机固态电解质、有机固态电解质和有机－无机复合固态电解质三大类对镁固态电解质的研究进展进行介绍。

大多数无机镁固态电解质［如 $MgZr_4(PO_4)_6$、$Mg(BH_4)(NH_2)$］的离子电导率较低。而 Canepa 等发现，尖晶石 MgX_2Z_4（其中 X 为 In、Y、Sc；Z 为 S、Se）（如 $MgSc_2Se_4$）在 25 ℃时的离子电导率高达 0.1×10^{-3} S·cm^{-1}。Wang 等尝试使用提升 Se 相含量和 Al 掺杂两种方法来改善 $MgSc_2Se_4$ 的电子导电性，但效果并不显著。

有机固态电解质又称固态聚合物电解质，是由有机聚合物与镁盐络合而成。常见的有机聚合物包括聚氧乙烯、聚偏二氟乙烯－六氟丙烯［polyvinylidene fluoride - hexafluoropropylene，$P(VDF-HFP)$］、聚偏二氟乙烯、聚乙烯醇等。Chusid 等将 PEO 或 PVDF 作为聚合物基质并与 $Mg(AlCl_2EtBu)_2$/醚溶液混合制备了镁聚合物电解质。$PVDF-Mg(AlCl_2EtBu)_2$－四乙二醇二甲醚体系具有较高的电导率（在 25 ℃时为 3.7×10^{-3} S·cm^{-1}），并实现了 Mg^{2+} 在 Mo_6S_8 正极上的可逆嵌入。通过聚四氢呋喃与［$Mg(BH_4)_2$］的端羟基进行原位交联反应，Du 等制备了一种凝胶聚合物电解质（PTB@GF - GPE），如图 3.39（a）所示。PTB@GF - GPE 具有较高的镁离子电导率（4.76×10^{-4} S·cm^{-1}）、较低的极化作用（在 0.05 mA·cm^{-2} 下为 0.1 V）和较好的循环稳定性，能够实现可逆的 Mg 沉积/溶解［图 3.39（b）］，且由其构成的 Mo_6S_8/Mg 电池可以在 $-20 \sim 60$ ℃的温度范围内工作［图 3.39（c）］。

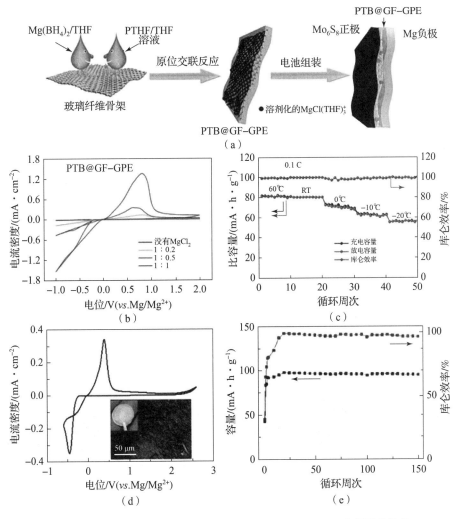

图 3.39　PTB@GF - GPE 电解质和 PEO/Mg(BH₄)₂/MgO 电解质的性能

（a）原位合成 PTB@GF - GPE 及电池组装流程示意图；

（b）由不同成分的 Mg(BH4)₂：MgCl₂ 组装的 SS/PTB@GF - GPEs/Mg 电池的 CV 曲线；

（c）在 0.1 C 和不同温度下，Mo₆S₈/PTB@GF - GPE/Mg 对称电池的比容量；

（d）100 ℃时，SS 电极上 Mg 沉积/溶解的 CV 曲线，插图为 Mg(BH₄)₂ - MgO - PEO

电解质的 SEM 和光学图像；

（e）100 ℃下，Mo₆S₈/Mg(BH₄)₂ - MgO - PEO/Mg 的循环稳定性

有机 - 无机复合固态电解质是由聚合物电解质和无机填料（包括 MgO、Al_2O_3、SiO_2、TiO_2 等）组成。Shao 等制备了一种由 PEO、$Mg(BH_4)_2$ 和 MgO 纳米粒子组成的纳米复合聚合物电解质，这是一种结构致密且均匀的半透明薄膜，如图 3.39（d）所示。使用 $PEO/Mg(BH_4)_2/MgO$ 电解质的电池，Mg 沉积/溶解的库仑效率较高（98%），且在 100 ℃下具有较好的循环稳定性［图 3.39（e）］。

综上所述，目前对 Mg 固态电解质的研究尚处于起步阶段，限制其发展的主要因素有：①Mg 负极上会形成 Mg^{2+} 导电钝化膜；②镁在固态电解质中的传输动力学较缓慢。因此，开发能够在 Mg 负极上实现可逆的 Mg 沉积/溶解、同时具有高离子导电性的固体电解质，是固态 MRBs 未来的研究重点。

3.3.5　小结与展望

综上所述，未来应用在 MRBs 中的关键材料研究应主要集中在以下几个方面：①合理设计正极材料的结构，降低极化的同时增强 Mg^{2+} 的扩散动力学。②对 Mg 负极进行合理的优化，尽快减少或消除钝化膜的生成。③开发能够实现 Mg 可逆沉积/溶解的电解液，在不腐蚀电极的情况下，增强电极/电解液界面稳定性。④对电极材料中的储能机理和失效机理进行深入研究，以实现电极材料稳定性的进一步提升。通过材料结构的合理设计和电极/电解质界面的优化，制备具有高容量、长寿命、高安全性的 MRBs，进一步促进其在大规模储能领域的广泛应用。

｜3.4　钙二次电池｜

3.4.1　钙二次电池简介

因钙元素具有资源丰富、成本低、无毒、环境友好、热稳定性好等特点，近些年来与钙离子相关的储能技术得到了广泛的研究。Ca^{2+}/Ca 的标准氧化还原电位为 -2.87 V（相对于标准氢电极）且金属 Ca 的体积比容量和质量比容量分别高达 2 073 $mA \cdot h \cdot cm^{-3}$ 和 1 337 $mA \cdot h \cdot g^{-1}$。此外，与 Mg^{2+}、Al^{3+} 和 Zn^{2+} 相比，Ca^{2+} 的电荷密度更小、极化程度更低且具有更好的扩散动力学。因此，钙二次电池成为极具研究价值的能源存储系统。

尽管有关 Ca 储能设备的首次报道可以追溯到 20 世纪 60 年代，但有关 CRBs 的研究目前还处于初期发展阶段（图 3.40）。1964 年，Selis 等首次对 Ca 热差电池进行研究，发现当加热到 450 ℃ 时，无机盐电解质融化释放的热量能够赋予 Ca 热差电池电化学活性。之后的研究热点主要集中在热差电池中新型电解质体系的选取以及负极与电解质界面的改性上。20 世纪 80 年代，Staniewicz 等报道了一种具有新型 Ca 基电池结构的钙－亚硫酰氯（calcium－thionyl chloride，Ca－SOCl$_2$）电池，并且首次提出了 Ca 金属负极上钝化层的存在。之后，Ca－SOCl$_2$ 体系的研究主要集中在电解质、固体电解质界面以及影响电池性能的外部因素。1988 年，Pujare 等报道了一种 Ca－O$_2$ 二次电池，在 850 ℃ 下其能够平稳运行 52 h。从 1991 年开始，研究学者们系统地对 Ca 金属电极在几种有机电解质中的电化学行为展开了研究，发现电解质的分解会在 Ca 金属表面形成钝化层，进而阻碍 Ca^{2+} 的沉积。因此，See 等认为在有机电解质体系中实现 Ca 可逆的沉积/剥离是不可能的，这限制了 Ca 金属负极在 CRBs 中的应用。之后报道的 Ca－S 电池系统，其首次放电容量高达 600 mA·h·g^{-1}，但其电化学过程并不可逆。2016 年，Wang 等在中等温度（100 ℃）下的新型电解质中首次实现了 Ca^{2+} 在室温下的可逆沉积/剥离，进一步促进了 CRBs 的发展。与此同时，有关水系 CRBs 的研究也越来越多。

3.4.2　正极材料

正极材料作为可充电金属离子电池的重要组成部分，对电池的工作电压、容量和能量密度具有至关重要的影响。关于 CRBs 正极材料，虽然在模拟和实验方面都做了大量的工作，但具有良好电化学性能的还很少。此外，由于金属 Ca 的沉积/剥离目前是不完全可逆的，所以在 CRBs 正极的研究中，通常不以金属 Ca 作为负极。为了规避负极材料中存在的问题，在正极材料相关研究中通常使用的是碳电极和惰性贵金属电极。由于充放电过程中伴随不稳定 SEI 的生成，对 CRBs 正极材料氧化还原电位的评估具有较大的困难。根据化学成分不同，可以将 CRBs 正极分为四类，即 PBAs、氧化物、硫化物和其他（氟离子、聚阴离子等）化合物。图 3.41 系统地展示了每种类型正极材料的结构。本小节将对不同种类的正极材料进行详细的介绍。

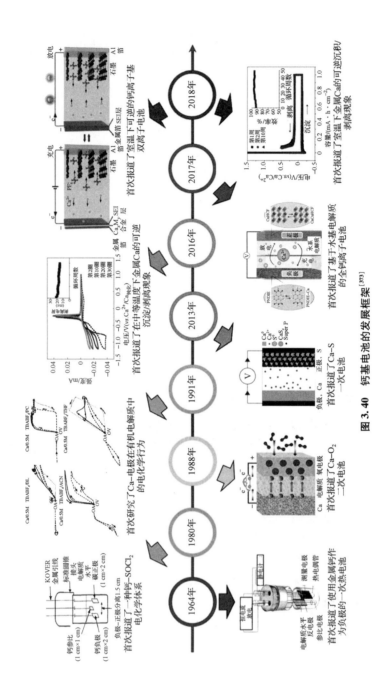

图 3.40 钙基电池的发展框架[373]

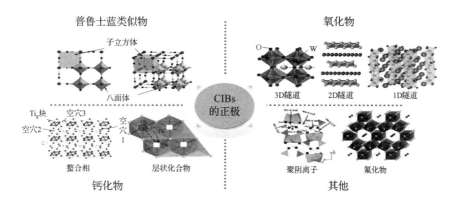

图 3.41　具有代表性的 CRBs 正极材料

注：普鲁士蓝类似物；3D 隧道结构氧化物；2D 隧道结构氧化物；

1D 隧道结构氧化物；Chevrel 相；层状化合物；聚阴离子；氟化物

1. 普鲁士蓝类似物

研究学者们认为，能够储存 Na^+、K^+ 等单价离子的 PBAs 可作为 CRBs 正极材料。在实现单价离子嵌入的基础上，研究人员开始探索 PBAs 对多价离子的存储性能，以实现达到更高能量密度的可能性。研究学者们将 PBAs 作为正极材料应用于 CRBs，并对其电化学性能展开了研究。

1）$CuFe(CN)_6$

以 2.5 M $Ca(NO_3)_2$ 水溶液为电解质，Gheytani 等实现了 Ca^{2+} 在 $CuFe(CN)_6$（CuHCF）中的嵌入，其容量约为 46 mA·h·g^{-1}，且经过 2 000 周循环后容量保持率为 88%。Gheytani 等又在不同 $Ca(NO_3)_2$ 浓度的水溶液解质中对 $CuFe(CN)_6$ 的电化学性能展开研究，发现在 1 M 稀溶液中循环 1 000 周后的 $CuFe(CN)_6$ 容量保持率为 49.1%，而在高浓度电解质（8.4 M）中循环 1 000 周后的容量保持率提高到 88.6%。上述结果说明，随着电解质浓度的增加，水合 Ca^{2+} 的数目减少，Ca^{2+} 的水合半径减小，Ca^{2+} 嵌入 CuHCF 电极的活化能减小，Ca^{2+} 嵌入/脱嵌的动力学得到了提升。

研究表明，混合电解质也可以改善 PBAs 的电化学性能。以 $Ca(CF_3SO_3)_2$ 水溶液与 PC 的混合作为混合电解质，Lee 等发现 CuHCF 在 CRBs 中该系统的电化学性能得到了改善，其具有稳定的容量（达到 65 mA·h·g^{-1}），且库仑效率为 100%，800 周循环后的容量保持率约为 94%。结果表明，有机溶剂只与 Ca^{2+} 发生较弱的相互作用，在 CRBs 中使用少量的水与大量有机溶剂相结合，可以有效地改善 CuHCF 电极的性能。

2）NaMnFe（CN）$_6$

研究人员在非水系电解质中对一些 PBAs 的电化学性能进行了研究。Lipson 等研究了在脱 Na 的 NaMnFe（CN）$_6$（MFCN）正极材料中嵌入 Ca^{2+} 的可能性，并揭示了 Ca^{2+} 的迁移路径和嵌入 Ca^{2+} 后 MFCN 结构的改变，如图 3.42（a）所示。三电极体系的 CV 测试结果显示，在 3.4 V 的氧化还原峰与可逆的 $Ca^{2+}/$ Ca 反应相对应［图 3.42（b）］。为了进一步阐明反应机理，在不同电化学循环阶段对 MFCN 进行了 Mn K－边 XANES 测试，经过分析发现充放电过程中发生偏移的吸收边缘最终能够恢复到原来的位置，说明发生了 Mn^{2+}/Mn^{3+} 氧化还原反应且具有良好的可逆性［图 3.42（c）］。在 EC 与 PC 为 3：7 的溶液中加入 0.2 M Ca（PF$_6$）$_2$ 并以此溶液为电解质，Lipson 等对 MFCN 的电化学性能进行测试，其比容量约为 75 mA·h·g^{-1} 且放电曲线中出现一个平台［图 3.42（d）］。以 NaMnFe（CN）$_6$ 作为正极，以锡金属作为负极，组装成的 CRBs 全电池的初始放电容量为 80 mA·h·g^{-1}，经 35 周循环后的容量保持率约为 50%［图 3.42（e）、（f）］。

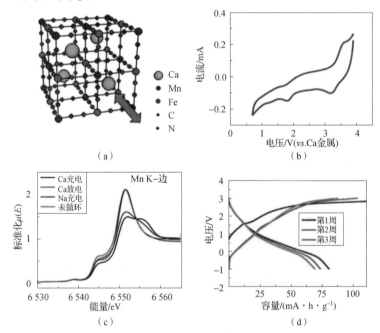

图 3.42　以溶有 0.2 M Ca（PF$_6$）$_2$ 的 EC/PC（3：7）为电解质，
以 BP2000 碳 EDL 为对电极，对 MFCN 为正极的 Ca^{2+} 存储性能的研究

（a）正极材料结构示意图；（b）以 Ca 金属作为参比电极，MFCN 的 CV 曲线；
（c）经过不同阶段的电化学循环后，归一化的 Mn K－边原位 XANES；
（d）10 mA·g^{-1} 倍率下 MFCN 的 GCD 曲线

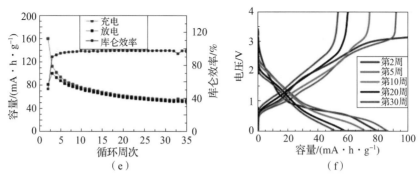

图 3.42　以溶有 0.2 M Ca（PF₆）₂的 EC/PC（3∶7）为电解质，

以 BP2000 碳 EDL 为对电极，对 MFCN 为正极的 Ca²⁺存储性能的研究（续）

（e）电池的容量和库仑效率随循环次数的变化；（f）不同循环次数所对应的 GCD 曲线

综上所述，目前使用水溶液、非水溶液或混合电解质，以 PBAs 为正极材料的 CRBs 得到了广泛的研究。经分析发现，非水系的 CRBs 通常具有较低的比容量和较差的稳定性。然而，超浓水溶液或混合电解质能够实现 Ca²⁺在 PBAs［如 CuFe（CN）₆］中可逆的嵌入/脱嵌，且 PBAs 电极材料具有良好的稳定性，为 CRBs 正极材料性能的优化提供了新的途径。

2. 氧化物

1）Mg₀.₂₅V₂O₅·H₂O

具有双层结构的 Mg₀.₂₅V₂O₅·H₂O 的层间距较大（10.76 Å），能够为 Ca²⁺的扩散提供足够的空间，是具有优势的 CRBs 正极材料。以溶解有 Ca（TFSI）₂的水溶液作为电解质，Mg₀.₂₅V₂O₅·H₂O 正极材料表现出优异的性能，在 20 mA·g⁻¹电流密度下的初始容量高达 120 mA·h·g⁻¹。在 50 mA·g⁻¹的电流密度下，100 周循环后的放电容量仍能稳定在 90 mA·h·g⁻¹；在 100 mA·g⁻¹电流密度下，500 周循环后的电容保持率为 86.9%。在 Ca²⁺嵌入/脱嵌过程中，层间距变化很小（~0.09 Å），说明 Mg₀.₂₅V₂O₅·H₂O 具有优异的结构稳定性和良好的循环稳定性。

2）MoO₃

正交型 MoO₃（α-MoO₃）是由八面体 MoO₆薄片组成的层状材料［图 3.43（a）］，Tojo 等实现了 Ca²⁺在 α-MoO₃中的嵌入，并对其性能进行了测试。在 Ca（TFSI）₂-AN 电解液中，MoO₃的放电容量和充电容量分别为 186 mA·h·g⁻¹和 116 mA·h·g⁻¹，由于电解液会在第一周循环中发生分解，不可逆容量高达 70 mA·h·g⁻¹。通过非原位 XRD 观察到，Ca²⁺嵌入后 MoO₃

的层间距仅从13.85 Å膨胀到 14.07 Å，说明 MoO_3 具有良好的结构稳定性。此外，钼铜化物 $[Ca_xMoO_3 \cdot (H_2O)_{0.41}]$ 是一种稳定的正极材料，在 276 mA·g^{-1} 的电流密度下，第 1 周循环和第 50 周循环的容量分别为 90.7 mA·h·g^{-1} 和 85.3 mA·h·g^{-1} [图 3.43（b）]。与 $\alpha-MoO_3$ 不同，$Ca_xMoO_3 \cdot (H_2O)_{0.41}$ 的层间存在结晶水 [图 3.43（c）]，能够屏蔽 Ca^{2+} 与正极材料晶体结构之间的库仑相互作用，从而加快 Ca^{2+} 在 $Ca_xMoO_3 \cdot (H_2O)_{0.41}$ 中的扩散。

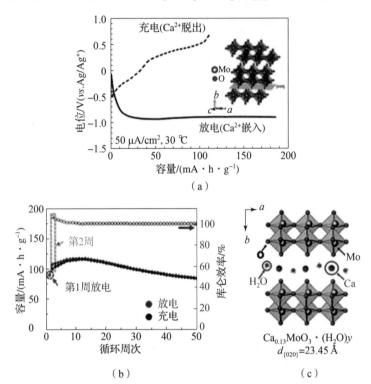

图 3.43 $\alpha-MoO_3$ 和 $Ca_xMoO_3 \cdot H_2O$ 的性能和结构

（a）$\alpha-MoO_3$ 的电位–容量图，插图为 $\alpha-MoO_3$ 的结构示意图；$Ca_xMoO_3 \cdot H_2O$ 正极材料：
（b）循环性能；（c）结构示意图

作为组成和结构最多样化的一类材料，功能性氧化物在各种储能设备中得到了广泛应用。层状结构通常具有较大的层间距离，有利于 Ca^{2+} 迁移，能够提升 CRBs 的电化学性能。

3. 钙过渡金属氧化物

1）$CaCo_2O_4$

以层状 $CaCo_2O_4$（$P2/m$）作为正极，V_2O_5（$Pmmn$）作为负极，在含有

1M Ca(ClO$_4$)$_2$·4H$_2$O 的 AN 电解质中，Cabello 等对 CRBs 进行测试。在 30 周循环内，CRBs 的容量约为 80 mA·h·g^{-1}，相当于 0.35 Ca^{2+} 从 CaCo$_2$O$_4$ 正极材料中嵌入/脱嵌。XRD 和 XPS 证实了在电化学过程中 Ca^{2+} 从 CaCo$_2$O$_4$ 中脱嵌后又嵌入材料中，CaCo$_2$O$_4$ 的应用对非水系 CRBs 具有重要意义。此外，在不同温度和湿度条件下，Verrelli 等对 α-V$_2$O$_5$ 作为 CRBs 正极材料的可行性进行了评价。在干燥的烷基碳酸盐电解质中，无论是在室温下还是在 55 ℃ 下，α-V$_2$O$_5$ 都不具备电化学活性；当测试温度提高到 100 ℃ 或增加电解质中水的含量，发现 α-V$_2$O$_5$ 具有相对较高的容量，但是不排除寄生反应（如电解质分解或质子嵌层）的贡献。他们还采用固相反应法制备了 Ca 嵌层的 CaV$_2$O$_5$ 相，通过电化学测试对其可逆性进行测试，发现 α-V$_2$O$_5$ 中没有发生 Ca^{2+} 的脱嵌，进一步证实了 Ca^{2+} 在其中的扩散动力学较为缓慢。

通过 DFT 模拟和实验结果分析，Park 等对一系列钙钴化合物（包括层状 CaCo$_2$O$_4$、一维 Ca$_3$Co$_2$O$_6$、钙铁铝石 Ca$_2$Co$_2$O$_5$ 和不相称 [Ca$_2$CoO$_3$][CoO$_2$]$_{1.62}$）的热力学稳定性、理论容量、电压行为和 Ca^{2+} 的扩散势垒进行研究。通过比较发现，在四种具有代表性的钙钴氧化物结构中，层状 CaCo$_2$O$_4$ 具有最低的 Ca^{2+} 迁移势垒（0.75 eV）和最高的理论容量（242 mA·h·g^{-1}）[图 3.44（a）]。计算结果表明，CaCo$_2$O$_4$ 的理论工作电压为 3.26 V，低于 Ca$_3$Co$_2$O$_6$ 的 3.32 V 和 [Ca$_2$CoO$_3$][CoO$_2$]$_{1.62}$ 的 3.81 V，这是由于 Co 所处电子环境不同导致的。在 Ca(TFSI)$_2$-EC/PC 电解质中，对 CaCo$_2$O$_4$、Ca$_3$Co$_2$O$_6$ 和 [Ca$_2$CoO$_3$][CoO$_2$]$_{1.62}$ 电极材料进行了电化学测试，发现其实际容量都只达到理论容量的 2%，且不具有可逆性。同时，利用 DFT 对钙钛矿 CaCoO$_3$ 中的电荷传输行为进行了研究，Arroyo-de 等发现 Ca^{2+} 的迁移势垒大于 2 eV，说明 Ca^{2+} 从 CaCoO$_3$ 中的脱嵌是不可能发生的。

2）CaMn$_2$O$_4$

如图 3.44（b）所示，Liu 等通过计算得知，在尖晶石 CaMn$_2$O$_4$ 中，Ca^{2+} 的迁移势垒（~200~500 meV）与 Li$^+$ 的（~400~600 meV）相当，远低于 Mg^{2+}（~600~800 meV）和 Zn^{2+}（~850~1 000 meV），说明尖晶石 CaMn$_2$O$_4$ 具有更快的离子传输动力学。此外，尖晶石 CaMn$_2$O$_4$ 的操作电压和体积容量分别为 3.1 V 和 ~1 000 A·h·L^{-1}，但是在 Ca^{2+} 嵌入/脱嵌过程中，其体积变化率超过 25%，说明具有较差的结构稳定性。综上所述，DFT 计算结果验证了尖晶石 Ca$_x$Mn$_2$O$_4$ 可作为 CRBs 的正极材料。然而，从热力学的角度出发，Dompablo 等认为 Ca^{2+} 的嵌入需要具有较多数量的嵌入位点，在实验中得到尖晶石 CaMn$_2$O$_4$ 似乎无法实现。CaMn$_2$O$_4$ 由 Ca 八配位的 marokite 相构成，是一种热力

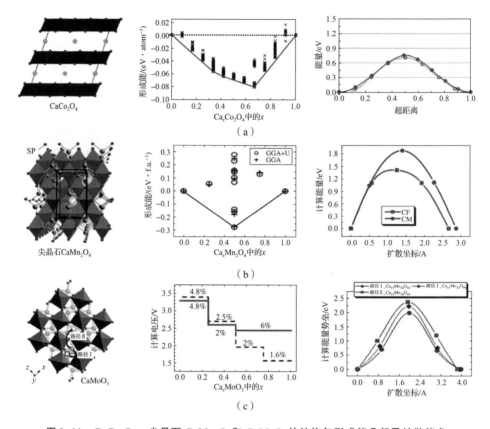

图 3.44　CaCo$_2$O$_4$、尖晶石 CaMn$_2$O$_4$ 和 CaMoO$_3$ 的结构与形成能凸起及扩散能垒

（a）CaCo$_2$O$_4$结构示意图、计算得到的形成能凸起和 Ca^{2+} 在其中的扩散能垒；

（b）尖晶石 CaMn$_2$O$_4$结构示意图、计算得到的形成能凸起和 Ca^{2+} 在其中的扩散能垒；

（c）CaMoO$_3$结构示意图、Ca^{2+} 扩散路径、计算得到的电压–组成关系曲线和 Ca^{2+} 在其中的扩散能垒

学稳定的多晶体。DFT 计算表明，虽然 Ca^{2+} 嵌入引发的体积变化很小（仅为 6%）但是 Ca^{2+} 的扩散势垒高达 1 eV，使在实际条件下 Ca^{2+} 的脱嵌相对困难。

可认为 CaMO$_3$钙钛矿（M = Mo、Cr、Mn、Fe、Co 和 Ni）是一类氧化物族，其是由角共享的 MO$_6$八面体和配位位点上的阳离子构成的，DFT 计算表明这类物质可作为 CRBs 的正极材料实现 Ca^{2+} 嵌入/脱嵌［图 3.44（c）］。对于大多数钙钛矿 CaMO$_3$（M = Cr、Mn、Fe、Co 和 Ni），在 Ca^{2+} 脱嵌的过程中，晶体结构会发生巨大的变化，体积膨胀超过 20%。只有 CaMoO$_3$的体积变化相对较小（仅为 10%），然而 Ca^{2+} 在其中的迁移势垒高达 2 eV，表明其不具有 CRBs 电化学活性。

很明显，过高的 Ca^{2+} 迁移能垒是导致许多钙过渡金属氧化物具有较差电化学性能的主要原因。Ca^{2+} 的扩散能垒主要受两个因素影响：一个是 Ca^{2+} 在晶体

中的扩散通道；另一个是 Ca^{2+} 与嵌入材料中金属阳离子之间的库仑相互作用。通常，O 空位和/或 Ca 空位的存在会重塑局部拓扑结构，从而提高 Ca^{2+} 的扩散动力学。然而，DFT 研究表明在具有氧空位的 $Ca_2Fe_2O_5$、$Ca_2Mn_2O_5$ 和具有 Ca 空位的 $CaMn_4O_8$ 中 Ca^{2+} 扩散受到的阻碍程度与 $CaMn_4O_8$ 的一样。根据过渡金属多面体排列方式的不同，通过调整过渡金属的氧化态和拓扑类型，可获得具有优异电化学性能的钙金属氧化物正极材料。然而，精确定位结构，使其满足 Ca^{2+} 扩散的标准（微粒 $\leqslant 0.525$ eV，纳米颗粒 $\leqslant 0.625$ eV）并非易事。

总之，钙过渡金属氧化物是具有潜力的正极材料，能够为 CRBs 提供高电压和高容量。然而，极高的 Ca^{2+} 扩散能垒和较大的体积变化是目前面临的两个主要的挑战。为了合理地评估理论计算结果、更好地评判作为 CRBs 正极材料的性能，还需要对材料的制备方法、与电解质相容性和测试方案进行研究。

4. 硫

因具有较高的理论容量（1 675 mA·h·g^{-1}）、较高的能量密度（2 600 W·h·kg^{-1}）和较丰富的储备，硫是具有应用前景的 Li-S 电池正极材料。受 Li-S 电池系统发展的启发，研究学者们推测 Ca 也能够与硫发生两电子的转换反应（Ca+S→CaS），具有比 Li-S 电池（2 800 W·h·L^{-1}）更高的理论体积容量（3 202 W·h·L^{-1}）。

以硫修饰的介孔碳作为正极材料、Ca 金属作为负极材料、0.5 M $Ca(ClO_4)_2$-AN 作为电解质，See 等组装成一次硫/碳-钙电池并对其电化学性能进行研究。由于 Ca 金属负极与 $Ca(ClO_4)_2$-AN 电解液之间并不兼容，硫的利用率较低且电化学反应不可逆，Ca-S 电池的初始放电容量仅为 600 mA·h·g^{-1} 且在 ~0.75 V $vs.$ Ca^{2+}/Ca 处出现电压平台 [图 3.45（a）]。2019 年，以 $Ca(CF_3SO_3)_2$-$LiCF_3SO_3$-G_4 为电解质、Ca 金属作为负极、玻璃纤维作为分离器、硫/碳纳米纤维作为正极，Yu 等报道了首个可充电的 Ca-S 电池。Li 盐的存在不仅促进了 Ca^{2+} 和 Li^+ 离子在电解液中的扩散动力学，还重新激活了 Ca-S 电池体系中的氧化还原产物。与以 $Ca(CF_3SO_3)_2$-G_4 为电解质的不可逆性能相比，以 $Ca(CF_3SO_3)_2$-$LiCF_3SO_3$-G_4 为电解质的 Ca-S 电池体系容量超过 1 200 mA·h·g^{-1} 且第一周循环的放电平台出现在 1.2 V [图 3.45（b）]。在双-盐电解液中，在第 1 周和第 20 周循环中，库仑效率达到 95%~98%，容量分别为 800 mA·h·g^{-1} 和 300 mA·h·g^{-1}。在 Ca^{2+} 嵌入过程中，检测到可溶性多硫化合物中间体（S_6^{2-} 和 S_4^{2-}）的存在。在 Li-S 电池中，多硫化锂的穿梭效应导致容量快速衰减。类似地，Ca-S 系统的低容量也可能是多硫化钙造成的。

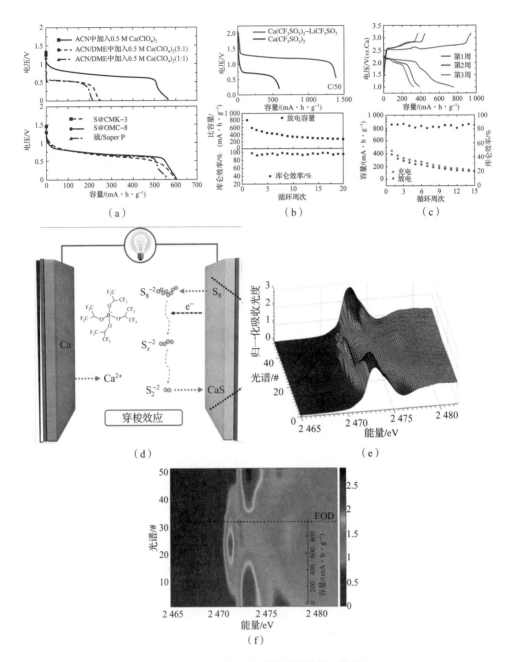

图 3.45　Ca－S 电池的电化学性能及工作原理

（a）使用不同电解质，以硫/碳为正极的一次 Ca－S 电池的初始放电曲线；
（b）使用双盐 Ca（CF$_3$SO$_3$）$_2$－LiCF$_3$SO$_3$－G$_4$ 电解质的二次 Ca－S 电池具有提升的循环容量（上图）
和库仑效率（下图）；（c）使用 Ca[B（hfip）$_4$]$_2$/DME 电解质的 Ca－S 电池的充放电曲线（上图）
和循环性能（下图）；（d）Ca－S 电池的工作原理示意图；在一周循环中 Ca－S 电池的
（e）3D 和（f）原位 S K－边缘 XANES 光谱的拓扑图

研究学者发现，在 $Ca[(Bhfip)_4]_2$ – DME 电解质中，能够实现可逆的 Ca 沉积/剥离。Li 等将硫/碳复合正极材料、硼酸盐基电解质和 Ca 金属负极组装成了 Ca – S 电池。CV 曲线和充/放电曲线表明，Ca – S 系统的充放电过程具有多步反应特征，即在 2.2 V 时 S 被还原为高价的钙多硫化物，在 2.08 V 时进一步还原为 CaS_2/CaS，且在 2.5 V 时 CaS 被氧化为硫单质。尽管 S 正极的初始容量较高，达到 760 mA·h·g^{-1}，但循环 15 周后容量衰减到 120 mA·h·g^{-1}，此现象是由多硫化物的溶解和活性物质的损失造成的 [图 3.45（c）]。通过 XPS 和 XAS，Li 等进一步研究了硼酸酯电解质中 Ca – S 的电化学行为 [图 3.45（d）]。在不同充放电阶段，对硫/碳正极和 Ca 金属负极的 S 2p、Ca 2p 和 F 1s 的 XPS 光谱进行分峰拟合，可以清楚地看到 Ca^{2+} 嵌入/脱嵌过程中 S 和 Ca 都发生了可逆转化，并在 Ca 金属负极上伴随 CaF_2 和 CaS_n 副产物生成。对循环后 Ca 金属负极的 XPS 光谱进行定量分析发现，在循环过程中，电极表面形成了钙硼氧化物的混合相，可能在稳定电解液/电极界面和抑制循环过程中的容量衰减方面起到关键作用。原位 S K – 边缘 XAS 光谱进一步证实了 S、CaS_x 和 CaS 之间发生了可逆转换 [图 3.45（e）和（f）]。

虽然硫正极材料在 CRBs 中的应用已经取得了重大进展，但在循环过程中会发生严重的容量衰减，且在高含量下其几乎没有电化学活性。这与硫正极本身的性质有关，如稳定性、聚硫的梭形效应、电解质/电极的兼容性；还与 Ca – S 系统的具体问题，包括硫物种与 Ca^{2+} 配位的可逆性以及硫和钙硫化物在循环过程中活化困难等问题有关。深入理解正极材料的结构是推动 Ca – S 系统进一步发展的关键。

5. 硫化物

具有 Chevrel 相的 Mo_6X_8（X = S、Se、Te）是硫化物中一种重要的组成部分，是在二价离子电池体系中十分具有应用前景的正极材料，在镁二次电池中表现出优异的性能。Ca^{2+} 具有与 Mg^{2+} 相似的体积和质量容量，且 Ca^{2+} 的电荷密度更低，与周围环境的结合力更弱，因此具有更快的迁移速率。尽管优势明显，但 Ca^{2+} 在 Chevrel 相中的嵌入还没有实现。Smeu 等利用 DFT 计算进行了理论研究，对 Ca^{2+} 嵌入 Chevrel 相的可能性进行了研究，发现整个 Mo_6 团簇可作为氧化还原中心，能够容纳 4 个电子或 2 个 Ca^{2+}。通过计算，Juran 等进一步研究了两个 Ca^{2+} 在 Mo_6S_8 中嵌入的可能性，发现第一个 Ca^{2+} 和第二个 Ca^{2+} 的嵌入电压分别为 2.1 V 和 1.8 V。然而，以其他 Chevrel 相作为 CRBs 正极材料的适用性还需要进一步研究。此外，Ren 等还研究了层状 CuS 多孔纳米笼（CS – PNCs）作为 CRBs 正极材料的性能。结果表明，在 100 mA·g^{-1} 的电流密度下，CS – PNCs 电极的初始容量高达 492 mA · h · g^{-1}，但其循环稳定性较差，经过 30 周循环后，CS – PNCs 的容量仅为 100 mA · h · g^{-1}。

基于阴离子氧化还原反应，Li 等经研究发现，Ca^{2+} 能够嵌入由平行分子链组成的绿硫钒石 VS$_4$ 中，如图 3.46（a）所示，VS$_4$ 可作为具有应用前景的 CRBs 正极材料。以 Ca 金属颗粒作为负极，Ca[B(hfip)$_4$]$_2$ – DME 作为电解质，VS$_4$ – rGO 作为正极材料，CRBs 在第一周循环中的放电平台出现在 1.7 V 处，在 100 mA · g^{-1} 的电流密度下，其容量为 315 mA · h · g^{-1}，相当于每个 VS$_4$ 大约可容纳一个 Ca^{2+} 离子［图 3.46（b）］。结果表明，电池可提供大于 500 W · h · kg^{-1} 的初始能量密度，由于在第一个充电过程中又形成了新的且具有活性的 Ca 沉积物，第二周循环后的放电平台提高到接近 2.0 V。然而，以 VS$_4$ 作为正极的 CRBs 循环稳定性较差［图 3.46（c）］，还需要进一步改进其电化学性能。

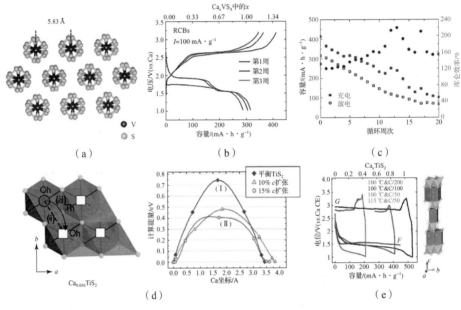

图 3.46　VS$_4$ 作为 CRBs 的正极材料

（a）VS$_4$ 的结构示意图；（b）在 100 mA · g^{-1} 电流密度下，以 Ca 金属为负极，以 Ca[B(hfip)$_4$]$_2$ – DME 为电解液，前三周循环的 GCD 曲线；

（c）电池的容量和库仑效率与循环数的函数关系；

（d）Ca^{2+} 在 TiS$_2$ 中的扩散路径（左图）和能垒（右图）；

（e）在不同温度和电流密度下，TiS$_2$ 的电位 – 容量曲线

由两个密堆积六角形硫化物层组成的 TiS$_2$ 也可作为 CRB 的正极材料。在 100 ℃ 下的碳酸基电解质中，Tchitchekova 等对 Ca^{2+} 和 Mg^{2+} 在 TiS$_2$ 中的电化学

嵌入行为进行了比较。分别在 100 C 和 50 C 的电流密度下进行恒流实验，CRBs 的容量分别为 520 mA·h·g^{-1} 和 210 mA·h·g^{-1}，同时具有较差的倍率性能 [图 3.46 (e)]，说明 Ca^{2+} 在 TiS_2 中的扩散较为缓慢。DFT 计算表明，Ca^{2+} 在 TiS_2 中有两种可能的扩散路径，且能量势垒（0.75 eV）低于 Mg^{2+}（1.14 eV）[图 3.46 (d)]。在 Ca^{2+} 嵌入过程中，Verrelli 等观察到 Ca^{2+} 嵌入 TiS_2 后引入两个新相（分别为相 1 和相 3），c 参数分别扩大到 27.7 Å 和 36.9 Å（原始 TiS_2 的为 5.7 Å）。经过溶剂和钙离子的共嵌反应，TiS_2 正极材料会发生巨大的晶格膨胀，导致循环稳定性差、循环寿命短，这限制了其作为 CRBs 正极材料应用的可行性。

6. 聚阴离子化合物

聚阴离子化合物是一类具有 $AMM'(X_mO_{3m+1})_n$（A = 阳离子，M，M′ = 过渡金属，X = P、S、Mo 或 W，$(X_mO_{3m+1})^-$ = 四面体聚阴离子）结构的材料，是由 MO_x 多面体和 X_mO_{3m+1} 四面体形成的骨架，具有较大的阳离子扩散通道和较高的热稳定性，可以通过调节聚阴离子的局部环境来实现工作电压的调节。聚阴离子化合物具有较高的电压和较大的功率密度，可作为一种稳定的 LIBs 和钠离子电池（Na ion batteries，NIBs）正极材料 [如 $LiFePO_4$ 和 $Na_3V(PO4)_3$]，也是具有发展前景的 CRBs 正极材料。

$LiFePO_4$ 是商用 LIBs 中最常用的聚阴离子正极材料。通过电化学反应，脱除 $LiFePO_4$ 中的 Li^+，Kim 等制备 $FePO_4$ 作为 Ca^{2+} 的嵌入材料 [图 3.47 (a)]。在 $FePO_4$/Ca$(BF_4)_2$ – AN/活性炭电池中，$FePO_4$ 的 Ca^{2+} 存储容量为 72 mA·h·g^{-1}，对应于每个 $FePO_4$ 单元含有 0.2 M Ca^{2+}（约为理论值的 40.5%）[图 3.47 (b)]。然而，在 7.5 mA·g^{-1} 电流密度下经过 25 周循环后，循环容量迅速衰减到 ~28 mA·h·g^{-1} [图 3.47 (c)]。在 $FePO_4$/Ca[B(hfip)$_4$]$_2$ – 二乙二醇二甲醚（DGM）/Ca 全电池中，$FePO_4$ 具有较差的循环性能，在 10 mA·g^{-1} 的电流密度下仅能循环 10 周。

有报道证明聚阴离子化合物 Na_2FePO_4F 作为正极材料能够实现 Ca^{2+} 的嵌入，嵌入电压约为 2.6 V，容量约为 80 mA·h·g^{-1}。XRD 测试结果表明，Ca^{2+} 的嵌入机理与 Na^+ 相似，伴随中间半填充相的出现。Ca^{2+} 能够嵌入 Na_2FePO_4F 聚阴离子骨架，表明其他聚阴离子骨架材料也可能具有 Ca^{2+} 嵌入活性。有研究表明，$VOPO_4·2H_2O$ 的容量达到 100.6 mA·h·g^{-1}，且在 200 周循环后，仍具有良好的稳定性。此外，原位 XRD 和原位 Raman 结果表明，基于不对称嵌入和脱嵌的单相反应，Ca^{2+} 能够在 $VOPO_4·2H_2O$ 中嵌入进行能量

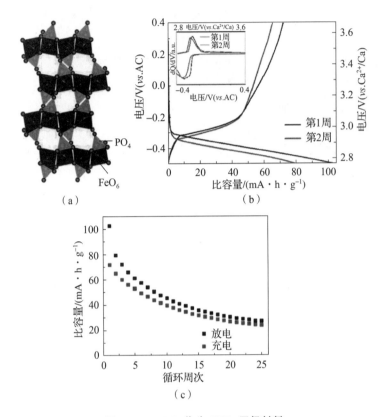

图 3.47　FePO₄ 作为 CRBs 正极材料

(a) 结构；(b) 容量 – 电压曲线，插图是 dQ/dV 曲线；

(c) 在 7.5 mA · g⁻¹ 电流密度下的循环容量

存储。虽然用于单价离子存储的聚阴离子正极材料的种类已经有很多，但目前用于 Ca^{2+} 存储的还较少，并且机理研究也不够深入。在选择合适的阴离子化合物正极材料以及对材料进行改性的过程中，模拟等辅助研究也是必不可少的。

　　总之，上述对高压可逆正极材料的研究表明，利用电化学阳离子交换法，能够从现有的聚阴离子化合物中设计高性能的 CRBs 正极材料。在高压 CRBs 的实际应用中，在提高正极材料的容量、加强 Ca 金属负极的稳定等方面还需要进一步的研究。

7. 有机物

　　有机电极材料中通常含有多种阳离子，在转换反应过程中，电容通常是由多电子氧化还原反应所提供。所以，有机电极材料具有较高的电化学容量。根据反应机理的不同，有机电极材料可以分为三类：通过还原反应储存阳离子的 N – 型、通过氧化反应储存阴离子的 P – 型以及同时具有两种反应机理的电极。N – 型正极常作为正极材料，能够应用在高能量密度的电解质中。虽然有报道称有机材料可以在水溶液中存储 Ca^{2+}，但还没有将其应用到非水系 CRBs 中的报道。在两电极和三电极电池体系中，Bitenc 等以 $Ca[B(hfip)_4]_2$ – DME 作为电解质，以 Ca 金属作为负极，以对聚（蒽醌硫化物）作为正极材料进行了电化学测试。在 0.2 C 电流密度下，PAQS/CNT 复合正极材料的容量为 169.3 mA·h·g^{-1}，达到理论值（225 mA·h·g^{-1}）的 75%，说明活性材料的利用率显著提高。但是，6 周循环后容量迅速衰减至 112.3 mA·h·g^{-1}。正极材料容量的衰减和 Ca 负极的过电位增加都是造成电容快速衰减的原因，三电极体系的测试结果也证明了这一结论。

8. 其他

Sakurai 等将具有开放骨架的 $FeF_3 \cdot 0.33H_2O@C$ 复合材料作为 CRBs 的正极材料，对其电化学性能进行研究。$FeF_3 \cdot 0.33H_2O@C$ 复合材料的可逆容量约为 120 mA·h·g^{-1}，是 $FeF_3 \cdot 0.33H_2O$ 的 3 倍。结果表明，增加离子的电导率、缩短离子的扩散距离可以降低 Ca^{2+} 脱嵌材料过程中的过电位。另外，库仑效率有所提升，说明副反应得到了抑制。XPS 和 EDX 证实，电化学过程实现了 Ca^{2+} 在 $FeF_3 \cdot 0.33H_2O@C$ 中的嵌入/脱嵌，与 Fe^{2+}/Fe^{3+} 的氧化还原反应相对应。

随着不断发展，研究人员发现仍有许多材料适合作为 CRBs 的正极，但还需要进一步探索。评判 CRBs 正极性能的电化学参数，主要包括容量、工作电压和能量密度。将实验结果和模拟结果相结合，可以对充放电过程中的反应机理进行更深入的研究。目前，对 CRBs 正极材料的研究主要集中在 PBAs 和氧化物上。Ca^{2+} 的传输动力学缓慢是限制无机材料应用的最主要问题之一，虽然其他因素也会对 CRBs 的性能产生影响，但扩散能垒是评判 CRBs 性能最重要的参数。

3.4.3 负极材料

除了正极材料，负极材料对电池性能的影响也会产生巨大的影响。目前，随着 CRBs 的逐步发展，人们也逐渐认识到负极材料的重要性，越来越多的工作开始围绕负极材料的选取和优化展开。本节将对不同类别的 CRBs 负极材料进行介绍。

1. 钙金属负极

由于具有较低的工作电压，Ca 金属体积容量高达 2 073 A · h · L^{-1}，比容量高达 1 337 mA · h · g^{-1}。人们已经将 Ca 金属作为 CRBs 负极材料进行了研究。然而，在室温下，Ca 金属高效的沉积/剥离还未能实现。在 Ca – SO$_2$Cl$_2$ 电解质中对 Ca 的电化学行为进行研究，Staniewicz 等发现在 Ca 金属负极上会形一层离子绝缘的 CaCl$_2$ 钝化层，其抑制了 Ca 的电镀。受应用于 LIBs 中的非质子电解质启发，Aurbach 等使用 AN、THF、γ – 丁内酯和 PC 作为溶剂，将 Ca(ClO$_4$)$_2$、Ca(BF$_4$)$_2$、TBABF$_4$ 和 LiClO$_4$ 盐溶解于上述溶剂中，研究 Ca 金属负极在上述有机电解质中的循环性能。如图 3.48（a）所示，CV 结果显示，剥离 Ca 时的电流密度高达 3 mA · cm^{-2}，但在所有电解质中 Ca 沉积电流可以忽略不计（＜0.5 mA · cm^{-2}）。结构表征表明，在 Ca 金属表面有离子绝缘相 [即 Ca(OH)$_2$、CaCO$_3$、CaCl$_2$、醇盐、酯和羧酸盐] 形成 [图 3.48（b）]，其抑制了 Ca 的沉积 [图 3.48（c）]。

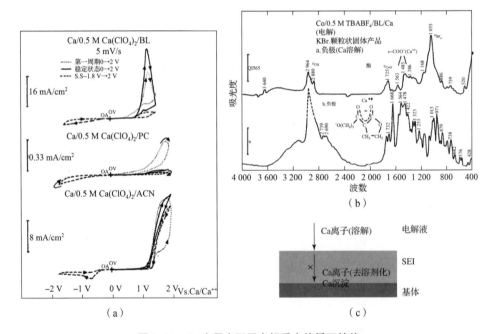

图 3.48　Ca 金属在不同电解质中的循环性能

（a）以 Ca 金属为负极，Ca(ClO$_4$)$_2$ 为电解得到的 CV 曲线，
表明在有机电解质中可逆的 Ca 沉积/剥离几乎是不可能的；

（b）Ca 电镀形成的表面物种的 FTIR，是阻断 Ca^{2+} 的钝化层；（c）Ca 电镀过程失效的机理图

2016 年，Ponrouch 等发现当升高温度到 75～100 ℃ 时，在 0.45 M Ca(BF₄)₂ - EC/PC 电解质中，能够实现可逆的 Ca 沉积/剥离，CV 曲线上的氧化还原峰与 Ca 在不锈钢表面的电镀相对应，并能在 100 ℃ 下 Ca 负极维持超过 30 周循环 [图 3.49（a）]。Ca 金属负极沉积/剥离的可逆程度受电解质中盐的种类、电解质浓度和温度影响，在 Ca(ClO₄)₂、Ca(TFSI)₂ 构成的电解质和低浓度电解质中 [0.3 M Ca(BF₄)₂ - EC/PC]，Ca 沉积活性较低。除此之外，过高的工作温度也会对 Ca 金属负极的性能造成不利影响。为了弄清高温条件对 Ca 沉积的影响，在室温条件下，Biria 等在 1 M Ca(BF₄)₂ - EC/PC 电解质中对三电极电池体系（以 Cu 为工作电极，Ca 为参比电极，Pt 为对电极）进行了循环测试 [图 3.49（b）]。发现 Ca 的可逆沉积/剥离超过了 10 周循环，且库仑效率高达 95%，由此得知 Cu 衬底和室温条件能够抑制 CaF₂ 钝化膜的生长 [图 3.49（c）]。

Wang 等发现，室温条件下，以 1M Ca(BH₄)₂ - HF 作为电解质，在 1 mA·cm⁻² 电流密度下超过 50 周循环后的 Ca 剥离具有较低的极化电压（～100 mV）[图 3.49（d）]。然而，在 Ca(TFSI)₂ - THF 电解质中没有观察到电化学响应，表明 BH₄⁻ 阴离子对 Ca 剥离起至关重要的作用。在 Ca(BH₄)₂ - THF 电解液中，对 Pt 或 Au 电极上 Ca 的沉积/剥离进行了 CV 测试，其结果进一步明确了 BH₄⁻ 的作用。SEM 图像显示，在 Au 电极上形成了光滑的 Ca 沉积层，然而在 Pt 表面则形成了不连续的 Ca 沉积层 [图 3.49（e）]。此差异是由 BH₄⁻ 在 Pt 和 Au 上具有的不同脱氢速率造成的，在 Au 上脱氢过程较为缓慢，产生的氢化物能够在吸附的 Ca²⁺ 之前横向扩散，辅助实现 Ca²⁺ 的均匀沉积。除 BH₄⁻ 负离子外，阳离子对调节钙沉积也起重要的作用。Jie 等在 Ca/Au 扣式电池中，以 0.4 M Ca(BH₄)₂ - 0.4 M LiBH₄ THF 作为电解质，测得其初始库仑效率为 84.4% 并在 5 周循环后上升到 99.1%，在 200 周循环后保持在 97.6% 左右 [图 3.49（f）和（g）]。在 Ca(BH₄)₂ - THF 电解液中，电池循环的库仑效率在前 10 周循环中约为 80%，20 周循环后下降到 60%。由于第一溶剂壳层中 Li⁺ 的存在导致 Ca²⁺ 的配位数降低，Ca(BH₄)₂ - LiBH₄ 电解质的循环稳定性得到了显著提高，表明在电解质中 Ca²⁺ 的配位结构得到了很好的调控。但是，THF 基电解质的负极稳定性较差，这将限制 CRBs 中高压正极材料的选择。

为了提升负极材料的稳定性，Li 等研发了一种新型硼酸盐电解质，将 Ca(BH₄)₂ 与六氟异丙醇加入二甲醚中经反应得到了四氟（六氟异丙醇）硼酸钙（Ca[B(hfip)₄]₂），如图 3.50（a）所示。在 0.25 M Ca[B(hfip)₄]₂ - DME 电解质中进行 Ca 的沉积/剥离，在三电极体系中的 CV 测试结果显示 Ca 的沉积（在 -0.3 V）和溶解（在 0.22 V）电位较低 [图 3.50（b）]，表

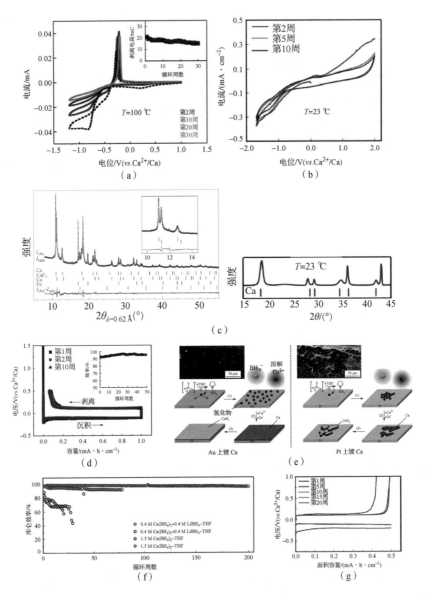

图 3.49　在 Ca(BF₄)₂ – EC/PC 电解质中，可逆的 Ca 金属沉积/剥离过程（书后附彩插）

（a）100 ℃下进行 30 周循环；（b）23 ℃下进行 10 周循环；

（c）经过（a）和（b）Ca 沉积过程后的 XRD 图谱；

（d）在室温中，以 1.5 M Ca(BH₄)₂ – THF 为电解质，Ca 金属的恒电流循环曲线；

（e）以 Ca(BH₄)₂ – THF 为电解质，在 Au 和 Pt 负极上的 Ca 沉积示意图；

（f）在 Ca(BH₄)₂ – LiBH₄ – THF 和 Ca(BH₄)₂ – THF 电解液中，Ca/Au 和 Ca/Cu 电池的库仑效率；

（g）在 Ca(BH₄)₂ – LiBH₄ – THF 电解液中，特定循环周期上，Au 电极的电压 – 电容曲线明硼酸盐电解质具有较快的动力学和较低的脱溶剂化能。Mg[B(hfip)$_4$]$_2$电解质中的 [B(hfip)$_4$]$^-$ 阴离子对 Mg 可逆的循环是有利的，通过 DFT 计算，Li 等对 Ca[B(hfip)$_4$]$_2$ – DME 与 Ca^{2+} 之间的相互作用进行研究，发现 Ca[B(hfip)$_4$]$_2$/DME 电解质中的 DME 会与 Ca^{2+} 形成配位结构，形成的 O – Ca 平均键长为 2.43 Å，比 Mg 电解质中的 O – Mg 键（2.06 Å）更长，表明在电解质中 Ca^{2+} 的脱溶剂化也更低。如图 3.50（c）所示，在 0.2 mA·cm^{-2} 电流密度下，组装成 Ca/Ca 对称电池测得在硼酸盐电解质中循环 100 h 后 Ca 金属的稳定性能。在 Pt、不锈钢和 Al 负极电极上，Ca[B(hfip)$_4$]$_2$ – DME 电解质的稳定电压分别为 3.9 V、4.2 V 和 4.8 V [图 3.50（d）]，远高于前面提到 Ca(BH$_4$)$_2$ – THF 电解质的。

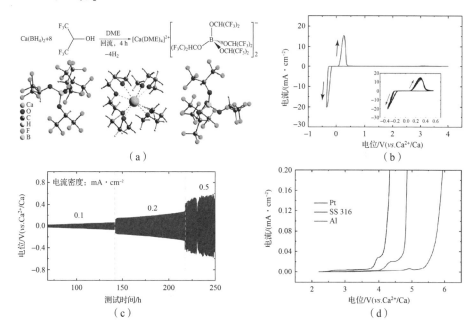

图 3.50　Ca[B(hfip)$_4$]$_2$ – DME 电解质及其电化学性能

（a）Ca[B(hfip)$_4$]$_2$盐的合成示意图；（b）在 80 mV·s^{-1} 的扫描速率下，

在 Ca [B(hfip)$_4$]$_2$ – DME 电解质中，Ca 沉积/剥离的 CV 曲线；

（c）在 Ca[B(hfip)$_4$]$_2$ – DME 电解质中，不同的电流密度下的 Ca/Ca 电池循环性能；

（d）在 Pt、不锈钢和 Al 上，Ca[B(hfip)$_4$]$_2$ – DME 的抗氧化性

为了优化 Ca 金属负极在 Ca[B(hfip)$_4$]$_2$电解质中的循环性能，对电解质浓度、醚溶剂类型和工作电极等参数进行了调控，Shyamsunder 等发现 Ca 能够在较高的电流密度（0.5 mA·cm^{-2}）下循环，当电解质浓度从 0.2 M 增加到

0.5 M且超过35周循环后，Ca的极化程度较低（0.17 V）且具有较高的库仑效率（92%~95%）。Wang等在不同电解质（THF中的0.25 M Ca[B(hfip)$_4$]$_2$、DME或二甘醇二甲醚）中对配以不同工作电极（玻璃碳、Pt、Cu、Al）的Ca金属负极上Ca的沉积/剥离行为进行测试，发现DGM电解质中Ca沉积/剥离的可逆性最好，其寿命最长可达300 h，表明溶剂的选择对提升Ca负极稳定性具有重要作用。Nathan等对醚类溶剂、阴离子种类和Ca在电解质中的电化学行为之间的关系进行了全面的评估，发现溶剂（如三甘醇二甲醚）与Ca^{2+}阳离子之间的强配位作用会抑制Ca的可逆沉积，强溶剂化能会加强配位溶剂的稳定性、阻止Ca^{2+}的溶解，进而使Ca不能够沉积。相反，在弱溶剂电解质体系中，Ca^{2+}和阴离子基团（如DME中的Ca[B(hfip)$_4$]$_2$）的配位具有较好的解离性，能够实现可逆的Ca沉积。因此，可以通过调整溶剂中阴离子/阳离子的配位行为来实现Ca沉积/剥离行为的调控，此发现为设计适合Ca金属负极的乙醚电解质提供了新的见解。

然而，碳酸盐类和醚类电解质具有毒性和可燃性，这些缺点限制了其在CRBs中的应用。由于离子液体（ionic liquid, IL）具有较宽的电化学稳定性窗口、较低的蒸气压和可燃性，目前对Li和Mg金属电池的IL电解质体系已经展开大量的研究。Biria等将1M Ca(BF$_4$)$_2$溶解在1－乙基－3－甲基咪唑三氟甲烷磺酸盐的溶液中，在其中进行CV测试，对Ca的沉积/剥离行为进行研究。CV曲线在－0.15 V和1.5 V处的峰，分别对应于Ca的剥离和电镀，但Ca对称电池表现出较高的过电位（~4 V）和较低的库仑效率（70%）。较差的循环性能归因于在形成的SEI层中含有CaF$_2$、CaS和有机成分。除此之外，Stettner等还制备了含有1－乙基－1－甲基吡咯烷二聚（三氟甲基磺酰）亚胺（Pyr14TFSI）和1－丁基吡咯烷－二聚（三氟甲基磺酰）亚胺（PyrH14TFSI）的IL电解质，其稳定的电化学窗口分别为5.1 V和3.2 V。然而，由于溶剂化的Ca^{2+}在共嵌入过程中会发生结构分解，上述两种电解质都不能与TiS$_2$正极耦合，不利于Ca的存储，在嵌入型CRBs中的应用受到了限制。

综上所述，在Ca(BF$_4$)$_2$－EC/PC、Ca(BH$_4$)$_2$－THF、Ca[B(hfip)$_4$]$_2$－DME和Ca(BF$_4$)$_2$ ILs等一系列电解质中成功实现了Ca金属负极可逆的沉积/剥离，为优化Ca金属负极的电化学行为提供了思路：① 到目前为止，Ca负极在Ca[B(hfip)$_4$]$_2$ DGM电解质中具有最长的循环寿命和较高的负极稳定性窗口（高达5 V），能够与高压正极相匹配。②贵金属（Pt和Au）有利于Ca的沉积/剥离。尽管贵金属电极具有较好的性能，但由于价格昂贵实际应用受到限制。③Ca沉积/剥离过程主要受SEI的影响。在上述电解质体系中，对每种SEI层的化学结构进行了表征。然而，新的SEI组分（CaF$_2$和CaH$_2$）是否对 Ca 沉积/剥离有影响还没有得到深入的研究。④迄今为止，在以 Ca[B(hfip)$_4$]$_2$ DGM 为电解质的 Ca/Ca 电池中，Nielson 等测得 Ca 的最高倍率容量为 8 mA·cm^{-2}，电压峰值大于 0.5 V。尽管上述工作在优化 Ca 沉积/剥离的电化学行为上有一些进展，但还远远未能达到实现大功率 Ca 金属电池商业化的要求。总体而言，未来的研究方向应主要围绕两个方面：一是优异性能电解质的开发，二是稳定 Ca 金属负极的界面。

2. 碳基材料

1) 石墨

由于具有优良的化学稳定性、导电性和导热性，石墨作为应用最广泛的负极材料，在商用 LIBs 中具有重要地位。在 350 ℃ 下将高定向热解石墨（HOPG）在熔融锂钙合金中浸入 10 天，Emery 等合成了化学计量为 CaC$_6$ 的含 Ca 石墨嵌层化合物（GIC）。CaC$_6$ 具有 $R-3m$ 空间群的菱形晶体结构，与 MC$_6$（M 是 Li$^+$、K$^+$ 等单价离子）六角形结构不同。之后，在 25～100 ℃ 的惰性气氛下，Ca 金属和石墨粉在液态乙二胺（EN）中进行化学反应，Xu 等合成了 [Ca(EN)$_{2.0}$]C$_{26}$GIC。两项研究都表明，在相对较高的温度下，通过化学方法能够实现 Ca^{2+} 在石墨中的嵌入。

2008 年，在有机电解质中，以天然石墨或 HOPG 作为工作电极，以溶有 0.2 M Ca(CF$_3$SO$_3$)$_2$ 的二甲基亚砜（DMSO）作为电解质，通过电化学方法，Takeuchi 等首次实现了 Ca^{2+} 与溶剂在石墨电极中的共同嵌入。Takao 等在 0.5 M Ca(ClO$_4$)$_2$ EC：EMC(1：2) 电解质中，对 Ca^{2+} 嵌入石墨中的电化学行为进行研究。Ca^{2+} 的嵌入量为 14.5～42.3 μmol，对应化学式为 Ca$_{0.0318}$C$_6$ - Ca$_{0.0444}$C$_6$。然而，在石墨中 Ca^{2+} 的嵌入/脱嵌行为并没有得到证实。

近年来，石墨负极在作为 CRBs 负极材料的研究方面取得了重大进展。经研究发现，在溶有 Ca(TFSI)$_2$ 的四乙二醇二甲醚（G4）电解质中，石墨可作为 Ca^{2+} 嵌入的宿主负极材料。值得注意的是，石墨负极在 0.05 A·g^{-1} 和 1.0 A·g^{-1} 的电流密度下，可逆容量分别为 62 mA·h·g^{-1} 和 47 mA·h·g^{-1}。实验结果和 DFT 计算都表明，溶剂化 Ca^{2+} 嵌入一个 G4 分子（Ca-G4）中，并在石墨体相生成了一个嵌入型化合物 Ca-G4·C$_{72}$。尽管在嵌入/脱嵌过程中，Ca-G4 尺寸发生了较大的变化，但其仍具有较好的电化学性能。

Park 等进一步证明了，在二甲基乙酰胺（DMAc）电解质中，以天然石墨作为工作电极，以 Ca 金属作为对电极，可以在石墨层中实现 Ca^{2+} 与 DMAc 溶剂可逆的电化学共嵌 [图 3.51 (a)]。在 50 mA·g^{-1} 的电流密度下，0.2 V 和

1.5 V（*vs.* Ca^{2+}/Ca）的电压区间内，可以清楚地观察到电池的 GCD 曲线上具有几个明显的平台，说明天然石墨具有良好的循环稳定性［图 3.51（b）］。作为 CRBs 的负极材料，在 200 周循环后，石墨的可逆容量仍能达到 85 mA·h·g^{-1}［图 3.51（c）］，即使是在电流密度增加 40 倍（从 50 mA·g^{-1} 到 2 000 mA·g^{-1}）的情况下，容量也只是小幅降低（从 89 mA·h·g^{-1} 到 67 mA·h·g^{-1}），容量保持率高达 75%［图 3.51（d）］。在 0.025～1 mV·s^{-1} 的扫描速率下，石墨负极的 CV 曲线显示了 4 个不同的嵌入/脱嵌阶段，与 GCD 曲线一致［图 3.51（e）］。结合实验和 DFT 模拟进一步对 Ca^{2+} 的嵌入机理进行分析，证明形成了［Ca-(DMAc)$_4$］C$_{50}$（GIC）材料［图 3.51（f）］。此项研究为开发商业可用 CRBs 负极的石墨材料提供了有用的见解。然而，溶剂化 Ca^{2+} 的尺寸通常大于自由态 Ca^{2+}，这会显著减少嵌入离子的数量、降低比容量，且 DMAc 电解液和正极材料之间的相容性也尚不清楚，因此还需要进一步研究。

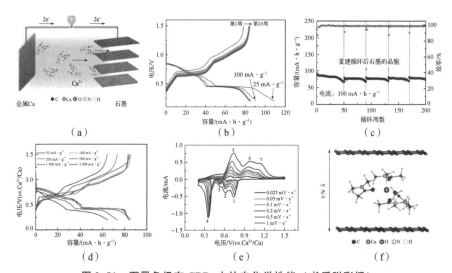

图 3.51 石墨负极在 CRBs 中的电化学性能（书后附彩插）

（a）放电过程中，石墨中 Ca^{2+} 的嵌入示意图；（b）石墨电极前 10 周循环的放电/充电曲线。在电流密度为 25 mA·g^{-1} 的第一周循环中，石墨电极得到激活，然后在 100 mA·g^{-1} 电流密度下进行充放电循环；（c）在 100 mA·g^{-1} 电流密度下的循环容量和库仑效率。值得注意的是，在 50 周循环后，以循环石墨为电极的电池以每 40 周循环为周期更换一次电解质和 Ca 金属；（d）电流密度 50～2 000 mA·g^{-1} 下石墨电极的倍率容量；（e）在 0.025～1 mV·s^{-1} 扫描速率下，石墨电极的 CV 曲线；（f）第 I 阶段［Ca(DMAc)$_4$］$^{2+}$ 共嵌层石墨的 DFT 模拟构型

2）其他

通过实验和模拟研究证实，其他类型的碳化合物，如中间相碳微球

（MCMB）、多壁碳纳米管（MWCNTs）、二维石墨烯及其类似物等，也可作为 CRBs 的负极材料。通过实验证实了水系 CRBs 中的 MCMB 负极和有机系 CRBs 中的 MWCNTs 负极存储 Ca^{2+} 的可行性，但对电化学行为没有进行详细的说明。通过 DFT 计算，对石墨层状材料 BC_8、双空位缺陷（DV）二维石墨烯和石威尔士（SW）缺陷，氢化缺陷石墨烯、五边形石墨烯（PG）和 X – 石墨烯等作为 CRBs 负极材料的可行性进行模拟。模拟结果表明，在最大可能存在的 DV 缺陷密度和 SW 缺陷密度下，缺陷石墨烯的容量分别为 2 900 mA·h·g^{-1} 和 2 142 mA·h·g^{-1}，远高于普通石墨负极。DFT 计算表明氢化石墨烯片（$C_{68}H_4$）、X – 石墨烯、石墨炔纳米片等都是很有前途的 Ca^{2+} 存储负极材料，但实际电化学性能还有待进一步验证。

3. 合金

由于具有较高比容量和较低的氧化还原电位，合金已经成为构建高性能碱金属离子电池的关键电极材料。通过形成 M – 合金（M = 金属阳离子）化合物，合金负极能够有效地容纳大量的 Li^+、Na^+ 或 K^+，同时也可作为 Ca 金属负极的替代材料。

以钙化锡作为负极，以脱钠的铁氰化锰作为正极，Lipson 等组装的 CRBs，具有较低的容量（40 mA·h·g^{-1}）。在 Sn/Ca$(PF_6)_2$ – EC/PC/DMC/EMC/石墨双离子电池的研究工作中，Wang 等对 Sn 负极上 Ca^{2+} 的嵌入/脱嵌过程中的相变和应力变化进行了深入的探讨。他们观察到 Sn 负极完全钙化成 Ca_7Sn_6 [图 3.52（a）]，其理论容量达到 526 mA·h·g^{-1}，体积膨胀率为 136.8%。Ca_7Sn_6 中的 Ca 由 6 个最接近的 Sn 原子包围，形成一个扭曲的八面体结构 [图 3.52（b）]。原位应力测量结果显示，Sn 在整个 Ca^{2+} 的嵌入/脱嵌的循环过程中，压应力一直存在 [图 3.52（c）]，有利于防止裂纹产生和扩展，从而保证了 Sn 负极的结构稳定。利用弹塑性模型发现，Sn/CaSn$_x$ 界面上无拉应力，且压应力在 Sn 上是均匀分散的，上述两点共同提高了电极的稳定性。

另一种可用于形成合金的材料是 Si。Si – Ca 相图显示 Ca_2Si 的理论容量为 3 818 mA·h·g^{-1}。对 $CaSi_2$ 进行 DFT 研究，Ponrouch 等发现 $CaSi_2$ 在 1.2 V（形成亚稳态 Si）和 0.57 V（形成稳定的 fcc – Si）之间的电压下可能发生（脱）钙化 [图 3.52（d）]。当 fcc – Si 钙化为 $CaSi_2$ 时，平均反应电压为 0.37 V，体积膨胀率为 306%，容量为 557 mA·h·g^{-1}。在 100 ℃ 的条件下，对 $CaSi_2$ 负极进行了恒电位间歇滴定测试，显示比容量为 240 mA·h·g^{-1}，脱合金/合金化平台分别为 2.75 V 和 0.88 V（vs. Ca^{2+}/Ca）[图 3.52（e）]。然而，在

一周循环后，CaSi$_2$负极失活，表明 Si 负极在 CRBs 的应用方面还存在困难。

Yao 等设计了一种四步筛选策略，对可应用于 CRBs 的合金型负极材料进行筛选。首先，从无机晶体结构数据库（ICSD）中确定了所有 Ca 的金属间化合物，从中选择 Ca 金属合金。通过对反应电压、最大容量和能量密度进行评估，认为准金属（Si、Sb 和 Ge），过渡金属（Al、Cu、Pb、和 Bi）和贵金属（Ag、Au、Pt 和 pd）可作为共金金属 [图 3.52（f）和（g）]，但还需要进一步的实验验证。

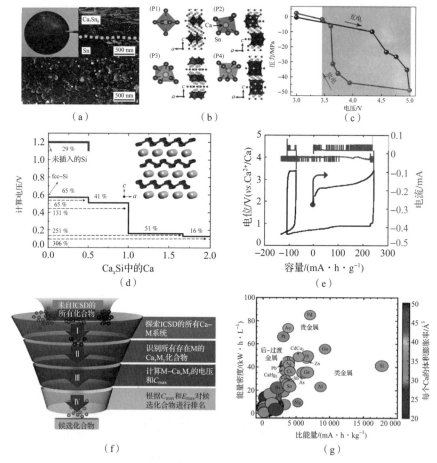

图 3.52　合金型负极在 CRBs 中的电化学性能及筛选

（a）循环后 Sn 负极的 SEM 图像；（b）Ca$_7$Sn$_6$的四种键合情况示意图；（c）合金化和脱合金化过程中，

Sn 负极的原位应力测试；（d）Ca – Si 合金中 Si 负极的电压 – 组成关系曲线；

（e）在 100 ℃进行的 PITT 测试中，CaSi$_2$负极的电化学性能；

（f）使用 DFT 计算，对 Ca 合金负极进行筛选；（g）在考虑能量密度和体积膨胀情况下，

具有限制性电压约束的高性能 Ca 合金负极的 DFT 筛选结果

与 Ca 金属负极和石墨负极相比，合金型负极的选择相对有限。尽管理论研究表明，许多含钙的合金化合物具有较高的容量和能量密度，但很少经过实验验证，且通常具有异常的电压曲线和较大极化。例如，虽然 $CaSi_2$ 的理论容量为 557 mA·h·g^{-1}，但是 Ca 和 Si 之间的脱合金反应只在 100 ℃ 时发生，且实际容量为 240 mA·h·g^{-1}，仅达到理论容量的 43%。Sn 负极也有类似的情况，实际容量为 40 mA·h·g^{-1}，仅达到理论容量（527 mA·h·g^{-1}）的 7.5%。合金型负极无法达到理论容量，可能是由于 Ca^{2+} 嵌入/脱嵌的反应动力学较为迟缓造成的。第一，合金型负极（如 $CaSi_2$）的电导率较低，阻碍了电荷在界面上的快速转移。第二，Ca^{2+} 的半径较大，在合金负极材料中的扩散势垒较高（例如，Ca^{2+} 在 Ca_7Sn_6 中的扩散势垒高达 0.45~2.47 eV），因此导致合金型负极的离子扩散动力学较为缓慢。第三，在合金型负极表面会形成较厚的 SEI 层，阻碍 Ca^{2+} 的快速扩散。通常，SEI 的形成会造成库仑效率降低（~80%）和放电过程中电解质的严重降解。可以肯定的是，离子扩散速率、合金化程度和体积扩张是影响合金型负极材料选择的关键因素。然而，对上述问题的研究非常有限，因此，建议在该方向上进行深入的研究，以制定合适的优化策略，促进合金型负极在 CRBs 应用中的发展。

4. 有机材料

由于结构较为灵活，有机电极材料可以容纳丰富的离子，是一种具有前景的可充电电池储能电极材料。与无机 CRBs 负极材料相比，有机负极材料具有易于合成、无毒和可再生等优点。近年来，聚酰亚胺（PNDIE）作为负极材料，已成功应用于水系 CRBs 中，放电容量稳定在 130 mA·h·g^{-1}，具有较好的循环稳定性（5 C 下容量保持率达 80%），4 000 周循环的库仑效率值超过 99%。以 PBA（CuHCF）作为正极，全电池在 1 000 周循环后的比容量约为 40 mA·h·g^{-1}，容量保持在 88%。但是，活性物质的溶解和含水电解质的分解仍会导致其电化学性能逐渐衰减。此外，将 PTCDA 作为负极材料的 CRBs 初始容量为 87 mA·h·g^{-1}。XRD 结果表明，虽然 PTCDA 负极具有可逆的电化学性能，但由于 Ca^{2+} 的尺寸较大和二价性质，Ca^{2+} 的嵌入会造成 PTCDA 晶体结构向非晶结构转变，破坏了结构的完整性。

5. 其他

尖晶石钛酸锂（$Li_4Ti_5O_{12}$，LTO）是应用于 LIBs 中极具前景的负极材料之一。基于 LTO 在锂离子存储方面的优势，Kim 等对应用于 CRBs 中的 LTO 电极的电化学行为展开了研究。以 LTO 作为负极材料，以溶解有 0.1M

$Ca(SO_3CF_3)_2$ 的 PC：DMC = 1：10 的溶液作为电解质，CRBs 的放电容量为 85 mA·h·g^{-1}，当以溶解有 0.1 M $Ca[N(CF_3SO_2)]_2$ 的 THF 溶液作为电解质时，放电容量提升到 145 mA·h·g^{-1}，说明电解质会对以 LTO 作为负极材料的 CRBs 的电化学性能产生较大的影响。然而，容量是否来自 Ca^{2+} 在 LTO 体相中可逆的嵌入/脱嵌，还没有足够的证据，需要进一步的表征来说明电解质的组成是如何影响 LTO 在 CRBs 中的电化学性能。

有研究人员通过 DFT 计算预测 MXenes 负极材料具有赋予 CRBs 的高容量的潜力。Shenoy 等对吸附能与 MXenes 表面覆盖率的关系进行了探讨，认为高覆盖率会降低 Ca^{2+} 的吸附能。其计算出 Ca^{2+} 在 Ti_3C_2 中的嵌入容量为 319.8 mA·h·g^{-1}。另一项研究对 MXenes 纳米片上的 Ca^{2+} 存储进行了系统的计算，Xie 等发现以 O 为终端的 MXenes 和无覆盖的 MXenes 都具有较大的容量和较好的倍率性能，而无覆盖的 MXenes 具有更好的性能。

总之，通过计算模拟可以看出，具有优异性能的 CRBs 负极材料有很多，但实验结果往往不尽如人意。理论上，Ca 金属是最佳的候选材料，但在满足实际应用需求之前，还需要解决很多问题，如 Ca 沉积/剥离的可逆性、Ca 负极表面 SEI 的组成等。合金负极具有较大的容量，但材料稳定性差。嵌入型负极材料具有相对稳定的循环性能，但是容量较低。有机化合物具有成本低、结构灵活等诸多优点，但在有机电解质中存在易溶解和导电性差等问题。CRBs 负极材料的优化还需要进一步研究。

过渡金属氧化物（TMOs）（如二维 VO_2 和二维 MoO_2）和过渡金属二卤化合物（TMDs）（如 WS_2、VS_2 和 VSe_2）也可以作为 CRBs 的负极材料。DFT 结果表明，VO_2 具有较好的 Ca^{2+} 扩散动力学，其扩散势垒为 0.306 eV，当 Ca^{2+} 占据六边形 V–O 环中心时，VO_2 的比容量高达 260 mA·h·g^{-1}，而在离子吸附过程中，VO_2 片的金属性质不会发生变化。在另一项 DFT 模拟研究中，发现 MoO_2 负极同样具有较好的扩散动力学、较低扩散势垒（0.22 eV），在 0.35 V 的开路电压下，其理论比容量为 1 256 mA·h·g^{-1}（与 Ca_3MoO_2 相当）。对于 TMDs（WS_2）进行 DFT 计算，结果表明 Ca^{2+} 可以吸附在 WS_2 单分子层上，吸附后的 Ca–WS_2 表现出金属性质，电极材料具有较高的电导率。WS_2 的最大容量可达 326.09 mA·h·g^{-1}，预计电压约为 1.63 V，主要归因于 Ca^{2+} 在 WS_2 上的迁移能垒不高。通过 DFT 计算，对 1T VS_2 和 VSe_2 作为 CRBs 负极材料的各项性能（电荷转移效率、吸附能、开路电压分布、稳定性、电子导电性、扩散能垒等）进行了模拟。计算结果表明，1T VS_2 和 VSe_2 的 Ca^{2+} 存储容量分别为 466 mA·h·g^{-1} 和 257 mA·h·g^{-1}，都具有良

好的 Ca^{2+} 存储能力。

此外，DFT 计算表明硼墨烯、GeP_3 和 $g - Mg_3N_2$ 等其他二维材料也具有较好的 Ca^{2+} 存储性能，最大比容量分别为 $800\ mA \cdot h \cdot g^{-1}$、$1\ 295.42\ mA \cdot h \cdot g^{-1}$ 和 $1\ 594\ mA \cdot h \cdot g^{-1}$。这可归因于适中的 Ca^{2+} 嵌入能势和扩散能垒、较好的结构稳定性和良好的电化学稳定性。

3.4.4　电解质

尽管目前的电池多种多样，但电解质的作用都是有效地分离两个电极，并在电极之间传输离子载流子。多价阳离子（Mg^{2+} 和 Al^{3+} 等）具有硬酸、硬碱性质，导致多价离子电池需要的电解质通常比较特殊，需要具有使电极/电解质界面上的阳离子脱溶的能力。相比之下，由于 Ca^{2+} 相对柔软的性质，CRBs 电解质与应用于 LIBs 和 SIBs 的类似，盐溶液就能够提供其需要的性能。但想要进一步优化 CRBs 的性能，加快 Ca^{2+} 离子的传输，还需要寻找具有更加优异性能的电解质。

为了进一步提升 CRBs 的功率密度，需要电解质具有较快的电荷传输动力学，同时实现在电解质的体相和界面处 Ca^{2+} 的快速传输。由于 Ca 的氧化还原电化学电位较低，与 Li 接近，在电池的循环过程中，电解质需要具有较好的（电）化学稳定性。除此之外，电解质和负极的兼容性也十分重要。目前，CRBs 电解质主要面临以下两个问题。

（1）容易发生分解，在 Ca 金属负极上形成一层亚稳态的钝化层，会对 Ca^{2+} 的扩散动力学造成影响。

（2）电化学稳定，不形成任何钝化层，但以此为电解质的 CRBs 的能量密度较低。

目前，广泛研究的 CRBs 电解质主要有五种：$Ca(ClO_4)_2$、$Ca(BF_4)_2$、$Ca(TFSI)_2$、$Ca(NO_3)_2$ 和 $Ca(BH_4)_2$。由于 ClO_4^- 存在安全问题，在实际研究中主要集中在后四种盐，水系 CRBs 中通常使用 $Ca(NO_3)_2$ 作为电解质。但是，电解质中的盐对二价阳离子体系储能的作用机理还没有系统的研究。

2017 年，通过一种无水合成法，Keyzer 等直接合成了 $Ca(PF_6)_2$。首先，由于 Ca^{2+} 的化学性质较软（与 Mg^{2+} 相比），与溶剂相互作用较弱，有利于提升 PF_6^- 阴离子的化学稳定性。其次，正离子与负离子通过离子对产生的相互作用，也会对负离子的分解造成影响。然而，正离子与溶剂相互作用变弱的同时，正离子与负离子相互作用也因阳离子变软而减弱，不清楚哪种相互作用的影响较大，还需要进行计算和光谱分析，对相互作用进行研究，这将对 CRBs 电解质的改性具有指导意义。

除了水溶液电解质，作为 LIBs 的电解质，如 THF、ACN（乙腈）、γ－丁内酯（gBL）、PC、DMC、DEC、EMC、甲酰胺（DMF）、甲酰胺（DME）以及 EC 和 PC 的混合物均可作为 CRBs 的电解质。根据上述问题（1），在电化学还原过程中，由于溶剂和盐阴离子会发生降解，生成降解产物，亚稳态电解质通常在负极上形成一层稳定的 SEI 膜。除了标准的盐溶液，ILs 也可作为溶剂。电解质还包括固态电解质（SSEs）、陶瓷和聚合物。

下面，对目前关于 CRBs 电解质的研究进行了简要总结。为了进一步加快 CRBs 的发展，有必要对电解液展开进一步的研究，需要满足以下要求。

（1）更好地理解界面上的反应，以调整 SEI。

（2）充分了解电解质的盐、溶剂、浓度和添加剂对密度、黏度、电导率、电化学稳定性窗口、Ca^{2+} 的传输动力学等所产生的影响。

1. 液体电解质

虽然到目前为止 CRBs 电解质还是以非水系有机溶剂为主，对水系电解质的系统研究还非常少，但是在改善电解质/电极界面处 Ca^{2+} 嵌入/脱出的动力学上，水溶液电解质的独特优势已经得到证明。Aurbach 等在不同有机电解质中 [如以 ACN、THF、gBL、PC 作为溶剂，以 $Ca(ClO_4)_2$ 和 $Ca(BF_4)_2$ 作为盐]，研究了 Ca 金属负极的电化学行为。Hayashi 等使用 $Ca(ClO_4)_2$ 作为盐，以 PC、DMC、DEC、EMC、gBL、DMF 和 ACN 作为溶剂，展开了类似的研究。通常使用一种或两种电解质来研究半电池或全电池中负极或正极的电化学性能。三个具有代表性的工作是：①Ponrouch 等使用溶有不同钙盐的 EC/PC 作为电解质；②Wang 等采用溶有 $Ca(BH_4)_2$ 的 THF 作为电解质；③Shyamsunder 和 Li 等使用溶有氟化烷氧基硼酸盐阴离子钙盐的二甲醚作为电解质，以 Ca 金属作为负极，来研究 Ca 可逆沉积/剥离行为。使用不同浓度的盐（0.25 M $Ca[B(hfip)_4]_2$、0.45 M $Ca(BF_4)_2$、0.5 M $Ca[B(hfip)_4]_2$ 和 1.5 M $Ca(BH_4)_2$），尽管浓度相差不大，但对电解质的性能产生了巨大的影响。此外，值得注意的是，在碳酸盐作为溶剂的情况下，电解质中溶解氧的浓度较高，考虑到 CaO 的生成，可能会影响 CRBs 的循环性能。

1）有机电解质

在 EC/PC 中溶有不同类型和浓度的钙盐，以此作为电解质，Tchitchekova 等将电解质的各种基本物理化学性质，如离子电导率、黏度、Ca^{2+} 的溶剂化等与实际的电化学性能关联起来；同时，将 Ca^{2+} 与单价离子（Li^+、Na^+、Mg^{2+}）进行了比较，以加强对此关联性的认识。当盐浓度较低时（0.1 M），假设电解质中的盐几乎完全电离，二价阳离子体系比相应的单价阳离子体系导电性更强。而浓度越高（1.0 M），二价体系的黏度和离子对浓度增加的幅度越大，离子电导率的下降趋势越明显（图 3.53），但是在较高温度下的差异并不明显［图 3.53（b）、（c）］。此外，通过减少配对离子中阴离子的数量（使用 TFSI 盐的阴离子物质），1.0 M 体系的离子电导率得到了显著提升［图 3.53（b）、（c）］。0.1 M 体系在室温下的离子电导率约为 3.5 mS·cm^{-1}，1.0 M 体系的离子电导率略低（2.0~2.8 mS·cm^{-1}），但均高于 LIBs 电解质的目标值（1 mS·cm^{-1}）。

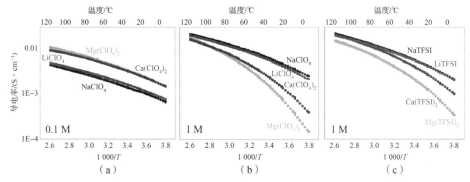

**图 3.53　含有不同 Li/Na/Ca 和 Mg 盐的 EC$_{0.5}$：PC$_{0.5}$
电解质的阿伦尼乌斯图（−10~120 ℃之间）**

（a）盐浓度为 0.1 M；（b、c）盐浓度为 1 M

通过分析振动光谱可以得到电解质在分子水平上的差异（离子对的差异）。结果表明，当 Ca(TFSI)$_2$ 的浓度从 0.1 M 升高到 1.0 M，溶剂化的阳离子数从 6.7 M 降低到 5.3 M，由于 Ca^{2+} 的第一溶剂壳层比其他阳离子（Li$^+$、Na$^+$、K$^+$、Mg^{2+}）要大，这会对体相中离子的扩散以及电解质/电极界面上的（脱）溶剂化动力学产生影响。关于上述离子电导率的讨论，还需要注意一点，0.1 M M(TFSI)$_2$ 电解质比 0.1 M MTFSI 电解质中的离子多 50%。因此，需要分析的是阳离子转移数，而不仅仅是总离子电导率，这是至关重要的一点。

EC/PC 电解质的电化学稳定窗口为 4 V，适用于中高压正极材料，而 THF 基电解质的电化学稳定窗口相对有限（<3 V）。

2）水溶液电解质

水溶液电解质也可作为 CRBs 的电解质，但是其发展还处于初步阶段。有报道称溶液电解质以及存在于非质子型电解质中的水，能促进氢氧化钙膜的形成，导致金属钙负极钝化。以六氰基高铁酸盐作为正极材料，研究电解质中的水对 CRBs 电化学性能的影响。随着水的引入，电化学的可逆性增强，容量也有所提升。由于溶剂化效应的存在，以溶解有 $Ca(ClO_4)_2$ 的 CAN 作为电解质，其中含有的 17% 的水提升了电化学氧化还原活性。电解质中的水对离子嵌入的影响还没有完全阐明，有些研究指出可能归因于电解材料结构的微小变化。值得注意的是，质子嵌入、电解质分解和/或电流收集器腐蚀等都可能会对钙嵌入产生影响。也有工作将含有质子的电解质应用到 $Ca - O_2$ 电池中，为了抑制 Ca 与水的反应，使用甲醇与不含 Ca 盐的水溶液混合（质量比为 2∶1）作为溶剂，目的是将 O_2 输送到负极，而非输送 Ca^{2+}。Wang 等将 1 M $Ca(NO_3)_2$ 溶于水作为电解质，并对此水溶液电解质的性质进行了研究。为了实现 Ca^{2+} 在电极中的快速扩散，Lee 等采用了高浓度的含水电解质（盐包水电解质）。研究发现，通过增加 $Ca(NO_3)_2$ 浓度导致水化数降低，有更多的阴离子与阳离子配位，离子嵌入的能量势垒降低，从而提高了电池的循环性能。

2. 其他电解质

目前，对于 CRBs 电解质的研究还相对较少，基于 IL 电解质和 SSEs 电解质的应用也没有得到足够的重视。

1）IL

由于具有离子迁移率高、电化学稳定窗口宽、较大的溶解度和安全性（蒸汽压低）等优点，ILs 作为电解质溶剂引起了广泛的关注。以溶解有 0.1 M $Ca(TFSI)_2$ 的 DEME/TFSI IL 作为电解质，Shiga 等对非水系 $Ca - O_2$ 电池的电化学性能进行了研究，并在 60 ℃ 下对 Ca 沉积/剥离行为进行观察。拉曼光谱分析表明，在形成的 SEI 膜中含有 TFSI 负离子的分解产物。CV 测试结果表明，Ca 的沉积具有轻微的可逆性。

2）SSEs

与 Ca - Bi 和 Ca - Sb 等合金相比，固体 CaF_2 作为负极材料应用于 CRBs 具有更好的性能。因此，以 CaF_2 作为负极，以金属硼氢化物作为电解质，Lu 等对 CRBs 的电化学性能展开研究。通过 DFT 计算发现，Ca^{2+} 在其中的扩散动力学较为缓慢。在 SSEs 中实现多价离子的快速传输较为困难，目前使用 SSEs 作为 CRBs 电解质的相关报道还比较少。

除此之外，含有钙的固体聚合物电解质（SPEs）也得到了报道，以溶解有 $Ca(TFSI)_2$ 的聚（环氧乙烷）作为电解质，Bakker 等对其中的阳离子配位结构、离子导电性、相变等基本性质进行了研究。Genie 等还报道了一种基于 $Ca(NO_3)_2$ 和 PEGDA（聚乙二醇二丙烯酸酯）交联网络进行 Ca 传导的凝胶聚合物电解质（GPEs）。

3.4.5 小结与展望

资源丰富、成本低廉的新型电池技术将是未来大规模储能的良好选择。近年来，CRBs 受到了广泛的关注，开发有利于容纳和传输 Ca^{2+} 的新型电极材料以及电解质成为研究的热点。本节对 CRBs 电极材料和电解质的最新研究进展进行了总结。虽然已经取得了一定的进展，但要克服目前面临的挑战，进一步提高 CRBs 在储能系统的竞争力，仍有很长的路要走。虽然不可能很快地解决 CRBs 中存在的问题，但 CRBs 技术在大规模能源存储方面仍有广阔的前景。

|3.5 铝二次电池|

3.5.1 铝二次电池简介

金属铝作为电极材料具有成本低（地壳中第三丰富的元素）、电化学性能稳定、循环寿命长、较好的倍率性能等优势。在电化学过程中，一个铝原子可以提供 3 个电子的电荷转移，具有较高的能量密度和优异的理论比容量。因此，开发性能优异的可充电铝二次电池在实现可再生能源有效利用方面具有重要意义。

ARBs 由正极材料、负极材料、电解质、集流体、隔膜和电池活性填料组成。ARBs 的电化学性能主要受离子嵌入/脱嵌行为以及离子和电子传输效率影响。Zhou 等发现 ARBs 的稳定性和比容量主要受两方面影响：一个是电子传导路径，另一个是能够实现大体积阳离子快速扩散的通道。经过不断探索，研究者发现电解质和正极材料会影响电荷转移效率，进而影响 ARBs 的性能。为了实现 ARBs 性能的进一步提升，目前主要研究集中在选择合适的正极材料、负极材料和电解质来实现快速的电荷转移。

电解质是 ARBs 内部离子传输的载体，能够在正、负电极之间进行离子传输，主要包括有机体系、水体系和其他类型的电解质。由于具有良好的溶解度、较高的离子电导率和较好的电化学循环稳定性，有机电解质体系在 ARBs 的应用中占据主导地位。随着电解质体系的日益发展，人们开始关注更环保、更安全、更无毒的水系电解质体系。其中，水溶液具有较高的离子电导率和较好的倍率性能，能够达到更高的功率密度。此外，水溶液与空气不反应，简化了电池组装过程的同时避免了氯化铝基电解质存在的腐蚀性问题。正极材料对 ARBs 的性能具有重要的影响，是构建具有高能量密度和功率密度的电力电池系统的关键组成部分。根据现有不同电池正极材料的研究，ARBs 正极材料需要具有合适且稳定的易于离子嵌入/脱嵌的隧道结构与较高的氧化还原电位和良好的电化学性能。因此，对 ARBs 正极的研究主要集中在过渡金属氧化物、金属硫化物和碳材料上，本节首先将对正极材料进行介绍。

3.5.2　正极材料

1. 过渡金属氧化物

1）二氧化钛

TiO_2 具有 8 种不同类型的晶体结构，常见的晶型有金红石、板钛矿和锐钛矿。具有隧道结构的锐钛矿型 TiO_2 晶体是由 TiO_6 八面体堆叠而成，此结构为阳离子的嵌入提供了合适的场所 ［图 3.54（a）］。2012 年，Liu 等制备了二氧化钛纳米管作为 ARBs 的正极材料 ［图 3.54（b）］，并首次证明了 Al^{3+} 可逆嵌入

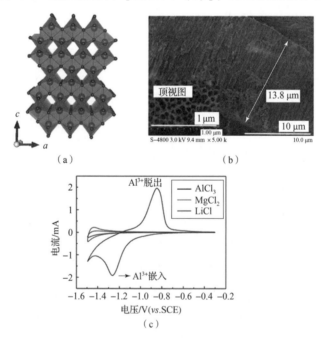

图 3.54　以 TiO_2 作为正极材料的性能（书后附彩插）

（a）锐钛矿 TiO_2 的晶体结构（蓝色球：Ti，红色球：O）；（b）锐钛矿 TiO_2 纳米管的 SEM 图像；

（c）扫描速率为 20 $mV \cdot s^{-1}$ 时，锐钛矿 TiO_2 纳米管在 1 M $AlCl_3$、

$MgCl_2$ 和 LiCl 水溶液电解质中的 CV 图

锐钛矿型 TiO_2 纳米管的电化学反应机制。纳米管有利于提供更短的离子扩散路径且有利于电解质与电极之间的接触，与大尺寸的 TiO_2 相比，TiO_2 纳米管具有更加优异的电化学活性。XPS 和核磁共振（NMR）测试结果表明，在电化学反应过程中钛离子发生了还原（Ti^{4+} 到 Ti^{3+}/Ti^{2+}）而 Al^{3+} 在晶格中的嵌入实现了电荷补偿。在含有 Al^{3+}、Mg^{2+} 和 Li^+ 的氯化物盐中，对以 TiO_2 作为正极材料进行了 CV 测试。在 $AlCl_3$ 溶液中明显更高的 CV 峰强度证实了在晶格中实现了 Al^{3+} 的嵌入 [图 3.54（c）]。

　　与 Li^+ 和 Mg^{2+} 相比，Al^{3+} 的半径更小（Al^{3+} 的为 53.5 pm，Li^+ 和 Mg^{2+} 分别为 76 pm 和 72 pm），但是 Al^{3+} 的嵌入会受到两个基本因素的制约：①离子的水合半径较大；②多价离子的电荷密度较高。Al^{3+} 具有更大的水合离子半径（Al^{3+} 的为 4.75，Zn^{2+} 的为 4.30，Li^+ 的为 3.82），会使其在 TiO_2 中的嵌入变得更为困难，除非在嵌入过程中溶剂化水分子部分或全部从嵌入离子中脱离。此外，Al^{3+} 具有更高的电荷密度，与其他同等大小的一/二价离子相比，Al^{3+} 在嵌入过程中会受到更大的阻力。活性材料晶体结构中的结合水分子和预嵌入的水分子具有电荷屏蔽作用，可以有效降低 Al^{3+} 与正极材料之间较强的库仑作用。因此电荷屏蔽效应对于晶格内的较快多价离子的迁移是有利的，部分水合是加快离子嵌入的有效手段。

　　TiO_2 作为正极材料的导电性较差，为了提升材料的性能，Lahan 等在制备锐钛矿 TiO_2 过程中加入了不同的导电添加剂（石墨烯、碳纳米管和银），并对 Al^{3+} 在这些材料中的嵌入情况进行研究。在 1 M $AlCl_3$ 电解质中进行测试，石墨烯 – TiO_2 复合材料的 CV 曲线具有清晰的氧化峰和还原峰，而不添加导电添加剂的纯 TiO_2 的 CV 曲线则没有峰的出现 [图 3.55（a）、（b）]。结果表明，材料的电化学活性：石墨烯 – TiO_2 > CNT – TiO_2 > Ag – TiO_2 > TiO_2 且电导率具有同样的趋势。利用 Randles – Sevcik 方程，Lahan 等对 Al^{3+} 离子的扩散系数、电子导电性的局限性以及电化学活性随电导率的变化趋势进行了分析。电化学阻抗谱显示，未经修饰的 TiO_2 和石墨烯 – TiO_2 样品具有较小的电荷转移电阻。Lahan 等认为 TiO_2 中的 e^- 会与电荷载体 Al^{3+} 发生法拉第反应。因此，为了提高 Al^{3+} 在 TiO_2 中的扩散动力学，需要快速的电子传递能力。导电添加剂的（如石墨烯）的存在有助于确保充足的电子供应，这表明导电添加剂能够促进 Al^{3+} 在电极材料中的嵌入。在石墨烯包裹的 TiO_2 纳米颗粒的放电产物中，Lahan 等检测出了两种含 Al 相（Al_2TiO_5 和 $Al_2Ti_7O_{15}$），进一步阐明了 Al^{3+} 的可逆嵌入机制 [图 3.55（c）]。

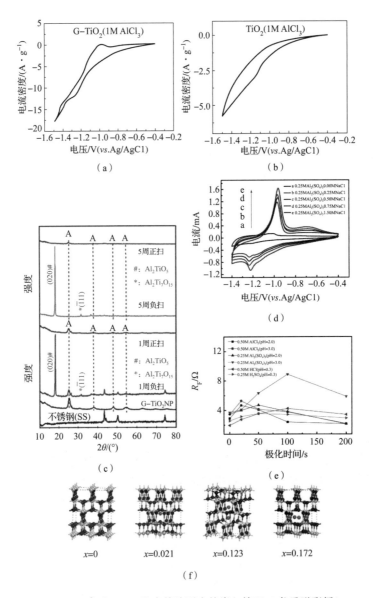

图 3.55　Al³⁺在 TiO₂纳米管阵列中的嵌入情况（书后附彩插）

在 1 M AlCl₃电解质中，扫描速率为 5 mV·s⁻¹时：

（a）石墨烯－TiO₂复合材料；（b）TiO₂的 CV 曲线；

（c）在 0.5 M AlCl₃电解液中，扫描速率为 5 mV·s⁻¹时，经过第 1 次和第 5 次 CV 扫描

（0.4～1.5 V vs. Ag/AgCl），石墨烯－TiO₂纳米颗粒电极的非原位 XRD 谱图（锐钛矿型

TiO₂的 XRD 峰记为 A）；（e）在不同 pH 的氯化物和硫酸盐电解质中，

TiO₂电极的法拉第电阻（R_F）随极化时间的变化；

（f）Al³⁺含量（x）不同的 M－TiO₂的晶体结构

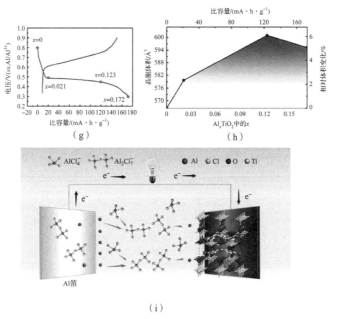

图 3.55　Al³⁺ 在 TiO₂ 纳米管阵列中的嵌入情况（续）（书后附彩插）

在 1 M AlCl₃ 电解质中，扫描速率为 5 mV·s⁻¹ 时：

（g）在第一周循环中，M‐TiO₂ 的 GCD 曲线；

（h）M‐TiO₂ 晶胞体积随 Al³⁺ 含量（x）的变化；（i）TiO₂/Al 电池放电过程示意图

除了电子电导率外，电解质中的负离子在 Al³⁺ 嵌入活性材料的过程中也具有重要的作用。截至目前，大多数非水系 ARBs 仅在含有氯化物的电解质中能够进行充放电循环，而在硫酸盐和硝酸盐的水溶液电解质中，电化学活性很弱。在 Al₂(SO₄)₃ 电解质中，Lahan 等观察到，Al³⁺ 嵌入 TiO₂ 的电化学活性较弱，在 Al(NO₃)₃ 电解质中几乎没有活性，而在 AlCl₃ 电解质中活性较强。为了揭示 Cl⁻ 的作用，Liu 等在含有不同阴离子的电解质中对 TiO₂ 纳米管阵列的电化学行为进行了研究，发现在 Al₂(SO₄)₃ 电解质中 TiO₂ 纳米管阵列上没有发生 Al³⁺ 的嵌入，而在 AlCl₃ 电解质中进行电化学测试的 CV 曲线上观察到一对明显的氧化还原峰，说明在 AlCl₃ 电解质中实现了 Al³⁺ 在 TiO₂ 纳米管中的嵌入。Liu 等也观察到，在 Al₂(SO₄)₃ 中加入 NaCl，TiO₂ 纳米管阵列的电化学活性增强 [图 3.55（d）]，表明 Cl⁻ 在 Al³⁺ 嵌入过程中发挥积极作用。然而，XPS 的结果显示，在电极表面没有观察到 Cl 元素的峰，这导致 Cl⁻ 协助下的 Al³⁺ 嵌入的电化学机制仍然不清楚。在 H⁺ 与 Al³⁺ 共存的水溶液中，Sang 等研究了 H⁺ 对 TiO₂ 纳米管阵列电化学行为的影响。在具有不同 pH 值的氯化物和硫酸盐电解质中，极化电阻（R_F）与极化时间的关系如图 3.55（e）所示。根据观察和推论得出：①R_F随时间先升高后降低。由于在初始阶段羟基化作用起主导作用，抑制了离子的嵌层，R_F随时间先升高；随着充放电过程的进行，H^+/Al^{3+}在活性物质中的嵌入，导致电导率增加，R_F随时间增加逐渐降低。②在相同 pH 下，与硫酸盐电解质相比，氯化物电解质中的 R_F 随时间的变化更快，表明在 Cl^- 存在下，表面羟基化、脱羟基化和 Al^{3+} 嵌入/脱嵌行为更容易发生。③当阴离子固定不变后，pH 越低，R_F 值越小，说明 H^+ 比 Al^{3+} 的活性更高。因此，使用较低酸度（pH = 3）的电解质，有利于 Al^{3+} 在 TiO_2 纳米管阵列中的嵌入。

对电极材料进行形貌调控也能改善电化学性能。朱等合成了具有介孔结构的 TiO_2 微粒（$M-TiO_2$），并发现 $M-TiO_2/Al$ 电池性具有优异的电化学性能。由于具有介孔结构，$M-TiO_2$ 作为 ARBs 的正极材料表现出高度的可逆性，电化学过程中没有发生材料的团聚，具有较高的离子电导率和较好的稳定性。此外，其通过一系列的表征深入地阐述了 Al^{3+} 在 $M-TiO_2$ 中的存储机理，在离子液体电解质中通过可逆地嵌入反应实现 Al^{3+} 在锐钛矿型 $M-TiO_2$ 中的存储。通过 DFT 计算分析，朱等模拟了在 4 个不同放电条件下 Al^{3+} 嵌入后 $M-TiO_2$ 的结构变化，如图 3.55（f）所示。明确了 Al^{3+} 在 $M-TiO_2$ 中的准确嵌入位点以及在电池充/放电过程中 $M-TiO_2$ 体积的变化。根据四种不同放电状态下电极材料的容量，朱等计算出转移的电子数，从而得到嵌入的 Al^{3+} 离子数量，并发现 $M-TiO_2$ 的体积随 Al_xTiO_2 中 x 的变化而变化 [图 3.55（g）、（h）]。随着 Al^{3+} 含量的增加，$M-TiO_2$ 结构的晶胞体积先是逐渐增大（$x \leq 0.123$），晶胞保持稳定，体积变化是可逆的。当 $x > 0.172$ 时，晶格参数（α、β、γ）的值发生改变，且晶胞体积开始减小。上述现象表明，随着放电过程的进行，TiO_2 晶格结构发生不可逆转变，进一步明确了 TiO_2/Al 电池在放电过程中 Al^{3+} 在 TiO_2 的存储机理，如图 3.55（i）所示。

根据目前的报道，具有纳米结构的 TiO_2 作为 ARBs 的正极材料具有很好的应用前景。制备纳米尺度的正极材料以及与导电添加剂复合都能够提升 ARBs 的性能，但 Cl^- 和 H^+ 离子的嵌入机理还尚不明确。需要对电解质优化和电极电解质界面的形成有更深入的研究，以实现正极材料的稳定性和容量，并促进其大规模商业化。

2）钒氧化物（$Xero-V_2O_5$）

由于具有层状结构且 V^{5+}/V^{4+} 有较高的氧化还原电位，V_2O_5 是很有应用前景的 ARBs 正极材料。González 等发现在 1 M $Al(NO_3)_3$ 水溶液中 Al^{3+} 能够可逆地嵌入 V_2O_5 中。XPS 结果表明，V_2O_5 正极中存在 Al^{3+} 的嵌入，晶格中钒的平均氧化态随之降低。不同放电阶段电极的非原位 XRD 结果如图 3.56（a）所示，V_2O_5逐渐变为无定形状态。González 等也观察到，在 $60\ mA\cdot g^{-1}$ 的电流密度下进行循环，V_2O_5 质量比容量显著下降，在更高的电流密度（$200\ mA\cdot g^{-1}$）下循环，会发生严重的容量衰减 [图 3.56（b）]。González 等认为材料稳定性的恶化是由 Al^{3+} 与 H_2O 共嵌入引起的，造成向非晶化结构转变。他们提出了一种副反应机制，即 Al^{3+} 的嵌入会使钒的化学计量比降低、钒的氧化态降低，形成水合的铝钒复合物，导致结晶度下降。

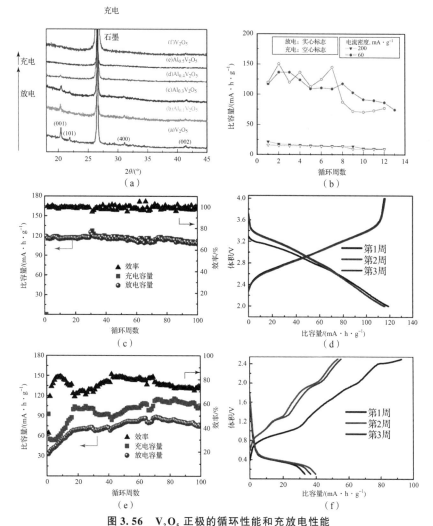

图 3.56　V_2O_5 正极的循环性能和充放电性能

（a）在不同充放电状态下，初始 V_2O_5 和循环后 V_2O_5 的非原位 XRD 图谱（在 $26.4°$ 处出现的峰对应于石墨基体）；（b）在 1 M $AlCl_3$ 电解液中，不同电流密度下，Xero – V_2O_5 的比容量与循环次数的关系；电流密度为 $100\ mA\cdot g^{-1}$ 时，在 NIBs 中，$V_2O_5\cdot nH_2O$ 的（c）循环性能和（d）恒流充放电性能。电流密度为 $100\ mA\cdot g^{-1}$ 时，在 ARBs 中，$V_2O_5\cdot nH_2O$ 的（e）循环性能和（f）恒流充放电特性王等通过简单、绿色的水热法制备了 $V_2O_5 \cdot nH_2O$ 纳米片，在 300 ℃ 进行脱水处理，得到了具有双层结构的 $V_2O_5 \cdot 0.3H_2O$ 纳米片，其具有三维开放的结构。由于具有超薄的纳米片结构，双层 $V_2O_5 \cdot 0.3H_2O$ 纳米片无须粘结剂就能够实现电极与电解质之间的良好接触，有助于缩短离子的扩散路径，具有较好的离子导电性。在 100 周循环后，双层 $V_2O_5 \cdot 0.3H_2O$ 纳米片在 LIBs 中的稳定容量达到 250 mA·h·g^{-1}，在 NIBs 中达到 110 mA·h·g^{-1}，在 ARBs 中达到 80 mA·h·g^{-1}，如图 3.56（c~f）所示。无粘结剂、具有开放和稳定的隧道结构的纳米薄片在 Li、Na、Al 三种可充电电池中均表现出良好的电化学性能。该合成方法有望在其他电化学器件中得到广泛的应用。

由于离子直径小、价态高，在正极材料的晶格中，能否实现 Al^{3+} 的可逆嵌入/脱出还存在一定的争议。谷等合成了 V_2O_5 纳米线，并清楚地阐述了可逆的 Al^{3+} 嵌入/脱出机理，如图 3.57 所示。在第一次放电过程中，Al^{3+} 嵌入 V_2O_5 纳米线中，V^{5+} 被还原，并在 V_2O_5 纳米线边缘形成了非晶层。在随后的充放电循环过程中，发现有新相形成，并发生两相转变反应。该工作清楚地揭示了 V_2O_5 中 Al^{3+} 嵌入/脱出的反应机理，在推动 ARBs 的发展方面具有重要的意义。

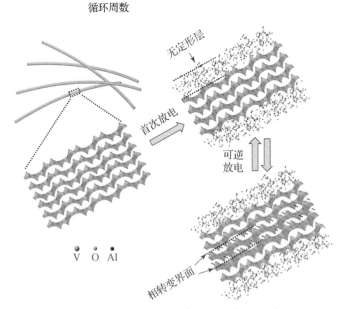

图 3.57　V_2O_5 纳米线晶体中 Al^{3+} 电化学嵌入/脱嵌机理图

3）锰的氧化物

锰的氧化物（MnO_x）作为电池中最常用的正极材料，具有价态众多、成本低、环保友好、良好的电化学性能等优点，在 ARBs 中也受到广泛的关注。

常见的 MnO_x 包括不同晶型的（如 α、β、γ、δ、λ 和 ε）MnO_2、Mn_3O_4 以及 MnO 等。基于晶胞单元连接方式的不同（如通过边和/或角），MnO_x 具有不同的晶型结构，导致具有不同的电化学性能。

通过水热法，Zhao 等合成了具有纳米棒形貌的 α - MnO_2。一维纳米结构可以促进电极材料中电荷的快速传输，在储能方面具有一定的优势。以 1 M $Al(CF_3SO_3)_3$ 的水溶液作为电解质，以经过离子液体处理后的金属铝片（TAl）为负极，以制备的 α - MnO_2 作为正极，组装成的全电池（TAl - MnO_2）具有良好的可逆性和较小的极化。TAl - MnO_2 的比容量高达 380 mA·h·g^{-1}，平均放电电位为 ~1.3 V，能量密度约为 500 W·h·kg^{-1}（基于 α - MnO_2 的质量）。他们又对 TAl - MnO_2 电池的反应机理进行分析，发现放电过程中溶解 Al 负极生成的 Al^{3+} 嵌入 α - MnO_2 中，导致 α - MnO_2 表面出现非晶层。α - MnO_2 的放电产物具有核/壳型结构，其中非晶态壳层由低价锰氧化物组成，核层仍保持 α - MnO_2 原始的棒状结构。此外，从负极剥离的 Al^{3+} 可以与电解液发生反应，形成富含铝和电解液成分的复杂产物。

He 等为了进一步提升电池的稳定性，在 2 M $Al(CF_3SO_3)_3$ 溶液中加入 0.5 M $MnSO_4$，以此作为电解液，以水钠锰矿 MnO_2 为正极，以 Al 金属为负极，组装的 Al - Mn 全电池的能量密度高达 620 W·h·kg^{-1}，且超过 65 周循环后的容量仍保持在 320 mA·h·g^{-1} 以上，具有良好的电化学性能和循环稳定性。同时，其采用一系列的电化学测试分析手段，对电池的储能机理进行了研究。结果表明，放电时 MnO_2 正极首先被还原，以 Mn^{2+} 的形式溶解在电解液中。在之后的充电过程中产生 $Al_xMn_{(1-x)}O_2$，作为正极活性材料，参与接下来可逆的电化学循环，如图 3.58 所示。

通过原位电化学转化反应，吴等合成了无定形 $Al_xMnO_2·nH_2O$ 复合材料 [图 3.59 (a)]，并以此作为正极材料，组装了 $Al/Al(OTF)_3 - H_2O/Al_xMnO_2·nH_2O$ 电池，如图 3.59 (b) 所示。该电池的比容量高达 467 mA·h·g^{-1}，同时具有较高的能量密度（481 W·h·kg^{-1}）。水系电解质的使用和层间水的存在能够屏蔽 Al^{3+} 与 $Al_xMnO_2·nH_2O$ 之间较强的静电相互作用，加快电池体系中的电荷传输动力学。为了更好地理解电池的电化学行为，吴等利用控制变量法和不同的电解液对充放电过程进行了研究。通过对比 $Al(OTF)_3 - H_2O$ 和 $HOTF - H_2O$ 电解质中电池电化学行为的不同，吴等发现 Al^{3+} 嵌入/脱嵌机制在电化学反应中起到主导作用，如图 3.59 (c ~ f) 所示。通过比较电池在 $Al(OTF)_3 - H_2O$ 和 $AlCl_3 - [BMIM]Cl$ 离子液体中电化学行为的不同，吴等发现水能够改善电极的反应动力学和循环稳定性。$Al/Al(OTF)_3 - H_2O/Al_xMnO_2·nH_2O$

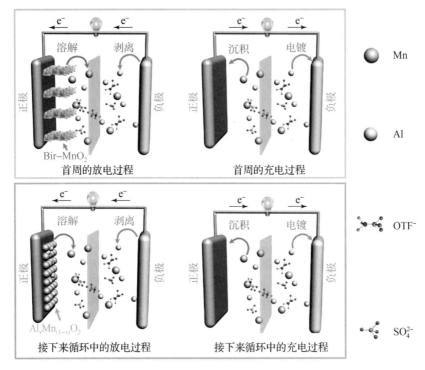

图 3.58 TAl-MnO₂ 电池的电化学机理图

(第一次充/放电过程和后续循环中的充/放电过程)

具有良好的性能，其主要归功于 $Al_xMnO_2 \cdot nH_2O$ 能够实现可逆的 Al^{3+} 嵌入/脱嵌，以及水溶液电解质所起到的电荷屏蔽作用。水系电解质具有较高的安全性、较低的成本且易组装成电池，具有良好的应用前景。

2. 硫基和氯基正极材料

由于硫基和氯基材料具有较高的理论容量和良好的导电性，其既可作为 LIBs 和超级电容器电极材料，也可作为具有前景的高容量 ARBs 正极材料。

1）氯化铁

Donahue 等将 $AlCl_3$（氯化铁）和 [EMIm] Cl 混合诱导的低温熔盐 IL 作为电解质应用于 ARBs 中，对 $FeCl_3$ 正极材料的电化学性能进行了研究。在 IL 电解质中，$FeCl_3$ 的利用率较低，具有较低的放电容量。此外，在 IL 电解质中 $FeCl_3$ 会发生溶解，并向 Al 负极迁移，且与 Al 负极发生反应，导致自放电的发生。

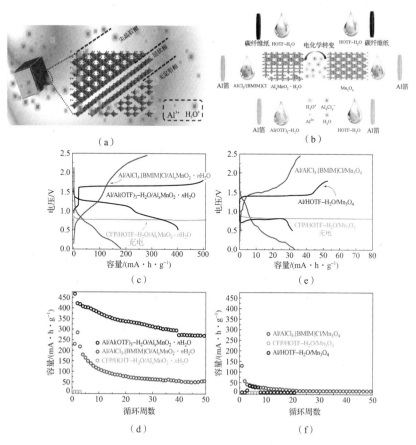

图 3.59　$Al_xMnO_2 \cdot nH_2O$ 正极的性能及其在不同电解质中的电化学性能对比

（a）$Al_xMnO_2 \cdot nH_2O$ 的结构示意图；（b）分别以 $Al_xMnO_2 \cdot nH_2O$ 和 Mn_3O_4 作为正极，

与水系电解质、离子液体电解质和负极相匹配的电池结构设计；

（c、d）不同电池的充放电曲线；（e、f）不同电池的放电容量

2）氯化钒

在熔融的电解质中，Suto 等对 VCl_3（氯化钒）的电化学性能进行了研究。他们认为在 Al/VCl_3 电池中发生的是单价反应，而不是 V^{3+} 与 V^0 之间的多价反应，且在 IL 电解质中添加氟代苯（FB）能够显著抑制 VCl_3 的溶解，虽然没有改变 VCl_3 的反应过程，但提高了循环过程中的容量保持率。通过使用电解质添加剂，能够有效抑制正极材料的溶解，并且提高充放电循环过程中正极材料的放电容量。

3）硫化亚铁

在 IL 电解质中，Mori 等以 FeS_2（硫化亚铁）作为 ARBs 的转换型阴极材

料，并研究了在 55 ℃时 FeS_2 的电化学反应机理。在充/放电过程中，FeS_2 首先转化为低晶态的 FeS 和非晶态的 Al_2S_3，然后又变回 FeS_2［图 3.60（a）］，这与在 LIBs 中的反应机制不同。硫化物能够在氯化铝 IL 中发生溶解，导致电池具有较低的电压和较差的循环稳定性。

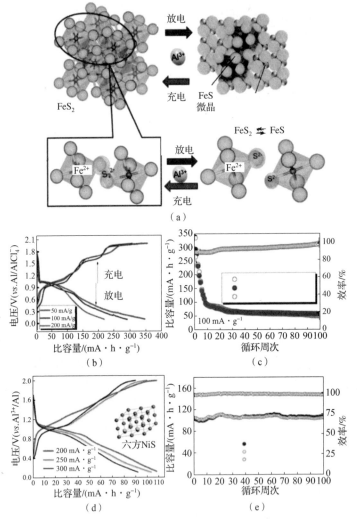

图 3.60　FeS_2 材料、石墨烯复合材料、六角形纳米 NiS 材料和 CuHCF 材料作为 ARBs 的正极材料时的电化学性能

（a）在 55 ℃下，FeS_2 与 Al^{3+} 在充放电过程中的反应机理示意图；（b）在 50 mA·g^{-1}、100 mA·g^{-1} 和 200 mA·g^{-1} 电流密度下，Ni_3S_2/石墨烯电池在第二周循环中的充放曲线；
（c）在 100 mA·g^{-1} 电流密度下，Ni_3S_2/石墨烯电池的循环性能和库仑效率；
（d）在 200 mA·g^{-1} 的电流密度为下，Al/NiS 电池的循环性能和库仑效率；
（e）在不同电流密度下，第 10 周循环的充放电曲线

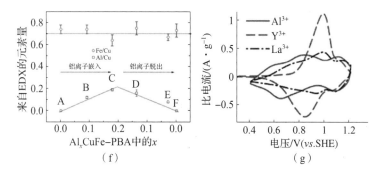

图 3.60　FeS₂ 材料、石墨烯复合材料、六角形纳米 NiS 材料和 CuHCF 材料作为 ARBs 的正极材料时的电化学性能（续）

（f）CuFe - PBA 在 1 M Al(NO₃)₃ 电解质中进行电化学循环后，用 TEM - EDS 测量得到的产物 Al$_x$CuFe - PBA 中的 Al/Cu 和 Fe/Cu（A 到 F 表示电极在充放电循环的不同阶段）；

（g）在 pH = 2、浓度为 1 M 的硝酸基电解质中，三价离子在 CuHCF 中可逆嵌入/脱嵌的 CV 曲线

4）硫化镍和石墨烯复合材料

Wang 等合成了一种新型的硫化镍和石墨烯的复合正极材料。以金属钽作为电流集电极，组装成的 ARBs 软包电池在 0～2 V 的电位范围内，显示出一个相对较高的电压平台（1 V *vs.* Al^{3+}/AlCl$_4^-$）。如图 3.60（b）和（c）所示，在 100 mA · g^{-1} 的电流密度下，电池的初始放电容量高达 300 mA · h · g^{-1}，然而经过几周循环后，放电容量迅速衰减到 60 mA · h · g^{-1}，之后保持不变直到 100 周循环，库仑效率保持在 99%。在 Ni₃S 的通道结构中（3 Å），主要是通过 Al^{3+} 的嵌入/脱嵌进行电荷存储而非氯化铝阴离子（5.28 Å）。在 Al^{3+} 嵌入/脱嵌的过程中，晶格的破坏可能导致容量的急剧下降。将电池分别充电至 2 V 和 1.5 V（*vs.* Al^{3+}/AlCl$_4^-$），然后静置 12 h，观察到自放电现象的存在，开路电压（OCV）均下降至近 1.2 V。上述结果表明，在高电压下，以石墨烯复合材料作为正极，ARBs 会发生自放电的副反应。

5）硫化镍

在 AlCl₃/[EMIm]Cl IL 电解质中，Yu 等以六角形纳米 NiS（硫化镍）作为正极材料，对 ARBs 的电化学性能进行了研究。纳米结构加快了电解质的浸润和 Al^{3+} 在材料内部的扩散。Al/NiS 电池具有稳定的电化学性能，在电流密度为 200 mA · g^{-1} 时，OCV 为 1.17 V，库仑效率为 97.66%，充/放电容量分别为 106.9 mA · h · g^{-1} 和 104.4 mA · h · g^{-1}。然而，电池的电压平台较低（1.15 V *vs.* Al^{3+}/Al）且循环寿命（~100 周期）较短，远未满足 ARBs 实际应用的需求［图 3.60（d）和（e）］。此外，当充电至高电压（2 V 和 1.7 V *vs.* Al^{3+}/Al）后静置 12 h，NiS 表现出与石墨烯支撑的 Ni_3S_2 相同的自放电行为，完成充电后，OCV 迅速下降到约 1.2 V。

6）硫化铜

Wang 等研究了三维层状 CuS（硫化铜）的电化学性能。在初始充/放电过程中，当电流密度为 20 $mA \cdot g^{-1}$ 时，放电容量高达 240 $mA \cdot h \cdot g^{-1}$。然而，在几周循环后，其容量迅速衰减，100 周循环后放电容量为 90 $mA \cdot h \cdot g^{-1}$。

硫化物和氯化物作为 ARBs 的正极材料具有很好的应用前景，但在电解液中会发生溶解，阻碍了实际应用。即使在电解液中加入添加剂，也没能有效地抑制溶解过程。这仍然需要对电化学反应机理进行详细的研究，并对正极材料进行优化（包括形貌优化、导电聚合物/碳材料的包覆），抑制硫化物和氯化物在电解液中的溶解，进一步提高 ARBs 的电化学性能。

3. 普鲁士蓝类似物

在水溶液中，PBAs 具有良好的电化学性能、较长的循环寿命和较好的倍率性能。体相内残留的结构水能够屏蔽多价离子的电荷，有助于离子的嵌入/脱嵌。在 1 M $Al(NO_3)_3$ 中放电到 0.1 V（*vs.* Ag/AgCl），Li 等将 Al^{3+} 嵌入 CuHCF 电极中，得到了铝化的 CuHCF；用铝化的 CuHCF 作为对电极，CuHCF 作为工作电极，1 M $Al(NO_3)_3$ 作为电解质组装成电池。在放电过程（A～C）中，CuHCF 的 Al/Cu 比增大，在随后的充电过程（D～F）中，CuHCF 中的 Al/Cu 比减小 [图 3.60（f）]。样品 C 的元素分布图显示 Al^{3+} 是均匀分布的，每个分子转移的总电荷为 6 个电子（与 2 个 Al^{3+} 离子相对应），与 CuHCF 中嵌入 Na^+、K^+ 和 Mg^{2+} 的电荷数一致，表明 CuHCF 的电荷容量受到 HCF 亚晶格中 Fe^{2+}/Fe^{3+} 氧化还原电子对影响。

与 TiO_2 的情况类似，水合会影响 Al^{3+} 在 CuHCF 中的嵌入/脱出过程。在 Al^{3+} 嵌入 CuHCF 中的过程中，Li 等、Liu 等和 Wang 等均观察到 CV 峰变宽 [类似于图 3.60（g）]，说明嵌入机理复杂且嵌入动力学较为缓慢。Liu 等认为缓慢的动力学是由于溶剂化的 Al^{3+} 具有较大尺寸，导致在正极材料中的嵌入较为困难。由于水合 Al^{3+} 半径（4.8 Å）大于 CuHCF 的通道半径（1.6 Å），必须脱溶剂后才能嵌入。Liu 等对 Al^{3+} 嵌入过程中发生的脱溶剂化现象进行了证明。Wang 等认为，嵌入过程中出现的不同程度的脱溶剂化和 Al^{3+} 占据 CuHCF 中的多个晶体位点，都将导致 CV 峰的加宽。

在 CuHCF 中预先嵌入结构水，也可以缓解基体材料与高电荷密度的 Al^{3+} 之间较强的库仑相互作用，加快 Al^{3+} 的迁移速率。在硝酸水溶液中，Wang 等对各种单价离子、二价离子和三价离子在 CuHCF 中的嵌入进行了研究，基于不同阳离子的嵌入对晶体结构影响不大，预先嵌入的结构水缺失具有电荷屏蔽作用，证实了上述观点。

4. 其他正极材料

1）石墨烯

泡沫、薄膜和粉末等不同种类的石墨烯，作为非水系 ARBs 的正极材料，具有较高的功率密度和较好的循环稳定性。通过制造缺陷或引入官能团，石墨烯能够容纳较大尺寸的离子。Wang 等合成了一种片状石墨材料。首先，通过电化学方法将 H_2O 和 NO_3^- 分子嵌入石墨层中；随后，在适当的电压条件下，H_2O 被氧化为 O_2，NO_3^- 被还原为 NO，产生足够的气压实现了石墨烯片层的剥离。将剥离的薄片作为正极材料，锌金属作为负极材料，以水溶液 $Al_2(SO_4)_3$/$Zn(CHCOO)_2$ 为电解质，组装成 ARBs。当电解质中不含有 Al^{3+} 时，CV 曲线中的峰消失 [图 3.61（a）]，说明 $Al_2(SO_4)_3$/$Zn(CHCOO)_2$ 的电化学活性来自 Al^{3+} 的嵌入，且其他离子（Zn^{2+}、H^+、$CH3COO^-$ 或 SO_4^{2-}）不与 Al^{3+} 共同嵌入。放电时，石墨烯片层的层间距增加到 0.5 Å [图 3.61（c）、（e）]，且 SAED 显示放电前后没有新相形成 [图 3.61（a）]，证明了 Al^{3+} 在石墨烯片层中的嵌入行为 [图 3.61（g）、（h）]，放电后的石墨烯纳米片内部的 HRTEM（高分辨率透射电镜）图像和 SAED（选区电子衍射）图像与放电前样品相同，说明水合的 Al^{3+} 更容易在石墨烯表面发生嵌入，而在内部则不容易发生嵌层。然而，Wang 等又对材料进行了 110 s 的极快充电测试，在 2 $A\cdot g^{-1}$ 的电流密度下，测得放电容量为 60 $mA\cdot h\cdot g^{-1}$ [图 3.61（b）]。为了实现 Al^{3+} 向材料体相内部的嵌入，以获得更高的容量，还需要对石墨烯进行改性。

2）$Na_3V_2(PO_4)_3$

在 0.1 M 的 $AlCl_3$ 水溶液电解质中，Nacimiento 等对 NASICON 型 $Na_3V_2(PO_4)_3$（NVP）正极材料的电化学性能进行了详细的研究。为了提高 NVP 的电导率，其抑制 NVP 在电解液中的溶解，采用湿法球磨法制备了 NVP/碳纳米复合材料；利用多种表征技术，揭示了 Al^{3+} 在 NVP 中的嵌入机制。首先，采用微量半定量分析法确定了原始样品、首次充电样品和首次放电样品的组成，并与理论计算所得到的结果吻合良好。非原位 XRD 结果表明，在循环过程中晶体单元会发生膨胀/收缩，与离子的嵌入/脱嵌相对应。同时，放电样品的 XPS 结果中 Al 峰强度变高，而 V 峰在电池充/放电后，分别向更高和更低的结合能发生可逆的移动。NMR 结果直接证实了晶格中嵌入的 Al^{3+} 和表面配位 Al^{3+} 的存在。基于上述表征结果，揭示了 NVP 的储能机制：在第一次充电

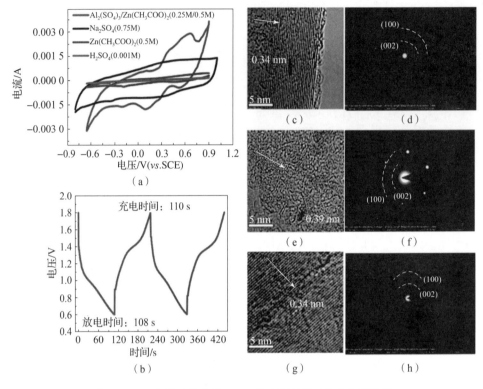

图 3.61　石墨纳米片作为 ARBs 的正极材料时的电化学性能

（a）在 1 mV·s⁻¹ 的扫描速率下，石墨纳米片在不同电解质中的 CV 曲线；

（b）在 Al₂(SO₄)₃/Zn(CHCOO)₂ 中，Zn/石墨纳米片电池的超快充放电曲线；

（c）初始的石墨纳米片电极的 HRTEM 图像（层间距为 0.34 nm）和（d）与（c）对应的 SAED 图像；

（e）放电后石墨纳米片电极近表面的 HRTEM 图像（层间距为 0.39 nm）和（f）与（e）对应的 SAED 图像；

（g）放电后石墨纳米片体相中的 HRTEM 图像（层间距为 0.34 nm）和（h）与（g）对应的 SAED 图像

过程中失去钠离子，随后放电过程中，大量 Al^{3+} 在表面存储并逐渐嵌入材料内部，两种机制都对比容量有所贡献。在多种表征技术相互验证的基础上，证实了 Al^{3+} 的嵌入机制。

3）复合材料

Wang 等制备了聚吡咯（polypyrrole，PPy）包覆的 MoO_3 纳米管，并揭示了 Al^{3+} 在其中的嵌入/脱嵌机制。非原位 XRD 显示放电之后 MoO_3 层的层间间距发生了变化（说明实现了离子的嵌入），证实其电化学行为主要受电容性质影响。根据第一性原理计算，Al^{3+} 嵌入 MoO_3 所需要的能量比 Na^+ 和 Li^+ 的嵌入能量要低，说明 Al^{3+} 在 PPy 包覆的 MoO_3 纳米管中的嵌入相对容易。

3.5.3 负极材料

ARBs 的负极通常由纯金属 Al 构成。然而，Al 表面的氧化层（Al_2O_3）会对电池性能产生不利影响，导致无法达到可逆电极电位，延长了电极的激活时间（电池达到最大工作电压前的一段时间）。在液体电解质中，电极电位的增加会加速电解质的分解，导致电极材料的库仑效率小于 100%，发生严重的析氢反应的同时，缩短电池的循环寿命。通过加入电解液添加剂或在负极表面沉积其他氧化层，可以显著降低 Al 的腐蚀。Chen 等发现氧化膜能够限制 Al 枝晶的生长和表面腐蚀，从而提高 ARBs 的循环稳定性。

1. Al 合金

金属 Al 可以与 Ga、In、Sn、Zn、Mg、Ca、Pb、Hg、Mn、Tl 等元素形成合金，作为 ARBs 负极材料，具有优异的性能。Al 合金的电化学测试结果表明，合金化显著抑制了 Al 的寄生腐蚀反应，并且可以提高工作电压。对水系 ARBs，Li 等发现添加少量的 Zn、Cd，Mg 和 Ba 形成合金能够使负极的电极电势提升 0.1~0.3 V，添加 Ga、Hg、Sn 和 In 能够使负极的电极电势提升 0.3~0.9 V。

2. 不同晶形的 Al

Fan 等对多晶 Al，Al(001)、Al(110) 和 Al(111) 单晶的电化学性能和电池性能进行了研究。结果表明，由于具有较低的表面能和腐蚀速率，Al(001) 单晶具有较高的容量密度。

3. 不含 Al 集流体

Li 等发现了一种新型的熔融盐或其他非水介质电解质，如 IL。在非水介质中，Al 的表面不会形成氧化膜，并且通过电解质的电沉积反应可以得到 Al 负极材料。然而，在氯化铝 IL 中，缺乏能够稳定存在且廉价的电流集流体，是目前使用 IL 的主要障碍。

4. 氮化钛

Wang 等发现 TiN（氮化钛）是一种具有前景的 ARBs 负极材料。通过低成本、快速、可扩展的方法，即能够在不锈钢或柔性聚酰亚胺基板上沉积 TiN，制备柔性 TiN 集电器。将集电器与非水系铝 – 氯石墨正极材料组装成电池，在 2.5 V（$vs.$ Al^{3+}/Al）电压下，电池能够稳定运行，库仑效率高达 99.5%，功率密度达到 4 500 W·kg^{-1}，能够达到 500 次的稳定循环。

综上所述，在放电过程中，与其他电池系统一样，ARBs 的负极由金属 Al 溶解为 Al^{3+}，从负极向正极迁移。在充电过程中，Al^{3+} 从正极向负极迁移，Al^{3+} 离子又变回金属 Al。尽管 Al 在大气环境中具有化学稳定性，但 Al^{3+}/Al 的氧化还原电位比析氢反应的电位低，在 Al^{3+} 还原之前，析氢反应就已经发生了，因此在水系 ARBs 中 Al^{3+} 的还原通常不能实现。此外，传统有机电解质中 Al 的电化学溶解/沉积反应较为缓慢，因此，提升 Al 负极性能的性能是提升 ARBs 性能的关键。通常，Al 负极的性能主要受电解液的种类影响，下面将对近年来广泛研究的电解质进行介绍。

3.5.4 电解质

在放电和充电过程中，Al 负极可逆的溶解和沉积是 ARBs 稳定运行的关键，Al 负极的可逆性取决于在电极/电解质界面上形成的膜的性质，电解质的种类会显著影响膜的性质，进而影响负极性能。因此，为了获得更具优异性能的电解质，人们进行了广泛的研究。

1. 水溶液电解质

在水溶液电解质中，H$^+$ 与 Al^{3+} 都能嵌入电极材料，且它们之间存在竞争。然而，Sang 等发现 H$^+$ 不会嵌入 TiO$_2$ 晶格内，而是更倾向于在材料表面羟基化，Al^{3+} 则会与 Cl$^-$ 一同嵌入晶格中。TiO$_2$ 的电化学性能主要受电解液 pH 值的影响，在 pH 为 1.0 的 Al$_2$(SO$_4$)$_3$ 水溶液中，TiO$_2$ 表现出优异的电化学性能；但在 pH 为 2.0 的水溶液中，其几乎没有电化学活性。除了电解质的 pH 值，其他性质的微弱改变也会对负极和正极产生较大的影响，所以目前还不能得到一个确切的影响机制。

将 AlCl$_3$ 和尿素以 1.3:1 的摩尔比进行混合，Angell 等制备了一种能够替代昂贵的有机盐 ILs 的电解质。在 1.4 C（即 0.1 A·g^{-1}）的电流密度下，以此为电解质电池的比容量达到 73 mA·h·g^{-1}。通过光谱表征发现，电解质中存在的 AlCl$_4^-$、Al$_2$Cl$_7^-$ 阴离子和（AlCl$_2$·(urea)$_n$)$^+$ 阳离子都参与了正极和负极的充放电过程。

2. 有机电解质

在含有溴化铝的芳香族有机溶剂中，通过电沉积能够得到 Al，但沉积过程会受到烷基自由基的阻碍。在 AlCl$_3$ – LiAlH$_4$ 有机溶剂中，能够实现高效的 Al 沉积。有机铝酸盐、季铵盐和 AlCl$_3$ – DMSO 都具有良好的 Al 沉积性能。虽然在工业上使用有机溶剂电镀铝是可行的，但是有机电解质易燃且高效地电镀 Al 需要高温（约 1 308 ℃），导致有机电解质的发展受到限制。

3. ILs

近些年来，作为电沉积活性金属材料的常见电解质，ILs 得到了广泛的关注。目前，在 IL 电解质中，Al 的剥离/沉积效率可达 98% 以上。

通过将计算和实验结果相结合，Reed 等对 Al 基 ILs 电解质的电化学行为进行了研究，发现 Al 基 IL 电解质在很低的浓度下就能够与 Al^{3+} 离子形成配位，配位结构的电化学稳定性不仅与盐浓度密切相关，也受 IL 中有机离子的络合能力影响。另一项计算研究表明，在 IL 电解质中会形成稳定性较低的离子 – 溶剂复合物，能够加快进 Al^{3+} 的溶剂/脱溶化过程，同时显著影响电极/电解质界面上的性能。分子动力学模拟结果表明，在传统非水溶剂中，如有机碳酸盐等，与 Al^{3+} 产生相互作用的主要是羰基和醚氧基团，而非 ILs 中的 Cl^-。

以含有不同 $AlCl_3$/[BMIM]Cl 摩尔比的 IL 为电解质，ARBs 的电化学性能如图 3.62（a）和（b）所示。由于 $AlCl_3$/BMIM 的浓度比会对电解液的路易斯酸度产生影响，当 $AlCl_3$/BMIM 的浓度低于 1.1：1 时，ARBs 没有电化学活性；浓度比为 1.1：1 时，ARBs 的性能最佳。

因为常见的含 $AlCl_3$ 的咪唑类 IL 对水较为敏感且具有腐蚀性，找到合适的 IL 并不容易。虽然 ILs 具有较宽且稳定的电化学窗口，但并不总能满足电池高工作电压的需求。Wang 等报道了一种新型的 IL 电解质，由 1 – 丁基 – 3 – 甲基咪唑三氟甲烷磺酸盐（BMIM – OTF）和铝盐 [$Al(OTF)_3$] 组成，其氧化电势是 3.25 V *vs.* Al/Al^{3+}。除具有水稳定性和无腐蚀性，此电解质还具有较高的离子电导率。在 $Al(OTF)_3$/[BMIM]OTF IL 电解质中，采用 Al 金属作为负极集电器，发现 Al 表面的氧化膜没有被去除，进而可以保护 Al 集电器不与电解质发生反应。因此，金属 Al 负极必须经过特殊处理，即在酸性的 $AlCl_3$：[BMIM]Cl = 1.1：1 IL 中浸泡 24 h，去除其表面的氧化膜，才能实现 Al 的沉积/溶解。如图 3.62（c）所示，Al 负极经过预处理后，致密的氧化膜被破坏，金属 Al 活性位点得以暴露，电化学反应才能发生。

近些年来，具有类固体的性质和弹性的聚合物凝胶电解质引起了研究学者们的广泛关注。IL 的浸渍，能够在保持聚合物结构的同时加快离子在聚合物基体中的传输。成本高是 IL 的一个常见问题，与液体电解质相比，聚合物凝胶电解质的使用量较少，能够降低电池的成本。通过 1 – 乙基 – 3 – 甲基咪唑氯（EMImCl）和 $AlCl_3$ 的络合，Sun 等制备了氯化铝 IL，成功地在此凝胶电解

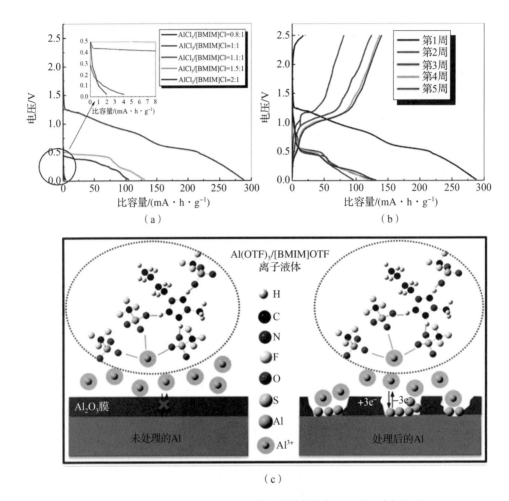

图 3.62　IL 作为电解质的 ARBs 的电化学性能与 Al 沉积/溶解机理

（a）以不同摩尔比 AlCl₃/[BMIM]Cl 的 IL 为电解质，ARBs 的初始放电曲线；

（b）以摩尔比为 1.1∶1 的 AlCl₃/[BMIM]ClIL 为电解质，不同循环过程中 ARBs 的充放电曲线；

（c）未经处理和处理过的负极表面，Al 沉积/溶解的机理示意图

质中实现了 Al 的电沉积，并证明用此种凝胶电解质制备的 Al 负极具有优异的电化学性能。

4. 无机固态电解质

无机固体电解质的安全性好、成本低、具有较宽的电化学窗口，且具有良好的稳定性和较高的能量密度，不仅可以匹配具有更高电压和容量的电极材料，还有望延长 ARBs 的循环寿命。使用无机固体电解质在电池组装过程中，

无须电解液填充步骤，节省安装时间；且具有简单的电池结构，与使用液体电解质时不同，不需要将单个容器连接起来，所有电池都可以安装在一个容器中。

Zhang 等报道了一种铝导电杂化聚乙烯（PEO）- 氧化物固体电解质。纳米级 SiO_2 和离子液体 [1 - 乙基 - 3 - 甲基咪唑双（氟磺酰）亚胺（[EMI]FSI）] 作为 PEO 的增塑剂，可改善固体电解质的离子导电率。在室温下，其离子电导率为 $0.96\ mS \cdot cm^{-1}$，电化学窗口为 3 V（vs. Al^{3+}/Al）。然而，PEO 中的醚基与 $Al_2Cl_7^-$ 形成的配位会降低电解质的电化学活性，在此种 PEO 电解质体系中没有发现 Al 的沉积和溶解。

在固体电解质中，能够实现单电荷离子（如 Li^+、Na^+、K^+、Ag^+、Cu^+）和双电荷离子（Mg^{2+} 和 O^{2-}）的传输。然而，对传输 Al^{3+} 固态电解质的研究还不成熟。有研究发现，$X_2(BO_4)_3$ 型化合物（X = Sc、Al、In、Lu、Yb、Tm、Er；B = Mo、W）可作为固态电解质应用于 ARBs 中。然而，通过理论计算和实验结果证明，在 $X_2(BO_4)_3$ 型化合物固体电解质中传输的主要是阴离子（O^{2-}）而不是 X^{3+}。20 世纪 80 年代，Nestler 等发现通式为（$Al_{11-y}Mg_yO_{16}$）（$Na_{1+x+y}O_{(1+x)/2}$）的固态电解质能够传导特定的三价离子（如 Gd^{3+}）。NaSICON（Na 超离子导体）材料，可以用通式 $A_xM_y(PO_4)_3$ 表示，其中 A 表示碱金属离子（Na、Li），M 表示过渡金属，且 A^+ 具有较高的离子迁移率。通过 Nb^{5+} 取代 Zr^{4+}，有研究制备了单相 NaSICON - type（Al_xZr_{1-x}）$_{4/(4x)}$Nb$(PO_4)_3$（$x \leq 0.2$）。与 Zr^{4+} 相比，Nb^{5+} 较小的尺寸会导致晶格收缩；更高的价态能够显著降低 Al^{3+} 阳离子与 O^{2-} 阴离子之间的静电相互作用。其中，（$Al_{0.2}Zr_{0.8}$）$_{20/19}$Nb$(PO_4)_3$ 具有较高的电导率，600 ℃时，达到 $0.45\ mS \cdot cm^{-1}$。通过 F^- 掺杂，Wang 等合成了（$Al_{0.2}Zr_{0.8}$）$_{4/3.8}$NbP$_3$O$_{12-x}$F$_{2x}$（$0 \leq x \leq 0.4$）材料。500 ℃时，材料的离子电导率提高，达 $1.53\ mS \cdot cm^{-1}$；300 ~ 700 ℃时，材料的离子转移数大于 0.99。

3.5.5　小结与展望

在世界范围内，特别是在我国，ARBs 正经历一场研究热潮。但是，由于电荷载体是 $AlCl_4^-$ 而不是 Al^{3+}，所以大部分研究的是铝/氯/石墨电池，而不是铝离子电池。目前的研究表明，ARBs 技术具有很高的研究价值。与 LIBs 相比，ARBs 不仅具有较高的（理论）能量密度，并且 Al 作为地球上最丰富的金属，是极具发展前景的电极材料。Al 在可用价值链和基础设施（包括回收和高安全性等）等方面都具有明显的优势。然而，缺乏兼容的（固体）电解质，

以及 Al^{3+} 在许多电解质和正极材料中的传输动力学缓慢，导致 ARBs 的能量密度较低，ARBs 的商业化还具有很大的挑战。为了解决上述问题，需要探索新的电极、电解质材料，调控电解质和电极材料之间的界面，以实现性能的进一步提升。可逆的 Al 剥离/沉积、合适的电解质和正极材料的选取都将极大推动 ARBs 的进一步发展。

|3.6 其他多价金属二次电池|

3.6.1 其他多价金属二次电池简介

为了更好地实现可再生能源的高效利用，具有高功率和高能量密度的多价金属离子电池得到了越来越多的关注。近些年来，报道的多价离子电池不仅仅局限于 ZRBs、MRBs、CRBs 和 ARBs，人们开始对更多的多价离子电池展开研究。通过理论与试验相结合的方法，研究学者们发现，Ni^{2+}、Fe^{2+}、Bi^{2+}、Mn^{2+} 等多价离子也可以作为能量存储的电荷载体，且在热力学和动力学上，存储能量的可行性得到了证实。目前，对多价离子电池的研究工作还不是很多，还没有一套成熟的体系，本节将对新体系做简要介绍。

3.6.2 Ni 基电池

水系 Ni 基电池，包括 Ni-Zn 电池、Ni-Fe 电池、Ni-Bi 电池等，已得到越来越多的研究。水系 Ni 基电池的正极都是包含 Ni 的材料，负极材料的选取是区分电池种类的关键。下面将对正极材料、电解液以及不同类型 Ni 基电池的负极材料进行简要介绍。

1. 正极材料

Ni 基电极的充放电反应可以表示为 $NiOOH + H_2O + e^- \leftrightarrow Ni(OH)_2 + OH^-$。对于水系 Ni 基电池，正极材料通常具有安全、容量大、生产成本低等优点，但稳定性差、导电性差，导致应用受到限制。因此，近年来研究学者一直在寻找高性能的水系 Ni 基电池正极材料，主要包括 Ni 的氢氧化物、氧化物、硫化物、磷化物等。

1) Ni 的氢氧化物

氢氧化镍 $[Ni(OH)_2]$ 是一种典型的 Ni 基材料，主要包括 $\alpha-Ni(OH)_2$

和 β - Ni(OH)$_2$两种类型。α - Ni(OH)$_2$虽然具有较大的理论容量（433 mA·h·g^{-1}），但容易发生不可逆相变，且材料制备难度较大。为了稳定 α - Ni(OH)$_2$的 α 相结构，展开了一系列研究。与 α - Ni(OH)$_2$相不同，在碱性电解质中，β - Ni(OH)$_2$表现出良好的电化学稳定性，但容量低，且容易转化为性能较差的 γ - NiOOH 相。通过一种简单的电化学氧化策略诱导在 Ni$_3$S$_2$纳米片上发生 S 浸出和氧化物重组，Wang 等制备了具有大量氧空位的 β - Ni(OH)$_2$。氧空位的引入有利于电子传递，并暴露了更多的活性位点。电化学测试结果表明，在 1.0 A·g^{-1}的电流密度下，组装的水系 Ni - Zn 电池的比容量为 222.4 mA·h·g^{-1}，3 000 周循环后，比容量仍保持在 93.2%。

此外，在 Ni(OH)$_2$晶格中掺杂 Co、Mn、Zn 等外来金属元素，合成了 Ni - Co、Ni - Mn 和 Ni - Zn 等双金属氢氧化物，此类物质具有较多的活性位点和本征协同效应。在 25 ℃时，通过简单的刻蚀 - 沉积 - 生长工艺，Chen 等制备了一种具有独特分层结构的镍钴双金属氢氧化物（NiCoDH）[图 3.63（a）]。在导电镍基板的支撑下，NiCoDH 是具有独特三维分层结构的微/纳米片阵列，厚度约为 8 nm [图 3.63（b）、（c）]，该材料暴露了很多活性位点，且具有较快的离子/电子扩散能力。以 NiCoDH 为正极材料的 Ni - Zn 电池的比容量达到 329 mA·h·g^{-1}，且具有优异的循环稳定性 [图 3.63（d）、（e）]，性能优于 Ni(OH)$_2$作为正极材料的电池。然而，在 Ni 基正极材料中，掺杂昂贵的 Co，会导致电池成本的增加。因此，基于阴离子交换和 Kirkendall 效应，Zhou 等采用一种经济有效的自上而下的合成方法，制备了不含 Co 的 NiS 包覆的 Ni$_{0.95}$Zn$_{0.05}$(OH)$_2$作为 Ni - Zn 电池正极材料 [图 3.63（f）]。如图 3.63（g）、（h）所示，在包覆一层薄薄的 NiS 纳米颗粒后，质子扩散动力学得到了提升，Ni - Zn 电池的面积比容量高达 41.3 mA·h·cm^{-2}，具有快速的功率响应（715 mW·cm^{-2}）和长达 80 000 个瞬态脉冲周期。此外，Zhou 等用 NiS 包覆的 Ni$_{0.95}$Zn$_{0.05}$(OH)$_2$作为正极材料，组装成了商用级 3.5 A·h 的 Ni - Zn 扣式电池，在 420 周循环后，电池的容量保持率为 89.4%。[图 3.63（i）、（j）]。

2）NiX（X = O、S、P…）

Ni 基氧化物、Ni 基磷化物、Ni 基硒化物等作为 Ni 基电池的正极材料。与 Ni 基氢氧化物相比，NiX 的化学/热稳定性较好，且易于合成。Zhou 等制备了分层的 NiSe$_2$纳米片阵列，作为 Ni - Zn 水系电池的正极材料。基于原位阴离子交换和 Kirkendall 效应，纳米片阵列由 NiSe$_2$纳米颗粒分层构建并具有丰富的中孔结构，能够充分暴露活性位点，具有较快的电极反应动力学。以 NiSe$_2$纳米片阵列作为正极材料的 Ni - Zn 电池，具有较高的功率密度（91.22 kW·kg^{-1}）、

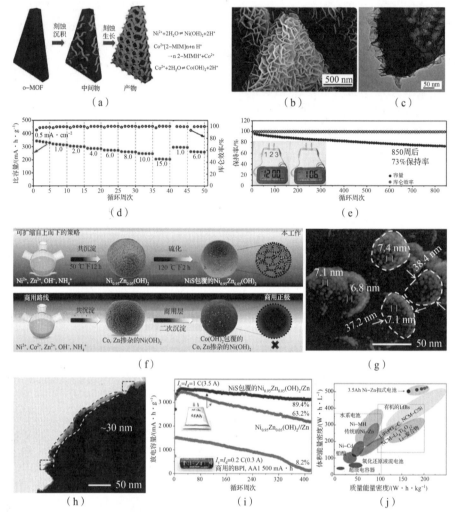

图 3.63　NiCo - DH 和 NiS 颗粒包覆的 Ni$_{0.95}$Zn$_{0.05}$(OH)$_2$ 微球作为

正极材料的 Ni - Zn 电池电化学性能

(a) NiCo - DH 分层微/纳米片的制备流程示意图；(b) 以泡沫镍为基底，NiCo - 90 的 SEM 图像；
(c) NiCo - 90 的 TEM 图像；(d) NiCo - 90/Zn 电池比容量；(e) NiCo - 90/Zn 电池的循环性能，
插图为 3 节 NiCo - 90/Zn 电池串联供电的电子表；(f) 自上而下合成策略与现有商业路线的对比示意图；
NiS 颗粒包覆的 Ni$_{0.95}$Zn$_{0.05}$ (OH)$_2$ 微球的 (g) SEM 和 (h) TEM 图像；
(i) 与商用 BPI Ni - Zn 电池相比的循环稳定性；
(j) 制备的 Ni - Zn 扣式电池与其他商用电池的性能对比

优异的能量密度（328.8 W·h·kg^{-1}）和较长的循环寿命（10 000 周循环后容量损失仅为 8.3%）。

此外，在 Ni 基水系电池的应用中，由于具有多种氧化态和较好导电性，双金属氧化物，如 NiMn$_x$O$_y$、NiMoO$_4$ 和 NiCo$_2$O$_4$ 等，引起了极大的关注。通过一种简单的两步合成策略，Shen 等成功制备了具有分层结构的 Co 掺杂 NiMoO$_4$ 纳米片，作为 Ni－Zn 电池的正极材料 [图 3.64（a）]。相互连接的纳米片垂直、密集地生长在泡沫镍上，形成了分层的纳米结构，具有较大的比表面积，为氧化还原反应提供了充足的活性位点 [图 3.64（b）、（c）]。结果表明，以 15% 的 Co 掺杂 NiMoO$_4$ 纳米片作为正极材料，组装的 Ni－Zn 电池在 2 A·g^{-1} 的电流密度下，比容量为 270.9 mA·h·g^{-1}，且具有较好的循环稳定性，5 000 周循环后的容量没有发生衰减。

3）其他

直接利用 Ni－MOFs 作为 Ni 基水系电池的正极材料也引起了人们的关注。首先，Li 等在氧等离子体处理的碳纳米管纤维（CNTFs）上沉积了 Ni－MOF 纳米片，并作为 Ni－Zn 电池的正极材料。沉积 Ni－MOF 后，Ni－MOF/CNTF 正极材料的表面变得更加粗糙 [图 3.64（d）、（e）]。以 Ni－MOF/CNTF 作为正极材料的 Ni－Zn 电池具有很好的柔韧性，在弯曲 180° 循环 100 圈后，容量保持率为 91.2% [图 3.64（f）]，可用于可穿戴电子产品中。值得注意的是，当两个 Ni－Zn 电池串联时，工作电压可以增加近一倍 [图 3.64（g）]。将自支撑 Ni－MOF－74 作为均匀分布且取向一致的包覆层沉积在 CNTFs 上，Man 等制备了锥形结构的 Ni－MOF－74@CNTF [图 3.64（h）、（i）]。在电流密度为 0.5 A·cm^{-3} 时，以 Ni－MOF－74@CNTF 作为正极材料的 Ni－Zn 电池的单位面积放电容量为 108.5 mA·h·cm^{-3}，最大能量密度为 186.28 mW·h·cm^{-3} [图 3.64（j）]。此外，在 0° 到 180° 的弯曲角度上，Ni－Zn 电池表现出很好的柔韧性 [图 3.64（k）]。弯曲角度的巨大变化对供电 LED（发光二极管）的亮度几乎没有影响，也可以证明其具有良好的柔韧性 [图 3.64（l～o）]。

此外，Ni 基超分子材料具有柔性结构且与扩散离子之间的库仑相互作用较弱，有望成为具有应用前景的 Ni 基水系电池（特别是 Ni－Zn 电池）正极材料。将超分子 Ni－配体网格（NCGs）作为 Ni－Zn 电池正极材料，Zhang 等对电池的电化学性能展开研究，发现作为修饰剂连接到 NCGs 的表面的超薄（≤15 nm）的石墨烯纳米片（GNs）能够通过修饰超分子化合物的功函数提高电子导电率，从而实现 Ni 基超分子材料容量的充分利用，实现良好的倍率性能。

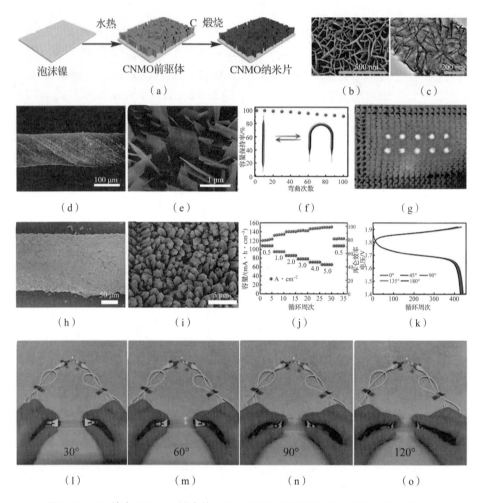

图 3.64　Co 掺杂 NiMoO₄ 纳米片、Ni – MOF/CNTF 和 Ni – MOF – 74@CNTF

作为正极材料的 Ni – Zn 电池电化学特性

（a）Co 掺杂 NiMoO₄ 纳米片的合成示意图；CNMO – 15 纳米片的（b）SEM 和

（c）TEM 图像；Ni – MOF/CNTF 的（d）SEM 图像和（e）高倍率 SEM 图像；

（f）不同弯曲次数下，Ni – Zn 电池的容量保持情况；（g）由两个设备串联在一起

（用织物编织而成）点亮 8 个 LED 灯泡示意图；（h，i）不同放大倍数下

Ni – MOF – 74@CNTF 的 SEM 图像；（j）Ni – MOF – 74@CNTF 倍率性能和库仑效率；

（k）纤维状准固态 Ni – MOF – 74/Zn 电池在不同弯曲角度下的 GCD 曲线；

（i~o）由不同弯曲角度的单个纤维状电池点亮 LED 的示意图

综上所述，Ni 基水系电池中的 Ni 基正极材料通常具有两个缺点：导电率低和结构不稳定。通常采用 Ni 基氢氧化物和 Ni 基氧化物作为 Ni 基水系电池的正极材料，尤其是 Ni – Zn 电池。值得注意的是，稳定的 α – Ni(OH)$_2$ 具有较高的理论容量，在众多 Ni 基水系电池正极材料中，具有一定的优势。通过掺杂 Co、Mn、Zn 等杂原子，可以构建稳定的三维结构，有效地增强结构稳定性。此外，在 Ni(OH)$_2$ 上包覆一层碳材料或 Ni 基硫化物（如 NiS、Ni$_2$S$_3$）可以提高导电性，且暴露更多的电化学活性位点。近年来，除 Ni(OH)$_2$ 外，具有高导电性的 NiX 纳米材料也得到了广泛研究。与在 LIBs 中的应用类似，NiX 电极具有分层/多孔结构和较多活性位点，使电极材料具有良好的性能。作为 Ni 基水系电池的正极，纳米结构的构建和杂原子掺杂赋予 NiX 广阔的应用前景。

2. Ni – Zn 电池负极材料

由于可逆性良好、较大的比容量、资源丰富、环境友好、在碱性电解质中相对稳定，Zn 可作为 Ni – Zn 电池的负极材料。然而，Zn 基电极的利用率低、枝晶生长等问题阻碍了 Ni – Zn 电池的广泛应用。在 Ni – Zn 电池中，为了使正极与负极容量相匹配，往往需要在负极中加入氧化锌。此外，在高电流密度下，负极材料的利用率通常有明显下降的趋势。从实际应用的角度来看，要提升 Ni – Zn 电池的性能，必须提高负极的容量，改善循环寿命。原则上，增加 Zn 颗粒的表面积有利于提高电化学性能，这可归因于活性材料与电解质的接触表面积增大。此外，Zn 负极晶粒的形状或形态在实现颗粒间更好的接触以及降低电池内阻上非常重要。

显然，与 H$_2$ 相比，Zn 的还原电位更负，在 Zn 颗粒表面会发生析氢反应，降低 Zn 的利用效率。Ni – Zn 电池的析氢反应可由式（3.11）表示。

$$Zn + 2H_2O \rightarrow Zn(OH)_2 + H_2 \uparrow \qquad (3.11)$$

在 H$_2$ 生成过程中，Zn 表面被氧化，由外向内逐渐到达次表面；因此，储能中的负极处于局部放电状态。此外，随着材料表面积的不断增大，Zn 负极的腐蚀速率加快。同时，副反应会消耗电解液，降低 Zn 负极材料的利用效率，最终缩短电池的循环寿命。

近年来，通过加入添加剂、表面改性或结构设计等手段，在提高负极容量、抑制析氢反应、抑制 Zn 枝晶生长和延长循环寿命等方面取得了一些进展。

1）加入添加剂

通过与添加剂进行物理混合改变材料性能的方法较为简便，也是 Ni – Zn 电池领域中改进 Zn 基负极最为常用的方法。

金属 Hg 是抑制析氢反应最有效的添加剂之一，但出于环境考虑，禁止在包括电池在内的许多产品中使用 Hg。研究发现，金属化合物，如 BaO、Bi_2O_3、In$(OH)_3$、Ca$(OH)_2$ 等可作为金属 Hg 的替代品。将添加剂与锌负极材料结合，该策略具有简便、高效等优点。

通过原位 XRD，Moser 等证明各种电极添加剂的加入可以在 Zn 沉积之前形成纳米级网络，能够改善电极的电子电导率和极化率，进而优化电流分布，加快 Zn 沉积的形成。与 Zn 相比，添加剂的析氢过电位更高，不同程度地抑制了析氢反应，改善了 Zn 负极材料的电化学性能。因此，原位 XRD 测量技术的使用能够为新型 Zn 负极复合电极的设计和优化发掘更多可能。

2）表面改性

通过简单的物理混合物，想要实现 Zn 负极材料与添加剂的充分接触并不容易，添加剂的利用效率较低。因此，考虑到工业生产过程中的经济问题，开发一种有效的方法来提高添加剂的利用效率是非常重要的。表面改性是提高 Zn 负极材料表面和内部性能的一种较好的方法，可增加电极材料的稳定性。近年来，研究学者发现，有机化合物、金属、金属氧化物/氢氧化物等纳米复合材料也能够改善 Zn 电极材料的电化学性能。

通过一种简便的共沉淀法，Huang 等制备四苯基卟啉（5,10,15,20 - Tetraphenylporphyrin，TPP）修饰的 ZnO。以 TPP 修饰的 ZnO 作为负极材料，Ni – Zn 电池具有较高的放电电压、较好的循环稳定性（1 C 放电倍率下，50 个周期后的放电容量保持在 89%）和较小的腐蚀电流。但由于掺杂剂 TPP 的电导率较低，与 ZnO 相比，TPP 修饰后 ZnO 的电荷转移电阻增大。在不同的退火温度下，Lee 等制备了 TiO_2 包覆的 ZnO 负极材料。2 wt% TiO_2 包覆的 ZnO 作为负极，表面的 TiO_2 钝化层能显著抑制 ZnO 的溶解，容量衰减（60 周循环后仍保持 87% 的放电容量）、形状变化和 Zn 枝晶生长等均得到有效抑制。

通过物理混合或表面改性可以显著改善 Zn 负极材料的电化学性能，但材料的利用率和循环稳定性还不足以满足实际应用的需求。

3）结构设计

除了使用添加剂外，通过控制材料的形貌也能够抑制 Zn 负极材料的体积变化，并提高其利用率。

在 Ni – Zn 电池的实际应用中，电极的高质量负载和较高的材料利用率是必不可少的。但电极上的高质量负载往往导致电极材料的无效分布，无法与电解质充分接触，降低了活性材料的利用效率。基于此，研究学者们制备了纳米尺寸的 ZnO、ZnO 纳米线、二维纳米材料、耦合纳米材料和三维纳米材料等，在实现高质量负载的同时，显著提高了电极材料的利用率。

Zhao 等发现 ZnO 微球具有优异的电化学性能，提高了 Ni – Zn 电池的体积容量（在 0.2 C 放电倍率下，容量为 ~ 1 450 mA·h·cm^{-3}）和循环稳定性（100 周循环后保留 63.92% 的初始容量）。一维纳米材料的制备（包括纳米管、纳米线和纳米棒等）也能改善电化学性能。一维纳米结构具有诸多优点：①能够为电子传递提供直接途径；②具有高纵横比，有利于电解质渗透；③具有较高的活性材料利用率。通过水热方法，Yang 等制备了 ZnO 纳米线，与传统 ZnO 相比，其循环性能有明显改善，在 75 周循环后平均放电容量达到 609 mA·h·g^{-1}。二维纳米材料通常较薄，与一维纳米材料相比，二维纳米材料的活性表面积较小，但超薄的特性使二维纳米材料具有很好的接触性，从而实现更快的电子传递且具有较好的倍率性能。Ma 等通过简单的水热法制备了 ZnO 纳米板。电化学测试结果表明，在 80 周循环中，放电容量保持在 420 mA·h·g^{-1}。

此外，具有特殊的结构的层状双金属氢氧化物（也可作为 Ni - Zn 电池的负极材料，其通式为 $\left[M_{1-x}^{2+}M_x^{3+}(OH)_2\right]^{x+}\left[A_{x/n}^{n-}\cdot mH_2O\right]^{x-}$ [M^{2+} 和 M^{3+} 分别为二价和三价金属阳离子；A^{n-}，价电子中电荷平衡的阴离子；x，M^{3+} 与（M^{2+} + M^{3+}）的比例]。由于在各个领域的广泛应用，其得到越来越多的研究者的关注。在 Ni - Zn 电池中，Zn 的 LDHs 负极具有较好的循环稳定性。Yang 等合成了一系列 Zn - Al - LDHs 作为 Ni - Zn 的负极材料 [如 Zn - Al - LDHs、Zn - Al - In - LDHs、In(OH)$_3$ 包覆的 Zn - Al - LDHs、Zn - Sn - Al - LDH、Ag 包覆的 Zn - Al - LDH]。在 Zn - Al - LDH 结构中，Zn 离子排列在一层上，Al 离子则排列在另一层上。Al 离子的存在降低了 Zn 活性材料的电阻率，提高了负极的循环稳定性，抑制了 Zn 枝晶生长，在改善负极的电化学性能方面具有重要意义。

去除 LDHs 层间的阴离子和水，使分子质量变小、理论电容更高，且保持 LDHs 二维结构的优势。Yang 等制备了 Zn - Al - LDOs 和 Zn - Al - Bi - LDOs，其具有较高的放电比容量和优异的循环性能（在 500 周循环后没有明显的容量衰减）。在 LDH 的基础上，Yang 等还制备了具有三维纳米结构的 Zn - Al - LDH/ CNT 复合材料，作为 Ni - Zn 电池的负极材料，其具有较高的容量（~400 mA·h·g^{-1}）和较好的循环性能（200 周循环中没有容量损失）。

3. Ni - Zn 电池电解液

由于溶解度高、室温下的离子电导率高以及锌的过电位较低，碱性的锌盐电解质适用于 Ni - Zn 电池。然而，在反复充放电循环过程中，Zn 负极上会生长枝晶，且电极形状发生变化，导致 Ni - Zn 电池的电化学性能逐渐衰减。研究表明，可以通过添加剂来抑制 Zn 枝晶的生长。在电解质中添加各种添加剂（如硼酸盐、砷酸盐、磷酸盐、碳酸盐、氟离子），可以降低 Zn 在氢氧化钾水溶液中的溶解度，进而提升 Ni – Zn 电池的循环性能。Mclarnon 和 Cairns 等研究发现，在碱性电解质中加入氟化物后，ZnO 在此电解质（15 vol% KOH 和 15 vol% KF）中的溶解度仅为在不含添加剂电解质（30 vol% KOH）中的1/4。此外，Dzieciuch 等在 Zn – MnO₂ 电池中发现有机添加剂（如甲醇）也可以抑制 Zn 负极的溶解。研究表明，电解质中的添加剂可以吸附在电极表面，吸附的有机基团能够减慢或阻碍 Zn 枝晶的生长。

此外，表面活性剂作为一种添加剂能够控制电极钝化，也会对 Zn 沉积和枝晶生长过程产生影响。全氟甲基环戊烷表面活性剂具有优异的化学稳定性，能够抑制 Zn 枝晶生长。在可充电 Zn 电池中，Banik 等发现带有支链的聚乙烯亚胺（PEI）是 Zn 枝晶生长的有效抑制剂。PEI 添加剂吸附在负极表面，显著改善了 Zn 电沉积动力学，抑制了枝晶尖端的外延生长。此外，阳离子和阴离子表面活性剂的组合也能改善 Ni – Zn 电池体系的电化学性能，两种阳离子的存在（Zn^{2+} 和阳离子表面活性剂）会明显改变界面结构，且电解质中阳离子和表面活性剂阴离子的结合可以使 Zn 沉积沿电极分布更加均匀。Xu 等发现 1 – 乙基 – 3 – 甲基咪唑二氰胺（EMI – DCA）电解质可以改变电化学过程中 Zn 的成核过程。在 KOH 电解液中观察到 Zn 枝晶的形成，而加入 EMI – DCA 后，发现 Zn 形貌发生改变。DCA^- 阴离子能够优化电位分布，EMI^+ 阳离子阻碍 Zn 沉积位点，抑制 Zn 枝晶生长，电极反应路径的改变进一步影响 Zn 的成核/生长过程，使 Zn 的沉积形态发生变化。除此之外，Zn 电沉积过程中的电极电位分布也有助于 Zn 的改变。

锌的溶解导致电极附近的电解质浓度过高。由于溶解度限制，锌电极会发生钝化，促进了致密膜的沉淀和形成。虽然碱性水溶液电解质具有较高的离子电导率，可以通过提高 OH 浓度、溶解钝化膜而降低 Zn 的钝化，但过多的溶解 Zn 会导致负极的形状变化和枝晶生长。因此，为了使 Ni – Zn 电池具有更好的电化学性能，选取合适的添加剂与电解液相互配合是解决问题的关键。需要探索新型的电解质添加剂，进一步抑制 Zn 枝晶的生长，并抑制循环过程中 Zn 负极的形变。

负极的形状变化和枝晶生长，可能会导致电池短路。在 Ni – Zn 电池中，固态或聚合物电解质的使用能够缓解液态电解质存在的许多问题。研究发现，凝胶电解质能有效改善电化学性能，延长电池的循环寿命。此外，在 Ni – Zn 电池中使用聚合物水凝胶电解质也能抑制 Zn 的溶解。Iwakura 等发现，使用聚合物水凝胶电解质时，聚丙烯酸钾的交联抑制了 $Zn(OH)_4^{2-}$ 的溶解和扩散，负极上没有明显的 Zn 枝晶生长。

通过原位光学显微镜对 Zn 枝晶的生长过程进行了系统的观察。当在电解

质前驱体中加入 10×10^{-6} M PEI 时，0.5 h 后只出现了少数的枝晶，Zn 枝晶生长得到明显抑制。当 PEI 的浓度达到 50×10^{-6} M 或更高时，能够完全抑制枝晶生长，观察到厚度为 ~ 10 μm 光亮的 Zn 镀层。PEI 吸附在电极表面能够显著抑制电沉积 Zn 的动力学，这在其作为有机添加剂的应用中已经得到证实。

在 0.1 M $ZnCl_2$ 电解质中添加 PEG，能够抑制 Zn 枝晶的形成。光学显微镜图像显示，进行 8 min 的恒电位 Zn 沉积实验后，Zn 枝晶从 PVC 包覆的金属丝电极顶端外延生长。电解液中含有 0.1 M 的 $ZnCl_2$ 和不同浓度的 PEG，设置电压为 −1.25 V 和 −1.30 V，对 Zn 金属丝电极电沉积过程中枝晶的形成情况进行比较。随添加剂数量的增加（100×10^{-6}~ $10\,000 \times 10^{-6}$ M），枝晶增长的抑制效果越发显著。与电化学模拟结果一致，高浓度的 PEG 能使 Zn 枝晶的生长速度降低一个数量级。

4. Ni–Fe 电池负极材料

由于价态和晶体结构的不同，具有不同相的铁基材料可作为负极材料广泛应用于 Ni–Fe 电池中。Fe_2O_3 中的一个 Fe 原子与 4 个 O 原子连接成六方体系；Fe_3O_4 也称为磁性氧化铁，Fe 有两种价态（Fe^{2+} 和 Fe^{3+}）。由于 Fe^{2+} 和 Fe^{3+} 在八面体位置上无序排列，电子可以在两种 Fe 离子之间快速传递，因此铁的氧化物具有优良的导电性。FeOOH 是正交的，每个单元晶胞包含 4 个 FeOOH。FeOOH 表面存在的羟基能够促进氢氧根离子向电极表面扩散进行氧化还原反应，增强电化学信号。当其他原子取代 O 原子的位置时（如 $FeSe_2$、FeS_2、FeP），会赋予电解材料更好的电化学性能。$FeSe_2$ 具有菱形结构和八面体结构，一个 Fe 原子由 8 个 Se 原子包围，具有较快的氧化还原反应动力学。FeS_2 具有类似于 NaCl 的 AB_2 型立方结构，Fe 原子位于单元晶胞的角尖和面中心，哑铃形 S_2 原子分布在立方体晶胞的 12 个边缘上，且不易分散。FeP 具有中心 Fe 原子包围着 6 个 P 原子的正交结构。下面将对 Ni–Fe 电池负极材料做简要介绍。

1）金属铁

铁在自然界中含量丰富、无毒，但是 Fe 负极的自放电速率不稳定，库仑效率较低、容量较低、电化学过程中还会形成钝化层，且其循环稳定性和充/放电效率仍远未达到预期。为了提高金属 Fe 负极的比容量，研究人员做了很多探索，发现与碳基材料复合是提高金属 Fe 负极性能的有效途径，能够防止纳米粒子聚集以及加快电荷传输。

以 MWCNT 作为基底，Lei 等提出将金属 Fe 纳米颗粒与导电率较高的 MWCNT 复合，如图 3.65（a）所示。将 MWCNT 放入制备好的溶液中，在 180 ℃下进行烧结，然后在 600 ℃下退火，制备了 Fe/MWCNT。如图 3.65（b）

所示的 SEM 图像，Fe 纳米粒子成功地与 MWCNT 复合。以制备的 Fe/MWCNT 作为负极，以 NiO/MWCNT 作为正极，组装的 Ni – Fe 电池的放电容量为 425 mA·h·g^{-1}，如图 3.65（c）所示。利用均匀、可伸缩的碳涂层构造出独特的核壳结构是提高 Fe 负极比容量和放电速率的一种新颖且有效的策略。常见的金属 Fe 颗粒活性材料是微米级的，易燃、安全性差，且合成过程不稳定。由于碳涂层具有优良的导电性和电化学稳定性，Wu 等提出了可以通过碳包覆的方法优化电极材料的性能，通过控制蔗糖的添加量，合成了具有独特核壳结构的 C – Fe 负极材料。此方法能够优化碳壳厚度，在提供较高的电子导电性的同时，还抑制了充放电过程中纳米 Fe 颗粒的机械变形［图 3.65（d）］。如图 3.65（e）所示，碳壳厚度控制在 10 nm 左右，且均匀包裹在 Fe 粒子外。如图 3.65（f）所示，在 4 A·g^{-1} 的电流密度下，循环 2 000 圈后 C – Fe 的容量为初始容量的 93%。基于分层核壳异质结构，C – Fe 负极具有比容量大、充放电速度快的特点。除上述碳基材料外，Ma 等还提出了一种节约成本且新颖的策略，将废弃的竹制品转化为多孔碳微纤维（CMFs），具体过程如图 3.65（g）所示。通过在溶液中浸泡，然后煅烧，成功制备了具有高活性的 Fe@CMFs 基体。在高温条件下，无定形 C 原子首先扩散到相邻的纳米催化剂上，然后有序地沉积出包含一定空隙的石墨碳。随着热反应的进行，催化剂会稳固地嵌在空隙中。由于具有大量空隙且能够大量负载，具有快速电子传输性能的电化学活物质，具有丰富空隙的 CMFs 是理想的基体。如图 3.65（h）所示，通过强相互作用，填充到 CMFs 的空隙中的 Fe 纳米粒子被牢牢地固定在碳基体中。在 2 A·g^{-1} 的电流密度下，GCD 曲线显示 Fe@CMFs 的最大容量为 348 mA·h·g^{-1}。如图 3.65（i）所示，随着电流密度增加，其放电平台几乎没有变化，表明负极具有良好的反应动力学。

2）铁的氧化物

由于合成方法简单、环境友好，且具有较强的氧化还原特性，Fe$_2$O$_3$ 是 Ni – Fe 电池最有应用前景的负极材料，如何进一步提高 Fe$_2$O$_3$ 负极的性能已成为国内外研究的热点问题。由于纳米材料的性质随纳米材料的尺寸和形态而变化，不同的纳米结构对电化学性能有不同的影响，一些研究人员试图对铁氧化物电极材料的纳米结构进行调控来优化电极材料的性能。纳米粒子具有较大的比表面积；一维纳米结构（如纳米棒和纳米线）具有高效的电子/离子传输路径，但循环过程中较大的体积变化可能导致结构坍塌；二维纳米晶体（如纳米球等）具有较大的比表面积和较短的离子扩散距离，但晶体之间容易发生聚集；三维纳米结构具有较大的允许电解液渗透的表面积，加快电荷转移的同时还能够减少电流集器的体积容量损失。利用铁锈废料，Zhu 等合成了平均直

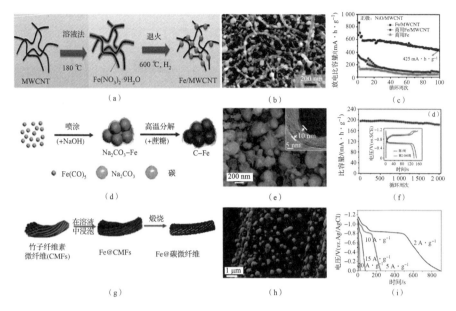

图 3.65 金属铁作为负极在 Ni – Fe 电池中的应用

（a）Fe/MWCNT 的制备工艺；（b）Fe/MWCNT 的 SEM 图像；（c）Ni – Fe 电池的循环稳定性；

（d）C – Fe 的制备工艺示意图；（e）C – Fe 的 TEM 图像；（f）C – Fe 负极的循环性能；

（插图为 2 000 周循环前后的充/放电曲线）；（g）Fe@CMFs 的制备流程示意图；

（h）Fe@CMFs 的 SEM 图像；（i）在不同电流密度下，Fe@CMFs 的放电曲线

径为 30 nm 的 α – Fe_2O_3 纳米球，此合成方法较易控制且具有相对较低的成本，降低能耗的同时又缓解了环境污染问题。制备的尺寸较小的 α – Fe_2O_3 纳米球具有较多的电化学反应活性位点，大大提高了电池的能量密度。同时，由于离子在水溶液中的扩散路径变短，α – Fe_2O_3 电极的反应动力学和活性材料利用效率得到了显著提升。泡沫石墨烯/碳纳米管杂化薄膜具有比表面积大、导电性好、重量轻等优点，是一种理想的电极基底，可以在不使用粘结剂或导电碳添加剂的情况下制备柔性高、性能好的纳米活性材料。将多孔圆柱形 Fe_2O_3 纳米棒均匀生长在直径为 200 nm 的 GF/CNTs 杂化膜上，Liu 等制备的 GF/CNTs/Fe_2O_3 具有均匀且清晰的互通网络结构。通过 3D 打印技术，Kong 等直接合成了可作为理想的电流集电器的氧化石墨烯/碳纳米管杂化薄膜。采用逐层绘制的 3D 打印技术，能够有效地调控杂化薄膜的多孔结构和比表面积，且赋予其优良的导电性、优异的机械性能和较轻的重量。通过调控生长时间，可以控制 Fe_2O_3 的负载量。自组装的复合 rGO/CNT/Fe_2O_3 纳米材料具有层状多孔结构，为离子扩散提供了多个通道，其质量负载超过 130 mg·cm^{-3}，可压缩性高达 60%。通过改性水热法，Tang 等在碳纤维纸（CFP）上生长了 Fe_2O_3 纳米线，

可作为低成本的负极材料。平均直径约为 10 nm 的 Fe_2O_3 纳米线几乎垂直于衬底生长，而不是沿着 CFP 表面生长。Fe_2O_3 纳米线具有较大的比表面积，能够促进电解液向电极内部渗透，提高容量利用率。Liu 等在 CNT 纤维表面生长了具有特殊结构的 Fe_2O_3 纳米棒，Fe_2O_3 纳米板阵列能够均匀地覆盖在不同长度 CNTF 表面，然后将 PPy 包覆在 Fe_2O_3 纳米棒上，以保持较高的离子扩散速率和较好的循环稳定性。三维结构 Fe_2O_3 纳米棒含有大量的空位和通道，有效地缩短了电子和离子的迁移路径。此外，丰富的通道使离子容易与内部的活性物质产生相互作用，从而改善电化学性能。Li 等在 CNTF 基底上生长了纺锤状 α – Fe_2O_3，Fe_2O_3 对称分布在 CNTF 表面。不同晶体表面的表面能不同，所以呈现的形状不同，暴露的晶面也不同，导致具有不同的电化学活性。一般来说，表面能暴露越多，催化活性越高。纺锤结构的 Fe_2O_3/CNTF 负极具有较大的比表面积，可以提供更多的电化学活性位点。

调控 Fe_2O_3 的形貌可以增加 Fe_2O_3 的比表面积，从而缩短离子扩散路径，提高 Fe_2O_3 电极的容量。除此之外，研究人员发现，由于离子掺杂能够在能带中形成缺陷能级或局域杂质能级，提高电极材料的本征动力学，在 Fe_2O_3 晶格中掺入阳离子或阴离子也能提高 Fe_2O_3 容量。同时，离子掺杂还引入了大量的空位，空位可以使电极材料与电解质更好地接触。因此，离子掺杂是提高 Fe_2O_3 电化学活性的一种有效且简单的方法。在一定程度上改变电极材料原始的形貌和相结构的同时，引入金属离子可以优化带隙，进而加大载流子的输运效率。在 Fe_2O_3 中掺杂 Mn 后，Jin 等发现 Mn 能提高材料的倍率性能和循环稳定性。如图 3.66（a）所示，掺杂的 Mn 原子成功地取代了 Fe_2O_3 中 Fe 原子的位置，产生了一些晶格缺陷。如图 3.66（b）所示的 SEM 图像，与未掺杂的 Fe_2O_3 相比略有不同，Mn – Fe_2O_3 纳米板能够垂直且均匀地生长。以 Mn – Fe_2O_3 为负极，以 Mn – NiO 为正极，组装成的电池具有良好的柔韧性和循环稳定性，如图 3.66（c）所示。通过非金属元素掺杂，部分氧原子被非金属元素取代引入氧空位的同时能够显著缩小能带间隙。通常 S 取代 O 原子需要的能量较低，因此其可作为调控 Fe_2O_3 的电子结构的有效手段。通过第一原理计算，Yang 等发现 S 掺杂后，Fe_2O_3 的能带隙从 2.34 eV 减小到 1.18 eV，从而提高了电子导电性。

利用传统的合成方法，Fe_2O_3 颗粒容易发生聚集，限制了电化学活性物质的利用，阻碍了比容量的提高。在不适用粘结剂的情况下，将具有电化学活性的 Fe_2O_3 纳米材料直接生长在导电基片上，能够提升材料的导电性。此外，该电极制备工艺中没有导电添加剂的加入，大大简化了操作。通过水热法，直接在 GF/CNT 复合材料表面生长 Fe_2O_3 纳米棒，得到质量轻、比表面积大、电导率高的电极材料 ［图 3.66（d）］。SEM 图像表明，Fe_2O_3 纳米棒均匀且垂直地

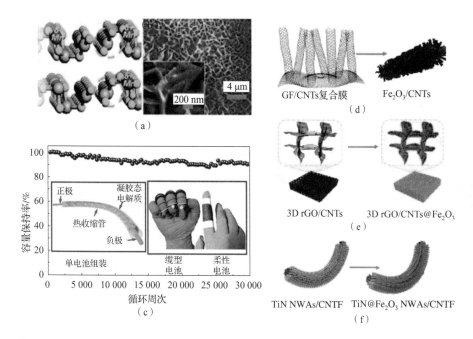

图 3.66　以 Mn – Fe₂O₃ 为负极材料的 Ni – Fe 电池性能及几种不同材料的制备工艺示意图

（a）Mn – Fe₂O₃ 的结构示意图；（b）Mn – Fe₂O₃ 的 SEM 图像；（c）Ni – Fe 电池的循环性能；
（d）Fe₂O₃/CNTs 的制备工艺示意图；（e）3D rGO/CNTs@Fe₂O₃ 的制备工艺示意图；
（f）TiN@Fe₂O₃ 的制备工艺示意图

覆盖在整个 GF/CNTs 薄膜表面。在电流密度为 $1 \ A \cdot g^{-1}$ 时，GF/CNTs/Fe₂O₃ 的最大容量可达 $278 \ mA \cdot h \cdot g^{-1}$。通过 3D 打印技术，Kong 等合成了具有优良的导电性、优异的机械性能和较轻的质量的 rGO/CNT@Fe₂O₃ 复合膜。Fe₂O₃ 纳米棒在 rGO/CNT 薄膜上的生长过程如图 3.66（e）所示，SEM 图像表明 rGO/CNT@Fe₂O₃ 具有层状多孔结构，能够为离子扩散提供多个通道，且提高了导电性。在电流密度为 $10 \ mA \cdot cm^{-2}$ 的情况下，rGO/CNT@Fe₂O₃ 电极的最大容量为 $400 \ mA \cdot h \cdot g^{-1}$。通过设计核壳结构将不同组分在纳米尺度上相结合，可以实现多组分间的协同作用。设计一种简单、通用的核壳结构合成方法，实现对壳的厚度、均匀性和功能的精确控制，还需要进一步的研究。由于具有高的电子迁移率、大的比表体积、优异的机械强度和优异的热稳定性，Li 等发现 TiN 纳米线阵列可作为基体，促进其他活性材料的生长。将 Fe₂O₃ 纳米针定向均匀生长在 TiN 纳米线阵列上的工艺流程如图 3.66（f）所示。SEM 图像显示，复合材料具有独特的核壳异质结构，Fe₂O₃ 沿 3D 骨架轴向密集地生长，且能够均匀地排列在 TiN 表面。

Fe$_3$O$_4$的理论比容量较高（924 mA·h·g^{-1}）、储量丰富、环境友好、成本低，是一种很有前途的电极材料。然而，与其他过渡金属氧化物一样，Fe$_3$O$_4$的导电性较差。研究人员发现，与碳基材料等导电材料复合，能够解决这一问题。分别在碳布和碳纳米管上生长Fe$_3$O$_4$纳米针，Guan等成功制备了复合材料，实现了针状Fe$_3$O$_4$沿直径约20 nm的碳纤维表面均匀致密的生长，如图3.67（a）所示。两种复合材料均缩短了离子的扩散距离，提供了电子传输的直接路径。由于碳材料的厚度对负极性能也有显著的影响，Wang等就不同厚度的碳包覆层对Fe$_3$O$_4$性能的影响展开了研究。如图3.67（b）所示，对Fe$_3$O$_4$与碳包覆后Fe$_3$O$_4$的电化学反应过程进行比较，发现Fe$_3$O$_4$的结构不稳定，以至于在循环过程中结构发生崩塌甚至团聚，而碳包覆Fe$_3$O$_4$的形貌保持良好。对于体积变化诱导的结构形变，碳包覆层能够起到有效的缓冲作用，从而有助于维持活性粒子结构的完整性，且随着包覆层厚度的增加，缓冲效果越发明显。在0.6 A·g^{-1}的电流密度下，Fe$_3$O$_4$@C的最大比容量为423 mA·h·g^{-1}，且具有较好的库仑效率。除碳基材料外，含硫化合物也可作为添加剂有效地提高电极材料的电化学性能。由于含硫化合物能显著抑制Fe$_3$O$_4$负极材料的钝化，使电极容量增加，Li等利用Ni$_3$S$_2$纳米颗粒对Fe$_3$O$_4$纳米球进行包覆合成了Fe$_3$O$_4$@Ni$_3$S$_2$［图3.67（c）］。Fe$_3$O$_4$@Ni$_3$S$_2$比Fe$_3$O$_4$具有更好的倍率性能和稳定性，在电流密度为1 200 mA·g^{-1}时，Fe$_3$O$_4$@Ni$_3$S$_2$电极的容量高达482 mA·h·g^{-1}，最大容量保持率为83.7%。

因储量丰富、成本低廉、环境友好，FeO$_x$材料（如Fe$_2$O$_3$、Fe$_3$O$_4$等）备受关注。但该材料的电导率低，且体积效应会诱导电极材料在循环过程中发生团聚，导致具有较差的电化学性能。作为储能器件的负极材料，与碳材料（如石墨烯、碳纳米管等）复合的过渡金属氧化物具有良好的循环性能。Wang等发现直接在氧化石墨烯片上生长FeO$_x$能够增加电极的容量，尤其是在高倍率下，实现电极内电子较快的转移。FeO$_x$纳米粒子均匀且致密地分布在氧化石墨烯片的表面，FeO$_x$和石墨烯之间存在共价耦合，电子能够从活性材料快速转移到电流集电器上。FeO$_x$/石墨烯的充/放电过程示意图如图3.67（d）所示。将NiO纳米片包覆在多壁碳纳米管上的材料作为正极，以FeO$_x$/石墨烯作为负极，在1.5 A·g^{-1}的电流密度下，组装的Ni－Fe电池的最大比容量为126 mA·h·g^{-1}。然而，研究发现FeO$_x$纳米粒子与氧化石墨烯膜之间的耦合较弱，导致稳定性较差。为了提高负极材料的循环稳定性，Guo等在超小氧化铁纳米晶体上包覆石墨碳，制备了Mc－FeO$_x$/C。Mc－FeO$_x$/C的制备过程如图3.67（e）所示，FeO$_x$/C是由五羰基铁和碳的有机分子通过分子组装和热处理工艺合成。FeO$_x$纳米颗粒均匀、密集地分布在石墨碳上，粒径超小，大约为

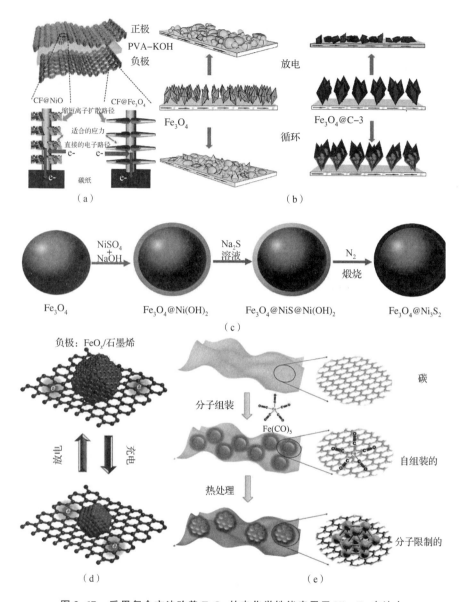

图 3.67　采用复合方法改善 FeO$_x$ 的电化学性能应用于 Ni – Fe 电池中

（a）柔性 Ni – Fe 电池示意图；（b）Fe$_3$O$_4$ 与 Fe$_3$O$_4$@C 电化学反应过程的比较；
（c）Fe$_3$O$_4$@Ni$_3$S$_2$ 的制备流程示意图；（d）FeO$_x$/石墨烯的充/放电过程示意图；
（e）FeO$_x$/碳的制备工艺示意图

4 nm。在 2 A·g^{-1} 的电流密度下，Ni – Fe 电池的容量达到 370.2 mA·h·g^{-1}，循环 1 000 次后保持 93.5% 电池容量，具有良好的倍率性能和能量密度。相比之下，FeO$_x$/C 复合材料的容量保持率仅为 61.2%。

如前所述，调控纳米结构、与导电材料复合、界面工程和离子掺杂等策略都能够提高电极材料的比容量。然而，由于铁氧化物的电绝缘或半导体特性以及缓慢的离子扩散动力学，高容量只能在相对较低的倍率下实现。此外，活性材料与基底材料之间存在的相互作用相对微弱，阻碍了电荷的快速转移。通过原位电化学活化方法，Qin 等制备了 $Fe_3O_4/FeOOH$ 异质结构。$Fe_3O_4/FeOOH$ 异质结构的制备工艺示意图如图 3.68（a）所示。以三维石墨为基底，首先通过电沉积法合成了 Fe_3O_4，经过原位电化学活化后，成功制备了 $Fe_3O_4/FeOOH$ 电极材料。XRD 图谱中的衍射峰与 Fe_3O_4 和 FeOOH 的特征峰相对应，表明 Fe_3O_4 和 FeOOH 同时存在。观察到 0.242 nm 和 0.47 nm 的晶格间距也分别与 Fe_3O_4 的（222）晶面和 FeOOH 的（010）晶面相对应。与简单的复合相比，自组装异质结在充放电过程中可能会导致电极结构微小变化，有效防止活性材料的失活，保证了电化学稳定性，如图 3.68（b）所示。通过两组分面对面的接触构成异质结构，几乎所有的活性位点都位于表面，这提供了有效的电荷转移和离子扩散通道，进而提升电化学动力学。以 Ni-Co 双金属氢氧化物为负极材料，组装了 Ni-Fe 电池，在 $6.7\ A\cdot g^{-1}$ 电流密度下的比容量达到 $180\ mA\cdot h\cdot g^{-1}$，最大容量保留率为 86.6%。

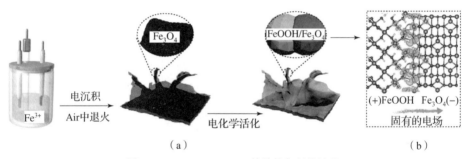

图 3.68　$Fe_3O_4/FeOOH$ 的结构与制作流程

（a）$Fe_3O_4/FeOOH$ 异质结构的制备流程示意图；（b）FeOOH 与 Fe_3O_4 异质结构示意图

3）铁的氢氧化物

FeOOH 不仅具有较宽的电化学窗口，而且具有较高的能量密度和理论容量，是比活性炭材料更具有优势的负极材料。然而，FeOOH 材料电化学活性较差、电导率低，导致容量低。通过在 FeOOH 外包覆一层 rGO，Ye 等制备了具有高度致密网络结构的负极材料，使更多的电子参与电化学反应。FeOOH/rGO 的合成过程如图 3.69（a）所示，首先通过加热制备的溶液得到 FeOOH，随后加入 rGO 形成 FeOOH/rGO 复合电极材料。FeOOH 纳米棒分布均匀，平均直径为 30 nm，rGO 致密地包覆在 FeOOH 纳米棒表面。在电化学循环过程中，紧密的 rGO 包覆层稳定了 FeOOH 纳米棒的结构，增强了导电性和稳定性，提升了 FeOOH 负极材料的电化学性能。在 1 A·g^{-1} 的电流密度下，FeOOH/rGO 的比电容达到 180 C·g^{-1}（是 FeOOH 电极材料的 2 倍），同时具有较高的容量保持率。除了碳基材料包覆外，与导电基底复合也能提高 FeOOH 的电化学性能。液相外延法是一种高效的工艺，可以在几分钟内完成，为大规模生产 FeOOH 超薄纳米片提供了一种方便的合成方法。利用液相外延法，Xue 等实现了 Li$_2$O$_2$ 纳米片与 FeOOH 的复合。他们首先制备了具有（001）面的 Li$_2$O$_2$ 纳米片，将其作为基材和模板外延生长 FeOOH 纳米晶。FeOOH 的结构如图 3.69（b）所示。在 1 A·g^{-1} 的电流密度下，其具有优异的倍率性能，比容量高达 300.2 mA·h·g^{-1}。

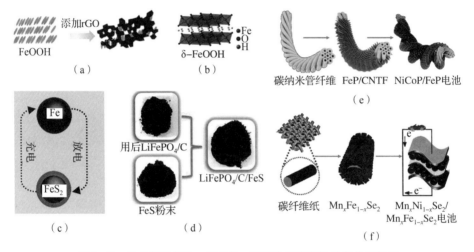

图 3.69　铁的氢氧化物、硫化物、磷化物和硒化物的电化学性能

（a）FeOOH@rGO 的制备流程示意图；

（b）FeOOH 的结构示意图；（c）FeS$_2$@C 的充/放电过程；

（d）LiFePO$_4$/C/FeS 的制备流程示意图；（e）FeP/CNTF 的制备流程示意图；

（f）用 Mn$_x$Fe$_{1-x}$Se$_2$ 组装成柔性高能固态 Ni–Fe 电池的流程示意图

4）铁的硫化物

虽然 FeO$_x$ 和 FeOOH 等铁氧化物具有合适的纳米尺寸结构和良好的性能，但电极材料的导电性较差，且在电化学过程中会形成钝化膜，还会发生复杂的相变，具有较差的倍率性能，导致容量迅速衰减。为了解决铁氧化物存在的上述问题，对铁的硫化物、铁的磷化物和铁的硒化物等负极材料的电化学性能展开了研究。铁的硫化物具有良好的机械稳定性、快速的电子传输能力和高的导电性，成为具有应用前景的负极材料。Yao 等合成了具有纳米核壳结构的 FeS$_2$ @carbon（FeS$_2$@C）负极材料。如图 3.69（c）所示，FeS$_2$@C 的充/放电过程

是伴随 Fe^{2+} 和 Fe^0 价态变化的可逆过程。FeS_2 具有球形结构，FeS_2 外均匀包覆了一层尺寸约为 70 nm 的碳纳米材料。对 FeS_2 和 $FeS_2@C$ 的循环稳定性进行比较，$FeS_2@C$ 的容量不断增加，达到最大值 213 mA·h·g^{-1} 后，慢慢下降到 178 mA·h·g^{-1}；FeS_2 的容量仅上升到 186 mA·h·g^{-1}，在 650 周循环后下降到 109 mA·h·g^{-1}，说明 $FeS_2@C$ 具有更稳定的循环性能和更高的比容量。如图 3.69（d）所示，将 $LiFePO_4/C$ 与 FeS 粉体通过球磨法进行混合，Shangguan 等合成 $LiFePO_4/C/FeS$ 负极材料。但他们发现，导电剂中的许多小颗粒的碳与具有不规则形状的商用 FeS 混合在一起，所制得 $LiFePO_4/C/FeS$ 复合材料发生了团聚现象。为了进一步优化，他们制备了不同配比的 $LiFePO_4$ 和 FeS 复合材料，并对循环性能进行测试，$LiFePO_4/C/FeS$（40%）电极具有最高的容量和最好的循环稳定性。

5）铁的磷化物和硒化物

铁的磷化物和硒化物也受到了广泛的关注。磷原子的电负性较氧原子低，具有较高的电导率和电化学活性，因此 FeP 具有较快的电子转移和较快的氧化还原反应。通过水热和磷化工艺在 CNTFs 表面合成了 FeP 和 NiCoP，以 FeP 作为负极，以 NiCoP 作为正极，Yang 等制备了 Ni – Fe 电池，如图 3.69（e）。FeP 纳米线阵列沿整个 CNTFs 均匀垂直生长。当电流密度为 2 mA·cm^{-2} 时，FeP 电极的比容量为 0.63 mA·h·cm^{-2}，在 0.9 V 左右出现了明显的平台。因具有优异的电化学性能，金属硒化物得到了广泛的应用，但其倍率性能和循环稳定性相对较差，主要是由于铁基电极的结构稳定性较差所致。Jayaraman 等合成了 $Mn_xFe_{1-x}Se_2$ 负极材料，其制备过程如图 3.69（f）所示，首先在碳纤维布表面合成了 $Mn_xFe_{1-x}LDH$，经过硒化处理，最终得到具有多孔特性和分层纳米片结构的 $Mn_xFe_{1-x}Se_2$。研究发现，Mn 的引入可以有效地降低纳米片的厚度，从而缩短扩散路径。具有不同 Mn 比例材料的容量与电流密度的关系表明，$Mn_{0.33}Fe_{0.67}Se_2$ 的容量最大，且随着电流密度的增加，保留了最大容量的 80.87%。合成工艺对负极材料的形貌有重要影响，导致负极材料的容量和放电平台存在差异。

5. Ni – Bi 电池负极材料

由于氧化还原反应高度可逆且具有良好的稳定性，Bi 的氧化物和氢氧化物可作为 Ni – Bi 电池的负极材料。与其他 Ni/金属电池不同，在电化学循环过程中，Ni – Bi 电池中没有枝晶生成，这一优势进一步促进了 Ni – Bi 电池的发展。

1）Bi 的氧化物

通过化学沉积法，Sun 等制备了 Bi_2O_3/石墨烯片复合电极，作为负极材料组装成 Ni – Bi 电池。在功率密度为 143 W·kg^{-1} 时，电池的能量密度为 83.2 W·h·kg^{-1}。在 5 C 下循环 200 个周期后，其仍保持初始容量的 60%。Li 等在碳布/碳纳米纤维三维网格结构（CC/CNF）上合成了由 Ni – Co 氢氧化物和 Bi$_2$O$_3$ 组成的多孔纳米片状活性材料。由于碳基底具有较大的比表面积、高导电性和协同效应，在 1 000 周循环后，电极材料具有较好的稳定性，容量保持率高达 93%。为了提高活性材料的利用率，Zan 等制备了具有中空六方棱锥（HHP）结构的 Bi$_2$O$_3$ 纳米粒子。独特的中空结构能够加快电化学反应动力学，比容量高达 327 mA·h·g^{-1}。通过一步水热法，Liu 等制备了一种二维层状氧化铋硒和还原氧化石墨烯复合材料（Bi$_2$O$_2$Se/rGO），并将其作为 Ni – Bi 电池的负极。Bi$_2$O$_2$Se/rGO 具有独特的二维层状结构和微弱的层间范德华力与较好的电解液渗透性。此外，rGO 可以稳定复合材料的结构，减少充放电过程中电极材料的体积变化，加快电极材料和电解质之间的电子转移。以 Bi$_2$O$_2$Se/rGO 为负极材料，以 MnCo$_2$O$_{4.5}$@Ni(OH)$_2$ 作为正极材料，组装成的电池具有较高的能量密度。

2）Bi 金属

尽管 Bi 的氧化物和氢氧化物负极材料的性能得到了极大的提高，但能量密度和循环性能仍不尽如人意。Liu 等研究了 Bi 金属（如单晶 Bi、Bi 纳米粒子和高晶 Bi 超结构）在 Ni/金属电池中的应用。通过电沉积方法，在碳布上制备了具有三维分层纳米结构的 Bi 单晶电极。由于具有独特的三维分层纳米结构和较高的结晶度，电极具有较好的循环稳定性，即使在 10 000 周循环后容量也几乎没有衰减。以 NiCo$_2$O$_4$ 纳米线作为正极，组装成柔性的 NiCo$_2$O$_4$ – Bi 水系电池，电池的能量密度为 85.8 W·h·kg^{-1}，并具有良好的柔性［图 3.70（a）］。通过原位活化策略，Zeng 等制备了具有三维多孔结构的高密度 Bi 纳米粒子/C（P – Bi – C），实现了 Bi 纳米粒子的超高质量负载（12.9 mg·cm^{-2}）［图 3.70（b）］，并对 Bi 负极的性能展开进一步的研究。在 200 ℃ 的氮气气氛下，对具有三维结构的 Bi 负极进行煅烧，以提高 Bi 结构与碳纤维之间的结晶度和黏结力，最终合成了 A – Bi。应用到水相 Ni – Bi 电池中，A – Bi 具有良好的循环稳定性，20 000 周循环后容量保持率超过 75.1%［图 3.70（c）］。当电流密度从 4 mA·cm^{-2} 增加到 120 mA·cm^{-2} 时，所组装的柔性 NiO – Bi 电池容量保持率超过 57%；在 10 000 周循环后，容量保持率达到 93.9%。通过压力处理，Liang 等将制备的具有三维分层纳米结构的 Bi（TL – Bi）生长在泡沫镍上，组装成的 Ni – Bi 电池具有良好的循环性能。在 14 000 周循环后，其容量保持率超过 82.1%，而未加压样品在 3 000 周循环后仅保持原始容量的近 10%［图 3.70（e）］。

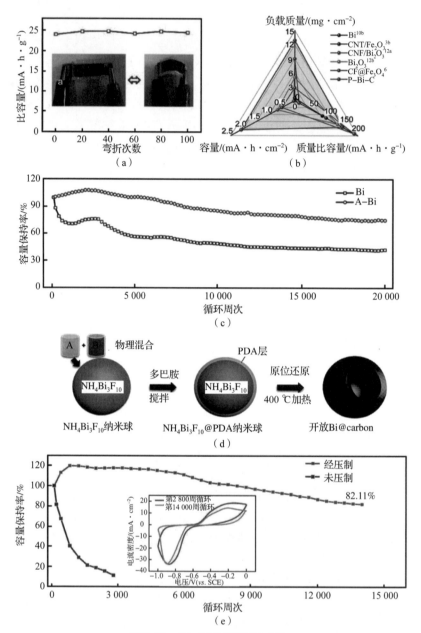

图 3.70　Ni－Bi 电池的 Bi 电极

（a）在不同弯曲次数下，NiCo₂O₄－Bi 电池的比容量，插图为 NiCo₂O₄－Bi 电池在正常和弯曲
条件下的照片；（b）与之前研究中质量负载相同的 P－Bi－C 电极容量比较；
（c）在三电极系统中，扫速为 100 mV·s⁻¹，进行 2 000 个 CV 循环，Bi 和 A－Bi 电极的循环性能；
（d）Bi@C 纳米球的合成示意图；（e）在 40 mV·s⁻¹ 扫描速率下，经加压处理的 TL－Bi 电极经
14 000 个周期和无加压处理 TL－Bi 电极经 2 800 个周期的循环耐久性比较，
插图为经加压处理后的 TL－Bi 电极循环试验前后的 CV 曲线

Yao 等注意到金属 Bi 的熔点较低（~271 ℃），在增强负极材料稳定性方面，传统方法的应用受到限制。用 $NH_4Bi_3F_{10}$ 作为引发剂将 Bi 包裹在 C 鞘中，成功地提高了 Bi 的耐热性［超过 400 ℃，图 3.70（d）］。采用该方法，制备了以开放的 Bi@C 纳米球为负极的 Ni – Bi 电池，其具有良好的比容量、倍率性能和稳定性。此外，还证明负极材料存在由 Bi 向 $Bi(OH)_3$ 的特殊转化反应。

3.6.3　Mn 基电池

随着 MnO_2 – Zn 电池的发展，同样以 Mn^{2+}/MnO_2 氧化还原对进行储能的 Mn 基电池也受到了研究学者们的关注。Cu 是一种储量丰富的廉价金属，沉积/溶解效率高，不产生枝晶，质量比容量高达 843 mA·h·g^{-1}，体积比容量高达 7 558 mA·h·cm^{-3}，是一种极具前景的电池负极材料。最近，Liang 等报道了一种可充电的 MnO_2 – Cu 水系电池，通过可逆的氧化还原反应（Mn^{2+}/MnO_2）进行储能，该电池的能量密度为 27.7 mW·h·cm^{-2}，功率密度为 1.23 W·cm^{-2}。MnO_2 – Cu 水系电池能够在 42 s 内充电到 0.8 mA·h·cm^{-2}，20 C 下，在~0.95 V 处具有一个电压平台。与 Huang 等和 Wei 等报道的 MnO_2 – Cu 电池一致，电池的循环寿命超过 1 000 个周期，没有明显的容量衰减，且具有较高的放电容量（50 mA·h·cm^{-2}）。MnO_2 – Cu 电池具有优异的电化学性能，具有作为大规模储能设备的应用潜力。其他金属，如铝、铋和铅也可作为负极材料，与具有可逆的 Mn^{2+}/MnO_2 反应的正极材料匹配组装成电池，分别命名为 MnO_2 – Al、MnO_2 – Bi 和 MnO_2 – Pb 电池，表现出良好的性能。

除 MnO_2 – 金属电池外，还可以利用其他负极材料，构建基于 Mn^{2+}/MnO_2 正极反应的新型 Mn 基电池。作为一种优良的超级电容器电极材料，AC 在 Mn 基电池中也得到了广泛的应用。以石墨毡作为正极电流集电器，以 AC 为负极，以 1 M Na_2SO_4、1 M $MnSO_4$、0.1 M H_2SO_4 的混合液为电解质，组装成了 MnO_2 – C 电池。该电池工作时，正极发生 Mn^{2+}/MnO_2 反应，Na^+ 在具有较高比表面积的 AC 负极上进行吸附/脱附。由于正极上的 Mn^{2+}/MnO_2 反应和负极上的离子吸附/解吸都具有良好的可逆性，MnO_2 – C 电池的平均放电电压为 1.2 V，循环寿命超过 7 000 周。综上所述，MnO_2 负极能够与超级电容器型 AC 负极相匹配，构成一种具有优异性能的新型 Mn 基电池。

此外，具有良好电化学性能的有机材料也可作为 Mn 基电池的负极。Guo 等报道了一种无机 – 有机（MnO_2 – PTO）电池，正极发生 Mn^{2+}/MnO_2 氧化还原反应，负极发生醌/对苯二酚氧化还原反应，两电极之间通过水合离子转化完成电化学反应。MnO_2 – PTO 电池的放电平台约为 0.8 V，循环寿命超过

5 000个周期，库仑效率高达99%。除此之外，电池在 −70 ℃ 的低温下仍能工作，并保持良好的容量和循环性能。此种耐低温 MnO_2 − PTO 电池可在极端条件和外太空中应用。

|3.7 总结与展望|

近些年来，电极材料储量丰富、环境友好、成本低、安全性高、循环寿命长的多价金属离子电池得到了研究学者们的广泛关注。基于多电子转移反应，多价金属离子电池通常具有快速的充放电能力、好的倍率性能、较高的功率密度，具有竞争力的能量密度，在大规模储能领域具有巨大的发展潜力。尽管具有显著的优势，但是多价金属离子电池处于发展的早期阶段，有许多障碍需要清除。实现具有竞争力的多价金属离子电池需要具有：①近乎完全可逆的多价金属负极；②在高电压下，能够快速、可逆地储存多价金属离子的高容量正极材料；③与正负极具有良好相容性、具有较宽的电化学窗口、价格低廉且安全性高的电解质。为了在保持原有优势的前提下实现性能的进一步提升，研究学者们围绕正极材料、负极材料改性和电解质优化等方面展开了系统的研究。尽最大努力实现：①具有高质量负载和最佳复合结构的电极；②正极与负极之间容量的最优匹配；③电解质组成和浓度的最优化。

虽然实现多价金属离子电池商业化的道路上还存在尚未解决的工程性挑战，但是目前新能源开发与利用等领域的蓬勃发展趋势和已经取得的突破性进展，正在为新一代新能源储能设备（尤其是多价金属离子电池）的研究开辟明确的道路。

参 考 文 献

[1] FU Y，WEI Q，ZHANG G，et al. High − performance reversible aqueous Zn − ion battery based on porous MnO_x nanorods coated by MOF − derived N − doped carbon ［J］. Advanced energy materials，2018，8：1801445.

[2] PAN Z，LIU X，YANG J，et al. Aqueous rechargeable multivalent metal − ion batteries：advances and challenges ［J］. Advanced energy materials，2021，11：2100608.

[3] WANG F，BORODIN O，GAO T，et al. Highly reversible zinc metal anode for

aqueous batteries [J]. Nature materials, 2018, 17: 543 – 549.

[4] GAIKWAD A M, ZAMARAYEVA A M, ROUSSEAU J, et al. Highly stretchable alkaline batteries based on an embedded conductive fabric [J]. Advanced materials, 2012, 24: 5071 – 5076.

[5] WANG R, HAN Y, WANG Z, et al. Nickel @ Nickel oxide core – shell electrode with significantly boosted reactivity for ultrahigh – energy and stable aqueous Ni – Zn battery [J]. Advanced functional materials, 2018, 28: 1802157.

[6] ZENG Y, MENG Y, LAI Z, et al. An ultrastable and high – performance flexible fiber – shaped Ni – Zn battery based on a Ni – NiO heterostructured nanosheet cathode [J]. Advanced materials, 2017, 29: 1702698.

[7] ZHANG H, WANG R, LIN D, et al. Ni – based nanostructures as high – performance cathodes for rechargeable Ni – Zn battery [J]. ChemNanoMat, 2018, 4: 525 – 536.

[8] ZHANG H, ZHANG X, LI H, et al. Flexible rechargeable Ni – Zn battery based on self – supported $NiCo_2O_4$ nanosheets with high power density and good cycling stability [J]. Green energy & environment, 2018, 3: 56 – 62.

[9] KUMAR R, SHIN J, YIN L, et al. All – printed, stretchable Zn – Ag_2O rechargeable battery via hyperelastic binder for self – powering wearable electronics [J]. Advanced energy materials, 2017, 7: 1602096.

[10] YU M, WANG Z, HOU C, et al. Nitrogen – doped Co_3O_4 mesoporous nanowire arrays as an additive – free air – cathode for flexible solid – state zinc – air batteries [J]. Advanced materials, 2017, 29: 1602868.

[11] ZHU L, ZHENG D, WANG Z, et al. A Confinement strategy for stabilizing ZIF – derived bifunctional catalysts as a benchmark cathode of flexible all – solid – state zinc – air batteries [J]. Advanced materials, 2018, 30: 1805268.

[12] LI Y, DAI H. Recent advances in zinc – air batteries [J]. Chemical Society reviews, 2014, 43: 5257 – 5275.

[13] FANG G, ZHOU J, PAN A, et al. Recent advances in aqueous zinc – ion batteries [J]. ACS energy letters, 2018, 3: 2480 – 2501.

第 4 章

金属－气体电池

传统的二次电池理论容量较低，无法满足当前社会对能源需求量的增加。开发具有更高能量密度和效率的新型能源存储和转换系统已成为全球性的挑战。金属－气体电池因其较高的能量容量、成本效益和环保性质而受到广泛关注。金属－气体电池是一种电化学电池，气体在金属－气体电池中被还原和氧化。负极可以由金属制成，这些金属包括：碱金属，如锂、钾和钠等；碱土金属，如钙和镁等；

其他金属，如铝、铁和锌等。根据负极的类型不同，电解质可以分为有机电解质和水系电解质。另一还原电极由空气组成，正极和负极由隔膜隔开。金属－空气电池是一种独特的能量存储系统，有望用于大规模储能。本章将从金属－空气电池、金属－CO_2电池和金属－N_2电池三方面总结，并对未来金属－气体电池的研究提出指导性建议。本章主要内容示意图如图4.1所示。

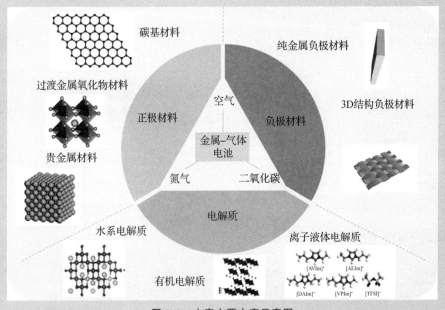

图4.1　本章主要内容示意图

|4.1　金属 – 空气电池|

金属 – 空气电池主要由金属电极、能够支持氧气反应的空气电极以及可以承受所对应的电压和含有相关反应活性离子的电解质组成，其结构如图 4.2 所示。

在金属 – 空气电池中，正极由反应催化层、集流体和防水层组成。其中，防水层是由导电剂和粘结剂制备的疏水膜，这种膜具有防止电解质渗漏的功能。催化层由粘结剂、导电剂和催化剂组成，对于可充电金属 – 空气电池，催化剂不仅具有氧化氧离子的功能，还具有还原氧气的性能。正极上参与反应的活性物质为空气中的氧气，在充电过程中，电解质中的氢氧根离子在气 – 液 – 固三相界面上被催化剂催化氧化为氧气，反应方程式为

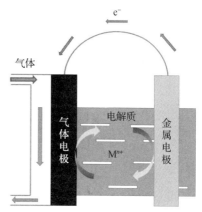

图 4.2　金属 – 空气电池的结构图

$$4OH^- = O_2 + 2H_2O + 4e^- \tag{4.1}$$

金属 – 空气电池的负极活性物质为相对应的金属，在放电过程中金属不断地溶解，即金属 – 空气电池的理论能量密度只取决于负极。金属材料的能量密度越高，则电池的能量密度也越高，负极的放电反应主要取决于所使用的金属和电解质，放电反应的一般通式为

$$M = M^{n+} + ne^- \tag{4.2}$$

式中，M 代表的是电池中负极所使用的金属，n 值的大小取决于电池中金属被氧化失去的电子数目。

本节将对各种金属 – 空气电池进行简单介绍，主要包括金属 – 空气电池的发展历程、工作原理与特点、研究现状及前景等。

4.1.1　锂 – 空气电池

1. 锂 – 空气电池简介

目前，锂离子电池是应用最广泛的储能技术之一，然而，传统锂离子电

池的理论能量较低（387 W·h·kg⁻¹），已经不能满足人们对电能日益增长的需求。开发具有更高能量密度和效率的新型能量储存与转换系统已成为研究热点。在过去的 10 年中，可充电锂 – 空气电池以其超高的理论能量密度（3 500 W·h·kg⁻¹）引起了全世界的关注。不同可充电电池的理论能量密度如图 4.3 所示。

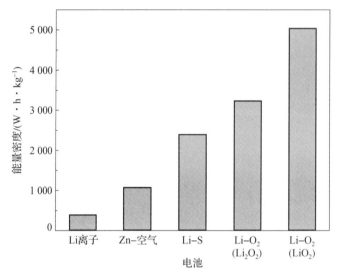

图 4.3 不同可充电电池的理论能量密度

锂 – 空气电池研究可以追溯到 1987 年，研究人员开发了一种稳定的 ZrO_2 固体电解质，在 650 ~ 800 ℃下运行锂 – 空气电池。1996 年，Jiang 等用聚合物电解质建造了第一个室温锂 – 空气电池的原型。锂 – 空气电池的结构与锂金属电池相似，这两种电池都由锂金属负极、隔膜、电解质和正极组成，但是锂 – 空气电池的正极是暴露在大气/氧气中的。此外，锂 – 空气电池的机理与传统锂离子电池不同，锂 – 空气电池是半开放式系统，利用周围空气中的氧气作为资源来储存和转换能量。在放电过程中，锂金属负极被氧化成为 Li^+，然后迁移到空气正极。同时，氧气接受来自外部电路的电子，并与锂离子结合，在空气正极上形成放电产物。当给电池充电时，电化学过程是相反的。锂 – 空气电池的主要放电产物是 Li_2O_2，其电化学反应如下所示：

负极反应式：$$2Li \leftrightarrow 2Li^+ + 2e^-$$ （4.3）

正极反应式：$$2Li^+ + O_2 + 2e^- \leftrightarrow Li_2O_2$$ （4.4）

总反应式：$$2Li + O_2 \leftrightarrow Li_2O_2 (E = 2.96 \text{ V } vs. \text{ Li/Li}^+)$$ （4.5）

然而，锂 – 空气电池的探索仍处于起步阶段。锂 – 空气电池在实际应用中存在一些问题，如能源效率低、循环寿命短、电化学性能差等，这主要是由于正极上的氧还原反应和析氧反应的动力学以及物质输运缓慢造成的。因此，为了加快动力学速度，许多研究人员致力于寻找具有氧还原反应和析氧反应活性的新型正极。而对于正极缓慢的物质传输问题，需要制作具有足够孔隙结构的正极来解决。不只是正极会影响锂 – 空气电池的性能，负极、电解质和相关部件也会影响电池的性能，除此之外，环境空气中 CO_2、H_2O 和 N_2 对电池也会有一定的影响。

2. 锂 – 空气电池正极材料

由于锂 – 空气电池的半开放体系和复杂的反应机理，在设计正极材料时必须考虑诸多特殊的要求。可以总结为以下三个关键：高催化活性、高电导率和高孔隙率。首先，正极材料必须具有高的双功能催化活性，从而加快氧还原反应和析氧反应过程，降低锂 – 空气电池的过电位。其次，正极材料需要高的电子导电性，以加快电化学反应。最后，高孔隙率的正极材料可以容纳更多的放电产物，并且可以维持快速的物质输送和足够的电解质渗透。正极材料基本上可以分为三大类：碳基材料、贵金属基材料和非贵金属基材料。

1）碳基材料

碳基材料具有重量轻、成本低、电导率高、比表面积大、孔隙结构可调等诸多优点。因此，碳基材料已被广泛研究和应用于许多储能器件，如锂离子电池、钠离子电池和超级电容器。此外，碳基材料可以通过杂原子掺杂实现显著的双功能氧还原反应和析氧反应催化活性，使其成为有前途的锂 – 空气电池正极材料之一。

（1）活性炭。活性炭作为一种导电添加剂广泛应用于电池中，并且已经实现商业化。活性炭具有成本低、电导率高和超大的比表面积等优点，可以用于锂 – 空气电池正极材料。到目前为止，科琴黑、Super P、XC – 72、BP2000、Calgon、Dena black、JMC 等多种活性炭样品已被用作锂 – 空气电池的正极材料。Tran 等研究了一系列活性炭的孔径分布与放电容量的关系，发现具有高表面积和大孔径的碳材料更适合锂 – 空气电池。碳材料的表面性质是影响锂 – 空气电池性能的另一个因素，结果表明，随着石墨化程度的增加，锂 – 空气电池放电电压降低的原因是缺乏发生氧还原反应的活性位点。然而，孔隙率和石墨化只是决定电化学性能的部分因素。Park 等研究了碳负载对锂 – 空气电池性能的影响，负载为 $15.1~mg \cdot cm^{-2}$ 的科琴黑空气正极面积比容量最大，因此，活性炭孔隙尺寸的均匀性至关重要，较大的介孔体积会提供更高的电池容量。

（2）新型碳材料。如上所述，锂 – 空气电池的正极材料需要具有较大的比表面积和较高的孔隙率。降低材料尺寸是提高比表面积和构建各种孔结构的有效方法之一。低维碳材料如一维形式的碳纳米管和碳纳米纤维与二维形式的石墨烯，由于其独特的结构，在锂－空气电池中表现出良好的电化学性能。例如，用多壁碳纳米管作为锂－空气电池的正极，在 $500\ mA \cdot g^{-1}$ 的电流密度下，该锂－空气电池具有 $34\ 600\ mA \cdot h \cdot g^{-1}$ 的超高比容量，碳纳米管的生长方向可以通过特殊的合成方法来控制，并可以得到有序的结构。这种无粘结剂、排列整齐的碳纳米管纤维具有分层的孔隙，可以有效地提高电化学反应活性，提供连续的氧气和锂离子，并可以均匀生成放电产物来减少孔隙的堵塞。

石墨烯由于其独特的结构和性能，在电催化剂和储能材料等领域都表现出优异的性能。石墨烯具有较高的导电性和比表面积（理论上为 $2\ 630\ m^2 \cdot g^{-1}$），是比较理想的锂－空气电池的正极材料。例如，Zhou 等发现，石墨烯纳米片（GNSs）作为锂－空气电池的正极材料时，碳基材料的放电催化活性甚至可以与 20 wt% Pt/C 催化剂相媲美。实验结果表明，热处理可以提高 GNSs 的循环稳定性的原因是 sp^3/sp^2 比值降低和 GNS 表面官能团的减少。

虽然各种新型碳材料具有较好的电化学性能，但由于碳材料本身的催化活性有限，其过电位过大，远远不能满足要求。因此，研究人员使用杂原子掺杂的方法来提高氧还原反应和析氧反应活性。2014 年，Kong 等通过溶胶－凝胶路线制备了一种既有大孔又有中孔的分层碳/氮体正极材料，该材料具有 161 周的长循环寿命，如图 4.4 所示。这种体系除了具有分层结构的优点外，根据第一性原理计算，吡啶氮还可以提供优异的吸氧性能。计算结果表明，吡啶氮比原始氮和石墨氮具有更高的催化 Li_2O_2 团簇成核活性。总的来说，氮掺杂是通过操纵局部电子结构和提供更多活性位点来提高碳材料催化活性的有力途径。

目前，基于纳米技术的快速发展，相关研究人员设计并制备了诸多特殊的结构碳材料用于锂－空气电池。例如 Ziyang 等以二氧化硅为模板，制备了用于锂－空气电池的三维有序介孔/微孔碳球（MMCSAs），其容量超过了商用氧化石墨烯和碳纳米管，如图 4.5 所示。

2）贵金属基材料

贵金属是氧还原反应和析氧反应的重要催化剂，到目前为止，许多研究已经证明的具有优越电化学性能的贵重金属及其氧化物包括金、铂、钯、钌以及铱。此外，贵金属基正极不仅具有较高的催化活性，还可以通过改变放电产物的形貌和晶体结构来降低锂－空气电池的过电位。与碳纳米管正极中的大颗粒 Li_2O_2 不同，Yilmaz 组发现，以 RuO_2/碳纳米管为正极的 Li_2O_2 薄膜均匀沉积在表面。这种特殊的形貌可以扩大 Li_2O_2 与碳纳米管之间的接触面积，并显著降低

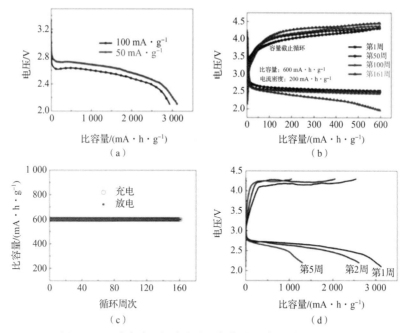

图 4.4　通过溶胶 – 凝胶路线制备的分层碳/氮体正极材料

（a）HMCN 正极在 50 mA·g^{-1} 和 100 mA·g^{-1} 时的放电曲线；

（b）HMCN 正极在 200 mA·g^{-1} 电流下具有 600 mA·h·g^{-1} 的极限放电深度；

（c）相应的充放电容量随循环次数的变化曲线；（d）100 mA·g^{-1} 下 2.0~4.3 V 的充放电曲线

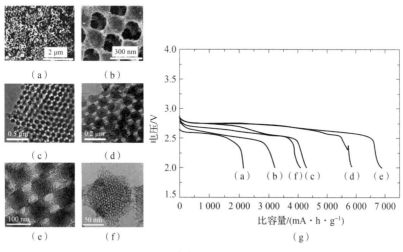

图 4.5　制备的 MMCSAs 的特征

（a）和（b）SEM 图像和（c）-（f）TEM 图像在不同放大倍数下的图像；

（g）不同重量百分比 MMCSAs 在多孔催化电极中电流密度为 50 mA·g^{-1} 下的锂 – 空气电池

放电曲线：（a）0 wt%，（b）5 wt%，（c）10 wt%，（d）30 wt%，（e）50 wt%，（f）80 wt%

电荷过程中的过电位。为了提高钯基催化剂的催化活性，Xia 等采用组合多相催化材料的高通量筛选方法，研究了一系列二元钯基催化剂的催化活性，根据实验结果，钯－铱合金在混合锂－空气电池中具有最高的氧还原活性，比钯/碳正极的能量效率高出 30%。

3）非贵金属基材料

虽然贵金属正极可以有效降低锂－空气电池的过电位，但贵金属的成本很高，极大地限制了其实际应用。为了取代昂贵的贵金属，科研人员将目光转向过渡金属基材料。

（1）过渡金属材料。高度分散的过渡金属纳米颗粒对氧还原反应和析氧反应具有良好的催化活性。采用静电纺丝法制备的 Co 纳米颗粒固定在碳纳米管上并与碳纤维相复合的材料，这种柔性电极可以直接作为锂－空气电池的正极。特殊的相互连接结构与丰富的钴纳米粒子和氮、硫共掺杂，可以提供大量的活性位点，使其具有优异的电化学性能。Chen 等提出了使用钴掺杂的碳纳米管作为锂－空气电池的正极，这种锂－空气电池具有良好的电化学性能，初始放电容量为 28 968 $mA \cdot h \cdot g^{-1}$（200 $mA \cdot g^{-1}$ 的电流密度下），并具有 200 周以上的循环稳定性。

（2）过渡金属氧化物材料。在过渡金属氧化物中，钴氧化物催化剂具有成本低、成分多样、催化活性高等优点。2015 年，Gao 等通过煅烧不同的钴盐制备了含空位氧化钴和无空位氧化钴，研究表明氧空位可以促进电子导电性和 Li^+ 的迁移，并可作为 O_2 和 Li_2O_2 的活性位点，从而降低过电位，具有更好的循环稳定性。在 Wang 的研究中，Co_3O_4 的电催化活性可以通过调节结构内部的氧空位和外部 Co^{3+}/Co^{2+} 的比例来提高，这进一步证实了过渡金属氧化物中氧空位的重要性。Zhang 等通过控制还原时间来测试 MoO_3 纳米片中氧空位浓度对电池性能的影响，实验结果表明，高浓度氧空位更有利于提高锂－空气电池的性能。

氧的吸附是另一个直接影响正极材料电化学性能的重要参数。Lyu 等研究了氧吸附对 Co_3O_4 基正极材料中 Li_2O_2 产物生成的影响，结果表明，在氧吸附含量较低的正极中，环状的 Li_2O_2 生长占主导，而在氧吸附含量较高的正极中，薄膜状的 Li_2O_2 生长占主导。

除氧吸附外，Li^+ 吸附和 LiO_2 吸附对电池性能也有一定的影响。Zhang 等制备了 $\alpha - MnO_2$ 和 Co_3O_4 复合材料，通过调节氧的吸附量，实现了 Li_2O_2 大团聚体的嵌入生长。实验结果和第一性原理计算表明，由于 $\alpha - MnO_2$ 纳米棒对 Li^+ 的优先吸附和不同晶面上的 LiO_2 吸附能相似，这更有利于形成均匀的 Li_2O_2 颗粒。然而，不同 Co_3O_4 晶面的 LiO_2 吸附能有很大差异，这与不同晶面

对 O_2 的优先吸附有关，因此 Li_2O_2 纳米片是主要的放电产物。如上所述，不同的晶面可能表现出不同的性能，但其内在联系还没有得到明确的论证。如图 4.6 所示，为了研究不同晶面的影响，Lai 小组通过 TiO_2 催化剂制备了一系列含有不同比例的高能晶面的 Cr_2O_3，证明了增加高能晶面的比例可以提高 OER 活性。

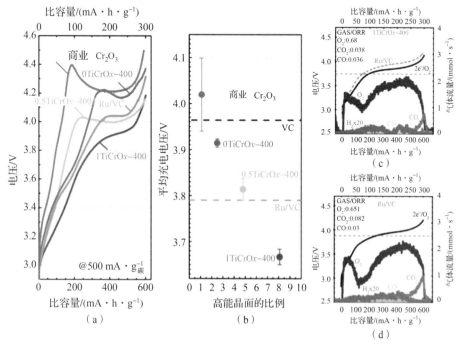

图 4.6　含有不同比例高能晶面的 Cr_2O_3

（a）采用商用 Cr_2O_3、$0TiCrOx-400$、$0.5TiCrOx-400$ 和 $1TiCrOx-400$ 作为催化剂，与碳材料相比，锂 – 空气电池的恒流电荷分布；（b）含有不同比例高能晶面 Cr_2O_3 充电时的电压；（c）$1TiCrOx-400$ 和（d）碳材料作为正极充电时的电压和气体析出曲线

（3）过渡金属碳化物、硫化物材料。尽管过渡金属氧化物在锂 – 空气电池中具有较好的电化学性能，但其固有的低电子导电率是一个严重的问题，这限制了锂 – 空气电池的性能。过渡金属碳化物比过渡金属氧化物具有更高电子导电性，在这些过渡金属碳化物中，碳化钼（Mo_2C）具有多价态、高电化学活性和低成本等优点。Zhu 等制备了碳包覆的 Mo_2C 纳米粒子和碳纳米管直接沉积在泡沫镍上的复合材料，用这种材料作为锂 – 空气电池的正极材料，显著提高了电池的电化学性能，具有长达 300 周的循环寿命。Hou 等系统地研究了 Mo_2C/CNT 的催化活性，发现 Mo_2C 可以稳定中间产物，形成无定形（$Li - O - O$）$_x -$ Mo_2C 放电产物，从而降低了电池的过电位。二硫化钼作为锂 – 空气电池的正

极材料也表现出较高的催化活性。例如，Asadi 等制备了 MoS_2 纳米薄片与离子液体结合的复合材料，作为锂 – 空气电池的催化剂，该电池的充放电效率高达 85%。

正极材料的催化活性是直接决定锂 – 空气电池电化学性能的重要参数之一。碳基材料，特别是杂原子掺杂的碳基材料具有导电性高、孔隙率可调、成本低等特点，但催化活性和循环稳定性较差。金属基的材料具有良好的催化活性，但贵金属价格昂贵；过渡金属氧化物的电导率低；金属及其化合物容易团聚，这些问题也限制了金属基正极材料的发展。金属基与碳基材料的复合材料具有许多独特的优势，如可以提高电子导电性、提供高活性位点、分散纳米粒子、扩大比表面积等。

3. 锂 – 空气电池负极材料

更高的能量密度和更好的循环稳定性是储能设备的重要目标。基于锂 – 空气电池的特殊电化学特性，其活性物质氧气可以看作无限多的物质，因此其容量主要取决于负极中锂的含量。与标准氢电极相比，锂金属负极的理论比容量最高为 $3\,860\ mA\cdot h\cdot g^{-1}$，标准电极电位为 $-3.04\ V$，可最大限度地提高锂 – 空气电池的能量密度，然而，金属锂负极在实际应用中还存在诸多问题。首先，锂 – 空气电池的锂金属负极也面临着与锂金属电池相同的问题，如锂枝晶生长、不稳定的固电解质界面以及锂金属负极的体积变化。其次，锂 – 空气电池的锂金属负极由于其半开放式结构，会导致锂金属与负极旁边的氧原子之间的反应，这进一步降低了锂负极的库仑效率和循环稳定性。为了解决这些问题，在锂金属负极上形成保护膜是使用最广泛的策略。这种策略可分为两种：SEI 膜的原位生长和人工薄膜的构建。

对于第一种方法，最常用的方法是加入电解质添加剂形成稳定的 SEI 膜。例如，$LiNO_3$ 是锂金属电池中形成稳定 SEI 层的一个常用的添加剂，这种方法在锂 – 空气电池中也是有用的。对于第二种方法，在锂金属负极上包覆一层膜是一种有效的方式。Lee 等将一层聚偏氟乙烯 – 六氟丙烯和 Al_2O_3 涂覆在锂金属上，用于抑制锂金属负极表面电解质的分解。通过添加这一保护层，电池的循环寿命比纯锂金属电池延长了 3 倍以上。

除了上述的方法之外，另一种解决负极稳定性问题的方法是用含锂材料替代锂金属负极。Wu 等通过使用一种耐用的 SEI 膜来保护硅负极，抑制其与氧气的反应，如图 4.7 所示，硅负极的锂 – 空气电池具有良好的循环稳定性和较低的过电位。

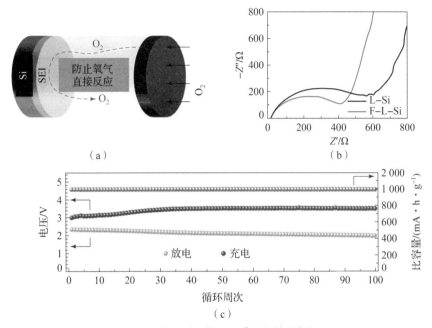

图 4.7　使用耐用的 SEI 膜以保护硅负极

（a）F – L – Si 负极锂 – 空气电池的模型图；（b）Si 电极锂离子半电池的电化学阻抗谱；
（c）F – L – Si 负极锂 – 空气电池的比容量及其放电和充电电压与循环次数

4. 锂 – 空气电池的电解质

Jiang 等提出的第一个锂 – 空气电池电解质采用碳酸丙烯酯和碳酸丙烯酯的混合物作为溶剂，$LiPF_6$ 作为锂盐。但是，碳酸基电解质在锂 – 空气电池中是不稳定的。当使用 PC 基电解质时，会产生引起较高过电位的副产物 Li_2CO_3。亚砜基电解质具有许多优点，如低挥发性、低黏度、高的氧扩散和良好的稳定性（不与超氧化物反应）。然而，亚砜基电解质在充电过程中可以被分解，这限制了其在锂 – 空气电池中的应用。醚基的电解质具有对超氧化物的优异稳定性以及对 Li^+ 和氧的良好溶解度等优点，是锂 – 空气电池中使用最广泛的电解质。此外，该电解质的电化学窗口高达 4.5 V，这对于实现锂 – 空气电池的长循环寿命是非常重要的。除稳定性问题外，有机溶剂的挥发也是一个不可避免的问题。准固态或固态电解质可能是解决这一问题的途径，使用准固态或固态电解质可以显著抑制超氧化物和过氧化物的反应，从而对锂金属负极起到保护作用。另一个优点是，由于没有可燃有机溶剂，电池的安全性更好。但准固态或固态电解质反应产物的接触性差，限制了正极的催化能力，这些问题仍然需要进一步的研究。

　　除了上述电解质之外，还有一类重要的电催化剂，称为氧化还原介质（RMs），可以溶解在电解质中，与放电产物发生反应，从而促进放电产物的形成/分解。根据催化过程的不同，氧化还原介质可分为两类：ORR RMs 和 OER RMs。以 OER 为例，反应过程为：在充电过程中，RMs 向正极提供电子，并被氧化到更高的氧化态。然后，氧化的 RMs 扩散到放电产物附近，并将其氧化成 Li^+ 和 O_2，RMs 还原为最初的低氧化状态，如图4.8所示。ORR RMs 的催化行为与 OER RMs 相似，但这是一个还原过程。

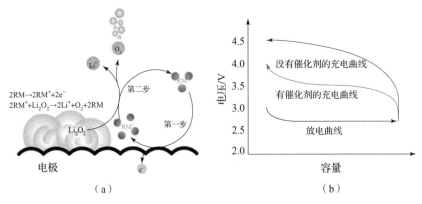

图 4.8　RM 在锂 – 空气电池中的作用（书后附彩插）

（a）$Li - O_2$ 电池中 RM 反应机理示意图。在充电过程中，RM（蓝色圆圈）在电极表面附近被氧化（第一步，电化学反应），然后 RM^+（红色圆圈）化学氧化 Li_2O_2 为 $2Li^+$（绿色圆圈）和氧气（橙色圆圈）。最后，RM^+ 还原为初始状态 RM（第二步，化学反应）；

（b）带 RM 和不带 RM 的 $Li - O_2$ 电池放电（黑线）和充电曲线（红线）

　　到目前为止，锂 – 空气电池已经开发了许多 RMs。Chen 等在 2013 年提出了第一个 OER RMs，该研究小组使用四硫富瓦烯（TTF）作为 RMs，成功地在 100 周循环后将锂 – 空气电池的平衡电位降低到 3.5 V 以下。此后，研究人员们发现了各种各样的无机和有机 RMs，如用于 OER 的 2，2，6，6 – 四甲基哌啶氧基（TEMPO）、LiI 和三 [4 – (二乙胺)苯基] 胺（TDPA）等，用于 ORR 的 2，5 – 二叔丁基 – 1，4 – 苯醌（DBBQ）和苯酚。Lim 等选择了一系列有机 RMs 材料，并研究了其在锂 – 空气电池中的催化活性和稳定性。结果表明，电离能的高低是选择锂 – 空气电池 RMs 的关键参数。

5. 锂 – 空气电池小结

　　近年来，锂 – 空气电池在提高电化学性能方面取得了一定的突破。然而，目前对锂 – 空气电池的探索还处于初级阶段。锂 – 空气电池是由正极、负极、电解质和隔膜组成的复杂电池系统，其中每一部分都是决定电池整体电化学性能的关键。最重要的问题是如何在这样复杂的超氧化物/过氧化物环境下提高各个部件的循环稳定性，同时保持良好的能效和倍率性能。

对于正极材料，需要高的双功能催化活性、高的电子传导性和高的孔隙率。将金属基的材料与碳材料复合可获得较高的催化活性。对于负极，需要其对 O_2、CO_2 和 H_2O 的反应活性足够低，以保证电池在环境空气中循环的稳定性。为了最大限度地提高锂－空气电池的能量密度，在锂金属负极表面构建保护层是一种理想的方法。此外，还应考虑金属锂枝晶的生长和有机电解质易燃等安全问题。综合考虑到锂－空气电池特殊的半开式结构，如果能够解决离子电导率低的问题，准固态或固态电解质可能是最佳的选择。

4.1.2　锌－空气电池

1. 锌－空气电池简介

基于金属锌的电池系统（如锌离子电池和锌－空气电池）可以提供与锂离子电池相当的性能，并且金属锌具有许多明显优于金属锂的优势。金属锌是一种容易获得的廉价矿物，全球资源总量为 19 亿，价格约为锂金属价格的 1/3。除此之外，锌的摩尔质量比较轻，具有高的理论质量比容量（820 mA·h·g^{-1}）和体积比容量（5 855 mA·h·L^{-1}），如图 4.9 所示。此外，锌对环境无害，在电池中使用后会转化为氧化锌，并且可以很容易地回收利用。更重要的是，锌金属在水溶液中稳定性好，与使用有机电解质的锂离子电池相比，具有高的离子电导率、更安全和更容易大规模应用的特点。基于这些优点，科研人员在锌基电池系统的研究方面做出了巨大的努力。

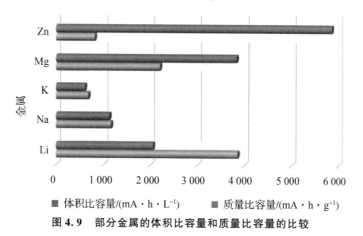

图 4.9　部分金属的体积比容量和质量比容量的比较

　　锌－空气电池主要由四种成分组成，包括由催化剂和气体扩散层组成的空气电极、电解质溶液、隔膜和锌电极，如图4.10所示。

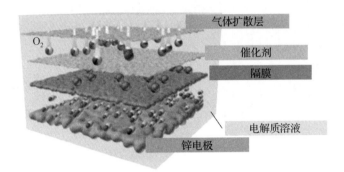

图4.10　锌－空气电池的结构示意图

　　在放电过程中，锌金属负极被氧化并且与OH$^-$反应生成可溶于水的锌酸盐离子Zn(OH)$_4^{2-}$，这些锌酸盐离子在过饱和时自动沉淀，形成不溶性氧化锌。在此过程中，可能同时发生析氢反应，引起锌负极的自腐蚀，产生具有爆炸性的氢气，这不仅降低了活性材料的利用率，而且增加了安全隐患。在正极一侧，氧气在浓度梯度和氧还原反应的驱动下扩散到多孔电极中，氧气的还原反应发生在固体工作电极、液体电解质和气相的三相界面上。电解质中的OH$^-$从空气正极迁移到金属负极，形成一个完整的电池反应。在充电过程中，锌酸盐离子还原为锌并释放氧气，锌－空气电池的反应如下。

负极反应：
$$Zn + 4OH^- \leftrightarrow Zn(OH)_4^{2-} + 2e^- \tag{4.6}$$
$$Zn(OH)_4^{2-} \leftrightarrow ZnO + H_2O + 2OH^- \tag{4.7}$$

正极反应：
$$O_2 + 2H_2O + 4e^- \leftrightarrow 4OH^- \tag{4.8}$$

总反应式：
$$Zn + O_2 \rightarrow 2ZnO \tag{4.9}$$

　　本小节将讨论目前锌－空气电池的电极材料所面临的挑战，并提出解决这些挑战的策略。

2. 锌－空气电池正极材料

　　目前，开发实用可行的可充电锌－空气仍然存在一些问题。在锌－空气电池中，氧气被还原成氢氧根离子，氢氧根离子与负极上的锌离子结合形成锌酸盐离子Zn(OH)$_4^{2-}$，然后分解生成氧化锌。然而，在实际应用中，由于缺乏催化剂，氧气的电化学反应动力学通常比较缓慢，原因是氧气的O＝O键的结合能很大（498 kJ·mol^{-1}），这种化学键很难通过电化学的方法打破。电催化剂可以帮助 O = O 键的激活和裂解，因此可以有效地加速 ORR 或 OER 过程。锌－空气电池正极的电催化剂可以分为三大类：①贵金属基合金和氧化物材料；②杂原子－掺杂碳材料；③与碳结合的金属氧化物、硫化物、氮化物及其复合材料。

1）贵金属基合金和氧化物材料

贵金属基电催化剂（如 Pt/C、Ir/C 和 RuO$_2$）对 ORR 或 OER 具有良好的催化活性。然而，贵金属基的催化剂成本高，而且这些商业的催化剂都不能充分催化 ORR 和 OER。因此，近年来研究人员对贵金属电催化剂的研究主要集中在降低成本和增强催化效果上。将 Pt－M（M 为非贵金属）合金与过渡金属氧化物或配合物复合来制造复合材料是一种可行的方法，这种材料在催化 ORR 和 OER 方面拥有独特的优势。例如，各种不同结构和形态的 Pt－M（M = Fe、Co、Ni 和别的过渡金属）合金对 ORR 的催化活性都优于 Pt 金属。Hu 等将 Pt－Co 纳米合金嵌入 CoO$_x$ 基体中，这种材料对 ORR 和 OER 具有双功能催化活性，过电位相对于标准氢电极为 756 mV。在另一项研究中，Cui 等制备了以坚固的 Fe$_3$Mo$_3$C 为骨架支撑的 IrMn 材料作为双功能催化的空气电极，这种空气电极具有超过 200 h 的长循环性能。在随后的研究中，Cui 等进一步制备了 Ni$_3$FeN 为骨架负载的 Fe$_3$Pt 纳米合金作为锌－空气电池的双功能催化剂，其在 10 mA·cm^{-2} 条件下具有超过 480 h 的长循环性能，如图 4.11 所示。总体而言，这些无碳催化剂是基于以下两方面来设计的：①采用 Ni$_3$FeN 作为载体可以有效地解决大多数碳分散催化剂所遇到的碳腐蚀问题；②尽管金属 Pt 表现出优异的 ORR 性能，但其对 OER 的活性不足，并且 Pt 与 Fe 合金化形成有序的金属间化合物相可以显著提高催化性能，同时降低金属 Pt 的成本。

例如，Wang 等通过还原共吸附在硅藻土中的 Pt^{4+} 和 Co^{2+} 离子，将 CoPT 纳米颗粒与 SiO$_2$ 结合在一起，硅藻土的存在有助于提高催化剂的催化活性和长期稳定性，所得到的 CoPT－1/DTM－C 对 ORR 的体积比容量和质量比容量分别是 CoPT－C/C 催化剂（0.9 V 时分别为 0.74 mA·cm^{-2} 和 286 A·g^{-1}）的 2.5 倍和 3 倍。此外，研究人员还报道，如果将 CoPT－9/DTM－C 这种材料应用在锌－空气电池中，可以产生 140 mW·cm^{-2} 的功率密度和 616 mA·h·g^{-1} 的质量比容量，超过了没有 DTM 的样品的性能。You 等研究了锌－空气电池的 Ru－Sn 二元氧化物催化剂，该材料在锌－空气电池中表现出优异的性能，Sn 的引入不仅降低了成本，而且提高了 RuO$_2$ 催化剂相对迟缓的 ORR 活性。在电流密度为 235 mA·cm^{-2} 的情况下，由上述催化剂制成的锌－空气电池的峰值功率密度为 120 mW·cm^{-2}，充放电稳定时间超过 80 h。

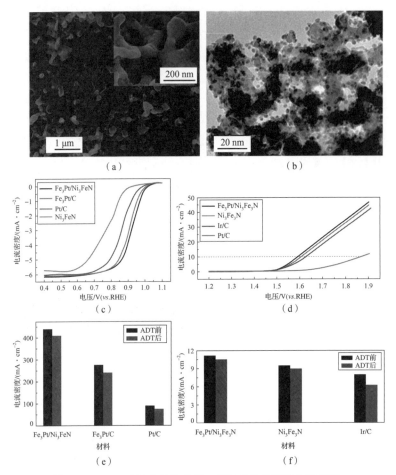

图 4.11　Fe₃Pt/Ni₃FeN 作为锌 – 空气电池的双功能催化剂

（a）SEM 图像；（b）TEM 图像；（c）ORR 的极化曲线；（d）OER 的极化曲线；

（e）在加速耐久性试验（ADT）前后，在 0.1M KOH 中 0.9 V 下的动态电流密度的条形图；

（f）在 1 000 次循环之前和之后，电流密度的分布图

2）杂原子 – 掺杂碳材料

碳材料（石墨烯、碳纳米管、石墨、多孔碳等）具有比表面积大、导电性好、成本低等优点，作为一种高效的电催化剂得到了广泛的研究。然而，纯碳材料的性能往往不理想，近年来的大量研究表明，掺杂杂原子（即 N、P、S、F 和 B）可以增强碳材料的电化学活性。这是因为碳原子间杂原子的大小和电负性不等，可以使杂原子引入碳基体，调节电极的电荷分布，诱导电极缺陷，促进锌 – 空气电池的 OER 和 ORR。例如，Liu 等证明了在锌 – 空气电池中，通过杂原子掺杂可以增强氧分子和含氧中间体在碳材料上的化学吸附。Lei 等采用 P₂O₅ 作

为炭化剂制备了孔隙率可调的 P 掺杂 2D 的碳纳米片（2D – PPCNs），由于 P 掺杂浓度高，活性位点暴露，优化了电极的孔隙率，与 Ir/C 催化剂（381 mV）相比，该催化剂对 ORR 和 OER 均具有良好的活性，过电位（365 mV）较低。

此外，有相关报道指出，如果将优化后的碳材料用在可充电锌 – 空气电池的正极中，相应的锌 – 空气电池可以表现出比贵金属基催化剂更好的电化学性能，并且拥有超过 1 000 周充放电的长循环寿命。Wang 等通过简单的静电纺丝工艺制备了 N/F/B 三元掺杂的碳纤维，与单独的 N 掺杂的碳纤维相比，三元掺杂的碳纤维通过高效的 4 个电子转移机制对 ORR 产生了更高的催化活性。Hang 等通过原位剥离石墨烯和高温氨水处理，制备了一种新型核壳结构（DN – CP@ G）的富含缺陷的吡啶 – N（PN）双功能电催化剂，该催化剂具有高的放电性能和出色的长期循环稳定性，循环次数为 250 周，优于混合 Pt/C 和 Ir/C 的复合材料电极。

尽管有显著的改进，但对于大多数无金属阴离子掺杂的碳材料来说，要同时获得令人满意的 OER 和 ORR 性能仍然是具有挑战性的。金属和碳材料（特别是缺陷位置）中杂原子之间的配位以及过渡金属的引入可以有效地改变局部电子结构，从而优化反应过程中氧的吸附过程，获得可以与贵金属催化剂相媲美的催化活性。在此研究基础上，提出了许多具有单、双金属 $M – N_x$（M = Fe、Co、FeCo 等）的电催化剂。近年来，人们开发和研究了单碳材料催化剂。例如，Tang 等开发了一种有效地获得 Co/N/O 三掺杂石墨烯催化剂的方法，这种新的催化剂用于可充电和柔性的固态锌 – 空气电池中，即使在弯曲条件下也能在 $1.0 \ mA \cdot cm^{-2}$ 电流密度下获得 1.44 V 的高开路电压、1.19 V 的稳定放电电压和 63% 的充放电效率。此外，Li 等使用前驱体和二氧化硅纳米颗粒作为模板，合成了具有超高比表面积与对 ORR 和 OER 均具有可逆氧电催化性能的中/微孔 $FeCo – N_x – CN$ 纳米片。

制备多组分掺杂碳材料需要进行高温退火，高温退火会导致碳片在炭化过程中结构坍塌，降低比表面积，影响其性能。为了解决这一问题，Han 等通过含 $\alpha – Fe_2O_3$ 纳米板的硫脲和琼脂糖的热解合成了 FeN_x/C 催化剂，该材料可以阻止碳材料的团聚，从而有效提高炭化过程中的比表面积。此外，金属有机框架具有高表面积和丰富的孔隙率，是另一种具有活性 $M – N_x – C$ 中心的重要类型的电催化剂。例如，Jin 等研究了水合肼和硫酸亚铁处理的 ZIF – 8 合成 Fe/N/掺杂的 CNTs，水合肼处理可以防止 Fe^{3+} 在热解过程中快速团聚，该催化剂在碱性和酸性电解质中均表现出良好的 ORR 活性。

对于电催化剂来说，较多的活性位点可以提高氧气电极的性能。Ma 等报道了一种分布在高度石墨化 2D 多孔掺氮碳上的 $Fe – N_x$ 催化剂，该催化剂在碱性介质中 ORR 的半波电位（$E_{1/2}$）为 0.86 V，在 10 mA·cm^{-2} 电流密度下的过电位为 390 mV，ORR/OER 的催化活性优异。Yang 等利用表面活性剂辅助的方法，将 CoN_4 分散在氮掺杂石墨纳米片（CoN_4/NG）上，合成了一种单原子钴电催化剂，该催化剂在锌 – 空气电池中具有优异的催化性能。

3）与碳结合的金属氧化物、硫化物、氮化物及其复合材料

氧化物或硫族化合物（如硫化物、磷化物和氮化物）由于其储量丰富，作为贵金属基电催化剂的替代品被广泛研究，并表现出良好的 OER 和 ORR 活性。Co_3O_4 因其优良的电化学性能而成为研究广泛的电催化剂材料之一。Co_3O_4 薄层（~1.6 nm）已被应用于可穿戴和可编织的柔性锌 – 空气电池中，具有高的倍率性能和高的循环稳定性。Chen 等合成了具有多个原子层厚度的超薄 2D Co_3O_4 纳米片，这种材料具有比表面积高、成本低等优点，可以实现快速电荷传输。此外，该材料具有优异的机械强度，超薄结构更适合柔性锌 – 空气电池，使电池能够更好地承受弯曲或扭转。尽管此材料的 OER 活性良好，但是 Co_3O_4 的 ORR 活性较低，添加具有 ORR 活性的 Ag 纳米粒子或添加 N 等掺杂剂的复合材料是提高 Co_3O_4 电极活性的有效方法。例如，Yu 等在文献中指出，N 掺杂有助于增强电子导电性、增加 O_2 吸附强度和改善反应动力学，改性后的材料组装成锌 – 空气电池具有 98.1 mA·h·cm^{-3} 的高容量，并具有出色的柔韧性。减小催化剂的尺寸，增加接触面积和活性面，也可以提高催化活性。然而，催化剂的体积小和能量面高，会导致纳米颗粒的团聚，降低催化剂的性能。为了解决这一问题，Guan 等将 Co_3O_4 空心球嵌入钴基金属有机框架衍生的 N 掺杂碳纳米层中，这种独特的分层结构使催化剂对 ORR 和 OER 都表现出优异的催化活性，组装的电池具有高开路电压（1.44 V）、高容量（387.2 mA·h·g^{-1}）和优异的循环稳定性，超过了铂基催化剂的锌 – 空气电池的性能。

与单元素氧化物相比，如 CoNi、FeNi 或 FeCo 等双金属的氧化物具有更好的活性，因为这些材料有多价态和丰富的晶体结构。双金属氧化物的催化活性受元素组成和结晶度的影响，无定形氧化物由于缺陷产生的活性位点增加和丰富的氧空位提高了离子导电性。例如，Wu 等合成了嵌在多壁的 N 掺杂碳纳米管上的非晶的双金属氧化物纳米颗粒（10~20 nm），研究证明了 Fe/Co 纳米颗粒可以增加碳纳米管上的接触面积，促进电子的快速传输和抑制纳米粒子的团聚。结果表明，制备的催化剂 ORR 的半波电位为 0.86 V，在 1.0 M KOH 电解质的锌 – 空气电池中，OER 在 10 mA·cm^{-2} 电流密度下的平衡电位为 1.55 V。

除金属氧化物外，硫族化合物如金属硫化物和磷化物也引起了科研人员们的研究兴趣。例如，Li 等将 Co_9S_8 纳米颗粒植入 MOF 生成的碳基体中，这种新材料具有优异的电子导电性。与直接将金属氧化物加载到导电碳上相比，

Liu 等通过将海胆状的 $NiCo_2S_4$ 包裹在硫掺杂石墨烯纳米片上合成了新材料，由于 $NiCo_2S_4$ 和硫掺杂石墨烯的协同作用，所得催化剂在 ORR 和 OER 中均表现出优异的电催化活性和长的循环寿命。此外，用该催化剂制备的锌 – 空气电池具有功率密度高、充放电间隙小、循环稳定性好等优点。过渡金属磷化物对 OER 表现出良好的活性，但在 ORR 活性方面表现较差。因此，当前的研究方向是探索高效双功能催化剂的金属磷化物。Li 等研究出具有高度暴露（211）晶面和丰富的表面磷化原子的 CoP，这种材料对 OER 和 ORR 都表现出显著的活性，如图 4.12 所示。研究人员进行了密度泛函理论计算，发现在 ORR 中，OH * 中间体是 CoP 和 Co_2P 的限速步骤，高含量的磷化体是降低反应势垒的必要条件。此外，研究发现由于更容易形成 Co_2P@ COOH 异质结，Co_2P 具有更高的 OER 活性，这是金属磷化物上 OER 真正的活性位点。采用碳基基板支撑的 CoP 的另一个优点是，在 OER 中 CoP 可以先于碳材料被氧化，这可以防止负极的电流传导到碳材料上，保证碳材料的稳定性及催化性能。

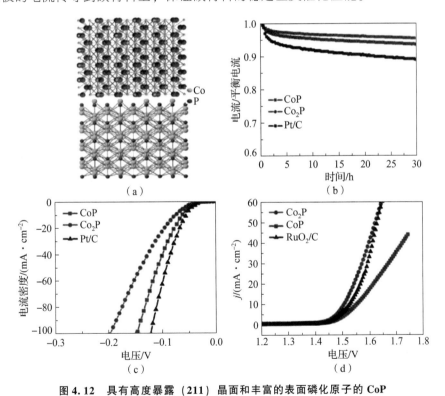

图 4.12　具有高度暴露（211）晶面和丰富的表面磷化原子的 CoP

（a）CoP（上）和 Co_2P（下）的晶体结构；（b）在 0.7 V 电位对 RHE（900 rpm）时，CoP、Co_2P 和 Pt/C 的计时电流响应；在 1.0 M KOH 中 CoP、Co_2P 和 Pt/C（或 RuO_2/C）的（c）HER 和（d）OER 的极化曲线

3. 锌 – 空气电池负极材料

锌 – 空气电池的储能能力高度依赖于锌负极，理想的锌负极应具有较高的利用效率，以保证大的容量和可逆充放电。然而，最常用的锌金属负极的利用率低于1%，锌负极的性能受到锌枝晶生长和形状变化、钝化和析氢反应以及腐蚀三种现象的限制。

由于锌 – 空气电池在碱性电解质中过电位最小，且离子电导率高，所以锌 – 空气电池通常采用高浓度 KOH 溶液。在碱性水溶液中，电池是通过充电时锌的溶解和电还原反应，放电时的电氧化和沉淀两种可逆反应来工作的。锌负极表面固 – 液体 – 固相转化的迟缓动力学会导致锌 – 空气电池的循环性能变差。金属锌的溶解会导致 $Zn(OH)_4^{2-}$ 在 KOH 溶液中饱和或过饱和，充电过程中 $Zn(OH)_4^{2-}$ 沉积到锌负极表面，在整体溶液和近表面区域之间形成浓度梯度。经过几次循环充放电后，部分负极会被致密的锌枝晶覆盖，在 $Zn(OH)_4^{2-}$ 浓度更高的情况下，枝晶会进一步生长到电解质中。锌枝晶的快速生长会导致负极形状变化和循环性能变差。此外，这些枝晶可能会刺穿隔膜，致使电池短路。

另一个问题是钝化，这是由于负极表面形成 ZnO 引起的，如图 4.13 所示。由于氧化锌是绝缘性的，电极的导电性会受到氧化锌层沉积的影响，此外，ZnO 沉积会阻塞充放电过程中的离子传输途径，导致高的充电电压和低的放电电位，从而影响整个电池的容量。

虽然中性和酸性的锌 – 空气电池的电解质可以解决部分碱性电解质遇到的问题，但副反应和锌负极的腐蚀仍然是不可避免的。在酸性电解质中，$Zn \leftrightarrow Zn^{2+}$ 形成 $Zn^{2+} + 2e^-$，Zn^{2+} 沉积形成高活性 Zn 表面后，会发生腐蚀、析氢反应等副反应。此外，析氢反应引起的氢气的持续生成消耗了电解质，缩短了电池寿命且减少了 Zn^{2+} 在水中的溶剂化结构含量，溶剂流失进一步加快，使锌的氢氧化物更加容易形成。这些副反应消

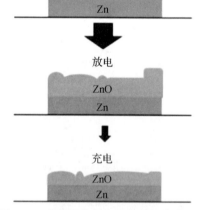

图 4.13　锌金属负极上钝化层形成原理图

耗的锌负极也会导致锌负极利用率低。为了解决这些问题，提高锌基电池系统的稳定性和循环性能，优化电极结构是最可行的方法。减小锌负极尺寸可以有效地缓解 ZnO 在负极表面的钝化，Zn 或 ZnO 纳米粒子的最佳尺寸在 100 nm ～ 2 μm 范围内。例如，Chen 等证明电极尺寸小于 2 μm 可以确保充分利用负极

材料，当电极尺寸降至 100 nm 以下时，这种纳米结构在电极可逆性方面的优点消失，负极的溶解加速。此外，Gupta 等用"超枝晶"（hyper – dendrite，HD）Zn 代替锌板作为负极，循环时形成更致密的结构，可以有效地抑制负极上枝晶的形成，提高 Zn^{2+} 的快速插入动力学，与锌负极板相比，显著提高了电极的倍率性能和稳定性。

单靠调整锌负极形貌并不能充分抑制锌负极的钝化、溶解和腐蚀，锌负极结构也需要进一步调整。例如，Parker 等设计了一种一体式、多孔的 3D 海绵锌负极，这种设计使相应的电池可以循环数百周到数千周，而不会钝化或形成锌枝晶。锌金属纳米粒子的保护层/修饰层涂层也是防止锌负极快速溶解的有效方法，到目前为止，科研人员已经探索了各种涂层材料，如活性炭、金属氧化物和聚合物等。Li 等采用一种将锌纳米颗粒负载到 Li – RTiO$_2$ 纳米管阵列上的方法，这种结构可以增强锌在充放电过程中沉积和溶解的电化学性能，展现出长期稳定性和优异的倍率性能。结果表明，20 000 次循环后，其最大体积能量密度为 0.034 $W \cdot h \cdot cm^{-3}$，功率密度为 17.5 $W \cdot cm^{-3}$，容量保持率为 95%。在另一项研究中，Stock 等将阴离子交换膜涂覆在锌负极上，实现了氢氧化物离子和锌酸盐离子 $[Zn(OH)_4^{2-}]$ 的选择性渗透，这种涂层抑制了枝晶的生长，并具有更高的循环稳定性。通常，锌负极上的枝晶的生长经历了形核、沉积和溶解的过程，一旦形成晶核，高的曲率就会产生增强的电场吸引阳离子，导致枝晶快速生长。在这里，惰性阳离子在枝晶表面的吸附可以通过排斥进入的可沉积的阳离子来抑制枝晶进一步的生长。

隔膜的设计是另一个可以调整以抑制枝晶形成的方法，离子传输可以由隔膜调节，选择性离子导电膜可以缓解离子浓度梯度，而离子浓度梯度是枝晶生长的主要来源。此外，膜的分子间通道可以大大提高电流分布的均匀性，从而获得均匀的锌沉积。例如，Lee 等制备了 PAN 基离子导电膜，这种隔膜有效地抑制了枝晶的形成，在 350 周循环中具有 < 40 mV 的低电压滞后的稳定循环。

4. 锌 – 空气电池的电解质

电解质是离子迁移的媒介，对电池的放电电位、可充性和电池性能都起至关重要的作用。合适的电解质应具有较高的离子电导率（ > 10^{-4} $S \cdot cm^{-1}$）和较低的电子电导率（ < 10^{-10} $S \cdot cm^{-1}$）、较高的化学稳定性、较低的成本和安全性。由于阳离子（K^+、Li^+、Na^+、Mg^{2+}）具有良好的离子导电性，所以碱性电解质被广泛使用。此外，水的高介电常数有利于稳定具有高溶剂化能力离子物种。低毒性、高离子电导率、不可燃性和价格低廉是水溶液电解质的优

点。然而，电极的腐蚀、电解质的蒸发（在有限的温度范围内）、窄的电化学稳定窗口、金属负极的失效和较低的热力学稳定性是限制水系电解质的缺点。锌－空气电池在环境条件下（即大约 400 ppm 的 CO_2 浓度）工作会产生碳酸盐。KOH 与空气正极和 CO_2 中的碳发生反应而产生的不溶性碳酸盐（如 K_2CO_3 或 $KHCO_3$）的沉淀，可能会阻碍正极的空气扩散途径，导致电池容量下降。

研究结果表明，通过提高操作温度来提高电池电位和放电容量，可以改善放电产物所形成的绝缘层。研究人员对中性水溶液、离子液体和非水（有机和固态）电解质电池进行了大量的研究。在水溶液（触变性凝胶电解质）中加入凝胶可以提高电池的整体效率。在水溶液中加入凝胶会增加电解质的黏度，导致锌粉悬浮，这会影响锌电极的孔隙率。Mitha 等通过使用触变性凝胶电解质（PEG/气相二氧化硅）显著改善了二次水 $Zn/LiMn_2O_4$ 电池循环性能。分析证实，由于使用了适量的聚乙二醇，负极电极上锌枝晶减少，提高了电池的电化学性能。使用高浓度碱性电解质可以提高 ZnO 的溶解度，从而提高电池效率。在液体电解质中，离子传输机制主要是基于液体电解质中的离子迁移率和电活性物种。高离子电导率和低黏度是加速离子传输的必要条件。已报道的离子输运过程模型中的基本假设是基于 Stokes－Einstein 关系的离子的物理扩散。分子动力学模拟表明，高浓度低离子电导率电解质的离子导电机制是基于阴离子和溶剂的连续交换或金属离子的运动。在高浓度溶液中，溶剂的多个配位（如几何/空间）可能阻碍与盐的离子网络结构形成溶剂桥，有利于传质，并且覆盖枝晶形成的活性中心，提高电极比表面积，降低沉积电流密度。使用添加剂和用水电解质取代非水或混合电解质是控制锌沉积的有效方法。

添加剂是控制锌枝晶形成、锌溶解的一种有效的方法。低成本、高效率的电解质添加剂在锌基电池中的应用是可取的。合适的添加剂有利于形成致密均匀的锌沉积，增强和改善电池的循环性能。添加剂有助于减少负极上的材料积聚，原因是在每个循环中增强了锌枝晶的溶解，这反过来又有助于将锌离子的浓度保持在一个稳定的水平。此外，添加剂通过吸附在活性析氢反应中心上，导致 $Zn(OH)_4$ 的溶解度降低，使氧化锌早期沉淀。大多数添加剂都能有效地提高电池的性能。然而，添加剂也可能有一些不利影响，如增加正极电极的电阻、与电催化剂的反应、大量 H_2 气体的产生和正极表面固体产物的沉淀等。多组分添加剂应用于锌－空气电池中比单一添加剂具有更好的电池性能。添加剂的作用取决于与单个添加剂结合的功能基团的类型。为了提高电池的性能，必须在相关功能基团的帮助下进行调整。添加剂的用量应适量，以防止任何不利影响的产生。

科研人员尝试用非水电解质来替代水系电解质，如聚合物基或固态电解质。因此，科研人员开始研究如何解决固态、固态聚合物和/或凝胶聚合物电解质在金属 – 空气电池中的应用所存在的问题。聚合物基质在复合固体电解质中的应用提高了固体复合电解质的柔韧性。这种电解质可以降低电极 – 电解质界面的电阻，制备工艺更加简单。固体电解质分为无机固体氧化物、固体硫化物或固体氮化物。固体电解质有两个关键作用：充当水电解质（用于离子传导）和隔膜（即防止内部短路）。固体电解质具有能量密度高、电解质泄漏少、阻燃性好、可靠性好、电化学稳定性高、循环性能好等优点，可用于电池的大规模应用。氧化物基电解质在常温下表现出良好的稳定性，固体电解质与电极之间的界面电阻较大。固体氧化物电解质的室温离子电导率小于 1×10^{-4} S·cm^{-1}，不适合在电池中应用。此外，在高温下直接生产均匀的电解质也是一个问题。与氧化物电解质不同，固体硫化物电解质的热力学稳定性较低（在标准的环境条件下，在极性溶剂中）。硫化物在电化学反应中会产生有毒的 H_2S 气体，硫化物基团会腐蚀晶界，导致固态电解质出现裂纹。电池的界面电阻是一个关键参数，决定了相应的商业应用。界面电阻与材料在电解质/电极界面的化学稳定性直接相关。相关研究报道了几种方法来降低界面电阻，例如，涂层/溅射过渡层（聚合物如软接触、硅、氧化铝、石墨烯氧化物、Li_3N），采用先进的负极金属结构设计（即 3D）来进行均匀的沉积/溶解循环，使用合适的电解质来增强负极上的润湿能力，改变正极中的内部颗粒以改善正极内的离子导电性，以及微调正极层的厚度。

离子液体作为熔融盐与水溶液相比具有良好的电化学稳定性，室温离子液体是由一个有机阳离子 [即咪唑阳离子（RRIm$^+$）、吡啶阳离子（RRPy$^+$）、四烷基铵阳离子（RRRRN$^+$）] 与各种具有离域电荷的阴离子 [即 PF_6^-、BF_4^-、$N(F_2SO_2)^{2-}$] 结合而成。离子液体相对于有机电解质的主要优点是其低挥发性、不可燃性、较高的氧化电位（~5.3 V）和良好的热稳定性。这将使电池在更高的温度下增强反应动力学，而不会损失任何电解质。离子液体中的阴离子可以与金属离子配位形成新的络合物，从而控制电极/电解质的界面行为。此外，锌枝晶形成和锌腐蚀的缓解可以延长电池的循环寿命。

水作为电解质溶剂，介电常数大，价格便宜，无毒，黏度小，不易燃。由于水的电化学窗口（~1.23 V）较窄，影响了正极材料和负极材料的性能，因此水系电解质的发展受到限制。新型电解质"盐包水"被引入，这种电解质以盐为主要成分，可将水系电解质的电化学电位窗口提高至 3 V。"盐包水"电解质的不可燃性、宽的电化学窗口（>2 V）、高的离子电导率（>5 mS·cm^{-1}）已成为储能系统的研究热点。这种电解质由溶解在水中的盐组成，在"盐包水"电解质中，水分子与金属阳离子配位。此外，在较高的工作电位下，不含游离的水分子可以防止腐蚀，如图4.14所示。

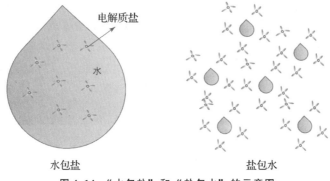

图4.14 "水包盐"和"盐包水"的示意图

游离水分子比路易斯酸碱水化壳中的 H_2O 分子活性小，亲水性阳离子的存在，导致电化学界面上的水被抑制还原。"盐包水"电解质较高的电化学窗口表明，由于高电位正极材料的稳定循环，这些电解质具有改善水系电池性能的潜在能力。

5. 锌－空气电池小结

锌－空气电池因其成本低、理论容量大和环境友好而成为有前途的、有竞争力的新型电池。然而，锌－空气电池的开发仍处于初级阶段，析氧反应和还原反应动力学缓慢是锌－空气电池的主要瓶颈。到目前为止，由于缺乏足够高活性的电催化剂来促进 ORR 和 OER，阻碍了锌－空气电池的发展。贵金属基电催化剂活性高，但原料成本高。碳基材料在催化剂方面显示出巨大的前景。虽然纯碳材料的性能较差，但掺杂杂原子（N、B、F 等）可以提高性能。在碳材料中创建活性 $M-N_x$ 中心可以显著增强针对 ORR 和 OER 的活性。此外，过渡金属氧化物/硫化物/氮化物/磷化物近年来得到了广泛的研究，并在控制组成、缺陷状态、形貌和晶体结构的基础上对其性能进行了优化。为了抑制传统锌负极中的枝晶生长、钝化和腐蚀，人们已经提出了许多策略，包括：改进锌或氧化锌负极的尺寸和结构，在锌负极上涂覆或杂化保护层，添加有效的电解质添加剂，以及设计功能性隔膜。总体而言，可充电的锌－空气电池的技术仍处于初级阶段，因此，要实现商业化，必须进一步改进。

4.1.3 钠－空气电池

1. 钠－空气电池简介

钠－空气电池因其比能量和比容量高而备受关注。钠是地球上第六丰富的元素，钠的理论能量密度为 3 164 W·h·kg^{-1}，比容量为 1 166 mA·h·g^{-1}。可充电的锂 – 空气电池的能源成本为 300 ~ 500 \$·kW·h^{-1}，而钠 – 空气电池的能源成本为 100 ~ 150 \$·kW·h^{-1}。尽管锂和钠在化学结构上很接近，但这两种材料与氧气的反应完全不同。在锂 – 空气电池中，金属锂与氧气反应形成 LiO$_2$（氧化锂）作为中间物种，然后形成 Li$_2$O$_2$（过氧化锂），在正极上沉积 Li$_2$O$_2$ 可降低充电过程中放电产物的反转率。而对于钠 – 空气电池，钠与氧结合形成 Na$_2$O$_2$（过氧化钠）或者 NaO$_2$（超氧化钠），这种产物更稳定，不会分解，因此有助于充电时放电产物的可逆性。

Peled 等于 2011 年首次研究钠 – 空气电池，该钠 – 空气电池使用液态钠、聚合物电解质在 105 ℃ 的温度下组装而成。2012 年，Sun 等报道了第一种室温钠 – 空气电池，循环寿命为 20 周，放电容量为 1 058 mA·h·g^{-1}，库仑效率为 85%，主要放电产物是 Na$_2$O$_2$。

一般的钠 – 空气电池由钠金属负极、多孔正极、电解质和隔膜构成。在放电过程中，金属钠被氧化形成钠离子（Na$^+$），正离子通过电解质与外部电路的电子结合，并与吸附的氧气反应，形成 NaO$_2$ 或者 Na$_2$O$_2$，NaO$_2$ 与 Na$_2$O$_2$ 可以可逆地还原为氧气和钠离子。一般的钠 – 空气电池的反应式如下：

正极反应式：　　　　$O_2 + e^- \leftrightarrow O_2^-$ 或者 $O_2 + e^- \leftrightarrow O_2^{2-}$　　　　（4.10）

负极反应式：　　　　　　　$Na \leftrightarrow Na^+ + e^-$　　　　　　　　（4.11）

总反应式：　　$Na + O_2 \leftrightarrow NaO_2$ 或者 $2Na + O_2 \leftrightarrow Na_2O_2$　　（4.12）

本小节将讨论目前钠 – 空气电池的电极材料的研究进展及所面临的挑战，并提出解决这些挑战的方法。

2. 钠 – 空气电池的正极材料

钠 – 空气电池的正极材料对电池的电化学性能起至关重要的作用，在电池放电循环过程中，氧被还原并与 Na$^+$ 离子结合形成固体过氧化钠或者超氧化钠。钠 – 空气电池中的空气电极提供了一个三相区，氧气还原和氧化反应在此发生。此外，空气电极还作为一种介质，容纳在电化学过程中产生的固体放电产品。钠 – 空气电池中的空气电极与锂 – 空气电池中的空气电极的作用相似。

理想的空气电极除了具有电极材料的一般特性如电子导电性、化学稳定性、高比表面积和低成本外，还应具有适当的孔隙率、适当的孔隙体积和孔径分布。多孔结构负责氧的扩散，并储存生成的放电产物，以及催化在充电循环期间产生的放电产物的分解。研究表明，金属 – 氧气电池的放电能力受到空气电极容量的限制，以储存放电产物。空气电极容纳放电产物的能力决定了电极的放电能力，从而决定了整个电池的放电能力。

1）碳材料

气体扩散电极在金属氧化物电池中起基础性的作用。这些电池中的空气电极作为正极活性物质（氧气）进入电池的扩散介质。该电极还必须为电化学循环过程中产生的不溶性放电产物的积累提供足够的空间。因此，电池的最终性能很大程度上取决于空气电极的效率。

理想的空气电极应该具有合适的孔结构和合适的孔体积与孔径分布。这种多孔结构负责氧在正极材料中的扩散，放电产物的形成和储存，以及在充电循环中产生的放电产物的分解。碳材料由于其独特的性质，如优异的导电性，高比表面积，重量轻，结构和孔隙率可控，已被用于钠–空气电池中。具有各种孔结构的高比表面积碳材料的应用及其与电池放电容量和充电过电位的关系一直是该领域的主要研究内容。Sun 等使用碳靶溅射沉积的方法制备的类金刚石薄膜作为第一个室温钠–空气电池的正极。类金刚石薄膜电极在 1/10 C 时的放电容量为 1 884 mA·h·g^{-1}（0.56 mA·h·cm^{-2}），在 1/60 C 时的放电容量为 3 600 mA·h·g^{-1}（1.08 mA·h·cm^{-2}），如图 4.15（a）所示。Liu 等研究了石墨烯纳米片在钠–空气电池中的应用，如图 4.15（b）所示。Yadegari 等的研究表明，在介孔范围内，空气电极的放电容量与电极材料的比表面积呈线性相关，如图 4.15（c）所示。Bi 等利用模板法合成了一种有序介孔碳（OMC）材料，并将其作为钠–空气电池的空气电极材料，在电流密度为 100 mA·g^{-1} 的情况下，空气电极的比放电容量为 7 987 mA·h·g^{-1}，如图 4.15（d）所示。Jian 等用不同电解质制备了一种无粘结剂碳纳米管纸作为钠–空气电池的空气电极。使用 0.5 M 的 NaSO$_3$CF$_3$/DEGDME 电解质，当电流密度为 500 mA·g^{-1} 时，碳纳米管纸的最高放电容量为 7 530 mA·h·g^{-1}，如图 4.15（e）所示。Zhao 等也使用在不锈钢上生长的垂直排列碳纳米管（VACNTs）作为钠–空气电池的空气电极，在 67 mA·g^{-1} 的电流密度下，获得了超过 4 500 mA·h·g^{-1} 的放电容量，如图 4.15（f）所示。Bender 等研究了纯碳纳米管、碳纳米管与碳纤维（CF）混合以及碳纳米管与炭黑（CB）混合三种不同的空气电极。纯碳纳米管空气电极的放电容量不超过 1 530 mA·h·g^{-1}，在碳纳米管电极中加入 45% 的 CF 和 CB，电极放电容量分别降低到 800 mA·h·g^{-1} 和 530 mA·h·g^{-1}，如图 4.15（g）所示。Yadegari 等制作了一种基于碳纸垂直生长氮掺杂碳纳米管的三维结构材料，作为钠–空气电池的空气电极，在电流密度为 0.1 mA·cm^{-2} 时，该空气电极的放电容量为 11.3 mA·h·cm^{-2}。随着放电电流密度增加，空气电极的放电容量降低，如图 4.15（h）所示。

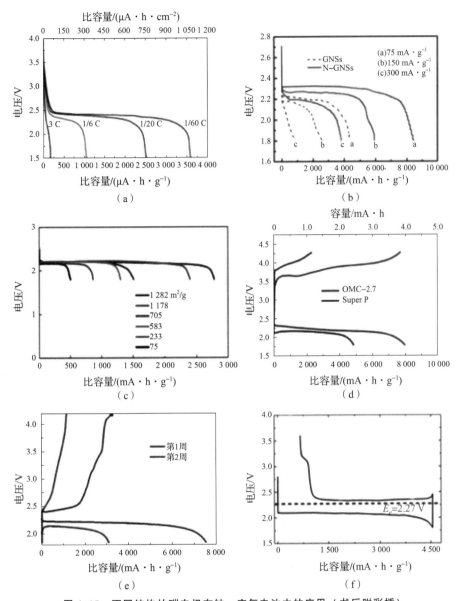

图 4.15　不同结构的碳电极在钠 – 空气电池中的应用（书后附彩插）

（a）在 1M NaPF$_6$/1∶1EC/DMC 中以 1/60 ~ 3 C 放电的类金刚石薄膜材料；（b）柱锡和氮掺杂石墨烯纳米片（GNS 和 N – GNS）在 0.5 M NaSO$_3$CF$_3$/DEGDME 中以 75 ~ 300 mA · g^{-1} 放电；

（c）不同比表面积的热处理炭黑在 0.5 M NaSO$_3$CF$_3$/ DEGDME 中以 75 mA · g^{-1} 放电；

（d）有序介孔碳在 0.5 M NaSO$_3$CF$_3$/PC 中以 100 mA · g^{-1} 放电；（e）碳纳米米纸在

0.5 M NaTFSI/TEGDME 中以 500 mA · g^{-1} 放电；（f）垂直排列的碳纳米管生长在不锈钢上，

在 0.5 M NaSO$_3$CF$_3$/TEGDME 中以 67 mA · g^{-1} 的电流密度放电；

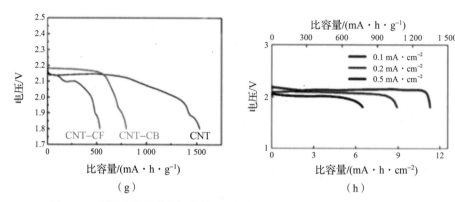

图4.15　不同结构的碳电极在钠－空气电池中的应用（书后附彩插）（续）

（g）在0.5M NaOTf/DEGDME中，碳纳米管、添加碳纳米纤维的碳纳米管（CF－CNT）
和添加炭黑的碳纳米管（CB－CNT）在200M NaOTf/DEGDME中以200 μA·cm^{-2}放电；
（h）碳纸上氮掺杂碳纳米管（NCNT－CP）在0.5M NaSO$_3$CF$_3$/DEGDME中
以0.1～0.5 mA·cm^{-2}的电流密度放电

2）贵金属及过渡金属基材料

碳材料是大多数钠－空气电池的正极材料。然而，放电产物沉积在正极的多孔结构中，从而堵塞了反应位点，导致电池失效。可以通过添加催化剂提供更分散的反应位点来优化电池性能。这些催化中心有望促进空气电极的氧还原反应和析氧反应活性，从而克服这些电池中缓慢的动力学。

金属氧化物是锂－空气电池中最常见的材料，在钠－空气电池中也被广泛研究。Yadegari等报道了α－MnO$_2$纳米线在钠－空气电池中时，其初始容量为2 056 mA·h·g^{-1}，但在2次循环后容量下降了59%。Hu等合成了一种多孔的CaMnO$_3$微球，并在钠－空气电池中进行了测试。CaMnO$_3$/C电极在100 mA·g^{-1}的电流密度下的放电容量为9 560 mA·h·g^{-1}，几乎是炭黑电极的2.5倍，采用CaMnO$_3$/C电极的钠－空气电池的循环寿命为80周。另外，Zhang等将铂颗粒结合在石墨烯纳米片上，制备了用于钠－空气电池的纳米结构催化剂，引入铂后，电池的放电容量从5 413 mA·h·g^{-1}提高到7 574 mA·h·g^{-1}。使用Pt催化剂的电池循环10周左右，截止容量为1 000 mA·h·g^{-1}。由于放电产物的聚集导致堵塞了孔结构和覆盖了催化剂活性中心，电池放电时催化性能下降。因此，在限制截止容量的情况下，电池的循环性能有望得到改善。

总体而言，与众多关于锂－空气电池催化剂的报道相比，对钠－空气电池催化剂的相关研究才刚刚开始，各种三维结构固态催化剂或可溶性催化剂有望用于未来的钠－空气电池。

3. 钠－空气电池的负极材料

金属钠作为负极材料具有极高的能量密度，但在重复充放电过程中形成的钠枝晶严重限制了其性能。钠枝晶的形成是在不相容的有机电解质存在下，固体电解质界面层顺序积累和破裂的结果。钠枝晶最终可能会穿透隔膜，到达正极，并导致电池短路，特别是存在挥发性有机电解质的情况下会导致冒烟甚至起火等安全问题。此外，电池循环过程中枝晶结构的腐蚀和钝化也会破坏负极材料。

Hartmann 等在钠－空气电池的循环过程中，观察到渗透到聚合物隔膜材料孔隙中的钠枝晶结构的生长，如图 4.16 所示。能谱分析表明，钠枝晶结构由钠和氧组成。通过使用固体离子导电膜（如钠－β－氧化铝）可以在物理上抑制钠－空气电池中树枝晶的形成。作者直观地研究了不同放电容量截止值下钠－空气电池循环过程中的钠负极，如图 4.16（c）所示。结果表明，随着放电容量和循环次数的增加，钠负极表面变得更加粗糙。

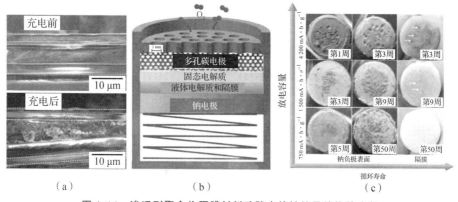

图 4.16　渗透到聚合物隔膜材料孔隙中的钠枝晶结构的生长

（a）原始隔膜和循环后分离器的横截面扫描电镜图像；

（b）使用 0.5 mm 厚的 Na－β－Al$_2$O$_3$ 固体电解质膜抑制枝晶生长；

（c）不同循环条件下钠负极表面和隔膜的光学图像；由于钠枝晶的生长，

随着截止放电容量和循环次数的增加，表面粗糙度增加

抑制负极枝晶形成的可能方法有两种：第一种是通过在负极上使用由钠离子导电聚合物、陶瓷或玻璃组成的界面或保护层（也称为非原位或人工 SEI）来抑制枝晶结构；第二种是使用各种有机溶剂、钠盐和/或功能性添加剂原位形成稳定的 SEI 层。

金属负极被正极的水分和氧气污染是钠－空气电池利用金属钠的一个难点，一个合适的保护层会提高钠金属负极在钠－空气电池中的循环性能和安全性。

4. 钠–空气电池的电解质

电解质的稳定性是目前钠–空气电池发展面临的严峻挑战，理想的电解质应能长期承受电池的高氧化环境，并促进放电产物的可逆形成和分解。电解质不仅影响氧的还原和析出反应机理，而且影响放电产物的化学成分和电池的可逆性。碳酸盐具有高稳定性和低挥发性，是非水系电池常用的溶剂。与锂–空气电池系统类似，对钠–空气电池的早期研究也是使用碳酸盐基电解质进行的。在这些研究中，主要的放电产物为碳酸钠。但是，后来的研究发现，碳酸盐基溶剂在空气环境中会与超氧化物（O_2^-）中间体反应。此外，超氧阴离子自由基与有机碳酸盐的碳原子反应，导致电解质分子开环，形成过氧阴离子（Roo^-）物种，其活性甚至比初始超氧化物更强。因此，碳酸盐基电解质在空气氛围下是不稳定的。

此后，大多数钠–空气电池的研究都采用了醚类电解质，这种电解质比碳酸盐更稳定。醚类电解质比碳酸盐更稳定，不容易与超氧化物中间体反应，而且饱和蒸气压相对较低。此外，醚类电解质的电化学窗口延长至 4.5 V，因此是钠–空气电池的良好候选材料。图 4.17 展示了不同电解质对钠表面 SEI 膜生长的影响。因此，为钠–空气电池寻找一种真正稳定的电解质是一个重要的研究方向。

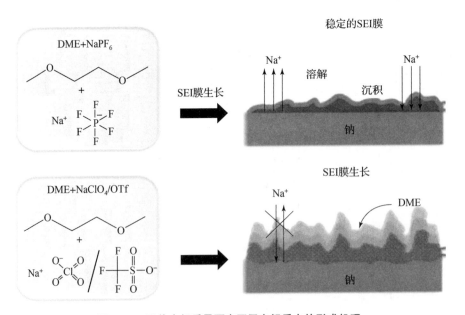

图 4.17　固体电解质界面在不同电解质中的形成机理

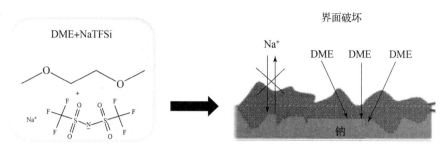

图 4.17　固体电解质界面在不同电解质中的形成机理（续）

5. 钠 – 空气电池小结

虽然钠 – 空气电池在能源存储方面很有前途，但电池的循环性能较差，目前，该技术仍处于起步阶段，需要更多的研究来克服主要问题，如容量保持能力差和循环寿命短，这是由于循环过程中导电性差和正极的孔隙被堵塞造成的。为了进一步提高电池性能，可以考虑采用新型的钠离子电解质，还应考虑对新型催化剂进行改性或合成，以抑制钠枝晶的形成。

4.1.4　铝 – 空气电池

1. 铝 – 空气电池简介

铝空气电池的实际能量密度为 4 300 W·h·kg^{-1}，这比钠 – 空气电池的能量密度要高很多，钠 – 空气电池的能量密度为 3 164 W·h·kg^{-1}。研究表明，在 pH 为 14.6 时，铝负极相对于标准氢电极的最大开路电位可以达到 – 1.87 V。

与锂离子电池相比，铝基电池的成本更低、安全性更高，因为铝具有较低的反应性、易于操作和更高的安全性等优势。铝 – 空气电池使用水、有机、离子液体和聚合物凝胶为基础的电解质。采用离子液体电解质的铝 – 空气电池具有可充电特性。聚合物凝胶电解质避免了使用液体电解质的安全问题，但能量密度更低。

铝 – 空气电池在金属 – 空气电池系统中具有独特的地位。铝 – 空气电池的主要优点是：①能量密度（每千克瓦时）是锂离子电池的 5 ~ 10 倍；②铝负极非常轻，廉价、无毒和安全，③易于回收。铝 – 空气电池的结构如图 4.18 所示。

铝空气电池的电化学反应如下。

正极反应式：

$$O_2 + 2H_2O + 4e^- \leftrightarrow 4OH^- \qquad (4.13)$$

负极反应式：

$$Al + 3OH^- = Al(OH)_3 + 3e^- \qquad (4.14)$$

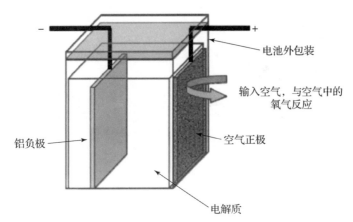

图 4.18　铝 – 空气电池的结构

总反应式：
$$4Al + 3O_2 + 6H_2O = 4Al(OH)_3 \qquad (4.15)$$

本小节介绍了铝 – 空气电池的最新进展，电池材料的研究现状以及面临的挑战，并提出解决这些挑战的策略。

2. 铝 – 空气电池的正极材料

空气正极由氧还原催化剂、集流体和复合电极组成，复合电极由气体扩散层（GDL）和疏水聚合膜［如聚四氟乙烯（PTFE）或聚偏二氟乙烯（PVDF）］组成。该疏水聚合膜的作用是防止电解质渗入电极，集流体通常是由金属镍制成的板或网状物。

铝 – 空气电池的商业应用主要受到发生在正极的缓慢的氧还原反应的阻碍。要使铝 – 空气电池可大规模应用，必须合理地设计和组装正极，并加入合适的电催化剂来改变氧还原反应的活性。在反应机理不变的情况下，锌 – 空气、锂 – 空气和聚合物电解质膜燃料电池（PEMFC）氧还原反应的研究可以应用在铝 – 空气电池中。材料选择的主要目标仍然是抑制副产物的形成和提高电极动力学速率。

1）贵金属基材料

金属铂拥有高的电催化活性和稳定性，几十年来一直用作电池和燃料电池的催化剂。铂通常以纳米颗粒的形式，以碳为载体来增加比表面积，或者作为铂金属合金使用，铂纳米颗粒的催化活性依赖于其粒径大小。Wang 等报道核壳结构的铂合金纳米颗粒不仅提高了催化剂的催化活性（图 4.19），而且提高了催化剂对电子效应和应变效应的耐久性。此外，Pt 纳米颗粒的尺寸也是显著提高空气正极 ORR 性能的重要因素。

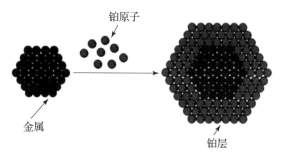

图 4.19 核壳结构的铂

铂的高成本和稀缺性将是铝 – 空气电池商业化的一个障碍，使用廉价和普遍可用的金属负极具有明显的好处，昂贵的空气正极将使廉价负极的优势化为乌有。

2）碳材料

与铂相比，碳基催化剂的成本相对较低，并且能够以多种结构形式存在，可能是未来主要的催化剂之一。

Shen 等合成了一种双功能 Co – N/碳纳米管（CNs）催化剂，其起始电位为 0.987 V，有利于氧还原过程，如图 4.20 所示，析氧反应的活性非常高，其起始电位为 0.98 V，而商业 Pt/C 的起始电位为 1.06 V，电流密度相似。这表明用廉价的催化剂作为可靠的替代品是可行的，也表明二次铝 – 空气电池的可能性。

碳纳米管包裹铁增强 ORR 活性，而氮的掺入可进一步增强 ORR 活性。此外，在 Zou 等的一项对比研究中，发现超薄碳纳米管在高氮浓度下对 ORR 的催化效果最好。例如，与 NeCNTs 相比，800 ℃ 热解的氮掺杂碳纳米管（Fe_3C @ NCNTs – 800）的效果更好，为 0.098 V，甚至略优于商业使用的 Pt/C。与 Pt/C 相比，这些材料具有显著的起始电位、高电流密度、长循环寿命和环境友好的优势。

3）过渡金属基材料

过渡金属氧化物、氮化物和硫化物是传统贵金属催化剂的替代品。这些氧化物价格低廉，自然资源丰富，对环境无害，并且能够产生协同效应。过渡金属氧化物的主要缺点是其较低的导电性，减慢了电子转移过程。

对过渡金属如 Co、Mn、Fe 和 Ni 的催化活性已经广泛研究。自 20 世纪 70 年代以来，对钴的研究一直集中在更有效的合成方法，以获得更好的均质性、形貌和纯度。近年来，Mn 取代 CoO_x 成为研究热点。Liang 等对尖晶石 $MnCo_2O_4$/石墨烯杂化材料的研究表明，在碱性条件下，杂化材料的 ORR 特性优于 Pt/C，Co_3O_4 本身表现出很少的活性，氧化钴纳米颗粒也被碳基负载，合

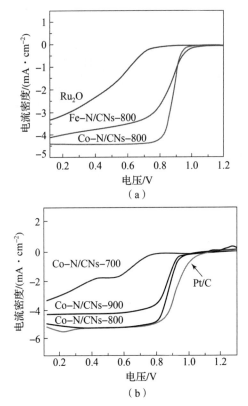

图 4.20 C – N/CNs 电极与合成电极的线性扫描曲线比较

成的化合物具有良好的化学活性和优于 Pt/C 催化剂的稳定性。

锰是一种多用途的材料，可以存在许多氧化状态，是地球上第 10 丰富的材料。锰的低成本、多价态和结构多样性使其成为双功能催化剂的关键元素之一。通常情况下，锰氧化物的导电性低，因此常常与碳复合作为催化剂。单相纳米纤维由 Mn_3O_4 和 Mn_2O_3（残留碳作为杂质）混合而成，具有良好的催化活性。鉴于掺杂（Ag，Co，Ru）$\alpha – MnO_2$ 纳米棒的平均电子转移数接近 4，ORR 特性良好，$\alpha – MnO_2$ 纳米棒是一种有前途和可行的 Pt/C 替代品。在铝 – 空气电池中，研究人员发现 MnO_2 微球需要 2 h 才能实现稳定放电，而 Pt/C 则需要不到 1 h，这需要进一步改进。

在钙钛矿家族中，一种新型 $La_{0.9}Y_{0.1}MnO_3$（LYM – 10）的起始电位为 0.909 V，高于 Sr 掺杂的 Mn 基钙钛矿。这些钙钛矿是一个有吸引力的选择，这些材料可以部分被阳离子取代，形成多元素氧化物。

镍的导电性比锰更好，并具有优异的氧还原催化效果，但析氧反应活性较低，使用碳作为基材可以在一定程度上缓解这个问题。Liu 等的研究结果表明，Ni 或者 NiO 多功能催化剂的 ORR 活性较低。然而，镍可以用作掺杂剂，已被用于锰、钴和铁的许多过渡氧化物中。

纯铁氧化物表现出较差的 ORR 活性，为了与 Pt/C 催化剂相媲美，仍需要进一步的研究来提高其催化活性，对 Fe – N/C 催化剂的研究表明，ORR 催化活性强烈依赖于碳载体、金属和氮源以及热处理条件。提高催化活性的机制目前还没有完全确定，研究发现，使用碳载体和氮掺杂可以提高催化活性。Wang 等在 N、P 掺杂碳纳米纤维（FeCNFs – N）中嵌入 Fe_3O_4 纳米颗粒，N 掺杂碳和 Fe_3O_4 纳米颗粒为 ORR 和 OER 的活性中心，FeCNFs – N 的电化学性能优于 Pt/C。FeO_x 还可以与别的材料复合，获得比 Pt/C 催化剂更好的起始电位以及优异的 ORR 活性。除了氧化物，过渡金属氮化物、硫化物和碳化物也被认为是潜在的正极催化剂。

4）聚合物材料

电子导电聚合物是一类有潜力成为贵金属催化剂的替代品，这类材料具有低成本和稳定等优点。2005 年首次对聚苯胺的催化活性进行了系统评价，并对导电聚合物的还原性能进行了分析。研究发现，化学吸附的氧的还原是可逆的。然而，这些聚合物缺乏析氧反应活性，可能会阻碍二次电池的进一步发展。Yuan 等报道了在聚苯胺中掺杂 C、N、Fe 和 Co 可以进一步提高其催化活性。

对用于氧还原的导电聚合物也有很多研究，如聚吡咯、聚噻吩和聚（3,4 – 乙二氧噻吩）。其中，聚吡咯具有高催化活性，仅次于 PANI。到目前为止，文献中对聚吡咯的掺杂和聚吡咯作为催化剂的活性都缺乏分析。聚吡咯的加入显示了钙钛矿催化剂的显著改进（尽管其电导率较低），这种材料比钙钛矿结构具有更好的吸氧能力。

总的来说，对于铝 – 空气电池，过渡金属氧化物和碳电极是较好的空气正极的选择，这些材料天然含量丰富、价格低廉，并且其电化学性能接近 Pt/C，工业化生产是可行的，有利于铝 – 空气电池的商业化。

3. 铝 – 空气电池的负极材料

金属铝具有能量密度高、可循环利用、资源丰富等特点，多年来一直被用作金属 – 空气电池和金属离子电池的负极材料。市售的 2N5（纯度 99.5%）和 4N（纯度 99.99%）的铝都用作负极材料。铝负极中存在的杂质和负极反应生成的产物阻碍了电池的性能。除了上述影响因素以外，制造过程本身也会影响铝负极的导电性，例如，松油醇等黏合剂会对铝负极的导电性产生负面影响。因此，激光烧结是一种无创、精确制备铝负极的理想方法。根据相关研究报告，使用 10 W 激光烧结的样品，其能量密度从非烧结样品的 2 mA·h·g^{-1} 提高到 121 mA·h·g^{-1}。

在开发铝负极时，必须考虑晶粒尺寸和晶粒取向的影响。晶粒细的铝负极比晶粒粗的铝负极具有更好的电池性能。结果表明，随着晶粒尺寸的减小，铝负极的抗腐蚀性能和电化学活性提高。Fan 等研究发现，由于晶体缺陷，各向异性铝的性能优于多晶铝，如图 4.21 所示。晶面（001）的腐蚀速率最低，表面能最低，容量密度最高，为 2 541.4 mA·h·g^{-1}。

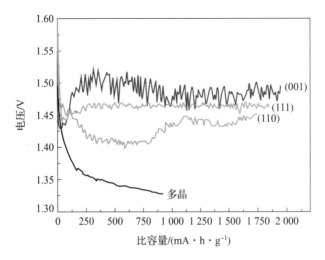

图 4.21　在 4 M 的 KOH 中，单晶和多晶负极在 10 mA·cm^{-1} 电流密度下的放电行为

纯铝在水溶液中作为负极时，会迅速腐蚀并发生剧烈反应生成氢气。为了克服纯铝的局限性、提高负极的电化学效率，科研人员研究了铝合金。在铝合金中，通常添加 Ga、Ti、In、Sn 等不同元素来制备合金。Park 等测试了 Al - Zn 合金作为负极的电池性能，发现该合金比纯 4N 的 Al 具有更短的循环寿命。此外，该电池还显示出较高的腐蚀速率，这是因于 Fe 和 Si 的存在（合金使用的 Al 为 99.75%，而不是 99.99%）。因此，Fe 和 Si 的腐蚀增加盖过了 Zn 的有利作用。此外，Al - Zn 合金还形成了两个氧化层：类型 1 ［由多孔 Zn(OH)$_2$ 和 ZnO 组成］和类型 2（由 ZnO 组成）。第二种氧化层会降低电池的放电性能。采用 Al - Zn - In 合金可以减小钝化层的不利影响，可以通过抑制类型 2 的氧化膜的形成来改善电池的性能。

电化学沉积的铜形成均匀的吸附层，通过与溶液形成势垒来降低析氢速率。这不会影响铝作为负极的效率，铜通过降低负极电阻改善了放电活性并增加了电池电压。显然，与纯铝相比，铝合金不仅提供了更高的功率，而且还降低了析氢速率和腐蚀速率。锌的存在有望提高电池的效率，但是需要去除其中的铁和硅。除此之外，改进与制造过程的相关技术，如烧结等，可以极大地提高负极的性能。为了使这些合金能够取代纯 4N 铝作为负极，还需要更多的研究来降低制造成本，从而提高这些合金的产量。

4. 铝 – 空气电池的电解质

电解质是一种离子导体，允许离子从正极移动到负极。电解质控制铝负极处的析氢反应和沉淀反应，并决定电池的总电位。铝 – 空气电池的研究主要集中在使用水系电解质和非水电解质。本小节重点总结了目前使用的电解质以及正在研究的铝 – 空气电池的新型电解质。

碱性电解质已被广泛用作铝 – 空气电池的电解质，水溶液 KOH 和 NaOH 使用最广泛。这些电解质具有高离子电导率、低过电位、无毒和高效 ORR 等优点。

Srinivas 等对铝 – 空气电池专用碱性电解质进行了系统分析。含有柠檬酸盐、锡酸盐和钙（碱性柠檬酸盐和锡酸盐）络合物的碱性电解质具有最高的铝溶解度、最低的腐蚀速率和最高的电化学窗口。研究人员测试了不同浓度的单一成分如锡酸盐、醋酸盐、锰酸盐等。其中，锰酸钾效果最好，铝负极的库仑效率大于 90%，而腐蚀速率不变。在锰酸盐 + 铟、铋 + 锡酸盐和锡酸盐 + 铟等二元体系中，锡酸盐 + 氢氧化铟 $[Na_2SnO_3 + In(OH)_3]$ 效果最好，库仑效率高达 96%，腐蚀速率明显降低。然而，与碱性电解质相关的主要问题是水的蒸发、低能量密度和电解质的碳化，这阻碍了空气进入正极。

酸性水溶液电解质有其自身的优点和缺点，最显著的优点是消除碳化作用。当使用 3 M 的 H_2SO_4 和 0.04 M 的 HCl 作为电解质时，与 KOH 和 NaOH 电解质相比，氧化过电位更小。Ma 等的研究进一步证实了这些观点。其中氧化过电位随电解质 pH 的降低而降低，酸性溶液由于只暴露立方晶面的点蚀而导致铝腐蚀，而碱性溶液则引起晶体大面积腐蚀，酸性电解质的腐蚀速率比碱性电解质低。

非水电解质能够克服水体系的局限性，具有更高的能量密度、抑制负极腐蚀和更高的电池电压等优点。发表于 2013 年的室温离子液体，是一种优秀的电解质，具有高能量密度（$2.3\ kW \cdot h \cdot kg^{-1}$）。离子液体具有高电导率、化学稳定性和低黏度等优点。相关研究报告了铝 – 空气离子液体体系的低腐蚀率和耐久性。

聚合物电解质本质上是吸收电解质（如 KOH）并保持电池电位差的隔膜。这种电解质是使用聚合物、溶剂挥发和喷射沉积方法制备的薄膜。PVA/PAA

固体聚合物电解质在铝–空气电池中的功率密度为 $1.2\ mW\cdot cm^{-2}$，低于锌–空气电池中的功率密度，原因是铝表面的钝化。

5. 铝–空气电池小结

铝–空气电池的优点如环境友好、成本低廉等，使其成为有前途的能源来源之一。然而，目前的铝–空气电池技术离商业化还有一段距离，铝–空气电池仍然有一些问题需要得到解决，如负极腐蚀、孔隙堵塞、正极的 ORR 速率缓慢、水系电解质中正极的碳酸化等。铝–空气电池的进一步研究需要重点优化正极、负极、电解质和电池组件的组合，以实现良好的性能和商业化生产。

目前，在负极方面，铝合金与纯铝相比具有独特的优点，该负极更适合作为铝–空气电池的负极；对于正极，考虑到其通用性和成本问题，碳基材料是最有竞争力的选择。传统的电解质是 KOH 水溶液，而使用 KOH 的铝电池面临很多缺点。聚合物固态电解质和离子液体具有广阔的应用前景。

4.1.5　镁–空气电池

1. 镁–空气电池简介

与金属锂相比，镁具有许多优点，如镁在地壳中的丰度高（Mg 为 2.08%，Li 为 0.006 5%）和环境友好等。假设镁–空气电池的放电产物为 MgO，则可充电镁–空气电池的理论体积密度为 $14\ 000\ W\cdot h\cdot L^{-1}$，比能量密度为 $3\ 900\ W\cdot h\cdot kg^{-1}$。远远大于以 Li_2O_2 为基础的锂–空气电池（$8\ 000\ W\cdot h\cdot L^{-1}$ 和 $3\ 400\ W\cdot h\cdot kg^{-1}$），常见的金属空气电池的能量密度的比较如图 4.22 所示。

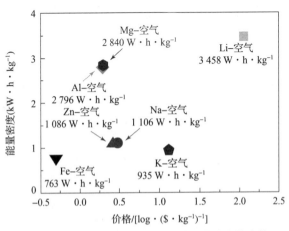

图 4.22　常见的金属–空气电池的能量密度的比较

虽然镁 – 空气电池的理论能量密度很高，但对可逆的镁 – 空气电池的研究却很少。原因是：①MgO 或 MgO_2 的热力学和动力学性质较差，导致在初始放电过程中形成大的极化和高度的不可逆容量。此外，MgO 和 MgO_2 为绝缘产物，在一定的电化学条件下具有惰性，很难还原为金属 Mg。②空气正极为 4 个电子转移的氧还原反应，目前缺少高效电催化剂、高离子电导率有机电解质，以及这些材料如何协同结合是提高镁 – 空气二次电池能量转换效率和稳定性的难点。

镁空气电池中涉及的反应如下。

负极反应式：
$$Mg = Mg^{2+} + 2e^- \tag{4.16}$$

正极反应式：
$$O_2 + 2H_2O + 4e^- = 4OH^- \tag{4.17}$$

总反应式：
$$2Mg + O_2 + 2H_2O = 2Mg(OH)_2 \tag{4.18}$$

本小节对镁 – 空气电池的基本原理、镁的腐蚀机理、电解质、空气电极材料和面临的问题等方面进行了总结，并提出解决这些挑战的策略。

2. 镁 – 空气电池的正极材料

空气正极与镁 – 空气电池的性能密切相关。典型空气正极由四层组成：防水透气层、气体扩散层、催化剂层和集流体层。防水层通常是防水的多孔物质（如石蜡或特氟龙），用于分离电解质和空气，同时只对氧气渗透，阻隔 CO_2 和 H_2O。气体扩散层具有高孔隙率和高电子导电性，通常由含聚四氟乙烯等疏水材料的乙炔黑制成。催化剂层由氧还原反应用的活性催化剂组成，分散在电解质附近的气体扩散层表面。常用的催化剂是贵金属。镁 – 空气电池的库仑效率低，除了负极腐蚀外，还与 ORR 缓慢动力学引起的空气正极过电位有关。因此，提高空气正极的性能至关重要。

在酸性或碱性溶液中，许多类型的催化剂已经被研究用于氧还原反应。铂是一种优异的催化剂，具有良好的氧还原反应催化活性。综合考虑颗粒大小和晶面的影响，科研人员发现由碳负载的 （111）面 2 ～ 4 nm 的铂颗粒组成的催化剂是最好的氧还原催化剂。然而，由于铂的价格和稀缺性导致金属 – 空气电池的成本很高，因此目前的研究方向转向寻找低铂和非铂催化剂。

对于低铂催化剂，廉价过渡金属的合金具有比纯铂更好的活性而备受关注。借助光谱和理论计算，解释了铂合金活性增强的原因，并提出了合金的 ORR 活性的趋势，如图 4.23 所示。中间体如 OH＊和 O＊在表面的紧密结合是铂基催化剂活性衰减的主要原因。O＊和 OH＊吸附的减弱是 Pt 合金活性较高的主要原因，而 O＊和 OH＊吸附是表征催化剂活性的良好指标。根据图

4.23，一个较好的催化剂应该包括比 Pt 表面弱 0～0.4 eV 的 O 原子结合强度，最佳值在 0.2 eV 左右。基于这些结构，Pt_3Y 合金具有最高的活性。

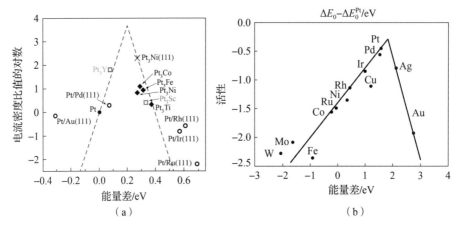

图 4.23　不同金属或合金的氧还原活性的趋势

（a）电流密度的对数和能量差的比较；（b）反应活性和能量差的比较

　　此外，调整 Pt 合金的形态和结构也提高了对 ORR 的活性和稳定性。通过化学脱合金，Cu_3Pt 金属间化合物纳米粒子获得了具有大量空隙的"海绵"结构，从而具有比 Pt/c 催化剂更高的稳定性。近年来，由有序的 Pt_3Co 金属间化合物核和 2～3 个原子层厚的 Pt 壳组成的新型 Pt - Co 纳米催化剂被制备出来，其具有较高的活性和稳定性，这主要是由于富 Pt 壳结构，特别是稳定的 Pt_3Co 金属间化合物的核壳结构，这为催化剂性能优化提供了一个新的方向。除 Pt 基材料外，别的贵金属如 Pd、Cu 和 Ag 或其合金作为 ORR 催化剂受到了广泛关注，其活性趋势如图 4.23（b）所示。

　　虽然非铂贵金属的活性不能与铂相比，但是这些材料的成本远低于金属铂。在 0.1M NaOH 溶液中，碳负载的银催化剂表现出较高的 ORR 活性，随着 Ag 负载量的增加，初始电位增大，催化性能提高。

　　为了进一步降低镁 - 空气电池的成本，科研人员致力于开发碳基材料和过渡金属氧化物等非贵金属催化剂。碳材料在镁 - 空气电池的空气电极中，不仅可以作为催化剂和导电剂，还可以作为气体扩散层。对于催化剂来说，碳与 H_2O_2 的反应是一个双电子反应，该反应的动力学比较缓慢，因此碳材料本身并不是很好的 ORR 催化剂。然而，通过掺杂杂原子（P 或 N），碳的 ORR 活性大大提高。例如，垂直排列的含氮碳纳米管（VA - NCNTs）由于四电子反应过程显示出比铂更好的电催化活性和长循环寿命。在含 N 的石墨烯材料中也得到了类似的结果。结果表明，N 掺杂的高比表面积碳材料是一种很有前途的铂替代物。

过渡金属氧化物是另一类重要的非贵金属 ORR 催化剂。科研人员从晶体结构、形貌和掺杂效应等方面对不同类型过渡金属氧化物的 ORR 活性进行了深入的研究。以 MnO_2 为例，不同的 MnO_2 相（$\alpha > \beta > \gamma$）的 ORR 性能不同，纳米结构优于微米结构，同时，在 MnO_2 中掺杂 Cu 或 Ni 可以提高催化活性。

然而，过渡金属氧化物的一个重要问题是低电子导电性。为了改善这一点，用石墨烯或多孔碳等高导电性材料构建过渡金属氧化物是一种有用的方法。虽然过渡金属氧化物或碳材料本身的催化活性较低，但由于协同的化学偶联效应，复合材料表现出优异的催化活性。

在镁－空气电池的正极材料中，如何进一步降低成本，提高催化剂的耐久性，是镁－空气电池正极催化剂发展的方向。

3. 镁－空气电池的负极材料

镁负极在镁空气电池中起至关重要的作用。在放电过程中，负极中的镁溶解生成 Mg^{2+}，产生两个电子。该反应的标准电极电位为 -2.37 V，该电化学反应可产生 2.2 A·h·g^{-1} 的容量。然而，对于镁－空气电池，镁负极的极化非常严重，原因有两个，一个是镁负极上的副反应，另一个是镁负极的腐蚀。因此，为了提高镁空气电池的性能，需要对镁负极进行优化。

镁腐蚀的一个因素是电化学腐蚀，这是由镁板中的杂质如金属铁、镍或铜引起的。这些杂质与镁负极一起构成微电池，导致镁负极的进一步腐蚀。研究发现，电化学腐蚀与杂质含量直接相关，一旦杂质含量超过"容限"，腐蚀速率就会大大增加，而杂质含量较低时，腐蚀速率仍然很低。除此之外，析氢反应也会导致镁的腐蚀，负极的镁金属失去电子变成镁离子，电解质中的水得到电子生成氢氧根离子和氢气，氢氧根离子与镁离子结合生成氢氧化镁，这种副反应进一步限制了镁负极的效率。

氢化物和无损腐蚀以及杂质是造成镁腐蚀的主要因素。合适的镁负极材料需要较低的析氢反应速率和较少的杂质，副产物 $Mg(OH)_2$ 也应该容易从负极上除去，以获得反应活性中心。因此，寻找反应活性高、腐蚀速度慢的负极材料对镁－空气电池的发展具有重要意义。

镁与铝、锰、锌等金属的合金化，可以防止析氢反应。随着冶金技术的快速发展，镁合金在镁－海水电池中得到了广泛的应用。研究人员深入研究了合金金属对镁合金腐蚀速率的影响。镁合金系列中最受关注的是 Mg-Al 合金，在镁中引入铝，可以防止析氢反应，从而提高循环性能。因此，Mg-Al 合金抑制了负极的自腐蚀。同时，在 Mg-Al 合金中添加少量的锌来制备 Mg-Al-

Zn 合金，在镁 – 空气电池中得到了广泛的应用。在电流密度为 5 mA · cm^2 的中性 3.5wt% NaCl 溶液中的放电测试表明，该电池的工作电压为 1.125 V，放电比容量为 1 125 mA · h · g^{-1}[137]。

近年来，由于 Mg – Li 合金的标准电位较负，法拉第容量较大，以及 Mg – Li 合金的高比能量，Mg 与 Li 的合金被认为是有潜力的电池负极。以 Mg – 14Li – 1Al – 0.1Ce 为例，发现 Mg – 14Li – 1Al – 0.1Ce 比 Mg 具有更高的电化学活性和更低的自腐蚀现象。图 4.24 显示了以 Mg – 14Li – 1Al – 0.1Ce、纯 Mg 和 AZ – 31 为负极的镁 – 空气电池的放电行为。以 Mg – 14Li – 1Al – 0.1Ce 为负极的 Mg – 空气电池在 3.5wt% NaCl 溶液中的比容量为 2 076 mA · h · g^{-1}，工作电压为 1.272 V，比纯 Mg 和 AZ – 31 负极的放电性能更好。然而，镁合金仍然腐蚀严重，导致工作电压低于理论值。因此，仍要进一步降低负极的腐蚀速率，提高负极的反应活性。

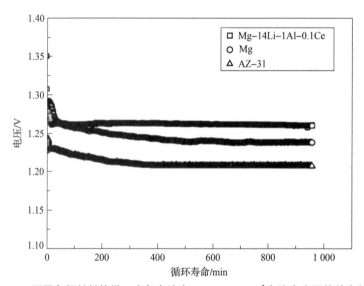

图 4.24　不同负极材料的镁 – 空气电池在 0.5 mA · cm^{-2} 电流密度下的放电行为

为了开发高性能的镁负极材料，小尺寸的镁颗粒，特别是纳米结构的镁颗粒，可以提高反应活性。镁颗粒表面的高比表面积导致更多的 Mg 原子暴露在电解质中，Mg(OH)$_2$ 副产物的数量显著减少。同时，加入 Al、Mn、Li 等元素的镁合金化抑制了镁的析氢反应，降低了镁的自腐蚀。因此，镁或镁合金的空心或多孔纳米结构有望成为镁 – 空气电池的候选材料。

4. 镁 – 空气电池的电解质

一般来说，镁 – 空气电池的电解质是一种中性盐水溶液，与电极接触，电解质的性质很大程度上决定了电极反应。镁 – 空气电池的高极化和低库仑效率不仅与电极有关，还与电解质有关，因此选择合适的电解质对镁 – 空气电池的性能至关重要。

对于负极，电解质对镁的腐蚀有较大的影响。镁在碱性溶液中比在酸性或中性溶液中具有更长的循环寿命。研究还表明，将 pH 调到 10 以上，由 LiCl、$MgCl_2$ 或这两种盐的混合物组成的近饱和水溶液组成的电解质可以抑制析氢反应，提高镁的耐蚀性。镁在碱性溶液中耐蚀性高的原因是镁或镁合金表面部分生成了 $Mg(OH)_2$。这可以保护负极活性物质不受腐蚀。然而，电极上过多的 $Mg(OH)_2$ 阻止了负极的进一步反应，导致电极的极化增大，因此，在镁 – 空气电池中通常使用中性电解质。另一个与电解质有关的因素是电解质中盐的浓度。纯镁在海水中的腐蚀速率约为 0.25 mm/年，而在 3 M 氯化镁溶液中的腐蚀速率约为在海水中腐蚀速度的 1 200 倍。

此外，调整金属/电解质界面也是提高耐蚀性的一种相关方法。Khoo 等用氯化磷离子液体和水作为电解质，测试了镁 – 空气电池的放电性能。结果表明，当电池工作时，在镁负极上形成的非晶态凝胶状界面导致一定程度的钝化。这种钝化稳定了金属/电解质界面，提高了镁 – 空气电池的性能。

除寻找新的电解质外，还可以在电解质中加入一些析氢反应的抑制剂，如锡酸盐、季铵盐、二硫代缩二脲及其混合物来抑制析氢反应。锡酸盐和季铵盐的混合可以提高镁负极的效率，因此，开发析氢反应的抑制剂是一项值得研究的内容。

5. 镁 – 空气电池小结

本小节总结了镁 – 空气电池从基本原理到应用的最新研究。镁 – 空气电池由镁负极、空气正极和含盐电解质三部分组成。电池所涉及的反应是负极上的 Mg 电化学氧化生成 Mg 离子和正极上的氧还原反应。镁金属是镁负极的常用材料，缺点是腐蚀程度高。镁合金和纳米粒子可以改善镁负极的性能。空气正极氧还原过程迟缓的动力学限制了正极的性能。因此，催化剂和多层结构在空气正极中起至关重要的作用。贵金属如铂和银是空气正极中常用的催化剂。为了降低成本，采用掺杂碳材料、金属氧化物、金属氧化物 – 碳质混合物等不同类型的催化剂作为贵金属的替代品。

4.1.6　钾 – 空气电池

1. 钾 – 空气电池简介

金属 – 空气电池因其能量密度高、成本低而被认为是当前锂离子电池的储能替代品。锂－空气电池由于其固有的化学和电化学不稳定性而面临严峻的挑战，原因是其放电产物 Li_2O_2 不导电，在充电过程中电极极化增大，这导致 Li^- 的往返能量效率较低（不到60%）。此外，锂金属负极在高压极化时会导致电解质分解，这进一步降低了锂－空气电池的循环效率。

钠－空气电池和钾－空气电池的反应产物分别是过氧化钠和过氧化钾（KO_2）。由于单电子反应的快速电荷转移动力学，这两种电池表现出低充电过电位和高的循环效率（超过90%），如图 4.25 所示。然而，钠－空气电池的反应产物 NaO_2 在热力学上是不稳定的，在室温下会自发降解为可逆性差的 Na_2O_2，如图 4.25（c）所示。这种副反应很难抑制，因此钠－空气电池的可逆性仍然很低。

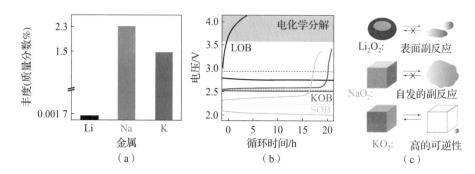

图4.25　锂－空气电池、钠空气电池和钾空气电池的对比

（a）地壳中金属 Li、Na、K 丰度的比较；（b）锂－空气电池、钠－空气电池
和钾－空气电池的充电－放电电压分布；（c）放电产物的比较

相比之下，钾－空气电池中 KO_2 的形成和分解反应明显比锂－空气电池中的 LiO_2 和钠－空气电池中的 NaO_2 更可逆。这是因为电荷密度较低的阳离子对超氧化物更稳定，根据软硬酸碱理论，较重的阳离子可以有效地稳定超氧化物的形成，并与晶体中阳离子之间有排斥作用，KO_2 在动力学和热力学上是稳定的，因此钾－空气电池中反应产物与电极和电解质只有很小的副反应。此外，在低过电位的充电过程中，KO_2 很容易分解，基于马库斯理论，KO_2 到 O_2 转化的重组能较小，势垒较低。

因此，在金属－空气电池中，钾－空气电池在没有新型催化剂和添加剂的情况下具有最高的能量效率。此外，钾的标准电极电位（－2.93 V）低于钠的标准电极电位（－2.71 V），因此钾－空气电池比钠－空气电池具有更高的放电电位。

尽管钾－空气电池的优点很多，但是钾－空气电池的能量效率和可逆性较差，原因是在电池的循环过程中，钾金属负极与有机电解质、溶解的氧、杂质和水会产生副反应。除此之外，在负极一侧，由于枝晶的生长，表面副反应持续存在，金属钾在循环测试过程中产生多孔而厚的 SEI 层，这降低了钾 – 空气电池的可逆性。因此，确定稳定的负极和合适的电解质是研制可靠的钾 – 空气电池的研究重点。

2. 钾 – 空气电池的正极材料

钾 – 空气电池的气体电极、O_2 气氛和液体电解质构成了一个三相界面，在界面上发生氧化还原和析氧反应。为了最大限度地利用空气 – 电极表面积、提高倍率性能，优化电极设计是至关重要的。

碳材料具有高电导率、高比表面积和高孔容的显著特点，通常用作钾 – 空气电池的正极材料，以改善氧还原反应。例如，使用还原石墨烯氧化物电极的钾 – 空气电池在循环过程中表现出稳定的放电 – 充电容量和高库仑效率。这说明通过优化正极材料，可以显著提高钾 – 空气电池的整体容量和倍率能力。

为了进一步了解钾 – 空气电池固/液/气界面的降解机理和电化学过程，Wang 等用离子液体空气电池的常压 X 射线光电子能谱（APXPS）原位研究了钾 – 空气电池中氧的还原/析出反应。研究表明进行两电子和四电子过程的钾 – 空气电池反应的可能性。结果发现了 K_2O_2 的形成和随后的该产物的氧化降低了钾 – 空气电池的库仑效率和能量效率，Qiao 等的研究结果也与之一致。低库仑效率和能量效率可能是由于形成了高度亲核的超氧阴离子（O_2^-）或在高充电电压（$\geqslant 3.45$ V）下形成单线态 O_2。在 H_2O 和 CO_2 存在的条件下放电时，会形成以碳酸盐为基础的产物。为了保持钾 – 空气电池的高可逆性，抑制钾 – 空气电池中 K_2O_2 的形成是必不可少的。

3. 钾 – 空气电池的负极材料

钾金属负极与有机电解质的反应导致界面不稳定，这是钾 – 空气电池在实际应用中的缺点，会直接导致电解质分解等不可逆的副反应，以及副产物在电池内持续积累、枝晶生长等问题。因此，要提高钾 – 空气电池的循环性能，钾金属负极的稳定性是必须解决的问题之一。

导电聚合物或陶瓷层，如钾离子交换的 Nafion 膜和 K – β 氧化铝，已经用来稳定钾金属负极表面。研究发现 Nafion 膜能抑制 O_2、电解质和钾金属之间的副反应。K – β 氧化铝层防止了负极和电解质之间的物理接触，因此钾金属负极可以保持化学性质而不会在钾 – 空气电池中发生副反应。然而，K – β 氧化铝层的主要问题之一是该材料很脆，在电池的组装过程中可能会破裂。因

此，这种保护层需要特殊的电池配置。Cong 等提出了一种定制的双电池设计，包括联苯钾负极二甲醚电解质（负极侧）|K – β 氧化铝|O$_2$ – 二甲基亚砜基电解质（正极侧）。通过使用合适的电解质来提高正极侧和负极侧的电化学性能，这种钾 – 空气电池在几千周循环中表现出极好的循环稳定性。

金属钾作为负极时，枝晶生长引起的安全问题是钾 – 空气电池中的另一个重要问题。为了确保钾 – 空气电池的安全和高性能，相关研究人员制备了一种基于合金的负极的新型钾 – 空气电池，如图 4. 26 所示。在目前的研究中有两个主要的方向：一个是固态合金负极（Sb – K），另一个是液态合金负极

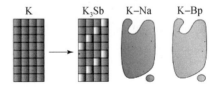

图 4. 26 新型钾 – 空气电池的负极材料

（Na – K）。这两种合金电极都有效地提高了钾 – 空气电池的循环稳定性，并且没有钾枝晶生长。但是，Sb – K 和 Na – K 电极都受到与 O$_2$ 气体的副反应的影响，从而导致钾 – 空气电池的循环寿命缩短。

4. 钾 – 空气电池的电解质

电解质的稳定性是目前钾 – 空气电池发展面临的严峻挑战，理想的电解质应能长期承受电池的高氧化环境，并且不能与电极发生副反应。为了更好地了解钾 – 空气电池中电解质对钾金属稳定的作用，相关科研人员研究了一种溶剂和盐混合物的组合：醚溶剂，如二甲醚、二乙二醇二甲醚和四乙二醇二甲醚，二甲基亚砜（DMSO）由于其相对较高的化学和电化学稳定性，已被广泛用于钾 – 空气电池中的电解质。

与碱金属电池类似，SEI 膜作为电子绝缘和离子导电钝化层，通过原位途径生长在钾金属负极和电解质之间，对改善钾 – 空气电池的电化学性能起重要作用。Ren 等根据醚基电解质中盐的变化，报道了钾金属负极上 SEI 层的不同形成方式及其化学性质。在二甲醚溶剂的作用下，证明 SEI 层在钾金属负极上的稳定性依次提高：KFSI > KTFSI > KPF$_6$。而在 KFSI 中，由于活性氧的存在，在正极表面形成了一个不稳定的界面；因此，KFSI 基电解质仅用于钾金属负极的化学或电化学前处理。但是该预处理方法成本高、工艺复杂，不适合商业应用。为了提高实用性，需要进一步研究优化盐和溶剂混合的电解质，使钾金属表面稳定而不被正极一侧的氧分解。Mcculloch 等报道了原位化学处理在钾金属负极上形成稳定的 SEI 层。钾金属与 SbF$_3$ 发生化学反应，形成了由 KSb$_x$F$_y$ 化合物组成的人工保护层，防止了钾金属与电解质的副反应，从而提高了钾 – 空气电池的循环性能。

5. 钾 – 空气电池小结

本小节总结了钾 – 空气电池的研究内容和存在的问题。与锂 – 空气电池和钠 – 空气电池相比，钾 – 空气电池具有高可逆性的转换化学反应，是很有前途的可充电金属 – 空气电池。钾金属负极的稳定化和电解质的功能化的研究是当前的主要方向。钾 – 空气电池具有更高的能源效率和更长的循环寿命，这使钾 – 空气电池在未来的实际应用中具有广阔的前景。目前钾 – 空气电池仍然处于实验阶段，应该进一步研究，以提高实用性。

4.1.7　一些新类型的金属 – 空气电池

1. 钒 – 空气电池

为了在降低原材料成本的同时提高传统钒氧化物电池的能量密度，一种方法是用 H_2O/O_2 电对取代 VO^{2+}/VO_2^+ 电对，制成一体化的钒 – 空气电池。该过程所需的氧气是从环境空气中获得的。钒 – 空气电池的反应式如下。

负极反应式：
$$V^{2+} = V^{3+} + e^- \tag{4.19}$$

正极反应式：
$$O_2 + 4H^+ + 4e^- = 2H_2O \tag{4.20}$$

总反应式：
$$O_2 + 4H^+ + 4V^{2+} = 2H_2O + 4V^{3+} \tag{4.21}$$

从这些早期的研究来看，钒 – 空气电池仍然有许多问题需要解决。首先，常用的碳纸电极不是空气正极催化剂的耐腐蚀载体，因为在析氧（电池充电）过程中，碳会在高电位下被电化学氧化。其次，在钒 – 空气电池中，贵金属铂是析氧的劣质催化剂，会产生很高的过电位。更重要的是，钒离子会通过隔膜从负极转移到正极，从而污染到正极，缩短循环寿命，降低库仑效率。同时，氧从正极到负极的渗透也会导致 V^{2+} 氧化成 V^{3+}，这也是影响其电化学性能的重要因素。

空气正极对钒 – 空气电池性能的影响非常重要。为了阐明氧正极对钒 – 空气电化学性能的影响，相关科研人员建立了一个耦合物理模型，通过引入经验 Logistic 函数模拟了钒 – 空气电池的瞬态半电池行为。图 4.27 为氧气和电解质流速在正极和负极半电池中的不同影响。

在考虑空气流量的情况下，氧气向催化层表面的传输足以维持半电池反应，这意味着较高的空气流量不会增加电池的功率。模拟结果与实验数据吻合较好，表明正极半电池的过电位比负极半电池的过电位大几个数量级，这是因为正极半电池具有较高的促进电催化氧还原的活化能。因此，正极组件是开发高能量密度钒 – 空气电池的关键部件，需要通过高效的电催化剂设计和正极侧

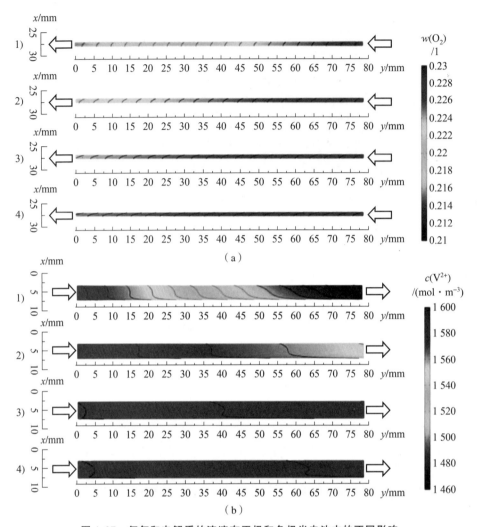

图 4.27　氧气和电解质的流速在正极和负极半电池中的不同影响

（a）模拟正极侧局部氧气质量分数，电流密度为 75 mA·cm^{-2}。空气流量为 1）50 mL·min^{-1}，2）100 mL·min^{-1}，3）150 mL·min^{-1}，4）200 mL·min^{-1}，入口在右侧，出口在左侧，膜在顶部，固体电极在底部。黑线显示均匀分布的等值线。（b）在电流密度为 75 mA·cm^{-2} 的情况下，用 10 mol·m^{-3} 步长的相邻等值线模拟 V^{2+} 离子在负极中的局部浓度。电解质流速：1）10 mL·min^{-1}，2）33.3 mL·min^{-1}，3）66.7 mL·min^{-1}，4）100 mL·min^{-1}，入口在左侧，出口在右侧，电极在顶部，膜在底部

电极的设置来降低析氧反应的活化能。2015 年，Grosse 等研制了一种双层正极，该正极由一层支撑 Pt/C 催化剂的气体扩散电极层和一层用于充电的 IrO$_2$ 改性石墨毡组成，具有优异的电化学性能。到目前为止，钒-空气电池中使用

的空气催化剂几乎都是贵金属基材料，这种稀缺性在很大程度上限制了其商业化。但是，与传统燃料电池相比，其所需催化剂的质量减少了一半，因为只有空气正极侧需要催化剂，而且钒的氧化还原对 V^{2+}/V^{3+} 在石墨上很容易可逆。因此，基于非贵金属的高效双功能催化剂的开发仍然是提高钒 – 空气电池的能量密度和效率以及进一步降低成本的关键。

电解质是钒 – 空气的关键材料之一，其性能将直接影响电池的性能和整个系统的成本（电解质中含量为 50%）。在含钒负极电解质中，V^{2+} 和 V^{3+} 阳离子均与 6 个水分子水合，分别形成 $V(H_2O)_6^{2+}$ 和 $V(H_2O)_6^{3+}$ 的八面体结构。在钒的正极电解质中，一个 VO_2^+ 阳离子和 5 个水分子配位形成八面体结构的 $VO(H_2O)_5^{2+}$。总的来说，钒离子、水、阴离子和酸是影响电解质活性和稳定性的重要因素，因此决定了 VO^{2+} 阳离子的溶剂化结构。

由于能量密度受五价钒在电解质中的溶解度和浓度的限制，可以通过增加 V^{2+} 和 V^{3+} 离子的浓度来获得高能量密度的钒 – 空气电池。然而，V^{3+} 在低温下的低溶解度和 V_2O_5 在高温下的沉淀将钒 – 空气电池的工作温度限制在 $10 \sim 40 ℃$，这对钒 – 空气电池的实际应用有不利影响。一种有效的方法是用 HCl 或 HCl/H_2SO_4 代替硫酸的电解质，使 V^{2+} 和 V^{3+} 离子在室温下有更高的溶解度。这种新的电解质可以使钒 – 空气电池的能量密度比原来的提高 3 ~ 4 倍。这种新型硫酸盐 – 氯化物混合电解质的另一个特点是能够在 – 5 ℃ 和 50 ℃ 下稳定工作，原因是形成了可溶性的中性 $VO_2Cl(H_2O)_2$ 物质，从而显著降低电池成本和提高整体储能效率。

到目前为止，钒 – 空气电池尽管在实验室水平上取得了初步的成就，但仍需要解决大量的问题和挑战，使钒 – 空气电池可以大规模应用。

2. 钙 – 空气电池

钙在大陆地壳中的丰度很高（大约是钠和镁丰度的 1.5 倍）。钙的摩尔质量为 $M = 40.078 \ \text{g} \cdot \text{mol}^{-1}$，水溶液中钙/钙氧化还原电对的标准电位为 $-2.368 \ \text{V}$，这些优点使金属钙成为应用于金属 – 空气电池的一种有竞争力的金属。研究表明，使用 $Ca(ClO_4)_2$ 等简单盐从有机溶剂中可逆地沉积钙是可能的。此外，有相关研究人员还观察到了通过插入或形成合金来沉积钙。

在有机体系的钙 – 空气电池中的反应，可能会有三种主要产物。

产物 1：
$$Ca + 2O_2 = Ca(O_2)_2 \tag{4.22}$$

产物 2：
$$Ca + O_2 = CaO_2 \tag{4.23}$$

产物 3：
$$Ca + 0.5O_2 = CaO \tag{4.24}$$

Reinsberg 等用微分电化学质谱和旋转环盘电极研究了含 Ca^{2+} 二甲亚砜在不同电极材料上的氧还原和氧化反应。测量结果表明,超氧化物是各种电极材料氧还原的主要产物。在金电极上,可以观测到每个氧分子转移两个电子,如图 4.28 所示。超氧化物是可溶的,可以从溶液中完全再氧化到析出氧,库仑效率大约为 90% 。此外,氧还原过程中产生的物质可以发生吸氧反应,可逆性为 95% 。

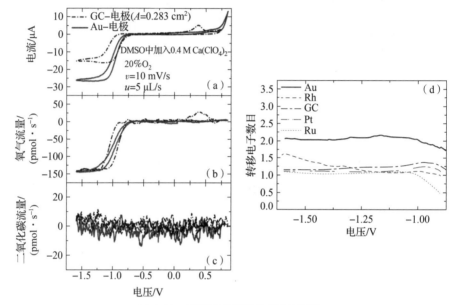

图 4.28 不同电极材料的 DEM 测量
(a) 在 GC 和 Au 电极上的循环伏安曲线;(b) 氧流量;
(c) CO_2 流量;(d) 每个 O_2 分子相应的转移电子数

初步实验表明,主要可溶物质的形成似乎不利于钙 – 空气电池在实际中应用。因此必须进行进一步的研究。目前钙 – 空气电池的相关研究很少,对钙 – 空气电池的研究仍然处于一个初级阶段。

3. 铁 – 空气电池

铁 – 空气电池由一个铁负极和一个空气正极组成,在室温下浸入液态电解质中。在电池运行过程中,两个固体电极在放电过程中伴随 Fe 的氧化和 O_2 的还原,以及在充电过程中伴随相反的反应。在二次铁 – 空气电池中,通常使用 6M KOH 等浓碱性溶液作为电解质,促进空气电极上缓慢的氧还原和析氧反应,同时对铁负极也没有太大的腐蚀性。在浓碱性电解质的电池充电和放电的过程中,单个电极上发生以下反应:

负极反应式：　　　　$Fe + 2OH^- = Fe(OH)_2 + 2e^-$　　　　　　　　　　(4.25)

正极反应式：　　　　$0.5O_2 + H_2O + 2e^- = 2OH^-$　　　　　　　　　　(4.26)

总反应式：　　　　　$Fe + 0.5O_2 + H_2O = Fe(OH)_2$　　　　　　　　　　(4.27)

尽管铁 - 空气电池的能量密度较高（913 W·h·kg^{-1}），但 $Fe(OH)_2$ 向 Fe_3O_4 的氧化并不是优先选择，由于 Fe(Ⅲ) 的化合物表现出更稳定的状态，因此在充电中容易发生不完全还原。

在铁 - 空气电池放电过程中，由于放电产物在碱性电解质中的溶解度较低，负极的初级反应产物 $Fe(OH)_2$ 积聚在铁电极表面，这对铁电极的电化学是一把"双刃剑"。一方面，$Fe(OH)_2$ 是一种电子绝缘物种，通过在铁电极表面形成钝化层来阻止负极材料的继续反应。另一方面，放电产物的有限溶解度促进了 $Fe(OH)_2$ 在铁负极上的均匀沉积，这又防止了不利的枝晶形成和充放电循环时负极材料的体积形状变化。

除了铁在碱性电解质中的钝化行为需要解决外，另一个主要问题是将 $Fe(OH)_2$ 还原为金属铁。在较高的充电过电位的驱动下，$Fe(OH)_2$ 还原为 Fe 的过程会伴随析氢反应，这对电池有双重影响：首先，过多的析氢反应可能导致明显的失水，如果不控制含水量，可能会导致电池干涸并失效。其次，析氢反应显著降低了电池的库仑效率，这些问题需要得到解决。此外，有关铁 - 空气电池的研究课题还研究了如何降低铁在碱性电解质中的自放电，提高固体放电产物的电化学可逆性，以及全面改善空气电极的性能。

铁 - 空气电池中铁电极的电化学循环通常涉及 Fe^{3+}/Fe^{2+} 的利用，根据材料的不同，铁电极的循环伏安曲线显示多个峰，这些峰代表电极表面不同的氧化还原反应。铁的电化学性质，如反应动力学、过电位和腐蚀行为，取决于各种参数，但由于个别反应过程的出现或消失，有时可能会阻碍不同研究的可比性。在最简单的情况下，铁在浓碱电解质中的循环伏安显示两个明显的氧化峰和两个明显的还原峰，电位范围从 -1.3 V 到 -0.3 V（$vs.$ Hg/HgO），如图 4.29 所示。从 -1.3 V 的还原状态开始，两个氧化峰将 Fe 氧化成 $Fe(OH)_2$，以及随后将所得 $Fe(OH)_2$ 氧化为 Fe_3O_4。相反，峰 3 和峰 4 对应的还原反应指的是峰 2 和峰 1 的还原反应，即 Fe_3O_4 还原为 $Fe(OH)_2$，$Fe(OH)_2$ 还原为 Fe。此外，峰 1 和 2 以及峰 4 和峰 3 显示出 2：1 的强度比，这和理论计算的结果一致。

针对电化学可充电铁 - 空气电池的实现，除循环伏安法外，恒电流充放电实验是研究特征电极性能的第二种主要方法，这可以提供有关电极容量的定量信息。在此方法中，发生在被研究电极上的反应由电压平台表示为时间的函数。每个平台的长度取决于相应反应提供的电荷量或所需的电荷量。在碱性电

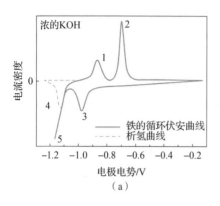 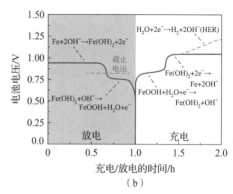

（a）   （b）

图 4.29   碱性电解质中铁的充放电特性

（a）铁在浓碱性电解质中的理想循环伏安曲线；

（b）以 6 M KOH 为电解质的铁 – 空气全电池的理想充放电曲线

解质中，铁电极在一般情况下恒流充放电曲线显示出两个平台，分别指 Fe 氧化成 $Fe(OH)_2$ 和 $Fe(OH)_2$ 氧化成 Fe_3O_4，反之亦然。使用恒流法，特别是研究电极的库仑效率，可以通过将施加的电荷和由此产生的放电容量进行直接比较来得出。此外，充电步骤中由于析氢反应造成的电荷损失可以通过充电平台偏离水平线直接获得，如图 4.29（b）中的虚线所示。充电过程中析氢倾向越高，$Fe(OH)_2$ 还原的充电平台越短。此外，在恒流循环过程中，对某一放电产物的充放电反应的限制比较简单，有利于电池的重复电化学循环。Fe^{3+} 物种在电化学上比 Fe^{2+} 物种更稳定，因此在充电过程中容易发生不完全甚至不可逆的氧化。后者应通过放电平台之间的截止电位来防止，以增加铁电极的可逆性。

本小节从电化学反应机理方面对铁 – 空气电池进行了简单介绍。在一般条件下，铁的表面容易形成薄的表面氧化层。然而，在浓碱性电解质的还原过程中，伴随着铁的副反应是析氢反应。这种副反应严重限制了铁 – 空气电池的性能。因此，到目前为止，铁虽然在金属 – 空气电池中作为二次电池使用，但是解决铁电极的析氢反应是当前研究的重点。

|4.2   金属 – CO_2 电池|

化石燃料的持续消耗和温室气体（主要是二氧化碳）的过度排放造成严重的环境污染。近年来，科学界致力于减少 CO_2 排放，并通过吸收、转换等方式将其转化为有价值的化学品。其中，电化学 CO_2 减排提供了一种潜在的可持续方法，这种方法不仅可以降低 CO_2 浓度，还可以将 CO_2 转化为燃料和有用的化学品。

然而，由于 CO_2 分子中的 $C = O$ 键（≈ -806 kJ·mol^{-1}）热力学稳定、高势垒吸热反应以及催化剂表面受多电子/质子转移控制，其电化学体系的能量转换效率并不理想。在 CO_2 电化学还原系统中，金属 – CO_2 电池因具有实时电能输入驱动 CO_2 转化和整个电池具有高能量密度而成为新的研究热点。金属 – CO_2 电池在实现 CO_2 循环方面类似于电化学 CO_2 还原技术，且具有可以间歇性输入/输出电能的优点。此外，金属 – CO_2 电池通过将过量的二氧化碳转化为增值化学品，储存来自供电系统（如化石燃料、核能和可再生能源）的过剩电力，以及平衡能量储存和碳循环，拥有良好的发展前景。

一般来说，金属 – CO_2 电池包括金属负极、电解质、离子导电隔膜和可以吸收二氧化碳的多孔正极。电池的工作涉及放电 – 充电过程中 CO_2 的吸收和释放，可以可逆地固定 CO_2。金属 – CO_2 电池的结构示意图如图 4.30 所示。

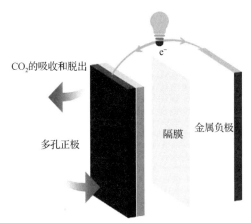

图 4.30　金属 – CO_2 电池的结构示意图

由于金属负极、电解质和催化材料的不同，不同金属 – CO_2 电池的放电反应和相应的逆反应可能完全不同。本小节将对各种金属 – CO_2 电池进行简单的介绍，主要包括金属 – 空气电池的发展历程、工作原理与特点、研究现状及前景等。

4.2.1　锂 – CO_2 电池

1. 锂 – CO_2 电池简介

锂离子电池技术，如锂二次电池、锂 – 空气电池等，受到了广泛的关注。

以锂－空气电池为例，在开放的正极与空气接触的基础上，容量可以趋于无限大，理论上的比能量达到 3 500 W·h·kg^{-1}[179]。尽管锂－空气电池具有显著的优势，但是这种电池的发展在部分情况下受到了限制。限制之一是空气中的 H_2O 和 CO_2 会与电池发生反应，影响电池性能。在潮湿的大气中，空气中的水分与 Li_2O_2 放电产物反应生成 LiOH 副产物。此外，CO_2 很容易溶解在电解质中，与超氧自由基结合在正极形成 Li_2CO_3。Li_2CO_3 的分解电位高于 Li_2O_2，这进一步导致锂－空气电池可逆性和循环性变差。

为了研究清楚二氧化碳对锂－空气电池的影响，研究人员尝试使用 O_2/CO_2 混合工作气体组装成电池并对其进行研究。2011 年，Takechi 等首次开发了一种由 O_2 和 CO_2 组成的金属－气体电池，其高放电容量是纯 O_2 电池的 3 倍。随后的研究集中在纯锂－CO_2 电池上，原因是这种电池体系可以吸收二氧化碳并提供电力。

锂－CO_2 电池由多孔正极、电解质、隔膜和锂金属负极组成。锂－CO_2 电池因其高放电电压（2.8 V）和高的理论比能量（1 876 W·h·kg^{-1}）而受到广泛关注。Li 等首先提出了一种以 Li_2CO_3 为主要产物的可充电锂－CO_2 电池，但是锂－CO_2 电池的实际应用仍面临许多重大挑战，如工作电位和平衡电位之间的过电位过大；低的库仑效率；容量衰减和循环寿命低等。这些问题都是由于碳酸盐产品固有的绝缘性和热力学稳定性、错综复杂的多相界面反应、放电产物在电解质中的不溶性等原因造成的。

Xu 等首次报道了一种消耗纯二氧化碳的一次锂－CO_2 电池，其放电容量在 100 ℃ 时提高了 10 倍。非原位和原位表征技术检测到放电产物为碳酸锂和碳。因此对锂－CO_2 电池发生的反应总结如下：

$$4Li + 3CO = 2Li_2CO_3 + C \qquad (4.28)$$

Liu 等研究了一种可逆的锂－CO_2 电池，该电池使用 $LiCF_3SO_3$ 在四乙二醇二甲醚（摩尔比为 1∶4）中的电解质，该电池放电比容量为 1 032 mA·h·g^{-1}。研究人员发现，在第 5 次循环后，Li_2CO_3 是主要的放电产物。借助拉曼光谱和电子能量损失谱，在多孔金正极上观察到了无定形碳。这进一步验证了上述的方程复合实际现象。

Liu 等利用原位表面增强拉曼光谱来观测金正极放电过程中物质的变化。如图 4.31 所示，可以明显观察到 Li_2CO_3。在低 Li$^+$ 浓度（50 mM）和 CO_2 的气氛中，放电过程中首先检测到草酸盐物种（$C_2O_4^{2-}$），在随后的还原过程中检测到碳酸盐和碳的积累。对草酸中间体的观测解释了锂－空气电池中类似于超氧化物的歧化现象。在约 1.8 V、容量为 20 μA·h 时，观察到一个较低的放电平台；该平台可通过原位拉曼光谱分析出反应产物是 Li_2O，在含有 CO_2

的环境中，Li_2O 倾向于转化为 Li_2CO_3。

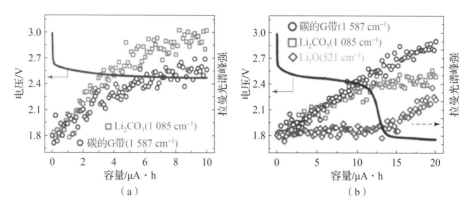

图 4.31　用原位拉曼光谱检测了锂 – CO_2 电池在 0.5 M $LiClO_4$ – 二甲基亚砜电解质中的恒流放电曲线和相应的产物演化

（a）其容量限制在 10 μA·h；（b）其容量限制在 20 μA·h

2. 锂 – CO_2 电池的正极材料

空气正极具有降低过电位，催化二氧化碳氧化和二氧化碳还原的作用。因此空气正极是锂 – CO_2 电池中的重要组成部分。催化正极必须具有足够的活性中心，并有良好的催化作用。考虑到多相催化中气体、电解质和正极之间的三相界面，分层多孔结构对于 CO_2 的传输是至关重要的。多孔结构有利于气体扩散和固定反应位点。电催化剂应具有较高的电子传递速率和较强的催化剂与基体之间的相互作用。本小节将讨论目前在锂 – CO_2 电池中所使用的催化正极，以及正极的组成和结构对电池性能的影响。

1）碳材料

碳基催化剂具有优良的导电性、超高的比表面积、快速的电荷转移和良好的化学稳定性，是一种很有前景的锂 – CO_2 电池的正极材料。

早期的锂 – CO_2 电池使用商业活性炭，如 Super P 和 Ketjen black。Asaoka 等首次使用 Ketjen black 作为混合碳酸盐溶剂中的正极材料，在 100% 浓度 CO_2 的情况下仅有很小的容量。将离子液体加入 Super P 炭黑中，锂 – CO_2 电池在室温下没有容量。但是，锂 – CO_2 电池在 $LiCF_3SO_3$ – TEGDME 电解质中的放电容量上升到约 6 000 mA·h·g^{-1}[190]。因此，只有在合适的电解质与商用碳材料相匹配的情况下，电池才能正常工作。考虑到商用碳材料的催化作用不强，需要一些碳基材料复合来改善放电和充电性能。

Zhang 等将纳米碳材料，如石墨烯和碳纳米管等，用于锂 – CO_2 电池。研究发现，石墨烯具有高的电化学稳定性、优异的导电性和大的比表面积，从而为锂－空气电池提供气体扩散通道、反应活性中心和产物生长空间。受这一应用的启发，研究人员利用石墨烯纳米片的多孔、褶皱结构来润湿电解质和扩散 CO_2。石墨烯正极在 50 mA·g^{-1} 和 100 mA·g^{-1} 的电流密度下分别提供了 14 722 mA·h·g^{-1} 和 6 600 mA·h·g^{-1} 的大容量。在循环试验中，电池可以在 50 mA·g^{-1} 下稳定工作 20 周以上。同样，具有 3D 网络的碳纳米管有利于气体的扩散和电子的传输，有利于碳酸盐产物的沉积和电解质的浸润。这些结果表明，碳纳米管正极表现出比石墨烯更好的循环稳定性，尤其是在较高的电流密度下。但是，锂－CO_2 充电过电位依然很大。因此，需要开发更高效的正极电催化剂。

到目前为止，影响碳基催化剂催化性能的因素并不明确。Xing 等制备并比较了各种孔结构特征的碳材料，提出合适的孔形状、大的孔尺寸和比表面积是催化效果的关键原因。在这些影响因素中，孔隙形状是最重要的，其中二维层间中孔和三维中孔的效率大于一维中孔。较大的孔尺寸提供了丰富的反应界面，防止了孔堵塞，较大的比表面积有多种活性催化中心。

纯碳质材料因其固有的催化活性而受到限制，导致放电产物的不可逆分解。采用掺杂、缺陷等活性手段来修饰碳材料，创造更多的催化活性中心，避免碳材料的限制。Li 等在准固态柔性锂－CO_2 电池的金属钛线的基础上合成了垂直排列的掺氮碳纳米管正极。富含氮的垂直碳纳米管具有丰富的缺陷和孔隙空间，促进了电解质的渗透和气体的扩散，有利于产物的形成和储存，加速了充电过程。结果表明，采用这种材料的电池循环性能稳定，过电位小，深放电容量大于 18 000 mA·h·g^{-1}，具有优异的倍率性能。

2）贵金属材料

在锂－空气电池体系中，贵金属材料是广泛用于正极材料的催化剂。随后，科研人员也将许多类型的贵金属材料应用于锂－CO_2 电池体系中。在贵金属家族中，Ru 基催化剂的研究最多。2017 年，Yang 等首次在锂－CO_2 电池中使用 Ru@ Super P 正极催化剂，充电电压被控制在 4.4 V 以下，充电过程完全可逆。X 射线衍射和拉曼光谱分析表明，放电产物主要为 Li_2CO_3 和碳。原位表面增强拉曼光谱图（图 4.32）证实了 Ru 催化剂可以促进含有两种放电产物的充电反应，并抑制 4.4 V 以上电压下的电解质分解。Ru 基锂－CO_2 电池的放电容量为 8 229 mA·h·g^{-1}，第一次循环的放电比容量为 86.2%，在电流密度为 100~300 mA·g^{-1} 内可以循环 70 周以上，循环容量为 1 000 mA·h·g^{-1}。Thoka 等采用沉积在碳纸上的 Ru/碳纳米管作为正极，其最大放电和充电容量分别达到 23 102 mA·h·g^{-1} 和 163 35 mA·h·g^{-1}，库仑效率为 71%。此外，

锂 – CO_2 电池在 100 mA·g^{-1}电流密度下的放电容量为 500 mA·h·g^{-1}。科研人员将 Rh 引入 Ru 纳米粒子中，形成了超薄的 RuRh 纳米片。这种 RuRh 基材料在 200 mA·g^{-1}的固定电流密度下的充电平台为 3.75 V，循环了 190 周。在 800 mA·g^{-1}的高电流密度下，锂 – CO_2 电池的容量可保持在 6 500 mA·h·g^{-1}，优于商用碳催化剂。Li_2CO_3 在 RuRh 内的活化势垒显著降低，充电过电位最小，且呈正相关关系。基于 RuRh 的锂 – CO_2 电池实现了可逆的氧化还原过程。

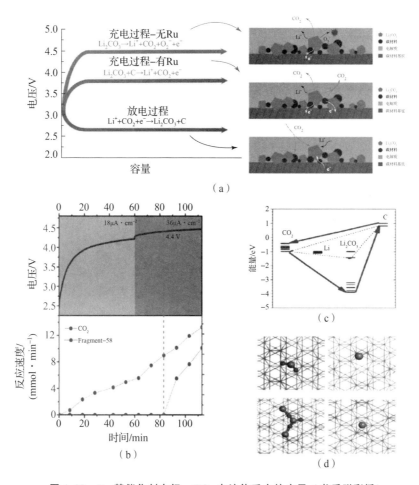

图 4.32　Ru 基催化剂在锂 – CO_2 电池体系中的应用（书后附彩插）

（a）锂 – CO_2 电池不使用 Ru 催化剂和使用 Ru 催化剂的充电过程示意图以及放电过程示意图；（b）测试可逆 Ru@ Super P 基锂 – CO_2 电池充电过程中随电流密度增加的过程，包括 CO_2 和溶剂分解产物的析出；（c）RuRh 正极表面反应物、中间体和产物的生成能基准；（d）相应反应物、中间体和产物（Ru，浅蓝色；Rh，绿色；Li，紫色；O，红色；C，灰色）的放大结构表示

贵金属氧化物对 Li_2CO_3 的分解表现出超高的催化活性。相关人员以负载 RuO_2 纳米粒子的碳纳米管为正极材料，测试了其对预填充了 Li_2CO_3 材料的催化性能。锂－CO_2 电池可以在 $50\ mA \cdot g^{-1}$ 的电流密度下充分放电，充电 17 周，库仑效率接近 100%。放电－充电平台分别位于 $2.46\ V$ 和 $3.97\ V$，预装 Li_2CO_3 的碳纳米管@RuO_2 正极的充电平台为 $3.9\ V$，实现了放电产物的分解，库仑效率为 93%。

此外，Wu 等合成了用分散的 IrO_2 纳米颗粒修饰的氮掺杂碳纳米管。这种正极材料加速了 Li_2CO_3 薄片的均匀生长。$IrO2$－N/碳纳米管催化电池的放电容量为 $4\ 634\ mA \cdot h \cdot g^{-1}$，循环寿命超过 316 周，在 $100\ mA \cdot g^{-1}$ 电流密度下的固定容量为 $400\ mA \cdot h \cdot g^{-1}$，其充电平台保持在 $3.95\ V$，表明该材料具有良好的催化性能。多孔结构促进了气体/锂离子的扩散，并为放电产物提供了足够的空间。N 掺杂改变了催化剂的电子分布特性，提高了电导率，均匀分布的 IrO_2 提高了催化活性。协同作用不仅提高了 CO_2 的吸收能力，而且加快了 Li^+/CO_2 与 Li_2CO_3/C 之间的反应。

3）过渡金属基材料

尽管贵金属材料具有超高的催化活性，但其昂贵的成本、稀缺性和较差的稳定性阻碍了其大规模应用。研究人员将研究重点转向过渡金属基材料，如 Ni、Cu、Co 和 Fe，在这些材料中，价态可以通过离子和电子传输来调节。在石墨烯碳材料的基础上，Zhang 等通过水热和退火处理，在掺氮石墨烯材料上制备了高度分散的 Ni 颗粒，在空气正极上证实了聚集态 Li_2CO_3 和碳膜的可逆形成和分解。对于以 Ni－石墨烯为正极的锂－CO_2 电池，在 $100\ mA \cdot g^{-1}$ 的电流密度下，Ni－石墨烯正极的放电平台稳定在 $2.82\ V$ 左右，容量为 $17\ 625\ mA \cdot h \cdot g^{-1}$。比容量和倍率性能的提高表明，大的孔隙有利于均匀的 CO_2 传输和电解质渗透，容纳了大量的放电产物。根据第一性原理计算，由于 Li、CO_2 与 Ni 表面的强相互作用，Ni 表面倾向于吸附 Li 和 CO_2。这些结果表明，Ni－石墨烯有效地捕获了 Li 和 CO_2，其中 Ni 纳米粒子是反应的活性中心。

此外，Hu 等将单个 Fe 原子注入三维多孔互连的 N，S 共掺多孔石墨烯中，作为 CO_2 还原和 Li_2CO_3 氧化的有效正极催化剂。N 掺杂的多孔石墨烯可以提供足够的吡啶 N 位，使 Fe 单金属原子形成 "FeN_x" 基团。密度泛函计算表明，在循环过程中，"FeN_4" 和 N、S 掺杂都起到了活性中心的作用。碳骨架中 N、S 共掺杂和 FeN_4 部分产生的电荷之间的协同作用加速了 C 原子和杂原子之间的电荷转移。相互连接的多孔石墨烯骨架具有三维多孔结构，有利于电子/离子的传输。这一条件导致了直径小于 $10\ nm$ 的小尺寸 Li_2CO_3 纳米粒子的生长，这些纳米粒子很容易分解。这些优点使得锂 – CO_2 电池具有卓越的性能：高容量（23 174 mA·h·g^{-1}）、低极化（100 mA·g^{-1}时为 1. 17 V）、更长的循环寿命（100 mA·g^{-1}时循环 200 周）和良好的倍率性能。

总体而言，正极催化剂对放电产物的分布、形貌和结晶度以及反应路径都有较大的影响。高性能固体催化剂应满足以下要求：①大的比表面积、适合 Li$^+$ 和 CO_2 扩散通道的孔的形状和大小，以及满足产物的生长空间；②快速电子转移的高导电性；③优异的催化活性，以提高能量效率和循环稳定性；④提高化学和电化学稳定性，避免腐蚀和分解；⑤低成本和高环境友好性。

3. 锂 – CO_2 电池的负极材料

锂 – CO_2 电池具有很高的能量密度，是有前途的下一代电池。然而，其较差的可逆性阻碍了实际应用。由于严重的副反应，CO_2 正极和锂金属负极在循环过程中都会迅速降解。近年来，随着各种先进催化剂开发，CO_2 正极的稳定性有了显著提高。建立稳定的锂金属负极是实现高效锂 – CO_2 电池的另一个关键。

通过更换锂负极和重新组装电池，许多实验证实了限制锂 – CO_2 电池稳定运行的一个重要原因是锂负极的腐蚀。Chen 等全面揭示了这一问题，并通过后续的锂负极保护提高了电池的循环稳定性。锂 – CO_2 电池在几次循环内突然失效，正极上没有 Li_2CO_3 残留物。更换锂负极并重装电池后，电池仍可运行。通过表征测试，发现锂负极在循环过程中产生了 Li 枝晶和钝化物质（LiOH 和 Li_2CO_3），这是导致电池失效的主要原因。然后，通过溅射沉积法在锂金属上沉积一层碳薄膜，以抑制循环时枝晶的形成，从而提高锂 – CO_2 电池的循环稳定性，如图 4. 33 所示。通过实验和分析，证明锂负极保护是提高电池性能的重要因素。

此外，Thoka 等研究了尖晶石型锌钴多孔纳米棒与锂 – CO_2 电池正极材料碳纳米管（$ZnCo_2O_4$@ CNTs）的复合材料，可以提高锂 – CO_2 电池循环性能。该研究发现，经过长时间的循环后，电池的性能会下降，最终失效。但更换锂负极后，电池仍可运行一段时间，说明锂负极的稳定性是延长电池循环稳定性的重要因素。同样，Qiu 等也指出，锂负极的稳定性对锂 – CO_2 电池的稳定性起着至关重要的作用。

通过对锂负极研究工作的总结，发现在短循环时间内限制电池循环性能的主要因素是催化剂对放电产物的催化分解能力。当催化剂的催化活性不足时，放电产物会积聚在正极表面，阻碍反应，加剧电池的极化，最终导致电池的失效。然而，当催化剂的分解能力足以支撑电池长周期运行时，锂负极的稳定性

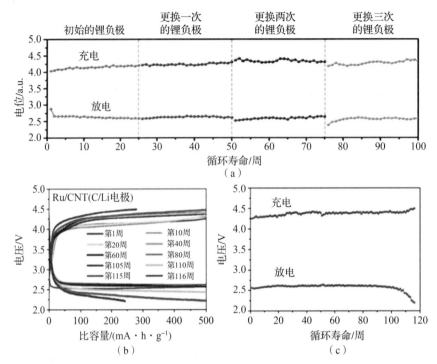

图 4.33　更换 Li 负极与 C/Li 负极的 Ru/碳纳米管正极材料的性能

（a）更换锂负极的 Ru/碳纳米管正极材料的放电电位和充电电位与循环次数的关系；

（b）、（c）C/Li 负极的 Ru/碳纳米管正极材料的循环性能

是制约电池循环稳定性的重要因素。因此，稳定的锂负极是保证电池长期运行的基础，这意味着锂负极的保护是未来实现锂 - CO_2 电池应用的重要研究方向。目前，可以采用物理沉积、化学电镀等一系列方法对锂负极进行表面处理，使锂负极具有一定的机械稳定性和电化学稳定性，而不影响锂离子的脱嵌，保证电池的长期运行。

4. 锂 - CO_2 电池的电解质

对于锂 - CO_2 电池，电解质应该具有优良的化学稳定性，以确保电解质不会与锂负极、空气正极和活性物质反应。此外，电解质还需要具有较高的活性物质传输能力，以确保电池运行过程中 CO_2、电子、Li^+ 等物质的快速运输，从而有效地降低电池的极化。这些必要的因素是锂 - CO_2 电池能够长时间运行的关键。

1）有机电解质

在锂 - CO_2 电池的早期研究中，电池需要较高的充电电位（ > 4.4 V）才

能实现电池的循环工作。Li_2CO_3 是电池的放电产物，这是一种热力学稳定性高、分解动力学慢的绝缘材料，会导致电解质的分解。但是，随着高效催化剂的开发，放电产物的分解电位降低，这使得有机电解质在锂 – CO_2 电池中的应用更加广泛。

一般来说，锂 – CO_2 电池中的绝大多数电解质使用的是含有双（三氟甲磺酰亚胺）锂（LiTFSi）或三氟甲磺酸锂（$LiCF_3SO_3$）盐的甘醇二甲醚基溶剂，锂负极在该电解质内化学稳定性好且此电解质的氧化电位高、成本低。通过理论分析和实验研究，Yang 等证明了甘醇二甲醚基电解质在充电电压低于 4.4 V 时能够稳定存在。因为目前大多数研究工作都能确保电池的充电电位小于 4.4 V，所以基于甘醇二甲醚基的电解质是锂 – CO_2 电池的通用电解质。此外，Jiao 等通过对电解质关键参数的分析，为电解质的选择提供了一定的方法。

虽然由于高效催化剂的开发，甘醇二甲醚基电解质可以实现锂 – CO_2 电池的通用化，但是也需要继续寻找和设计更稳定、更高效的电解质，以克服锂 – CO_2 电解质在电池运行中的蒸发问题，从而提高锂 – CO_2 电池的电化学性能。

2）凝胶/固态电解质

有机电解质往往存在一些固有的缺陷。首先，液体电解质的泄漏、蒸发和半开放结构的易燃性严重制约着锂 – CO_2 电池的发展。其次，由于 CO_2 在有机电解质中的溶解度很高，Li_2CO_3 和碳会形成厚厚的聚合状放电产物而聚集在电解质中。为了克服上述障碍，提高安全性，相关研究人员已经用凝胶态和固态电解质取代了传统的液体电解质。

凝胶聚合物电解质由聚合物基体和液体电解质组成，具有较高的离子导电性，可减缓 CO_2 在电解质中的溶解，避免锂负极与气体的接触反应。Li 等首次利用紫外光固化技术合成了一种致密且热稳定的凝胶聚乙烯，其离子电导率为 0.5 $mS \cdot cm^{-1}$。基于凝胶聚合物电解质的锂 – CO_2 电池在 50 $mA \cdot g^{-1}$ 电流密度下的放电容量为 8 536 $mA \cdot h \cdot g^{-1}$，在 500 $mA \cdot g^{-1}$ 电流密度下放电容量为 2 581 $mA \cdot h \cdot g^{-1}$。此外，还对电池的倍率特性、过电位和循环性能进行了优化。与锂 – 空气电池的研究结果相似，这种电解质表现出更好的电荷传输和电化学动力学，促进了放电产物的分解。

Zhou 等将装载在碳纳米管布上的超细 Mo_2C 纳米粒子作为独立的杂化薄膜，制备了准固态柔性纤维状锂 – CO_2 电池。紫外光照射合成的凝胶聚合物电解质抑制了电解质的渗漏和着火的发生。在电化学性能方面，该锂 – CO_2 电池具有高放电比容量（3 415 $\mu A \cdot h \cdot cm^{-2}$）和低充电平台（3.5 V），能量效率为 80%。锂 – CO_2 电池具有良好的机械强度和较高的柔韧性，可在 0° ~ 180°

连续弯曲下正常工作，保持良好的电化学性能。

尽管凝胶聚合物电解质具有抑制电解质泄漏和抑制枝晶生长的优点，但由于凝胶聚合物电解质中存在残留的溶剂，仍然具有安全隐患。全固态电解质可能会解决这种问题。Hu 等首次报道了一种由聚甲基丙烯酸甲酯/聚乙二醇 – $LiClO_4$ – 3 wt% SiO_2 复合聚合物电解质和多壁碳纳米管正极组成的无液体锂 – CO_2 电池。在 55 ℃时，这种复合聚合物电解质通过渗透与多孔碳纳米管正极结合，从而在没有任何粘结剂的情况下表现出较低的界面电阻和坚固的结构的显著优点。无定形二氧化硅对离子电导率有显著影响，在 3 wt% 的浓度下，电导率达到 7×10^{-2} mS·cm^{-1}。原子力显微镜图像显示了其超光滑致密的表面，确保了其与锂负极的紧密接触。此锂 – CO_2 电池的比能量高达 521 W·h·kg^{-1}，在弯曲和扭转分别达到 180°和 360°时仍然具有 220 h 的长循环寿命。同时，55 ℃的高工作温度和碳纳米管正极的组合提高了电池的活性，降低了界面电阻，导致充电过电位较低。在长时间的循环后，界面结构仍然保持完整和分层，如图 4.34（a）、（b）所示。

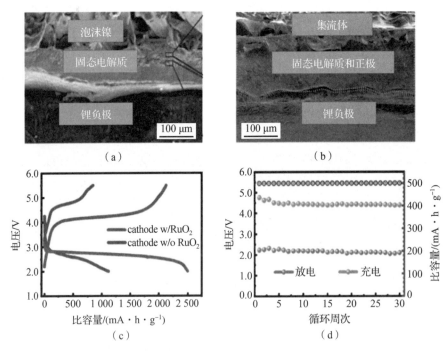

图 4.34 聚甲基丙烯酸甲酯/聚乙二醇 – $LiClO_4$ – 3 wt% SiO_2 复合聚合物电解质

（a）循环前；（b）循环后横截面的 SEM 图像；

（c）锂 – CO_2 电池的放电/充电曲线，采用含/不含 RuO_2 催化剂的陶瓷无机电解质；

（d）容量为 500 mA·h·g^{-1} 的电池在 50 mA·g^{-1} 下的循环性能

最近，一种新的全固态锂－CO_2 电池使用了 RuO_2－单壁碳纳米管复合正极和陶瓷无机电解质（$Li_{1.5}Al_{0.5}Ge_{1.5}(PO_4)_3$），该固态电解质可以在宽温度范围和不同的电流密度下工作。在纯 CO_2 气氛中和 60 ℃下，其放电容量和充电容量分别达到 2 499 mA·h·g^{-1} 和 2 137 mA·h·g^{-1}，如图 4.34（c）、（d）所示。循环寿命达到 30 周，极限容量为 500 mA·h·g^{-1}，电流密度为 50 mA·g^{-1}。放电过程中正极表面形成的薄膜状结构和充电过程中产生的 CO_2 证实了锂－CO_2 电池的可逆性。

总的来说，液体电解质的主要问题是解决电解质的蒸发和副反应。凝胶电解质的主要问题是改善安全性、降低电池极化，全固态电解质的主要问题是改善电导率和循环寿命。这将是今后锂－CO_2 电池电解质研究的主要内容。

5. 锂－CO_2 电池小结

本小节总结了锂－CO_2 电池当前取得的成果和存在的问题。目前锂－CO_2 电池的发展面临着锂负极腐蚀、电解质挥发、贵金属催化剂昂贵、碳基催化剂和过渡金属催化剂催化活性不足等问题。锂－CO_2 电池的发展还处于初级阶段，如果克服上述问题和挑战，锂－CO_2 电池将成为新一代主流电化学储能系统。

4.2.2 钠－CO_2 电池

1. 钠－CO_2 电池简介

近年来，金属－CO_2 电池作为金属－气体电池的一种，既能储存温室气体 CO_2 又能产生电能，这种独特的优点使其成为最具吸引力的研究热点之一。Xu 等提出了锂－CO_2 电池的第一个原型，这个电池为一次电池，可以吸收和利用二氧化碳。后来，Zhang 等设计了第一个可充电的锂－CO_2 电池，并通过催化正极促进绝缘的 Li_2CO_3 的分解，在室温下该电池具有较高的容量。后来，关于锂－CO_2 电池的研究开始兴起，各种正极材料、电催化剂和电解质被开发出来，以提高二次锂－CO_2 电池的电化学性能。然而，地球上锂的资源有限，导致锂的价格很高，这阻碍了以锂为基础的储能系统的大规模利用，这些原因促使了研究人员研究锂－CO_2 电池的替代品。

在各种金属－CO_2 电池中，钠－CO_2 电池表现出与锂－CO_2 电池相似的特性，并具有一些显著的优点，例如钠－CO_2 电池的能量密度高，但成本较低、工作电压较高等。此外，钠和 CO_2 反应的自由能（-905.6 kJ·mol^{-1}）比锂和 CO_2 反应的自由能（-1 081 kJ·mol^{-1}）高，平衡电位小，这有利于抑制电解质的分解，从而有助于提高能量效率和延长寿命。与 Li^+ 相比，Na^+ 作为电荷载体还具有别的优点，如较大的离子半径和较高的配位数、极化较小、电荷转移电阻较小、溶剂化能较低、电极动力学较快，因此钠 – CO_2 电池显示出很好的应用前景。

钠 – CO_2 电池的能量密度约为 1 125 $W \cdot h \cdot kg^{-1}$，反应方程式如下所示：

$$4Na + 3CO_2 = 2Na_2CO_3 + C \qquad (4.29)$$

电池反应的过电位可以使用催化剂材料来调节，以促进放电产物的形成和随后的分解。在一般的电池放电反应中，CO_2 与钠会发生二氧化碳还原反应，形成放电产物，主要成分是碳酸盐。通过对电池进一步充电，覆盖在多孔集电器上的催化剂有助于放电产物的分解，从而通过二氧化碳释放反应将二氧化碳释放出来。

2. 钠 – CO_2 电池正极材料

钠 – CO_2 电池产物的分解和 CO_2 的还原至关重要。为了实现钠 – CO_2 电池的商业化，开发高效的正极材料具有广泛的意义。在过去的研究里，钠 – CO_2 电池在设计新型高效电催化材料的正极方面取得了一定的成果。电催化剂在促进 CO_2 的还原和析出以及碳酸盐的形成和分解方面起着重要作用，这对钠 – CO_2 电池的电化学性能有着至关重要的影响。电导率、合理设计的孔结构和大的孔体积的材料更有利于快速的电子传输，促进 Na^+ 的扩散，并可以容纳放电产物，其次，正极材料与 CO_2 应该具有很强的结合力，有助于降低气体/电解质/固体界面的反应势垒，理想的正极应该具有高效的催化活性，能够促进 CO_2 的还原放出和放电产物的分解，从而有利于降低充放电过程中的过电位，获得较高的电化学性能。

1）碳材料

碳材料（商用炭黑、碳纳米管和石墨烯）由于固有的高电子传导性、丰度、孔结构可调、表面化学丰富和比表面积高等优点，已被广泛应用于各种能量转换和储存装置中，包括金属 – CO_2 电池中的活性材料、导电添加剂或载体。

已经商业化的碳材料，如 Super P、ketjen black 和活性炭，由于成本低、制备工艺成熟，已被用作金属 – 空气电池的正极复合材料和/或催化剂。例如，Das 等使用 Super P 作为正极材料，用于钠 – CO_2/O_2 电池。然而，商用碳的电导率相对较低、比表面积较小、孔体积较小、活性中心有限，因此其电催化性能并不理想。因此，相关科研人员制备了杂原子掺杂碳和新型纳米碳材料来提高催化剂的催化性能。在锂 – CO_2 电池中已经证实杂原子掺杂可以通过调整碳骨架的电荷分布，增强附近碳原子的正电荷，增强 CO_2 的吸附亲和力，从而有利于 CO_2 的还原和析出反应。掺杂的碳材料在钠 – CO_2 电池中也是很好的正极材料。例如，Hu 等报道了一种全固态钠 – CO_2 电池，该电池采用沸石咪唑骨架衍生的氮掺杂纳米碳作为正极，钠金属作为负极，聚氧化乙烯基聚合物作为电解质，如图 4.35 所示。采用沸石咪唑骨架分子筛在一定温度下焙烧，然后用稀盐酸洗涤的方法，简单地合成该正极材料，如图 4.35（b）所示，尽管所制备的 N 掺杂样品具有相对较小的比表面积，但此正极拥有比炭黑更高的 CO_2 吸收量。根据计算结果，N 掺杂表面与 CO_2 的键强于未掺杂的碳表面，如图 4.35（c）所示，这有望促进 CO_2 的还原和放电产物的形成。用优化后的氮掺杂纳米碳组装全固态钠 – CO_2 电池，其放电容量为 10 500 $mA \cdot h \cdot g^{-1}$，过电位大大降低，循环时间更长，能量密度高达 180 $W \cdot h \cdot kg^{-1}$。电化学阻抗谱图如 4.35（d）所示，由于绝缘放电产物的逐渐积累，使用氮掺杂纳米碳正极的电池在 80 周循环后阻抗仅略有增加，这比使用炭黑正极的电池（7 周循环后大约增加 6 倍）要好得多。这种鲜明的对比可以归因于多孔性和高导电性的 N 掺杂纳米碳的有效催化作用。X 射线光电子能谱表明，放电后在氮掺杂纳米碳正极上清晰地检测到 CO_3^{2-} 的信号，充电后信号消失，证实了 Na_2CO_3 的可逆形成和分解，如图 4.35（e）所示。掺杂是提高纯碳材料电化学性能的一种可行、简便、低成本的策略，这是制备性能优良的钠 – CO_2 电池非金属正极的一种非常有效的方法。

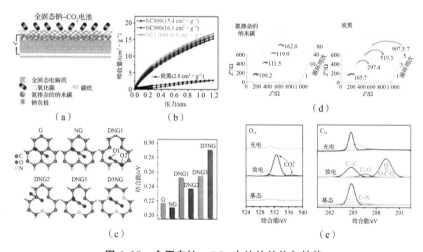

图 4.35　全固态钠 – CO_2 电池的结构与性能

（a）含 N 掺杂碳正极的全固态钠 – CO_2 电池结构；（b）273 K 下 N 掺杂纳米碳和炭黑的低压 CO_2 吸附等温线；（c）未掺杂、石墨型和吡啶型 N 掺杂纳米碳与 CO_2 分子相互作用的密度泛函计算，以及一个 CO_2 分子吸附在未掺杂和掺杂纳米碳上的结合能计算；（d）具有 N 掺杂纳米碳和炭黑正极的钠 – CO_2 电池在不同充电状态下的奈奎斯特曲线图；（e）XPS 表征，以确认 Na_2CO_3 在放电和充电过程中的可逆形成和分解总体而言，碳材料具有比表面积大、高本征电子电导率、高化学和电化学稳定性、低成本、可再生性和丰富的表面化学等特点，是钠 – CO_2 电池中最常用的催化剂之一。然而，作为催化正极的碳材料远远达不到要求，需要有效的方法来改进，如调整微观结构、孔隙率、缺陷和掺杂剂等。

2）贵金属材料

尽管碳材料具有优异的电子和传质性能，但其在二氧化碳还原放出反应和热力学稳定放电产物的可逆转化方面的催化活性相对较低。因此，科研人员设计了各种贵金属基正极材料，并研究了这些材料在钠 – CO_2 电池中的催化性能。例如，Guo 等设计了一种正极复合材料，在多孔的 ketjen black 上沉积纳米钌。在 ketjen black 的存在下，通过在乙二醇中原位还原 $RuCl_3$，可以制备 Ru@ KB 复合材料。由于钌纳米球的高催化活性和 ketjen black 的多孔结构，放电产物的可逆性大大提高，所制备的 Ru@ KB 复合正极的钠 – CO_2 电池的放电容量为 11 537 mA · h · g^{-1}，循环寿命为 130 周以上，过电位也有所降低。利用拉曼光谱、X 射线衍射和 X 射线光电子能谱对 Ru@ KB 在第一次循环中的不同状态进行分析，证实了 Na_2CO_3 的可逆生成和分解，揭示了 Ru 的有效催化活性。最近，Thoka 等采用 Ru 纳米颗粒沉积在碳纳米管（Ru/CNT）上作为正极复合材料，研究和比较锂 – CO_2 电池和钠 – CO_2 电池的机理、稳定性、过电位和能量密度。铂材料可用于钠 – CO_2 电池的催化剂。Zhu 等以单个 Pt 原子沉积在掺氮碳纳米管上作为正极，成功组装了钠 – CO_2 电池，并用原位透射电子显微镜研究了产物在充放电过程中的形貌演变和相变。由于引入了单原子铂催化剂，大大提高了放电速率，并提高了循环性能。

与纯碳基材料相比，碳材料负载的贵金属基催化剂在促进钠 – CO_2 电池中的电化学反应方面表现出优异的催化活性，从而提高了电池的放电/充电容量，可以获得更小的过电位和更高的能量效率。通常，贵金属基催化剂有助于降低二氧化碳还原和放电产物分解所需的活化能。然而，昂贵的成本和有限的资源严重阻碍了贵金属基催化剂的商业化应用。有鉴于此，应探索合理的方法，如设计纳米结构材料、开发单原子催化剂等。

3）过渡金属材料

鉴于碳材料的催化性能一般和贵金属基化合物的成本高等缺点，低成本、天然丰度的过渡金属基化合物，特别是钴类催化剂，在金属 – CO_2 电池等领域得到了广泛的应用。

例如，Fang 等提出了一种通过 Na_2CO_3 活化实验筛选高效正极催化剂的简单方法。通过在碳纤维（CF）上原位生长 Co_2MnO_x，然后在高温下退火，制备了柔性的、独立的催化正极（CMO@ CF），如图 4.36 所示。如图 4.36（b）

XPS 图所示，Co 和 Mn 均以混合价状态存在，有望表现出优异的电催化活性。与纯氧化钴和氧化锰相比，Co_2MnO_x 基正极可以在最低电压下促进 Na_2CO_3 的分解，同时由于 Co^{2+}/Co^{3+} 和 Mn^{2+}/Mn^{3+} 混合氧化还原对的共存，其表现出更高的放电电压平台，证明了其优异的催化性能。组装的钠－CO_2 电池容量更高（$8\,448\ mA\cdot h\cdot g^{-1}$），初始库仑效率为 80.2%，放电平台较低（1.77 V），以及循环稳定性更好，这远远好于基于原始碳纤维的正极。Thoka 等在多壁碳纳米管上制备了尖晶石型 $ZnCo_2O_4$ 多孔纳米棒复合正极，用于分解绝缘的 Na_2CO_3。理论计算结果表明，［001］、［111］3 个面上只有暴露的 Co 原子，暴露的 Co、Zn 原子的［111］面上的配位数降低，对 CO_2、Na 和 Na_2CO_3 有较强的吸附能，有利于催化反应。因此，该钠－CO_2 电池具有 $12\,475\ mA\cdot h\cdot g^{-1}$ 的高可逆容量、超过 150 周的循环寿命和低的过电位。

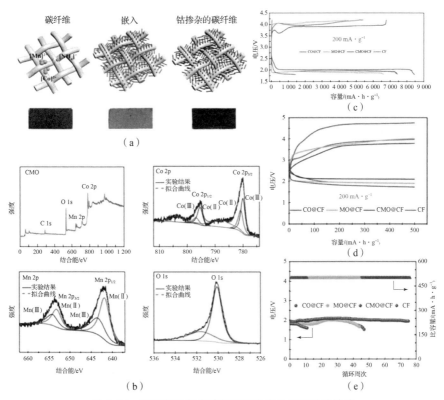

图 4.36　不同材料复合碳纤维作为电极材料时的性能

（a）CMO@CF 电极制备过程的示意图；（b）CMO 样品、Co2p、Mn2p 和 O1s 的 XPS 谱；

（c）截止电压为 1.8~4.2 V 的 TMO@CF 和 CF 正极的恒流充放电曲线；

（d）容量限制为 $500\ mA\cdot h\cdot g^{-1}$ 的 TMO@CF 和 CF 电极的恒流放电－充电曲线；

（e）TMO@CF 和 CF 电极的恒流放电－充电曲线

过渡金属材料通过与碳材料形成复合材料，结合了碳的高比表面积、高电导率和金属化合物的有效催化作用，是具有前景的钠 – CO_2 电池催化正极材料。因此，设计具有新颖结构的碳和过渡金属基化合物的复合材料，并研究材料之间的相互作用是今后研究的重点。过渡金属基催化正极是未来另一个研究重点方向。

3. 钠 – CO_2 电池负极材料

建立坚固耐用的金属钠负极是实现稳定的钠 – CO_2 电池的关键。负极与溶解的 CO_2 或电解质发生反应，可能会形成钠枝晶和表面钝化，这将增加二氧化碳吸收/还原过程的极化，导致电池失效。目前在钠 – CO_2 电池中，有关负极的研究相对较少，不过可以借鉴钠 – 空气电池中的方法，对钠 – CO_2 电池中的钠负极进行改进。

Xiaofei 等构建了一种氧化石墨烯 – 钠复合材料来代替纯金属钠负极，这种负极材料可以诱导 Na^+ 在负极上均匀沉积，并有效地避免钠枝晶的生长。氧化石墨烯 – 钠负极表现出比原始金属钠更快的 Na^+ 沉积/溶解动力学，在 Ar 气氛下快速放电和充电，使氧化石墨烯 – 钠负极表面较初始状态更加平整。同时，在充电过程中，氧化石墨烯 – 钠负极表面残留的孔隙允许钠的沉积，即使在 450 周循环后也能阻止钠枝晶的形成。纯钠负极则在 450 周循环后出现严重开裂。钠与氧化石墨烯 – 钠负极的这种形貌差异表明，泡沫氧化石墨烯的加入可以控制钠在负极表面的均匀沉积，减缓枝晶的生长。采用氧化石墨烯 – 钠负极，钠 – CO_2 电池可在 500 mA · g^{-1} 的电流密度下循环 400 周，截止容量为 1 000 mA · h · g^{-1}。

钠枝晶是钠 – CO_2 电池中的一个严重问题，这会导致短路和安全问题。构建稳定的无枝晶金属钠负极的策略主要有：设计有效的钠主体、电解质修饰、钠表面保护或人工固体电解质界面。

4. 钠 – CO_2 电池的电解质

在开放的钠 – CO_2 电池中，液体电解质的蒸发限制了电池的实际应用。用固体或半固体添加剂对电解质成分进行改性可以减少电解质的蒸发，提高电池的循环能力。

Xu 等设计了一种独特的含有离子液体和纳米粒子的混合电解质，以提高电解质的电压稳定性。加入 10% 由 1 – 甲基 – 3 – 丙基咪唑双（三氟甲砜）酰亚胺离子液体功能化的 SiO_2 可产生 $NaHCO_3$ 作为放电产物。Kim 等使用混合电解质系统使电池运行约 1 000 h。混合钠-CO_2 电池由金属钠/有机电解质/固体电解质/水电解质/正极催化剂组成。电池的独特设计利用了循环的二氧化碳。

聚合物固态电解质的柔软质地使其能够与电极紧密接触，并且不会产生电解质挥发等安全问题。因此，聚合物被广泛用于制备固态钠-CO_2 电池。到目前为止，含有无机固体电解质的固态钠-CO_2 电池还没有报道。不过固态电解质会解决电解质的蒸发和副反应以及安全性问题，有可能是今后钠-CO_2 电池电解质的研究热点。

5. 钠-CO_2 电池小结

由于可充电钠-CO_2 电池的低成本和高能量密度，将 CO_2 收集起来并用于发电，成为一项很有前途的技术。近年来，关于钠-CO_2 电池正极催化材料的研究进展取得了重大的突破。然而，与别的储能系统相比，钠-CO_2 电池的研究还处于起步阶段，存在循环性能差、倍率能力差、放电/充电过电位差大、库仑效率低等问题。这些问题需要进一步解决。

4.2.3 锌-CO_2 电池

1. 锌-CO_2 电池简介

目前锂-CO_2 电池已经实现了高工作电压、高能量密度和长循环稳定性能。然而，由于没有质子参与，有限的 CO_2 在非水锂-CO_2 电池只能实现有限的放电产物，包括 C、碳酸盐、草酸盐和 CO。此外，构成现代化学工业基础的碳氢化合物、酸和醇等有机产品，如果没有质子辅助二氧化碳发生反应，就无法从非水锂-CO_2 电池中生产出来。

理论上，水是提供质子以实现灵活的二氧化碳电化学的完美介质。大量的贵金属、过渡金属和无金属碳基电催化剂已经被证明可以在 CO_2 水溶液中催化 CO_2 的转化。此外，水是一种比有机溶剂成本更低和更环保的溶剂。因此科研人员提出并实现了利用质子耦合电子转移机制促进柔性 CO_2 化学的锌-CO_2 水系电池。目前实现了几种基于多功能催化剂正极的二次锌-CO_2 电池，包括贵金属、过渡金属和无金属碳材料。二次锌-CO_2 电池的反应如下：

$$Zn + 4OH^- + CO_2 + 2H^- = Zn(OH)_4^{2-} + HCOOH \quad (4.30)$$

本小节总结了水系锌-CO_2 电池的最新研究进展、电池材料的研究现状以及面临的挑战，并提出解决这些挑战的方法。

2. 锌 – CO_2 电池的正极材料

利用催化剂正极，在放电过程中催化 CO_2 还原反应，在充电过程中催化 CO_2 析出反应，可实现可充电的锌 – CO_2 水系电池。虽然这两种反应分别在多种催化剂上进行了研究，但很少有关注双功能催化剂对这两种反应的研究。目前已有一系列催化剂正极，包括贵金属、过渡金属和无金属碳基材料，用于可充电的水系锌 – CO_2 电池。

1）贵金属材料

通过化学耦合电化学沉积方法合成的贵金属基催化剂正极 Ir@ Au 结合了贵金属铱和金的优点并抑制了各自的缺点。Ir@ Au 具有丰富的活性中心和多孔结构，在 $KHCO_3$ 溶液中显示出在低过电位下选择性地将 CO_2 转化为 CO 的高催化活性。相比之下，单金属 Au 催化剂表现出较差的催化活性，而单金属 Ir 催化剂在 CO_2 还原条件下会发生析氢反应。

具有 Ir@ Au 催化剂正极的可充电水系锌 – CO_2 电池在 1.5 mA 的放电电流下显示出高达 90% 的法拉第效率，同时在放电过程中电流为 0.01 mA 时的最大放电电压为 0.74 V，能源效率高达 68%。此外，电池展现出了 90 周的循环性能，如图 4.37 所示。

2）过渡金属材料

通过两步掺杂工艺合成的过渡金属基催化剂正极 Ni 和 P 共掺杂石墨烯增强了 Ni – N 基团和 P、N 共掺杂碳材料的优点，抑制了这些材料的缺点。这种掺杂材料对 CO_2 向 CO 的选择性转化的催化性能与 Ni – N 基掺杂的石墨烯相似，同时对 O_2 的析出和 O_2 的还原的催化性能明显高于 P、N 共掺杂的石墨烯。相比之下，Ni – N 基掺杂的石墨烯催化材料对 O_2 反应的催化性能较差，P 和 N 共掺杂的石墨烯在 CO_2 还原条件下对 CO_2 还原的催化效果不大，但对 H_2 的析出有促进作用。

因此，使用 Ni 和 P 共掺杂石墨烯催化剂正极实现了双模型可充电水系锌 – CO_2/O_2 电池。当提供 CO_2 时，电池在锌 – CO_2 模型下工作，在很大的放电电流密度范围内，CO_2 转化为 CO 的法拉第效率高于 50%。此外，电池拥有 60 周的循环稳定性。当供应气体切换为空气或 O_2 时，电池转换为锌 – O_2 模型，并且表现出 200 周的循环稳定性，这种双模型可充电锌 – CO_2/O_2 电池在多变和复杂的场景中显示出强大的应用前景。

3）无金属碳基材料

一种新开发的无金属催化剂正极，Si 和 N 共掺杂碳材料（SiNC），是一种优良的双功能催化剂，优于 Si 掺杂碳（SiC）和 N 掺杂碳（NC）。该材料具有

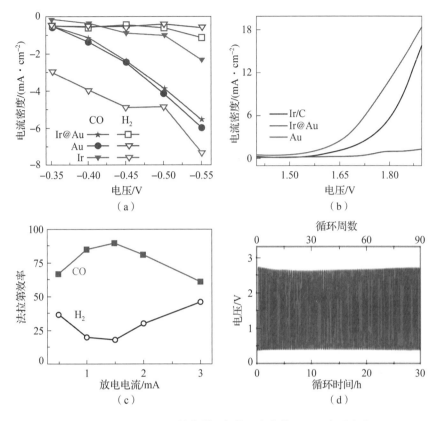

图 4.37　使用 Ir@Au 催化剂正极的可充电锌－CO$_2$ 水系电池

（a）Ir@Au 三电极 CO$_2$ 还原过程中 CO 和 H$_2$ 的偏电流密度，并与单金属 Au 和 Ir 催化剂也做了比较；
（b）Ir@Au 与 Ir/C 和 Au 的析氧线性扫描曲线比较；（c）电池中的 CO 和 H$_2$ 发电比较；
（d）5 mA·cm^{-2} 电流密度下电池的循环性能

高的表面积和电化学活性中心，在低过电位条件下，SiNC 对 CO$_2$ 转化为 CO 和 O$_2$ 的活性最高。

在 0.4～1.2 mA·cm^{-1} 的放电电流密度范围内，采用 SiNC 催化剂正极的可充电水系锌－CO$_2$ 电池展现出 CO 生成，法拉第效率超过 50%。此外，电池在 15 h 内表现出稳定的循环能力。特别是，双功能碳基催化剂正极实现了低成本的可再充电水系锌－CO$_2$ 电池。

3. 锌－CO$_2$ 电池小结

本小节重点介绍了水系锌－CO$_2$ 电池的发展。此外，还介绍了水系锌－

CO_2 电池中电催化剂正极的研究，目前，金锌 – CO_2 电池及其研究还处于早期阶段。

4.2.4 铝 – CO_2 电池

铝的含量在地壳中排名第三。与锂和钠相比，铝具有安全性高、成本低、能量密度高（2 980 A·h·kg^{-1}）等优点。以氧气为辅助气体，以 1 – 乙基 – 3 – 甲基咪唑氯/三氯化铝为电解质，可以组装铝 – CO_2 电池（$Al/CO_2 – O_2$）。实时直接分析质谱、扫描电镜、能谱分析、X 射线光电子能谱和红外光谱测试结果表明，电池的主要放电产物为 $Al_2(C_2O_4)_3$。

根据锂/$CO_2 – O_2$ 和钠/$CO_2 – O_2$ 电池的反应模型，推测铝/$CO_2 – O_2$ 电池的反应机理如下：

$$2Al + 6CO_2 = Al_2(C_2O_4)_3 \tag{4.31}$$

这种类型的电池也可能显示出良好的工业应用前景。烟气中 CO_2 含量可达 80% 以上，每千克的铝吸收二氧化碳的能力为 4.89 kg，并可以将其用于发电。该电池主要放电产物 $Al_2(C_2O_4)_3$ 分解为 $H_2C_2O_4$ 和 Al_2O_3，经济效益显著提高。这一改进进一步证明了 Al_2O_3 在铝冶炼中的再利用带来了巨大的经济价值。Ma 等报道了使用铝箔负极、离子液体电解质和天然气水合物@ 钯正极的可充电铝 – CO_2 电池。电池的总反应服从：$4Al + 9CO_2 \leftrightarrow 2Al_2(C_2O_4)_3 + 3C$。电池放电 – 充电电位为 0.091 V，能量效率达到 87.7%。而放电端电压在循环 10 h 后由 0.72 V 降至 0.57 V，产生未分解的放电产物。在此，应该对正极催化剂和电解质的改进方面进行更多的研究。

|4.3 金属 – N_2 电池|

电池技术因在当前和新兴领域的广泛应用而受到大量关注，并且相关人员在探索新型电池技术方面取得了巨大进展。然而，随着新材料、新技术、新理念的出现，新型电池技术仍有巨大的发展空间。与传统的电池体系相比（如锂离子电池、铅酸电池等），金属 – 气体电池在成本和安全性方面更具优势。此外，在这些金属 – 气体电池中，金属 – N_2 电池因可以将 N_2 转化为 NH_3 而引起了科研人员的关注。虽然有关金属 – 气体电池（例如锂 – CO_2 电池、锂 – 空气电池、钠 – 空气电池等）研究取得了一些进展，但对于金属 – N_2 电池的研究还处于初步阶段。

金属 – N_2 电池一般由含有催化剂的气体正极、相匹配的电解质、金属负极三部分组成，结构示意图如图 4.38 所示，其中气体正极应该具有吸收 N_2 并促进 N_2 转化的性质。

本节将对各种金属 – N_2 电池进行简单介绍，主要包括金属 – N_2 电池的发展历程、工作原理与特点、研究现状及前景等，并对未来金属 – N_2 电池的研究提出指导性意见。

4.3.1　锂 – N_2 电池

将大气中的氮气（N_2）转化为精细化学品和化肥等有价值的物质对工业、农业和许多维持人类生命的过程至关重要。虽然 N_2 约占地球大气的 78%，但

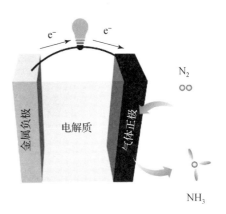

图 4.38　金属 – N_2 电池的结构示意图

由于 N_2 具有很强的非极性 N – N 共价三键能、负电子亲和能、高电离能等特性，其分子形态在大多数生物体中是不可直接利用的。

与别的金属 – 气体电池类似，如锂 – 空气电池、锂 – CO_2 电池、钠 – CO_2 电池等，N_2 也可以类似地在非水锂 – N_2 电池中用于储能，其工作原理是

$$6Li + N_2 = 2Li_3N \tag{4.32}$$

虽然锂 – N_2 电池从未在可充电的条件下演示过，但其化学过程与前面提到的锂 – 气体电池系统类似。在放电反应过程中，吸收的 N_2 分子接受正极表面的电子，活化的 N_2 分子随后与锂离子结合，形成含锂的固体放电产物。理论计算结果表明，锂 – N_2 电池的能量密度为 1 248 $W \cdot h \cdot kg^{-1}$，可与锂 – CO_2 电池相媲美。

Ma 等构建了一种锂 – N_2 电池，该锂 – N_2 电池包含锂箔负极、玻璃纤维隔膜、醚类电解质和碳布正极，如图 4.39（a）所示，该电池具有高达 59% 的 N_2 固定法拉第效率。由于催化剂是提高 N_2 固定效率的关键因素，本研究还对 Ru – 碳布和 ZrO_2 – 碳布复合正极进行了研究。研究发现，用催化剂组装的锂 – N_2 电池比原始碳布正极具有更高的法拉第效率。

锂 – N_2 电池在大气压和室温下的充放电曲线如图 4.39（b）所示。充电结束时的高充电过电位可能是由于一些副反应，如电解质和/或正极分解。此外，在 0.4～4.2 V 范围内使用循环伏安法，以进一步检验 N_2 和 Ar 气氛之间碳布正极上的 N_2 固定和析出反应，如图 4.39（c）所示。

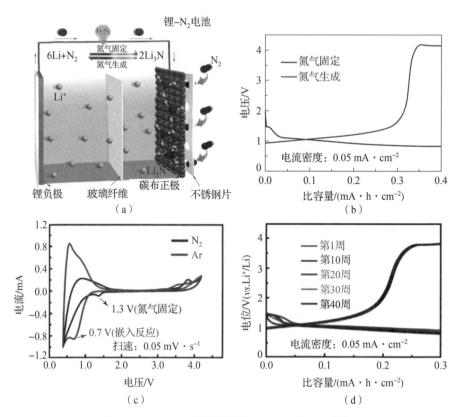

图 4.39　锂－N₂ 电池的结构与性能（书后附彩插）

（a）具有锂箔负极、醚类电解质和碳布正极的锂－N₂ 电池的结构；（b）具有碳布正极的锂－N₂ 电池在 0.05 mA·cm⁻² 的电流密度下的 N₂ 固定（蓝色）曲线和 N₂ 生成（红色）曲线；（c）锂－N₂ 电池在 N₂ 饱和（黑色）和 Ar 饱和（红色）气氛中扫描速率为 0.05 mV·s⁻¹ 的循环伏安曲线；（d）锂－N₂ 电池在 0.05 mA·cm⁻² 电流密度下的循环性能

在不同气氛下的 CV 曲线中观察到不同的还原峰，并且 N_2 气氛中 1.3 V 的还原峰（黑色曲线）可以归结为电化学固氮反应。相应地，Ar 气氛中 0.7 V 处的还原峰（红色曲线）可能是形成了插层化合物。从电池的充放电曲线中可以看出，在最初的 40 周循环内，放电和充电电位也会出现轻微极化。锂－N_2 电池的这种有限的循环寿命可能是由于负极和正极的不稳定性。因此，改进锂－N_2 电池需要开发稳定的负极、正极和电解质以避免副反应。

根据现有的报道，目前的锂－N_2 电池能够实现 N_2/Li_3N 的可逆转化，从而实现可逆的 N_2 固定。然而，锂－N_2 电池表现出与金属－空气电池非常不同的特性。锂－N_2 电池的放电产物 Li_3N 对空气中的 H_2O 非常敏感。锂金属电池在溶解/沉积过程中锂枝晶的产生也是一个严重的问题，特别是在金属 – 气体电池中。例如，在锂 – 空气电池中，中间 O_2^- 和 O_2 能与乙醚反应生成多元醇及其类似物，也能与 Li 反应生成有机锂和稳定的 Li_2CO_3。大量的副作用促进了块状 Li 负极的不可逆转化，导致循环效率低下和严重的安全问题。然而，流动的 N_2 似乎可以穿透隔板与 Li 反应生成 Li_3N，Li_3N 的特殊形貌和性质可能会影响锂金属负极上的枝晶生长形貌。

总之，锂 – N_2 电池固氮是非常具有前景的一项研究，目前已有相关研究人员证明可充电锂 – N_2 电池可以在环境条件下进行电化学固氮。锂 – N_2 电池的主要 N_2 固定产物 Li_3N 的电化学形成在充放电过程中是可逆的。这些结果表明，可充电锂 – N_2 电池为 N_2 固定提供了一种有前途的绿色方法，并为下一代储能系统提供了先进的 N_2/Li_3N 循环方法。然而，锂 – N_2 电池仍然存在很多问题，未来的锂 – N_2 电池的主要研究方向应该是开发稳定的负极、正极和电解质，并研究锂 – N_2 电池潜在的复杂反应机制。

4.3.2　钠 – N_2 电池

目前，有关钠 – N_2 电池的相关报道只有一篇。Ge 等首次通过引入纳米级线状 α – MnO_2 催化剂报道了可充电的钠 – N_2 电池。在放电过程中，气体从电极表面接收电子，随后与钠离子结合，最终形成含钠固体放电产物。多孔电极复合材料容纳了大量的固体产物，可以实现高容量和高循环性。

该团队通过原位表征和纳氏试剂反应等各种表征方法，证明了在 α – MnO_2 催化剂存在下，电池的反应为

$$6Na + N_2 = 2Na_3N \tag{4.33}$$

在放电过程中，N_2 与钠反应形成纳米晶的 Na_3N。反过来，可逆反应在充电过程中发生。所制备的钠 – N_2 电池显示出高电化学性能和良好的固氮效率。

如图 4.40 所示，该钠 – N_2 电池在 $50\ mA \cdot g^{-1}$ 的电流密度下具有 $600\ mA \cdot h \cdot g^{-1}$ 的出色可逆容量，在放电端电压低于 1.6 V 时以 $400\ mA \cdot h \cdot g^{-1}$ 容量可以循环 80 周，固氮效率大约为 26%。

以 MnO_2 为正极的钠 – N_2 电池具有较高的实际比能密度、较高的比容量和良好的循环寿命。与传统方法相比，该电池提供了在室温条件下人工固氮的新方法。综合考虑到大气中的高浓度 N_2，这个结果揭示了金属 – N_2 电池可能是下一代能源存储系统的一个有前途的方法。然而，目前有关钠 – N_2 电池的报道很少，将来的研究目标以开发稳定的电极和电解质，并研究潜在的复杂催化机理和副产物的形成为主。

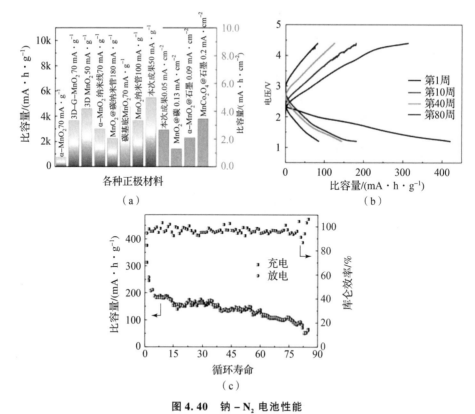

图 4.40　钠 – N₂ 电池性能

（a）含 MnO₂ 化合物的锂 – 空气电池的比容量和钠 – N₂ 电池比容量的比较；

（b）钠 – N₂ 电池在 50 mA·g⁻¹ 电流密度下的充放电曲线；

（c）钠 – N₂ 电池在 50 mA·g⁻¹ 电流密度下的循环性能

4.3.3　铝 – N₂ 电池

与金属基电池（如 Li、Na、K、Mg、Zn）相比，铝基电池在成本和安全性方面具有更大的优势。最近，相关研究人员报道了一种可充电的铝 – N₂ 电池，具有高的固氮效率。这种电池有两个明显的优点：低成本的能量存储和人工固氮。

郭等首次设计了一种可充电的铝 – N₂ 电池，该电池由离子液体电解质、石墨烯负载 Pd（石墨烯/Pd）催化剂正极和铝负极组成。放电过程中，$Al_2Cl_7^-$ 移向正极，吸收 N₂，形成正极 AlN 产物和 $AlCl_4^-$。充电时，这个过程正好相反。该过程不仅可以将 N₂ 有效地固定到 AlN 中作为储能系统，而且正极 AlN 产物可以很容易地转化为 NH₃，NH₃ 是工业上重要的原料。

在电池循环测试中，铝 – N_2 电池的循环寿命为 120 h，如图 4.41 所示，正极的 X 射线衍射图显示了两个额外的 AlN 特征峰，这进一步验证了 AlN 产物的生成。此外，得益于非质子离子液体电解质的优点，无质子环境可以防止析氢反应。

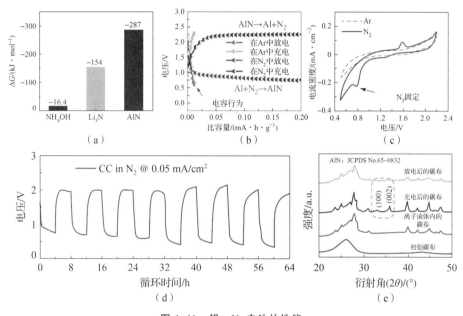

图 4.41　铝 – N_2 电池的性能

（a）标准摩尔吉布斯生成自由能；（b）电流密度为 0.1 mA·cm^{-2} 时铝 – N_2 电池的 N_2 固定和 N_2 演化曲线；（c）扫描速率为 0.05 mV·s^{-1} 的铝 – N_2 电池在 N_2 和 Ar 环境下的循环伏安曲线；（d）在 N_2 气氛下运行的铝 – N_2 电池的循环性能；（e）反应前后碳布的 XRD 图

该电池可以电化学利用氮气生成 AlN，同时实现能量的存储和转换。该研究成功地证明了正极 AlN 产物的形成和分解，从而提高了铝 – N_2 电池的可充电性和循环性。铝 – N_2 电池具有良好的电化学固氮性能，法拉第效率为 51.2%。这项工作拓展了金属 – 气体电池的领域，更重要的是，为追求高 NH_3 产率的人工电化学固氮提供了一种新的有效方法。但是目前关于铝 – N_2 电池的研究还处于初级阶段，该类型电池存在循环性能差、比容量低、库仑效率低等问题，这些问题需要进一步深入研究。

参 考 文 献

［1］ LI X, GU M, HU S, et al. Mesoporous silicon sponge as an anti – pulverization structure for high – performance lithium – ion battery anodes [J]. Nat commun, 2014, 5：1 – 17.

[2] ZHENG X, WANG H, WANG C, et al. 3D interconnected macro – mesoporous electrode with self – assembled NiO nanodots for high – performance supercapacitor – like Li – ion battery [J]. Nano energy, 2016, 22：269 – 277.

[3] FENG N, HE P, ZHOU H. Critical challenges in rechargeable aprotic Li – O_2 batteries [J]. Advanced energy materials, 2016, 6 (9)：1 – 14.

[4] JIANG K M A Z. A polymer electrolyte – based rechargeable lithium/oxygen battery [J]. Journal of the Electrochemical Society, 1996, 143：1 – 5.

[5] AURBACH D, MCCLOSKEY B D, NAZAR L F, et al. Advances in understanding mechanisms underpinning lithium – air batteries [J]. Nature energy, 2016, 1 (9)：1 – 11.

[6] ZHANG P, ZHAO Y, ZHANG X. Functional and stability orientation synthesis of materials and structures in aprotic Li – O_2 batteries [J]. Chem Soc Rev, 2018, 47 (8)：2921 – 3004.

[7] ABBAS Q, MIRZAEIAN M, HUNT M R C. Materials for sodium – ion batteries [M]. // Encyclopedia of smart materials. City, 2022：106 – 114.

[8] LU J, LEE Y J, LUO X, et al. A lithium – oxygen battery based on lithium superoxide [J]. Nature, 2016, 529 (7586)：377 – 382.

[9] MIRZAEIAN M, HALL P J, SILLARS F B, et al. The effect of operation conditions on the performance of lithium/oxygen batteries [J]. Journal of the Electrochemical Society, 2012, 160 (1)：A25 – A30.

[10] TRAN C, YANG X Q, QU D. Investigation of the gas – diffusion – electrode used as lithium/air cathode in non – aqueous electrolyte and the importance of carbon material porosity [J]. Journal of power sources, 2010, 195 (7)：2057 – 2063.

[11] NAKANISHI S, MIZUNO F, ABE T, et al. Enhancing effect of carbon surface in the non – aqueous Li – O_2 battery cathode [J]. Electrochemistry, 2012, 80 (10)：783 – 786.

第 5 章

混合离子电池

本章详细介绍混合离子电池，以离子为划分依据对混合离子电池进行分类，阐述混合离子电池的反应机理，针对各类混合体系的研究重点，详细介绍各类混合体系电极材料、电解质材料的研究进展，并对混合离子电池的发展方向提出展望。本章主要内容示意图如图 5.1 所示。

图 5.1　本章主要内容示意图

|5.1　概　　述|

自 1991 年锂离子电池成功商业化，锂离子电池已广泛应用于移动电子设备和电动汽车等领域，由于锂离子电池的高能量密度、长循环寿命和良好的环境友好性等特点，锂离子电池在储能系统领域表现出强大的竞争力，但是地壳锂资源丰度低、地理分布不均等因素限制了锂离子电池的发展。为减少锂的使用，基于非锂金属元素（如 Na^+、K^+、Mg^{2+}、Zn^{2+}、Al^{3+} 等）的新型可充电电池得到开发。上述元素地壳丰度高、能量密度相对较高、环境友好，从而进一步降低成本并减少对环境的污染。但是，非锂金属元素依然存在一定的问题，如图 5.2 所示，单价离子 Na^+ 与 K^+ 半径较大，导致嵌入晶格的能力有限、在电极中扩散动力学缓慢，从而限制了充放电过程的比容量、能量密度和倍率性能。并且，Na^+、K^+ 与负极材料的插层反应、合金化反应、转化型反应均会造成严重的体积膨胀，从而造成容量的持续衰减。多价离子 Mg^{2+}、Zn^{2+} 与 Al^{3+} 电荷密度较大，导致离子与晶格之间产生强烈的静电作用，限制了多价离子在正极中的扩散，因此，多价离子在正极材料中的扩散动力学十分缓慢，需研发合适的正极材料。此外，镁离子电池缺乏与负极适配的电解质、锌离子电池存在负极腐蚀的问题、铝离子电池存在电解液与正极副反应剧烈的问题，上述问题严重制约了非锂单载流子离子电池的发展。

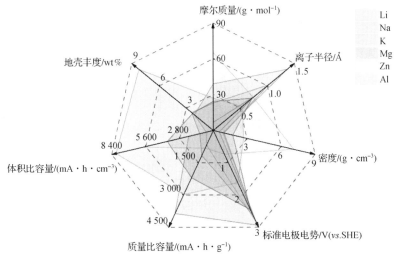

图 5.2　常见金属载流子的性质（书后附彩插）

为了解决上述问题，科研人员在优化电极材料、改进电解质与添加剂、采用混合离子策略三个方面进行了大量的研究。前两个方面较为基础，仍采用单载流子，着力进行结构上的优化以提高扩散动力学；而混合离子策略是一种新兴的设计方法，将两种或多种阳/阴离子组合在同一个体系中，凭借不同离子之间的协同作用，有效增强反应动力学，并给电极材料提供更多的选择。以锂离子、非锂金属离子、非金属阳离子以及各类阴离子为载流子的混合离子电池得到了广泛的研究。

5.1.1　混合离子电池的基本概念与分类

混合离子电池主要是指存在两种或两种以上载流子离子的电池体系。与传统摇椅型电池的单载流子体系不同，混合离子电池综合多种离子的化学反应、结合多种离子各自的优点，从而改善电池的电化学性能，如离子扩散动力学、库仑效率、安全性、循环寿命等。

随着混合离子电池研究的深入，混合离子电池能使用的离子种类不断增加，不仅包括 Li^+、Na^+、Mg^{2+} 等金属离子，H_3O^+、NH_4^+ 等不含金属元素的阳离子也能起到混合离子的协同作用；此外，$Br^{-[9]}$、PF_6^-、BF_4^-、$CF_3SO_3^-$ 等阴离子能可逆地嵌入/脱出石墨、提升电池电压。

根据混合离子的电性与数量分类，常见的混合离子电池可分为阳离子/阳离子混合离子电池、阳离子/阴离子混合离子电池、阴离子/阴离子混合离子电池、多离子电池。其中，阳离子/阳离子混合离子电池与阳离子/阴离子混合离子电池是目前研究的热点。

5.1.2　混合离子电池的原理

混合离子电池的成分更加复杂多样，因此，混合离子电池的机理较为复杂多变。为简化讨论，本小节基于仅含两种载流子离子的混合体系，按照离子电性进行分类，介绍阳离子/阳离子混合体系和阳离子/阴离子混合体系。

1. 阳离子/阳离子混合体系

在阳离子/阳离子混合体系中，性质相似或性质各异的两种阳离子有相同的迁移方向，在离子迁移过程中会产生协同作用。此外，载流子离子的种类、比例、电极材料、电解质都可能对混合离子电池的机理造成较大影响。例如，阳离子/阳离子混合体系电解质中不同的离子浓度或离子不同的摩尔比会产生完全不同的离子储存机制。已有 K^+/Zn^{2+} 的研究指出，当 K^+ 的摩尔浓度远大于 Zn^{2+} 时，只有 K^+ 能在正极中可逆地嵌入/脱出，这符合 Daniell 型电池的机理；而当 Zn^{2+} 的摩尔浓度远大于 K^+ 时，K^+ 与 Zn^{2+} 能在正极上实现共嵌入/共脱出，这与摇椅型电池的机理相似。本小节仅简要介绍上述两大类机理，并简要分析两类机理的优势与需克服的问题。

1）Daniell 型电池

图 5.3 为 Daniell 型电池工作原理的示意图，放电时，A^+ 从电解质中迁移到正极表面并嵌入正极材料，B^+ 从负极材料中脱出，进入电解质中，同时电子从负极经外电路到达正极，对外做功，化学能转化为电能；充电时，正负极发生的反应与放电相反，B^+ 从电解质中迁移到负极表面并嵌入负极材料，A^+ 从正极材料中脱出，补充电解质中 B^+ 的损失，同时外电路对内做功，电能转化为化学能。

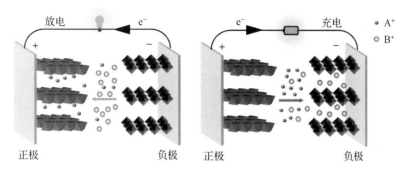

图 5.3　Daniell 型电池工作原理的示意图

为实现离子在对应电极上的优先沉积，A^+ 与 B^+ 间需有较大的电位差或在扩散速率与活化能方面有较大差异。一般而言，多价离子（如 Mg^{2+}、Zn^{2+}、Al^{3+}）的标准电极电势较单价离子（如 Li^+、Na^+、K^+）更高，而迁移速率较单价离子更慢、嵌入活化能较单价离子更高。因而充电时，负极的电势先达到多价离子的标准电极电势，多价离子优先沉积到负极上；而放电时，由于单价离子的迁移速率较快、嵌入活化能较低，单价离子优先嵌入正极。可认为，正极材料"筛选"多价离子并使多价离子嵌入，而负极材料"筛选"单价离子并使单价离子嵌入。因此，Daniell 型电池常常使用有不同隧道尺寸或层间距尺寸的材料，不同的嵌入电位和动力学性质可起到"筛选"离子的作用，因而Daniell 型电池不仅可储存电能，也可用来分离两种离子。

在 Daniell 型电池充放电的整个过程中，每个离子只参与半电池反应的一边，仅需在电极和电解质间迁移，缩短了离子的迁移距离，提高了倍率性能。然而，电解质需保证容纳足量的载流子离子，可见体系对电解质的用量要求较高，降低了体系的能量密度。

2）摇椅型电池

图 5.4 为摇椅型电池工作原理的示意图，类似单离子的摇椅电池，放电时，A^+ 和 B^+ 从负极材料中共脱出，经过电解质迁移到正极表面并共嵌入正极材料，同时电子从负极经外电路到达正极，对外做功，化学能转化为电能；充电时，A^+ 和 B^+ 从正极材料中共脱出，经过电解质迁移到负极表面并共嵌入负极材料，同时外电路对内做功，电能转化为化学能。

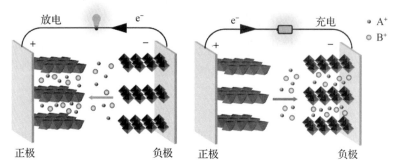

图 5.4　摇椅型电池工作原理的示意图

在摇椅型电池中，不同的金属阳离子都能作为载流子，在两个电极之间穿梭，同时参与同一半电池反应。为实现两种离子的共嵌入/共脱出，两种离子应有相似的性质。目前符合摇椅型电池的体系常使用碱金属离子（如 Li^+、Na^+、K^+）或有相似性质的多价离子作为载流子。由于碱金属离子半径差异大，为保证不同离子半径的碱金属离子均能嵌入摇椅型电池的正极材料，其需开放的框架结构和较大的离子传输隧道。计算表明，离子的协同作用有利于降低阳离子扩散的活化能。例如，Li^+ 能优先嵌入正极，降低 Mg^{2+} 的扩散活化能，促进 Mg^{2+} 嵌入正极材料。

与 Daniell 型电池不同，摇椅型电池中的两种离子均需在两极间往返迁移，为提高电池的倍率性能，电解质层（包括电解质与隔膜）需较薄，以缩短离子在电池中的迁移距离。同时，减少电解质的用量也能进一步提高电池的能量密度。

综合上述机理分析，Daniell 型电池电极材料的选择更多，电池系统的复杂性较低，有利于实际应用；而摇椅型电池只需较少的电解质，有利于提高电池的能量密度。但是，影响阳离子/阳离子混合体系机理的因素较多，上述两种机理没有清晰的界线，且电解质中各种金属离子的摩尔比和浓度的影响也会增加基础研究和电池制造的难度。总之，阳离子/阳离子混合体系的机理仍需一定的探索，以获得更为确切的机理指导，从而更好地进行深入研究。

2. 阳离子/阴离子混合体系

图 5.5 为"双离子电池"工作原理的示意图。放电时，A$^+$ 从负极材料中脱出，C$^-$ 从正极材料中脱出，进入电解质，同时电子从负极经外电路到达正极，对外做功，化学能转化为电能；充电时，A$^+$ 从电解质迁移到负极表面并嵌入负极，C$^-$ 从电解质迁移到正极表面并嵌入正极，同时外电路对内做功，电能转化为化学能。

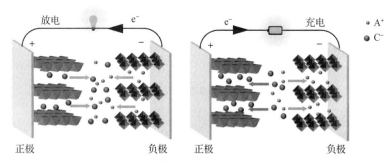

图 5.5　"双离子电池"工作原理的示意图

在阳离子/阴离子混合体系中，阳离子仅参与负极与电解质间的迁移，阴离子仅参与正极与电解质间的迁移，迁移距离较短，能提升电池的倍率性能。另外，与 Daniell 型电池和摇椅型电池不同，"双离子电池"电解质中的离子浓度在充放电过程中会产生变化，即电解质在"双离子电池"中提供载流子。因此，电解质在一定程度上决定"双离子电池"的能量密度，为提供更多载流子，"双离子电池"电解质层的厚度一般比传统摇椅型电池厚得多。此外，由于阴离子嵌入电位通常高于 4.4 V $vs.$ Li$^+$/Li，比传统的锂离子电池正极电压高得多，为避免电解质在高电压下分解，电解质应具备较宽的电化学窗口。

虽然"双离子电池"负极反应与单载流子离子电池的负极反应相似，"双离子电池"的负极材料与单载流子离子电池的负极材料几乎没有区别，但其正极侧阴离子比常见的阳离子有更大的半径和更低的扩散速率，限制了循环稳定性和倍率性能。因此，正极材料限制了高容量和高能量密度的"双离子电池"的发展。

综上所述，阳离子/阴离子混合体系的主要研究方向在于研发新型电解质与新型正极材料。新型电解质侧重于提升电解质的电化学稳定性与提升阴离子的迁移速率，因而需着重研究阴离子尺寸、溶剂化效应、离子传输过程和电解质浓度梯度的影响；新型正极材料侧重于设计合适层间距与构建多活性位点的正极材料，并着重研究插层阴离子的嵌入机制，以获得更优异的性能。

5.1.3 混合离子电池的发展历程

1938 年，Rüdorff 和 Hofmann 首次发现 HSO_4^- 能可逆嵌入石墨的现象，但石墨 – 硫酸化合物仅在浓硫酸下才能保持稳定，浓硫酸的存在降低了电池的安全性能，导致这项技术一直搁置。直到 1989 年，McCullough 等首次在专利中报道了基于非水电解质中阳离子和阴离子的可充电双石墨电池（即正负极均采用石墨材料的电池），并使用"双嵌入"机制解释电池的电化学充放电过程，为混合离子电池提供了理论基础。受到锂离子电池发展的影响，此时的研发方向着重于锂离子电池电解质中的锂盐，即以 Li^+ 作为阳离子，PF_6^-、ClO_4^- 等作为阴离子。1994 年，Carlin 等研究了多种由不同阳离子和阴离子组成的室温离子液体，并将这种离子液体作为双石墨电池的电解质，制备实用的可充电二次电池。2000 年，Dahn 等首先引入原位 XRD 研究了 PF_6^- 嵌入石墨的工作机理，并发现不同阶段的石墨插层化合物，为阴离子嵌入石墨提供了实验证明。2009 年，Sutto 等使用 XRD 对双石墨电池中各种阴离子的嵌入/脱出行为进行综合比较，发现阴离子嵌入石墨的高电位导致电解质分解、阴离子的反复嵌入/脱出导致石墨层剥落，从而降低双石墨电池的可逆性，并指出开发双石墨电池的主要挑战是找到合适的电解质以保障两种离子均能在石墨电极上稳定地嵌入与脱出。

2012 年，Winter 等使用锂金属负极/离子液体电解质/石墨正极结构构建电池，解决了上述挑战，同时引入了"双离子电池"的概念。与双石墨电池不同，"双离子电池"一般指正负极不全为石墨的阳离子/阴离子双离子电池，此概念已得到接受与频繁使用。2014 年，Read 等提出了一种基于氟化物溶剂的可逆双离子电池，正负极均为石墨，Li^+ 与 PF_6^- 起到双载流子的作用。目前，基于各种锂盐的"双离子电池"都得到一定的研究，一些有机阴离子由于优异的特性而得到研究人员的关注。而由于锂资源未来可能出现短缺，基于各种丰富元素离子（如 Na^+、K^+、Al^{3+}）的"双离子电池"也得到一定的重视。

相比"双离子电池"，阳离子/阳离子双离子电池的研究较晚。2006 年，Barker 等首次提出了混合金属离子电池的概念，将 Li^+ 与 Na^+ 组合在同一体系中，开发了石墨负极/锂盐有机电解质/钠基正极电池，有良好的电化学稳定性。2007 年，Barker 等继续报道了一种无石墨的 Li^+/Na^+ 混合离子电池，减少了对石墨电极的依赖。至此，基于有机体系的混合离子电池得到广泛的关注，研究新型电极与有机电解质成为热点。直到 2013 年，Chen 等报道了基于水系 Li^+/Na^+ 混合电解质的混合离子电池，为水系混合离子电池的研究提供了方向。从 2014 年起，Li^+/Mg^{2+} 混合离子电池、Na^+/Mg^{2+} 混合离子电池、Li^+/Zn^{2+} 混合离子电池等使用不同离子的电池逐渐进入研究人员的视线，各种新型的混合离子电池也得到报道。

在阳离子/阳离子混合体系、阳离子/阴离子混合体系不断发展的同时，一些新体系也在不断发展，如阴离子/阴离子混合体系、多离子混合体系等，其着眼于更复杂的反应，也为后续的研究提供了更多的思路。目前，尽管阳离子/阳离子双离子电池和阳离子/阴离子双离子电池已经实现了快速发展，但相比已经商业化的锂离子电池，混合离子电池仍然处于初级阶段，在基础知识和技术改进方面仍有很大的空间，值得科研人员投入精力深入研究。

5.1.4 混合离子电池的特点

混合离子电池因为解决单载流子离子电池存在的问题而得到广泛研究，其具备很多单载流子离子电池没有的优点：混合离子电池使用多种载流子离子，能在保持电化学性能的同时有效减少稀有金属（如锂、钴等）的使用，为低成本、大规模的能量存储提供有前景的途径；多价金属与金属负极的组合有超过锂离子电池负极的容量，而各种单价阳离子有较快的扩散动力学，并在协同效应的作用下促进其他阳离子的扩散，因此，阳离子/阳离子混合体系有望提高电池的能量密度与倍率性能；构建阳离子/阴离子混合体系能获得更高的工作电压、缩短离子迁移的距离，从而提高电池的能量密度与倍率性能；此外，根据载流子离子的不同性质与两极的不同反应，混合离子电池能选择更多类型的电极材料，从而发挥各离子的优势、规避各离子的不足。

但是，混合离子电池中仍有一些问题亟待解决。虽然协同效应可有效增强扩散动力学，但对于混合离子具体的协同效应仍缺乏深入的认识，由于每种离子在储能过程中的作用不同，混合离子电池有不同的反应机理，因此，为发展混合离子电池，需从理论和实践上深入研究混合离子协同效应的机理；每种离子性质不同，SEI 膜的性质也必然受离子性质的影响而有所差异，导致库仑效率的降低，而目前对混合离子电池界面性质的研究较少，难以从理论上对 SEI 膜进行调控。

|5.2 阳离子/阳离子混合体系|

阳离子/阳离子混合体系是指两种阳离子载流子共同参与电化学储能的体

系，最早研究的体系是 Li^+/Na^+ 混合离子电池，Li^+/Na^+ 混合离子电池能实现离子的共嵌入，提高电池的倍率性能。此后，多种基于金属离子的阳离子/阳离子混合体系得到研究，包括 Li^+/Mg^{2+} 混合离子电池、Li^+/Zn^{2+} 混合离子电池、Na^+/K^+ 混合离子电池、Na^+/Mg^{2+} 混合离子电池、Na^+/Zn^{2+} 混合离子电池等。随着研究的深入，研究人员发现部分非金属阳离子（如 H_3O^+、NH_4^+）也能起到混合离子的作用，基于金属阳离子/非金属阳离子混合体系的研究也得到了一定的发展。

阳离子/阳离子混合体系主要分为两种类型：一种是 Daniell 型电池，另一种是摇椅型电池。对于 Daniell 型电池，不同的金属离子仅参与电池反应的一侧，常见的体系有 Li^+/Mg^{2+} 混合离子电池、Na^+/Mg^{2+} 混合离子电池等单价/多价混合离子电池。Daniell 型电池不仅保留了锂/钠基正极材料结构稳定、工作电压高、单价离子扩散快的优点，也可使用非锂/钠金属作为负极，如有高安全性和高比容量的金属镁负极，此外，Daniell 型电池能促进正极材料中多价金属离子的扩散动力学。相比之下，摇椅型电池中的两种金属阳离子都在两极之间往返迁移，都参与两极的半反应，两种载流子的共嵌入/共脱出可增加正极的比容量并抑制负极的枝晶生长。例如，Li^+ 与 Na^+ 能在负极上共沉积，产生静电屏蔽效应，从而抑制锂枝晶/钠枝晶的形成。总之，两种类型的电池都有一定的优势，而研究阳离子/阳离子混合体系对于探索有宽电压窗口、高安全性和高能量密度的可持续储能装置有重要意义。

本节按照混合体系中阳离子的价态进行分类，介绍混合单价/单价阳离子体系、混合单价/多价阳离子体系中的常用电极、电解质材料。

5.2.1　混合单价/单价阳离子体系

在混合单价/单价阳离子体系中，常见的单价阳离子载流子主要是 Li^+、Na^+、K^+，综合使用两种单价阳离子组成混合体系，即为单价/单价阳离子混合体系。Li^+、Na^+、K^+ 有高迁移率、高可逆性、低极化等特性，是电化学储能的理想介质。目前锂离子电池已走向成熟并成功商业化，而钠离子电池、钾离子电池也由于钠、钾在地壳中较高的丰度而受到越来越多的关注，并有望在锂资源枯竭时替代大型储能系统中的锂离子电池。

1. Li^+/Na^+ 混合体系

在众多金属离子中，Na^+ 与 Li^+ 的性能最接近，钠离子电池与锂离子电池的工作原理也十分相似，因此 Li^+ 与 Na^+ 的混合体系最早得到关注。自 2006 年 Barker 等开发了使用石墨负极/锂盐有机电解质/钠基正极的混合离子电池起，

Li^+/Na^+ 混合体系得到迅速发展。

在 Li^+/Na^+ 混合体系中，由于 Li^+ 的标准电极电势比 Na^+ 低，为获得较高的电压，常使用钠基正极材料与锂基负极材料组成全电池。由于钠离子电池正极材料的比容量、倍率性能和循环寿命在现阶段仍难以达到实际使用的需求，开发新型钠基正极材料迅速成为研究的热点。为结合锂离子电池和钠离子电池的优点，需设计能同时嵌入/脱出 Li^+ 和 Na^+ 的钠基正极材料。迄今为止，研究较多的钠基正极材料主要有以下几类：①钠快离子导体；②层状过渡金属氧化物；③普鲁士蓝类材料。为较好地储存 Li^+，最早的锂基负极材料与锂离子电池的负极材料基本相同，主要是以石墨为代表的碳材料。据现有的报道，仅有少数负极材料能实现 Na^+ 和 Li^+ 的共嵌入/共脱出，如 $Li_4Ti_5O_{12}$ 和 TiP_2O_7。

1）钠快离子导体

最早由 Goodenough 团队提出的钠快离子导体材料是一类有优异稳定性、高离子导电率的材料。传统的 NASICON 材料的通式可写作 $Na_xM_2(XO_4)_3$（其中 $1 \leqslant x \leqslant 4$；M = V、Fe、Ni、Mn、Ti 等；X = P、Si、S 等）。NASICON 结构示意图如图 5.6 所示，在 NASICON 材料中，6 个 $[XO_4]$ 四面体包围一个 $[MO_6]$ 八面体，4 个 $[MO_6]$ 八面体包围一个 $[XO_4]$ 四面体，共角相连，形成利于离子传输的"灯笼型"三维框架结构，为无晶格扰动的嵌入/脱出过程提供储存碱金属离子的菱面体形间隙位点。由于元素 M 和 X 有多种选择，晶体结构也会发生较大变化，因而可灵活设计材料。此外，NASICON 能共嵌入/共脱出 Li^+ 和 Na^+，因而广泛应用于构建 Li^+/Na^+ 混合离子电池。

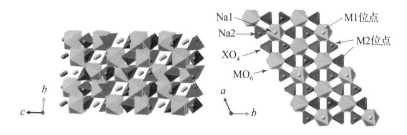

图 5.6　NASICON 结构示意图

在众多 NASICON 化合物中，NASICON 磷酸盐和氟磷酸盐有稳定的开放聚阴离子骨架和较大的离子传输隧道，且离子嵌入/脱出过程中体积变化较小，因而受到更多关注，其中较为经典的 NASICON 磷酸盐材料是磷酸钒钠 $Na_3V_2(PO_4)_3$。$Na_3V_2(PO_4)_3$ 属于六方结构的 $R\bar{3}c$ 空间群，提供 6b 和 18e 两个位点储存钠离子，并为钠离子扩散提供较大的空间。刚性的 $[PO_4]^{3-}$ 网络有助于稳定材料的晶体结构，$P-O$ 键较强，能稳定晶格中的氧原子，减少电解质的氧化，为电池整体提供良好的稳定性；$[PO_4]^{3-}$ 的诱导效应能提高电池的充放电电势。$Na_3V_2(PO_4)_3$ 电极有两个氧化还原电位，分别为 V^{4+}/V^{3+} 电对的3.4 V $vs.$ Na^+/Na 和 V^{3+}/V^{2+} 电对的 1.6 V $vs.$ Na^+/Na，因此，$Na_3V_2(PO_4)_3$ 既可作为正极材料，也可作为负极材料。在 Li^+/Na^+ 混合离子体系中，$Na_3V_2(PO_4)_3$ 作为正极，3.4 V 的电压平台高于大多数钠离子电池正极材料的平台，约 400 W·h·kg^{-1} 的理论能量密度也高于大多数钠离子电池正极材料，此外，已有研究证明 $Na_3V_2(PO_4)_3$ 在 Li^+/Na^+ 混合离子电池中能表现出良好的电化学性能。

　　如图 5.7（a）~（e）所示，$Na_3V_2(PO_4)_3$ 晶格中有两个不同配位环境的 Na^+ 位点，分别是配位数为 6 的 Na1 位点和配位数为 8 的 Na2 位点，其中 Na2 位点的 Na^+ 容易脱出。在 Li^+/Na^+ 混合体系中，当 Li^+ 的比例较低时，Li^+ 仅占据 $Na_3V_2(PO_4)_3$ 中的 Na2 位，但随着 Li^+ 比例的增加，Li^+ 将同时占据 Na1 位和 Na2 位，这有助于 $Na_3V_2(PO_4)_3$ 在充放电期间可逆嵌入/脱出更多的 Na^+。如图 5.7（f）、（g）所示，$Na_{3-x}Li_xV_2(PO_4)_3$ 的电化学性能受 Li^+ 的比例影响。当 $x=0.05$、0.1 和 0.5 时，$Na_{3-x}Li_xV_2(PO_4)_3$ 的比容量显著增加，$Na_{2.5}Li_{0.5}V_2(PO_4)_3@C$ 表现出最佳的倍率性能。

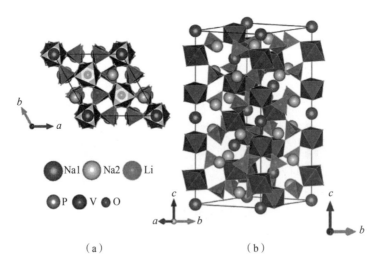

| Na1 | Na2 | Li |
| P | V | O |

（a）　　　　　　　　　　　　（b）

图 5.7　$Na_3V_2(PO_4)_3$ 在不同取向上的结构和 $Na_{3-x}Li_xV_2(PO_4)_3@C$ 在 0.5 C

下的性能（书后附彩插）

（a）~（e）$Na_3V_2(PO_4)_3$ 在不同取向上的结构

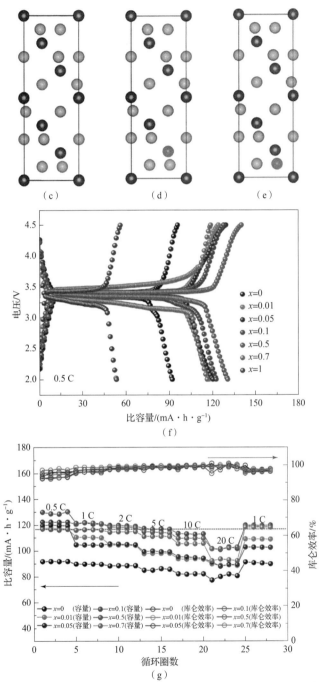

图 5.7　$Na_3V_2(PO_4)_3$ 在不同取向上的结构和 $Na_{3-x}Li_xV_2(PO_4)_3$@C 在 0.5 C 下的性能 （书后附彩插）（续）

（f）$Na_{3-x}Li_xV_2(PO_4)_3$@C 在 0.5 C 下的充放电曲线；（g）$Na_{3-x}Li_xV_2(PO_4)_3$@C 在 0.5 C 下的倍率性能

　　尽管 $Na_3V_2(PO_4)_3$ 在 Li^+/Na^+ 混合体系中有较大优势，但 $Na_3V_2(PO_4)_3$ 的低电子电导率会严重限制电化学性能。使用合成纳米颗粒、设计多孔结构、合成双碳嵌入纳米材料、合成纳米纤维等方式，能提高 $Na_3V_2(PO_4)_3$ 的电导率，其中，制备纳米纤维是增强电化学性能最有效的方法，但由于纳米纤维的形貌受多种因素的影响，进而会影响电化学性能。因此，还需优化合成参数以保证电化学性能。

　　在 NASICON 型正极中，在磷酸盐框架中引入 F^- 形成氟磷酸盐，能提高阴离子框架的离子性，进而提高电池电压。较为经典的 NASICON 氟磷酸盐材料是四方晶系的 $Na_3V_2(PO_4)_2F_3$，属于四方 $P4_2/mnm$ 空间群，晶体结构如图 5.8 所示。$Na_3V_2(PO_4)_2F_3$ 的框架结构由 $[V_2O_8F_3]$ 双八面体和 $[PO_4]$ 四面体组成，其中，$[V_2O_8F_3]$ 双八面体由两个 $[VO_4F_2]$ 八面体共用一个 F 原子联结而成，$[PO_4]$ 四面体通过氧原子相互连接，Na^+ 可占据由两个 F^- 与 4 个 O^{2-} 包围的三棱柱位点（体积为 12.752 $Å^3$），也可占据连接到锥体顶角 F^- 的大三棱柱位点（体积约 18.588 $Å^3$）。如图 5.8（c）所示，在每个小原胞中，8 个位点填充 3 个 Na^+，但实际情况是 Na^+ 仅占据在 4 个大三棱柱位点，其中完全占据两个 Na1 位点，另两个 Na2 位点平均占据一个，并且 Na1 位点中的 Na^+ 略微偏离大三棱柱位点的中心，Na2 位点中的 Na^+ 偏离更多，这可能是由于 Na^+ 占据大三棱柱位点的能量低于三棱柱位点的能量与 Na^+ 之间静电斥力的作用。

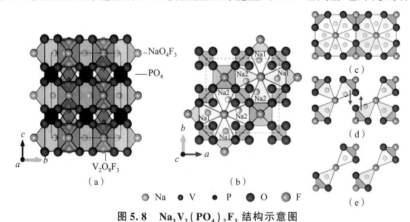

图 5.8　$Na_3V_2(PO_4)_2F_3$ 结构示意图

（a）沿 a 轴投影；（b）沿 c 轴投影；（c）所有可能的 Na 位点；（d）最稳定的构型；
（e）第一性原理计算得到的构型

　　研究表明，$Na_3V_2(PO_4)_2F_3$ 的整个放电过程中存在两个电压平台，分别为 3.7 V 和 4.2 V $vs.$ Na^+/Na，能量密度约为 507 $W \cdot h \cdot kg^{-1}$，平均电压为 3.95 V。这是因为两种位点的能量不同，其中 Na2 位点更偏离稳定位置，因而占据 Na2 位点的碱金属离子的化学势比占据 Na1 位点的碱金属离子的化学势更高，因此，Na2 位点的离子在放电时后嵌入，充电时先脱出。在 Li^+/Na^+ 混合体系中，Li^+ 易取代 Na2 位点的 Na^+，导致放电平台的降低，而 Li^+ 不易取代 Na1 位点的 Na^+，在多次循环的过程中仅有少部分参加反应。图 5.9 为 $Na_3V_2(PO_4)_2F_3$ 在不同 Na^+ 浓度电解质中的恒流充放电曲线与相应的微分曲线，从图 5.9（a）中可得，随着 Na^+ 浓度的增加，充放电曲线随循环圈数的变化逐渐减小、4.0 V 左右的充放电平台逐渐消失，表明 Na^+ 浓度较低时反应主要是 Li^+ 的嵌入/脱出，而 Na^+ 浓度较高时 Na^+ 的嵌入/脱出占主导；由图 5.9（b）可知，阴极反应的电压随着 Na^+ 浓度的增加而升高，表明每个平台的反应不是单一的离子反应，而是以 Na^+ 或 Li^+ 中的某一种为主的共嵌入和共脱出反应，Na^+ 的嵌入促进了平台电压的上升。由于 Li^+ 比 Na^+ 半径更小，稳定中心距离位点比 Na^+ 更远，Li^+ 稳定性不如同一位点的 Na^+，Na^+ 的嵌入/脱出平台电压高于 Li^+。此外，多种测试方法结果表明 Li^+/Na^+ 共嵌入/共脱出不会导致 $Na_3V_2(PO_4)_2F_3$ 结构的任何重大变化。基于上述多方面的优点，$Na_3V_2(PO_4)_2F_3$ 能兼容 Li^+ 与 Na^+，能作为 Li^+/Na^+ 混合体系的优质正极材料。

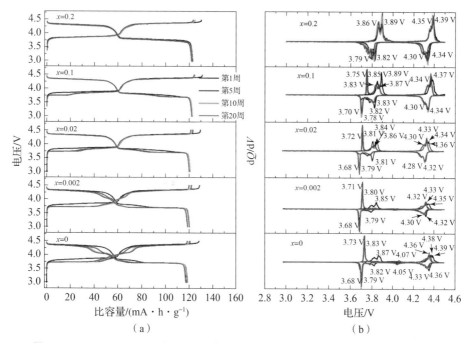

图 5.9　$Na_3V_2(PO_4)_2F_3$ 在不同 Li^+ 与 Na^+ 浓度电解质中的充放电曲线与微分曲线

（a）充放电曲线；（b）微分曲线

此外，Na_2FePO_4F、$NaVPO_4F$、$\alpha-Na_3Al_2(PO_4)_2F_3$、$Na_3FePO_4CO_3$ 等使用不同元素、不同晶体结构的 NASICON 材料在储存 Li^+ 与 Na^+ 方面性能各异，也

有不同的优势；而各种经典材料也存在一定的问题，仍需通过尝试各种改性策略以获得最优性能。

2）层状过渡金属氧化物

层状过渡金属氧化物正极材料 Na_xMO_2（M = Fe、Co、Mn、Ni、Cr 等，0 < x < 1）因高容量、低成本和安全性，一直是钠离子电池的研究热点。由于锂基过渡金属氧化物在锂离子电池中表现出良好的性能，很多研究学者致力于研究与 Li_xMO_2 相似的钠基过渡金属氧化物。1980 年，Delmas 等最先根据钠的配位环境和氧的堆积方式将 Na_xMO_2 分为 P2、O2、O3、P3 相，各相结构示意图如图 5.10 所示。其中 P 与 O 代表钠离子所处的配位环境，分别为三棱柱配位和八面体配位，数字 2 与 3 分别代表每个结构单元中的层数。例如 P2 相为 ABBA 的堆积方式，O3 为 ABCABC 堆积方式。P2 相中的 Na^+ 处于三棱柱的位置，有较大的空间，因而结构更加稳定。随着 Na^+ 的脱出，P2 相通常会通过 $[MO_6]$ 八面体的 $p/3$ 旋转和 M – O 键的断裂转变为 O2 相，而 O3 相会经历更加复杂的多相转变，导致稳定性较差。因此，P2 相有比 O3 相更好的循环性能，而 O3 相含有更多的 Na^+，因而有更大的理论比容量。此外，P2 结构中 Na^+ 的迁移率相对高于 O3 结构。总之，过渡金属氧化物的反应过程涉及复杂的相变，不利于电池的循环性能。此外，许多层状过渡金属氧化物材料的稳定性较差，需进一步优化。因此，使用离子掺杂抑制材料相变、提高材料稳定性一直是研究的热点。

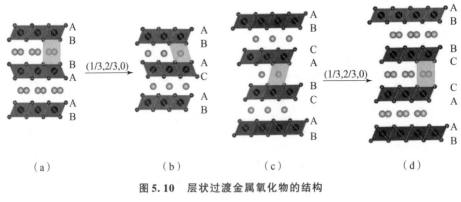

图 5.10 层状过渡金属氧化物的结构

(a) P2；(b) O2；(c) O3；(d) P3

由于锂基层状过渡金属氧化物在锂离子电池中的优异性能，钠基层状过渡金属氧化物作为钠离子电池的正极材料备受关注，$NaCrO_2$、Na_xCoO_2、Na_xMnO_2 等材料都在 2 ~ 4 V $vs.$ Na^+/Na 的电压下表现出 100 ~ 150 mA · h · g^{-1} 的高放电容量。研究表明，能有效嵌钠/脱钠的钠基过渡金属氧化物，对应的锂基过渡金属氧化物可能不存在嵌锂/脱锂的性能或性能较差。因此，为同时嵌入 Li^+ 与 Na^+，需对应的锂基和钠基过渡金属氧化物都有良好的嵌锂/嵌钠性能。常见的材料主要有 Na_xCoO_2、Na_xMnO_2、Na_xNiO_2 等。其中，基于锰氧化物的材料（Na_xMnO_2）因具有隧道结构、成本较低和环境友好的特性而受到较多研究。

图 5.11 为 P2 结构 Na_xMnO_2 的嵌锂结构变化示意图，从图中可看出，尽管 Li^+ 大量嵌入 Na_xMnO_2，仍有少量 Na^+ 留在正极中充当"支柱"，提供更多的自由体积，并在电化学循环过程中提高锂离子迁移率，同时，"支柱效应"也能起到稳定晶体结构的作用，防止结构坍塌。然而，正交相的 Na_xMnO_2 在充放电过程中会发生基于 Mn^{3+}/Mn^{4+} 氧化还原反应的 Jahn – Teller 效应，因而 Na_xMnO_2 的循环性能较差。为提升 Na_xMnO_2 的循环性能，常使用高温固相反应、水热、溶胶 – 凝胶法等制备方法以控制其合适的形貌与粒径。通过溶胶 – 凝胶法制备的无水 Na_xMnO_2 电极，在 0.05 C 和 3 V 工作电压下可提供 180 mA·h·g^{-1} 的高比容量。

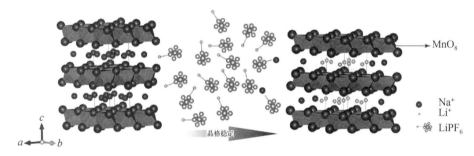

$$\longrightarrow MnO_8$$

Na^+
Li^+
$LiPF_6$

晶格稳定

图 5.11　Na_xMnO_2 嵌锂结构变化示意图

单金属氧化物各有优势，如 Na_xMnO_2 的比容量高、Na_xFeO_2 的氧化还原电位高、Na_xCoO_2 的离子扩散性能优异，但电化学性能和空气稳定性差限制了其进一步的实际应用。因此，研究人员致力于研究二元、三元金属在过渡金属氧化物层中的协同效应，重点是有电化学活性的 Ni、Fe、Mn 和 Co，并致力于减少多重相变，提高平均工作电压、电化学性能。

常见的多元层状过渡金属氧化物主要有镍锰氧化物（如 P3 – $Na_xNi_{1/2}Mn_{1/2}O_2$）、镍钴锰三元氧化物（如 P3 – $Na_{3/4}Co_{1/3}Ni_{1/3}Mn_{1/3}O_2$）等。其中，由于镍离子的特殊结构和氧化还原亲和力，$Na_xNi_{1/2}Mn_{1/2}O_2$ 能嵌入较小的 Li^+ 和较大的 Na^+，这是有双层堆叠的氧化物不具备的特性，而 Li^+ 和 Na^+ 共嵌入 P3 – $Na_xNi_{1/2}Mn_{1/2}O_2$ 伴随着从 P3 相到 O3 相的结构转变，这决定了层状氧化物的电压分布，并能达到更高的容量，但 P3 – $Na_xNi_{1/2}Mn_{1/2}O_2$ 的循环稳定性仍未达到预期。而

层状 $P3 - Na_{3/4}Co_{1/3}Ni_{1/3}Mn_{1/3}O_2$ 能可逆地同时嵌入 Li^+ 和 Na^+。将上述氧化物与尖晶石 $Li_4Ti_5O_{12}$ 负极、$1\ mol \cdot L^{-1}\ LiPF_6\ EC/DMC$ 组成电池，所制备的电池工作电压为 2.35 V，比容量约 $100\ mA \cdot h \cdot g^{-1}$。

3）普鲁士蓝类材料

普鲁士蓝类材料是一类有开放骨架结构、丰富氧化还原活性位点、强结构稳定性的过渡金属六氰基铁酸盐，化学式通式为 $A_xP[R(CN)_6]_{1-y}\square_y \cdot nH_2O$（A 为可嵌入阳离子；P 为氮配位过渡金属离子；R 为碳配位过渡金属离子，常为 Fe；$\square$ 为 $[R(CN)_6]$ 空位；$0 \leqslant x \leqslant 2$；$0 \leqslant y \leqslant 1$）。普鲁士蓝类材料有面心立方晶体结构，属于 $Fm\bar{3}m$ 空间群，其结构如图 5.12 所示，过渡金属离子通过氰化物配体连接在一起。由于晶格中有较大的离子通道（3.2 Å）和空隙（4.6 Å），普鲁士蓝类材料可与大多数碱金属/碱土金属离子相容（如 Li^+、Na^+、Mg^{2+} 等），实现多种离子的快速固态扩散，并能进行离子的嵌入/脱出。普鲁士蓝类材料的晶胞中含有 8 个可容纳各种离子的间隙位点，8 个位点都用来存储一价阳离子时，无空位的 $Na_2Fe[Fe(CN)_6]$ 能在约 3.1 V $vs.$ Na^+/Na 的电压下提供 $171\ mA \cdot h \cdot g^{-1}$ 的理论容量。但是，普鲁士蓝类材料常含有的结晶水和 $[R(CN)_6]$ 空位会破坏晶体结构，多余的结晶水会减少容纳载流子的位点、阻碍载流子向晶格内部传输的通道，随机分布的 $[R(CN)_6]$ 空位会导致电子传输受阻、晶体结构崩塌，从而导致电子电导率和循环性能降低。

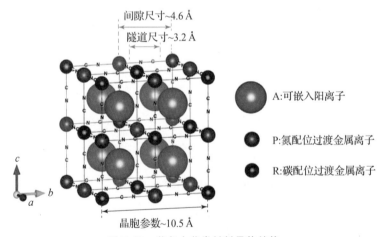

间隙尺寸~4.6 Å
隧道尺寸~3.2 Å

A:可嵌入阳离子

P:氮配位过渡金属离子

R:碳配位过渡金属离子

晶胞参数~10.5 Å

图5.12 普鲁士蓝类材料晶体结构

研究表明，普鲁士蓝类材料的电化学性能与晶格水的量密切相关，适量的晶格水有助于提升过渡金属离子的电化学活性，而过量的晶格水会抑制过渡金属离子的电化学活性。当不同量的碱金属离子和水进入普鲁士蓝类材料的开放

3D 框架结构时，结构会发生不同的相变。降低普鲁士蓝类材料中的晶格水量可提高电化学循环过程中的平均电压，减小体积变化，有利于获得更高的能量密度和更好的循环稳定性。与有机体系相比，普鲁士蓝类材料在水系电解质中表现出更好的循环稳定性，尤其是在盐包水电解质等高盐电解质中。

优异的循环性能、较高的比容量使普鲁士蓝类材料成为很有应用前景的钠离子电池正极材料，然而，其水含量很难控制，热稳定性很差，以及合成过程中可能使用高毒性的氰化物，导致实际应用较为困难。

4）特殊负极材料

由于较大的层间空间，作为锂离子电池的"零应变材料"，尖晶石型 $Li_4Ti_5O_{12}$ 能可逆地嵌入 Na^+，并能无选择地嵌入 Li^+ 和 Na^+。由于 Li^+ 的嵌入/脱出电位（1.5 V $vs.$ Li^+/Li）高于 Na 的沉积电位（0.3 V $vs.$ Li^+/Li），不会产生钠沉积的问题，进而提高了电池安全性。

尖晶石材料的结构一般可表示为 AB_2O_4 或 M_3O_4，其中氧原子以立方紧密堆积的方式排列，有 $Fd\bar{3}m$ 空间对称群结构，包含由 $[AO_4]$ 四面体和 $[BO_6]$ 八面体共面形成的 3D 空间隧道，其中四面体 8a 位置被阳离子 A 占据，八面体 16d 位置被阳离子 B 占据，而氧离子占据 32e 位置。$LiMn_2O_4$ 是典型的尖晶石结构，当结构中 1/6 的 Mn 被 Li 取代，即 Li 不仅占据 8a 位置，还占据部分 16d 位置，就形成 $Li_{1+1/3}Mn_{2-1/3}O_4$，即富锂相 $Li_4Mn_5O_{12}$。$LiMn_2O_4$ 中部分 Mn 被 Li 取代后形成的 $Li_4Mn_5O_{12}$ 也有同样的 3D 隧道结构，有利于阳离子的迁移，并且取代后 Mn 元素的化合价全部提高到了 +4 价，高价态的锰使充放电过程中原来尖晶石相向四方相的转变延迟到了放电末期，从而抑制了晶体的 Jahn-teller 畸变。

与 $Li_4Mn_5O_{12}$ 相似，在 $Li_4Ti_5O_{12}$ 中，1 个 Li^+ 与 5 个 Ti^{4+} 占据八面体 16d 位置，3 个 Li^+ 占据四面体 8a 位。Li^+ 嵌入时，新的 Li^+ 占据空置的尖晶石 16c 位，促使 Li^+ 占据的 3 个四面体 8a 位转变为八面体 16c 位点，变为 $Li_7Ti_5O_{12}$；Na^+ 嵌入时，Na^+ 也将占据 $Li_4Ti_5O_{12}$ 中的 16d 空位。与嵌入锂离子相比，$Li_4Ti_5O_{12}$ 嵌入钠离子会产生更大的体积膨胀。除 $Li_4Ti_5O_{12}$ 外，TiP_2O_7 也能作为 Li^+/Na^+ 混合体系的负极材料。TiP_2O_7 是一种聚阴离子化合物，$[TiO_6]$ 八面体和 $[P_2O_7]$ 双四面体共角相连，结构中有 3D 骨架。TiP_2O_7 表现出稳定的 Li^+ 和 Na^+ 存储循环性能。非选择的插层特性使 $Li_4Ti_5O_{12}$ 和 TiP_2O_7 成为 Li^+/Na^+ 混合体系独特的负极材料。

2. Na^+/K^+ 混合体系

与钠相比，钾的标准电极电势与锂更接近，KPF_6 也比 $LiPF_6$ 与 $NaPF_6$ 更安全且生产成本更低。为实现可逆的 K^+ 嵌入/脱出，研究人员一直致力于探索合适的正极材料和负极材料，包括普鲁士蓝及其类似物、层状材料在内的正极材料，石墨、软碳、硬碳、金属/金属氧化物/金属磷化物（Sn、Sb、$K_2Ti_8O_{17}$、Sn_4P 等）在内的负极材料。然而，半径较大的 K^+ 会导致循环过程中扩散动力学缓慢和电极体积变化剧烈，从而导致倍率性能差和循环寿命短等问题。而采用混合离子策略，混合有快速扩散动力学的离子能提高反应动力学，混合半径较小的离子进行共嵌入能减小电极体积变化，进而提高电池的倍率性能和延长循环寿命。

鉴于普鲁士蓝类似物有较大的空隙，能允许 Na^+ 与 K^+ 在一定的电压范围内从正极共嵌入/共脱出，因而能通过使用普鲁士蓝类似物作为正极搭建 Na^+/K^+ 混合离子电池。此外，使用硫化聚丙烯腈（SPAN）作为正极、金属钠作为负极也能实现 Na^+/K^+ 混合离子电池。在放电过程中，Na^+ 和 K^+ 从 Na^+/K^+ 混合离子电解质转移到 SPAN，并与 SPAN 纳米复合材料中的硫发生反应。同时，Na^+ 从金属钠负极溶解到 Na – K 混合电解质中。充电过程中，Na^+ 和 K^+ 从正极侧迁移到负极侧，由于 K^+ 的标准电极电位较低，大部分 Na^+ 先在金属钠负极上沉积，而 K^+ 在钠枝晶的尖端形成静电屏蔽，抑制 Na^+ 在枝晶上沉积；K^+ 在 Na^+ 沉积后逐渐沉积在金属钠负极上，直到形成光滑的层。此电池提供了高能量密度（0.05 C 时为 260 $W \cdot h \cdot kg^{-1}$），有出色的可逆性和高安全性。

5.2.2　混合单价/多价阳离子体系

在单价碱金属离子中，Na^+ 和 K^+ 有与 Li^+ 相似的性质，但金属钠和金属钾的活性比金属锂高，也容易产生枝晶，同样难以作为电池的负极，这会导致电池整体的容量大幅降低；而多价金属离子（如 Mg^{2+}、Al^{3+}、Zn^{2+} 等）理论容量高，对应的金属单质相对稳定，因而对应的金属单质能作为电池的负极，从而提高电池整体的能量密度。因此，多价金属离子作为载流子的电池体系得到了大量的研究。

混合单价/多价阳离子体系通常有 Daniell 型结构（其中每个离子仅参与半电池反应的一侧），因此，电池中需大量的电解质以容纳足量的载流子离子，这降低了体系的能量密度。提高能量密度的方法有两类：一类是增加电池体系的"摇椅性"，减少电解质中的载流子；另一类是开发合适的电解质以满足容纳高浓度载流子的要求。

1. 单价/Mg^{2+} 混合体系

在元素周期表中，Mg 和 Li 处于对角线位置，有相似的化学性质，且镁有储量丰富、价格低廉、理论体积比容量大、性质稳定、不产生枝晶等优点，因而得到研究人员的重视。然而，仍有一些问题阻止高性能镁离子电池的实现：由于传统电解液会使金属镁表面产生一层钝化膜，从而抑制 Mg 的可逆沉积/溶解、降低电池电压，需开发新型电解液以适配金属镁负极，并提高电解质的电化学性能；二价 Mg^{2+} 的高电荷密度会与正极材料晶格产生强库仑相互作用，从而导致固相扩散缓慢。为获得高性能可充电电池，Yagi 等提出了 Daniell 型 Li^+/Mg^{2+} 双盐电池的概念，既能解决正极扩散缓慢的问题，又能解决负极枝晶生长的问题，此后，Li^+/Mg^{2+} 混合体系得到广泛关注，Na^+/Mg^{2+} 混合体系也得到一定的研究。

将 Mg^{2+} 与碱金属离子置于同一体系中能结合镁离子电池与碱金属离子电池的优点，从而在能量密度、倍率性能与循环稳定性等方面得到较大的提升。以石墨为负极的锂离子电池理论比容量只有约 360 $mA \cdot h \cdot g^{-1}$，而以金属镁为负极时，理论比容量可达 2 205 $mA \cdot h \cdot g^{-1}$，虽然金属镁的使用会降低 0.67 V 的工作电压，但负极的能量密度可提高 5~6 倍，且金属镁负极不易形成枝晶，安全性较高；而 Li^+ 在电极材料中的迁移速率比 Mg^{2+} 快几个数量级，即使在大电流下也能获得较优的性能；Li^+ 的极化比 Mg^{2+} 弱得多，对电极材料的结构破坏较小，从而提升电池的循环性能。

在单价/Mg^{2+} 混合体系中，在负极侧，由于 Mg^{2+}/Mg 的氧化还原电位比 Li^+/Li 高 0.67 V，比 Na^+/Na 高 0.34 V，Mg^{2+} 在负极上的沉积/溶解早于碱金属的沉积/溶解；而在正极侧，Mg^{2+} 由于电荷密度较高，在相同主体材料中的扩散速度比碱金属离子慢几个数量级，碱金属离子的嵌入占主导地位；由于正负极发生反应的离子不同，混合离子电解质中需提供足够的两种离子。因此，综合能量密度与安全性的要求，常使用金属镁作为单价/Mg^{2+} 混合体系的负极，使用混合离子体系作为电解质，使用可嵌入碱金属离子的材料作为正极。

尽管 Daniell 型单价/Mg^{2+} 混合体系成功引入了安全且高容量的金属镁负极，但这种结构需大量的电解质以储存足量的离子，从而导致整体能量密度显著降低。因此，研究人员提出了"摇椅型"单价/Mg^{2+} 混合体系的概念，以 Li^+/Mg^{2+} 混合体系为例，在充电过程中，Li^+ 和 Mg^{2+} 从正极共脱出，同时在负极上发生锂镁合金的共电沉积，而在放电过程中，负极上的锂镁合金溶解，Li^+ 和 Mg^{2+} 共嵌入正极。"摇椅型"单价/Mg^{2+} 混合体系避免使用大量电解质，提高了整体的比容量。

综上所述，单价/Mg^{2+} 混合体系的研究重点在与研发能实现两种离子共嵌入的正极材料与能适配金属镁负极的高性能电解质。其中，研究较多的正极材料主要有 Chevrel 化合物 Mo_6S_8、过渡金属二硫属化物、TiO_2、碱金属基正极材料等。

1）Chevrel 化合物 Mo_6S_8 正极材料

Chevrel 化合物 Mo_6S_8 首次被 Aurbach 等报道为镁可充电电池中的正极材料，Mo_6S_8 在 Mg^{2+} 单离子体系中有相对较低的工作电压（1 V *vs.* Mg^{2+}/Mg）和较低的比容量（~120 mA·h·g^{-1}），但 Mo_6S_8 有稳定的结构和室温下较高的循环稳定性，此外，Li^+ 也能嵌入 Mo_6S_8，使 Mo_6S_8 成为 Li^+/Mg^{2+} 混合离子体系的正极材料。如图 5.13 所示，六方结构的 Mo_6S_8 有两种间隙位点，通常称为内部位点和外部位点，其中内部位点由一个阳离子嵌入 6 个内部等效位点组成环，对 Li^+ 和 Mg^{2+} 较为稳定；围绕内部位点环的外部位点相对不稳定，因而阳离子在充放电过程中会连续地嵌入/脱出外部位点。由于内部位点通过外部位点相互连接，嵌入 Mo_6S_8 正极的离子需交替通过内部位点和外部位点。因此，Mg^{2+} 和 Li^+ 在占据所有内部位点前不能占据外部位点。

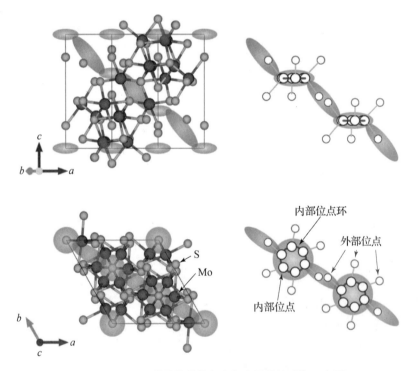

图 5.13　Mo_6S_8 的晶体结构与内部离子传输路径示意图

放电时，Li^+ 优先嵌入 Mo_6S_8 正极，当 Li^+ 嵌入达到一定量后，Mg^{2+} 的嵌入速率快于镁离子电池中 Mg^{2+} 的嵌入速率。完全放电时，正极中嵌入几乎等量的 Li^+ 和 Mg^{2+}。与 Mg^{2+} 单离子体系相比，在 Li^+/Mg^{2+} 双离子体系中，Mg^{2+} 的嵌入电位升高，这表明 Li^+ 优先嵌入正极材料降低了 Mg^{2+} 嵌入的过电位，即 Li^+ 促进了 Mg^{2+} 嵌入正极材料。

研究表明，Mo_6S_8 在不同的电解质中放电会有较大的差别。使用含有四氢呋喃（THF）或 Cl^- 的电解质时，除非锂盐浓度远低于镁盐，否则镁离子几乎不能嵌入 Mo_6S_8 正极。这是由于 THF 溶剂化的 Mg^{2+} 或 $MgCl^+$ 虽然能嵌入 Mo_6S_8，但会因应变效应导致 Mg^{2+} 嵌入电位下降。因此，Mo_6S_8 与电解质的适配仍需一定的研究。此外，Mo_6S_8 的合成较为复杂，需漫长的过程，难以实际应用。

2）过渡金属二硫属化物正极材料

过渡金属二硫属化物的通式可写作 MX_2（其中 M 为 IV_B、V_B、VI_B 族过渡金属元素，X 为硫属元素），结构如图 5.14（a）所示。由于 MX_2 有 X – M – X 的层状结构，硫属元素位于六方晶胞的顶点，过渡金属元素位于晶胞中心。相邻的 X – M – X 层以不同的排列方式因范德华力结合在一起，形成不同的堆叠顺序和金属原子配位，常见的排列方式有 3 种，如图 5.13（b）所示。MX_2 的相邻层空间较大，有利于离子的嵌入/脱出；MX_2 层间的范德华力允许 Li^+ 和 Na^+ 以低动力学势垒传输，因而 MX_2 得到广泛关注。

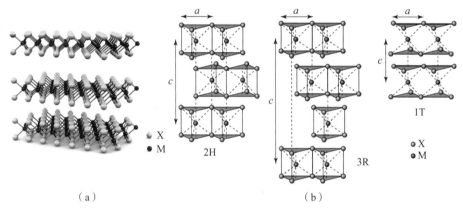

图 5.14　过渡金属二硫属化物结构示意图

（a）过渡金属二硫属化物的结构；（b）X – M – X 层的堆叠顺序和金属原子配位

目前研究最深入的 MX_2 是二硫化钼（MoS_2），MoS_2 因特殊的层状结构和较高的理论比容量而得到广泛关注。MoS_2 有助于 Li^+ 的存储以提供高容量，对 MoS_2 改性以增强镁的存储是研究的重点。Mg^{2+} 在嵌入过程中由于受到两侧强静电力的影响，迁移速率较慢，因此，常见的改性策略是采用剥离或层间扩展技术扩大 MoS_2 的层间距以拓宽 Mg^{2+} 传输通道。然而，MoS_2 在 c 轴方向的范德华力在层间距扩大后迅速衰减，使电极材料难以承受 Mg^{2+} 嵌入/脱出造成的结构变化，造成电池循环性能差。此外，由于 MoS_2 是一种宽禁带半导体（1.80 eV），为提高导电性，MoS_2 通常与一些碳材料复合，如碳纳米管和石墨烯。经过改性的 MoS_2 在 Li^+/Mg^{2+} 混合体系中电压可达 1.2 V，容量可达 225 mA·h·g^{-1}。

VS_2 与 MoS_2 相似，同属六方结构 MX_2，VS_2 的每一层都由 S–V–S 框架组成，并由范德华力相互堆叠，构成一个层间距为 0.576 nm 的层状结构。与 MoS_2 相似，VS_2 能支持 Li^+ 的快速扩散，但无法可逆地存储 Mg^{2+}。因此，通过调控 VS_2 层间距，也能得到与 MoS_2 相似的结果。

$NiSe_2$ 有良好的电化学活性，但纯 $NiSe_2$ 电导率较低、电化学活性位点较少，因而需通过设计精细结构以提高其电化学性能。使用 MXene 等碳质材料包裹在 $NiSe_2$ 晶体上，能提高 $NiSe_2$ 的导电性，促进电解质和 $NiSe_2$ 的电荷转移，进而提高 $NiSe_2$ 的倍率性能。此外，还有 $FeSe_2$、TiS_2 等 MX_2 作为正极材料在各自的体系中表现出良好的性能。

总之，过渡金属二硫属化物能通过改性以确保同时嵌入碱金属离子与 Mg^{2+}，从而在单价/Mg^{2+} 混合体系中获得良好的性能。

3）TiO_2

由于 Mo_6S_8、二硫化物等用于 Li^+/Mg^{2+} 混合体系正极材料在高电流下容易表现出较差的电化学特性或需复杂的合成程序，其实际应用受到阻碍。由于 TiO_2 与 Mg^{2+} 和 Li^+ 的相容性，TiO_2 是一种适用于 Li^+/Mg^{2+} 混合体系的正极材料。此外，TiO_2 还有化学稳定性好、成本低、无毒、充放电过程中体积变化小等优点。但在高电流密度下电子导电性差、Mg^{2+} 扩散较慢的问题导致 TiO_2 难以得到实际应用。

为解决上述问题，合理设计 TiO_2 空间结构是一个良好的方法。设计纳米颗粒、纳米线、纳米片、纳米棒等纳米结构形式的电极材料成为广泛使用的方法之一。其中，介孔结构的 TiO_2 能增强与电解质溶液的接触，从而提高电化学性能。

4）其他正极材料

除上述材料外，多硫化物（如 MoS_x），其二硫键能形成稳定的 SEI 膜，且有合适的氧化还原电位（1.5~2.5 V $vs.$ Li^+/Li），也能作为 Li^+/Mg^{2+} 混合离子电池的正极材料；碱金属基正极材料，如尖晶石 $Li_4Ti_5O_{12}$、LiV_3O_8、$Na_3V_2(PO_4)_3$ 等，符合 Daniell 型电池的运行机理，容纳 Mg^{2+} 的能力较弱，但在锂离子电池或钠离子电池中有良好的表现，通过掺杂改性等策略，也能运用于单价/Mg^{2+} 混合离子电池中。

由于传统电解质 [如高氯酸镁、镁双（三氟甲磺酰）亚胺、$Mg(PF_6)_2$ 等] 会导致金属镁产生钝化层，因而需开发新型电解质以适配金属镁负极。

此外，有限的电压窗口仍然阻碍高压正极材料的发展。

鉴于 Li^+/Mg^{2+} 混合离子电池的电解质需同时包含大量的 Li^+ 和 Mg^{2+}，为满足 Li^+ 的高浓度要求，常使用"直接溶解法"，即在常规的醚类溶剂中直接增加有高溶解度的锂盐的量（如 LiCl、$LiBH_4$、LiTFSI）。通过这种方法在 Li^+/Mg^{2+} 混合离子电池中使用的电解质主要有 6 种，分别是全苯基络合物（APC）、$Mg(BH_4)_2$、$Mg(TFSI)_2$、$Mg(AlCl_2R_2)_2$、$[Mg_2Cl_2(DME)_4][AlCl_4]_2$、$Mg(HDMS)_2$。另一种方法是溶解金属镁，即重新设计镁盐部分。使用"直接溶解法"制备的电解质应用最为广泛，有电化学窗口宽、稳定性好等一系列优点，但"直接溶解法"制备的电解液中的锂离子浓度只能保持一定的范围，如不会高于 $1.5 \ mol \cdot L^{-1}$，锂离子浓度不够高，不利于 Daniell 型电池的正极材料。相比之下，溶解金属镁制备的电解液的 Li^+ 浓度可高达 $2 \ mol \cdot L^{-1}$，性能可保持较好。但溶解金属镁制备的电解液中的 Mg^{2+} 浓度不可调，电解液电压窗口较窄，因此这种方法有待进一步开发。"直接溶解法"已经发展了很多年，大多数混合离子电解质都是用这种方法制备的。

全苯基络合物是 Li^+/Mg^{2+} 混合离子体系应用最广泛的电解质。在镁离子电池中，全苯基络合物的电化学窗口可达 3.0 V。将合适的锂盐（如 LiCl、$LiBF_6$、$LiBH_4$ 和 Li_2SO_4 等）添加到全苯基络合物中即可形成 Li^+/Mg^{2+} 混合电解质，锂盐的添加不仅可丰富阳离子的种类，还可提高镁沉积的电化学活性。全苯基络合物电解液中 Mg^{2+} 的电化学沉积和剥离过程有较好的动力学和可逆性，使金属镁在循环中能长期保持稳定。全苯基络合物与 LiCl 的组合电化学窗口可达 3.5 V，并且负极稳定性随 LiCl 的添加而略有增强。全苯基络合物与 $0.5 \ mol \cdot L^{-1}$ LiCl/THF 电解质表现出较高的电导率、较低的界面电阻和较好的界面相容性。

将 $Mg(BH_4)_2$ 有机溶液［包括 DGM、THF、TGM（四甘醇二甲醚）或 DME］和 $LiBH_4$ 混合在一起形成另一种混合离子电解质。这种电解液有较高的热稳定性（沸点 162 ℃），极大地丰富了 Li^+/Mg^{2+} 混合离子电池的应用范围，尽管这类电解液的电化学窗口较窄（约 2.0 V）。实际应用中，$LiBH_4$ 的浓度和溶剂的种类（如 THF、DGM 和 DME）对 Mg^{2+} 的电化学性能有显著影响，其中，DGM 中 Mg 沉积/溶解的过电位最小、电流密度最高；电池的库仑效率随 $LiBH_4$ 浓度的增加而增强。

$Mg(TFSI)_2$ + LiTFSI 双离子有机电解质（溶剂为 TGM、DGM 或离子液体）的电化学稳定性高、电位窗口高（3.4 V *vs.* Mg^{2+}/Mg），这种 Li^+/Mg^{2+} 混合离子电解质的电化学性能可随着 Li^+ 浓度的增加而进一步提高。

此外，另外 3 种 Li^+/Mg^{2+} 混合离子有机电解质受到价格、工作温度、电压等制约，各种电解质有不同的应用范围。

对于 Na^+/Mg^{2+} 混合体系，理想的电解质应在负极侧允许可逆地 Mg 沉积/剥离，并同时提供足够的 Na^+ 以满足嵌入正极材料的要求。与 Li^+/Mg^{2+} 混合体系的电解质相比，Na^+/Mg^{2+} 混合体系的电解质种类较少，常见的电解质有 3 种，分别为二甲氧基乙烷中的 $[Mg_2(m-Cl)_2][AlCl_4]_2 + NaAlCl_4$、DGM 中的 $Mg(BH_4)_2/Mg(TFSI)_2 + NaBH_4$ 以及 DGM 中的 $Mg(HMDS)_2/AlCl_3 + NaTFSI$。其中，二甲氧基乙烷中的 $[Mg_2(m-Cl)_2][AlCl_4]_2 + NaAlCl_4$ 是应用最广泛的高压 Na^+/Mg^{2+} 混合离子电解质，电压可达 3.2 V *vs.* Mg^{2+}/Mg；DGM 中的 $Mg(BH_4)_2/Mg(TFSI)_2 + NaBH_4$ 含有少量离子和无卤化物的无机盐，如 $NaBH_4$ 和 $Mg(BH_4)_2$ 或 $Mg(TFSI)_2$，可为非惰性集流体提供较高的稳定性。二甲氧基乙烷中的 $[Mg_2(m-Cl)_2][AlCl_4]_2 + NaAlCl_4$ 与镁负极有良好的界面相容性，库仑效率能稳定在 98%。此外，还有一些新型电解质，如以全苯基络合物与碳酸钠 – 氯代十二硼酸钠的混合物作为双盐电解质等。

此外，为避免常见的非惰性金属集流体与电解质之间的副反应，电解质的电化学窗口应低于 2.0 V *vs.* Mg^{2+}/Mg。电化学窗口高于 2.0 V *vs.* Mg^{2+}/Mg 的电解质，如全苯基络合物电解质，对集流体有高度腐蚀性。因此，使用宽电化学窗口的电解质会对其他电池结构有更高的要求，因而寻找腐蚀性较弱的电解质也成为未来的研究方向。

2. 单价/Zn^{2+} 混合体系

自 1866 年金属锌首次在 Leclanché 电池中使用，金属锌因高容量、合适的氧化还原电位、无毒、高丰度和安全等优点，成为水系储能系统的理想电极材料。但是，锌离子电池电压受到水系电解质狭窄的电化学窗口的限制，无法提供高压平台，这限制了锌离子电池的能量密度。另外，许多正极材料在放电时表现出低电压平台，甚至会表现出不规则倾斜放电曲线的电容行为，这不利于实际应用，因此需更多的电池单元形成串联和更复杂的电压调节策略。

锂离子电池的研究经验为锌离子电池正极材料提供了许多潜在的选择。然而，Zn^{2+} 原子质量大、电荷量高导致离子传输动力学较差，进而导致容量有限和循环寿命不理想。因此，许多可容纳 Li^+ 的材料无法容纳 Zn^{2+}。而使用混合离子体系时，混合离子电解质中的碱金属离子不仅可防止活性材料的溶解，还可抑制锌枝晶的形成，使用碱金属离子代替 Zn^{2+} 嵌入正极也直接解决了 Zn^{2+} 很难嵌入大多数正极材料中的问题。此外，水系电解质可提供比非水系电解质更高的离子电导率。因此，开发单价/Zn^{2+} 混合储能系统是利用锂离子电池正极材料丰富性的有效策略。

一般而言，水系锌离子电池的正极材料分为三类：锰基材料、普鲁士蓝和钒基材料。其中，MnO_2 容量的快速衰减和普鲁士蓝类似物有限的容量阻碍了这两种材料的广泛应用。而钒基材料由于合适的工作电压和高容量而显示出作为高性能锌离子电池正极材料的巨大潜力，如 VO_2、LiV_3O_8、VS_2 等已作为锌离子电池正极材料得到广泛研究。尽管钒基材料有相对较高的比容量，但较低的放电平台使钒基材料在能量密度方面的竞争力较弱。此外，钒基正极在水系电解质的循环过程中会发生钒离子的溶解和正极结构退化，降低了循环稳定性。在电解液中预添加锌离子，从而在钒酸锌的溶解和复合之间提供适当的平衡；包覆石墨烯以提升电化学性能；制备有适量结晶水的正极材料等策略能被用来提升钒基正极的电化学性能。此外，LiV_3O_8 由于独特的层状结构和高达 $560\ mA \cdot h \cdot g^{-1}$ 的高理论容量而能用作锌离子电池的正极材料。

相比锌离子电池原本的正极材料，单价/Zn^{2+} 混合体系的正极材料有更多的选择。在 Li^+/Zn^{2+} 混合体系中，锂离子电池的层状过渡金属氧化物，如 $LiCoO_2$、$LiNi_xMn_yCo_zO_2$（$x + y + z = 1$），都有较高的氧化还原电位（$3.4 \sim 3.8\ V$ *vs.* Li^+/Li），有利于 Li^+ 快速嵌入/脱出，但层状过渡金属氧化物正极在水系电解质中的电化学相容性存在一定的问题。一方面，使用层状过渡金属氧化物正极会提高电压平台，导致电池电压达到 $1.7 \sim 2.0\ V$，高于水的电化学窗口。因此，常使用盐包水电解质以保证电化学稳定性。然而，这种方法在水中使用过量的盐（大多数情况下是昂贵的盐），成本较高，难以投入实际使用。另一方面，层状过渡金属氧化物正极材料在中性或弱酸性含水电解质中容易变得电化学不稳定，从而导致性能下降；然而，在弱碱性溶液中，Zn^{2+} 容易与 OH^- 结合形成沉淀，强碱性溶液会降低 Zn 负极的电化学稳定性。过酸或过碱都会对电化学性能产生一定的影响，这导致对电解质的酸碱性有较高的要求。使用含氨的电解质有助于消除弱碱性下的 $Zn(OH)_2$ 而形成络合离子，搭建的 Zn/$LiCoO_2$ 电池能提供 $1.99\ V$ 的高电压、良好的倍率性能与循环性能，为电解质酸碱度的调控提供了一种简单的方法。

此外，基于磷酸盐聚阴离子的氟磷酸盐化合物 $LiVPO_4F$ 有 $\sim 4.25\ V$ *vs.* Li^+/Li 的高氧化还原电位，相比 $LiCoO_2$ 有更高的能量密度。但由于 $LiVPO_4F$ 的电子导电性很差，以及 $LiVPO_4F$ 正极的 Li^+ 嵌入/脱出电位超过水系电解质的电压窗口，$LiVPO_4F$ 在水系锌离子电池中应用较少。但是，通过在 $LiVPO_4F$ 表面包覆导电性碳材料能增加电极的导电性，使用盐包水电解质能拓宽水系电解质的电压窗口。使用如上方式搭建的 $LiVPO_4F$/Zn 电池能达到 $1.9\ V$ 的高压放电平台，并在 $0.2\ A \cdot g^{-1}$ 的电流密度下提供 $146.9\ mA \cdot h \cdot g^{-1}$ 的高比容量，从而达到 235.6 $W \cdot h \cdot kg^{-1}$ 的高能量密度。此外，使用水凝胶电解质和电极良好的柔韧性和强度能加强混合离子电池的稳定性。

除了锂基正极材料能构建混合离子体系，钠基正极材料也能构建 Na^+/Zn^{2+} 混合体系，其中最常用的正极材料是 NASICON 结构的 $Na_3V_2(PO_4)_3$，当 $Na_3V_2(PO_4)_3$ 运用于含水的 $Zn(CH_3COO)_2$ 电解液中，Na^+ 能从正极材料骨架中脱出，而 Zn^{2+} 能可逆地嵌入/脱出晶格，此时放电平台为 1.1 V vs. Zn^{2+}/Zn，可逆容量可达 97 $mA \cdot h \cdot g^{-1}$。而当 $Na_3V_2(PO_4)_3$ 运用于含水的 $CH_3COONa/Zn(CH_3COO)_2$ 溶液中，Na^+ 能可逆地嵌入/脱出 $Na_3V_2(PO_4)_3$，在 1.42 V vs. Zn^{2+}/Zn 的高放电平台产生 92 $mA \cdot h \cdot g^{-1}$ 的容量。虽然容量较低，但这是由于纯 $Na_3V_2(PO_4)_3$ 固有的电子导电性较差，从而导致电化学性能相对较差。有开放框架晶体结构的普鲁士蓝类材料是水系电解质中非常有前景的电极材料，使用 Ni - 普鲁士蓝材料与 Zn 组成混合离子电池，在 0.9～1.9 V 的电压范围内显示出 76.2 $mA \cdot h \cdot g^{-1}$ 的比容量。水系电解质与 Na^+/Zn^{2+} 的结合使可充电电池的制造无须使用有毒的有机电解质和高度活泼的金属（如金属锂、钠）。此外，使用溶胶 - 凝胶法制备的有隧道结构的 $Na_{0.44}MnO_2$ 也显示出了良好的电化学性能。

由于正极材料的选取受制于电解质的电化学窗口，电解质的选取同样十分重要。为扩大电化学窗口，常用的方法有使用盐浓缩电解质盐包水、水合物和常规浓缩电解质。由于盐浓缩电解质需使用较多的盐，十分昂贵，因而研究人员努力用相对便宜的盐代替昂贵的有机盐（氟甲基化合物），如高氯酸盐、硝酸盐、氯酸盐、乙酸盐等。研究表明，水系溶剂碳酸二甲酯继承了每个系统的优点，溶解的盐较少。此外，还有很多水系电解质、亲水聚合物得到研究，包括聚乙烯醇等。然而，盐包水电解质中观察到固体电解质界面不够坚固，未能很好地保护负极侧。

3. 单价/Al^{3+} 混合体系

与锂离子电池相比，铝离子电池使用的离子液体基电解质在宽工作温度范围内不形成枝晶，而金属铝能在铝离子电池中直接作为负极，不需非活性成分（如导电材料、黏合剂、集流体等），满足储能技术的安全性要求。此外，Al 在反应过程中能释放 3 个电子，使 Al 的比容量达到 2 980 $mA \cdot h \cdot g^{-1}$，因而铝离子电池在储能系统中更具吸引力。然而，铝离子的正极材料遇到了严重的问题，碳质材料的放电容量较低，而金属氧化物/硫化物存在倍率性能较差的问题。这主要是由于正极材料和三价 Al^{3+} 之间的库仑吸引力，从而导致嵌入的 Al^{3+} 难以脱出，嵌入位点减少，进而导致容量快速衰减。当使用碱金属基正极，正极的反应就会变为碱金属的反应，有效地规避了上述问题，同时碱金属离子的迁移率较大，提升了电池的倍率性能；而碱金属不参加金属铝负极的沉积过程，因而不会产生碱金属枝晶的安全问题。

钒氧化物材料是层状结构的插层化合物，有高比容量、低成本和高地壳丰度等优点。然而，大多数钒氧化物的导电性较差，导致离子和电子传输缓慢、倍率性能较差，只有少数钒氧化物具有较好的性能。其中，VO_2 具有独特的隧道结构和优越的导电性，能有效促进离子的嵌入/脱出。将 VO_2 纳米片生长在碳纤维上作为正极，将铝箔作为负极，使用混合［EMIM］［Cl］$AlCl_3$/LiCl 电解质，在 $100\ mA \cdot cm^{-3}$ 的电流密度下表现出高达 $32.5\ mA \cdot h \cdot cm^{-3}$ 的放电体积容量，容量在 3 000 次循环后仍能保持在 70.1%。

当金属铝作为负极时，一般不能使用水系电解质，因为在还原过程中，H^+ 会先于铝进行反应。使用酸性离子液体时，通过混合 Na^+/Al^{3+}，仍有希望实现稳定的放电平台。虽然 Daniell 型机制的应用可克服正极材料中三价铝离子动力学反应缓慢的问题，但仍需开发能用于单价/Al^{3+} 混合体系的新电解质，特别是在电解质与新正极材料的相容性方面。

鉴于混合离子电解质和活性材料的多样性，混合离子电池显示出较快的离子扩散和电荷转移动力学，在体积容量、倍率性能和循环稳定性等方面提供了理想的电化学性能。因此，单价/Al^{3+} 混合离子电池在各种储能设备中有很强的竞争优势。

5.3　阳离子/阴离子混合体系

阳离子/阴离子混合体系，即混合体系中的两种载流子分别为一种阳离子和一种阴离子，其共同参与能量的储存与释放，工作机理是充电/放电期间两种离子同时嵌入/脱出正负极。虽然充电过程中电荷分离与存储的机制类似超级电容器的运行机制，但阳离子/阴离子混合体系中离子的存储和释放都是基于法拉第电荷存储反应，因此，不能将"双离子电池"与超级电容器等同。

在"双离子电池"中，电解质中的阴离子和阳离子可分别嵌入/脱出正负极进入电解质，与正负极之间的金属离子穿梭相比，这缩短了迁移距离、提高了功率密度。与阳离子嵌入相比，阴离子嵌入正极通常发生在更高的电压下，从而提高电池电压与能量密度。比如，石墨阴极的阴离子插层电位相对于

Li^+/Li 可高于 4.5 V，石墨夹层内阴离子的计算扩散能垒低至 ~0.2 eV，因此，"双离子电池"通常能表现出高工作电压和快速插层动力学，有利于实现高能量密度和良好的倍率性能。此外，一些特定的电极材料可连续储存阳离子和阴离子，这可能促进阴离子和阳离子同时参与的电化学氧化还原反应，因此与单一的阳离子或阴离子基电池相比，其容量会有所提高。为得到较高的电压，发挥阴离子嵌入的优势，先前的研究主要集中于 Li^+/阴离子混合体系，近年来，Na^+/阴离子、Mg^{2+}/阴离子混合体系也得到了一定的研究，Ca^{2+}/阴离子、Al^{3+}/阴离子等混合体系研究相对较少。

与传统的锂离子电池不同，在充放电过程中，"双离子电池"中电解质的离子浓度会发生改变，即电解质起到了储存离子的作用，因此，"双离子电池"的电解质实际上既是离子传输介质又是活性材料，在电化学储能过程中发挥着关键作用。电解质中溶剂、盐的浓度，添加剂的类型和用量，以及阴离子的类型，都会强烈影响阴离子在正极材料中的储存行为，并可能导致电池电压的变化与可逆容量的变化，最终造成性能的差异。鉴于"双离子电池"电解质的特殊性，在计算电池的比容量等性能参数时，既要计算电极的部分，也要计算电解质的部分。

对"双离子电池"阴离子的研究涉及不同种类的阴离子，如六氟磷酸根（PF_6^-）、四氯合铝酸根（$AlCl_4^-$）、双三氟甲磺酰亚胺（$TFSI^-$）、四氟硼酸根（BF_4^-）、高氯酸根（ClO_4^-）、双氟磺酰亚胺（FSI^-）、氟磺酰基（三氟甲磺酰）亚胺（$FTFSI^-$）、三氟甲磺酸根（$CF_3SO_3^-$）、二氟草酸硼酸根（$DFOB^-$），简单阳离子的半径、常见阴离子的结构与参考半径如图 5.15 所示。尺寸较小的阴离子有利于实现更高的"堆积密度"，但自聚集、离子对形成和溶剂化效应等电解质效应，可能会推翻阴离子大小对可逆容量的影响，导致尺寸较小的阴离子容量反而较低。

本小节将以 Li^+/阴离子混合体系为中心，按照正极材料、负极材料、电解质的顺序简要介绍"双离子电池"的常见材料及研究现状。

5.3.1 正极材料

"双离子电池"的负极一般只有半径较小的碱金属阳离子参与嵌入，而嵌入正极的阴离子半径更大（如 PF_6^-、$TFSI^-$ 等），迁移速率更慢，降低了循环稳定性和倍率性能。因此，高能量密度的"双离子电池"受到正极材料的限制更大。

插层型石墨是传统的"双离子电池"正极材料，理想的石墨晶格由石墨烯片以 ABAB 的顺序堆叠而成，层间距为 0.335 nm，层间结合力为范德华力。

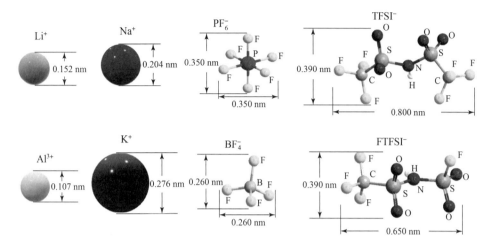

图 5.15　"双离子电池"常用插层阴离子的结构示意图

石墨的 ABAB 结构决定阴离子是以一定的顺序嵌入层中，Rüdorff 于 1940 年首次描述此现象，并认为嵌入的阴离子顺序地填充石墨烯层间的空间，不会引起石墨烯层的结构变形，如图 5.16（a）所示，然而这个模型忽视了石墨烯层的柔性，Daumas 提出了一个更符合现实的模型，其中离子同时插入石墨烯层，并使周围的层变形，如图 5.16（b）所示。

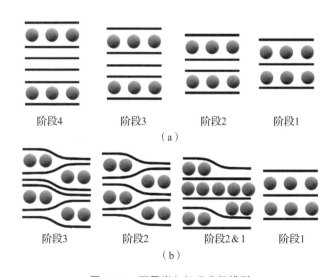

阶段4　　　　阶段3　　　　阶段2　　　　阶段1

（a）

阶段3　　　　阶段2　　　　阶段2 & 1　　　　阶段1

（b）

图 5.16　石墨嵌入机理分级模型

（a）Rüdorff 的模型；（b）Daumas 的模型

石墨正极主要的问题在于比容量有限和循环稳定性较低。阴离子通常比阳离子半径更大，因而可嵌入正极的阴离子更少，导致的体积变化也更大。此外，溶剂会与离子作用形成半径更大的溶剂化离子，导致沿 z 轴更大的膨胀、石墨烯层的剥落，从而导致性能的损失。设置多孔结构可缓冲大阴离子插层带来的体积膨胀，在石墨表面包覆高强度的涂层（如 $Li_4Ti_5O_{12}$）可避免石墨烯层的脱落，从而提高循环稳定性。石墨的性能是由石墨化程度、粒径、表面积、表面改性等多种因素共同决定的。首先，通过热处理等方式提高石墨化程度可提升放电容量，并且，更高程度的石墨化可缩短充放电过程之间的电压滞后，进而提高循环的电压效率。其次，石墨在生产过程中部分氧化引入的羧基、羟基等基团会带来更多的缺陷，从而进一步降低导电性与石墨的结晶度。此外，由于石墨边缘平面有不成对的键和各种末端基团，边缘平面有更良好的电化学性能，因而减小颗粒尺寸、设置多孔结构有助于增大边缘平面的比例，从而提高整体性能。

石墨中容纳阴离子的活性位点有限，理论容量相对较低，而溶剂与阴离子共插层导致石墨的剥离，又降低了石墨正极的循环稳定性。为替代石墨，研究人员致力于研究有氧化还原反应性能的有机化合物，通过活性基团或过渡金属中心的价态变化吸附阴离子。有机化合物结构多样、柔韧性较高、能量密度高的优点使有机化合物有作为"双离子电池"正极材料的巨大潜力。金属有机框架 MOF 有多孔晶格结构，且孔径较大，能容纳大阴离子而不会发生显著的体积变化，而 p 型有机自由基化合物，尤其是氮基有机物能失去电子形成氮正离子位点吸附阴离子，能作为"双离子电池"的正极材料。氮掺杂的吸附/解吸机制有助于减小阴离子插层带来的体积膨胀，而多孔结构增加了比表面积，有助于提高容量与增加阴离子迁入的路线，从而提高倍率性能。

总之，石墨是双离子电池中最常用的电极材料，这得益于石墨较高的导电性、高机械强度、氧化还原两性，然而石墨正极在存储阴离子方面存在比容量较低、循环稳定性较差等问题，通过提高石墨化程度、减少缺陷、减小颗粒尺寸等方式，能提升石墨的性能。此外，氧化还原有机化合物等新型正极材料显示出较大的竞争力，值得进一步进行研究。

5.3.2　负极材料

虽然容量有限的正极材料是"双离子电池"整体性能提升的瓶颈，但负极材料仍需提供过剩的容量以避免金属镀层，从而提升电池的安全性和延长循环寿命，高性能负极材料的研究同样重要。"双离子电池"负极的工作机理是嵌入/脱出阳离子，与摇椅型电池没有区别，因此，"双离子电池"的负极材料也可分为嵌入型、合金化型、转化型、吸附/解吸型。嵌入型、合金化型、转化型负极反应机理如图 5.17 所示。

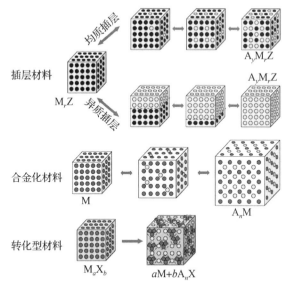

图 5.17　常见负极材料反应机理示意图

石墨是"双离子电池"最常用的嵌入型负极，石墨负极表面形成的 SEI 膜由电解质的还原产物组成，导致首圈循环中库仑效率的损失和后续循环中的容量降低。为避免形成 SEI 膜，常将较低的截止电位调整为高于 SEI 膜的形成电位，并找到有较高截止电位的负极。例如正交相的 Nb_2O_5 有 Nb^{5+}/Nb^{4+} 电对的 1.6 V 和 Nb^{4+}/Nb^{3+} 电对的 1.2 V 两个还原峰；$Li_4Ti_5O_{12}$ 有 1.55 V $vs.$ Li^+/Li 的高电位，都能避免 SEI 膜的形成。此外，$Li_4Ti_5O_{12}$ 是 Li^+ 的零应变材料，即使 SEI 膜在电极表面形成，锂离子嵌入/脱出过程中较小的体积膨胀也能保持 SEI 膜的稳定。但是，插层型化合物的比容量和能量密度较低，因而需要一些新的化学方法替代插层机制，以实现更高的能量密度。

合金化型负极通过与电解质中的阳离子间的电化学合金化反应而储存/释放阳离子，如 Si - Li 合金、Sn - Na 合金等。这种类型的负极材料导电性强、比容量大，可设计为集流体以提高全电池的能量密度。然而，合金化金属负极也存在很多问题，首先，发生在 1 V 以下的合金化反应可能形成 SEI 膜，导致首圈库仑效率较低。其次，合金化型负极材料在充放电过程中的体积变化很大，这不仅降低了倍率性能和循环性能，还导致首圈充放电形成的 SEI 膜因体积膨胀收缩而周期性地破坏/重建，损失了电解质和比容量。因此，为提升合金化型负极的稳定性，常采用表面包覆以提供足够的机械强度来抑制金属负极的体积膨胀，或构建多孔或中空结构以减少体积膨胀/收缩造成的结构坍塌与金属粉化。

常见的转化型负极通常是过渡金属氧化物和硫属化物，其在充放电过程中与金属离子反应而在内部形成过渡金属单质与对应的氧化物或硫属化物。这种类型的负极能提供比传统石墨负极更高的理论容量，但与合金化负极类似，转化型负极在充放电过程中体积膨胀较大，SEI 膜也同样面临周期性破坏与重建，这导致转化型负极在循环过程中电压滞后较大、首圈循环库仑效率低、容量衰减较快、倍率性能较差。为提高转化型负极材料的性能，常采用表面包覆、减小颗粒尺寸、增加比表面积等方法，其中表面包覆常采用坚固的导电涂层，不仅能提升电子传输效率，还能保持转化型负极的完整性，从而进一步提高倍率性能和循环稳定性；而减小颗粒尺寸、增加比表面积有助于减小体积膨胀带来的影响，并提高倍率性能。

除了常见的嵌入型、合金化型、转化型负极材料，"双离子电池"还有一类通过吸附/解吸机制储存阳离子的负极材料。吸附/解吸机制发生在表面，允许与电解质迅速交换阳离子，避免传统材料中阳离子缓慢的迁移和反应速率，也不易产生电极材料的破坏，进而提升倍率性能和循环稳定性。部分多孔碳材料（如活性炭、碳泡沫等）通过双电层电容行为吸附阳离子，有助于阳离子的快速吸附/解吸。n 型氧化还原有机物，比如醌类有机物的氧能得电子吸附阳离子，可作为"双离子电池"负极材料，有机物结构和组成多样，倍率性能和比容量都有较大的潜力。

总之，插层型材料循环较为稳定，工作电压较高，有助于抑制 SEI 膜的产生，但活性位点有限，容量较低。而合金化型材料和转化型材料虽然理论容量较高，但体积变化较大、循环稳定性差，且会不断形成 SEI 膜，从而导致性能较差，通过表面改性、结构设计等方式能提升一定的循环稳定性。吸附/解吸型材料在动力学上限制较少、倍率性能和循环稳定性较高，研究相对较少，但有较大发展潜力。

5.3.3 电解质

电解质在"双离子电池"性能中起着至关重要的作用，一方面，电解质容纳嵌入正极的阴离子与嵌入负极的阳离子，在一定程度上决定"双离子电池"的容量；另一方面，由于"双离子电池"有超高的工作电压，而电解质决定电化学窗口，直接决定了电池的电压范围。因此，为实现有高性能的"双离子电池"，电解质的选择十分重要。由于高压锂离子电池的工作电压也能达到5 V 以上，高压锂离子电池电解质的改性策略可用于"双离子电池"的电解质改性，如使用高浓度电解质、离子液体电解质等。根据溶剂的类型，"双离子电池"的电解质主要分为三类，分别为有机电解质、离子液体电解质、水系电解质。

有机电解质在锂离子电池中研究较为成熟，使用较为广泛，在"双离子电池"中也得到了广泛的研究。然而，由于"双离子电池"的电压通常高于 $4.5\ V\ vs.\ Li^+/Li$，远远超出常用电解质的上限（$\sim 4.3\ V\ vs.\ Li^+/Li$），因而需不断调整溶剂/添加剂的组成，以在良好的循环性能的基础上提高性能。常使用的有机溶剂/添加剂包括 PC、EC、DMC、EMS、EMC 等，其中，EMC 是有前途的溶剂之一，有高还原稳定性和低黏度等特性，更重要的是，EMC 支持 PF_6^- 平滑地嵌入石墨正极，这意味着在 EMC 体系中嵌入 PF_6^- 较在 PC 等体系中所需的能量更少。但是，EMC 不适用于所有阴离子，如 EMC 溶剂化的 BF_4^- 在石墨电极中表现出更缓慢的迁移率和更高的初始嵌入电压。相比而言，有线性结构的溶剂（如 EMC、MP 等）比有环状结构的溶剂（如 EC、PC 等）更容易使阴离子嵌入，也有助于提高离子电导率。此外，氟化碳酸酯和氟化醚等氟化物由于氟取代基的强吸电子作用，稳定性较高，氟化物还有低可燃性、能在负极表面形成有效 SEI 膜等优点。砜类和腈类电解质在高压锂离子电池中十分常用，但在"双离子电池"中少有报道，这可能是由于砜类化合物黏度较高、腈类化合物对锂盐溶解度相对较低。除了调整溶剂的组成外，使用高浓度电解质（即 $LiPF_6$、LiTFSI）也是能提升"双离子电池"循环稳定性的方式。与传统电解质相比，高浓度电解质有助于在两个电极表面形成更均匀和相容的 CEI/SEI 层、获得更高的氧化稳定性和更高的工作电位，从而提高电池的能量密度。

普通有机溶剂在高工作电位下稳定性较差，除了调整电解质的成分或应用高浓度电解质外，还可使用有广泛电化学稳定性范围的离子液体（室温熔融盐）电解质。离子液体由不能嵌入石墨的离子组成，增加了溶剂共嵌入的难度；而离子液体有热稳定性、不可燃性和低挥发性，提高了电池的安全性。上述优点使离子液体能作为高压锂离子电池和"双离子电池"电解质。尽管离子液体在更宽的电压范围内有较高的稳定性，但某些离子液体（如 $Pyr_{14}TFSI$）与石墨负极的兼容性较差，这主要是因为离子液体的负极稳定性意味着在负极表面形成更薄的 SEI。因此，离子液体中的大有机阳离子（如 Pyr_{14}^+）更容易与盐中的阳离子共嵌入，从而导致石墨进一步剥落，进而降低循环稳定性与库仑效率。为使离子液体与石墨负极能兼容，常使用的解决方案是添加电解质添加剂，如碳酸亚乙烯酯、亚硫酸乙烯酯等，通过电化学还原聚合，辅助在负极表面形成 SEI 膜。然而，大多数溶剂会降低离子液体的黏度，促进离子迁移与离子自脱嵌，进而降低库仑效率。

与避免电解质分解的策略相比，更直接的方法是调整正极的工作电位。虽然水系电解质的电化学窗口较窄，但水系电解质成本低、环境友好、有高导电性和高安全性，因而水系电解质仍然值得关注。BiF_3 和二茂铁 $[Fe(C_2H_5)_2]$ 阴离子嵌入/脱出工作电位较低，能构建水系"双离子电池"。此外，水系溶剂能满足离子快速扩散的需求，有安全性高、成本低、环境友好等优点。但是，高压水系电解质的报道较少，低工作电位和有限的能量密度成为水系电解质进一步开发和广泛应用的最大障碍。

总之，寻找能承受石墨正极"双离子电池"高工作电位的电解质是实现稳定和可逆循环的决定因素之一。传统的稀有机电解质，可与其他溶剂或添加剂混合，以辅助在电极表面形成 CEI/SEI 而获得较高的稳定性。高浓度电解质和离子液体也有高氧化稳定性，能实现稳定和可逆循环，但高浓度电解质和离子液体的使用受到高成本的阻碍。水系溶剂也能用于双离子电池体系，这主要是由于水系溶剂有高导电性、可持续性和低成本的优点。然而，水系电解质的一个较大的问题是电化学稳定窗口狭窄以及能量/功率有限，这导致了水系电解质难以投入使用。

"双离子电池"是下一代高工作电压、高能量密度电池的重要组成部分，然而，"双离子电池"的高工作电位超出了许多有机电解质的工作电位范围，导致电解质的分解，因而"双离子电池"电解质的开发十分重要。目前，为获得可逆和稳定的循环，离子液体电解质、高浓度电解质和调整电解质成分或引入额外的添加剂都是可行的方法。其中，高浓度电解质由于能抑制集流体的腐蚀、有较大的稳定电压范围，是未来"双离子电池"最实用和最有前途的选择之一。文献报道的容量一般相对较低，最高一般不超过 $150~\text{mA} \cdot \text{h} \cdot \text{g}^{-1}$，这导致"双离子电池"无法形成对锂离子电池的竞争力。这一定程度上是因为石墨正极有限的活性位点限制了比容量，也意味着插层型石墨可能并不是一个好的选择，需要一个有更高容量的新型电极。正极侧石墨的潜在替代材料主要取决于吸附/解吸机制，包括 p 型有机物和掺杂的碳质材料。而对于负极材料，合金化负极能提供高理论容量、能作为集流体和支撑材料等，从而降低整体质量、提高能量密度。

"双离子电池"的概念刚刚出现 10 年，系统研究还处于起步阶段，还有很多技术挑战需进一步研究。能量密度、循环稳定性、可逆性和容量、倍率性能、成本和安全性都是设计和改进"双离子电池"需考虑的最基本问题。为大范围使用"双离子电池"，需开发丰度较高的元素作为电荷载流子。"双离子电池"仍有许多技术和科学问题不确定，需更多努力去探索。

|5.4　其他混合体系|

除了常见的阳离子/阳离子混合体系与阳离子/阴离子混合体系，其他混合体系（如阴离子/阴离子混合体系、多离子混合体系）也显示了一定的可行性，但研究困难、选择较少，相应的研究也较少。

阴离子/阴离子混合体系，即体系内有两种不同的阴离子作为载流子。目前研究的阴离子/阴离子混合体系大多是使用一种含有金属元素的阴离子与另一种阴离子混合，如 $AlCl_4^-$、$Zn(OH)_4^{2-}$ 等与 Br^-、Cl^- 等混合。例如，由锌溴液流电池转化成的 $Zn(OH)_4^{2-}/Br^-$ 混合离子电池仍能表现出 2.15 V 的放电电压与 276.7 W·h/kg 的能量密度。相比 5.2 节、5.3 节介绍的两种混合体系，阴离子/阴离子混合体系研究并不多，这主要是因为体系中一般使用含 Zn、Al 等金属元素的阴离子，而锌离子电池、铝离子电池的研究并不十分充分；而体系中只有阴离子作为载流子会受到阴离子半径大、能量密度较低等问题的制约，导致阴离子/阴离子混合体系的性能一般不高。

由于阴离子的高嵌入电位，阳离子/阴离子双离子策略可显著提高混合离子电池的工作电压，而阳离子/阳离子混合策略能提高新兴可充电电池系统的倍率性能和循环性能，因而可将两种策略进行结合而获得两种策略的优点。因此，混合体系内有三种及三种以上载流子的多离子体系得到研究。例如，使用 Li^+/Na^+ 混合电解质可显著提高钠离子电池的倍率性能和循环性能，而阴离子（如 PF_6^-）插层有助于实现高工作电压，因而将 Li^+、Na^+、PF_6^- 三种离子进行混合，有望组装成为有良好倍率性能、高工作电压和长循环稳定性的可充电钠离子电池。多离子混合体系研究较少的原因是三种离子较两种离子增加了变量，更加不可控。

|5.5　总结与展望|

混合离子电池是单载流子离子电池发展遇到难以解决的问题时兴起的技术，多载流子设计能改变原先单载流子离子电池在正负极发生的反应，从而规避单载流子离子电池在某一电极遇到的问题，是一种新颖的设计策略。通过采用不同离子以改变电极反应，混合离子电池在解决电池的动力学缓慢、循环稳定性较差、缺乏合适的电极材料等问题上显示出极大的前景。然而，混合离子电池体系中含有多种载流子离子，产生更多的变量，增加了研究的难度，此外，混合离子电池机理复杂，发展仍处于早期阶段，仍有很多问题需努力解决。

5.5.1 阳离子/阳离子混合体系

1. 工作电压较低

由于混合体系中使用两种阳离子，电池电压一般为两种阳离子对应的电位之差，往往低于二者单载流子离子电池较高的电压。而两种阳离子在同一体系中也可能导致一定的副反应，对电极的氧化还原反应产生一定的副作用，从而导致工作电压的变化。为提高工作电压，Daniell 型电池需研究高压正极、制备宽电压窗口的电解质；摇椅型电池需研究高压电极、尽量使用金属负极（需采用合适的方法以确保安全性）。

2. 协同效应机理理解不足

非锂离子有较大的离子半径或较高的电荷密度，导致反应动力学缓慢，而不同离子的相互作用能产生协同效应，从而能有效增强动力学。但是不同离子在某一侧电极的协同效应机理尚不明确，仍需一定的研究。

3. 比容量低

Daniell 型电池需大量电解质溶液以存储足量的载流子离子，摇椅型电池虽能将一定的载流子储存在电极中，但非锂金属离子固有的低比容量使阳离子/阳离子混合体系的比容量难以超过锂离子电池。因此，Daniell 型电池需进一步研究合适的电解质与电极材料，使电解质中能高浓度存储载流子、电极材料能储存更多的载流子，以提高比容量。

5.5.2 阳离子/阴离子混合体系

1. 比容量低

由于阴离子的半径普遍较大，常规正极材料用于容纳阴离子的间隙位点较少，因而阳离子/阴离子混合体系的理论比容量较低。因此，需进一步研究合适的正极材料以储存更多的阴离子，从而提高比容量。开发高比容量的碳质材料、探索有二维层状结构的材料都可能解决比容量低的问题。

2. 反应动力学了解不足

阳离子/阴离子混合体系的反应机理与摇椅型电池完全不同，涉及不同的电极反应、副反应，但是目前报道的大多数测试方法都是非原位的分析方法，对阴离子在正极具体的嵌入/脱出机理仍不明确。未来需使用各种原位分析方法或更先进的分析方法，以研究电极反应、界面反应等尚未明确的机理。

3. 低成本电解质盐溶解度有限

电解质是阳离子/阴离子混合体系中重要的组成部分之一，几乎是阴离子载流子的唯一来源。因此，适当提高电解质的盐浓度，就能在一定程度上提高电化学性能。但很多低成本的盐类在有机体系中溶解度较低，需开发新体系或新电解质以提高电解质的盐浓度。常见的解决方法有开发高溶解度的电解质盐、开发合适的溶剂以促进电解质的溶解、寻找合适的助溶剂等。

4. 库仑效率低

阳离子/阴离子混合体系有较高的电压，容易导致电解质的分解，从而降低电池的库仑效率；而较大的阴离子半径也导致阴离子易被正极俘获而不可逆嵌入，从而降低库仑效率。为提高库仑效率，可开发有宽电压窗口的新型电解质、有低工作电位的新型正极以可逆嵌入阴离子。

此外，不论是阳离子/阳离子混合体系，还是阳离子/阴离子混合体系，对反应机理（协同作用、反应动力学等）的认识不足是制约混合离子电池发展的重要因素。为充分发挥混合离子电池的优越性，需使用有效的策略和表征技术以深入了解所提出的混合离子电池的基本工作机制，并对正极、负极和电解质进行整体优化。

参 考 文 献

[1] CUI J, YAO S, KIM J K. Recent progress in rational design of anode materials for high – performance Na – ion batteries [J]. Energy storage materials, 2017, 7: 64 – 114.

[2] MING J, GUO J, XIA C, et al. Zinc – ion batteries: materials, mechanisms, and applications [J]. Materials science and engineering: R: Reports, 2019, 135: 58 – 84.

[3] LU D, LIU H, HUANG T, et al. Magnesium ion based organic secondary batteries [J]. Journal of materials chemistry A, 2018, 6 (36): 17297 – 17302.

[4] ZHANG Y, LIU S, JI Y, et al. Emerging nonaqueous aluminum – ion batteries: challenges, status, and perspectives [J]. Advanced materials, 2018, 30 (38): 1706310.

[5] LIU Q R, WANG H T, JIANG C L, et al. Multi – ion strategies towards emerging rechargeable batteries with high performance [J]. Energy storage materials, 2019, 23: 566 – 586.

[6] YAO H R, YOU Y, YIN Y X, et al. Rechargeable dual – metal – ion batteries for advanced energy storage [J]. Physical chemistry chemical physics, 2016, 18 (14): 9326 – 9333.

[7] WANG H, WANG P, JI Z, et al. Rechargeable quasi – solid – state aqueous hybrid Al^{3+}/H^{+} battery with 10, 000 ultralong cycle stability and smart switching capability [J]. Nano research, 2021, 14 (11): 4154 – 4162.

[8] LI C, WU J, MA F, et al. High – rate and high – voltage aqueous rechargeable zinc ammonium hybrid battery from selective cation intercalation cathode [J]. ACS applied energy materials, 2019, 2 (10): 6984 – 6989.

[9] YUAN X, MO J, HUANG J, et al. An aqueous hybrid zinc – bromine battery with high voltage and energy density [J]. ChemElectroChem, 2020, 7 (7): 1531 – 1536.

[10] TAN H, ZHAI D, KANG F, et al. Synergistic PF_6^- and FSI^- intercalation enables stable graphite cathode for potassium – based dual ion battery [J]. Carbon, 2021, 178: 363 – 370.

[11] GAO J, YOSHIO M, QI L, et al. Solvation effect on intercalation behaviour of tetrafluoroborate into graphite electrode [J]. Journal of power sources, 2015, 278: 452 – 457.

[12] SHIGA T, KATO Y, INOUE M. Electrochemical film formation on magnesium metal in an ionic liquid that dissolves metal triflate and its application to an active material with anion charge carrier [J]. Acs applied materials & interfaces, 2016, 8 (45): 30933 – 30940.

第 6 章

金属硫电池

本章以硫正极为主，探究不同的金属负极材料在匹配硫正极时，所具有的化学及电化学性能；结合硫正极的本征优异性能，与不同的负极组成的金属硫电池，回顾了近几年碱金属硫电池和多价金属硫电池的发展历程以及现阶段的研究进展，概述了不同体系中的电池反应原理、电池结构组成以及具体的电化学性能；最后阐述了金属硫电池中的改性思路，旨在为金属硫电池的发展指明方向。

为阅读本章的读者在认识金属硫电池时提供有效的帮助。
本章主要内容示意图如图6.1所示。

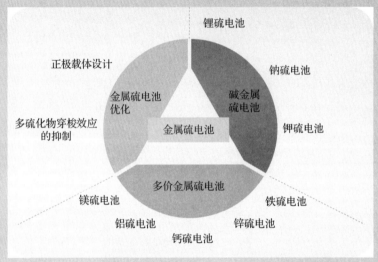

图 6.1 本章主要内容示意图

|6.1　金属硫电池简介|

金属硫电池由于具有比传统锂离子电池更高的能量密度和更低的成本而受到广泛的研究关注。硫在地壳中储量丰富，且无须考虑地理限制。硫也是自然界中少数以单质形式存在的元素之一。从电化学角度来看，硫元素通过两个电子的还原过程，可以提供相当高的理论质量和体积比容量（1 672 mA·h·g^{-1} 和 3 340 mA·h·cm^{-3}），在不同的电池体系中有广泛的应用，是目前固态正极材料中最高的理论容量。所有上述特征表明，硫是开发高能量密度、低成本和环境友好的电池系统的理想正极材料。基于转化反应的硫正极为电化学能量存储提供了多种优势。硫极高的地壳丰度和双电子转移反应机制，推动了金属硫电池的快速发展。然而诸多因素限制了金属硫电池的实际应用。金属硫电池的实际性能受到硫电极过程（如低导电性、活性物质损失等）的限制。硫正极在金属硫电池中的放电反应可以概括为以下几方面：

$$2S_n^{2-} \leftrightarrow S_m^{2-} + (n-m)/8S_8 \tag{6.1}$$

$$2S_n^{2-} \leftrightarrow S_{m+n}^{2-} + S_{n-m}^{2-} \tag{6.2}$$

$$S_n^{2-} \leftrightarrow 2S_{n/2}^{-} \tag{6.3}$$

电解质中可以检测到多价硫阴离子的存在。分析放电曲线，普遍认为单质硫通过上述的三步还原反应完成单质硫向最终产物的转化，详见后续章节。电池循环过程中，硫正极在放电过程中生成长链的多硫化物，在电解质中溶解，这些多硫化物从正极侧扩散至负极，并与负极的金属发生反应，在负极区被部分还原为短链多硫化锂，并沉积在电极表面；充电时，未沉积的多硫化物回到正极，在正负极之间来回穿梭，发生"穿梭效应"。以上反应在整个电池内持续进行，最终会造成活性物质损失，电化学性能恶化。此外，放电产物普遍具有溶解性差的问题，并具有电绝缘性，会在电极表面形成不溶性绝缘层，造成导电性能降低。最后，由于单质硫与放电产物密度不同，硫正极在充放电过程中体积变化大，电极材料粉化，甚至对电极结构造成不可逆的破坏。这些问题将导致电极材料的利用率降低，电池寿命变短，甚至导致金属在负极表面的不均匀沉积，带来安全隐患。

硫正极发生电化学转化而非插层反应，不涉及因离子嵌入与脱出而导致的正极材料坍塌问题，也克服了插层型材料的低容量和低能量密度的固有限制。金属硫电池具有很高的效率和高能量密度值，开发这种器件对于推动高能量密度器件的应用与市场化具有十分重要的意义。

|6.2 碱金属硫电池|

6.2.1 锂硫电池

锂硫电池是一种很有前途的储能系统，与现有的锂离子电池相比，其具有更高的能量密度，目前备受关注。锂硫电池通常以金属锂为负极，单质硫或硫基材料为正极，商用的聚乙烯或聚丙烯为隔膜，采用醚类、酯类或固态电解质。与锂离子电池相比，锂硫电池的主要区别在于其不同的储能机制。锂离子电池基于锂离子嵌入层状电极材料中储能；锂硫电池不是发生嵌入与脱出反应，而是基于金属锂的沉积以及在硫正极侧的转化反应进行储能。这些反应赋予锂负极和硫正极极高的理论比容量，分别是 3 860 mA·h·g^{-1} 和 1 673 mA·h·g^{-1}。因为平均放电电压高达 2.15 V，锂硫电池的理论能量密度高达 2 500 W·h·kg^{-1} 或 2 800 W·h·L^{-1} ［图 6.2（a）］。为了构建高导电性的硫基电极，通常将硫正极活性物质、导电剂和粘结剂混合并搅拌均匀，再将浆料涂覆到铝、涂炭铝箔集流体上，经过干燥制备高性能硫基电极。根据溶剂的不同，粘结剂分为油性（N-甲基吡咯烷酮）粘结剂和水性（H$_2$O）粘结剂，油性粘结剂分子通常为聚偏氟乙烯，水性粘结剂分子为羧甲基纤维素和丁苯橡胶等。

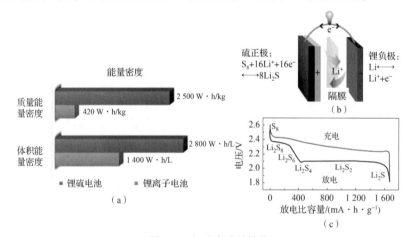

图 6.2 锂硫电池的性能

（a）锂硫电池与锂离子电池的能量密度对比图；（b）锂硫电池的反应机理图；
（c）锂硫电池的放电比容量-电压曲线

自20世纪60年代以来，锂硫电池一直是全世界的研究热点。经过数十年的深入研究，锂硫电池的发展取得了很大的进展，然而，锂硫电池还是存在活性材料利用率低、容量衰减快、库仑效率低、倍率性能差等问题。产生这些问题的主要原因是硫和放电产物（Li_2S_2/Li_2S）的电绝缘特性、缓慢的硫氧化还原反应、多硫化物的"穿梭效应"以及锂硫电池在循环过程中的巨大体积变化，严重阻碍了锂硫电池的实际应用。要实现锂硫电池的商业化应用，这些关键的问题必须得到解决。

1. 锂硫电池反应机理

锂硫电池的电化学转化反应已被广泛认可。锂硫电池的反应机理如图6.2（b）所示，主要存在以下电化学反应：放电过程中，正极材料中的单质硫被还原为一系列的含锂的多硫化物和小分子的固相硫化物，并从正极材料上脱嵌［式（6.4）~式（6.8）］，而负极上则通常会发生金属锂的沉积和剥离［式（6.9）］；充电过程则是放电过程的反向步骤。整体发生的反应可以用式（6.10）表示。

正极反应：

$$S_8 + 2e^- + 2Li^+ \leftrightarrow Li_2S_8 \tag{6.4}$$

$$3Li_2S_8 + 2e^- + 2Li^+ \leftrightarrow 4Li_2S_6 \tag{6.5}$$

$$2Li_2S_6 + 2e^- + 2Li^+ \leftrightarrow 3Li_2S_4 \tag{6.6}$$

$$Li_2S_4 + 2e^- + 2Li^+ \leftrightarrow 2Li_2S_2 \tag{6.7}$$

$$Li_2S_2 + 2e^- + 2Li^+ \leftrightarrow 2Li_2S \tag{6.8}$$

负极反应：
$$2Li \leftrightarrow 2Li^+ + 2e^- \tag{6.9}$$

总反应：
$$S + 2Li + Li_2S \tag{6.10}$$

锂硫电池的实际充放电过程比较复杂。锂硫电池在乙醚基电解质中通常表现为两个放电平台。锂硫电池的放电比容量 – 电压曲线如图6.2（c）所示，电压曲线在2.4 V和2.1 V左右出现两个放电平台。在恒流放电过程中，硫首先发生锂化，形成一系列中间的长链多硫化物（S_8 – Li_2S_8 – Li_2S_6 – Li_2S_4），易溶于乙醚基电解质，即平台中的高电压平台，该平台贡献了硫理论容量的25%（418 mA·h·g^{-1}）。进一步锂化后，溶解的长链多硫化物形成短链多硫化物（Li_2S_4 – Li_2S_2 – Li_2S），形成沉积物，析出附着在电极上，即平台中的较低的电压平台，贡献了剩余75%的理论容量（1 255 mA·h·g^{-1}）。充电反应发生相反的过程，充放电反应过程中的中间产物会有略微的差别。随着链长增加，Li_2S_x在电解质中的溶解度增加，反应动力学过程加快，高电压平台对应的长链多硫化锂的动力学转化反应加快。研究人员还探究了锂硫电池的电化学反应机理，发现在电化学过程中存在多种更细分的中间态，表明与简单的分步反应模型相比，电池化学过程要复杂得多。

2. 电解质

合适的电解质在实现高能量密度和长循环寿命的锂硫电池中发挥重要的作用。锂硫电池的电解质不仅需要像传统的锂离子电池中的电解质一样，具有传递离子的功能，实现组成复杂的离子之间的快速转化与运输，还需作为单质硫和金属锂发生转化反应的场所，影响整个锂硫电池的动力学。锂负极的沉积/剥离、枝晶生长、固态电解质界面的生成以及副反应都受到电解质溶液的影响。此外，在正极材料发生电化学反应的过程中，反应的具体步骤以及不同的产物是由多硫化物溶剂化所决定的。在传统的醚基溶液中，即 $1 \ mol \cdot L^{-1}$ 双（三氟甲烷磺酰基）亚胺锂（LiTFSI）和 $0.2 \ mol \cdot L^{-1}$ 等体积的 1,3 – 二氧环烷（DOL）和 1,2 – 二甲氧基乙烷（DME），产物多硫化锂会部分溶解到电解质中并形成正极电解质。锂硫电池不仅是液相与固相之间的转化，还涉及溶液内的电化学转化反应。原始的 S_8 和产物 Li_2S 是通过溶解的多硫化物（正极或溶解–沉淀机制）进行反应的。多硫化物的有效溶剂化有利于优化硫的利用率和反应动力学，但也造成了制约金属硫电池发展的最关键问题—"穿梭效应"，不仅阻碍了单质硫的充电过程，限制了硫正极的实际比容量，还影响了锂金属的均匀沉积/剥离，造成锂负极的失效，导致库仑效率低、循环寿命短等问题。此外，基于贫电解质的锂硫电池是实现高能量密度电池器件的关键。电解质的用量在锂硫电池中有着较高的要求，实现 $500 \ W \cdot h \cdot kg^{-1}$ 的质量能量密度和 $700 \ W \cdot h \cdot L^{-1}$ 的体积能量密度，需要较低的电解质溶液与硫活性物质比例（E/S）（$< 1 \ mL \cdot mg^{-1}$）。目前锂硫电池的 E/S 比值较高，其中软包型锂硫电池的 E/S 比值接近 $2 \sim 3 \ mL \cdot mg^{-1}$，扣式锂硫电池的 E/S 比值接近 $5 \ mL \cdot mg^{-1}$。多硫化物会溶解在电解质中并达到饱和，如多硫化物在 DOL/DME 电解质溶液中的溶解度限制在 $4.7 \ mL \cdot mg^{-1}$（$6.6 \ mol \cdot L^{-1} \ Li_2S_8$），这会带来电解质的高黏度和低离子电导率，$Li_2S$ 电沉积动力学迟缓，极化大，导致较低的能量密度。因此，实现基于贫电解质体系（$< 3 \ mL \cdot mg^{-1}$）的锂硫电池是一个严峻的挑战。

在传统的非水系锂硫电池中，存在含硫的各种离子，在浓度梯度的驱使下从正极迁移到负极，并与锂发生化学反应，导致活性物质的损失，从而降低其容量。多硫化锂在形成后会溶解在含有非水电解质的体系中，导致不良的副反应，不利于锂硫电池中的电化学反应，造成锂硫电池的循环性能恶化。所以，在发展锂硫电池时电解质溶剂的选择是至关重要的，需要被特殊设计以匹配高能量密度器件，避免多硫化物因为亲核反应而影响电解质的性能。

无论多硫化物的种类、溶解度、解离度和迁移率如何变化，溶剂的性质（如黏度、施主数、介电常数等）对金属锂的钝化都起着至关重要的作用。目前，锂硫电池的电解质主要包括液态电解质和固态电解质，如图 6.3 所示。

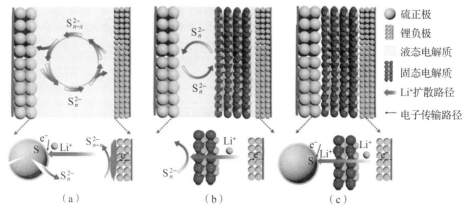

图 6.3　锂硫电池的电解质

（a）液态电解质基锂硫电池；（b）准固态基锂硫电池；（c）全固态基锂硫电池

1）液态电解质

在锂离子电池中，以碳酸酯类为溶剂的电解质有非常广泛的应用，如碳酸二甲酯（DMC）、碳酸乙酯（EC）、碳酸二乙酯（DEC）等溶剂，这些溶剂与六氟磷酸锂（$LiPF_6$）的组合已经成功商业化地用于锂离子电池。但是，在首次放电过程中，碳酸酯基的电解质会通过亲核反应与多硫化物发生不可逆的转化反应，导致电池的循环性能差、库仑效率衰减严重，所以不适用于锂硫电池。此外，电池体系的可持续发展对电解质的安全性提出了更高的要求，电池的失效多数是由于电解质的缺陷，如过充/放电、外部/内部短路、热过载、机械冲击等。在锂硫电池研究中，以醇醚类有机溶剂等为电解质的体系应用最为广泛，其中包含 DOL、DME 和双三氟甲基磺酰亚胺锂（$Li[N(SO_2CF_3)_2]$，LiTFSI）等有机液态电解质。

锂硫电池的电解质中使用的锂盐，需要满足在溶剂中的解离度高、与电池的相容性好、电化学及化学稳定性高和易于改善电极的 SEI 组分等要求。考虑到锂硫电池复杂的反应特性，锂盐还应该对多硫化物具有较好的化学稳定性。目前用于锂硫电池中的锂盐主要有 LiTFSI、$LiPF_6$、$LiClO_4$、LiFSI、LiBOB、$LiBF_4$、LiBETI 等，其中 LiTFSI 体系的电解质由于具有良好的热力学、化学与电化学稳定性和较高的离子电导率，已成为当前应用最为普遍的锂盐。据报道，一些锂盐如 $LiClO_4$、LiBOB、LiFSI、LiDFOB、LiI 等具有正负极表面成膜的能力，一定程度上能阻止多硫化物的溶解与穿梭，但若成膜过厚（或过于致密），会增加界面阻抗、影响离子在界面的传输。因此，在电解质中不宜加入过多的成膜性锂盐。还有一些添加剂，如 $LiPF_6$、LiBETI，被报道可以提高电池的可逆容量与循环性能。

除了锂盐的种类，锂盐的浓度对锂硫电池的性能也会产生更大的影响。研究人员发现，LiTFSI 的高黏度会影响正极硫的利用率及电化学反应动力学。随着 LiTFSI 比例增加，由于具有更低的黏度和更高的离子电导率，锂硫电池的电化学可逆性得到改善。除了应用单一的锂盐，多元锂盐体系的电池中离子对的相互作用所引起的静电屏蔽可以优化金属锂负极的沉积过程，使锂离子可以更加均匀地沉积。此外，在高浓度锂盐（5 $mol \cdot L^{-1}$）的电解质中，共同离子效应导致多硫化物的溶解显著减少，而高浓度电解质的高黏度也会减缓多硫化物向负极的扩散。在两方面的共同作用下，锂硫电池在循环过程中可获得超过 99% 的库仑效率。高浓度电解质虽然可以有效地改善电池的性能，但是，高纯锂盐的大量使用会导致电池成本增加，这在锂矿紧缺和锂价上涨的当下，极大地降低了锂硫电池的竞争优势。

2）固态电解质

随着社会的发展，储能器件的商业化应用要兼顾高能量密度和高安全性。电解质易燃易挥发的缺点极大地限制了其在锂硫电池中的应用，基于液态电解质的锂硫电池的商业化仍受到多种基础问题和技术挑战的阻碍。与锂金属接触的液态电解质的稳定性较差，会引起锂金属粉化、膨胀和枝晶生长，继而引发热失控，带来严重的安全隐患。从商业锂离子电池的发展中可知，使用固态电解质来替代液态电解质，构建准固态或全固态的锂硫电池是有效策略。固态电解质体系不仅可以有效地限制多硫化物的穿梭，延长循环寿命和提高库仑效率，还可以很好地缓冲体积膨胀对硫正极的破坏。不易燃的固态电解质，在发生热失控时也不易蒸发，大大提高电池的安全性能，是目前锂硫电池研究的热点。目前，有关固态电解质的研究发展很快，但固态电解质的离子电导率极低，无法进一步商业化应用。固态电解质依然存在缺点，在取代目前成熟的液态电解质的路上，还需要更多的探索和努力。

固态电解质包括锂离子导电固态聚合物电解质和无机固态电解质。根据实际的能量密度进行估算，基于固态电解质的锂硫电池可以显示出比液态基锂硫电池更高的质量能量密度，甚至优于目前能量密度最高的锂离子电池。目前，常用的聚合物基体主要有聚氧化乙烯（PEO）、聚丙烯腈（PAN）、聚甲基丙烯酸甲酯（PMMA）和聚偏氟乙烯（PVDF）四种体系。将其制备成凝胶电解质，可有效提升锂硫电池的综合性能。

常见的固态电解质的结构如图 6.4 所示。

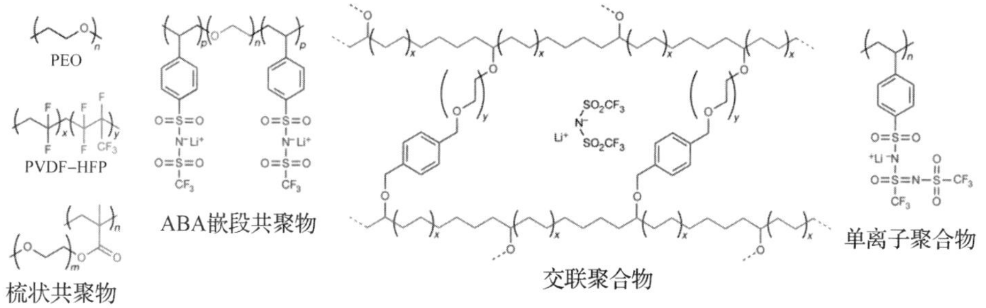

图 6.4　常见的固态电解质的结构

PEO 因具有制备简单、成本低、机械性能好等优点，已成为固态锂电池中最广泛使用的聚合物基体。20 世纪 70 年代，研究人员在含碱金属盐的 PEO 配合物中发现了离子传导性能，自此，PEO 最早被用作聚合物基体材料。PEO 是半结晶聚合物，玻璃化温度为 −64 ℃，熔化温度为 65 ℃，具有良好的化学稳定性。PEO 分子链具有给电子基团，溶锂能力强，可以提高膜的电化学性能。PEO 基电解质的传导主要通过锂离子和醚氧原子在溶剂中螯合，但由于它的易结晶性导致形成的电解质膜在室温下的导电性较差。为了提高其导电性，通常向其中加入增塑剂来缓解 PEO 的结晶程度，但同时会造成其力学性能的降低。一般的解决方法是加入无机填料或者对 PEO 材料进行合成支化，形成网状聚合物形态，改变其链段的结构来降低 PEO 链段的规整程度，也可以通过辅助射线的改性来改善其力学性能。Wang 等将 SBA−15 颗粒用作 PEO 基固态电解质中的填料，固态电解质的离子电导率和锂离子迁移数大大提高，说明合成了具有合适结构的填料并用于离子转移辅助剂，以优化固态电解质的表面，可以提高固态聚合物电解质性能。Li 等报告了一种用于锂硫电池的 PEO 基固态电解质，该电解质通过浸入液态电解质中激活，其中液态电解质由 $1 \text{ mol} \cdot \text{L}^{-1}$ LiTFSI 溶解在 DME/DOL 和 $LiNO_3$ 盐组成。通过该种方法获得的固态电解质在室温下具有 $1.76 \times 10^{-3} \text{ S} \cdot \text{cm}^{-1}$ 的离子电导率，基于这种固态电解质的锂硫电池具有良好的循环稳定性，放电容量为 728 $\text{mA} \cdot \text{h} \cdot \text{g}^{-1}$，在 0.5 C 下进行 100 次循环后达到 72% 的容量保持率（传统液态电解质的容量保持率为 40%）。基于传统液态电解质的锂硫电池在自放电试验中出现明显的容量损失，而含有 PEO 基固态电解质的锂硫电池的容量衰减可以忽略不计，体现出高容量保持率和减弱的自放电，这可能归因于多硫化物穿梭效应的缓解以及活性物质损失的减少。

PAN 具有许多突出的特点：高的热稳定性、宽的电化学稳定窗口、高的本征电导率、简便的合成方法和优良的机械强度。然而，PAN 的玻璃化温度为 125 ℃，熔化温度为 317 ℃，其半结晶性质和高 T_g 限制了 PAN 基固态电解质的离子导电率。Raghavan 等以 PAN 为基体，采用静电纺丝法制备纤维状 PAN。结果表明，合成条件为浓度 16 wt% 和电压为 20 kV 时效果最好。Yuan 等合成了 PAN - PEO 共聚物用作固态聚合物电解质，通过控制 PAN 含量和掺杂 PAN - PEO 共聚物中的 PEO 分子量来优化电导率，并且 25 ℃时最大电导率可以达到 6.79×10^{-4} S·cm^{-1}。Gopalan 等以不同比例的 PAN 为原料，制备了 PVDF 和 PAN 复合材料的静电纺丝纤维膜，其具有较高的电解质吸收率、足够的尺寸稳定性、较低的界面电阻和较宽的电化学稳定窗口。

PMMA 具有富含极性基团（羰基氧原子）的无定形结构，这种结构有利于锂盐的离解，然而，PMMA 基电解质的机械强度较低。PMMA 的玻璃化温度为 105 ℃，具有良好的化学稳定性。PMMA 中的羰基，不仅能与多硫化物形成不对称的锂键，从而限制多硫化物的穿梭效应，提升电池的综合性能；而且羰基的氧和锂硫电池的醚类电解质能形成氢键，有利于 PMMA 对电解质的吸收。同时 PMMA 与负极的金属锂具有好的界面稳定性，有效地提高了体系安全性能。但是由于 PMMA 较差的机械强度，通常需要通过增加纳米填料、共混共聚等方式来改善其机械强度和热力学稳定性。Zhang 等开发了一种新的多孔聚甲基丙烯酸甲酯 - 丙烯腈共聚物凝胶电解质的制备方法，通过添加 SnO$_2$ 纳米颗粒，实现了聚合物基体中的多孔结构，室温下的离子电导率高达 1.54×10^{-3} S·cm^{-1}，电化学稳定性很高，可以实现 5.1 V 的高电压。Kim 等将纳米级 TiO$_2$ 填料加入 PMMA 和 PEGDA 共混物中，优化了聚合物电解质的电化学性能和物理性能，LiCoO$_2$/石墨在以复合聚合物电解质涂覆的 PP 隔膜组成的电池中，在较高的电流密度下能够实现良好的循环稳定性。

PVDF 的玻璃化温度为 -40℃，熔化温度为 171 ℃，具有较宽的工作温度范围。此外，PVDF 分子链中的 C - F 键极性很强，具有很高的介电性能，表现出较高的离子导电率。PVDF 具有力学性能好、化学稳定性高且耐腐蚀、加工性能好等优点，但 PVDF 有很强的结晶性，需要对其进行改性来满足性能要求。PVDF - HFP 作为 PVDF 的改性共聚物，能较好地应用于锂硫电池。在 PVDF - HFP 中，PVDF 增强体系的介电常数和电化学稳定性，HFP 降低体系的结晶度，二者产生的协同效应能提高固态电解质膜的离子电导率。Saikia 等通过溶剂浇铸技术，改变了增塑剂和盐的浓度比，合成了以 PVDF - HFP、PVDF、PC - DEC 为增塑剂和以 LiClO$_4$ 为盐的聚合物电解质，探究最优性能。Li 等通过非溶剂诱导的相分离原位水解 Ti(OC$_4$H$_9$)$_4$ 制备了基于 PVDF - HFP 的新型大孔纳米复合聚合物膜，离子电导率为 0.98×10^{-3} S·cm^{-1}（20 ℃），组装的锂硫电池在不同的电流密度下显示出良好的放电性能，有助于锂硫电池的实际应用。

使用固态电解质替代液态电解质，有望从根本上增强锂硫电池的安全性能，并抑制多硫化锂的"穿梭效应"。同时，固态电解质与高反应活性的锂金属之间相容性好，能够在一定程度上抑制锂枝晶的生长。随着固态电解质的研究不断深入，全固态锂硫电池已经成为锂硫电池研究领域的热点。

在醚类电解质中，锂硫电池存在以下问题。

（1）以单质硫为活性物质的正极材料会在放电过程中发生转化反应，生成的长链多硫化锂（Li_2S_x，$4 \leqslant x \leqslant 8$）会在放电过程中溶解于醚类电解质，导致活性物质不断流失。这一过程的部分可逆性，严重降低了电池循环后的容量保持率；多硫化物部分以 Li_2S 的形式沉积到负极表面，导致电池在循环过程中的低效率和放电容量不断衰减。

（2）在锂离子电池中使用醚类电解质所存在的共性问题同样会出现在锂硫电池中。电解质与金属锂发生缓慢的反应，随着反应的进行，电解质不断分解产气，电池内部气压升高导致鼓包现象出现，存在较大的安全隐患。

为了抑制多硫化锂的穿梭效应，在电解质中引入添加剂是优化体系的常用策略。在电化学反应过程中，添加剂的引入可以促进金属锂负极与电解质界面形成 SEI 膜，从而阻止多硫化物与锂负极的副反应，抑制不可逆短链多硫化物的生成。$LiNO_3$ 由于具有抑制氧化还原穿梭和降低自放电速度的作用，已经成为锂硫电池中最具代表性的电解质添加剂。崔屹等发现多硫化物与 $LiNO_3$ 添加剂可以发生协同作用从而形成均匀的锂金属 SEI 层，表现出稳定的锂沉积行为。研究人员将金属锂在 1 mol·L^{-1} LiTFSI-$LiNO_3$-Li_2S_5-DOL/DME 电解质中预循环，在金属锂表面构建一层人工 SEI 膜，从而抑制了锂枝晶的生成，将其应用于锂硫电池，在 1 C 电流密度下具有 890 mA·h·g^{-1} 的初始容量，经过 600 周循环后容量保持率仍有 76%。与多硫化物类似，五硫化二磷（P_2S_5）可作为电解质添加剂，促进 Li_2S 的溶解并在金属锂表面形成保护层，从而抑制金属锂与多硫化物之间的副反应。此外，甲苯、LiBOB、二氟草酸硼酸锂和一些金属阳离子等电解质添加剂也被开发，用于优化金属锂负极表面 SEI 膜的组分调控，有助于增强 SEI 膜的机械强度和稳定性。

3. 金属锂负极优化

具有较高能量密度的锂硫电池有非常广阔的应用前景，然而其商业化仍面临多方面的挑战，金属锂负极存在很突出的两个问题。

（1）硫正极发生转化反应时形成的长链多硫化物（Li_2S_x，$4 \leqslant x \leqslant 8$）溶解在电解质中，随浓度梯度的不同迁移至金属锂负极表面，与金属锂表面浓度较高的锂离子反应，生成短链多硫化物（Li_2S_x，$1 \leqslant x \leqslant 3$），短链多硫化物具有不溶性，会沉积在金属锂负极表面，最终形成 Li_2S。在氧化过程中，短链多硫化物回到正极侧，发生转化反应，但沉积在金属锂表面的产物难以脱落，阻挡了金属锂的继续反应，影响了电池的能量密度，导致电池的自放电和库仑效率低。

（2）金属锂负极与电解质在首次循环过程中会生成 SEI 膜，SEI 膜具有离子导电性，但也具有电子绝缘性。在大多数情况下，SEI 膜是不均匀的，不能充分钝化锂金属表面。消耗金属锂和电解质，导致电池的可逆性差、库仑效率低。这是发生在所有金属锂电池中的共同问题。不均匀沉积产生的锂枝晶，导致 SEI 膜的连续破坏和重建，进一步地消耗了锂金属和电解质。一方面会导致锂枝晶与锂金属失去接触而形成"死锂"，降低库仑效率；另一方面会导致电池由于电解质的耗尽和 SEI 膜的高阻抗而最终失效。枝晶穿透隔膜导致电池内部短路，产生极大的安全隐患。

对于金属锂负极的修饰与保护，可以参考前文关于锂离子电池负极保护的章节的内容来避免由于 SEI 膜的生成所产生的不良影响以及不均匀沉积所产生的锂枝晶等问题。此外，以上电解质的优化策略同样可以缓解多硫化物的溶解和转化、沉积所产生的"死锂"问题。

先进锂硫电池的发展方向如图 6.5 所示。

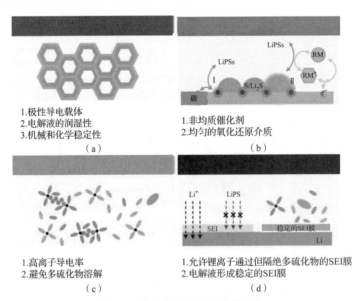

图 6.5　先进锂硫电池的发展方向

（a）下一代硫正极设计；（b）引入动力学促进剂；
（c）特定的离子－溶剂复合物；（d）金属锂保护

实现高能量密度的锂硫电池，受限于硫正极的绝缘活性材料、体积变化和多硫化物穿梭等挑战，存在以下突出问题。

1）低离子电导率

对于常用的 1.0 mol·L^{-1} LiTFSI 含有 2 wt% LiNO$_3$ 的 DOL/DME 电解质，离子电导率满足初始电化学反应的需要。然而，在硫正极的氧化还原反应中多硫化物溶解后，特别是在高硫负载和贫液电解质条件下，多硫化物浓度可高达 7 mol·L^{-1}，导致黏度增加。此外，溶解的多硫化物通过溶剂化与游离的溶剂和锂盐相互作用，形成团簇，降低离子电导率。与理想条件相比，由浓缩的多硫化物浓度引起的低离子电导率也会减缓硫氧化还原反应的动力学，表现出在低放电平台下的较大极化和较差的倍率性能。

2）达到饱和状态和过早沉淀的多硫化物

一般来说，长链 Li$_2$S$_8$ 到短链 Li$_2$S$_4$ 的多硫化物可溶于醚基电解质，Li$_2$S$_4$ 的溶解度相对较低。在扣式电池的理想条件下，E/S 比值较高时，多硫化物的浓度尚能被接受。然而，在软包电池中 E/S 比值低至 3.0 μL·mg^{-1}，多硫化物浓度可超过 10 mol·L^{-1}，超过了醚基电解质的溶解极限，导致多硫化物过早饱和沉淀。多硫化物在导电基体上的过早沉淀会阻塞电子/离子的传输路径，并导致动力学缓慢的固体 – 固体转化反应的发生。在相对较低的 E/S 比下，第二个放电平台对应固体沉淀的极化变大，达到截止电压并显著降低比容量。因此，多硫化物的饱和以及过早沉淀会严重地阻碍锂硫电池中硫正极的电化学转化反应动力学，导致电池性能的迅速衰减。

3）锂金属负极快速失效

锂硫电池在进行电化学表征时，使用的纽扣电池通常采用厚的锂金属负极，N/P 比高于 150。锂硫电池的软包电池不会选择过量的负极，仅有几个循环，且伴随着显著的容量损失。观察失效后的软包锂硫电池，循环后的锂负极表面形貌显示出高度不均匀的形态，其中几个区域被严重腐蚀。通过进一步的分析确定锂负极的失效是主要原因。对比扣式电池中正极容量的逐渐降低，软包电池的容量则迅速下降，归结软包锂硫电池的失效原因，主要来自以下三个方面：①使用高负载硫正极在锂金属负极上施加了更高的实际电流密度和循环容量，这加剧了不均匀的锂沉积和负极侧的体积改变；②更高的多硫化物浓度和更严重的穿梭效应，产生严重的锂腐蚀；③低 N/P 比，锂过量较少，无法通过与多硫化物或电解质反应来补充活性锂的连续不可逆损失。因此，锂金属负极的失效成为锂硫电池实际失效的主要原因。此外，锂负极表面的枝晶生长、破碎和形成的气体对电池的安全性能构成威胁，商业应用时应认真考虑。

6.2.2 钠硫电池

金属钠和金属锂属于同一主族，物理性质、化学性质和电化学性质具有高度的相似性，且都发生单电子电化学反应。钠离子电池的工作原理与锂离子电池的工作原理非常相似，区别在于钠离子电池的标准还原电位略高（钠的标准还原电位为 -2.71 V，锂的标准还原电位为 -3.08 V）。此外，钠相较于锂，有较高的地壳丰度和广泛的分布范围，低廉的成本和可持续化的资源使钠离子电池成为一种非常有前途的储能器件。与硫正极匹配所形成的钠硫电池，相比起锂硫电池，从可持续发展、成本低、电池设置等角度来看都是更好的选择。与锂硫电池涉及的化学过程相似，钠硫电池也会涉及多种复杂的反应，如转换反应，固态扩散、相变、SEI 膜的形成和界面电荷转移过程。在完全转化为 Na_2S 的情况下，钠硫电池的理论容量高达 1 675 mA·h·g^{-1}（相对于硫的质量负载），比采用嵌入化合物正极的锂离子电池高出一个数量级。同时，钠负极的理论容量可达 1 166 mA·h·g^{-1}，远高于以石墨材料为负极的锂离子电池。基于这些优点，钠硫电池的理论比能量为 1 273 W·h·kg^{-1}，而锂离子电池仅有 350~400 W·h·kg^{-1}。

钠硫电池起源于福特汽车公司的实验室，该款电池以金属钠为负极、硫单质为正极，以氧化铝（$\beta - Al_2O_3$）陶瓷作为电解质和隔膜。高温钠硫电池示意图如图 6.6 所示，区别于传统的"三明治"型电池结构，通常高温钠硫电池呈圆柱形，以液态钠金属为负极，外层为硫正极，中间用 $\beta - Al_2O_3$ 固体电解质膜相隔，用 Al_2O_3 密封在容器的顶部。外层再包裹一层金属制外壳（通常为金属铬或钼）以形成器件，这层封装外壳用来避免腐蚀以延长电池寿命。形成的电池器件处在真空绝缘的盒子中，排列形成整体，这个盒子的保温功能使钠硫电池可以维持平稳的放电性能。该电池需要在较高的工作温度（250~300 ℃）运行，电极材料均处于熔融状态；该工作温度有利于钠离子的传输，可以实现较小的传输电阻。

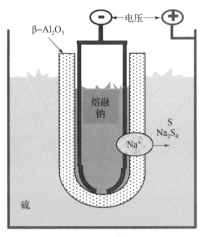

图 6.6 高温钠硫电池示意图

高温钠硫电池由于具有使用寿命长、充电效率高、能量密度高等优点，已被应用于固定式储能系统。这种电池化学有望满足规模和成本要求，在储能方面具有可行性，如负载均衡、应急电源和不间断电源等。然而，为了保持两极的熔融导电状态，需要较高的工作温度。工作温度过高，不仅会造成电能的损失，还可能导致固态电解质失效，即陶瓷电解质熔化，从而导致正极和负极直接接触而引起爆炸和火灾。熔融电极和陶瓷电解质的使用给安全、材料成本、高温密封、系统维护、可靠性等方面带来了一系列的技术挑战，这些问题限制了高温钠硫电池的广泛应用。

为了解决高温钠硫电池的相关问题，在较低温度下及室温等环境下工作的钠硫电池被提出。室温钠硫电池借鉴了锂硫电池和传统高温钠硫电池的概念，成为电网规模储能应用的低成本选择。在室温下工作的钠硫电池，由于安全和腐蚀问题减少，具有极强的吸引力。为了构建在室温下工作的钠硫电池，导电正极应该克服完全充放电产物（S 和 Na_2S）的电子绝缘特性，以实现活性材料的高利用率。近 10 年来，以复合硫为正极，金属钠为负极，有机溶剂、聚合物和快离子导体为电解质的室温钠硫电池的相关研究层出不穷。然而，发展室温钠硫电池仍然需要克服很多问题，才能实现钠硫电池的商业化应用，这些问题包括以下几方面。

（1）硫（5×10^{-28} S·m^{-1}）和多硫化物产物、中间体产物的电导率低，使得电化学反应的转化动力学缓慢，体系的过电位大、利用率降低。

（2）在完全钠化后，正极的体积变化高达 171%，这是电极结构迅速坍塌的根本原因，严重缩短了电池的循环寿命。

（3）多硫化物穿梭效应在钠硫电池中也会存在。正极侧的短链多硫化钠由于电场和浓度差的影响也会扩散到负极，再氧化为长链多硫化钠。溶解在电解质中的多硫化物与电解质在硫正极和钠负极之间穿梭与移动，形成穿梭效应。复杂的转化反应不断发生，短链固体硫化物不停地沉积在正极与负极表面，形成缓慢的动力学效应，钝化电极，导致钠硫电池的库仑效率和可逆容量较低。

（4）金属钠负极与电解质在首次循环过程中生成的 SEI 膜不稳定，在随后的循环中不均匀沉积或破裂，产生的钠枝晶可能会穿破隔膜，为室温钠硫电池带来较差的电化学循环性能以及安全隐患。

1. 钠硫电池的反应机理

钠硫电池具有与锂硫电池类似的正负极反应，都是通过金属与硫单质之间的可逆电化学反应来实现化学能与电能的转换。负极发生金属钠的剥离和沉积，在放电过程中，金属钠在负极被氧化，产生钠离子和电子。钠离子通过电解质移动到正极，而电子通过外部电路到达正极，产生电流。硫通过在正极接受 Na^+ 和电子而被还原生成多硫化钠。正极反应是多步反应，会产生各种链长不同的多硫化钠产物。多硫化物穿梭效应使体系更加复杂，初始形成可溶长链多硫化物（Na_2S_x，$4 \leqslant x \leqslant 8$），随着电解质扩散到负极，还原生成不溶短链多硫化物（Na_2S_x，$1 \leqslant x \leqslant 3$）。如图 6.7 所示，单质硫向 Na_2S、Na_2S_2 和 Na_2S_3 三种物质转化，生成多硫化钠（Na_2S_x）物质，分别对应 $1\ 672\ mA \cdot h \cdot g^{-1}$、$838\ mA \cdot h \cdot g^{-1}$ 和 $558\ mA \cdot h \cdot g^{-1}$ 的理论容量，发生转化反应对应的平台如图 6.8 所示。充电时，当给外部电路施加一定电压时，多硫化钠会分解为金属钠和硫。电池的可逆充放电反应可以提供约为 2 V 的电动势，不同的放电产物也对应不同的理论能量密度，产物为 Na_2S_3 时理论能量密度为 $760\ W \cdot h \cdot kg^{-1}$，最终产物 Na_2S 对应 $1\ 230\ W \cdot h \cdot kg^{-1}$ 的理论能量密度。

$$\text{正极：} \qquad (x/8)S_8 + 2e^- + 2Na^+ \leftrightarrow Na_2S_x \qquad (6.11)$$

$$\text{负极：} \qquad 2Na \leftrightarrow 2Na^+ + 2e^- \qquad (6.12)$$

$$\text{总反应：} \qquad (x/8)S_8 + 2Na + Na_2S_x(1 \leqslant x \leqslant 8) \qquad (6.13)$$

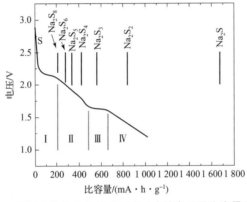

图 6.7　钠硫电池的多步转化反应对应的电压及比容量示意图

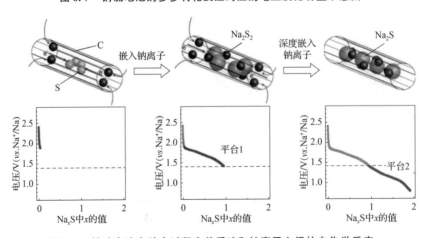

图 6.8　钠硫电池在放电过程中单质硫和钠离子之间的电化学反应

详细地，单质硫（S_8）首先还原为长链多硫化钠［Na_2S_x（$4 \leqslant x \leqslant 8$）］的转化反应可以用以下方程式［式（6.14）~ 式（6.17）］来表示：

$$Na_2S_8 + 2e^- + 2Na^+ \leftrightarrow 2Na_2S_4 \tag{6.14}$$

$$Na_2S_8 + 2/3e^- + 2/3Na^+ \leftrightarrow 4/3Na_2S_6 \tag{6.15}$$

$$Na_2S_6 + 2/5e^- + 2/5Na^+ \leftrightarrow 6/5Na_2S_5 \tag{6.16}$$

$$Na_2S_5 + 1/2e^- + 1/2Na^+ \leftrightarrow 5/4Na_2S_4 \tag{6.17}$$

随后，液态状的长链多硫化钠［Na_2S_x（$4 \leqslant x \leqslant 8$）］向固态的短链多硫化钠［$Na_2S_x$（$1 \leqslant x \leqslant 3$）］转化，还会发生 Na_2S_2 和 Na_2S 的固－固转化反应：

$$Na_2S_4 + 2/3e^- + 2/3Na^+ \leftrightarrow 4/3Na_2S_3 \tag{6.18}$$

$$Na_2S_4 + 2e^- + 2Na^+ \leftrightarrow 2Na_2S_2 \tag{6.19}$$

$$Na_2S_4 + 6e^- + 6Na^+ \leftrightarrow 4Na_2S \tag{6.20}$$

$$Na_2S_2 + 2e^- + 2Na^+ \leftrightarrow 2Na_2S \tag{6.21}$$

2. 电解质

钠硫电池的电解质必须满足离子导电性、电子绝缘性、热稳定性、化学稳定性、电化学稳定性等常规要求，而电极需要具有优良的润湿性、环保且成本低。由于金属钠具有强反应活性，在钠硫电池中还要求金属钠在电解质中保持较高的稳定性，对电化学反应中产生的多硫化物具有高溶解度。钠硫电池中所使用的电解质可以概括为以下几种。

1）有机电解质

有机电解质是目前钠硫电池中最常用的电解质，主要分为醚基和碳酸酯基电解质。

（1）醚基电解质。醚基电解质在钠硫电池中有广泛的应用，目前使用最多的醚类溶剂是三甘醇二甲醚（TEGDME）。将三氟甲基磺酸钠（$NaCF_3SO_3$）溶解在 TEGDME 溶剂中形成电解质，与聚合物电解质相比，这种电解质的导电性有所增强，但经过 10 次循环后，放电容量从 538 mA·h·g^{-1} 下降到 240 mA·h·g^{-1}，容量衰减非常严重。Lee 等提出了一种室温钠硫电池，这种钠硫电池以具有纳米结构的 NaSn－C 为负极，$NaCF_3SO_3$ 溶解在 TEGDME 中作为液态电解质，正极材料选择空心碳球（HCS）来固定单质硫。该电解质的离子电导率大于 10^{-3} S·cm^{-1}，钠离子的迁移数约为 0.76。热重分析表明，电解质提供了较高的热稳定性。NaSn－C/TEGDME－$NaCF_3SO_3$/HCS－S 钠硫电池输出的平均电压为 1.0 V，可实现约 550 mA·h·g^{-1} 的可逆容量和约 550 W·h·kg^{-1} 的能量密度。TEGDME 体现出优良的物理化学性质以及电化学性能，可能与 $CF_3SO_3^-$

阴离子和 TEGDME 的静电相互作用有关。然而，以 TEGDME – NaCF₃SO₃ 为电解质时也会出现首周循环放电容量下降，可能是由于 TEDGME 中多硫化物溶解导致活性硫物质的损失，需要将活性材料硫限制在正极一侧。

还有研究人员将 NaClO₄ 和 NaNO₃ 溶解在 TEGDME 中得到钠硫电池。基于该种电解质的可逆硫/长链多硫化钠电池可提供稳定的输出能量密度（~450 W·h·kg⁻¹），无机钠盐的添加也极大程度地降低了钠硫电池的成本。Manthiram 等选用相同的电解质来组装钠硫扣式电池，将 Nafion 膜浸泡在电解质中进行 Nafion 膜的钠化；还引入了具有增强的比表面积和致密结构的预活化的 CNF 纸电极，通过将 AC – CNF 涂层覆盖在 Na – Nafion 膜上，提高了电池中硫活性材料的利用率，缓解了多硫化物的穿梭效应。这种膜还承担了集流体的作用，具有显著增强的比容量和长循环性能。Kohl 等将 Na₂S 和 P₂S₅ 溶解在 TEGDME 中得到钠硫电池，电池循环 550 周后几乎没有容量下降，1 000 周循环后容量略有下降，库仑效率仍保持在 86% 以上。除了 TEGDME 溶剂，DOL/DME 也被用作溶剂来制备钠硫电池电解质。醚基电解质，以 TEGDME 溶剂为例，短链多硫化钠具有不溶性，但长链多硫化钠则易溶于 TEGDME，使用醚基电解质时需特别关注多硫化物的穿梭效应，结合正极材料设计以及隔膜修饰等工序进行。

（2）碳酸酯基电解质。作为锂离子电池中使用频率最高的电解质材料，碳酸酯基电解质在早期的钠硫电池中具有较广泛的应用。Holze 等将 NaClO₄ 盐溶解于 EC/DMC 混合溶剂中。由钠金属负极、NaClO₄ – EC – DMC 液态电解质和硫复合正极所组成的钠硫电池在第一次放电时，电池的比容量为 654.8 mA·h·g⁻¹，循环 18 周后，可逆比容量保持在 500 mA·h·g⁻¹ 左右，在后续循环中保持稳定，充放电效率约为 100%，平均充电和放电电压分别为 1.8 V 和 1.4 V。该碳酸盐基电解质与小硫分子正极结合，电池表现出较高的电化学活性。Guo 等提出了基于相同电解质的室温钠硫电池，区别在于构建了小分子硫正极材料，与负极的金属钠具有很高的电化学活性，使生成的产物完全还原为 Na₂S，并在液态电解质中具有稳定的循环能力。该电池首次放电显示了 1 610 mA·h·g⁻¹ 的高比容量，良好的循环稳定性（可逆容量 1 000 mA·h·g⁻¹）和优异的倍率性能（在电流密度为 2 C 时可达到 815 mA·h·g⁻¹ 的可逆容量）。

2）离子液体电解质

离子液体是一种室温熔融盐，具有无味、不燃、极低蒸汽压、良好的溶解性能、可操作温度范围宽（ – 40 ~ 300 ℃）、良好的热稳定性和化学稳定性、易与其他物质分离等优点。但这种电解质在钠硫电池中并未得到广泛的使用，Archer 等选用碳酸酯基电解质作为主体，1 – 甲基 – 3 – 丙基咪唑氯盐离子液体（EMImCl）作为添加剂，形成 SiO₂ – IL – ClO₄，应用于室温钠硫电池中，电化学性能比较如图 6.9 所示。电池使用微孔碳硫复合正极，具有良好的循环性能。在较高的电流密度下，库仑效率接近 100%，结构如图 6.10（a）所示。电池在 0.5 C 倍率下（1 C = 1 675 mA·h·g^{-1}）实现可逆容量为 600 mA·h·g^{-1} 的稳定循环。Zhao 等设计了一种将离子液体（NaTFSI）和无机钠盐（NaNO$_3$）作为混合溶质的四乙二醇二甲醚电解质，在电流密度为 0.2 C 的条件下，50 次循环后容量保持率提高到了 92.9%。这些结果都证实离子液体电解质是不稳定、易燃的传统碳酸盐的有效替代品，可用于制备未来钠硫电池的电解质。

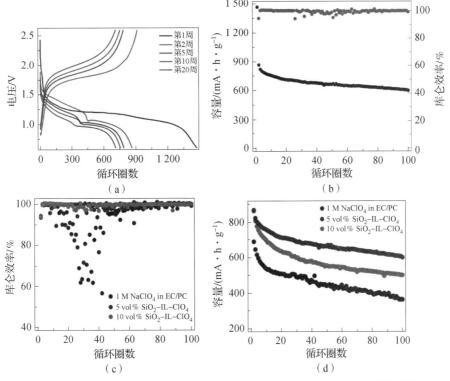

图 6.9　在普通碳酸酯基电解质中使用添加剂（SiO$_2$ – IL – ClO$_4$）（书后附彩插）

（a）放电/充电曲线；（b）含 5 vol% SiO$_2$ – IL – ClO$_4$ 电池的库仑效率循环；

（c）库仑效率；（d）含不同含量 SiO$_2$ – IL – ClO$_4$ 的电池在 0.5 C 下的比容量的比较

3）聚合物电解质

传统的液态电解质虽然使用方便，应用广泛，但仍存在许多问题，如易爆炸、易渗漏、可溶解长链多硫化物、易生成钠枝晶等，阻碍了钠硫电池的实际应用。同时钠会与非质子性液态电解质溶剂发生反应，形成不稳定的 SEI 膜，降低电化学转化过程中的转化效率。随着聚合物电解质在锂离子电池中的不断应用，研究人员也试图将这类型电解质引入钠硫电池中。聚合物电解质不仅可

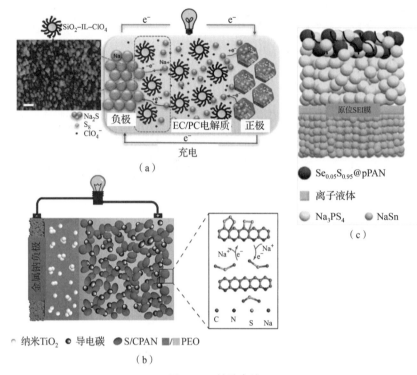

图 6.10 钠硫电池

（a）利用 1 - 甲基 - 3 - 丙基咪唑氯酸盐离子液体和二氧化硅纳米颗粒（$SiO_2 - IL - ClO_4$）作为添加剂，以碳酸乙烯和碳酸丙烯酯（EC/PC）的混合物为电解质的钠硫电池的示意图；

（b）以硫/碳化聚丙烯腈为复合正极的全固态钠硫电池；

（c）离子液体协助原位生长 SEI 膜构建的室温钠硫电池模型

以缓解多硫化物在传统液态电解质中的穿梭效应，还会获得更好的热稳定性，减轻或避免枝晶的生长，同样会消除液态电解质泄漏引发的安全问题。

聚合物电解质可以分为固态聚合物电解质和凝胶聚合物电解质。

（1）固态聚合物电解质。固态电解质可以缓解穿梭效应，具有更强的热稳定性和枝晶稳定性，有助于确定和开发化学稳定的电解质，实现安全、廉价、高性能的钠硫电池，但需要关注界面不稳定性、电解质/电极界面电阻和放电容量衰减等问题。目前常用的几种固态电解质包括 Na - β - Al$_2$O$_3$、NASICON 型、硫化合物和硼氢化物等。Xie 等使用离子液体 N - 丁基 - N - 甲基吡咯烷二（氟磺酰）亚胺（Pyr14FSI）修饰负极与电解质界面，在 NaS$_n$ 合金与 Na$_3$PS$_4$ 的界面上形成了稳定的原位固态电解质界面层，通过表征和电化学实验证明了静、动态条件下 SEI 与电解质/负极界面的稳定性。Manthiram 等使用的是 NASICON 型钠离子固态电解质膜，采用 $Na_3Zr_2Si_2PO_{12}$ 可以抑制多硫化物的穿梭。界面和固有纳米孔（PIN）的聚合物涂层可以在钠负极和 $Na_3Zr_2Si_2PO_{12}$ 固态电解质之间提供一个弹性缓冲层，降低了固态电解质颗粒断裂的风险。采用 PIN 插入固态电解质隔膜，提高了钠硫电池的循环稳定性。Tanibata 等使用高导电性固态玻璃陶瓷 Na_3PS_4 作为电解质，含有硫化磷的硫纳米复合电极（$S-KB-P_2S_5$ 或 $S-KB-Na_3PS_4$）作为正极，分别组装了两种不同的钠硫电池。通过比较 $S-KB-P_2S_5$ 和 $S-KB-Na_3PS_4$ 两种电池的性能发现，含有 $S-KB-P_2S_5$ 复合电极的全固态钠硫电池的首次放电容量较高，在 $0.13\ mA\cdot cm^{-1}$ 电流密度下约为 $1\ 240\ mA\cdot h\cdot g^{-1}$，高于 $S-KB-Na_3PS_4$ 复合电极（$500\ mA\cdot h\cdot g^{-1}$），均体现了优异的放电容量。

（2）凝胶聚合物电解质。固态聚合物电解质具有良好的离子导电性（$\sim 10^{-3}\ S\cdot cm^{-1}$），但在环境温度下，由于固-固界面接触差导致界面电阻高，循环性能差。凝胶聚合物电解质体系具有优异的物化特性，如薄膜的可成型性、柔韧性、形状多功能性和易于制备等。在固态聚合物电解质中加入一种或几种增塑剂即可形成凝胶聚合物电解质。凝胶聚合物电解质可以通过化学/物理交联来制备。化学交联是指聚合物主链之间通过热或光聚合反应，形成共价键而彼此连接起来的空间网状结构；利用化学交联形成的凝胶是不可逆的，并具有固定的交联点数，其值不随环境条件的变化而改变。物理交联是指聚合物主链之间通过相互缠结或局部结晶而形成的网状结构。Park 等使用四乙二醇二羧酸酯增塑剂制备了 $NaCF_3SO_3-PVDF$ 凝胶聚合物电解质。在室温下进行测试，采用这种凝胶聚合物电解质的固态钠硫电池可以达到 $489\ mA\cdot h\cdot g^{-1}$ 的初始放电容量，但是电池的循环性能极差，循环 20 周后容量衰减至 $40\ mA\cdot h\cdot g^{-1}$。研究人员通过更换增塑剂来优化循环性能。Hashmi 等使用四乙氧基作为增塑剂制备了 $NaCF_3SO_3-PVDF$ 凝胶聚合物电解质，循环 20 周后容量下降到 $36\ mA\cdot h\cdot g^{-1}$，循环性能并未提升。

Xia 等采用单质硫与碳化聚丙烯腈复合（S/CPAN）作为正极材料，将 NaFSI 溶解于 PEO 基体，加入 TiO_2 进行改性，组装成钠硫电池在 60 ℃ 下进行了测试。$PEO-NaFSI-1\%\ TiO_2$ 电解质具有较高的离子电导率（$4.89\times 10^{-4}\ S\cdot cm^{-2}$，60 ℃）、较好的电化学和热稳定性，被选为钠硫电池的电解质。在第二个循环时，S/CPAN 复合正极材料的比容量为 $252\ mA\cdot h\cdot g^{-1}$，循环 100 次后仍保持在 $251\ mA\cdot h\cdot g^{-1}$，库仑效率接近 100%。Liu 等为全固态钠硫电池制备了一种柔性的 $PEO-NaCF_3SO_3-MIL-53(Al)$ 固体电解质。当 PEO 中的环氧乙烷（EO）与 $NaCF_3SO_3$ 的钠离子的摩尔比为 20、$MIL-53(Al)$ 为 3.24 wt% 时性能最佳，在 60 ℃ 和 100 ℃ 下的离子电导率分别为 6.87×10^{-5} S·cm^{-1} 和 6.87×10^{-4} S·cm^{-1}。与不含 MIL – 53（Al）的 PEO – NaCF$_3$SO$_3$ 固态电解质相比，钠离子迁移数从 0.13 增加到 0.40。电池获得了高容量保持率和可逆的倍率能力。60 ℃ 时，在 0.1 C 的电流密度下，钠硫电池的首周放电容量为 897.7 mA·h·g^{-1}，在 50 周循环后放电容量为 674.9 mA·h·g^{-1}，库仑效率接近 100%。

凝胶聚合物电解质可以保持液态电解质较好的动力学性质，具有较高的离子导电性、良好的离子迁移数，由于柔韧性和可塑性，在电解质/电极表面有较好的界面接触。凝胶聚合物电解质还可以避免短路现象的发生。钠硫电池中关于凝胶聚合物电解质的报道显示，其具有良好的电解质性能，但组装的电池显示出了明显的容量衰减，还需要进一步提升循环稳定性。Wang 等使用安全、功能交联的凝胶聚合物电解质，即聚（硫 – 季戊四醇四丙烯酸酯）（PETEA）–三［2 –（丙烯酰氧乙基）乙基］异氰尿酸酯（THEICTA）凝胶聚合物电解质，克服了室温钠硫电池循环性能差的问题。这种交联凝胶聚合物电解质具有较高的离子导电性，原位形成的高离子电导率和增强安全性的聚合物电解质实现了钠负极和硫正极之间界面的稳定，固定了可溶的多硫化钠。所制备的准固态室温钠硫电池在 0.1 C 倍率下具有 877 mA·h·g^{-1} 的高可逆容量和长循环稳定性。

3. 影响钠硫电池发展的因素

尽管钠硫电池具有与锂硫电池相似的电化学性能，具有容量大、储量丰富、成本低、环境友好等潜在优势，在电网储能领域中受到越来越多的关注，然而，钠硫电池的发展仍然面临一些挑战，如图 6.11 所示，主要挑战包括以下几点。

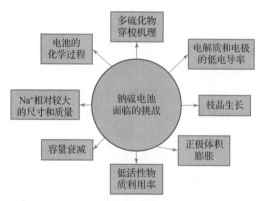

图 6.11　钠硫电池中存在的主要问题

（1）多硫化物穿梭效应。钠硫电池工作时，会形成一系列的长链多硫化物和短链多硫化物。长链多硫化物在电解质中高度可溶，在正负极之间来回迁移。可溶性的长链多硫化钠 $[Na_2S_x(4 \leqslant x \leqslant 8)]$ 由于浓度梯度的影响，生成后由正极向负极扩散，当长链多硫化物向钠负极迁移时，硫或多硫化钠溶解到电解质中，并在充满电时从硫化钠不可逆地还原为元素硫，一起反应生成短链多硫化物，导致活性物质损失，从而降低放电容量。

（2）与金属锂相似，钠离子在沉积的过程中，受到不均匀电流密度的影响形成枝晶，沉积在电极表面，可逆性较差，并会刺破隔膜，带来安全隐患。钠原子和钠离子之间有巨大尺寸差异，钠比锂更容易形成不稳定的沉积层和枝晶。在负极方面，防止锂硫电池中树枝晶形成的基本策略必须适用于钠硫电池。

（3）固有电导率对电池的性能影响很大，单质硫和中间产物、最终产物的硫化物的导电性很差，影响了电池的固有电导率。固态电解质的电导率比液态电解质要低得多，一旦采用更实际的电流密度，固态电解质的应用便不可行。由于在室温下没有具有良好的钠离子电导率的固态电解质，室温钠硫电池必须使用液态电解质或凝胶电解质。然而，在液态电解质中，固态硫与钠的反应性通常较低，材料的利用率有限，发生不完全的还原，最终形成多硫化物（Na_2S_x，$x \geqslant 2$），而不是最终产物硫化钠。另一个问题在于多硫化物溶解到液态电解质或凝胶电解质中，导致库仑效率低，容量迅速衰减。

（4）室温条件下，钠硫电池的容量在循环过程中会较快地衰减。此外，活性物质的逐渐溶解会产生严重的自放电。大多数方法是通过降低硫粒径和限制高导电基体中的硫来优化硫正极。在循环过程中硫的不均匀分布或在充放电过程中硫颗粒的聚集都会导致作为活性物质的硫利用率低。

（5）在电化学转化的过程中，硫正极存在的转化反应使其结构和形态都产生较大的变化，正极的体积发生不可逆的膨胀与收缩，会对电池容量产生较大影响。在锂硫电池中，锂化/脱锂后正极的体积变化通常是 80%，由于钠离子相对于锂离子的尺寸更大，钠硫电池正极的体积变化会更显著。当生成 Na_2S 时，正极的体积膨胀率高达 157%，导致碳基体坍塌。化学合成的多硫化物被用作室温钠硫电池的活性材料，这种方法也应用于锂硫电池。电极剧烈的体积变化破坏了硫活性材料与导电基体的机械完整性，容量衰减严重。开发先进的正极结构，以适应深度充放电期间硫电极的体积变化，对于提高钠硫电池的循环性能至关重要。

（6）室温钠硫电池的电化学行为非常复杂，到目前为止，关于室温钠硫电池的文献很少，了解室温钠硫电池电极的化学性质和优化其纳米结构对于其未来的发展和实际应用至关重要。先进的表征技术，特别是使用原位测试平台，可以更好地理解钠硫电池的储存机制，改善其电化学性能。

6.2.3 钾硫电池

1. 钾硫电池的反应机理

金属钾作为和金属锂、钠同主族的元素，钾离子电池在近几年也取得了较快的发展。金属钾与锂的物理化学性质相似，并且钾元素在地壳中储量丰富（2.09 wt%），价格低廉。其次，与金属钠相比（Na^+/Na：-2.71 V *vs.* SHE），钾的标准电极电位更低（K^+/K：-2.93 V *vs.* SHE），更为接近锂的标准电极电位（Li^+/Li：-3.04 V *vs.* SHE）。在某些电解质中，钾的标准电极电位比锂更低，例如，在碳酸丙烯电解质里，理论计算得到锂、钠、钾的电极电位分别为 -2.79 V、-2.56 V 和 -2.88 V，钾离子电池在电压输出时会略胜一筹。钾离子有更小的斯托克半径，电离能更小，在电解质及其电极界面拥有更快的迁移速度，从而使得钾离子电池在同样的条件下比锂离子电池、钠离子电池有更好的倍率性能。基于这些优点，研究与开发钾离子电池变得更有吸引力和实际意义。

钾硫电池与锂硫电池和钠硫电池相似，钾硫电池发生两个电子转化反应，生成的最终产物为 K_2S 时，可以提供 $1\ 675$ mA·h·g^{-1} 的高理论比容量。特别的是，钾硫电池有着较高的理论质量能量密度（$1\ 023$ W·h·kg^{-1}），虽然低于锂硫电池和钠硫电池，但远优于目前已有的商业锂离子电池。由于钾离子有更弱的路易斯酸度（相较于钠离子和锂离子而言），且钾离子半径明显大于锂离子或钠离子（0.138 nm *vs.* 0.076 nm 或 0.102 nm），在大多数离子活性材料中存在钾离子的固态扩散限制，如用以锂离子电池的石墨负极可以适用于低充电倍率地储钾，在中、快充电时则表现较差。钾离子可以电化学嵌入石墨中形成 KC_8，理论容量为 279 mA·h·g^{-1}，但必须缓慢嵌入。现有的钾硫电池的正极材料可分为聚阴离子化合物、层状氧化物、普鲁士蓝类似物和有机化合物。由于聚阴离子的作用，聚阴离子化合物通常具有较高的氧化还原电位（在 3.5 V 以上）。然而，由于晶格中钾离子嵌入的空间有限，这些材料的容量值大多低于 100 mA·h·g^{-1}。

从结构的角度而言，典型的钾硫电池结构类似于传统的锂硫电池，由四部分组成：金属钾负极、电解质、隔膜和硫正极。关于钾硫电池的充放电机理，由于碱金属同主族转移单电子，其机理类似于锂硫、钠硫电池。钾硫电池的转化机制尚未得到统一，部分研究人员认为，从正极来看，在放电过程中，固态硫正极的反应与锂硫、钠硫中硫正极的反应大致相同，一般遵循固-液-固转化过程，但有其特点的不同：在还原反应的初始阶段，具有固态环结构的单质硫 S_8，首先还原成可溶长链多硫化钾（K_2S_x，$5 \leqslant x \leqslant 8$）；长链多硫化钾进一步转化为短链多硫化钾（$K_2S_x$，$2 \leqslant x \leqslant 4$）；反应结束时，放电产物为 K_2S/K_2S_2。钾硫电池可以生成稳定存在的二硫化物，这是在其他两种碱金属硫电池中未观察到的，如图 6.12 所示。

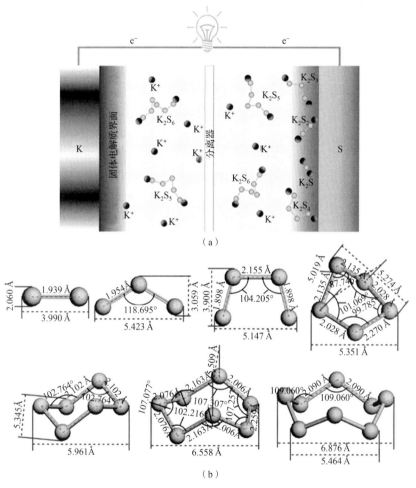

图 6.12 钾硫电池的反应机理

（a）钾硫电池示意图；（b）基于密度泛函理论计算从 S_2 到 S_8 的硫同素异形体

多硫化钾的中间产物准确的转化机制尚未得到证实，需要进一步探索和验证。尽管存在大量研究以揭示钾硫电池的反应机理，但文献中仍存在不一致的结果。通过 XRD 和 XPS 的表征技术证明 K_2S_3 是主要的钾化产物，但先前研究中的谱图中的信号太弱导致无法验证钾化产物。相比之下，根据 XPS 分析，

认为 K_2S 是最终的钾化产物,类似于锂硫电池,但 K_2S 的缓慢动力学不能保持电池反应的可逆性。了解钾硫电池中硫与金属钾负极相关的电化学转化机制,对于构建钾硫电池有十分重要的意义。Xu 等通过具有自支撑微孔碳纳米纤维/小分子硫(PCNF/S)的复合正极,与金属钾组装了钾硫电池,硫通过与碳原子的强相互作用均匀地束缚在碳微孔内;采用飞行时间—二次离子质谱(TOF – SIMS)对聚碳酸铵纳米纤维中小分子硫的存在状态进行了确证。PCNF/S 复合正极由于具有较强的化学相互作用和物理连接,表现出优异的电化学性能、高可逆比容量(1 392 mA · h · g^{-1})和优异的倍率性能,2 000 周循环后其容量保持率高达 88%,库仑效率高达 100%。通过 SEM、TEM、XRD、FTIR、Raman、XPS、TOF – SIMS 和硫元素的 K – edge XANES 等测试手段,探究了 PCNF/S 复合正极中小分子硫的稳定性、存在状态以及限制效应,结果验证了 K_2S 是钾硫电池中最终的钾化产物。

与锂硫、钠硫电池的过程相同,固体 S_8 转化为 K_2S 后,硫正极会发生 296% 的体积变化,对正极电极产生较大的结构破坏效应。此外,可溶的长链钾多硫化物在正极和负极之间的穿梭效应会恶化电池内部环境,极大地降低电池性能。在探究钾硫电池时,最初认为最终的放电产物是 K_2S_3。这一重要研究观点由笔者所在课题组提出:放电产物 K_2S_3 的溶解度较低,容易沉积,K_2S_3 进一步还原为 K_2S_2 和 K_2S 主要通过固相转化反应进行。然而,不溶性 K_2S_2 和 K_2S 的积累使电子转移受阻,反应动力学迟缓,放电反应提前终止,过电位高,导致容量传递不理想。这意味着形成 K_2S 存在巨大的困难,这也是最终放电产物最初被检测为 K_2S_3 而不是 K_2S 的真正原因。

Chen 等提出采用比表面积为 1 084.5 m^2 · g^{-1} 的介孔碳 CMK – 3 作为硫的载体材料,形成复合材料用作钾硫电池的正极材料。在合成的 CMK – 3/S 复合材料中,硫以晶体正交晶的形式存在,具有环状的 S_8 结构。不同含硫量的复合材料性能比较表明,CMK – 3/S 复合材料的理想含硫量为 40.8%,在 50 mA · g^{-1} 时可逆放电容量为 512.7 mA · h · g^{-1},循环 50 周后可逆放电容量保持在 202.3 mA · h · g^{-1}。根据放电产物的 XRD,提出了 S_8 到 K_2S_3 的反应机理,认为从 K_2S_3 到 K_2S 的还原过程不利于热力学。提出的电池的反应过程如下所示:

放电: $$3S + 2e^- + 2K^+ \leftrightarrow K_2S_3 \tag{6.22}$$

充电: $$K_2S_3 - 2e^- + 2Li^+ \leftrightarrow 3S + 2K \tag{6.23}$$

总反应: $$3S + 2K \leftrightarrow K_2S_3 \tag{6.24}$$

图 6.13 显示了钾硫电池、钠硫电池和锂硫电池的恒电流电压曲线。每种电池都基于结晶环八硫(环 – S_8)在醚基电解质中的循环。正如前文所述,锂硫电池显示出最明显的两个平台区域。较高的电压平台(~2.3 V)是由于环

S_8 还原为长链多硫化物（S_n^{2-}，$n = 5 \sim 8$），该平台对应于溶解的液相多硫化物。较低的电压平台（~ 2.1 V）与长链多硫化物进一步还原为短链多硫化物（S_n^{2-}，$n \leqslant 4$），最后到 S^{2-}，该平台对应生成固相的多硫化物。钾硫电池和钠硫电池经历了相似的过程，但倾斜的平台较少，总氧化还原的电压较低，充放电滞后较大。实际上，对于钾硫电池和钠硫电池，大多数的放电容量都不在平台区域，而是与曲线的倾斜部分相关。产生这种现象的原因是两个体系的部分较大电压极化。钾和锂之间的主要区别体现在较低的固态扩散系数和较大的体积应变。图 6.13 显示了钾硫电池、钠硫电池和锂硫电池的小分子硫基正极的电压分布。即使是锂硫电池，高电压的液相多硫化物平台也明显不存在。根据硫的质量标准化比容量值，这些小分子硫基正极表现出超过 70% 的高利用率。然而，由于浸渍碳微孔的困难，这些复合材料中的硫负载量被限制在 50 wt% 以下。材料中小分子硫的典型高负载量在 30 ~ 50 wt% 范围内。这主要是由于孔体积的限制以及完全硫难以渗透到狭窄曲折的微孔中。介孔碳容易被电解质渗透，但不能完全阻止多硫化物穿梭。由于小分子物质的高能态，在失去微孔的空间限制后，这些小分子将被热力学驱动，重新形成更稳定的 S_8。

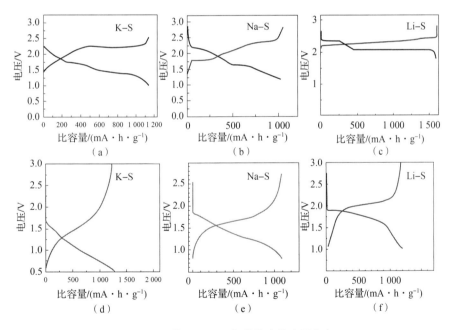

图 6.13　基于环 S_8 正极的代表性电压分布

（a）钾硫电池的恒流电压曲线；（b）钠硫电池的恒流电压曲线；（c）锂硫电池的恒流电压曲线；
（d）钾硫电池小分子硫同素异形体的代表性电压分布；（e）钠硫电池小分子硫同素
异形体的代表性电压分布；（f）锂硫电池小分子硫同素异形体的代表性电压分布

2. 电解质

1）液态电解质

类似于锂硫电池，钾硫电池采用酯基电解质或醚基电解质。由于高阶多硫化物对碳酸酯分子的亲核攻击，酯基电解质不适用于环 S_8 和 K_2S_x 正极电解质。锂硫文献中充分证明，碳酸酯盐溶剂中的大硫分子会导致不受控制的寄生多硫化物反应。因为硫化 PAN 和小分子硫基正极表现出不同的反应途径，避免了可溶的短链多硫化物的形成。常规碳酸酯溶剂（如 EC、DMC 和 DEC）成功地用于和各种硫复合和小分子硫同素异形正极组成电池，通常使用标准钾盐 KPF_6。醚基电解质主要用于基于环 S_8 和 K_2S_x 正极电解质的钾硫电池中。具有较高沸点和在较高电压下稳定性更好的大分子醚，例如 TEGDME 和 DEGDME，比小分子醚更有利。与锂硫电池类似，有机钾盐比无机钾盐有更广泛的应用。研究人员提出了使用浓缩电解质的方法，即通过将 KTFSI 在 DEGDME 中的浓度增加到 $5\ mol \cdot L^{-1}$，有效地抑制了多硫化物的溶解度，实现了活性材料更高的利用率。基于醚的电解质与金属钾负极有更好的相容性，形成更稳定的 SEI 膜和更少的枝晶。

2）固态电解质

对于碱性金属基硫电池，固态电解质可以有效地阻碍多硫化物穿梭以及避免枝晶生长。Goodenough 等在开发 KPF_6 溶解于 EC/DEC/FEC 中的 PMMA 聚合物 – 凝胶作为钾离子电池的 SSE 方面开展了开创性工作。SSE 的离子电导率为 $4.3 \times 10^{-3}\ S \cdot cm^{-1}$，与液态电解质相当，钾的嵌入/脱出电位分别为 0.5 V 和 0.34 V，抑制钾枝晶生长的效果非常显著。在产生枝晶导致短路之前，SSE 电池可以连续充电 172.3 h，与液态电解质的 2.2 h 形成鲜明对比。在 SSE 电池中，基本上不存在液态电解质中具有的苔藓枝晶多孔负极结构，其显示出相对光滑的表面。SSE 和电极之间的界面非常稳定，循环时的电荷转移电阻几乎恒定。Xiao 等采用独特的凝胶 – 聚合物结构设计，制备了碱金属离子（Li^+、Na^+、K^+）导电 SSE。电解质由功能性聚环氧乙烷（PEO）基体中生成的星形聚合物组成。钾离子优化后的 SSE 在 80 ℃ 表现出的离子电导率为 $9.84 \times 10^{-4}\ S \cdot cm^{-1}$。Yuan 等开发了具有独特结构（$[FeO_{4,6}]$ 多面体结构）的铁氧体钾相 $K_2Fe_4O_7$，表现出相对快速的钾迁移率，总离子电导率测试为 $5.0 \times 10^{-2}\ S \cdot cm^{-1}$，电导率为 $3.2 \times 10^{-10}\ S \cdot cm^{-1}$。与锂离子和钠离子导电化合物（包括氧化物和硫化物）SSE 的数量较多相比，含钾离子的无机 SSE 的数量非常有限。开发类似于锂离子和钠离子电池体系的钾离子类似物，如硫代磷酸钾超离子导体，显然是未来研究的重点方向。

3. 电化学性能

钾硫电池的研究仍处于初级阶段，虽然关于钾硫电池的工作比较少，但这种电池很有前景。第一个钾硫电池由 Zhao 等于 2014 年提出。该种钾硫电池中使用金属钾薄膜作为负极材料，使用聚苯胺（PANI）包覆的 S/CMK – 3 纳米复合材料作为正极材料。分别以 S/CMK – 3 和 PANI 包覆的 S/CMK – 3 复合材料为正极、金属钾为负极的室温可充电钾硫电池，在室温下通过硫和三硫化二钾（K_2S_3）之间的转换反应来工作。通过电化学测试、TEM、XRD 和 Raman 研究了其电化学反应机理。结果显示，钾硫电池在 2.1 V 和 1.8 V 左右有两个还原峰，在 2.2 V 左右有一个氧化峰。K_2S_3 是主要的放电产物，充电时可逆地形成单质硫和钾离子。通过硫含量优化，在电流密度为 50 mA·g^{-1} 的情况下，硫含量为 40.8 wt% 的 S/CMK – 3 复合材料的初始放电容量为 512.7 mA·h·g^{-1}，循环 50 周后的放电容量为 202.3 mA·h·g^{-1}。在 S/CMK – 3 复合材料上涂覆 PANI 可以有效地提高循环性能。相比之下，PANI@ S/CMK – 3 复合材料在 50 mA·g^{-1} 下循环 50 周后的容量为 3 293 mA·h·g^{-1}。

2018 年，Sun 等提出了一种新型室温钾硫电池，基于新的转化机制，即发生充电反应时由 K_2S_x（$5 \leqslant x \leqslant 6$）向 K_2S_3 转化，而发生放电反应时则会转化为 K_2S_5。该钾硫电池由非常特殊的溶液相多硫化钾（K_2S_x）正极电解质和 3D 悬空碳纳米管薄膜（3D – FCN – film）电极组成。K_2S_x（$5 \leqslant x \leqslant 6$）溶解在 DGEDME 溶液相中形成 0.05 mol·L^{-1} 的电解质，不仅是硫活性材料的来源，也是钾离子的离子导电介质。该钾硫电池在 0.1 C 倍率的电流密度下时提供了约 400 mA·h·g^{-1} 的高放电容量。与固相的单质硫相比，溶液相多硫化物组成的电解质具有更好的可逆性和更快的动力学。

固体硫在液态电解质中的反应活性较低，导致不完全还原和形成多硫化物（K_2S_3）而不是最终产物 K_2S。这些结果是在有限的工作电压窗口内观察到的，这是由于金属钾对 K_2S_x 的过度活性。对比锂硫电池和钠硫电池在稳定电解质存在的情况下，主要放电产物是硫化锂（Li_2S）和硫化钠（Na_2S），前文中也提到了，钾硫电池放电产物的化学成分仍存在争议。在钾硫电池中观察到的 K_2S_3 化合物反过来可以作为正极材料，类似于锂硫电池中使用的 Li_2S 正极。K_2S_3 正极可以与非钾金属负极耦合，从而避免枝晶形成以及钾金属负极低库仑效率的问题。

4. 影响钾硫电池发展的因素

钾硫电池的研究目前仍处于初级阶段，在材料选择、体系设计以及电池设计参数等方面，都存在很多挑战。从单质硫正极的角度，一些在锂硫电池中具有很好电化学性能的硫正极，已经被应用在钾硫电池中，但钾硫电池仍需要满足以下条件，才能实现高能量密度的钾硫电池的商业化应用与发展。

（1）当电解质/硫比（E/S比）大于 48 μL·mg^{-1} 时，电池正极的低硫含量（平均约为 37 wt%）和低硫负载量（平均约为 0.84 mg·cm^{-2}）会导致电池的低能量密度。

（2）硫-聚丙烯腈化合物的硫含量很低（<50 wt%），正极中硫含量低，有效容量低。当应用更实际的条件来组装电池时，钾硫电池的电化学性能很可能会非常差。

钾硫电池的正极材料研究主要集中在纳米复合硫/碳和硫化聚丙烯腈正极的开发上。现如今提出的优化方案是改善钾硫电池放电的电化学窗口以匹配复合硫正极。以金属钾与硫/碳复合正极组成的钾硫电池为例，电池通常采用 1.2～2.4 V 的工作电压窗口。上截止电位保持在 2.4 V 以下，当电压高于 2.4 V 时，金属钾和多硫化物 K_2S_x 处于活性过高的状态，极易发生多硫化物穿梭效应。而硫化聚丙烯腈正极电池的电压窗口在 0.1～3.0 V 之间。但由于硫含量低，硫化聚丙烯腈正极的电化学性能仍远低于实际应用中的钾硫电池。

2018 年以来，钾硫体系的研究性文章越来越多，但其电化学性能不如锂硫电池和钠硫电池。钾硫电池已经遇到了锂硫电池和钠硫电池同样的问题，比如正极载体材料的选择、单质硫和多硫化物的绝缘性、金属钾负极与正极反应性低、多硫化物扩散、电极不稳定等。此外，与锂硫电池和钠硫电池相比，钾硫电池因为钾离子更大的电荷半径，电荷转移能力较慢，反应动力学更缓慢，体积变化更大，这为钾硫电池的发展带来额外的困难。钾硫电池的反应机理尚不明确，需要更多的检测手段，可使用核磁共振、XPS、同步加速器和 TEM 等技术进行分析。基于核磁共振和 TEM 的位点特异性分析可以探测具有明确尺寸的纳米孔内硫正极的局部氧化态，而同步加速器将能够在各种充放电状态下获得全局晶体学数据。由于钾硫电池的氧化还原反应整体动力学性质缓慢，在给定电压下，可能存在多种化学计量。在钾化过程中，硫化物可能形成核壳结构，钾含量降低，朝向颗粒中心。此外，正极材料中碳材料的作用需要得到验证。通过调整主体结构/化学性质，最终钾硫电池产物的化学计量可能接近 K_2S 的化学计量。在钾硫电池中，对于电解质的认识仍然非常有限，如何选择合适的电解质尚不清楚。尽管采用了成熟的硫正极，但由于钾离子的低扩散能力和与硫的反应性差，硫的平均利用率较低，仅为 36%。此外，钾硫电池中钾的强化学活性进一步破坏了循环时的稳定性。大多数钾硫电池需要低于

0.1 C的低倍率才能使电池正常循环，且无法达到高电化学利用率和长循环稳定性。

|6.3　多价金属硫电池|

6.3.1　镁硫电池

金属镁是富有前景的电池负极材料。和碱金属锂、钠、钾等相比，镁可以发生两个电子的转移反应，因此具有高理论质量比容量（2 205 mA·h·g^{-1}）和体积比容量（3 833 mA·h·cm^{-3}）。镁离子的离子半径（0.86 Å）与锂离子的离子半径（0.9 Å）接近，较高的地球丰度和低廉的成本使镁电极具备发展优势。此外，镁的氧化还原电位（−2.36 V $vs.$ SHE）高于其他多价金属［金属铝（−1.66 V $vs.$ SHE）或锌（−0.75 V $vs.$ SHE）］，所以电池体系具有高的能量密度。镁在电沉积过程中不容易产生金属枝晶，避免了因刺破隔膜、电池短路所引起的安全隐患。与硫电极匹配时，理论能量密度可以达到3 260 W·h·L^{-1}。

2011年，丰田汽车研究院首次公开了可充电镁硫电池。镁硫电池采用由六甲基二硅肼氯化镁（HMDSMgCl）和三氯化铝（AlCl$_3$）反应合成的非亲核电解质，形成的活性分子［Mg$_2$(μ − Cl)$_3$·6THF］$^+$保证了镁沉积/剥离反应的可逆性，实现了1 200 mA·h·g^{-1}和2 484 mA·h·cm^{-3}的高比容量。除了金属硫电池中广泛存在的硫单质离子导电率和电子导电率差、多硫化物"穿梭效应"的问题，镁硫电池缺乏可以同时匹配镁电极与硫电极的合适的电解质，这是镁硫电池发展需要突破的重要难点。这类型电解质需要具备能够可逆沉积镁、高的离子电导率、成本低且容易制备等特点，硫作为亲电子正极，需要匹配非亲核电解质，以免与电解质直接发生反应。目前，关于镁硫电池的发展集中在正极活性材料的优化、电解质的设计与合成、镁负极保护等方向。

1. 镁硫电池的充放电机理

镁硫电池中包括硫正极、电解质、隔膜、镁负极等关键组件。区别于传统的插层型正极材料，具有高容量的转化型正极硫直接与镁发生反应，生成硫化镁化合物。由于发生转化反应，解决了插层型正极材料中晶格内部储镁位点有限和高电荷密度镁离子扩散缓慢等问题，同时也避免了因为金属离子的脱嵌导致正极材料体积膨胀和结构坍塌现象的出现。目前，研究人员普遍认为镁硫电池的电化学反应过程与锂硫电池类似。在充放电过程中，硫电极发生多步反应来实现物质的相互转化，包括 S_8、MgS_4、Mg_3S_8 和 MgS_2 等，生成具有不同链长的多硫化物。

尽管将金属镁负极以及硫正极匹配形成的器件具有高比容量以及可逆的金属镁沉积活性，但目前镁硫电池的一些关键问题仍未得到解决。除了硫电池中的多硫化物"穿梭效应"和正极材料中缓慢的扩散动力学外，镁硫电池中需要重视以下几方面，即合适的电解质选择、镁负极的保护、硫正极利用率的提高、生产的工艺技术等，这些基础科学问题应该持续开展研究。

目前，关于镁与单质硫形成多硫化镁的反应过程，尚无明确的反应路径。普遍认为该过程与锂硫电池的多步骤转化反应类似，即具有不同链长的多硫化镁（如 MgS_4、Mg_3S_8 和 MgS_2）通过多步反应生成。Fichtner 等分析了循环伏安曲线以及充放电平台上不同位置所对应的 XPS 谱图中复合正极的价态，对镁硫电池的充放电反应机理进行了探究，首次使用了（HMDS）$_2$Mg $-$ 2AlCl$_3$ $-$ MgCl$_2$/四乙酰胺电解质，匹配硫复合 CMK $-$ 3 正极材料，放电过程可分为三个还原步骤。第一步为在 SEI 膜处发生的从单质硫到 MgS_8 的固 $-$ 液两相还原。随后长链的 MgS_8 溶解到电解质中，成为液态中的正极并转化为低级多硫化物。与典型的锂硫电池不同，镁硫电池放电过程在 1.6 V 时达到第一个高平台，放电容量约为 350 mA·h·g^{-1}，接近 S_8 向 MgS_4 转化的理论容量 418 mA·h·g^{-1}。由于不同多硫化物阴离子物种 S_x^{2-}（$x = 2 \sim 8$）的吉布斯自由能（ΔG_0）值相似，这些阴离子在溶液中通过一系列化学平衡共存。平衡反应的性质会随着溶剂和电解质的组成及浓度、电极材料以及电池的电位而变化。假设 MgS_8 在电解质中转化为低阶多硫化物 MgS_4 的动力学非常快，镁硫电池第一步的整体电化学反应可描述为

$$S_8 + 4e^- + 2Mg^{2+} \leftrightarrow 2Mg_2S_4 \tag{6.25}$$

第二步是液相和固相的两相还原，从溶解的长链多硫化物如 MgS_4 到 MgS_2，这一步反应对应第二个放电平台，此时镁硫电池的理论容量达到 840 mA·h·g^{-1}，可以描述为

$$Mg_2S_4 + 2e^- + Mg^{2+} \leftrightarrow 2MgS_2 \tag{6.26}$$

镁硫电池的第三个放电步骤是由 MgS_2 还原为最终产物 MgS，可以用式（6.27）表示：

$$MgS_2 + 2e^- + Mg^{2+} \leftrightarrow 2MgS \tag{6.27}$$

根据离子型硫化物的一般理化性质以及在其他体系中出现的经验，MgS 不溶于乙醚溶剂，式（6.27）中所示过程存在高的动力学位垒和高极化。与锂硫体系相比，镁硫电池的转换反应在后期更为缓慢，这可能是 S_8 电化学还原为 MgS_2 时的初始放电容量约为 $800\ mA \cdot h \cdot g^{-1}$ 的原因。反应的动力学及具体组分可能会受到电解质的组成和浓度的影响。该项工作仅通过 XPS 谱图分析可能存在的反应与成分，构建出可能会存在的镁硫电池反应机理，应该用更多的检测手段去探究镁硫电池中复杂的转化机制。

除了对镁硫电池中的详细反应途径进行研究，还对镁硫电池快速容量损失的来源进行了研究（图 6.14）。例如，Xu 等通过原位 X 射线吸收光谱（XAS）分析了正极中的化学物质，揭示了容量衰减的可能原因。首先将硫还原过程分为三个阶段：①由单质硫向长链的镁的多硫化物快速转化（如 MgS_8、MgS_4）；②长链的镁的多硫化物还原形成稳定的 Mg_3S_8 相；③Mg_3S_8 进一步还原为 MgS。容量衰退是由于不可逆地生成了电化学惰性且不溶解的 Mg_3S_8 和 MgS，这两种物质很难还原成长链的镁的多硫化物。引入 TiS_2 作为催化剂，将短链的镁的多硫化物涂层在隔膜上，从而激活短链的镁的多硫化物，获得具有更高的容量（$900\ mA \cdot h \cdot g^{-1}$）和更好的循环性能的镁硫电池。

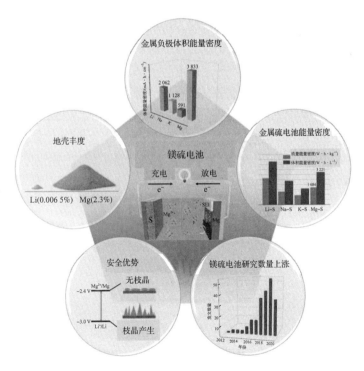

图 6.14　镁硫电池中的关键研究

2. 电解质

镁硫电池电解质的选择是制约镁硫电池发展的重要难题。理想的电解质应该具有许多关键的性能，包括宽的电化学窗口、高的化学和电化学稳定性、高的离子导电性、高的热稳定性、低毒性和可燃性等。电解质应具有动力学稳定性，以支持镁离子在金属镁负极/电解质界面的可逆传输，避免形成钝化膜，或任何消耗电解质的可溶性反应产物。为了满足这些要求，需要仔细配制由溶质（即由含镁阳离子和无镁阴离子组成的盐）、溶剂（醚、离子液体等）和添加剂（LiCl 等盐）组成的镁基电解质。金属镁由于具有高反应活性，不仅与水发生反应，还会与酯、砜、酰胺、腈等有机溶剂反应，形成以氧化镁为主要成分的钝化膜，覆盖于金属镁上，阻碍镁离子的迁移和扩散，可供选择的溶剂很少。电解质中阴离子的选择也会有影响，一些含卤族元素的阴离子，如 BF_4^-、PF_6^-、AsF_6^- 和 ClO_4^- 等，此类阴离子会在金属镁负极上分解并形成稳定的、由 MgO、$Mg(OH)_2$ 和 MgF_2 等组成的钝化膜，不仅阻碍镁离子扩散，还会影响负极上发生的镁沉积/剥离反应，恶化电池的循环性能。通常以镁为负极的二次电池会选用醚类试剂。此外，格氏基、磺酸基和硼基化合物等电解质由于可逆的镁沉积/剥离反应环境和相对金属镁的稳定性，受到广泛的关注。遵循弱配位阴离子设计的电解质有助于提高镁离子在电解质和电极/电解质界面的迁移速率。

镁硫电池的电解质主要可以分为非亲核电解质和亲核电解质两种，本书将从这两个角度来进行镁硫电池电解质的介绍。

1）非亲核电解质

非亲核镁电解质盐能够可逆地沉积/剥离镁，具有比较宽的电化学窗口，其非亲核属性能够很好地与亲电特性的正极硫兼容，是镁硫电池理想的电解质。按照电解质中电活性阳离子结构，可以将非亲核镁电解质分为三个部分，即单核镁阳离子电解质、双核镁阳离子电解质和多核镁阳离子电解质。尽管有一些报道称镁硫电池可以匹配亲核电解质，但这些亲核电解质与亲电的硫电极不兼容，两者之间会发生反应，并形成二硫化物/硫化物。非亲核电解质通常是由非亲核的含镁路易斯碱和路易斯酸反应合成的。在非亲核或少亲核的碱中，Mg 与 N 或 O 结合，而不是与 C 结合，不会形成亲核 C–Mg 键。常用的非亲核碱包括酰胺基的有机镁（RNMg）和醇氧基的有机镁（ROMgCl）。电解质的电活性成分结构的异同，会对电解质及其镁硫电池的电化学性能产生较大的影响。

与硫正极兼容的电解质对提高金属硫电池的性能至关重要。Muldoon 等报道了一种基于非亲核电解质的镁硫电池，该种电解质通过将 HMDSMgCl 和 AlCl$_3$ 两种盐溶解在 THF 溶剂中形成，虽然只能实现两周的充放电循环，但对未来镁硫电池的兼容电解质的开发具有重要意义。Choi 等使用传统的 Mg(TFSI)$_2$ 电解质来匹配硫正极 （S 和 CMK – 3 材料复合），组装镁硫电池。然而，该电池只能进行 4 周循环，具有较大的过充电行为。

（1）酰胺基非亲核电解质。早在 2000 年，便有研究人员提出了关于酰胺基非亲核电解质的报道，Liebenow 等证实非亲核 Hauser 碱六甲基二氮化氯化镁 （HMDSMgCl） 电解质中镁可逆地沉积/剥离，但其库仑效率、电压稳定性、电流密度等性能均不如有机卤铝酸盐电解质，所以该种电解质并没有得到快速的发展。2011 年，Talbot 等使用双胺基的非亲核电解质，报道了首个可充电的镁硫电池，这种电解质与硫正极具有良好的相容性，初始放电容量为 1 200 mA·h·g^{-1}。然而，由于单质硫正极溶解在电解质中，以及镁的多硫化物的穿梭效应，第二次放电容量迅速下降到 394 mA·h·g^{-1}。

研究人员认为仅在 THF 溶剂中才能得到电化学活性产物 [Mg$_2$(μ – Cl)$_3$·6THF][HMDSAlCl$_3$]，限制了可以调节电解质理化性质的溶剂的选择。Zhao – Karger 等开发了以离子液体为添加剂的混合乙醚溶剂 （即二甘醇二甲醚和四甘醇二甲醚） 中的酰胺基电解质。采用一锅两步法，将 AlCl$_3$ 和 MgCl$_2$ 依次加入 (HMDS)$_2$Mg 醚溶液中，形成活性产物 [Mg$_2$Cl$_3$][HMDSAlCl$_3$]。使用该电解质的镁硫电池初始放电容量和 20 周循环后的放电容量分别为 550 mA·h·g^{-1} 和 250 mA·h·g^{-1}。通过添加离子液体 （PP14TFSI） 对其进行改性，在第 1 周和第 20 周循环时，容量分别增加到 800 mA·h·g^{-1} 和 280 mA·h·g^{-1}。具有高黏度、弱配位 TFSI$^-$ 阴离子的离子液体的加入，阻碍了多硫化物的溶解和扩散，提高了容量保持率，减缓了容量的衰减速度。但由于离子液体中难以去除的杂质部分，离子液体的氧化稳定性降低到 3 V 左右，限制了镁硫电池的电化学窗口。受到该项工作的启发，Gao 等在 (HMDS)$_2$Mg – AlCl$_3$ – MgCl$_2$ 电解质的基础上，也通过添加 LiTFSI 添加剂进一步提高了镁硫电池的可逆性，提出是锂离子介导的作用，帮助提高了镁硫电池的循环稳定性，最终的镁硫电池在 LiTFSI 盐的帮助下，在循环 30 周后仍获得了高度稳定的放电容量 （1 000 mA·h·g^{-1}）。LiTFSI 盐添加剂的作用可以归结为以下两点：①锂离子在镁硫电池的充放电过程中参与了正极反应，形成了容易发生充电反应的多硫化锂；②锂离子与低阶短链的镁的多硫化物配位，增加了其溶解度，降低了难溶的短链多硫化物的再氧化能垒，使其电化学活性增强。

虽然二聚体镁离子在镁基电解质 （DCC、APC、酰胺基电解质等） 中普遍存在，但其较大的尺寸不利于离子迁移。开发简单型镁盐作为高效的镁硫电池电解质具有重要意义。有机镁盐与 $AlCl_3$ 直接反应,会不可避免地形成二聚体含镁的阳离子 $[Mg_2(\mu - Cl)_3]^+$。为了形成简单的镁离子,需要预先形成含有镁的前驱体,以防止 $Mg - Cl$ 键的形成。Xu 等提出了以 DG 为配位剂来预处理 $Mg[HMDS]_2$,该前驱体在与 $AlCl_3$ 反应前形成稳定的阳离子 $[Mg(DG)_2]^{2+}$,所制备的电解质的结构为 $[Mg(DG)_2][HMDSAlCl_3]_2$,获得的 DG 溶剂中 $[Mg(DG)_2][HMDSAlCl_3]_2$ 盐的浓度可达 1 $mol \cdot L^{-1}$ 以上。其在 Pt 电极上的氧化稳定性为 3.5 V,在不锈钢电极上的氧化稳定性为 ~ 3.0 V。不锈钢电极的氧化电位较低,可能是由于电解质中含氯离子的腐蚀所致。组装后的镁硫电池在 100 周循环后的容量为 400 $mA \cdot h \cdot g^{-1}$。

2019 年,Zhao 等提出了一种新型的基于酰胺基非亲核镁电解质的镁硫电池,通过在乙醚溶剂中将双(二异丙基)酰胺镁(MBA)与 $AlCl_3$ 直接原位反应,制备了一种新型的有机氮基镁电解质。MBA 与 $AlCl_3$ 的摩尔比和溶剂类型对电解质的沉积/剥离性能和氧化分解电位有影响。经 X 射线单晶衍射证实,该电解质的活性成分为 $[Mg_2(\mu - Cl)_3 \cdot 6THF][AlCl_4]$。对于沉积/剥离工艺,该 MBA 基电解质在不锈钢表面表现出较高的氧化稳定性(2.65 V *vs.* Mg/Mg^{2+})、低过电位和接近 100% 的库仑效率。以 LiCl 作为添加剂,组装好的镁硫电池在 30 次循环下的稳定容量为 ~ 540 $mA \cdot h \cdot g^{-1}$。Yang 等用 $MgCl_2$ 代替 $AlCl_3$,在惰性气氛下通过 THF 溶剂与市售的 MBA 电解质反应,形成新的 $MBA - MgCl_2$ 电解质。通过调整 $MgCl_2$ 与 MBA 的比例,优化后的 $MBA - MgCl_2$ 电解质的过电位为 0.2 V,库仑效率为 98%,离子电导率为 471 $\mu S \cdot cm^{-1}$。他们研究了 $MBA - MgCl_2$ 电解质在 THF 混合 TG 或 DME 二元溶剂中的性能,并讨论了加入 $AlCl_3$ 对 $MBA - MgCl_2$ 电解质性能的影响。$MBA - MgCl_2$ 电解质的稳定性取决于 $N - Mg$ 键的氧化,该键能在足够高的电位下提供电子。加入具有高电子亲和度的强路易斯酸 $AlCl_3$ 可以稳定 $N - Mg$ 键,$AlCl_3$ 与 $N - Mg$ 键之间形成了强相互作用。基于 $MBA - MgCl_2 - AlCl_3$ 电解质的镁硫电池的初始放电容量为 1 042 $mA \cdot h \cdot g^{-1}$,循环 20 次后的容量保持在 276 $mA \cdot h \cdot g^{-1}$。在添加锂盐 LiCl 后,第一个循环的放电容量增加到 1 116.1 $mA \cdot h \cdot g^{-1}$,第 80 个循环的放电容量维持在 518 $mA \cdot h \cdot g^{-1}$,循环性能获得显著提升,这主要是由于锂离子的加入提高了正极的电导率,并改善了正极与电解质的界面相容性。

(2)醇氧盐电解质。反应性较差的醇氧镁盐(如 ROMgCl)对空气和水分不敏感,也被研究作为可充电镁电池的电解质。醇氧镁盐的合成一般采用两步法:①含氧有机分子与格氏试剂反应生成 ROMgCl 盐;②在 THF 溶剂中,ROMgCl 与 $AlCl_3$ 反应生成 ROMgCl – $AlCl_3$ – THF 电解质。

　　2012 年，Wang 等制备出了可以实现可逆的金属镁沉积和剥离的醇氧盐电解质，该项研究使用三种不同的苯酚（ROH）与格氏试剂（EtMgCl）反应，然后在每个反应溶液中滴加 $AlCl_3$ - THF 溶液，形成 ROMgCl - $AlCl_3$ - THF 电解质。其中具有高离子电导率（2.56 mS·cm^{-1}）和氧化稳定性（2.6 V $vs.$ Mg/Mg^{2+}）的电解质即（BMPMC）$_2$ - $AlCl_3$/THF。与 Mo_6S_8 嵌入型正极的良好相容性也证明了苯酚基电解质在可充电镁电池系统中的实际应用。

　　基于 Wang 等对于苯酚类前驱体的探索和认识，Liao 等则以其他的有机前驱体——醇、醛和酮制备了醇氧镁盐电解质，包括 n - BuOMgCl、tert - BuOMgCl 和 $Me_3SiOMgCl$ 三种，这三种电解质均呈现较好的化学稳定性，且在 THF 溶剂中均具有较高的溶解性（最高可溶于 2 mol·L^{-1} THF 溶剂）。三种镁盐溶解在 THF 溶剂中所形成的电解质表现出较高的离子电导率（如 1.2 mol·L^{-1} tert - BuOMgCl/THF，1.20 mS·cm^{-1}）、良好的氧化稳定性（1.8 ~ 2 V $vs.$ Mg/Mg^{2+}）和可逆的 Mg 沉积/剥离过程。此外，通过加入 $AlCl_3$ 进一步提高了离子电导率和氧化稳定电压。在 Mg/Mo_6S_8 电池中，这些醇氧基镁电解质具有良好的循环性能和倍率性能。这项研究还在不同的温度条件下进行了测试（20 ℃ 和 50 ℃），都得到了不错的电化学性能。Karger 等提出了氟化烷氧基硼酸镁电解质，该电解质通过 $Mg(BH_4)_2$ 盐与乙醚溶剂中各种氟化醇（RFOH）的反应，实现可逆的金属镁的沉积与剥离。该电解质具有较高的负极稳定性、离子导电性和库仑效率。利用 $Mg(BH_4)_2$ 的强还原性与一元醇六氟异丙醇（hfip）反应，合成了一种新型非亲核无氯单核镁阳离子型电解质盐（[Mg(DME)$_3$][B(hfip)$_4$]$_2$），阳离子部分是 DME 氧六配位的单核镁阳离子，阴离子为弱配位的六氟异丙氧硼离子，该阴离子对负极镁和集流体相对稳定。$Mg[B(hfip)_4]_2$ 电解质具有较高的氧化稳定性、高导电性和良好的镁的沉积库仑效率。此研究首次实现了镁硫电池接近理论放电电压，具有良好的库仑效率和稳定循环性能。用 S/CMK - 3 作为硫正极在镁硫电池中测试电解质，第一周循环后放电容量增加，这可能是由于金属镁负极表面在循环过程中的激活过程或形成了 SEI 膜，在 100 周循环后显示出 200 mA·h·g^{-1} 的可逆放电容量，这种氟化烷氧硼酸盐基镁电解质表现出与单质硫正极良好的兼容性。Liu 等使用二元醇全氟频哪醇（pfpina）代替 hfip 和 $Mg(BH_4)_2$ 在 DME 溶剂中反应，合成得到了一种新型非亲核有机硼基单核镁阳离子镁盐（Mg - FPB），该盐在二乙二醇二甲醚（DGM）中有很好的溶解性，单晶 X 射线衍射证实阳离子部分是两个 DGM 分子中的氧六配位的单核镁阳离子，阴离子为全氟取代频哪醇硼酯阴离子。Mg - FPB/DGM 电解质能够实现可逆的镁沉积，库仑效率为 95%，氧化稳定性高达 4.0 V（$vs.$ Mg/Mg^{2+}），该非亲核无氯镁电解质可能在镁硫电池中有较大应用潜力。

Zhang 等首次提出并报道了单核镁阳离子非亲核镁硫电池电解质。选用具有高沸点、化学和电化学相对惰性的离子液体［1－丁基－1－甲基吡咯烷双（三氟甲磺酰）亚胺盐，PYR14TFSI］作为溶剂，通过简单盐氯化镁和三氯化铝加热反应高产量、高纯度合成单核镁阳离子电解质盐［Mg(THF)$_6$］［AlCl$_4$］$_2$，晶体结构进一步确认了其精确结构：阳离子部分是四氢呋喃氧六配位的单核镁阳离子，阴离子为四氯化铝离子。单核镁阳离子体积较小、脱溶剂化能低，该电解质表现出优异的镁的可逆电化学沉积和溶解性能，并具有比较高负极稳定性和离子电导率（8.5 mS·cm^{-1}），该电解质应用于镁硫电池，首次放电容量可达到 700 mA·h·g^{-1}左右，而且可以循环 20 周以上。随后，又通过进一步的研究，在已有的［Mg(THF)$_6$］［AlCl$_4$］$_2$电解质中引入无机盐添加剂氯化锂（LiCl），通过 LiCl 溶解 Mg 表面的 MgCl$_2$，有效改善镁负极/电解质界面，成功地实现了金属镁的高效沉积与剥离，镁硫电池过电势由 1.05 V 降至 0.53 V，循环寿命由原来的 20 周延至 500 周，库仑效率接近 100%。

（3）有机硼酸镁基电解质。有机硼酸镁基电解质属于体系较为新颖的镁基电解质，最早是在 2017 年被提出。Zhang 等提出了硼中心阴离子基镁（BCM）电解质的设计原则：①体积大、单原子的有机硼酸盐阴离子由于晶格能低，容易与阳离子电离；②选择具有较高负极稳定性的硼中心原子相连的官能团，可以扩大电解质的电化学窗口。通过简单地将三（2H－六氟异丙基）硼酸酯（THFPB）和 MgF$_2$/MgCl$_2$ + Mg 溶解到 DME 溶剂中，获得了硼基镁电解质，表现出良好的电化学性能，如高离子导电性和改善的镁沉积性能。通过质谱、核磁共振和 Raman 光谱研究，初步确定了与金属镁的沉积/剥离过程相关的产物［FTHB］和［Mg(DME)$_n$］$^{2+}$。当与 S/C 正极结合时，形成的镁硫电池有更好的循环稳定性和高硫利用率。在之后的循环中，通过 CV 曲线观察到的新峰，可能与产生新的氟化硼酸盐阴离子（［TrHB］）相关。优化后的 BCM 电解质显示约 99.8% 的镁沉积/剥离反应库仑效率和 1.1 mS·cm^{-1}的离子电导率。在典型的扣式电池中，镁离子电解质的电压窗口扩大到 3.5 V。电化学数据显示，前 30 周的放电平台非常平坦，约为 1.1 V，平均放电容量高达 1 081 mA·h·g^{-1}（基于电极的活性材料的重量），可以产生超过 900 W·h·kg^{-1}的高能量密度。由于多硫化物的溶解，循环后的 BCM 电解质变色，发生了多硫化物穿梭。为了抑制穿梭效应，建议减少电解质的用量并增加电解质的黏度。

Du 等提出用于镁硫电池的新型非亲核硼酸镁基电解质（OMBB）。OMBB

电解质是通过三（六氟异丙基）硼酸酯（［B（HFP）$_3$］）、MgCl$_2$ 和金属镁的粉末在 DME 溶剂中原位反应合成的。单晶 X 射线衍射证实 OMBB 电解质的阳离子为四核镁阳离子［Mg$_4$Cl$_6$（DME）$_6$］$^{2+}$，其中两个镁原子通过桥联四个氯和 DME 氧形成六配位，另外两个镁原子通过桥联两个氯和 DME 氧形成六配位，构筑电活性四核镁阳离子结构单元，阴离子为对负极金属镁相对稳定的四氟异丙基硼酸阴离子［B（OCH（CF$_3$）$_2$）$_4$］$^-$，该电解质表现出优异的电化学性能，沉积/剥离的电流密度高达 25 mA·cm^{-2}，离子电导率为 5.58 mS·cm^{-2}，库仑效率超过 98%。基于 OMBB 电解质的镁硫电池表现出优秀的电化学性能，在 160 mA·g^{-1} 电流密度下，放电容量为 1 247 mA·h·g^{-1}，循环 100 周后比容量仍然高于 1 000 mA·h·g^{-1}，没有明显的容量衰减。

2）亲核电解质

前文详细地总结了镁硫电池中非亲核电解质的应用。虽然对镁硫电池用的非亲核镁电解质的开发已经做了大量的工作，但大多数都不能解决容量快速衰减和镁的多硫化物溶解的问题。此外，使用非亲核电解质时，镁硫电池表现出低容量、高过电位和较短的循环寿命。也有研究人员将亲核电解质匹配硫正极，由于硫元素的亲电性质，亲核电解质与硫元素不相容，所以很少将亲核电解质与硫正极进行匹配。

Wang 等首次将常用的有机卤铝酸盐（AlCl$_3$ 和 PhMgCl）溶解在 THF 溶剂中，制备出（PhMgCl）$_2$ – AlCl$_3$/THF 基亲核电解质，并将该溶液用于镁硫电池。对于硫正极，采用高能球磨法和熔体扩散法将元素硫和微孔碳以 4∶1 的比例混合，制备的 S/MC 复合材料（含硫量为 64.7%）结合铜集流体的初始放电容量约为 979.0 mA·h·g^{-1}，在 0.1 C 下循环 200 周后，容量保持在 368.8 mA·h·g^{-1}，单质硫的利用率和循环稳定性得到了提高。当倍率增加到 0.2 C 时，复合材料仍能提供约 200 mA·h·g^{-1} 的容量，库仑效率为 100%。材料所体现出来的电化学性能与非亲核电解质接近。材料的电化学性能优化主要是因为制备的正极材料 S/MC 复合材料中存在 S$_{2-4}$ 小分子，这些小分子的存在阻挡了镁的多硫化物在氧化还原反应中溶解。

针对电解质中铝的共沉积问题，Zhang 等提出了一种使用 YCl$_3$ 盐来代替 AlCl$_3$ 盐的新型 Y – 基镁硫电池电解质（MgCl$_2$/YCl$_3$ – DG/IL），这种电解质也显示出优异的性能，在电流密度 0.5 mA·cm^{-2} 时，镁沉积/剥离的过电势仅为 0.11 V，库仑效率高达 98.7%。以 MgS$_8$/石墨烯/碳纳米管为正极的镁硫电池在 50 周充放电后仍保持接近 1 000 mA·h·g^{-1} 的高比容量。Mitra 等使用将 Mg（HMDS）$_2$/AlCl$_3$/MgCl$_2$/MgS$_x$ 溶解于 TEGDME 溶剂中的亲核电解质来探究镁硫电池的电化学性能。选用碳布和聚苯胺两种材料作为正极单质硫材料的载体，得到 CC@ PANI@ MgS$_x$ 正极。初始放电容量为 514 mA·h·g^{-1}，循环 25 周后仍可以保持 428 mA·h·g^{-1} 的容量，循环 40 周后可以保持 388 mA·h·g^{-1} 的比容量。

在镁离子电池的亲核电解质中加入添加剂，可以显著地优化电解质的性能，这种方法在镁硫电池中也同样适用。上面所提到的 Wang 等在制备（PhMgCl）$_2$ – AlCl$_3$/THF 基亲核电解质时，使用了常用的锂盐氯化锂（LiCl）作为镁硫电池全苯基络合物电解质的添加剂。无机氯化锂盐 LiCl 提供的锂离子可以激发硫化镁（MgS/MgS$_2$）的活化，活化过程会通过离子交换反应进行，硫化镁将转化为硫化锂（Li$_2$S/Li$_2$S$_2$），或将 Li$^+$ 与 [S]$^{2-}$ 和 [S$_2$]$^{2-}$ 配位。在 0.4 mol 的 APC 配合物中，将 LiCl 的摩尔比调整为 1.0 mol。以 0.4 APC – 1.0 LiCl – THF 电解质匹配 S/MC 复合材料（含硫量 64.7%），镁硫电池的比容量显著提高和循环寿命显著延长。

3. 影响镁硫电池发展的因素

镁硫电池具有成本低、环保、能量密度高等优势，是理想的储能系统，然而，镁硫电池仍存在巨大的挑战，限制了其商业化。镁硫电池的发展主要受到以下几个因素的制约。

（1）镁硫电池和其他镁离子电池一样，缺少合适的电解质。要求镁硫电池的电解质不仅可以与金属镁负极和硫正极电化学兼容，并能在氧化还原反应中支持镁离子的传输。通常可用的电解质会在负极表面形成钝化层，镁离子传输受到阻碍。另一个问题是单质硫正极在本质上是亲电的，并与亲核基电解质不相容。

（2）与传统的镁离子电池一样，由于镁离子的二价性质，镁硫电池也受到镁离子缓慢的动力学的阻碍。在充放电过程中，镁离子在与硫正极发生电化学反应转化的过程中存在较大的极化现象，这会导致很低的放电容量和库仑效率。

（3）镁硫电池的完全放电产物是 MgS，MgS 是离子绝缘体，会沉积在正极表面，不利于电池的正常充放电反应。在低截止电压下过电位大，可逆容量损失严重。这个问题在其他金属硫电池中都广泛存在，要求正极结构的合理设计有利于氧化还原反应。为了防止多硫化物穿梭效应，镁的多硫化物需要在有机电解质中溶解，而溶解过程受孔隙率和界面性能的控制。因此，为了提高这些电池的电化学性能，单质硫正极应该具有强大的电位来抑制镁多硫化物的形成和迁移。这将导致镁硫电池的电子和镁离子的快速迁移，提高其电化学性能。

（4）镁硫电池的负极通常是金属镁，实际使用时需要对金属镁负极进行加工与修饰。与金属铝相同，由于天然的纯镁片非常难得，在实验过程中通常会使用镁合金作为负极，表面覆盖氧化镁的氧化层。这层氧化镁属于电化学钝化层，且由于这层氧化镁的存在，在充放电过程中会影响镁离子的沉积和剥离。为了激活负极表面，去除表面的氧化镁层，可以参考在铝二次电池中的方法，即在组装电池之前，金属镁片必须在充满氩气的手套箱内清洗干净。这一过程使镁离子在金属负极上快速且可逆地沉积和剥离。

6.3.2　铝硫电池

寻找研究储量丰富且具有成本优势的替代电池体系仍然是当务之急，电池的理想性能应该尽可能接近或优于商业锂离子电池。近几年铝二次电池活跃于研究人员的视野，由于金属铝在电化学过程中可以实现三电子转移且兼具密度极小的特性，金属铝可以提供最高的体积容量（$8\,046\ \mathrm{mA \cdot cm^{-3}}$）。虽然铝比其他金属具有更高的电化学氧化还原电位，但其质量比能量仅次于锂，是地壳中含量最丰富的金属，成本最低，其阳离子半径甚至小于锂离子。除上述优点外，铝在空气和湿气中的高度稳定性使其比锂离子电池具有更强的安全性。元素硫和铝类似，是一种低成本材料，自然丰度高，不存在像金属锂一样的安全问题。这意味着从材料成本和制造环境中的易操作性角度来看，铝硫电池具有高比容量（$1\,072\ \mathrm{mA \cdot h \cdot g^{-1}}$）、合理的电压值（$1.25\ \mathrm{V}$）以及极低的成本，质量能量密度的理论值是商用 $\mathrm{LiCoO_2}$/石墨电池的 3 倍以上（$1\,340\ \mathrm{W \cdot h \cdot kg^{-1}}$），是一种在电动汽车以及电网储能领域有良好应用前景的电池体系。

1. 铝硫电池的充放电机理

铝硫电池通过一系列多硫化物中间体将硫连续还原成类似 $\mathrm{Al_2S_3}$ 的产物进行放电。在铝负极和硫正极上发生的氧化还原过程可以通过式（6.28）~ 式（6.30）来总结：

负极反应：
$$8\,\mathrm{Al_2Cl_7^-} + 6e + 3S \rightarrow \mathrm{Al_2S_3} + 14\,\mathrm{AlCl_4^-} \tag{6.28}$$

正极反应：
$$2\,\mathrm{Al} + 14\,\mathrm{AlCl_4^-} \rightarrow 8\,\mathrm{Al_2Cl_7^-} + 6e \tag{6.29}$$

电池总反应：
$$2\,\mathrm{Al} + 3S \rightarrow \mathrm{Al_2S_3} \tag{6.30}$$

为区别于之前提到的其他金属硫电池，已经通过较多的表征手段和检测方法确定了硫正极在电化学转化过程中可能的中间产物类别和电压平台位置，但铝硫电池中复杂的反应机理尚未被完全研究。目前，研究人员提出通过理论计算的方法判断铝硫电池复杂的反应机理。与其他密度函数理论计算相比，分子动力学模拟是研究反应动力学、表征金属硫电池表面反应和还原机理的有力工具。Preeti 等利用从头算分子动力学（AIMD）模拟来评价充放电过程中发生的复杂电化学反应。通过分析 S_8（001）/[EMIM]$AlCl_4$ 和 Al_2S_3（001）/[EMIM]$AlCl_4$ 界面体系，对铝硫电池的充放电过程进行了详细的分析（图 6.15）。在放电过程中，S_8 的还原遵循逐层机制，包括各种阳离子和阴离子中间物种的形成，在放电过程中驱动铝多硫化物的形成。在有限的时间尺度上，放电电压平台显示出两个明显的放电平台，第一个放电平台（1.87~2.10 V）对应于表面电解质的界面效应，第二个放电平台（1.38~1.50 V）始与实验值1.30 V一致，涉及 S_8 还原为高阶的多硫化物。这些高阶多硫化铝在电解质中的扩散，与实验观察到的高阶多硫化铝在电解质中的溶剂化相一致。

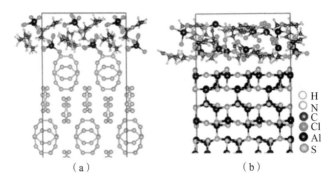

图 6.15　计算中使用的超级电池结构

（a）S_8（001）/[EMIM]$AlCl_4^-$ 电解质；（b）Al_2S_3（001）/[EMIM]$AlCl_4^-$ 电解质界面

2. 电解质

电解质也是铝硫电池发展的关键挑战。用于其他金属硫电池的电解质的设计不适用于铝硫系统。非水铝硫电池首先是用离子液体电解质开发的，该电解质以前用于其他类型的可充电铝基电池。2015 年，Cohn 等发表名为 *A Novel Non-Aqueous Aluminum Sulfur Battery* 的研究成果，被认为是近几年内第一次报道使用离子液体基电解质实现可逆循环的铝硫电池。这种铝硫电池使用了复合硫正极、金属铝负极和离子液体电解质。该离子液体电解质通过 1-乙基-3-甲基咪唑氯化物（EMImCl）和氯化铝之间的反应合成。其在不同摩尔比的电解质中研究了元素硫的电化学还原。铝硫电池表现出 1.1~1.2 V 的放电电压平台，具有超过 $1\,500$ mA·h·g^{-1} 的极高电荷存储容量，能量密度估计为 $1\,700$ W·h·kg^{-1}。通过 SEM、XRD 和 XPS 表征显示，硫基放电产物完全溶解到电解质中。2016 年，Gao 等报道一种使用活性炭布和单质硫的复合正极在离子液体电解质中与负极铝形成体系，通过将单质硫限制在微孔碳（孔径 <

2 nm）中来解决氧化铝硫电池的障碍，不仅增强了硫电极的导电性，同时扩大了界面反应面积，缩短了 Al^{3+} 扩散长度。该项工作首次提出了硫在该体系中发生固态转化反应而非离子的嵌入/脱出反应，该种电池显示出了较优的可逆性，20 周循环后容量为 1 000 $mA \cdot h \cdot g^{-1}$，可获得的能量密度为 650 $W \cdot h \cdot kg^{-1}$。

为了改善硫转化反应的动力学和可逆性，一种含有 $Al_2Cl_6Br^-$ 阴离子的新电解质已经开发出来。该电解质表现出比传统 $Al_2Cl_7^-$ 低的 Al^{3+} 解离势垒。因此，具有这种 $Al_2Cl_6Br^-$ 的铝硫电池电解质显示出硫活性材料的高利用率。2019 年报道了一种具有低成本共晶溶剂（$AlCl_3$/乙酰胺）的新型电解质，用于可逆室温铝硫电池。现有的离子物种 $AlCl_4^-$、$Al_2Cl_7^-$ 和 $[AlCl_2(amide)_2]^+$ 维持硫正极的电化学反应。与钙硫电池一样，锂离子介导方法也应用于铝硫电池系统。将 LiTFSI 盐加入离子液体电解质中改善了短链多硫化物的溶解度，这加速了硫正极的反应动力学。

3. 影响铝硫电池发展的因素

尽管铝硫电池具有许多突出的优点，但是硫元素作为正极材料也存在着限制应用的问题。

（1）硫元素和反应生成的产物都不具有很好的导电性，这使得电池中需要添加的导电剂量相较其他材料而言显著提高。

（2）由于充放电过程复杂，包括硫的多步氧化还原反应和多硫化物的复杂相变过程，存在一系列可逆反应和歧化反应，生成多种硫化铝中间产物，电池循环过程中，这些过程在整个电池内持续进行，最终会造成活性物质损失、电化学性能恶化，如放电时产生的长链多硫化铝在电解质中溶解扩散，并在负极区被部分还原为短链多硫化铝沉积在电极表面，最终导致活性物质损失。

（3）单质硫在充放电过程中形成的多硫化物的密度不同，使得硫正极发生明显的体积膨胀和收缩，易使电极材料粉化，不可逆的结构破坏会严重影响材料的循环性能；同时，放电产物的溶解性差，并具有电绝缘性，会在电极表面形成不溶性绝缘层，造成导电性能降低。

4. 改性手段

锂硫电池目前发展已经相对成熟，通过改性电解质、正极材料、隔膜等实现了锂硫电池循环性能的提升，但铝硫电池起步较晚，性能较差，循环衰减非常严重，制备工艺尚不成体系，还没有通过体系优化来提升电化学性能及动力学过程的相关文章，相比其他体系，如锂硫、钠硫、镁硫等体系，其相关基础研究还是有很大的差距。金属铝电极和硫电极均属于丰度广、价格低廉，且对环境压力小的材料，探究且深化研究其动力性能对新一代动力电池的发展有重要意义。更换廉价绿色的电解质，深入探索深共晶溶剂（离子液体类似物），通过调研与实验来寻找与 $AlCl_3$ – EMImCl 离子液体电解质性能接近或超越其性能的替代物，这对于铝硫电池的发展至关重要。此外，通过优化电池工艺、更换不同种类电池模具、改善界面间的接触同时防止电解质的副反应来优化体系性能。硫正极的负载量也会对体系结果产生影响，通过正交实验与对照实验研究硫正极的合适集流体以及最佳负载量。

根据上面讨论的转化反应型电池的缺点，活性硫正极材料应该很好地分散在适当的电导体中以确保更好的电子传输，并且减轻结构坍塌以及体积膨胀。导电碳基材料经常用作铝硫电池中活性正极材料的载体材料。预计具有高表面积和丰富孔隙的碳材料将吸收硫正极材料，这对于限制多硫化物溶解是必不可少的。因此，具有设计结构的多孔碳材料不仅可以增强复合材料中的电荷传输，而且可以改善电化学反应过程中多硫化物正极的保留。在使用硫/碳纳米纤维（S/CNF）正极的铝硫电池中观察到的不同现象，揭示了高阶多硫化物（S_x^{2-}，$x \geq 6$）在离子液体电解质中的可溶性。通过引入隔膜等改性策略，高阶多硫化物的扩散得到缓解，循环稳定性和倍率性能得到显著提高。尽管电化学中间体在铝硫电池中的溶解度仍有待进一步研究，但已证明铝硫电池在深度放电过程中的最终产物不溶，导致动力学缓慢的固态转化反应。然而，$Al_2Cl_7^-$的离子尺寸越大也可能导致铝硫电池电化学反应的动力学缓慢。因此，改变硫正极材料和离子液体电解质以加速反应动力学对于改善铝硫电池的电化学性能是重要的。例如，将金属 Cu 引入碳载体中以消除电化学转化反应的动力学障碍。

通过更换体系电解质来实现铝硫电解质改性是目前使用最广泛的方法之一，不同种电解质中离子与电极材料的相互作用以及润湿性都会对循环性能产生影响。Cheng 等采用 $Al_2Cl_6Br^-$ 代替电解质中含有的 $Al_2Cl_7^-$ 离子，通过电解质的替换实现了铝硫体系电化学动力学的提高，进而实现了充电平台的降低和放电平台的升高，同时又提高了电池的循环性能，通过 DFT 计算验证了该种离子参与反应时电解质解离反应速度是传统的 15 倍，大大提高了电化学反应动力学。除了最常见的离子液体电解质外，深共晶溶剂在铝二次电池中的使用也大力推进了铝硫电池的发展。与离子液体相比，深度共晶溶剂具有显著的成本优势，同时保持了铝电镀/剥离反应的导电性和适用性。开发低黏度电解质和具有可控孔隙率和低弯曲度的先进正极结构以实现快速电解质离子传输是必需的。Yu 等报道了低成本的深共晶溶剂 $AlCl_3$/乙酰胺（AcA）电解质的室温可再充电铝硫电池，AcA 成本低（比 EMImCl 低 10 倍）且易于形成高效的可逆铝沉积/剥离电解质。深共晶溶剂显示出良好的电化学性能，有利于电池的运行。这种电池具有良好的性能，包括初始容量超过 1 500 mA·h·g^{-1}、60 周循环的容量保持率为 500 mA·h·g^{-1}，且具有良好的倍率性能和长循环寿命。Bian 等使用 AlCl$_3$/尿素电解质，与传统的 AlCl$_3$/EMImCl 电解质中硫的不稳定性相比，硫在 AlCl$_3$/尿素电解质中具有化学稳定性，这使得电池循环稳定性更好。循环 10 周后比容量为 600 mA·h·g^{-1}，经过 100 周充放电循环后，电池容量保持率为 85.3%（约 520 mA·h·g^{-1}）。在 100 周循环后，比容量降低了约 80%。使用 AlCl$_3$/尿素电解质的铝硫电池的循环寿命和库仑效率优于使用 AlCl$_3$/EMImCl 电解质。这两组结果都表明选择合适的电解质对发展铝硫电池有重要意义。

通过修饰隔膜来阻止多硫化物穿梭也是一种优异的改性方法。Arumugam 等对铝硫正极侧隔膜进行改性，将 S/AlEMImCl$_4$ 浆料分散到碳纳米纤维上来构建自组装正极。涂有单层碳纳米管（SWCNTs）的玻璃纤维薄层被用作隔膜，其中涂层面放置于硫正极一侧，目的是阻隔多硫化物的扩散。在隔膜靠近正极一侧涂覆单层碳纳米管可以有效地提高电池的循环性能以及降低体系极化，提升铝硫体系动力学反应速度。具体修饰隔膜的方法在后文中会提到。

组装电池时使用的电池模具会对电池产生影响，离子液体电解质对不锈钢电池壳的强腐蚀性也会影响电池的循环性能。部分已经报告的铝硫电池使用 Swagelok 模具，这种模具对离子液体稳定。还有文献中采用自制的聚四氟乙烯模具，可以有效地防止电解质电极壳的腐蚀产生副反应。更换不同种类电池模具，可以改善界面间的接触，同时防止电解质的副反应来优化体系性能。

在形成电极浆料时选择高的导电剂比例是几乎所有铝硫电池中都会采用的方法，借此来改善硫正极较差的导电性。通过硫和碳质材料（如单壁碳纳米管、氧化石墨烯等）的协同作用，正极失活可以减轻，这有助于改善以下三个方面：①单质硫以薄层形式分散在导电基底上，从而在电解质和活性材料之间提供更宽的界面以及更短的电荷扩散路径；②由于网状屏障效应，限制了硫或其多硫化物在电解质中的损失；③电极更容易润湿，这将大大减少电解质消耗，这一点可以用石墨材料（特别是小直径单壁碳纳米管）和基于离子液体的电解质之间的优异亲和力来解释。Zhang 等通过在电极中加入起固定作用的添加剂来实现铝硫电池的可逆循环，首次证明了二维分层材料（如 MoS$_2$、WS$_2$ 和 BN）在重复充放电过程中可以作为硫和硫化物的固定剂，BN/S/C 复合电极在电流密度为 100 mA·g^{-1} 时可实现的最高容量为 532 mA·h·g^{-1}，该种电池可以实现 300 次长循环，库仑效率高达 94.3%。

6.3.3 钙硫电池

金属钙有较高的地壳丰度和较高的熔点（839 ℃），具有比金属锂更高的安全性、低还原电位、高容量，具有可持续性的良好的候选负极材料。虽然金属钙比锂重，但金属钙是二价的，允许它每个原子储存两个电子，从而缓解了部分能量密度损失。与金属锂相比，金属钙更致密，在二次电池中可以进行均匀、无枝晶的电沉积。

钙硫电池是一种低成本、高能量密度的储能系统。首个钙硫电池于2013年被 Seshadri 等报道，这种钙硫电池使用了 $Ca(ClO_4)_2$ 溶解于乙腈形成的电解质，首次放电比容量为 $600\ mA \cdot h \cdot g^{-1}$，但钙电极表面形成的 SEI 层限制了可逆性，阻碍了循环的稳定性，钙硫电池示意图如图 6.16（a）所示。同样地，SEI 膜会产生高阻抗，从而限制电池的循环寿命。可充电的钙硫电池需要一种电解质，能够以高库仑效率实现金属钙沉积，以及能够通过设计硫正极来实现高电化学利用率和稳定性。

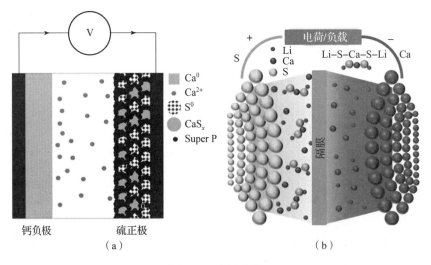

图 6.16 钙硫电池

（a）钙硫电池示意图；（b）有锂离子介导的钙硫电池示意图

随后，Manthiram 等使用 $Ca(CF_3SO_3)_2$ 和 $LiCF_3SO_3$ 盐溶解于四乙二醇二甲醚（TEGDME）溶剂作为电解质来匹配金属钙负极和硫正极材料，协同改善了电极反应的可逆性，提高了硫正极的利用率。机理分析表明，锂离子不仅促进了反应的电荷转移和离子电荷转移快速分布，同时降低了钙硫电池的阻抗。Zhao – Karger 等提出了一种基于硼酸盐电解质的钙硫电池，即使用稳定高效的四（六氟异丙氧基）硼酸钙（Ca[B(hfip)$_4$]）电解质来构建高效的钙硫电池。基于多价金属钙的电化学体系显示出无枝晶的金属负极可行性的特殊优势，这种钙硫电池的电压约为 2.1 V（接近其热力学值），具有良好的可逆性。机理研究暗示了硫与基于金属钙的系统中涉及多硫化物/硫化物的氧化还原化学反应。钙硫电池技术处于研发的早期阶段，面临着开发合适的电解质以实现可逆的电化学钙沉积以及体系中的硫的氧化还原反应的根本挑战。

6.3.4　锌硫电池

迄今为止，鲜有关于锌硫电池的研究出现。Zhi 等报道了一种以锌负极和多硫化物组成的体系，该水系锌硫电池基于 4 -（3 - 丁基 - 1 - 咪唑）- 1 - 丁烷磺基离子液体，被封装在 PEDOT：PSS 形成的"液态薄膜"中，在离子液体电解质中以 CF$_3$SO$_3^-$ 作为锌离子的转移通道。这种包含电解质的液态膜，使 Zn^{2+} 转移通道和聚硫正极具有更好的结构稳定性，这款锌硫电池在电流密度为 0.3 A·g^{-1} 时提供了 1 148 mA·h·g^{-1} 的高比容量和 724.7 W·h·kg^{-1} 的能量密度。此外，电池在 1 A·g^{-1} 下循环 700 周后仍能保持超过 235 mA·h·g^{-1} 的容量，体现出锌硫电池的优秀容量值和循环性能。通过机理分析表明，放电时，主要发生的反应为 S$_6^{2-}$ 被 Zn 还原为 S^{2-}（S$_6^{2-}$→S^{2-}）。这些短链在充电过程中被氧化形成长链 Zn$_x$Li$_y$S$_{3-6}$。通过使用高浓度电解质提高锌硫电池的可逆性，实现了电池在 1 A·g^{-1} 下循环 1 600 周，并保持 204 mA·h·g^{-1} 的容量。高浓度的电解质降低了多硫化物（Zn$_x$Li$_y$S$_{3-8}$）的溶解度，从而进一步抑制了锌硫电池中多硫化物的穿梭效应。

Lu 等通过在硫纳米颗粒中进行 Fe(CN)$_6^{4-}$ 掺杂聚苯胺的原位界面聚合来制造高容量正极以设计锌硫电池。与硫的氧化还原反应相比，Fe$^{II/III}$(CN)$_6^{4/3-}$ 氧化还原对表现出明显更快的阳离子嵌入/脱出动力学。在电池放电过程中，较高的正极电位 [Fe^{II}(CN)$_6^{4-}$/Fe^{III}(CN)$_6^{3-}$ ~0.8 V *vs.* S/S^{2-} ~0.4 V] 自发催化硫的完全还原 [S$_8$ + Zn$_2$Fe^{II}(CN)$_6$↔ZnS + Zn$_{1.5}$Fe^{III}(CN)$_6$，$\Delta G = -24.7$ kJ·mol^{-1}]。在反向充电过程中，开放的铁氧化还原物种为 ZnS 的活化提供了较低的能量势垒，而 Zn^{2+} 的简单嵌入传输促进了 S 和 ZnS 之间的高度可逆转化。具有 70 wt% 硫的蛋黄壳结构正极可提供 1 205 mA·h·g^{-1} 的可逆容量，在 0.58 V 处有平坦的放电电压，200 周循环内每周的衰减率为 0.23%，能量密度为 720 W·h·kg^{-1}。使用复合正极组装的柔性固态锌电池 [图 6.17（c）]，实现了 375 W·h·kg^{-1} 的能量密度。Huang 等为了缓解传统水系锌离子电池中，正极材料有限的比容量和负极枝晶的生长等问题，提出了基于低共晶溶剂

（DES）电解质溶液来构建锌硫电池。通过使用优化的电解质，对称的锌电池可以稳定循环超过 3 920 h，在 0.5 A·g^{-1} 的能量密度下组成的锌硫电池具有约为846 mA·h·g^{-1} 的高比容量和259 W·h·kg^{-1} 的能量密度。S 和 ZnS 的转化化学导致了优异的抗自放电行为（静置72 h 和288 h 后的容量保持率分别为94.58% 和 68.58%；与 Zn/VO$_2$ 电池相比，静置 24 h 和 72 h 后分别为76.82% 和47.80%，而 Zn/MnO$_2$ 电池静置24 h 和72 h 后分别为95.96% 和91.57%）。这是首次基于新开发的低成本 DES 电解质的锌硫电池，缓解了传统基于脱嵌反应机理的锌离子电池中低比容量和锌枝晶问题。

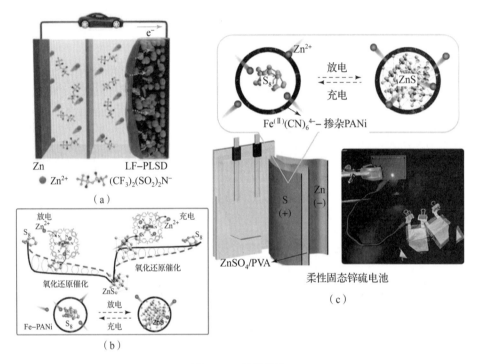

图 6.17　锌硫电池

（a）锌多硫化物水溶液电池结构示意图；
（b）具有氧化还原催化作用的锌硫电池的硫氧化还原图式，促进了高效的
阳离子转运途径和硫的可逆转化；（c）柔性固态锌硫电池结构示意图

6.3.5　铁硫电池

　　除金属锂以外，硫正极与金属配对组成金属硫电池受到越来越多的关注。尽管这些金属硫电池因为广泛的分布和高的地球丰度、低廉的成本等优点，有着广阔的发展前景，但由于长链多硫化物在电解质中的溶解现象，几乎所有的

金属硫电池都会受到多硫化物穿梭效应的影响。多硫化物的溶解进一步导致活性质量损失、库仑效率将低和循环寿命缩短。为了缓解这一严重的问题，研究者们提出了大量的方法，取得了显著的成效，如开发单质硫的载体材料、修饰隔膜和探索新的电解质配方，这些方法会在后文中详细总结。研究表明，载流子和载体材料框架之间的相互作用对氧化还原化学性质起决定性作用。Ji 等构建了所有中间产物都不溶于电解质的铁硫电池，硫和其放电中间体的活性质量是完全固定的。由于硫正极发生氧化还原反应的过程中，没有发生多硫化物的溶解，发生 Fe^{2+} 嵌入时的比容量高达 $1\,050\ mA\cdot h\cdot g^{-1}$，循环寿命可达 150 周。铁硫电池中硫电极具有高比容量和稳定循环寿命的特点，这得益于其不存在多硫化物溶解和穿梭现象。其还证明了铁硫电池中发生的氧化还原机制是基于 $S_8\leftrightarrow FeS_2\leftrightarrow Fe_3S_4\leftrightarrow FeS$，该反应是固－固转换反应，且该反应中不存在多硫化物的穿梭现象，如图 6.18 所示。

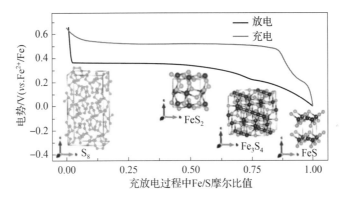

图 6.18　S_8、FeS_2、Fe_3S_4 和 FeS 化合物的结构转换示意图
（黄色和蓝色球体分别代表 S 和 Fe 原子）

|6.4　金属硫电池优化|

6.4.1　正极载体设计

在硫正极方面，面容量低是主要的限制因素，其原因包括以下两方面。

（1）硫和多硫化物的电子电导率和离子导电性极差，导致活性物质利用率低。放电过程中，固态的多硫化物在锂负极侧导致表面钝化，限制了放电容量。因此正极中会加入大量的导电剂，而大量的导电剂严重限制了正极活性物质的载量，降低了电池的能量密度。

（2）硫的密度较低，且在发生还原反应时体积膨胀大。以锂硫电池为例，由于 S 和 Li_2S 之间的密度差异（分别为 $2.03\ g\cdot cm^{-3}$ 和 $1.66\ g\cdot cm^{-3}$），当 S 完全转化为 Li_2S 时，硫的体积膨胀率达到 80%，这会引起正极的粉化和结构破坏，因此正极中须预留较大的空间，难以达到高面容量。

为了减弱对硫正极材料的不利影响，选择合适的硫载体材料对构建高能量密度的金属硫电池意义重大。下面将从几种常见的载体材料入手，介绍其在不同电池正极中的表现。

1. 碳材料

导电基体的均匀多孔结构和硫活性物质在导电基体中的良好分布是影响电池性能的两个主要因素。碳材料，如碳纳米球、石墨烯、多孔碳和碳纳米管等，在金属硫电池中很受欢迎，其高比表面积可以抑制多硫化物的穿梭效应，空心结构可以缓解充放电过程中的体积变化，在一定程度上提高了电池容量和延长了循环寿命。

1）零维碳材料

空心碳纳米球具有微米、纳米级的中空内部结构，其因比表面积大、孔容大、密度低而被广泛应用于许多方面。空心碳纳米球、金属和金属氧化物曾被广泛用于锂离子电池的锂存储。复合空心碳纳米球具有至少几百个循环的寿命和优异的倍率性能。因此，空心碳纳米球被广泛关注，并用于硫单质载体。中空碳纳米球具有连续交错的碳链，硫化后结构完整致密，可提供较高的振实密度。此外，独特的空心结构使得空心碳纳米球中含有大量硫，能够承受电池充放电过程中内部硫的体积变化。同时碳纳米球的外层还可以作为单质硫和电子的有效传输网络和主动扩散通道，限制了多硫化物的穿梭。不仅可以利用碳球的微孔结构固定硫、缓冲硫的体积变化，还可以利用过渡金属团簇增强硫的电导率和活性，起到电催化剂的作用。

2）多孔碳材料

多孔碳材料是有不同尺寸孔结构的炭素材料，具有高度发达的比表面积和孔隙结构、重量轻、化学稳定性高、导电性和导热性好等特点，其孔径大小可从分子大小的超细纳米级微孔到适于微生物活动的微米级细孔，按照国际纯粹与应用化学联合会（IUPAC）的规定，其根据孔径的大小可分为微孔（<2 nm）、中孔（2~50 nm）和大孔（>50 nm）三种。由于碳与硫的高亲和力，多孔碳与硫的化合物形成硫 – 多孔碳正极，起到固定硫的作用，抑制电池的穿梭效应，从而提高电池性能。

（1）微孔碳材料。孔径最小的微孔碳材料，其极小的孔径是物理固硫的最佳选择。Pint 等使用蔗糖作为硫载体合成硫负载量为 35 wt % 的微孔碳，在以钠为负极材料的电池中表现出良好的循环性能和容量，在 0.1 C 的倍率下可逆容量超过 700 mA·h·g^{-1}，在 1C 倍率下保持在 370 mA·h·g^{-1}。在 1 C 倍率下循环时，由于微孔碳对硫单质的限制，在 1 500 周循环后库仑效率高于 98%，容量保持在 300 mA·h·g^{-1} 以上。Wei 等报道了用分子筛型 MOF（ZIF – 8）合成的微孔碳多面体硫复合材料（MCPS）正极。合成的微孔碳多面体具有均匀的海绵状微孔结构，BET 比表面积高达 833 m^2·g^{-1}。经炭化和硫处理后，材料的形貌和结构仍保持 ZIF – 8 的菱形十二面体。以 MCPS 负极结合离子液体电解质组装的钠硫电池具有良好的循环性能。在较高的电流密度下，正极中硫含量较高（46%），库仑效率接近 100%。

（2）介孔碳材料。Zheng 等提出了一种室温钠硫电池，这种电池的正极采用具有高比表面积的介孔碳材料来固定硫单质活性材料，还添加了纳米铜颗粒来辅助介孔碳材料的固硫作用。110 周循环后，显示出 100% 的库仑效率，容量保持在 610 mA·h·g^{-1}。介孔碳材料的多孔结构有利于缓解体积膨胀/收缩带来的电池性能恶化，此外，这种正极的优异性能归因于纳米铜颗粒和介孔碳材料载体的协同作用：首先是纳米铜颗粒通过铜和硫之间的强相互作用形成固体的含铜的多硫化物簇来固定硫活性物质；其次是纳米铜颗粒具有优异的导电性，增强了钠硫电池的导电性和倍率性能。

Chen 等提出采用比表面积为 1 084.5 m^2·g^{-1} 的介孔碳 CMK – 3 作为硫的载体材料，形成的复合材料用作钾硫电池的正极材料。在合成的 CMK – 3/S 复合材料中，硫以晶体正交晶的形式存在，具有环状的 S$_8$ 结构。不同含硫量的复合材料性能比较表明，CMK – 3/S 复合材料的理想含硫量为 40.8%，在电流密度为 50 mA·g^{-1} 时可逆放电容量为 512.7 mA·h·g^{-1}，循环 50 次后可逆放电容量保持在 202.3 mA·h·g^{-1}。其对活性材料孔隙的物理限制会减弱多硫化物在电解质中的扩散，但多硫化物穿梭效应无法得到完全控制，仍会导致电池性能下降。

CMK – 3 载体材料在镁硫电池中也得到了研究。Fichtner 等使用 CMK – 3 作为载体，以 CMK – 3 与单质硫重量比为 3∶7 制备了 S/CMK400PEG 正极。CMK – 3 具有较大的孔体积和相互连通的孔结构，可以为硫提供导电骨架，并限制电化学反应的空间。此外，在镁硫电池中使用四乙二醇二甲醚/PP14TFSI 电解质匹配这种正极材料进行测试时，在第一周循环中，S/CMK400PEG 正极提供了 800 mA·h·g^{-1} 的容量，在超过 20 周循环后提供了约 260 mA·h·g^{-1}

的可逆容量。除了这种电解质，在之后的研究中，Fichtner 等仍选择 CMK - 3 与单质硫复合的正极材料，匹配 MgBOR(hfip)/二甘醇二甲醚 - 四甘醇二甲醚（DEG - TEG）电解质，观察镁负极在这种电解质中的相容性，循环 100 周后其可保持约 200 mA·h·g^{-1} 的可逆放电容量，表明其具有良好的循环稳定性。氟化烷氧基硼酸镁电解质具有较高的负极稳定性、较高的离子电导率和较高的镁沉积库仑效率。Zou 等也将 CMK - 3 与单质硫复合的正极材料用于镁硫电池中，匹配了 0.3 mol·L^{-1} Mg(TFSI)$_2$ 溶解于甘醇二甲醚/二甘醇二甲醚中混合溶剂的电解质，该镁硫电池的放电容量为 500 mA·h·g^{-1}，放电平台为 0.2 V。然而，由于多硫化物的高溶解度，该电池仍然存在多硫化物的穿梭现象，这需要对 CMK - 3 介孔碳/硫复合正极进行进一步改性，以缓解多硫化物穿梭效性。

3）一维碳材料

碳纳米管具有优异的柔韧性和导电性，与活性材料结合可以改善电极的整体导电性。碳纳米管在金属硫电池的正极材料的固硫载体中占有非常大的比重。为了解决室温钠硫电池容量衰减快、可逆容量低的问题，研究人员将硫化镍纳米晶体植入氮掺杂多孔碳纳米管载体中，用于钠硫电池正极。该材料不仅性能优越，而且适合大规模生产和商业化。氮掺杂多孔碳纳米管植入硫化镍纳米晶体是一种多功能的硫载体。实验结果表明，碳主链可以提供较短的离子扩散路径和较快的离子转移速率。掺杂的氮位点和硫化镍的极性表面可以提高多硫化物的吸附能力，并为多硫化物的氧化提供较强的催化活性，钠硫电池具有更长的循环寿命、高性能，实现快速充放电。

4）二维碳材料

石墨烯具有较高的理论比表面积、弹性模量和导热系数，是理想的用于储存硫单质的载体材料。利用其物理性质，通过调节石墨烯的孔隙结构，可以阻碍多硫化物的穿梭效应，石墨烯具有良好的稳定性，能限制活性硫化物离子的运动；另外，石墨烯可以化学吸附多硫化物，形成氧化石墨烯，但氧化石墨烯的电导率取决于其氧化程度，具有一定的局限性。相比其他的碳材料，二维的石墨烯导电性较差，可以通过进一步的元素掺杂，如氮、硫等，防止硫损失。

在金属硫体系中，还存在多种碳材料复合使用来搭建硫单质载体的例子。在镁硫电池体系中，Zhang 等使用 YCl$_3$ 代替 AlCl$_3$，提出了一类新型 Y - 基镁硫电池电解质（MgCl$_2$/YCl$_3$ - DG/IL），在 0.5 mA·cm^{-2} 电流密度下镁沉积/溶解过电势仅为 0.11 V，库仑效率高达 98.7%，以 MgS$_8$/石墨烯/碳纳米管为正极的镁硫电池在 50 周充放电后仍保持接近 1 000 mA·h·g^{-1} 的高比容量。

Vinayan 等制备了以多壁碳纳米管和石墨烯材料为载体的硫正极材料，负载不同数量的硫（$0.5\sim3$ mg·cm^{-2}），为正极的氮掺杂杂化纳米复合材料。多壁碳纳米管作为正极的载体，具有多种功能，具体包括：①防止石墨烯薄片重新堆积，从而保持较大的比表面积（即 644 m^2·g^{-1}）；②提高电子导电性；③利用氮等离子体将含氮的掺杂剂引入载体部分，通过 S－N 键增加了多硫化物与 N 掺杂衬底的结合强度。设计的高比表面积正极的硫负荷量约为 76.2%，但与低硫负荷量 20% 的正极材料相比，其容量衰减迅速。这是由于循环过程中硫活性物质和多硫化物的损失增加造成的。

2. 导电聚合物材料

制备硫正极的有效方法是通过共价键将硫嵌入导电聚合物中，得到硫化的聚丙烯腈复合材料硫在复合材料中的存在态和结构形式。除了高比表面积和高电导率的碳材料作为基体外，有机的导电聚合物则主要从化学吸附的角度入手，利用单质硫与有机聚合物的反应来达到抑制长链多硫化物的生成。

1）聚丙烯腈

硫化热解聚丙烯腈（S@pPAN）由于具有压缩密度高、E/S 比低、无自放电、循环稳定等优点，是一种很有前景的正极材料。但这种材料的固硫量有限，其硫含量较低（<45 wt%），限制了复合材料的容量，从而限制了能量密度。S@pPAN 正极材料在 2002 年被首次提出，Lou 等报道了在氮气气氛下将单质硫与 PAN 的混合气体烧结得到硫化热解聚丙烯腈（S@pPAN）。与普通的 S@C 正极相比，S@pPAN 正极表现出优异的循环稳定性、高库仑效率和硫利用率，以及与碳酸酯基电解质的相容性。Wang 等采用分子间交联法制备了具有多孔结构和高比表面积的交联 PAN 纤维丝。制备的交联 PAN 纤维丝提供了更多的容纳单质硫分子的空间，提高了有效硫含量，使硫含量高达 53.63 wt%。组装以金属锂为负极的锂硫电池，在 0.2 C 下实现了复合材料 829 mA·h·g^{-1} 的显著可逆比容量。

Wu 等提出了一种新型室温钾硫电池，这种钾硫电池以热解聚丙烯腈/硫纳米复合材料（SPAN）为正极材料，使用碳酸酯作为电解质，得到的钾硫电池具有 270 mA·h·g^{-1} 的高可逆容量和优良的倍率性能。基于复合的含硫量，计算的可逆容量为 710 mA·h·g^{-1}，计算钾和硫的放电产物的原子比例为 0.85:1。在钾硫电池中，虽然 SPAN 电极在碳酸盐电解质中的循环性能优于以 S/CMK－3 为正极材料的钾硫电池，但仍需改进。通过优化 SPAN 的电解质组分或形态，可以降低循环过程中的反应极化，提高循环稳定性。

2）金属有机骨架复合材料

MOF 是一类新近发展起来的多孔材料，由金属离子亚基和有机配体组成。MOF 基材料属于分子筛，长期以来一直被用于分子尺度上的选择性气体分离。因为 MOF 基材料具有较大的比表面积和高度有序的孔隙，孔隙率可调，应用在金属硫电池中，将会是合适的离子筛，可以缓解多硫离子的穿梭效应。MOF 基材料因为其本征的绝缘性能，也适合作为电池的隔膜。然而，MOF 的机械脆性使得其在制造时难度较大，难以制造理想的离子筛膜。

Li 等使用了 MOF 衍生的碳基体制备硫正极，由 ZIF – 67 制备的碳支架中掺杂了 N 原子和 Co 原子，这两种原子可以通过与硫物种的强键结合来固定多硫化物。在添加了 LiTFSI 添加剂的 $(HMDS)_2Mg – 2AlCl_3$ 电解质的基础上，镁硫电池显示出较高的初始容量（即 $600\ mA \cdot h \cdot g^{-1}$）、良好的容量保持和循环性能（即 200 周循环后保持在 $400\ mA \cdot h \cdot g^{-1}$）以及优异的倍率性能（在 5 C 倍率下可达到 $300 \sim 400\ mA \cdot h \cdot g^{-1}$）。良好的电化学性能归因于合理的正极设计和选定的锂盐电解质添加剂（用于去除金属镁负极的钝化层）。

3）有机聚合物材料

除了使用单一的材料进行包覆外，采用碳材料作为载体材料，再通过导电的有机聚合物材料包覆，也是一种常用的正极改性方法。这种方法不仅可以提高其导电性，还有助于稳定正极材料的结构，提高其循环稳定性。Chen 等提出了将单质硫先与有序介孔碳材料复合，再进行聚苯胺包覆的复合硫正极，并将这种正极材料用于钾硫电池中，以金属钾薄膜作为负极材料。通过电化学测试、TEM、XRD 和 Raman 光谱研究了电化学反应机理。结果表明，钾硫电池在 2.1 V 和 1.8 V 左右有两个还原峰，在 2.2 V 左右有一个氧化峰。K_2S_3 是主要的放电产物，充电过程中可以可逆地形成单质硫和钾离子。通过硫含量优化，在电流密度为 $50\ mA \cdot g^{-1}$ 的情况下，硫含量为 40.8 wt% 的 S/CMK – 3 复合材料的初始放电容量为 $512.7\ mA \cdot h \cdot g^{-1}$，循环 50 周后的放电容量为 $202.3\ mA \cdot h \cdot g^{-1}$。在 CMK – 3/硫复合材料上涂覆 PANI 可以有效地提高循环性能。相比之下，PANI@ S/CMK – 3 复合材料在 $50\ mA \cdot g^{-1}$ 的电流密度下循环 50 周后的容量为 $3\ 293\ mA \cdot h \cdot g^{-1}$。研究结果为可充电钾硫电池的基础研究提供了依据。

4）其他材料

Sun 及其同事报道了一种介孔基体中硫化的碳约束钴的正极材料（MesoCo@ C – S），碳基体和钴作为电子导体，大大促进了与多硫化物结合的 CoS_x 物种的形成，缓解了多硫化物的穿梭效应。介孔碳基体为硫材料在充放电过程中的体积变化提供了足够的空间。MesoCo@ C – S 正极在含硫量为 40% 的情况下，在 0.1 C 的电流密度下，可提供 830 mA · h · g^{-1} 的高容量。由于上述特殊的结构和组成，这种电池获得了优异的循环性能，在 400 周循环后仍保持 280 mA · h · g^{-1} 的容量。

6.4.2　多硫化物穿梭效应的抑制

多硫化物穿梭效应是困扰金属硫电池发展的最大难题之一。以硫为正极放电时，环状的 S$_8$ 分子会进行开环反应，与金属离子和电子结合成为可溶性的中间产物多硫化物，并最终转化为不溶性的最终产物，充电过程则正好相反。溶解到电解质中的多硫化物由于浓度梯度的影响会穿梭到负极侧，与金属负极直接发生反应，也就是多硫化物的穿梭效应，从而造成金属负极表面的腐蚀，引起自放电并导致电池库仑效率降低。通过物理约束和化学吸附效应的表面固定化策略可以稳定和促进硫的转化反应。作为一种新兴的方法，共价键合硫材料在金属硫电池中具有广阔的应用前景。硫的共价固定强化了硫与正极基体之间的分子相互作用。

总而言之，目前对于金属硫电池的研究较为广泛，几种不同的金属硫电池中存在的问题，尤其是单质硫所导致的问题，都较为普遍，解决这些问题可以通过以下的几种方法进行突破。

（1）单质硫正极极差的导电性，可以通过与导电材料复合形成电极改进，如用碳材料、氧化物、导电聚合物等包裹硫，以增加正极材料的导电性，加速电池充放电过程。

（2）在金属表面构建 SEI 膜，防止枝晶层的产生。

（3）对不同金属硫电池中的隔膜材料进行修饰，或是对 β – Al$_2$O$_3$ 固态电解质进行离子选择性改性等，以达到抑制多硫化物穿梭效应的目的。

本小节重点关注近些年对于正极以及隔膜材料修饰等的研究，关于负极材料、负极/电解质界面等的研究与保护，可以参考之前的章节。

1. 隔膜修饰

隔膜的成本约占整个电池成本的 1/3，其放置于电池正负极之间，防止两极直接接触造成短路。隔膜的性能优劣直接影响电池活性物质的利用率、内部电阻以及安全性能等，性能优异的隔膜有利于提高电池的整体性能。隔膜主要由具有一定孔隙结构的聚合物构成，它耐化学腐蚀，具有足够的机械强度，具备热稳定性，并且可以在高温情况下起到微孔自闭保护作用。根据隔膜材料的种类，隔膜可分为聚烯烃隔膜、聚环氧乙烷（PEO）基隔膜、聚偏氟乙烯

（PVDF）基隔膜、共混聚合物隔膜和纳米纤维隔膜等。传统的单一隔膜，如聚烯烃隔膜、PEO 隔膜和 PVDF 隔膜等对于多硫离子的溶解和扩散所造成的穿梭效应无法起到很好的抑制作用，而新型高性能隔膜如聚合纳米材料隔膜，技术尚不成熟且制备工艺复杂。对隔膜进行改性，成为提高金属硫电池整体性能的重要研究方向之一，常用的改性手段是添加隔膜夹层或进行表面涂覆。一方面，这种方法简单易行，能够直接起到物理性阻挡多硫化物的作用；另一方面，隔层的提出引入了一种全新的电池结构，为提高电池容量和性能开拓了新的思路。

1）碳基隔膜

碳基隔膜因能有效抑制多硫离子穿梭并提高电导率而得到研究人员的重视。具有良好的导电性的碳材料容易成膜、便于调节的孔隙结构以及突出的表面性能，使得碳材料可以有效防止多硫化物的穿梭效应。导电碳层的涂覆使得部分惰性硫得到活化，从而提升硫活性材料的利用率。在实验中，科研人员基于碳材料开发出了大量的隔膜涂层，如多孔碳、碳纸、碳纳米管、石墨烯和碳纤维等，还有新型的碳材料，如碳化纸、碳化蛋壳膜和乙炔黑网等，同时，天然的碳材料同样引起了研究人员的注意，如碳化蛋壳膜和碳化树叶等。可以引入导电炭黑（Super P）进行涂覆改性，实验中使用流延法在商用聚丙烯隔膜（CELGARD）的一侧表面涂覆 Super P 制成改性隔膜，形成碳涂层隔膜电池构型。碳涂层被用于阻止多硫化物的自由迁移和扩散，同时为绝缘硫正极提供额外的电子途径，并活化被拦截的活性物质，实现了活性物质再利用。

Manthiram 等首先在 Celgard 隔膜上沉积了单壁碳纳米管层，以制备有碳涂层的隔膜，并将这层修饰过的隔膜用于钾硫电池。扫描电镜观察结果表明，硅碳纳米管涂层对正极中的硫具有固定作用，改善了室温钾硫电池的循环性能。电化学研究结果表明，SWCNTs 涂层提高了正极活性材料的利用率，延长了电池的循环寿命。

Li 等通过酸化 Super P 得到羧基化的炭黑 f – SP，并以此制备出 SP/f – SP 修饰的双涂层隔膜。利用 f – SP 表面的羧基基团（ – COO – ）对多硫阴离子具有的静电排斥作用，可以阻止多硫离子向负极区迁移，从而抑制穿梭效应。Super P 涂层具有疏松的多孔结构，可以捕获溶解的多硫化锂，提高硫的利用率。当电池以 0.2 C 的电流密度放电时，初始放电比容量由改性前的 935 mA · h · g^{-1}提升至 1 345 mA · h · g^{-1}，循环 100 周后，电池仍然保留了 1 045 mA · h · g^{-1}的放电比容量。在 1 C 倍率下，前 20 周循环放电比容量不断上升，是因为极片内进行硫的溶解和再分布的活化过程。活化完成后，放电比容量达到 1 120 mA · h · g^{-1}

之后，放电比容量开始衰减。循环 600 周后，放电比容量仍有 740 mA·h·g^{-1}，循环性能明显改善。王等将制备的 α – MoCl – x 纳米晶富集的碳球（α – MoCl – x/CNS）修饰在商用 Celgard 2400 隔膜上制得复合隔膜，改性后电池在 0.5 C 倍率下，首周循环放电比容量为 1 129.7 mA·h·g^{-1}，经过 100 周循环，电池放电比容量仍有 855.5 mA·h·g^{-1}；在 1 C 倍率下，首周循环后放电比容量为 919.1 mA·h·g^{-1}，经 200 周循环后，放电比容量仍有 573.4 mA·h·g^{-1}。优异的循环性能得益于隔膜上的 α – MoCl – x 纳米晶富集的纳米碳球将隔膜上的微孔覆盖，使得正极侧的多硫化锂无法自由穿过至负极侧，减小了活性物质的损失，因而提高了电池容量。另外，α – MoCl – x 纳米晶富集的碳球对多硫离子有很好的化学吸附性能，使得电池库仑效率得到有效改善。

　　2）MOF 基隔膜

　　MOFs 是一种新型的多孔材料，是由无机金属中心（金属离子或金属簇）和桥联的有机配体通过自组装相互连接而形成的一类具有周期性网络结构的晶态多孔材料，具有优异的物理及化学特性。这类材料通常具有开放式孔道结构、较大的比表面积和极高的孔隙率。由于其独特的结构和分散的活性中心，MOF 及其复合材料在化学、环境和能源相关领域得到了广泛的应用。2011 年，MOF 基材料已经被 Tarascon 等和单质硫复合形成正极材料，但这种复合材料表现出的电化学性能不尽如人意。通过实践得出，MOF 基材料不适宜用作固硫材料，主要有以下原因：①电池的充放电循环过程中，MOF 基材料的框架发生变形，不能实现长期且稳定的固硫，导致容量迅速衰减和较低的库仑效率；②由于多硫化物和氧化 MOF 基团之间的结合较弱，电池的循环稳定性较差；③MOF 基材料和单质硫都具有绝缘特性，形成的电极电导率极差，硫利用率低，需要额外添加导电剂，降低了硫含量和电池的能量密度。

　　MOF 基材料是一种典型的分子筛材料。由于比表面积大、密度低和具有可调节孔隙度的高度有序的孔隙等特点，其在吸附分离方面表现出极佳的性能。MOF 基材料可以被直接用作金属硫电池的隔膜材料或修饰隔膜材料，通过调节 MOF 材料的孔径尺寸来阻挡金属硫电池中的多硫化物穿梭。Chen 等将导电微孔 MOF(Ni$_3$(HITP)$_2$)在隔膜上原位生长，使用该种复合隔膜的锂硫电池，在 0.5 C 下循环 200 周后表现出高的容量保持率（86%），有效地减少了多硫化物穿梭效应。M. Tian 等还制备了超薄的 MOF 纳米片(Cu$_2$(CuTCPP))作锂硫电池的中间层材料，出色的电化学性能使所制备的 MOF 纳米片成为修饰隔膜的理想选择，该隔膜可抑制锂硫电池的多硫化物穿梭，增强电池的循环稳定性。

除了单独使用 MOF 基材料修饰隔膜，MOF 基还可与其他材料复合，不仅能提高结构稳定性和机械性能，还可以增强电导率。但这种方法也导致较低的能量密度。Li 等将 MOF(HKUST – 1) 和氧化石墨烯复合，设计了一种功能化隔膜。这种隔膜允许锂离子通过，同时阻挡了多硫化物穿梭。使用这种隔膜的锂硫电池具有稳定的循环性能，1 500 周循环后，每周循环仅有 0.019% 的容量衰减，隔膜在循环过程中仍能保持其结构的稳定性和可靠性。Peng 等设计了具有导电/绝缘微孔膜结构的隔膜，并将其称为 "Janus"。这种隔膜由绝缘的锂负极侧和导电的硫正极侧组成。绝缘侧是标准的聚丙烯隔膜，导电侧由多层高长宽比 MOF/石墨烯纳米片紧密填充而成，厚度仅为几纳米，比表面积为 996 $m^2 \cdot g^{-1}$。这种导电微孔纳米片结构能够重复利用膜中捕捉的多硫化物，与目前由颗粒状 MOFs 和标准电池隔膜制成的微孔膜相比，其能将负极侧的多硫化物通量和浓度降低 250 倍。Haruyama 等尝试了在 MOF 基材料中掺杂 Li_3PS_4，提高了硫的利用率和增强了多硫化物约束，在长时间的循环中保持高的可逆容量。除了碳材料和无机填料，聚合物基材料也被用于提升 MOF 基材料的性能。Guo 等将导电聚吡咯（PPy）引入 MOF 基材料（PCN – 224）中，将 MOF 基材料极性和交联孔洞与 PPy 良好的导电性能相结合；从而充分利用其几何优势，提升了循环性能。

3）其他材料

除了在前文中提到的两种材料外，在不同的金属硫电池中可以使用不同的材料作为隔膜或是修饰隔膜。在钠硫电池中，Wenzel 等使用 $\beta – Al_2O_3$ 固体电解质作为隔膜，导致库仑效率接近 100%。Bauer 等使用 NAPION 涂层的隔膜增强了钠硫电池的循环性能，在此基础上，Yu 等在硫正极和隔膜之间插入碳纳米泡沫层也可以提高首次放电容量和循环性能。这个研究组还报道了一种结合了 Na_2S 和 MWCNT 复合电极的钠硫电池系统，其正极材料类似夹层结构。通过在多孔聚丙烯隔膜上涂覆 Nafion，形成了一种复合无孔膜，这是一种阳离子选择性材料，可抑制多硫化钠的穿梭。

2. 中间层

引入中间层能够有效缓解多硫化物穿梭效应，主要通过物理阻隔和化学吸附两种作用方式实现对多硫化物跨膜扩散的抑制。2012 年，Manthiram 等首次提出了 "中间层" 概念，即在正极和隔膜之间设置夹层材料，该夹层既可以是上层集流体，又能抑制多硫化物的穿梭效应，从而提高活性物质利用率，改善金属硫电池的循环稳定性。中间层材料以碳基材料为主，包括微孔碳纸、多孔碳纳米纤维纸、碳纤维布、N，S – 共掺杂石墨烯（SNGE）膜、碳纳米纤维/

聚偏氟乙烯复合膜、TiO_2/石墨烯膜、导电多壁碳纳米管薄膜、Fe_3C/碳纳米纤维网、Al_2O_3涂层纳米多孔碳布、多孔 CoS_2/碳纸和石墨烯薄膜等。与纯碳基中间层相比，用金属化合物（如 TiO_2、Al_2O_3、CoS_2）修饰的碳中间层或功能化碳中间层可以更有效地限制多硫化物的穿梭效应。碳基体通过碳材料的孔隙吸附多硫化物，负载的金属化合物或官能团（如氮、硫）通过化学结合进一步捕获多硫化物。以微孔碳作为中间层，发现导电微孔碳中间层可以降低正极的表面电阻，此外，中间层丰富的微孔可以有效地捕获多硫化物。还有研究在硫正极和隔膜之间插入一个大比表面积和柔韧性好的碳布纤维中间层，可以捕获可溶解的多硫化物，该种复合体用于锂硫电池中，在 33.45 $mA \cdot cm^{-2}$ 的大电流密度下循环 1 000 周后，提供高的可逆容量（> 560 $mA \cdot h \cdot g^{-1}$）。

除了最常见的碳基材料，导电聚合物也作为中间层材料被应用于金属硫电池中来保护金属负极以及抑制多硫化物穿梭效应，提高金属硫电池的循环稳定性。这类化合物具有较高的电子导电性、离子导电性，以及质子化聚合物和多硫化物之间的氢键，降低了电极的电荷转移电阻，并且抑制了电池中的多硫化物穿梭。现阶段研究较多的导电聚合物包括聚苯胺、聚吡咯、聚噻吩等材料。

Yu 等在钠硫电池设计中，在玻璃纤维隔膜和硫正极之间设置了纳米级的固体框架和具有孔隙空间的碳纳米泡沫夹层。这种结构类似于硫正极，表面接触良好，还可以降低表面电阻。同时，多孔且高比表面积的碳材料抑制了多硫化物的穿梭效应，其导电性还可用作电池的二次集流体。中间层结构被充分利用，捕获可溶性的活性物质，缓解硫正极在放电过程中发生的体积变化。该电池通过硫/长链多硫化钠氧化还原对的电化学转化反应来工作，可以避免向短链多硫化钠的不可逆转化带来的容量损失。高度可逆的硫/长链多硫化钠电池可以以低能量成本 10 $kW \cdot h^{-1}$（基于活性材料的正负极材料）实现 450 $W \cdot h \cdot kg^{-1}$ 的稳定输出能量密度，具有比传统锂硫电池更优越的性价比。

除了采用碳材料制作隔层，研究人员考虑通过涂上一层聚合物薄层来保护碳硫复合材料以抑制多硫化物的扩散，因此带有保护层的碳硫复合材料引起了学者的兴趣，研究者开始探索多孔碳和聚合物涂层的协同作用。Kimjh 等提出了一种可以捕获多硫化物的涂覆有导电聚合物的碳硫复合材料，以提高锂硫电池的电化学性能。碳硫复合材料由以熔融法注硫的独立式单壁纳米管膜组成，并采取聚苯胺涂层来抑制多硫化物的扩散。这种材料在循环中显示出了优异的比容量和良好的倍率性能。聚合物也可作为隔层以优化电池的性能。TUShuibin 等在研究中使用了一种天然的聚合物：阿拉伯胶（GA），将其引入导电碳纳米纤维网络中，通过涂覆法制备了独立的 CNF – GA 复合膜。GA 主要由高度分支的多糖、半乳聚糖主链和重分支的半乳糖、阿拉伯糖、鼠李糖及羟脯氨酸侧链组成，拥有极其丰富的羟基、羧基和醚官能团。通过这些官能团与多硫化物形成的强结合相互作用来抑制穿梭效应。加入隔层后的硫正极显示出良好的可循环性，在 250 周循环中容量保持率达 94%。同时其也显示出了显著的自放电抑制能力及卓越的性能。

其他聚合物如 PE、PP 或 PE/PP、PEDOT 和 PPy 等材料构成的隔层，主要原理是通过传输锂离子，阻挡并吸附多硫化物来提升电池容量及延长循环寿命。Ning 等研究出一种具有纳米锂离子通道的隔层，选择 PVDF 膜形成层间骨架，按尺寸筛分出锂离子和多硫化物。其利用 PVDF 膜在电解质中的溶胀效应，成功地制备出了具有通道的隔层，形成了分子链之间连接离子的传输网络。对比 PVDF 膜，PE 膜的孔隙尺寸太大，无法阻挡纳米级的多硫化物颗粒，而纳米锂离子通道则表现出相对致密的微观结构，意味着纳米锂离子通道 PVDF 隔膜在传输锂离子和捕获多硫化物等方面具有更好的效能。

用金属氧化物来制备隔层，其优点在于金属氧化物有着良好的力学性能和热稳定性。金属氧化物的亲水性较好，能够改善电解质的吸收特性且阻止多硫化物的扩散，抑制锂硫电池的穿梭效应。然而，金属氧化物也存在一些难以避免的问题，如阻挡锂离子传递，因此需要结合考虑平衡锂离子的传输及多硫化物的抑制之间的关系。可以利用 Al_2O_3 制备具有发达多孔通道的包裹隔膜。Al_2O_3 涂层对降低穿梭效应和提高硫电极的稳定性是有效的。由于铝的独特结构，Al_2O_3 包覆隔膜允许锂离子的自由运输，同时通过物理吸收和电化学沉积阻止了多硫化物的运输，有效降低了穿梭效应和活性物质的损失，且经过 50 周循环，可逆容量达到 593.4 $mA \cdot h \cdot g^{-1}$，远高于传统锂硫电池。此后，研究人员对于金属氧化物做了诸多尝试，Jing 等将金属氧化物直接用作隔层而非涂覆层，以 SnO_2 为隔层的锂硫电池初始可逆容量为 996 $mA \cdot h \cdot g^{-1}$，在 100 周循环之后仍能保持 832 $mA \cdot h \cdot g^{-1}$ 的容量，衰减速率每周期仅为 0.19%。这些改进得益于层间构型提供的半开放空间可以限制多硫化物的扩散，并且在很大程度上可以缓解由于体积效应而造成的活性物质损失。

由于碳纸的制造涉及掺入绝缘聚合物粘结剂，并且碳纤维比较昂贵，Kai 等提出用泡沫镍作为隔层材料，一方面，泡沫镍是常见导电多孔材料；另一方面，由于泡沫镍本身是整体材料，因此可以直接作为锂硫电池的隔层。归功于泡沫镍良好的电导率，多孔的泡沫镍可以充当二次集流体，其中多硫化物会被紧密地捕捉。该隔层显著地增加了电池的比容量和循环稳定性。再者，泡沫镍的 3D 结构提供了导电框架以提高活性物质的利用率和稳定的高倍率电池性能。

Fichtner 等用多硫化物添加剂和碘添加剂研究了镁金属负极 – 电解质界面并形成了一种均匀稳定的中间层，这种中间层基于碘添加剂的加入，含 MgI_2、MgS_x、MgO 和 MgF_2，MgI_2 的形成可消除多硫化物与镁金属负极的副反应。使用基于 S/NC 的正极材料，在含碘添加剂的优化 $Mg[B(hfip)4]_2$ 电解质中循环 100 周，呈现出 $330\ mA \cdot h \cdot g^{-1}$ 的良好可逆容量。

尽管碱金属硫电池和多价金属硫电池的发展存在困难，但其他金属硫储能系统在材料可持续发展的角度和能源成本方面均优于锂硫电池。尽管如此，推广金属硫电池仍有大量的问题有待解决。首先是复杂的转化反应原理，目前碱金属硫电池和多价金属硫电池的反应机理，参照锂硫电池的现有经验进行判断，通过非原位测试表征手段进行研究。然而，多种中间产物的多硫化物可溶于有机电解质，各种转化反应发生在不同形式的多硫化物之间，因此，利用非原位材料表征技术很难获得在给定充放电深度下反应产物的确切信息。原位检测手段应该推广，用于深入了解每种金属硫电池的电化学反应机理。

金属负极保护，尤其是避免枝晶的生成也格外重要。为了阻止这些金属与电解质或多硫化物反应，负极保护技术是理想的选择。人造保护层可稳定金属表面。负极保护的未来研究可以从化学反应方法和电化学反应方法两个方向进行。可以尝试将那些成功的锂金属保护实例过渡到金属硫体系中。应用、开发替代负极或合金化负极将是有效的方法。电解质的选取在金属硫电池的发展中也至关重要，主要出现于多价金属硫电池中。由于电解质的离子动力学缓慢，目前所证明的镁硫电池、铝硫电池和钙硫电池都存在极化较大的问题。这些问题需要在探索可靠的电解质方面进行大量研究。添加剂和离子介导的方法可以进行尝试。

最关键的问题——稳定硫正极材料和抑制多硫化物穿梭。为了克服碱金属硫电池和多价金属硫电池中的低可逆性、高极化和循环不稳定性，稳定硫正极材料十分重要。可以从探索硫正极的新结构、固定多硫化物、改变基体材料的表面性质、改善载体材料和硫及多硫化物之间的界面性质等方面着手努力。多硫化物穿梭效应的优化方法概括为以下几个方面：①设计新的正极材料和功能中间层；②研究具有离子选择性的隔膜；③使用固态电解质来构造全固态金属硫电池。正极结构的设计可以集中在两个典型方法上：探索层次多孔碳材料和用功能过渡金属氧化物、硫化物和氮化物优化碳载体材料。

参 考 文 献

[1] VAN NOORDEN R. Sulphur back in vogue for batteries [J]. Nature, 2013,

498（7455）: 416 – 417.

[2] CHU S, MAJUMDAR A. Opportunities and challenges for a sustainable energy future [J]. Nature, 2012, 488（7411）: 294 – 303.

[3] DUNN B, KAMATH H, TARASCON J M. Electrical energy storage for the grid: a battery of choices [J]. Science, 2011, 334（6058）: 928 – 935.

[4] CHIANG Y M. Building a better battery [J]. Science, 2010, 330（6010）: 1485 – 1486.

[5] SON Y, LEE J S, SON Y, et al. Recent advances in lithium sulfide cathode materials and their use in lithium sulfur batteries [J]. Advanced energy materials, 2015, 5（16）: 1500110.

[6] CAO R, XU W, LV D, et al. Anodes for rechargeable lithium – sulfur batteries [J]. Advanced energy materials, 2015, 5（16）: 1402273.

[7] BRUCE P G, FREUNBERGER S A, HARDWICK L J, et al. Li – O$_2$ and Li – S batteries with high energy storage [J]. Nature materials, 2012, 11（1）: 19 – 29.

[8] MANTHIRAM A, FU Y, CHUNG S H, et al. Rechargeable lithium – sulfur batteries [J]. Chemical reviews, 2014, 114（23）: 11751 – 11787.

[9] JI X, LEE K T, NAZAR L F. A highly ordered nanostructured carbon – sulphur cathode for lithium – sulphur batteries [J]. Nature materials, 2009, 8（6）: 500 – 506.

[10] MA L, HENDRICKSON K E, WEI S, et al. Nanomaterials: science and applications in the lithium – sulfur battery [J]. Nano today, 2015, 10（3）: 315 – 338.

[11] ZHENG G, ZHANG Q, CHA J J, et al. Amphiphilic surface modification of hollow carbon nanofibers for improved cycle life of lithium sulfur batteries [J]. Nano letters, 2013, 13（3）: 1265 – 1270.

[12] HAN S C, SONG M S, LEE H, et al. Effect of multiwalled carbon nanotubes on electrochemical properties of lithium/sulfur rechargeable batteries [J]. Journal of the Electrochemical Society, 2003, 150（7）: A889.

第 7 章

新型电池的理论研究

以上各个章节概述了各种新型二次电池的研究进展，旨在帮助读者理解目前储能材料的优势和劣势及其储能机理。与此同时，随着计算机技术的飞速发展，特别是计算材料学的兴起，降低了理论研究的门槛，使得更多的研究者开始从事理论研究，促进了储能材料的发展，完善了材料加工和材料科学研究，并逐步形成了"理论设计计算 + 实验验证"的研究模式。本章主要重点介绍了目前二次电池领域常用的计算研究方法，并概述二次电池领域中代表性新型二次电池体系的理论研究进展，包括多价金属二次电池体系、钾离子电池体系、金属–空气电池体系、金属硫电池体系以及电解质，从而使读者掌握更多二次电池方向的理论研究基础。本章主要内容示意图如图 7.1 所示。

图 7.1　本章主要内容示意图

|7.1　第一性原理计算方法|

　　第一性原理源于古希腊哲学家亚里士多德提出的一个哲学观点："每个系统中存在一个最基本的命题，它不能违背或删除。"基于这样一个思想，在科学研究领域，第一性原理通常指计算材料学的一种计算方法。第一性原理是基于量子力学的基本理论，在研究者仅了解一个材料的原子和位置信息的基础上，不借助任何经验或者半经验的方法，推算出材料的基本物理化学性质的方法。在电池研究领域，学者常常说的第一性原理计算是一种狭义的说法。第一性原理计算既可以指基于 Hartree – Fock 自洽场的从头算（ab initio）的第一性原理计算，也可以指基于密度泛函理论体系下的第一性原理计算。从头算的第一性原理计算具体指的是仅仅使用普朗克常数 h、电子质量 m_0、元电荷 e、光速 c、玻尔兹曼常数 K_B，通过自洽求解薛定谔方程（Schrödinger equation）得到材料的基本物理化学性质的计算方法。密度泛函理论下的第一性原理计算是在从头算的基础上，通过绝热近似（Born – Oppenheimer 近似）和单电子近似（Hartree – Fock 近似），将电子密度看成基态波函数的唯一泛函，通过求解 Kohn – Sham 方程从而得到材料的基态能量，进而推断出材料的各种物理化学性质。对于描述材料的基本性质，密度泛函理论是一个准确、可靠、严格、有效率的求解方法。

　　近年来随着材料科学的发展，材料的研究思路从单一的实验研究变为理论 + 实验研究。然而，目前的实验方法使得实验缺乏目的性和针对性，而理论研究能够对一些实验现象进行解释并探究深层次的机理，对实验现象有更好的归纳和理解。计算材料学是实现理论和实验沟通的桥梁，如图 7.2 所示，其发展使得一些实验方案可以在更低成本和更高效的计算模拟中实现，从而更快得到结果。之后，在对材料的基础性质有一定理解的基础上进行实验方案设计，能够实现较为精准的材料设计。

图 7.2　计算材料学在实验研究和理论研究中的关系

7.1.1 密度泛函理论

1. 绝热近似

如不考虑外场的作用，组成分子和固体的多粒子系统的哈密顿量应该包括所有粒子的动能和粒子之间的相互作用能，因此，哈密顿算符形式上可写成

$$\hat{H} = \hat{H}_e + \hat{H}_N + \hat{H}_{e-N} \tag{7.1}$$

式中，$\hat{H}_e$ 为所有电子的动能和电子之间的库仑相互作用能；$\hat{H}_N$ 为所有原子核的动能和原子核之间的库仑相互作用；$\hat{H}_{e-N}$ 为所有电子和原子核之间的相互作用。

由于 $\hat{H}_{e-N}$ 中电子坐标和核坐标同时出现，考虑到原子核质量比电子质量大 3 个数量级，根据动量守恒可以推断，原子核的运动速度比电子的运动速度小很多。电子处于高速运动中，而原子核只是在电子的平衡位置附近振动；电子几乎绝热于核运动，而原子核只能缓慢地跟上电子分布的变化。因此，玻恩和奥本海墨提出将整个问题分成电子的运动和核的运动来考虑：考虑电子运动时原子核处于电子的瞬时位置上，而考虑原子核的运动时则不考虑电子在空间的具体分布。这就是绝热近似或者称 Born – Oppenheimer 近似。

2. 单电子近似

虽然绝热近似将原子核与电子的运动分开处理使薛定谔方程得到简化，但电子数较多的情况下，电子之间复杂的相互作用也很难解决。在 N 个电子的体系中，假设忽略电子之间的相互作用，电子的哈密顿量可写为

$$H = \sum_{i=1}^{N} h_i \tag{7.2}$$

单个电子的薛定谔方程为

$$h_i \varphi_i \overrightarrow{(r_1)} = \varepsilon_i \varphi_i \overrightarrow{(r_1)} \tag{7.3}$$

本征函数为 $\varphi_i \overrightarrow{(r_i)}$ 单电子波函数，考虑泡利不相容原理，体系的波函数可写为

$$\Phi \overrightarrow{(r)} = \varphi_1 \overrightarrow{(r_1)} \varphi_1 \overrightarrow{(r_2)} \cdots \varphi_i \overrightarrow{(r_1)} \cdots \varphi_n \overrightarrow{(r_n)} \tag{7.4}$$

这种形式的波函数被称为 Hartree 波函数，该波函数表达式就是所谓的 Hartree 乘积（Hartree Product），是多电子薛定谔方程的近似解。单电子近似也并是完全忽略电子间的相互作用，而是将电子看作是在体系中其他电子库仑相互作用形成的一个平均场中运动，其他电子坐标都是积分变量，h_i 只与第 i 个电子的坐标相关。

因为电子是费米子，如果两个电子相互交换位置，其波函数一定改变符号，即电子交换反对称原理，而交换两个电子并不会改变 Hatree Product 的符号。因此，Fock 建议用 Slater 行列式（Slater Determinant）来表示多电子的波函数。在一个 Slater 行列式中，N 电子波函数是以一种满足反对称原理的方式将单电子波函数合并形成的，可以把整体波函数表达为单电子波函数矩阵的行列式。把第 i 个电子在坐标 q_i 处的波函数记为 $\varphi_i(q_i)$，N 个电子组成的全同粒子体系的定态波函数可写为

$$\Phi = \frac{1}{\sqrt{N!}} \begin{vmatrix} \varphi_1(q_1) & \varphi_2(q_1) & \cdots & \varphi_N(q_1) \\ \varphi_1(q_2) & \varphi_2(q_1) & \cdots & \varphi_N(q_1) \\ \vdots & \vdots & \ddots & \vdots \\ \varphi_1(q_N) & \varphi_2(q_N) & \cdots & \varphi_N(q_N) \end{vmatrix} \tag{7.5}$$

由变分原理可得到单电子方程即 Hartree – Fock 方程为

$$\left[-\frac{1}{2}\nabla^2 + V(\vec{r}) \right]\varphi_i(\vec{r}) + \sum_{j(\neq i)} \int dr' \frac{|\varphi_j(\vec{r'})|^2}{|\vec{r} - \vec{r'}|}\varphi_i(\vec{r}) +$$

$$\sum_{i\neq j} \int d\vec{r'} \frac{|\varphi_j^*(\vec{r'})\varphi_i(\vec{r'})|}{|\vec{r} - \vec{r'}|}\varphi_j(\vec{r}) = E_i\varphi(\vec{r}) \tag{7.6}$$

通过 Hartree – Fock 近似，多电子薛定谔方程转化成了单电子方程，式（7.6）的最后一项为交换相互作用项，即 Hartree – Fock 近似中包含了电子间的交换相互作用，但自旋反平行电子间的排斥相互作用没有被考虑。

3. Hohenberg – Kohn 定理

H. Thomas 和 E. Fermi 于 1927 年提出原子、分子和固体物理性质可以用粒子数密度来表示。1964 年 P. Hohenberg 和 W. Kohn 提出关于非均匀电子气的理论，这个理论就是著名的 Hohenberg – Kohn 定理。这个理论归结为两个基本定理：

定理（一）：不计自旋的全同费米子系统的基态能量是电子密度函数 $\rho(r)$ 的唯一泛函。

定理（二）：能量泛函 $E[\rho]$ 在电子数不变条件下对正确的电子密度函数 $\rho(r)$ 取极小值，并等于基态能量。

定理（一）说明了粒子数密度函数是确定多粒子系统基态物理性质的基本变量，多粒子系统的所有基态物理性质，如能量、波函数以及所有运算符的期待值，都由粒子数密度唯一确定。定理（二）表明，如果得到了基态粒子

数密度函数，就能确定能量泛函的极小值，并且这个极小值等于基态能量。因此，能量泛函对于粒子数密度的变分是确定系统基态的途径。

4. Kohn – Sham 方程

为了解释相互作用电子系统的动能项，W. Kohn 和 L. J. Sham 提出：①假定动能泛函 $T[\rho]$ 可用一个已知的无相互作用电子系统的动能泛函 $T_\varepsilon[\rho]$ 来代替，这个无相互作用电子系统与有相互作用电子系统具有相同的密度函数；②N 个单电子波函数 $\varphi_i(r)$ 构成密度函数 $\rho(r)$。

$$\rho(r) = \sum_{i=1}^{N} |\varphi_i(r)|^2 \tag{7.7}$$

$$T[\rho] = T_\varepsilon[\rho] = \sum_{i=1}^{N} \int dr \varphi_i(r) \left(-\frac{1}{2}\nabla^2\right)\varphi_i(r) \tag{7.8}$$

将能量泛函 $E[\rho]$ 对 ρ 的变分用对 $\varphi_i(r)$ 的变分代替，以 E_i 为拉格朗日乘子，变分后得

$$\left\{-\frac{1}{2}\nabla^2 + V_{KS}[\rho(r)]\right\}\varphi_i(r) = E_i\varphi_i(r) \tag{7.9}$$

其中：

$$V_{KS}[\rho(r)] = v(r) + \int dr' \frac{\rho(r')}{|r-r'|} + \frac{\delta E_{XC}[\rho]}{\delta\rho(r)} \tag{7.10}$$

式（7.7）、式（7.9）和式（7.10）一起被称为 Kohn – Sham 方程。

Kohn – Sham 方程的核心是，用无相互作用电子系统的动能代替有相互作用电子系统的动能，而将有相互作用电子系统的全部复杂性归入交换关联相互作用泛函中。对于复杂的电子之间的相互作用全部用交换关联泛函来描述，从而可以推导出单电子方程的能量和波函数。对于交换关联泛函，常用局域密度近似（LDA）和广义梯度近似（GGA）等方法来处理。局域密度近似是建立在电子密度为均匀分布的假设的基础上，因此在空间（原子、分子或晶体）中，电子密度没有变化，交换关联项只与密度函数有关。但这样的均匀性假设显然是不正确的，所以 GGA 进行了改进，认为电子密度分布是不均匀的，交换关联项既与电子密度函数有关，也与其梯度（表示变化）有关，进一步提高了计算精度。

7.1.2 CI – NEB 方法简介

NEB（Nudged Elastic Band）是一个寻找已知反应物和产物之间的鞍点和最小能量路径（minimum energy path，MEP）的方法，该方法的工作原理是在保持中间产物构型间距相等的条件下，通过优化沿反应路径的中间产物以找到最

低能量构型。CI – NEB（Climbing – Image Nudged Elastic Band）方法则是利用 Climbing Image 对 NEB 方法进行修饰使最高能量点攀移到鞍点，这种改进后的方法可更精确地搜索最小能量路径并找到反应物过渡态鞍点和准确构型。

7.1.3　理论计算工具

电池的开发主要分为两大部分：一部分是材料的开发，另一部分是电芯技术的开发。这两部分主要针对不同电池开发的不同阶段，材料的开发是在科学上论证材料的性能，而电芯技术的开发指的是成品商业化电池的工程技术。本书的计算工具指的是针对电池中材料的开发而使用的主要计算模拟工具。

目前主要的理论计算工具有 VASP、GROMACS、Materials Studio、Gaussian、LAMMPS 等。VASP 是维也纳大学 Hafner 小组开发的进行电子结构计算和分子动力学模拟的软件包。VASP 是材料模拟和计算物质科学研究中最流行的商用软件之一。VASP 通过近似求解 Schrödinger 方程得到体系的电子态和能量，既可以在密度泛函理论框架内求解 Kohn – Sham 方程（已实现混合泛函计算），也可以在 Hartree – Fock（HF）的近似下求解 Roothaan 方程。此外，VASP 也支持格林函数方法（GW 准粒子近似，ACFDT – RPA）和微扰理论（二阶 Møller – Plesset）。VASP 使用平面波基组，电子与离子间的相互作用使用模守恒赝势（NCPP）、超软赝势（USPP）或投影扩充波（PAW）方法描述。VASP 使用高效的矩阵对角化技术求解电子基态，从而获得材料的基态能量，适合周期性体系，比如晶体、表面、二维材料等，能够获得计算材料的结构参数（键长、键角、晶格常数、原子位置等）、材料的状态方程和力学性质（体弹性模量和弹性常数）、材料的电子结构（能级、电荷密度分布、能带、电子态密度和 ELF）、材料的光学性质、材料的磁学性质、材料的晶格动力学性质（声子谱等）、表面体系的模拟（重构、表面态和 STM 模拟）等。

Gaussian 有很多计算方法，也是支持 DFT 计算的一个化学量化软件，不同的是 Gaussian 采用原子基组，对有机材料、无定形材料能有很好的模拟，可以分析化学反应过程、确定各类型化合物稳态结构，如中性分子、自由基、阴离子、阳离子、各种谱图的验证及预测，如超精细光谱、分子各种性质，如静电势、偶极矩、布居数、轨道特性、键级、电荷、极化率、电子亲和能、电离势、自旋密度、电子转移、手性、计算热力学性质、激发态和分子间作用力。

GROMACS 和 LAMMPS 是分子动力学模拟软件，通过力场模拟分子间的相互作用，在一定时间后获得不同温度下的材料物理结构、热力学性质以及扩散性质等。

Materials Studio 是美国 Accelrys 公司生产的新一代材料计算软件，是专门为材料科学领域研究者开发的一款可运行在 PC（个人计算机）上的模拟软件。Materials Studio 可以帮助解决当今化学、材料工业中的一系列重要问题。支持 Windows 98、2000、NT、Unix 以及 Linux 等多种操作平台的 Materials Studio 使化学及材料科学的研究者能更方便地建立三维结构模型，并对各种晶体、无定形以及高分子材料的性质及相关过程进行深入的研究。该软件有很多模块，对于材料的计算主要采用 CASTEP 模块，针对周期性结构，计算材料的声、热、光、电、力等性质从而预测材料的在电化学中的性质，该软件操作简单，并且可视化，故而也是非常流行的软件之一，目前使用 Materials Studio 发表的文章达到数万篇。

7.1.4 材料基因工程

在以往的材料研究中，从材料的研发到性能优化、系统设计与集成、验证、制造以至投入市场，时间跨度非常长，通常需要 10~20 年。其主要原因是材料研发过度依赖于科学直觉与实验经验积累，且材料的制备是一个漫长的过程，要花费数天甚至数周时间，充满各种变化导致每批材料的性能都有差别，这些都为新材料的开发带来了困难。

为了解决这一困境，就需要在材料开发的顶层设计上从实验科学转变为材料科学起步的研究思路。从近代开始，随着计算机技术的飞速发展，计算速度从最初的个位数频次发展到如今以亿每秒为单位的计算频次。虽然计算机的硬件水平逐渐接近摩尔规律的极限，但是以超级计算机为条件的高速度计算模拟已应用在社会生活中的各个领域。在超级计算机的基础上，材料研究者提出了一个新的材料开发"推进器"——材料基因工程。材料制造 4.0 时代如图 7.3 所示。

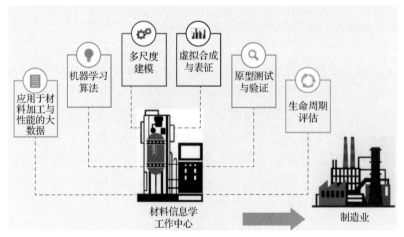

图 7.3 材料制造 4.0 时代

　　材料基因工程是借鉴生物学中基因工程的概念，美国率先在 2011 年 6 月启动 "材料基因组计划"（Materials Genome Initiative，MGI）。材料基因工程就是探究材料结构（或配方、工艺）与材料性质（性能）变化的关系，并通过调整材料的原子或配方、改变材料的堆积方式或搭配，结合不同的工艺制备，得到具有特定性能的新材料。该计划的重大意义在于优化了材料开发的路径和方法，系统地归纳总结了材料研究中的问题和现有数据，有针对性、有目的性地开发新材料。材料基因工程的实现方法是摒弃之前的经验式研究，提出理论预测和实验验证相结合的材料研究新模式，从而提高研发速度和效率，实现新材料 "研发周期缩短一半，研发成本降低一半" 的目标，加速新材料的 "发现—开发—生产—应用" 进程。为了实现这一模式，首先要有庞大的数据库作为支持，其次需要一种自动化的研究进程，最后能够对材料设计进行学习优化。

　　目前，多个课题组和研究单位参与美国的材料基因计划，已建成的数据库为劳伦斯伯克利国家实验室（LBNL）与麻省理工学院（MIT）联合的 Materials Project 数据库、Duke 的 Aflow. org 数据库以及 Northwest 的 OQMD 数据库等，以上数据库存储了信息量极大的基础数据。其次，自动化的研究方法之一是高通量的算法。高通量的计算方法是指大批量、有规律地输入多种材料参数（量级为千级），通过软件模拟，以最终得到输入材料性能数据的一种材料模拟计算方法。最后，对于得到的数据进行评估和改进，再返回到高通量的计算，改进实验参数，从而达到性能要求。在此过程中，大量的机器学习应用于高通量的自动化计算中，其一般过程如图 7.4 所示。

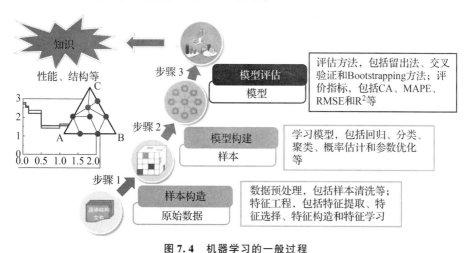

图 7.4　机器学习的一般过程

　　材料基因工程使欧美发达国家在新材料领域一直处于领先地位，国内的专家学者已意识到国内的材料发展水平与国际的差距，2011 年 12 月，我国以师昌绪和徐匡迪院士为代表的著名材料学家提出了中国版的材料基因工程，并在 2016 年 2 月由科技部发布了关于"国家重点研发计划高性能计算等重点专项"，启动了"材料基因工程关键技术与支撑平台"重点专项。该专项部署了 40 个重点研究领域，实施周期为 5 年，分别由哈尔滨工程大学、中国科学院上海硅酸盐研究所、中南大学、重庆大学、北京科技大学、北京大学深圳研究生院、北京计算科学研究中心、四川大学、中国科学院宁波材料技术与工程研究所、中国科学院福建物质结构研究所、吉林大学、上海交通大学、中国科学院金属研究所、中国航空工业集团有限公司、北京航空材料研究院等单位牵头，启动 14 项研究技术。

综上所述，"材料基因组计划"是先进材料开发的崭新模式，其力图通过高通量材料计算、高通量材料合成和检测实验以及数据库的技术融合与协同，将材料从发现、制造到应用的研发过程的速度加快、成本降低，增强国家在新材料领域的知识和技术储备，提升应对高性能新材料需求的快速反应能力和生产能力；培养一批具有材料研发新思想和新理念、掌握新模式和新方法、富有创新精神和协同创新能力的高素质人才队伍；促进高端制造业和高新技术的发展，为实现"中国制造"的目标做出贡献。

|7.2 多价金属二次电池体系中的理论研究|

正如之前章节所述，相比于锂，多价金属如 Mg、Al、Zn 等在地球上的丰度就很高。以 Al 为例，根据 USGS 数据，铝资源的储量有 550 亿～750 亿吨，按照 2020 年的消耗计算，可以使用 100 年以上，根据国家统计局 2016 年的数据，中国的铝资源也有 10 亿吨，位于全球第七。所以，开发新一代的电化学储能设备是解决能源危机的关键一环。

多价金属电池目前有 Mg^{2+}、Al^{3+}、Ca^{2+}、Zn^{2+} 等电池体系。考虑到环保以及安全问题，部分多价离子采用水溶液作为电解质的电池体系，如水系铝离子电池、水系锌离子电池等。表 7.1 总结了主要多价离子的理论性能及储量，通过比较发现 Zn、Al、Mg、Ca 均具有比目前锂电池体系更高的理论容量，如 Al 的理论体积比容量高达 $8\,046\ mA \cdot h \cdot cm^{-3}$，理论质量比容量也有 $2\,980\ mA \cdot h \cdot g^{-1}$。因此，多价金属体系主要应用于大规模储能器件的开发。

表 7.1　主要多价离子的理论性能及储量

离子种类	理论体积比容量/ $(mA \cdot h \cdot cm^{-3})$	理论质量比容量/ $(mA \cdot h \cdot g^{-1})$	地球储量 /亿吨	氧化还原电位/V （相比于氢电极）
Al	8 046	2 980	550 ~ 750	- 1.66
Mg	3 832	2 205	120	- 2.37
Zn	5 855	820	19	- 0.76
Ca	2 072	1 337	542 （中国）	- 2.87

7.2.1　氧化物

氧化物是自然界中含量较丰富的一类材料。成熟的商用电池体系钴酸锂、磷酸铁锂、锰酸锂等都含有氧元素。不仅如此，目前即将商业化的钠离子电池和已经商业化的锂离子电池都大量使用氧化物作为正极材料。因此，在多价金属电池体系中，氧化物也是不容忽视的一类正极材料，表 7.2 统计了多电子体系中部分氧化物作为 Zn 离子电池正极材料的性能。

表 7.2　多电子体系中部分氧化物作为 Zn 离子电池正极材料的性能表

正极材料	电压/V	比容量/ $(mA \cdot h \cdot g^{-1})$	电流密度/ $(mA \cdot g^{-1})$	循环次数
$\alpha - MnO_2$	1.0 ~ 1.8	285	—	5 000
V_2O_5	0.9/1.1	238	50	2 000
$VO_2(B) \cdot 0.2H_2O$	0.44/0.58	423	250	1 000

钒元素性质活泼、价态多变，我国储量丰富。因为钒的常见化合价为 +2、+3、+4、+5，所以可以发生多电子转移的氧化还原反应，表现出较高的容量。钒基氧化物通常具有不同的晶体结构和电化学性能。在多电子电池体系中，常见的钒基氧化物有 V_2O_5 和 VO_2。2015 年，Gautam 进行了 V_2O_5 的理论研究，与此同时，Ceder 等也评估了 Mg、Zn、Ca 和 Al 等离子在对应电池体系中的性能表现。通过研究离子的动力学性质，计算结果表明，在室温下，Al^{3+} 不能嵌入 V_2O_5 中，Zn^{2+} 能够比较容易地嵌入 α 相和 δ 相这两个晶型中，并且在 δ 相中相对稳定，但是嵌入电压较低。然而，在 α 相中，Mg^{2+} 和 Ca^{2+} 的扩散性能较差，但在 δ 相中较好，并具有足够高的开路电压（Ca 为 3.02 V，Mg 为 2.56 V）和较低的扩散势垒（Ca 为 ~200 meV，Mg 为 ~600 ~ 800 meV）。

在放电状态下，Mg^{2+} 和 Ca^{2+} 处于亚稳态（Mg 比基态情况下高 27 meV·原子$^{-1}$，Ca 高 40 meV·原子$^{-1}$）。在之后的工作中，Abhishek Parija 等研究了 Li、Na、Mg 和 Al 嵌入两个 V_2O_5 的亚稳相（$\zeta-V_2O_5$ 和 $\varepsilon-V_2O_5$）中的热力学和动力学，并对比了 α 相中 V_2O_5 的热力学稳定性。研究结果发现，亚稳态的 V_2O_5 导致多价离子的开路电压更高，其中 Mg 的嵌入电压超过 3 V。在动力学的研究中，离子嵌入 $\zeta-V_2O_5$ 和 $\varepsilon-V_2O_5$ 结构中后，过渡结构下的多价离子处于次优配位环境，导致较高的吉布斯自由能，有利于降低扩散能垒。对离子扩散的 NEB 计算表明，亚稳态晶型中 Na 和 Mg 扩散的迁移势垒显著减小：预测 $\zeta-V_2O_5$ 和 $\varepsilon-V_2O_5$ 中 Mg 的迁移势垒分别为 0.62～0.86 eV 和 0.21～0.24 eV。此项研究提供了一种新的思路即调整阳离子的配位环境，让扩散的阳离子置于亚稳态中，从而有效地提高其离子扩散性能。

在水系锌离子电池体系中，钒基材料的合成及应用环境大部分以水溶液为主，水分子对材料结构及性能的影响不容忽视。在充放电过程中，结构水分子的溶剂化作用"屏蔽"了 Zn^{2+} 的部分电荷，使其与晶格氧之间的相互作用减弱，同时扩大了离子扩散通道，使 Zn^{2+} 迁移能垒降低，反应动力学增强。尽管水分子预嵌可以促进锌离子的扩散，但是充放电过程中 V_2O_5 的结构劣变仍会导致容量的迅速衰减，使得循环稳定性较差。Geng 等制备了一种微量 Mn^{2+} 预嵌的 $Mn_{0.15}V_2O_5·nH_2O$ 电极，其 XRD 谱图如图 7.5（a）所示，通过 DFT 计算分析了 Mn^{2+} 对 V_2O_5 导电性的影响。结果表明，Mn^{2+} 能有效调控 V_2O_5 的电子能带结构，使得费米能级附近出现一个新的能级［图 7.5（b）］，使间接带隙从 2.28 eV 降至 0.9 eV，导电性和倍率性能得到显著提升［图 7.5（c）］，在 10 A·g^{-1} 和 20 A·g^{-1} 下经过 8 000 周的长循环后仍可以分别保持 153 mA·h·g^{-1} 和 122 mA·h·g^{-1} 的比容量。$\delta-Ni_{0.25}V_2O_5·nH_2O$ 具有四种可能的 Zn^{2+} 嵌入位点和两种扩散通道［图 7.5（d）］，锌离子的最高活化能垒仅为 0.5 eV。Geng 利用可视化 X 射线断层扫描技术（CT）得到了 $\delta-Ni_{0.25}V_2O_5·nH_2O$ 电极的三维孔隙结构和扩散模拟图［图 7.5（e）］，结果表明该电极拥有较高的孔隙率和扩散系数，表现出了优于锂离子电池电极的反应传输能力。该项工作也为今后对正极材料的储锌性能多尺度分析开拓了新视野。Zhu 等首次报道了由半径相近的 Na^+ 和 Ca^{2+}（约为 0.1 nm）选择性共嵌入的 V_3O_8 型结构（$NaCa_{0.6}V_6O_{16}·3H_2O$）。在钠离子、钙离子和结构水分子的协同作用下，$Zn^{2+}$ 沿 b 轴的迁移能垒成功降低至 0.89 eV［图 7.5（f）、（g）］，表面电荷转移以及 Zn^{2+} 在电极内部的扩散能力都得到了显著提升，表现出优异的倍率性能。吉布斯自由能计算结果表明，在充放电过程中，Na^+ 和 Ca^{2+} 不易被 Zn^{2+} 取代，具有较高的稳定性。

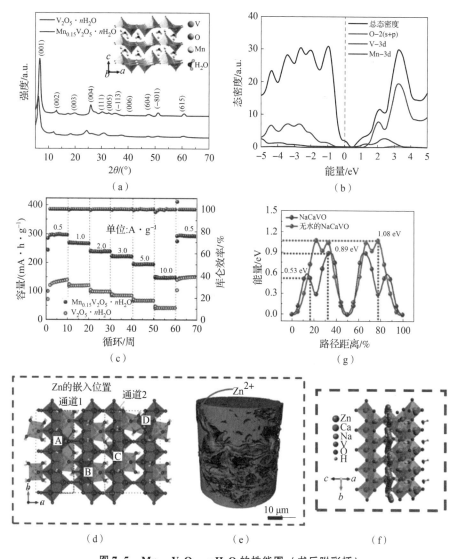

图 7.5　Mn$_{0.15}$V$_2$O$_5$·nH$_2$O 的性能图（书后附彩插）

（a）XRD 图谱；（b）态密度图；（c）倍率性能；（d）Zn 的扩散路径；

（e）三维孔隙结构和扩散模拟图；（f）NaV$_3$O$_8$·1.5H$_2$O

在 ZnSO$_4$ 电解液中的 Zn^{2+} 扩散路径；（g）迁移能垒

VO$_2$ 是另一种重要的钒氧化合物。Wang 等计算了 Al$_x$VO$_2$ 的形成能，作为 Al 是否嵌入 VO$_2$ 正极材料的一个重要依据，表明了 Al 占据晶格位点的可行性，并且 Al 能够发生自扩散现象。然而，进一步的计算结果显示，一维通道的 Al 扩散势垒为 1.5 eV，三维通道下的 Al 的扩散势垒为 1.8 eV。因此，Al 的动力学较慢。通过对发现的 3 个潜在嵌入位点进行计算分析 [图 7.6 (a) ~ (d)]，位置 C 是最不利于扩散的，该位点会和周围 4 个氧互相产生作用。而 A_1 位置周围有 5 个氧，会形成扭曲的金字塔结构，两个 A_1 位置之间的离子扩散会受到阻碍。当相邻的 A_2 位点（类似于 A_1 的 5 配位结构）通过扭曲的金字塔环境的共同边缘时，则需要更高的能量才能完成三维的离子传输。

高温金红石的 VO_2（R）也是比较重要的一种 VO_2 结构。在 2017 年，Vadym V Kulish 等通过第一性原理计算评估了 Li、Mg 和 Al 原子嵌入金红石相 VO_2 的热力学、电子学和动力学相关性质。Mg^{2+} 嵌入 VO_2 具有约 1.6 V 的电压平台，对应的化学配比为 $Mg_{0.5}VO_2$，对于另一个在 0.5 V 左右的低电压平台，其理论配比为 Mg_1VO_2。除此之外，在关于 Al 的嵌入研究中，Al^{3+} 嵌入 VO_2 的理论电压曲线有 1.98 V、1.48 V 和 1.17 V 三个平台。Li、Mg 和 Al 在 VO_2 的隧道结构中的扩散势垒分别为 0.06 eV、0.33 eV 和 0.50 eV [图 7.6 (e)]。通过分析扩散途径周围的阴离子环境发现，平坦的势能面能够促使 Li、Mg 和 Al 载流子在扩散中表现出优异的流动性和稳定性。扩散路径上的八面体结构能够形成氧离子扩散通道，并且该八面体的结构是略微扭曲的。这个扩散通道由两个不同但对称等效的重叠八面体的氧离子构成 [图 7.6 (f)]。因此，离子扩散过程中的配位不易发生变化，有利于离子的快速传输。总之，理论研究数据表明金红石 VO_2 是一个适用于多价金属电池体系的具有潜力的电极材料。

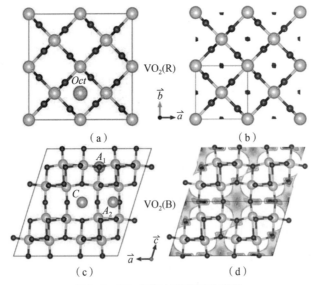

图 7.6　VO_2 正极材料的理论研究

(a)、(c) Al^{3+} 离子在 VO_2 中通过 DFT 计算得到的嵌入位置结构；

(b)、(d) Al^{3+} 离子在 VO_2 中通过 BVEL 计算得到的嵌入位置结构

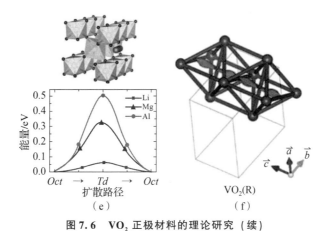

图 7.6　VO₂ 正极材料的理论研究（续）

（e）Li、Mg、Al 在 VO₂ 中的扩散路径（八面体 – 四面体 – 八面体）和能量势垒；

（f）VO₂（R）的结构图

锰在自然界中的储备十分丰富，且成本低廉、毒性低、环境友好，具有多种氧化态（Mn^{2+}、Mn^{3+}、Mn^{4+} 和 Mn^{7+}），在储能领域表现出广阔的应用前景。以 MnO_2 为首的众多锰基氧化物（如 Mn_3O_4、Mn_2O_3 和 MnO 等）以及锰酸盐（如 $ZnMn_2O_4$ 等），都被证实具有一定的多价离子储存能力。具有隧道结构的 $\alpha – MnO_2$（2×2，$0.46\ nm \times 0.46\ nm$），$\gamma – MnO_2$（1×1，$0.23\ nm \times 0.23\ nm$ 和 1×2，$0.23\ nm \times 0.46\ nm$）以及层状结构的 $\delta – MnO_2$（$0.7\ nm$）比较有利于多价离子的嵌入与扩散。在锌离子电池中，MnO_2 拥有较高的理论比容量（Mn^{4+}/Mn^{2+}，$616\ mA \cdot h \cdot g^{-1}$）和约 $1.3\ V$ 的工作电压平台。Choi 等通过电化学转化法合成了一种高层间水分子含量（质量分数约为 10%）的 $\delta – MnO_2$。理论计算显示，在水分子的配位作用下，Zn^{2+} 在层间的迁移能垒仅为 $0.25\ eV$ ［图 7.7（a）~（c）］，远低于尖晶石结构中未水化 Zn^{2+} 的迁移能（$1.03\ eV$），并且由于层间距较小（$0.7\ nm$），脱离出的 Mn^{2+} 无法形成可自由移动的 $[Mn(H_2O)_6]^{2+}$，而是以一种稳定的 Zn – Mn "哑铃" 构型存在于层间 ［图 7.7（a）~（c）］，从而抑制了 Mn 的溶解。由此可知，高水分子含量以及适当的晶面间距可以协同提升 $\delta – MnO_2$ 的循环性能，这对于其他晶体结构的正极材料同样有启示意义。为了解决 Mn 的溶解问题，Fang 等将 K^+ 预嵌入 $\alpha – MnO_2$ 的（2×2）隧道中，形成 $K_{0.8}Mn_8O_{16}$ 可以有效抑制循环过程中 Mn 的溶解。这是由于隧道中的 K^+ 与晶格氧之间形成了较强的键合作用，结构稳定性得到增强 ［图 7.7（d）］。此前有报道称，MnO_2 隧道内较大的阳离子（如 K^+、Ba^{2+} 等）会形成物理阻挡和静电排斥力，阻碍金属离子的扩散。而在 $K_{0.8}Mn_8O_{16}$ 中，氧缺陷的存在打开了 MnO_6 多面体墙，为 H^+ 的扩散提供了额外通道（以 H^+

嵌入机制为主），极大地提升了电化学活性和反应动力学［图7.7（e）］。因此在 K^+ 和氧缺陷的协同作用下，$K_{0.8}Mn_8O_{16}$ 展现出了 398 W·h·kg^{-1} 的高能量密度和超过1 000周的循环稳定性。针对锰基材料的溶解和动力学缓慢等问题，Guo 等提出了一种钙离子预嵌的锰基氧化物（Ca_2MnO_4）。理论计算和实验结果表明［图7.7（f）］，$CaSO_4·2H_2O$ 界面膜具有降低阻抗、改善界面、降低活化能的作用，有效地促进了 Zn^{2+} 的嵌入与脱出，进一步提高了电池的循环性能和倍率性能，使其能在 1 A·g^{-1} 的电流密度下稳定循环1 000周。这种原位电化学生成界面保护膜的方法为今后发展高稳定性的水系电池开拓了新视野。

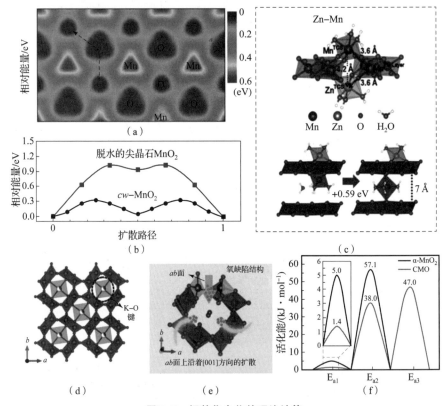

图 7.7　锰基化合物的理论计算

（a）水合 Zn^{2+} 在 $δ-MnO_2$ 层间的势能面；（b）水合 Zn^{2+} 在 $δ-MnO_2$ 层间的迁移能垒；

（c）$Zn-Mn$ "哑铃" 构型的示意图以及 Mn 八面体在层间距为

0.7 nm 时的配位图；（d）$K_{0.8}Mn_8O_{16}$ 的晶体结构图；（e）氧缺陷下 H^+ 沿着［001］

方向的扩散示意图；（f）$CaSO_4·2H_2O$ SEI 膜覆盖 Ca_2MnO_4 的活化能对比

$λ-Mn_2O_4$ 也是可以应用到多价金属电池体系中的一种电极材料。理论上，$λ-Mn_2O_4$ 能够发生 Mg^{2+}、Al^{3+} 的嵌入，但是 Al^{3+} 在 $λ-Mn_2O_4$ 中的可逆脱嵌尚未有实验报道。究其原因，可能是合成的 $\lambda-Mn_2O_4$ 并非是纯相的。常规的合成方法是将 $LiMn_2O_4$ 进行酸处理以除去 Li。然而，由于 Li 去除不完全，残余的 Li 会干扰电池的性能以及电化学测试结果。此外，即使 Li 可以完全去除，整个材料仍然难以维持稳定的尖晶石相结构。为了验证该材料在高价离子嵌入方面是否具有应用潜力，通过 DFT 计算得出 Al^{3+} 的迁移势垒约为 1.5 eV。总结 V_2O_5 和 Mn_2O_4 的计算结果发现 Al 的扩散能垒很高，因此在室温下所有紧密堆积的氧晶格不利于 Al 的嵌入。考虑到 V_2O_5 的相反实验结果，稳定的 $\lambda-Mn_2O_4$ 仍然具有应用潜力。此外，价键能态法（BVEL）计算评估的 Al^{3+} 的迁移势垒要低得多（0.9 eV）。空四面体位点的 3D 网络通过 4 个对称的等效相邻八面体位点直接连接，构建了 3D 离子通路［图 7.8（a）］。在两个四面体位点之间，BVEL 显示有两个扩散瓶颈，分别为由 3 个氧离子配位的平面和由四面体和八面体组成的共面，该结论与 DFT 方法得到的数据结论相同，因此 BVEL 可以应用在多价电极材料迁移路径的研究中。但是，关于 DFT 和 BVEL 迁移势垒的定量比较发现与 Xiao 等计算的一价离子的关系相反，BVEL 和 DFT 的差距需要在进一步的研究中阐明。

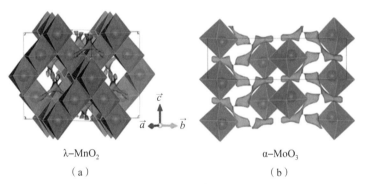

λ–MnO₂

（a）

α–MoO₃

（b）

图 7.8　$\lambda-MnO_2$ 的扩散路径图和 Al^{3+} 在 $\alpha-MoO_3$ 的嵌入位点图

（a）$\lambda-MnO_2$ 的扩散路径图；（b）Al^{3+} 在 $\alpha-MoO_3$ 的嵌入位点图

　　$\alpha-MnO_2$ 具有不同于一般氧化物的动力学特征。Muhammad Hilmy Alfaruqi 等通过第一性原理计算了 Al^{3+} 在该正极材料的扩散性能，发现 Al^{3+} 的扩散能垒只有 0.33 eV，进一步对结构进行剖析可以看到，$\alpha-MnO_2$ 具有 ［2×2，0.46 nm×0.46 nm］ 的大通道，这可以有效限制 Al^{3+} 对 O 的束缚作用从而提高 Al^{3+} 在材料中的扩散能力。除此之外，Al 在 $\alpha-MnO_2$ 中的嵌入具有 4 个不一样的电压平台，分别为 1.81 V、1.68 V、1.57 V 和 1.15 V。该研究为降低 Al^{3+} 的扩散能垒拓宽了思路，研究者可以考虑适当地增大材料的体积，扩大离子的扩散通道。此外，提高离子扩散能力还可以通过构建高度对称的结构，让

Al^{3+} 处于结构的中心。该方法可以使材料的势能面变得极度平整，因此可以大幅度提高材料的扩散系数，降低 Al^{3+} 的扩散能垒。

氧化物中还有一种化合物是 $\alpha - MoO_3$，Nestler Tina 等对其进行了 Al^{3+} 脱嵌的理论评估。这种层状的过渡金属氧化物能够可逆地插入多价的 Mg^{2+}。通过价键能态法计算发现，Al^{3+} 离子在 $\alpha - MoO_3$ 中的扩散能垒是 2.1 eV。如图 7.8 (b) 所示，Al^{3+} 在各层之间存在一个潜在的嵌入位点，表现出准八面体的氧配位结构。至于 Al^{3+} 的迁移，则需要跳到金字塔型结构位点（配位数 5），从而可以穿过多面体的共同边缘，但此过程在能量上是不利的。尽管材料的反应活化能很高，但是该材料依然引起研究人员的兴趣，其中 $\alpha - MoO_3$ 可以在 Al 嵌入后增加层间距离。这种结构变异有利于能垒的降低。由于 BVEL 无法考虑结构变异带来的影响，特别是在 2D 迁移路径的情况下，因此 BVEL 计算出来的能垒是偏高的。

为了进一步便于实验人员参考，快速得到高性能的多价铝二次电池正极材料，Tina Nestler 等对已有的 4 346 种含铝的氧化物材料进行高通量筛选，如图 7.9 (a) 所示，先考虑可能的扩散路径，再对扩散势垒进行计算，设置合适的扩散阈值，得到 Al^{3+} 扩散能垒小于 2 eV（BVSL 计算）的正极材料，再对得

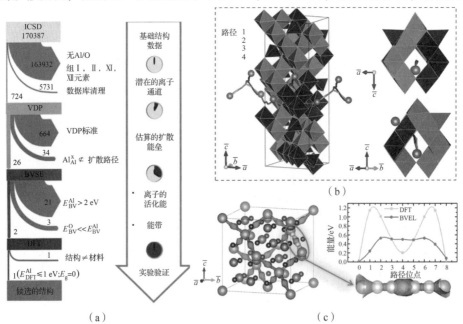

图 7.9 高通量计算筛选铝二次电池正极材料

（a）高通量筛选氧化物正极材料的方法流程图；（b）$AlVO_3$ 的扩散路径图；

（c）$AlFe_2O_4$ 的扩散路径以及扩散能垒图

到的材料进行精细化 DFT 计算，最终得到可能的铝二次正极材料（$E_{DFT}^{Al} \leqslant$ 1 eV），如表 7.3 所示。最后，通过计算筛选得到 $AlVO_3$［图 7.9（b）］和 $AlFe_2O_4$［图 7.9（c）］这两种有应用前景的铝二次电池正极材料。研究者认为，Al^{3+} 的高价态属性可以通过用 S 或者 Se 替代氧离子，从而缓和过渡金属和阴离子的过强库仑力，使 Al 的扩散变得缓慢。在随后的实验中，Li 等通过 ZIF 感应成功制备了多型立方 Co_mX_n（X = O、S、Se），并研究 Co_3O_4 作为正极材料的可行性，其中 DFT 计算 Co_3O_4 的（311）表面下 Al 离子的扩散发现，Al 的扩散能垒只有 0.368 eV。与 Co_3O_4 和 Co_3S_4 相比，$CoSe_2$ 更有利于 $AlCl_4^-$ 的表面吸附和扩散，进一步证明了这种策略的可行性，Co_mX_n 的研究也为铝电池正极材料的研究奠定了重要基础。

表 7.3　筛选的氧化物材料的扩散能垒（BLVE）小于 2 eV 的正极材料

化合物	Al 的扩散势垒/eV	Al 扩散的维度	O 的扩散势垒/eV	ICSD	空间群	晶体类型
$AlVO_3$	0.52	3	1.19	496 745	$Fd\overline{3}m$	立方晶系
$AlFe_2O_4$	0.73	3	0.38	69 772	$Fd\overline{3}m$	立方晶系
$Gd_{2.91}Sc_{1.8}Al_{3.15}O_{11.8}$	0.84	3	0.37	78 052	$Ia\overline{3}d$	立方晶系
$Y_3Sc_2Al_3O_{12}$	1.53	3	0.91	67 055	$Ia\overline{3}d$	立方晶系
$YAlO_3$	1.82	2	0.99	27 100	$P6_3/mmc$	六角晶系

7.2.2　硫化物

由于 MnO_2、V_2O_5、VO_2、TiO_2、MoO_3 等氧化物材料在多价电池体系中实现了较为成功的应用，位于同一主族的 S 及其化合物也受到研究者的广泛关注。由于 S 比 O 的电负性更小，具有更大的离子半径（O^{2-}：140 pm，S^{2-}：184 pm），因此其可以缓解载流子和负离子之间的过强吸引力，使得载流子具有相对于 O 更好的动力学。基于 S 的化合物主要应用在电池的正极材料，目前已报道的正极材料有 CuS、Ni_3S_2、Co_9S_8@CNT－CNF、Co_3S_4、SnS、Mo_6S_8、TiS_2、GaS 等。本小节梳理了大部分已报道的正极材料硫化物，见表 7.4，多价电池中正极材料的循环性能普遍很差，远远达不到商业使用中要求的 1 000 周的使用标准。

表 7.4　多电子体系中部分硫化物作为铝二次电池正极材料的性能表

正极材料	电压/V	比容量/(mA·h·g^{-1})	电流密度/(mA·g^{-1})	循环次数
CuS	0.5	215	20	100
Ni$_3$S$_2$	0.6	300	100	100
Co$_9$S$_8$@CNT-CNF	–	300	1 000	6 000
Co$_3$S$_4$	–	250	250	150
Mo$_6$S$_8$	0.5	188	13	16
TiS$_2$-layered	~0.6	50	5	50
TiS$_2$-spinel	~0.6	95	5	50
FeS$_2$	0.4	610	9	N/A
NiS	0.6	100	200	100
CuS	0.5	215	20	100

　　Suo 等对 Chevrel 相 Mo$_6$S$_8$ 进行研究，发现［Mo-Mo］＊反键轨道的能级由于 Mo-Mo 键的演化而升高和降低，从而导致阳离子和阴离子协同发生氧化还原反应，这有助于循环时结构的稳定性。Lee 等计算得到 Chevral 相 Al^{3+} 的扩散能垒达到 1.7 eV（贫 Al 相）和 1.1 eV（富 Al 相），根据公式可以得到常温下的扩散系数为 10^{-17} ~ 10^{-19} cm^2·s^{-1}。这一扩散远远高于锂离子在钴酸锂的扩散。

　　Vadym V. Kulish 等对 TiS$_2$ 进行正极材料应用的计算，表明 Al^{3+} 在该材料中具有比较高的扩散能垒，达到 1.1 eV（DFT）。这与实验中 Al^{3+} 的极低迁移率吻合。但是，根据 BVEL 计算，发现 Al^{3+} 在 TiS$_2$ 中的扩散能垒达到 7.2 eV。分析其原因，可以看到，在这种情况下，BVEL 计算 Al^{3+} 嵌入位点能量的准确性要低得多，这可能是由于 Al^{3+} 插入时体积膨胀剧烈。事实上，当晶胞扩大 10% 和 15% 时，BVEL 分析分别得到了 5.3 eV 和 1.1 eV 的迁移势垒。因此，晶格参数对尖晶石 Ti$_2$S$_4$ 中的 Al^{3+} 迁移率起着重要作用。根据结果来看，或许增大晶格体积是提高扩散、增加动力学的方法。通过 BVEL 分析，可以排除 Cu 输运与测量的扩散率的对应关系，因为在 CuTi$_2$S$_4$（ICSD 170227180）中计算出的 Cu 的势垒为 0.3 eV，预计扩散率会更高。因此，在尖晶石 TiS$_2$ 中，Al 迁移率确实是可以测量的，尽管对于电池应用来说，Al 迁移率仍然太低。

对于其他的金属硫化物，Sergei Manzhos 等利用从头算理论研究对其他潜在的硫基尖晶石结构 MS_2 进行了计算，其中 M 是 Ti、Cr、Mn、Fe、Co 和 Ni。然而，MS_2 化合物尚未在尖晶石结构中合成。此外，FeS_2 的计算已经排除了这种尖晶石相的存在。通过对 MS_2 的筛选发现，如图 7.10（a）所示，硫化物的理论电压都不高，无论是嵌入 Mg 还是嵌入 Al，平均电压平台均在 0.3 ~ 1.65 V之间，相对于锂离子电池来说，电压偏低。除此之外，如图 7.10（b）、（c）、（d）计算的载流子输运性质所示，铝离子的扩散能垒要比镁在硫化物中的扩散能垒大很多，这也和 Al^{3+} 因为带电数高造成扩散缓慢吻合。值得注意的是，镍基尖晶石具有相对较高的 Al 和 Mg 插入电压和较低的扩散势垒，因此，其是铝/镁离子电池中具有应用前景的正极材料。

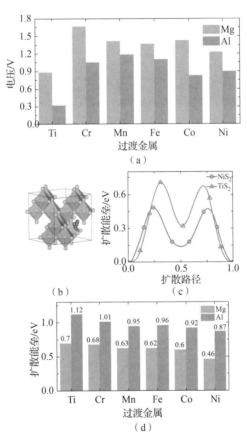

图 7.10　多电子体系中硫化物正极材料的理论计算

（a）Mg 和 Al 嵌入过渡金属硫化物中的电压值；

（b）Mg 和 Al 嵌入过渡金属硫化物中的扩散路径；

（c）Mg 嵌入 NiS_2 和 TiS_2 中的扩散势垒图；（d）Mg 和 Al 嵌入过渡金属硫化物中的扩散能垒

对于层状结构的 TiS_2 来说，Geng 等还研究了 TiS_2（$P3m1$）的层状修饰。XRD 揭示了在放电时有一个新的但是小的反射峰。该研究小组认为这可能是因为 Al^{3+} 的插入，但是，没有给出证据。此外，该研究小组假设 Al 占据了具有八面体环境的 $1e$ 位点（0，0，0.5），这与 BVEL 结果一致。与尖晶石改性相比，层状相在 CV 中表现出更高的可逆容量和明显的还原峰，这表明该材料具有优异的动力学性能。事实上，在 50 ℃ 时，在第一个插层循环中扩散率在 $10^{-18} \sim 10^{-19}$ $cm^2 \cdot s^{-1}$ 的范围内，并在第二个插层循环中增加了一个数量级。因此可以推测，晶体结构在初始嵌入和脱出循环期间以有利于 Al 嵌入的方式改变。一般来说，与尖晶石型硫化物相比，这种层状化合物更适合 Al 嵌入。同样，BVEL 不能考虑这一点，导致高达 6.3 eV 的活化势垒。由于该值相比于尖晶石仍然很小，因此该结果证明了层状 TiS_2 具有比较高的迁移率。虽然扩散的路径是相同的，都是通过共享面从八面体位跳到四面体位，但不同之处在于四面体的轻微畸变，在二维方向上是允许局部环境发生变化的。层状 TiS_2 局部环境的变化提高了 Al 的迁移率，因此，Geng 等的结论可以借鉴应用在下一步的材料设计和选择中。Ju 等通过第一性原理计算系统研究了层状 TiS_2 的电化学性能，如图 7.11 所示，计算得到其理论容量可达 359.07 $mA \cdot h \cdot g^{-1}$，对应的临界嵌入浓度为 0.5，并且 Al^{3+} 的插入位点更多在八面体位，但是放电电压很低，最高放电平台约为 0.8 V，这严重限制了 TiS_2 在铝二次电池中的应用。此外，$AlCl_4^-$ 离子在膨胀 TiS_2 中不受阻碍的扩散表明，增大层间距离是提高其电化学性能的有效策略。

此外，G. Reza Vakili - Nezhaad 等采用第一性原理计算来探索使用二维 WS_2 单层作为 Mg、Ca 和 Al 离子电池的负极材料的可行性，系统地研究了 WS_2 单层上 Mg、Ca 和 Al 原子的插层和扩散。结果表明，研究的所有金属原子都可以吸附在 WS_2 单层上，并且计算出的状态密度显示 M@ WS_2 体系具有金属特性，从而确保了其作为电池电极使用的良好电子传导。对所选金属迁移率的研究表明，WS_2 具有低/中度迁移能垒，Mg、Ca 和 Al 预计将分别产生约 1.50 V、1.63 V 和 3.13 V 的电压，最大容量分别约为 360.78 $mA \cdot h \cdot g^{-1}$、326.09 $mA \cdot h \cdot g^{-1}$ 和 531.58 $mA \cdot h \cdot g^{-1}$。结果表明，WS_2 可以作为具有高功率密度和快速充电速率的多电子电池的负极材料。

7.2.3 碳材料

在锂离子电池中，碳材料作为负极材料提供 372.07 $mA \cdot h \cdot g^{-1}$ 的理论容量，并且已经成功实现了商业化。但是在多价电池体系中，碳材料与传统的锂离子电池有很大区别。首先在铝离子电池中，碳材料是作为正极材料，可以提

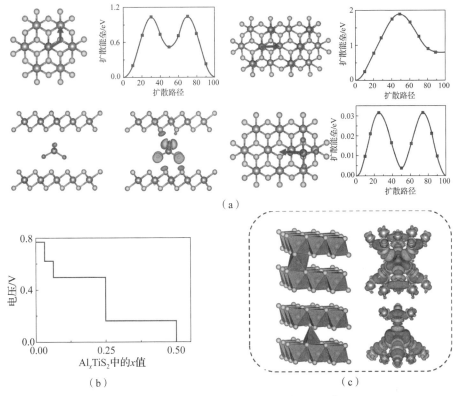

图 7.11　层状 TiS$_2$ 的电化学性能（书后附彩插）

（a）Al 和 AlCl$_4^-$ 的扩散途径和相应的能量分布在 Al$_{1/2}$TiS$_2$ 中（S、Ti、Al 和 Cl 原子分别以黄色、蓝色、橙色和绿色描绘。电荷积累区域以黄色显示，而减少区域以蓝色显示）；（b）Al 嵌入的电压值；（c）TiS$_2$ 的晶体结构和相应的电荷密度差图，Al 位于八面体位点和四面体位点

供 ~ 2 V 的工作电压，而一般的氧化物和硫化物的工作电压都在 ~ 1 V 左右，并且碳材料的储 Al 机理是 AlCl$_4^-$ 的嵌入并非 Al 离子。Michael L. Agiorgousis 等通过第一性原理计算研究各种多价离子的在石墨烯上的吸附能，如表 7.5 所示，计算结果证实，Al、Mg、Na 在单层石墨烯上的吸附是不利的，这也解释了 Al 不容易作为载流子吸附在未处理的碳材料上。在对 AlCl$_4^-$ 的吸附的研究中，Michael L. Agiorgousis 等证明 AlCl$_4^-$ 嵌入机制在热力学上是可行的。分子动力学的研究将离子液体电解质纳入整个氧化还原反应中，并能够观察到高压特性，这也与实验的高电压吻合。不仅如此，电解质也在反应中积极参与，因此能量密度的评估需要考虑电解质的贡献。Michael L. Agiorgousis 等提出了一种结构模型如图 7.12（a）和（b）所示，显示了 AlCl$_4^-$ 的隔层插入机理。碳材料中的 AlCl$_4^-$ 具有较低的扩散能垒，在低浓度下扩散势垒只有 21 ~ 28 meV，如

图 7.12（g）和（h）所示，因此具有高倍率的充放电特性，这也与实验吻合。与此同时，Preeti Bhauriyal 等研究了 $AlCl_4^-$ 在石墨中的嵌入机理，如图 7.12（c）~（f）所示，构建了 4 种嵌入模型，分别命名为 stage-1、、stage-2、stage-3 和 stage-4。通过对石墨的层间距进行研究，发现 $AlCl_4^-$ 嵌入层之间的石墨层间距为 8.26~8.76 Å，这使得 $AlCl_4^-$ 在膨胀石墨主体层中的扩散速度非常快，扩散势垒为 0.01 eV，并且能够提供 2.01~2.3 V 的平均电压和 69.62 mA·h·g^{-1}（stage-1）的比容量。随着 $AlCl_4^-$ 浓度升高，层间距扩大使阴离子的嵌入变得容易很多。在 $AlCl_4^-$ 最初嵌入时，因为原始石墨的层间距为 3.34 Å 小于 $AlCl_4^-$ 的标准尺寸（5.28 Å），因此，原始的石墨是不太适于用作电池正极的，石墨需要通过超声方法增大层间距。因为阴离子的体积比较大，所以最初的嵌入是从 stage-4 开始，吸附能的数据也验证了这一观点。Gao 等进一步针对石墨层间距对 $AlCl_4^-$ 的作用进行了理论研究，如图 7.12（i）所示，该研究小组认为，载流子更喜欢位于层间距高度为 8.81 Å 的石墨中，并处于单层的四面体几何形状，这与实验的 XRD 模式一致。石墨的 AB 堆叠在阴离子嵌入后保留。stage-4 GIC 是有利于嵌入的，与实验发现一致。由于阴离子的体积庞大，$AlCl_4^-$ 倾向在相对较高的密度（3×3 和 2×2）下插入，与 Al^{3+}/Al 相比，平均电位为 2.06 V。

表 7.5　计算的二维石墨烯材料吸附金属离子的电压和层间距离（M 指的是金属离子）

金属离子	MC$_6$		MC$_8$		实验值
	电压/V	层间距/Å	电压/V	层间距/Å	层间距/Å
Li	0.08	3.67	0.05	3.68	3.71
Na	-0.27	4.41	-0.22	4.49	—
K	0.12	5.26	0.20	5.28	5.35
Mg	-0.58	6.39	-0.69	6.78	—
Ca	0.13	4.51	0.07	4.38	4.52
Al	0.75	5.86	-0.86	5.57	—

虽然，在碳材料的应用中，阴离子的嵌入使铝二次电池能够得到比较高的电压，但是为了进一步提高材料性能，以满足生活的需要，科学工作者考虑以修饰和处理的碳材料作为铝二次电池的正极材料。Preeti Bhauriya 等通过研究 hBN 和石墨烯复合，形成异质结结构，将这种复合材料用在正极材料上，研究结果表

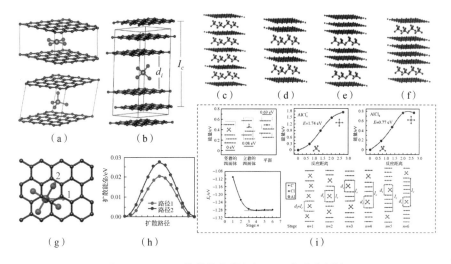

图 7.12　AlCl₄⁻ 的结构和嵌入机理（书后附彩插）

（a）、（b）不同构型的 AlCl₄⁻ 的结构图；（c）、（d）、（e）、（f）stage－1、stage－2、stage－3、

stage－4 4 种不同的 AlCl₄⁻ 嵌入石墨烯的机理；（g）、（h）AlCl₄⁻ 的扩散路径和能垒图；

（i）AlCl₄⁻ 在具体嵌入硬碳中的反应过程

明，复合的异质结构 $C_9/(hBN)_{4.5}$ 具有 6 个放电平台，在 1.46 ~ 2.43 V 之间，在 1.99 V 的平均电压下具有 248 mA·h·g⁻¹ 的理论容量，并且 AlCl₄⁻ 的扩散势垒只有 20 meV。除此之外，杂原子掺杂也是提高材料性能的方法之一，这在锂离子电池中有很好的应用。Muhammad Hilmy Alfaruqi 等研究了 N 掺杂的 1D－碳纳米管、2D－C_3N 双层和 3D－C_3N 本体作为铝二次电池正极材料的性能，结果表明 N 的掺杂不能改变 Al^{3+} 不利于被吸附的客观事实，AlCl₄⁻ 是 N 掺杂碳材料的主要活性离子，N 的掺杂可以提高 AlCl₄⁻ 和正极材料的结合力，但是不利于电压的提高。这也从反面证明，碳材料的高电压来自 AlCl₄⁻ 亚稳态的吸附作用。那么，有没有可能改变不同碳材料的结构形貌从而提高碳材料的性能呢？Preeti Bhauriyal 等研究了一维单壁碳纳米管作为正极材料，发现 AlCl₄⁻ 更容易吸附在纳米管的内侧而不是外侧，在内径达到（25，25）时容量可达 275 mA·h·g⁻¹，同样也具有快速的离子扩散性能。在制备碳材料时，Yuxiang Hu 等的计算发现边缘的石墨烯结构（2.45 eV）与 AlCl₄⁻ 结合具有比非边缘石墨烯结构（2.21 eV）更大的强度。此外，AlCl₄⁻ 在石墨烯双层中的结合能为 3.14 eV（无边缘结构石墨烯）、1.66 eV（边缘石墨烯的中心位置）和 1.17 eV（边缘石墨烯）（图 7.13）。因此，建议首选富含边缘的石墨烯结构储存 AlCl₄⁻。

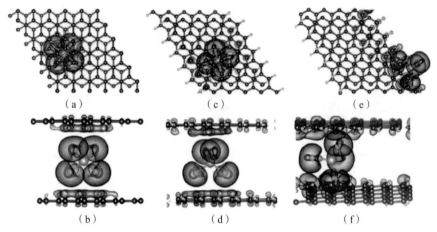

图 7.13 AlCl$_4^-$ 嵌入双层石墨烯的差分电荷图

（a）、（b）AlCl$_4^-$ 嵌入双层石墨烯的无边缘结构石墨烯；

（c）、（d）边缘石墨烯的中心位置；（e）、（f）边缘石墨烯的结构图和差分电荷图

在碳材料的调节策略上，Li 等合理设计了一种具有理想内置界面的梯度异质界面的 MOFs 衍生的多孔碳材料，可以增强电荷扩散和转移动力学。该研究小组提出在 MOFs 衍生的多孔碳中实现精确调谐梯度杂原子 N 和 P 的有效策略，该策略是基于 Zr – MOFs（UiO – 66 和 NH$_2$ – UiO – 66）和 MPP 为前驱体，精确调整 N 和 P 掺杂碳。DFT 计算发现，一定梯度的 N 和 P 掺杂可以改变 MOFs 衍生碳的电子结构，并导致电荷再分布，从而在 C@N – C@N，P – C 级异质界面诱导分级能级和内置电场，等级结构可有利于电子和 AlCl$_4^-$ 的扩散、转移和插层动力学的极大增强，从而促进界面电荷转移并加速反应动力学。

7.2.4 其他材料

除了常见的氧化物、硫化物和碳材料之外，多价离子电池也有以普鲁士蓝、有机材料、COF 基功能材料等作为正极材料。例如以普鲁士蓝类似物、六氰基铁酸铜（KCu[Fe(CN)$_6$]·8H$_2$O，简称 CuHCF）作为铝二次电池的阴极，并进行了实验研究，已有实验证明 CuHCF 可以插入二价离子。该结构是可以嵌入离子（127 Å^3，ICSD #252538）的超大立方体笼的堆叠，能够形成一个广阔的框架。对于大多数离子来说，这个体积太大了，Al 宁愿黏在笼子的边缘。然而，笼子内残留的沸石水屏蔽了高价离子的电荷，从而促进了 Al 离子的嵌入。当与有机电解质 CuHCF 循环时，研究者推测 Al/二碱复合物嵌入立方空位。此行为与石墨阴极类似，采用额外的小离子或分子来削弱与主体结构的相互作用从而实现离子嵌入，但也会因此导致能量密度降低。还有，硼烯、磷烯、g – Mg$_3$N$_2$ 等二

维材料在多价电池体系中也有很好的性能，相关的理论研究也在不断增加，但是由于合成条件极度苛刻和合成工艺复杂，一直不能在实验中实现。

使用富含石油和低成本的有机电池电极材料（Organic electrode materials，OEMs）和金属（如 Mg、Al 和 Ca）作为电极材料的金属有机电池（metal‐organic batteries，MOBs）代表了未来储能的一种选择。从 1984 年的导电聚合物开始，包括有机硫化合物、羰基化合物和其他新兴有机材料在内的 OEMs 在过去 30 年中一直被用作 MOBs 的正极材料。然而，由于电导率和离子电导率差，在电解质中溶解、工作电位低、放电容量小，OEMs 的实际应用受到阻碍。为此，已经开发了许多策略，通过 OEMs 的结构工程、聚合、掺杂和无定形化来提高其在 MOBs 中的性能。已经使用的策略被证明可以显著提高 MOBs 中 OEMs 的性能。尽管研究取得了许多进展，但 MOBs 的发展仍处于起步阶段。

7.3　钾离子电池中的理论研究

钾离子电池（PIBs）被认为是用于大型储能系统的 LIB 和 SIB 的有前途的替代品。这主要归因于 K 的标准氧化还原电位（-2.936 V $vs.$ SHE）低于 Na（-2.714 V $vs.$ SHE），并且与 Li（-3.040 V $vs.$ SHE）相似。因此，PIBs 的工作电压高于 LIB 和 SIB 的工作电压，这应该有助于 PIBs 的高能量密度。此外，因为 K 和 Na（分别为 2.09 wt% 和 2.3 wt%）在地壳中比 Li（0.001 7 wt%）更丰富，PIBs 符合未来可持续大规模储能系统的发展要求。过渡金属氧化物除了用于 LIB 和 SIB 外，还具有高理论容量、良好的结构稳定性、低成本和环保性，是用于 PIBs 的良好电极材料。通常，K_xTMO_2 化合物（TM = Mn、Fe、Co、Ni）根据 K^+ 位点的位置存在 P 型相或 O 型相。

然而，K^+（1.38 Å）的半径大于 Li^+（0.76 Å）的半径，K^+ 的输运动力学较差，导致 PIBs 的功率密度低于 LIB 的功率密度。此外，正极材料通常在 K^+ 插层和去隔热时发生多晶型变化，并与电解质发生严重的副反应，这进一步导致容量损失并影响循环稳定性。相反，在充放电过程中，K_xTMO_2 的 P 型相和 O 型相之间的可逆多态性变化提供了高比容量，并为电池提供了良好的循环稳定性。因此，研究 P2 型和 P3 型过渡金属氧化物作为 PIBs 阴极材料并揭示氧化物通过相转变提高电池电化学性能的潜力非常重要。

图 7.14 显示了目前用于钾离子电池的正极材料、负极材料、电解质材料。DFT 计算也用于研究石墨中 K 嵌入/脱出机理。计算结果表明，由于 KC_8

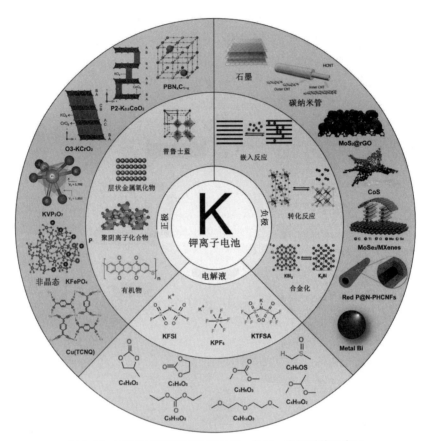

图 7.14　可用于钾离子电池的正极、负极、电解质的示意图

（$-27.5\ \mathrm{kJ\cdot mol^{-1}}$）的生成焓低于 $\mathrm{LiC_6}$（$-16.5\ \mathrm{kJ\cdot mol^{-1}}$），因此 $\mathrm{K^+}$ 比 $\mathrm{Li^+}$ 更容易插入石墨层。此外，计算得到 $\mathrm{KC_8}$ 的扩散系数（$2.0\times10^{-10}\ \mathrm{m^2\cdot s^{-1}}$）也比 $\mathrm{LiC_6}$ 的扩散系数（$1.5\times10^{-15}\ \mathrm{m^2\cdot s^{-1}}$）大得多，表明其具有更有利的动力学过程。石墨碳材料的理论比容量为 $279\ \mathrm{mA\cdot h\cdot g^{-1}}$。在双层石墨的吸附中，进一步的 DFT 计算表明，吡咯 N 和 S 位在扩大石墨烯层间距和降低 K 离子的能量吸附方面更有效（图 7.15）。通过 DFT 计算发现，与大多数生物源碳一样，$\mathrm{K^+}$ 的储存机制被电容吸附过程所主导。N 和 O 共掺杂硬碳纳米带中丰富的活性位点增强了其电容吸附机理。DFT 计算还表明，吡咯氮和吡啶氮能促进缺陷位点的生成，并比四元氮位点具有更高的 K 离子存储容量。因此，与在更高温度下制备的纳米纤维相比，在 650 ℃ 制备的 N 掺杂碳纳米纤维在 $25\ \mathrm{mA\cdot g^{-1}}$ 时具有最高的可逆比容量（$248\ \mathrm{mA\cdot h\cdot g^{-1}}$）和速率性能（在 $20\ \mathrm{A\cdot g^{-1}}$ 时为 $101\ \mathrm{mA\cdot h\cdot g^{-1}}$）。DFT 计算表明，S/O 共掺杂降低了 $\mathrm{K^+}$ 在硬碳上的吸附能，

从而减缓了电化学反应，降低了容量。共掺杂还减少了钾/脱钾过程中的结构变形，从而提高了稳定性。Ruding Zhang 等开发了碳涂层 KTiOPO$_4$ 与开放框架的 PIBs。使用 C@ KTiOPO$_4$ 制作的电极在 5 mA·g^{-1} 时可实现 102 mA·h·g^{-1} 的可逆容量，且使用寿命长，200 次循环后的容量保持率达 77%。原位 XRD、XPS 和 DFT 计算结果表明，该材料具有双相固溶反应机理，晶格体积变化较小（9.5%），电化学性能增强。Wang 等研究了中间相，用 DFT 法对锑阳极的钾化过程进行了研究计算，结合 CV 测量，揭示了从 Sb 到 KSb$_2$、KSb、K$_5$Sb$_4$，最后到 K$_3$Sb 的相变过程，随着电势的增加，显示出较高的理论容量（660 mA·h·g^{-1}）。

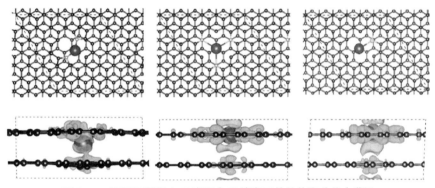

图 7.15　双层石墨烯上 K 离子在 N 掺杂下的结构和差分电荷图

理论研究在 PIBs 中有着不可替代的作用，首先 DFT 计算支持电极性能的改善。由于开发全新的活性材料是困难的，因此优化现有材料的组成似乎更实际。以 N、S、O、P、F 和 B 为代表的负极材料的杂原子掺杂在 LIB 和 SIB 阳极上的研究已经取得了巨大的成功，但在 PIBs 上的研究还不够。杂化原子掺杂位点附近形成的缺陷或空位迫使电子重新排列，改变电子结构或杂化态。这种电子重分布对提高反应动力学和电极导电性有显著影响。氮掺杂碳质材料，尤其是吡啶氮，可以增强氮掺杂位点周围的 K - C 吸附键。一些报道将氮掺杂与提高所有碱性电池的初始可逆容量联系起来。密度泛函理论计算表明，掺杂 P、S、F 和 B 原子的碳材料改善了电子转移，增大了层间距离，从而稳定了结构，提高了理论容量。然而，目前还没有实验数据证明这一点。所谓共掺杂（多元素掺杂）是指通过各种掺杂剂的协同作用来提高电极性能。例如，与 N 和 O 共掺杂的硬碳材料可以同时提高容量和循环性能。对 N/S 掺杂、N/P 掺杂、S/O 掺杂、P/B 掺杂等多种组合的多元素掺杂电极进行 DFT 计算，进一步实验研究 N/P/S 掺杂的碳是下一步值得研究的课题。

同样，用不同价态的阳离子或阴离子部分的诱导缺陷替换阴极材料晶格中的阳离子，也可以提高阴极的导电性和对 K⁺ 的反应性。虽然类似的方法已经成功地应用于锂离子电池和钠离子电池的正极，但很少有关于 PIBs 的实验或理论研究。可以通过材料模拟技术确定掺杂阳离子的类型和水平来优化阴极材料。当负离子位置引入一定程度的缺陷时，理论研究还可以帮助预测材料的性能。未来还应对具有多个正离子或正离子和负离子共掺杂的正极材料进行理论研究，以从掺杂剂之间的协同作用中获益。

其次，理论研究可以深入理解电化学反应机理。在研究过程中，非常有必要用更多的理论和实验研究来深入了解电化学反应机理和两个电极在充放电过程中的变化。在两个电极上的钾化过程中，形成了几个中间相，中间相的性质与原料不同。材料模拟可以帮助确定中间相的性质，如材料的电导率和在电解质中的溶解度，提高电极的稳定性，并关注 SEI 层的形成机制。通过 ALD、CVD 或类似技术设计出一种稳定的 SEI，无疑将有助于防止电极/电解质界面上发生不必要的反应，防止严重的电解质分解，提高电极的整体稳定性。在不久的将来，先进的原位光谱表征技术（如低温电子显微镜、HRTEM、STEM、拉曼光谱和傅里叶变换红外显微镜）和 DFT 计算可以帮助理解 K 离子通过 SEI 的传输，获得更多关于副反应和 SEI 形成过程的细节。DFT 计算可以帮助更深入地了解电解质中负离子和阳离子的关系以及离子与碱溶剂的相互作用。钾离子在不同电解质中的输运机理和动力学也值得进一步研究。

|7.4 金属 – 空气电池体系的理论研究|

金属 – 空气电池是以轻质金属作为阳极活性物质的一类绿色能源技术，因其以空气作为阴极活性物质，理论上可源源不断地提供能量，具有容量大、能量密度高、放电平稳、成本低等优点，目前已引起该领域广大科研工作者的极大兴趣，有望在新能源汽车、便携式设备、固定式发电装置等领域获得应用。金属 – 空气电池容量主要由阳极金属决定，是锂离子电池容量的几倍；金属 – 空气电池比氢燃料电池结构更加简单、原料丰富易得且成本更低；金属 – 空气电池还能实现电能转化为化学能，这样金属 – 空气电池可同时拥有蓄电池和燃料电池的优点，从而获得更广泛的应用领域。

金属 – 空气电池以活性金属等燃料为阳极，以碱性或中性盐等水相或有机相为电解质，以空气扩散电极为阴极。以水相电解质为例，其反应方程式如下：

阴极反应：
$$O_2 + 2H_2O + 4e^- = 4OH^-$$
(7.11)

阳极反应：
$$M = M^{n+} + ne^-$$
(7.12)

总反应：
$$4M + nO_2 + 2nH_2O = 4M(OH)_n$$
(7.13)

其中，M 为金属；n 为电子价态。金属－空气电池阴极为空气扩散电极，包括催化剂层、扩散层和集流网等部分。空气中的氧气进入扩散层后在活性层被还原，而电子则通过集流网导出。扩散层由炭黑和高分子材料组成透气疏水薄膜，既能保证气体扩散效果，又能防止电解质溶液泄漏。活性层则由炭黑、高分子材料及催化剂组成，其中催化剂具有还原氧气的性能。

但是，目前金属－空气电池仍有各种各样的挑战，主要存在的问题有以下几个方面。

（1）电解质存在水分蒸发和吸潮的问题。例如可充电金属－空气电池在放电时，空气中的氧气会通过防水透气层进入电池内部，电池不能完全密封。因此，易出现水分蒸发或吸潮等问题，改变电解液的浓度和纯度，严重影响电池的性能。

（2）金属离子的枝晶生长问题。金属负极在充电期间形成枝状的晶体，其被称为枝晶。根据研究结果，金属电极的反应过程主要受液相转移过程控制，反应物质在金属电极表面附近浓度较低，形成较大的浓差极化。然后，电解质溶液中的反应活性物质扩散到电极表面的凸起部分，容易发生反应，电极上的电流分布变得不均匀，最终形成枝化晶体。金属枝晶生长过长以后，电池隔膜被击穿，电池短路失效。

（3）电解液失效问题。

（4）空气电极催化剂活性以及成本问题。电化学氧反应的动力学相当缓慢。由于金属－空气电池需要催化剂具有双功能，因此需要将氧还原反应（oxygen reduction reaction，ORR）和氧析出反应（oxygen evolution reaction，OER）性能提高到在金属－空气电池中实际使用的水平。铂对 ORR 表现出优异的活性，但由于形成了具有低电导率的稳定氧化物层，因此对 OER 表现出较差的性能，尽管贵金属氧化物如钌氧化物和铱氧化物是出色的 OER 催化剂，但其对 ORR 的活性较低。现有的贵金属基催化剂的耐久性对于可再充电的金属－空气电池而言并不令人满意，而且贵金属成本高昂。为了在同一空气电极上实现 ORR 和 OER 双重催化作用，需要在金属－空气电池中广泛开发不包含贵金属的双功能催化剂。寻找稳定的催化剂材料而不牺牲双功能催化效率仍然是一个挑战，这主要是由于在放电和充电过程中 ORR/OER 电位的范围很广。

（5）催化剂的大规模制备。虽然在催化剂开发方面，学者已经做了大量的研究，也开发出了许多性能优异的催化剂，但催化剂的大量工业化制备仍然是一个需要解决的难题，这也是限制金属－空气电池商业化应用的一个重要的原因。

目前，通过第一性原理计算研究了大量的氧析出反应和氧还原反应过程中，各种材料的催化活性，希望研发廉价材料代替目前使用的高额贵金属材料[钌（Ru）、铂（Pt）、铱（Yr）、氧化钌（RuO_2）等]，从而为后续的大规模量产提供必要的技术支撑。

7.4.1 ORR 和 OER 电催化计算方法

ORR 和 OER 既可以在酸性条件下进行也可以在碱性条件下进行，本小节将简介酸性和碱性条件下的电催化计算方法。这套方法是由 Nørskov 等开发，通过计算每一步反应的吉布斯自由能，从而根据吉布斯自由能求得反应过电势来评估催化性能的方法。研究者已经利用这套方法预测和设计了许多新型催化剂，包括 ORR 和 OER、析氢反应和氮气的还原反应等。

在酸性条件下，OER 过程可以通过以下四电子反应路径进行：

$$H_2O(l) + * \rightarrow OH^* + (H^+ + e^-) \tag{7.14}$$

$$OH^* \rightarrow O^* + (H^+ + e^-) \tag{7.15}$$

$$O^* + H_2O(l) \rightarrow OOH^* + (H^+ + e^-) \tag{7.16}$$

$$OOH^* \rightarrow O_2(g) + * + (H^+ + e^-) \tag{7.17}$$

其中，$*$ 代表催化剂表面的吸附位点；（g）和（l）分别表示气相和液相；OH^*、O^* 和 OOH^* 表示中间反应的吸附态。ORR 是 OER 的逆过程。

OER 中的过电势 η^{OER} 可以通过计算每一步反应的吉布斯自由能来获得：

$$G^{OER} = \max\{\Delta G_1, \Delta G_2, \Delta G_3, \Delta G_4\} \tag{7.18}$$

$$\eta^{OER} = \frac{G^{OER}}{e} - 1.23 \text{ V} \tag{7.19}$$

ORR 中的过电势 η^{ORR} 可以通过式（7.20）、式（7.21）获得：

$$G^{ORR} = \min\{\Delta G_1, \Delta G_2, \Delta G_3, \Delta G_4\} \tag{7.20}$$

$$\eta^{ORR} = 1.23 \text{ V} - \frac{G^{ORR}}{e} \tag{7.21}$$

其中，ΔG_1、ΔG_2、ΔG_3 和 ΔG_4 分别为式（7.14）~ 式（7.17）中电极电势 $U=0$ 时每一步反应的吉布斯自由能；G^{OER} 和 G^{ORR} 分别为 OER 和 ORR 中最大的吉布斯自由能；1.23 V 为标准环境下以及 pH=0 的酸性条件下的平衡电势。

在碱性条件下，同样四电子的 OER 路径为

$$OH^- + * \rightarrow OH^* + e^- \tag{7.22}$$

$$OH^- + OH^* \rightarrow O^* + H_2O(l) + e^- \tag{7.23}$$

$$OH^- + O^* \rightarrow OOH^* + e^- \tag{7.24}$$

$$OH^- + OOH^* \rightarrow * + O_2(g) + H_2O(l) + e^- \tag{7.25}$$

ORR 是式（7.22）~ 式（7.25）的逆反应过程。碱性条件下电极电势 $U = 0$ 的 OER 和 ORR 过电势同样也是通过计算每一步反应的吉布斯自由能来获得，但是略有不同，OER 过电势 η^{OER} 的计算公式如下：

$$G^{OER} = \max\{\Delta G_1, \Delta G_2, \Delta G_3, \Delta G_4\} \tag{7.26}$$

$$\eta^{OER} = \frac{G^{OER}}{e} - 0.402 \text{ V} \tag{7.27}$$

ORR 中的过电势 η^{ORR} 可以通过以下公式获得：

$$G^{ORR} = \min\{\Delta G_1, \Delta G_2, \Delta G_3, \Delta G_4\} \tag{7.28}$$

$$\eta^{ORR} = 0.402 \text{ V} - \frac{G^{ORR}}{e} \tag{7.29}$$

其中，ΔG_1、ΔG_2、ΔG_3 和 ΔG_4 分别为式（7.22）~ 式（7.25）电极电势 $U = 0$ 时每一步反应的吉布斯自由能；0.402 V 为标准环境下 pH = 14 的碱性条件下的平衡电势。

每一步反应的吉布斯自由能定义为

$$\Delta G = \Delta E + \Delta ZPE - T\Delta S + \Delta G_U + \Delta G_{pH} \tag{7.30}$$

其中，ΔE 为每一步初态和末态之间的反应能，可以通过 DFT 计算的总能来获得；ΔZPE 为零点能修正；ΔS 为在 300 K 时的振动熵修正；ΔG_U 等于 $-eU$，U 是电极电势；酸性条件下，ΔG_{pH} 表示 H^+ 的自由能修正。溶液中 $H^+ + e^-$ 的自由能估算为 H_2 分子能量的一半。碱性条件下，$\Delta G_{pH} = k_B T \ln(10 \times pH)$ 是 OH^- 自由能修正，k_B 是玻尔兹曼常数，pH 在碱性环境下定为 14。在 0.035 bar 的大气压下，气态的水和液态的水在 300 K 时处于平衡状态。因此，以 0.035 bar 时气态 H_2O 分子的自由能作为水的参考态。O_2 分子的自由能从 $O_2 + 2H_2 \rightarrow 2H_2O$ 反应中推导得出，这个反应在 300 K 和 0.035 bar 下的反应能为 4.92 eV。所有气相分子的熵和振动频率都摘自 NIST（National Institute of Standards and Technology）数据库。吸附中间态的熵和零点能从 DFT 计算的振动频率中获得。

另外，吸附中间态和催化表面的结合能定义为

$$\Delta E_{OH^*} = E(OH^*) - E(*) - \left[E(H_2O) - \frac{1}{2}E(H_2)\right] \tag{7.31}$$

$$\Delta E_{O^*} = E(O^*) - E(*) - [E(H_2O) - E(H_2)] \tag{7.32}$$

$$\Delta E_{OOH^*} = E(OOH^*) - E(*) - \left[2E(H_2O) - \frac{3}{2}E(H_2)\right] \tag{7.33}$$

其中，$E(*)$、$E(OH^*)$、$E(O^*)$ 和 $E(OOH^*)$ 分别为催化剂表面、吸附 OH^*、O^* 和 OOH^* 的催化剂表面能量；$E(H_2O)$ 和 $E(H_2)$ 分别为气相的 H_2O 和

H_2 的能量。另外，在结合能中也加入了零点能和熵的修正：

$$\Delta G_b = \Delta E_b + \Delta ZPE - T\Delta S \tag{7.34}$$

7.4.2　金属－空气电池中的理论计算

金属－空气电池具有很高的理论能量密度，表 7.6 列出了最近几年被广泛研究的几种金属－空气电池能量密度。从能量密度看，金属－空气电池无疑是下一代高能量密度电池研发的重点领域。针对金属－空气体系存在的问题，如金属枝晶问题、催化反应慢、材料贵等问题，有不同的理论研究方案。

表 7.6　被广泛研究的几种金属－空气电池能量密度

阳极金属	理论开路电压/V	理论质量能量密度 /(W·h·kg⁻¹)（含氧气）	理论质量能量密度 /(W·h·kg⁻¹)（不含氧气）
Li	3.4	5 200	11 140
Na	2.3	1 677	2 260
Ca	3.1	2 990	4 180
Mg	3.1	2 789	6 462
Al	2.7	4 300	8 100
Zn	1.3	1 090	1 350

关于枝晶问题，陈瑞、许庆彦、柳百成等利用 Cellular Automaton 法模型对合金枝晶进行模拟，得出不同温度、浓度等实验参数下多组分合金的微观凝固组织，与同等实验条件下所得出的结果近乎一致。龙文元等在非等温凝固的情况下，以二元组分合金作为实验材料，针对等轴晶存在的演变和干扰情况，对二次枝晶臂的影响进行模拟，结果显示，加入扰动对二次枝晶臂生长会有一定促进作用，但是却不一定对枝晶在稳态条件下的生长产生作用；系统中浓度梯度和温度梯度数值较大主要发生在枝晶的顶端区域。楚硕、郭春文等通过定量相场模型，对定向凝固过程中浓度的扩散系数对枝晶生长的影响进行了模拟。其通过在液相溶质扩散方程中添加浓度扩散系数，结合定量相场模型系统研究了可变扩散系数对枝晶的溶质场和枝晶生长行为所造成的影响（图 7.16）。研究结果显示，随着液相中溶质扩散系数对溶质浓度依赖性的提高，枝晶间的溶质扩散对枝晶尖端排出的溶质原子横向扩散的抑制作用也增强，进一步造成枝晶尖端固－液界面处的溶质聚集程度升高。相对确定一次间距的枝晶来看，侧向分枝的振幅会慢慢降低。浓度相关的扩散系数对枝晶的尖端半径影响不大，

其模拟结果与理论模型计算一致。对于枝晶列，这种扩散效应会造成枝晶淹没淘汰更加频繁，稳态枝晶列的一次间距、尖端过冷度也会随之增加。

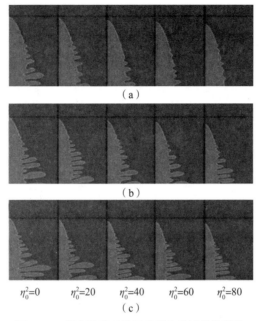

（a）

（b）

$\eta_0^2=0$　$\eta_0^2=20$　$\eta_0^2=40$　$\eta_0^2=60$　$\eta_0^2=80$

（c）

图 7.16　耦合强度对枝晶尖端生长形貌的影响

（a）$v=20~\mu m/s$；（b）$v=32~\mu m/s$；

（c）$v=50~\mu m/s$（v 为抽拉速度，η_0 为耦合强度因子）

关于表面催化，Chen. R. R 等报道了酞菁铁和酞菁铜催化剂在铝空气电池中的应用，在 0.1 M 的 NaOH 溶液中酞菁铁催化剂的氧还原反应起始电位为 0.05 V（$vs.$ Hg/HgO），通过密度泛函理论计算研究了 O_2、H_2O、OH^-、$HOOH^-$ 和 H_2OO 分子在 FePc 和 CoPc 上的吸附情况，最终得到以下结论：①氧气的吸附能垒越低，氧还原反应速度越快；②反应机理是 $2e^-$ 还是 $4e^-$ 主要决定于过氧化氢的吸附模型；③OH^- 吸附在催化剂上被认为是影响催化剂稳定性的重要原因。

7.5　金属硫电池体系的理论研究

本书第 6 章对金属硫电池做了详细的介绍，这里不再赘述。总之，金属硫电池体系也是为了替代锂离子电池体系而开发的一种新型电化学储能器件。因为硫元素有众多的化合物，所以金属硫电池体系具有较高的能量密度，这成为其替代锂离子电池体系的一个重要原因。本节简单介绍第一性原理计算下的金属硫电池的一些进展，为科研人员提供参考。

1. 钾硫电池中的理论研究

密度泛函理论计算了 $S_2 \sim S_8$ 各种硫元素的化合物结构，如图 6.12（b）所示，其中长链多硫化物是 $S_5 \sim S_8$，短链多硫化物是 $S_2 \sim S_4$，末端硫化物为 $S \sim S_2$。DFT 研究显示 K_2S 具有最低的形成能，是最多的热力学稳定的相。K_2S_2 具有更高的形成能，少于 K_2S_3 和 K_2S，是一种热力学上较少的能量稳定结构。因此，K_2S_2 相倾向于不成比例地形成更稳定的 K_2S_3 相和 K_2S 相。进一步的 DFT 研究发现，在低一个数量级的电流密度条件下，相对于 Li 金属原子的表面，K 原子具有更大的迁移率和更低的能垒（图 7.17），从而使 K 枝晶能够得到抑制。

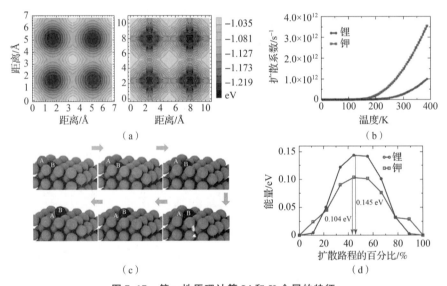

图 7.17　第一性原理计算 Li 和 K 金属的特征

（a）Li 对 Li（001）面（左）和 K 对 K（001）面（右）的吸附能图；

（b）沿最小能量路径（MEP）的原子构型的扩散路径图；

（c）计算 Li 和 K 的扩散速率常数随温度的变化图；

（d）通过 MEP 方法计算出 Li 和 K 通过交换机制扩散的活化能势垒

2. 镁硫电池中的理论研究

Tuerxun 等通过实验和计算研究 Mg 阳极的偏振行为，将 Mg 在简单盐电解质（即溶解在溶剂中的商业 Mg 盐）中的可逆沉积归因于 Mg 离子和溶剂分子之间结构的配位。根据 DFT 计算，与不配位的溶剂分子相比，溶剂分子与 Mg^{2+} 的配位降低了其最低未占分子轨道能级。当 LUMO 能量降低到低于 Mg^{2+} 的还原电位时，这些配位阴离子将优先还原释放 F^- 和 O^{2-}，进一步与 Mg^{2+} 反应，在 Mg 阳极上形成钝化层。

3. 铝硫电池中的理论研究

Yu 等通过实验和计算结合的方式研究了 Li 离子在铝硫电池中的作用，发现 Li 离子可以在电化学反应过程中通过对多硫化铝的再活化过程实现快速的反应动力学和高的容量。其中密度泛函理论证明了在正极反应结束后存在 Li_3AlS_3 类似物。

|7.6　电解质|

实验上从未停止开发新的电解液。在铝二次电池中，例如，王华丽等为了替代铝二次电池中的咪唑盐电解液，开发出一种非腐蚀性和水稳定的离子液体，其由 [BMIM] OTF 与相应的铝盐构成。研究的 $Al(OTF)_3$ 这种电解质具有高氧化电压 （3.25 V *vs.* Al^{3+}/Al） 和高离子电导率，并实现了良好的电化学性能。与此同时，该研究小组提出了一种新策略，首先使用腐蚀性 $AlCl_3$ 基电解质在 Al 阳极上为 Al^{3+} 构建合适的通道，然后使用非腐蚀性 Al （OTF）₃ 基电解质，从而获得稳定的 Al/电解质界面。即使这样，理论对电解质的研究却不多，更多停留在电解质中离子的溶剂化结构模拟上，而电解质和电极界面的研究只有很少的一部分，希望这部分可以得到研究者的注意，以便为更好的电池性能提供可靠的参考。

|7.7　总结与展望|

计算材料学已经逐渐深入应用到材料领域的各个方面。在电池研究中，因为理论计算能够准确预测晶体结构的原子结构、电子结构和扩散动力学，所以其逐渐成为科研工作者成果支持的一个重要证据。特别地，理论研究能够深入解释电池的反应机理，比如铝二次电池中阴离子的多层嵌入问题，解释铝电池中 Al^{3+} 不能嵌入碳材料的问题等。随着计算科学和机器学习的发展，相信以后的计算材料学都能够很大程度地代替现有的实验过程，在充分给予一定基础数据支撑的情况下，准确进行材料的设计，加快研发进程。

新电池体系在研究者的不懈努力下，已经有了长足的进步，如锌离子电池的能量密度已经可以和锂离子电池媲美，铝二次电池从之前的不能嵌铝到现在有水系和有机系两种不同的实验方案，这些实验上的进步都离不开科研工作者的不懈努力。但是目前新电池体系也存在很多基础问题亟待解决。比如，多价离子电池的电压问题、金属－空气电池的枝晶问题、金属－空气电池催化剂的成本和效率问题以及铝二次电池的缓慢动力学问题等。这些问题都值得研究工作者积极面对，以尽快有所突破，将新体系的发展推向一个更高的高度。

新电池体系不成熟，导致很多问题，但是新电池体系具有能量密度高、发展潜力巨大的特点，比如以铝为载流子的电池系统，不管是二次电池还是空气电池，都有着巨大的潜力来替换目前的锂离子电池系统。如果进一步考虑到锂资源的紧张和成本的暴涨，铝资源的丰度和价格可以让人们看到一个相对稳定、可靠的电源设备。除此之外，镁离子电池、锌离子电池、镁－空气电池和锌－空气电池都是很好的补充方案，能够丰富能源设备、降低安全风险，以满足各种各样的设备需求。

随着量子计算的发展以及计算资源的丰富，计算模拟也会用不断改进的计算模型，充分合理地解释和解决实验中遇到的问题和现象，通过增大模型量、丰富模拟场景，从而更好地缩小实验和理论之间的偏差，为进一步的材料设计提供可靠的技术支持。

参 考 文 献

[1] MALIK R, ZHOU F, CEDER G. Kinetics of non－equilibrium lithium incorporation in LiFePO$_4$ [J]. Nature materials, 2011, 10 (8): 587－590.

[2] KOHN W, SHAM L J. Self－consistent equations including exchange and correlation effects [J]. Physical review, 1965, 140 (4A): A1133－A1138.

[3] HENKELMAN G, UBERUAGA B P, JÓNSSON H. A climbing image nudged elastic band method for finding saddle points and minimum energy paths [J]. The journal of chemical physics, 2000, 113 (22): 9901－9904.

[4] HENKELMAN G, JÓNSSON H. Improved tangent estimate in the nudged elastic band method for finding minimum energy paths and saddle points [J]. The

journal of chemical physics, 2000, 113 (22): 9978 – 9985.

[5] HESS B, KUTZNER C, VAN DER DAVID S, et al. GROMACS 4: algorithms for Highly efficient, load – balanced, and scalable molecular simulation [J]. Journal of chemical theory & computation, 2008, 4 (3): 435 – 447.

[6] THOMPSON A P, AKTULGA H M, BERGER R, et al. LAMMPS – a flexible simulation tool for particle – based materials modeling at the atomic, meso, and continuum scales [J]. Computer physics communications, 2022, 271 (4): 108171.

[7] JOSE R, RAMAKRISHNA S. Materials 4.0: materials big data enabled materials discovery [J]. Applied materials today, 2018, 10: 127 – 132.

[8] BHAURIYAL P, GARG P, PATEL M, et al. Electron – rich graphite – like electrode: stability vs. voltage for Al batteries [J]. Journal of materials chemistry A, 2018, 6 (23): 10776 – 10786.

[9] WU B, LUO W, LI M, et al. Achieving better aqueous rechargeable zinc ion batteries with heterostructure electrodes [J]. Nano research, 2021, 14 (9): 3174 – 3187.

[10] WU C, GU S, ZHANG Q, et al. Electrochemically activated spinel manganese oxide for rechargeable aqueous aluminum battery [J]. Nature communications, 2019, 10 (1): 73.

第 8 章

二次电池新体系的关键及
未来发展态势分析

本章首先对书中所涉及的二次电池新体系的未来发展核心要点进行了总结，同时，对目前时代背景下世界主要国家和地区对于电池新体系的未来发展布局及相关政策进行了概述。通过总结不同国家和地区间电池相应的发展路线，并结合我国电池方面的主要战略布局，进一步地为我国电池新体系及关键材料技术等方面的发展给予一定的启示建议。

|8.1 二次电池新体系发展的核心要点总结|

自1990年索尼公司成功将锂离子电池商业化以来，二次电池一直潜移默化地影响着人们的生活：从日常生活中必不可少的计算机、通信和消费电子类产品，到目前发展势头极其迅猛的新能源汽车产业，以及即将实现的规模化电化学储能领域。二次电池应用领域的不断拓展不仅仅是电池体积由小到大的改变，其背后所隐藏的关键科学问题的转化更值得深入思考。从最初以能量密度、功率密度作为主要的考虑因素，到如今对于安全性能、循环寿命、价格成本等方面的综合考量，作为研究者，应针对不同应用领域的科学问题进一步发展最为合适的二次电池新体系。

回顾本书主要章节可以发现，研究者们探索新型二次电池体系的脚步从未停歇。从针对锂二次电池材料体系的优化到开发其他单价金属及多价金属离子为电荷载体的新体系，电极材料始终是电池发挥性能的主要核心之一。评估一种理想的电极材料，应当考虑以下几个共性特点：①具有优异的电化学活性中心；②较高的材料结构稳定性；③良好的离子及电子协同传输能力；④低廉的价格成本；⑤对环境友好无污染。除这些共性特征以外，在考虑特定电池体系的时候需要针对不同电荷载体的传输特点针对性地进行电极活性材料的选择。在此基础上，与材料科学相关的理论计算模拟技术可以对材料的选择起到指导作用。除电极材料外，电解质、粘结剂、集流体等其他材料的选择也对电池性能有着显著影响。在此，本节首先针对书中所提到的各种新型二次电池体系涉及材料相关的核心问题进行简要的梳理与总结。

对于以锂、钠、钾为主要电荷载体的单价金属二次电池而言，相应电池关键材料的发展已逐渐成熟。目前发展的核心在于进一步优化现有材料体系的结构性能，以使电池能达到更高的能量密度、更长的循环寿命、更低的生产成本以及更高的安全性能。对于锂二次电池，作为目前商业化进展最快的二次电池体系，未来的产业化进程更加侧重于实现能量密度远远超过 $350 \ W \cdot h \cdot kg^{-1}$ 并达到近 $500 \ W \cdot h \cdot kg^{-1}$ 的发展方向。如此，便需要拓宽电池的工作窗口，发展具有高电压窗口的高镍三元体系正极以及高理论容量的硅基负极、金属锂负极等。同时，固态电解质或水系电解质的发展也将带动电池安全性能的进一步提高。对于钠二次电池，考虑到钠元素本身的特点，目前应偏重于在对能量密度需求较低的电池应用领域实现钠二次电池对锂二次电池的替代。同时，降低现有电极材料（普鲁士蓝类似物、聚阴离子材料、硬碳等）的生产设计成本并大力扶持开发高电压或固态钠二次电池技术。对于钾二次电池，其进展目前仍处于实验室阶段。虽然锂二次电池中的材料体系可以被广泛借鉴，但电荷载体自身的特性决定了储能机制的不同，发展商业可行的钾二次电池仍有一段漫长的探索之路。

对于以多价金属作为电荷载体，由于涉及多电子反应，理论上可以构筑高能量密度的新型二次电池体系。但多电子反应机制尚处在探索阶段，难以为电极等材料的设计提供较为精准的指导。同时，多电子反应对于材料结构保持稳定也带来了较大的挑战。因此，与相对成熟的锂二次电池、钠二次电池相比，多价金属电池体系仍存在较大的发展空间。以锌二次电池为例，目前，锰基化合物、钒基化合物以及普鲁士蓝类似物等都可以作为正极材料。不同体系的正极由于材料本身晶体结构、形貌的不同表现出的储锌机理也有所差异。对于正极材料的改善，主要包括纳米结构优化、原子掺杂以及与其他材料复合等。而针对锌负极存在的枝晶生长、表面腐蚀等问题，则普遍采取表面修饰、缓冲层设计和合金化等方式来诱导锌的均匀沉积以减缓锌的腐蚀和析氢反应的发生。在电解质方面，水系电解质是目前应用最为广泛的体系，对于电解质的优化则在于添加剂的引入，以期望能提高电池的工作电压和循环稳定性。

金属-空气电池是采用电极电位较负的金属（锌、铝、镁、锂等）作为负极，以空气中的氧气等气体成分作为正极的新型二次电池。由于采用轻元素金属及气体成分作为主要电极，该体系电池理论上具有极高的能量密度以及较低的生产成本。但不可否认的是，目前的金属-空气电池仍然存在充放电过程中动力学进程缓慢、金属负极易自腐蚀、枝晶生长和电解质中的副反应复杂等问题。因此，该体系的二次电池目前基本处于研发初期。以目前最受关注的锂-空气电池为例，其核心问题在于放电产物 Li_2O_2 的难溶性和绝缘性，导致缓慢的动力学进程以及较高的过电位，从而影响电池的寿命及循环稳定性等方面。围绕此类问题，研究者们展开了诸多方面的探索，如设计制备具有多孔及隧道结构的纳米碳材料等作为空气载体，确保快速的 O_2 补给与 Li^+ 传输，并为 Li_2O_2 的临时堆积提供空间；对锂金属表面进行修饰与防护，以有效抑制锂枝晶的生长，确保锂-空气电池的长循环稳定性；通过引入添加剂或氧化还原介质等来设计高效且稳定的电解质以减少副反应的发生等。由此可见，如要在未来实现高比能金属-空气电池的大规模应用，电极材料的设计与制备、电解质的稳定性、金属负极防护等方面还需要继续攻坚克难。

混合离子电池作为一种新兴的二次电池体系，将两种或两种以上的阴/阳离子组合在同一电池中，综合各离子的独特性能并促进反应动力学，也给予了电极材料更多的选择。但目前的混合离子电池仍处于探索阶段，主要原因在于对不同离子之间产生的复杂储能机制缺乏深入的认识，导致现有的混合离子电池在电压、库仑效率以及电极/电解质的界面接触等方面与锂二次电池存在差距。因此，在目前的混合离子电池的设计中，通常选择物化性质接近的电荷载体，以便于探索其储能机制。

以低成本且资源丰富的硫正极与多种金属负极（如锂、钠、钾、镁、钙、铝、锌和铁等）相耦合的金属硫体系电池也是目前二次电池领域的热点之一。在电化学反应中，硫元素能够发生转化反应形成 S^{2-}。由于硫的元素序数低，且能转移较多的电子数，金属硫二次电池都具有极高的理论比容量。此外，硫基材料的低成本也有利于该类电池的商业化。目前在该领域中的关键在于实现多硫化物在硫正极中的有效限域，抑制多硫化物的穿梭，从而提高电池容量和循环稳定性。其中，锂硫电池表现出较强的发展竞争力。在正极方面，主要是通过引入基底材料（纳米碳材料、聚合物、氧化物等）诱导硫活性物质的分散、提高硫含量并抑制硫的体积膨胀。在负极方面，主要是抑制锂枝晶的生长，主要策略有构建人工 SEI、制备合金化结构负极以及构建三维骨架作为框架来调控锂离子的沉积行为。在电解质方面，可以通过引入添加剂（如硝酸锂、多硫化物、硝酸铯等）和设计固态电解质的方法实现电池的长循环寿命与高安全性。

8.2　世界其他主要国家及组织未来发展布局

随着全球多个主要国家陆续宣布实现碳中和目标，国际能源的大格局已经从以往的化石能源主导朝着低碳多能融合的方向逐渐迈进。储能技术作为推动可再生能源成为全球能源主体的技术关键也受到业界越来越高的关注。正如第1章所述，电化学储能技术的发展脚步从未停歇，现有商业化的锂离子电池、镍氢电池等体系将无法完全满足未来能量存储对电池性能、成本、安全性等方面的高要求标准。尤其是针对动力电池、移动式储能以及中大型储能电站等领域，研发新型的电池技术体系尤为重要。随着电力系统灵活性需求增强，分布式能源逐渐增多，电化学储能技术日益得到重视，各个国家也纷纷出台举措用以推进储能技术的进一步研发，不断改进现有锂离子电池性能以及探索开发新型二次电池。

美国对于储能技术的开发极为重视，并在较早时期就着手展开了储能技术战略发展规划。2012 年，美国成立了专门用于研发新一代电池的科技组织：联合储能研究中心（JCESR）。奥巴马政府在 2016 年发起"电池 500"计划，规划用 5 年时间打造高能量密度和长循环寿命的电池。2020 年 1 月，美国能源部（DOE）宣布投入 1.58 亿美元启动"储能大挑战"计划，同年 12 月，DOE 正式发布了综合性储能战略《储能大挑战路线图》，提出将以技术开发、制造和供应、技术转化、政策与评估、劳动力五大领域为重点，在全球储能领域确立领导地位。DOE 共开展了多个项目，涉及的电池体系主要有铅酸电池、锂二次电池、钠二次电池等。此外，DOE 对其下属的先进能源研究计划署（ARPA－E）给予研究支持，开展了数十个储能相关项目，其中涉及的电池项目包括新型隔膜、镁二次电池以及高通量的电解质和电极材料筛选计算工具等。

由于化石燃料资源储量的限制，欧洲国家普遍重视对电池储能技术的研发。以欧盟为首的欧洲国家及组织大多寄希望于开发高性能电池来抢占全球电气领域竞争的制高点。2010 年，欧盟成立欧洲能源研究联盟（EERA），将电化学储能、化学储能等储能技术列为重点领域。2017 年，该组织还与欧洲储能协会（EASE）联合发布新版《欧洲储能技术发展路线图》，计划推动组建欧洲电池联盟（EBA）、欧洲技术与创新平台"电池欧洲"和"电池 2030＋"联合研究计划，构建欧洲电池研究与创新生态系统。在产业发展方面，欧洲电池市场也呈现出欣欣向荣的景象。据欧盟委员会推测，预计 2025 年将达到 2 500 亿欧元的市场规模。此外，欧盟委员会于 2019 年和 2021 年分别发布两项与电池相关的"欧洲共同利益重要项目"（IPCEI），主要开发创新和可持续的锂二次电池技术（液态电解质和固态电池）以及在电池制造的核心阶段（原材料开采、电芯设计、电池组系统和回收供应链）创建新的解决方案。同时，欧盟计划设立 22 个大型电池工厂，计划到 2025 年，将欧洲的电池产能增幅提高到 2020 年的 10 倍左右，并于 2030 年建立 6 座总年产能达到 240 GW·h 的超级电池厂。

亚洲方面，以日本为代表的发达国家也处于电池技术研发的前列。尽管日本国土面积小，但其对于能源的需求量十分巨大。2016 年 4 月，日本经济产业省发布《能源环境技术创新战略》，明确提出了将电化学储能技术纳入技术创新领域并着重开发包括固态锂二次电池、锂硫电池、金属－空气电池、钠二次电池、多价金属二次电池等新型体系。2020 年 12 月，该部门进一步发布了《绿色增长战略》，提出开发性能更优异但成本更低廉的新型电池技术。在具体项目研发方面以固态电池最为突出。2018 年，日本新能源与工业技术开发组织（NEDO）通过了"创新性蓄电池－固态电池"开发项目，联合 23 家企业、15 家研究机构，共同开发电动车用全固态电池，目前已经进入项目第二周期，即攻克全固态电池商业化应用的技术瓶颈，意在 2030 年实现规模化量产。

|8.3 我国主要未来发展布局|

对于我国而言，尽管储能技术产业起步稍晚，但其在国家多项政策的指导支持下也取得了显著的进展。2010 年，《中华人民共和国可再生能源法修正案》中首次提出要发展储能技术，从而奠定了储能技术在我国能源革命中的战略地位。2016 年《中华人民共和国国民经济和社会发展第十三个五年规划纲要》中也明确提出要加快推进大规模储能等技术研发应用。同年，国家发改委、国家能源局联合下发《能源技术革命创新行动计划（2016—2030年)》，确立了储能发展的关键目标，即 2020 年在关于化学储能的各种新材料制备、储能系统集成和管理等核心技术方面实现关键突破；到 2030 年，建成与国情相适应的完善的能源技术创新体系，能源自主创新能力全面提升，能源技术水平整体达到国际先进水平，支撑我国能源产业与生态环境协调可持续发展，进入世界能源技术强国行列。随着我国提出碳达峰、碳中和目标，2021年 7 月，国家发改委、国家能源局进一步发布《国家发展改革委 国家能源局关于加快推动新型储能发展的指导意见》，提出新型储能是支撑新型电力系统的重要技术和基础装备，对推动能源绿色转型、应对极端事件、保障能源安全、促进能源高质量发展、支撑应对气候变化目标实现具有重要意义。

"十三五"以来，国家政府对于电化学储能技术的研发也愈加重视，并相继部署了一系列重大科研项目计划目标。《能源技术革命创新行动计划（2016—2030 年)》明确提出：2020 年，示范推广 10 MW 级钠硫电池储能系统和 100 MW 级锂离子电池储能系统等多种相对成熟的储能技术。此外，国家也重点提出推动金属 – 空气电池、固态电池等新兴技术项目的部署。2021 年"储能与智能电网技术"重点专项中表明，将围绕中长时间尺度储能技术在内的六大技术方向进行研究，包括 GW·h 级别的锂二次电池储能系统技术、MW·h 级别的固态锂二次储能电池技术、金属硫二次电池等重大研究项目。"新能源汽车"重点专项中也提出将全力研发固态金属锂电池技术和高安全性、全气候动力电池系统等技术领域。

|8.4　我国电池体系未来发展的启示|

尽管我国近几年来在电池生产制造方面已经追赶上美、欧、日等具有先进技术的国家。但对储能电池的关键机理，如充放电中物质转移/传输的理化过程等方面仍然缺乏深度探索。此外，在开发高性能的锂二次电池及其他新型电池体系上也存在着巨大的技术挑战。尤其在电池集成系统以及离子传导膜、电解质、双极板等关键材料制造上与发达国家仍存在差距。我国电化学储能技术的示范应用目前仍处于起步阶段，未来我国电池体系的发展应重点关注以下层面。

（1）大力加快技术研发，明确推进新型电池体系的技术项目示范。提升现有锂离子电池性能及安全性，降低产业成本；加大全固态锂电池技术的研发投入；进一步推动钠二次电池、钾二次电池、金属－空气电池、多价金属二次电池、金属硫电池等新型电池技术研发。在电池关键材料制备、电池集成管理系统等技术层面继续攻关，尽早实现新型电化学储能大规模部署。

（2）全面注重产业转化，建立有利于电化学储能发展的市场运营机制。赋予电化学储能应用更大的灵活性，应尽快确立其独立市场运营身份，而非作为电力系统的辅助角色。从产业系统多角度地实现电力高效利用，提高市场竞争力。进一步强化新型电化学储能市场机制，充分体现电池储能技术的多方面商业价值。

（3）完善基础设施建设的配套服务，使新型电池储能设备实现智能化运行。新型电池储能基础设施应加快推进标准化、易拆解以及通用性的连接方式，实现储能设施灵活高效并网运行。同时，结合我国先进的数字化技术，建立智能云平台，利用大数据、云计算、移动互联网、物联网、人工智能、区块链等数字化技术，加强储能设施与终端的灵活互控，实现储能设施混合配置、协调优化、高效操控的智慧化运行。

索 引

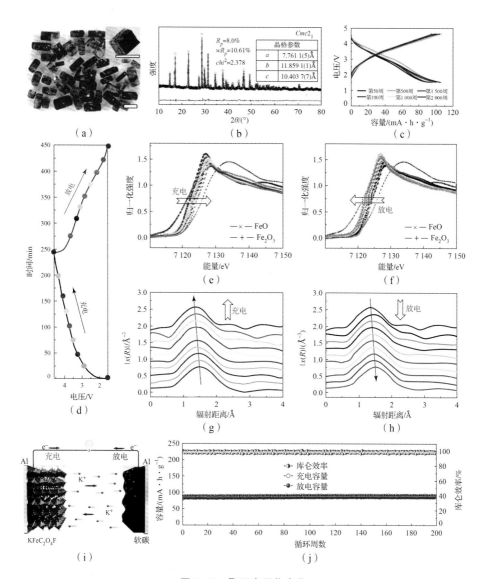

图 2.40　聚阴离子化合物

（a）合成后的 $KFeC_2O_4F$ 微晶的光学图像（比例尺 = 1 mm）；

（b）对原始 $KFeC_2O_4F$ 样品进行粉末 XRD 的 Rietveld 拟合，插图显示了拟合的结果；

（c）钾半电池中 $KFeC_2O_4F$ 在电流密度为 0.2 $A \cdot g^{-1}$ 时不同循环的充放电曲线；

（d~h）$KFeC_2O_4F$ 正极的结构演变和电荷补偿机制；（d）稳定半电池在 0.1 $A \cdot g^{-1}$ 时的典型充电 – 放电曲线；（e）充电期间相应的 Fe – K 边 X 射线吸收近边结构 XANES 谱；

（f）放电期间相应的 Fe – K 边 X 射线吸收近边结构 XANES 谱；（g）充电期间的 Fe – EXAFS 谱；

（h）放电期间的 Fe – EXAFS 谱；（i）钾离子全电池在

1.7~4.4 V 下的工作机理；（j）钾离子全电池在 0.1 $A \cdot g^{-1}$ 时的循环性能

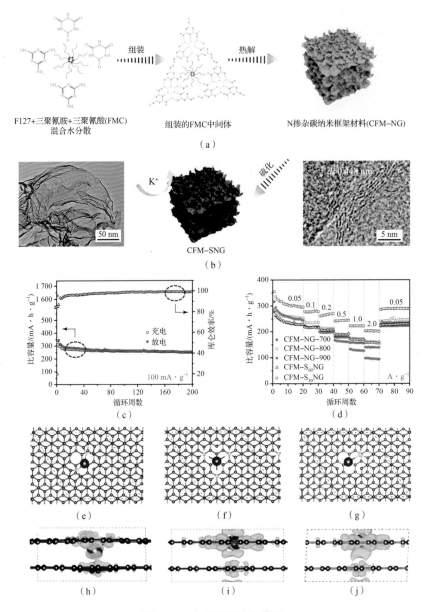

图 2.42　杂原子双掺杂策略

（a）CFM‑SNG 材料合成示意图；（b）CFM‑S$_{30}$NG 样品的 TEM 图像；（c）高分辨率 TEM 图像；
（d）CFM‑S$_{30}$NG 电极在 100 mA·g^{-1}电流密度下的充放电容量和库仑效率；（e）CFM‑SNG 材料
在不同电流密度下的倍率性能；（f~h）K$^+$在（f）N$_5$、（g）N$_6$ 和（h）S$_6$ 掺杂的石墨烯结构上
的吸附；（i~k）在（i）N$_5$、（j）N$_6$、（k）S$_6$ 掺杂的石墨烯结构上吸收的 K$^+$的电子密度的差异。
棕色、蓝色、黄色和紫色分别表示 C、N、S 和 K 原子，图像（i~k）中的黄色和蓝色区域
分别代表电子密度增加和电子密度降低

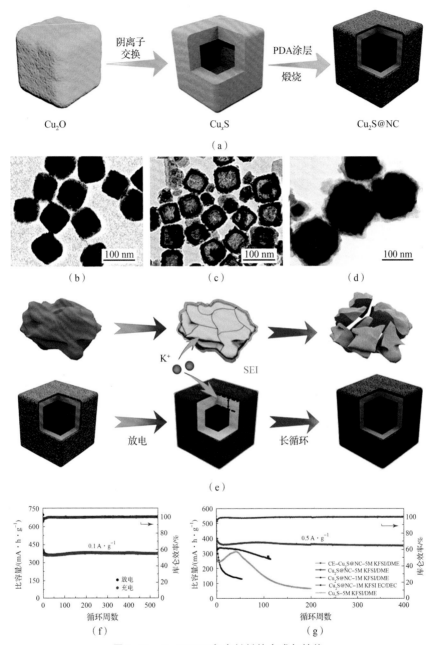

图 2.44 Cu₂S@NC 复合材料的合成与性能

（a）Cu₂S@NC 的合成示意图；（b）Cu₂O 前体的 SEM 图像；（c）CuₓS 的 SEM 图像；
（d）Cu₂S@NC 的 SEM 图像；（e）Cu₂S 和 Cu₂S@NC 复合材料在充放电过程中
的降解机制示意图；（f）Cu₂S@NC 负极在 100 mA·g⁻¹ 时的循环稳定性；
（g）Cu₂S@NC 负极在 500 mA·g⁻¹ 时在不同电解质中的循环性能

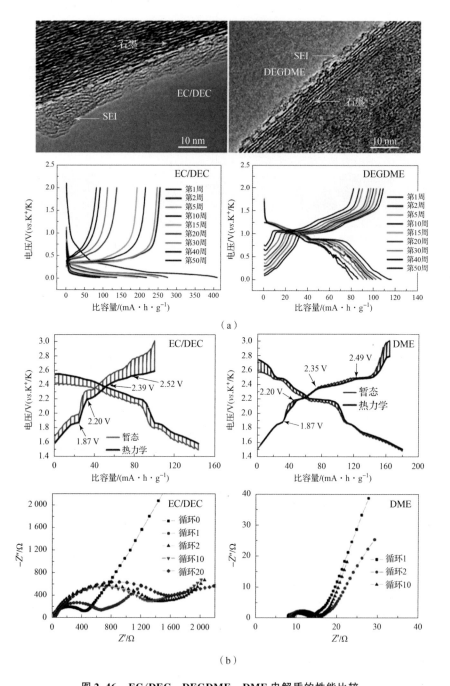

图 2.46 EC/DEC、DEGDME、DME 电解质的性能比较

（a）20 周循环后石墨负极的 TEM 图像以及钾/石墨电池中 EC/DEC、DEGDME 电解质的 CV 曲线；

（b）EC/DEC 和 DME 电解质中 TiS_2 负极的 GITT 曲线和 EIS 结果

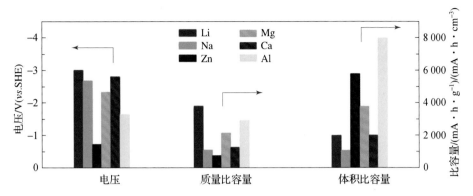

图 3.2　多价金属（Zn、Mg、Ca 和 Al）与 Li、Na 的氧化还原电位、重量和体积比容量的比较

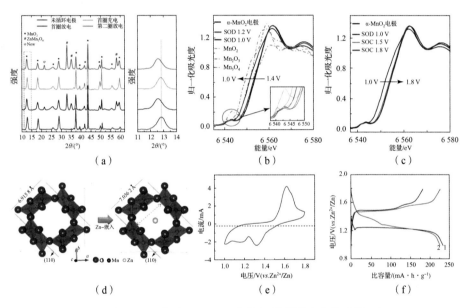

图 3.5　Zn²⁺ 在 α – MnO₂ 中嵌入/脱嵌的电化学过程

（a）不同放电/充电状态下，α – MnO₂ 电极的非原位同步辐射 XRD 图谱；（b）α – MnO₂ 电极在放电状态下的非原位 XANES 图谱；（c）α – MnO₂ 电极在充电状态下的非原位 XANES 图谱；（d）Zn 嵌入后，相邻（110）面的间距变化；（e）0.5 mV·s⁻¹ 扫描速率下的 CV 曲线；（f）83 mA·g⁻¹ 电流密度下的恒流放电/充电曲线

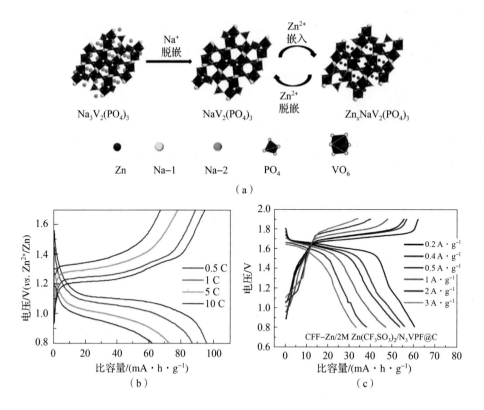

图 3.11 Na₃V₂(PO₄)₃和 Na₃V₂(PO₄)₂F₃中 Zn²⁺嵌入/脱嵌的电化学过程

（a）Na₃V₂(PO₄)₃在循环过程中的相变示意图

（b）Na₃V₂(PO₄)₃电极在不同倍率下的恒流充放电曲线；

（c）Na₃V₂(PO₄)₂F₃电极在不同电流密度下的恒流充放电曲线

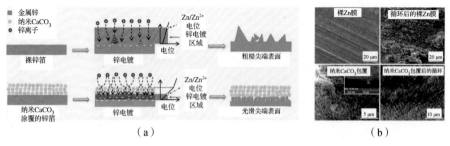

图 3.18 无机非金属材料作为 Zn 负极保护层的性能

（a）Zn 箔和纳米 CaCO₃包覆的 Zn 箔在 Zn 电镀/沉积循环过程中的形貌演变示意图；

（b）100 次沉积/剥离循环前后，Zn 箔和纳米 CaCO₃包覆的 Zn 箔的 SEM 图像；

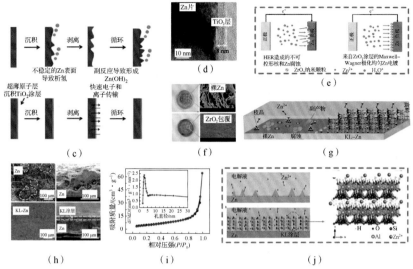

图 3.18　无机非金属材料作为 Zn 负极保护层的性能

（c）TiO₂ 包覆稳定 Zn 负极示意图；（d）100TiO₂@Zn 的横切面 STEM 图像；

（e）Zn 负极和包覆 ZrO₂ 的 Zn 负极电镀/沉积工艺示意图；

（f）Zn 负极和包覆 ZrO₂ 的 Zn 负极循环后的数字图像及相应的 SEM 图像；

（g）Zn^{2+} 沉积过程中 Zn 和 KL – Zn 负极形貌示意图；（h）以 MnO₂ 为正极，

在 $0.5\ A\cdot g^{-1}$ 电流密度下循环 600 次后，Zn 和 KL – Zn 负极表面和截面形貌的 SEM 图像；

（i）KL 的 N₂ 吸附/脱附等温线及孔径分布；

（j）实现 Zn^{2+} 定向移动的单层 KL 孔隙层状结构示意图

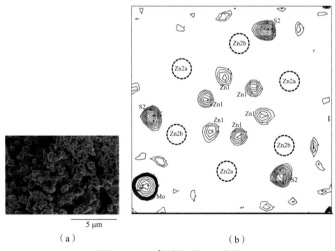

图 3.25　Zn^{2+} 嵌入的 Zn 负极

（a）Mo₆S₈ 颗粒的 FE – SEM 图像；

（b）在 Zn₂ 原子定位前的细化阶段，$z = 0.029$ 处的 （001） 区域的傅里叶图

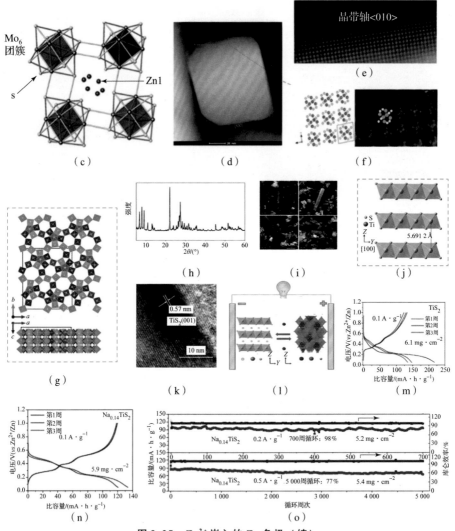

图 3. 25　Zn²⁺ 嵌入的 Zn 负极（续）

（c）ZnMo₆S₈ 中 Zn1 位置周围的局部结构；（d）单立方体 Mo₆S₈ 颗粒的
STEM – HAADF 图像；（e）和（d）中矩形区域的原子尺度 STEM – HAADF 图像，
显示了 Chevrel 团簇之间的巨大空间；（f）Mo₆S₈ 相的晶体结构示意图及对应的 STEM 图像；

（g）Mo₂.₅₊ᵧVO₉₊z 主体框架（在理论上预测了 Mo 和 V 不同的氧化态和占据率，
绿色：Mo⁵⁺/V⁴⁺；红色：Mo⁶⁺/V⁵⁺；蓝色：Mo⁶⁺/Mo⁵⁺；橙色：Mo⁵⁺；紫色：Mo⁶⁺），
用黑色矩形表示单元格；（h）Mo₂.₅₊ᵧVO₉₊z XRD 图谱；

（i）微波辅助化学插入法制备的 ZnₓMo₂.₅₊ᵧVO₉₊z 样品的 SEM 图像；

（j）TiS₂ 的晶体结构；（k）高分辨率 TEM 图像；

（l）水系 Na₀.₁₄TiS₂/ZnMn₂O₄ ZRBs 的结构示意图；在 0.1 A·g⁻¹ 电流密度下，
（m）TiS₂ 和（n）Na₀.₁₄TiS₂ 起始 3 周循环的充放电曲线；

（o）在 0.2 A·g⁻¹ 和 0.5 A·g⁻¹ 电流密度下，Na₀.₁₄TiS₂ 的长期循环性能

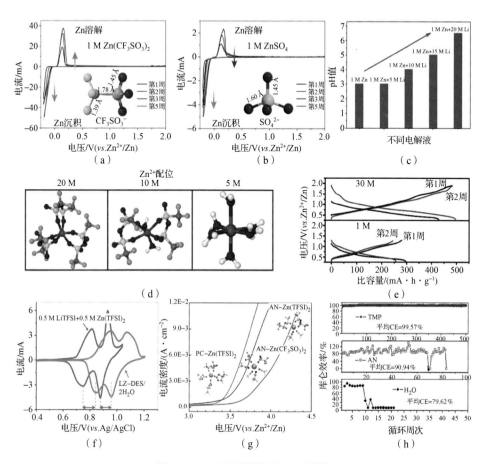

图 3.26 水系电解质和有机电解质

（a）1 M Zn(CF₃SO₃)₂ 和（b）1 M ZnSO₄ 的 CV 曲线；（c，d）LiTFSI 浓度对阳离子溶剂 –
鞘结构和体相性能的影响；（e）ZnCl₂ 浓度对容量和电压的影响；（f）深水共熔溶剂；
（g）AN – Zn（TFSI）₂、AN – Zn（CF₃SO₃）₂ 和 PC – Zn（TFSI）₂ 有机电解质的 CV 曲线；
（h）Zn/SS 电池在 TMP、AN 和水溶液中的库仑效率

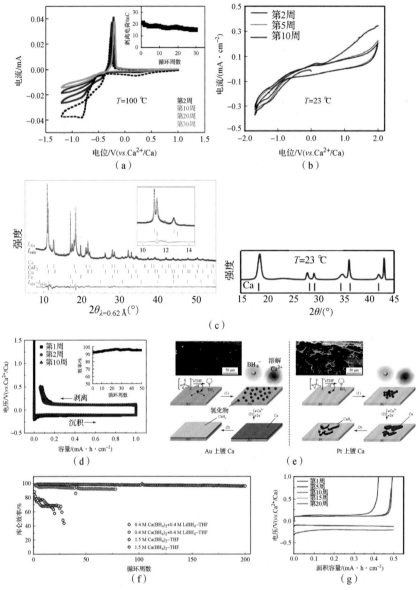

图 3.49　在 Ca(BF₄)₂ – EC/PC 电解质中，可逆的 Ca 金属沉积/剥离过程

（a）100 ℃下进行 30 周循环；（b）23 ℃下进行 10 周循环；

（c）经过（a）和（b）Ca 沉积过程后的 XRD 图谱；

（d）在室温中，以 1.5 M Ca(BH₄)₂ – THF 为电解质，Ca 金属的恒电流循环曲线；

（e）以 Ca(BH₄)₂ – THF 为电解质，在 Au 和 Pt 负极上的 Ca 沉积示意图；

（f）在 Ca(BH₄)₂ – LibH₄ – THF 和 Ca(BH₄)₂ – THF 电解液中，Ca/Au 和 Ca/Cu 电池的库仑效率；

（g）在 Ca(BH₄)₂ – LibH₄ – THF 电解液中，特定循环周期上，Au 电极的电压 – 电容曲线

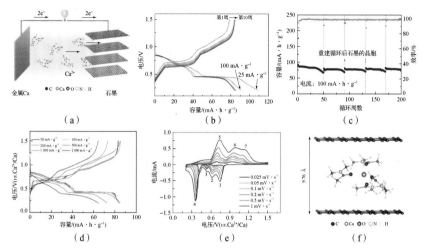

图 3.51　石墨负极在 CRBs 中的电化学性能

（a）放电过程中，石墨中 Ca^{2+} 的嵌入示意图；（b）石墨电极前 10 周循环的放电/充电曲线。
在电流密度为 25 $mA \cdot g^{-1}$ 的第一周循环中，石墨电极得到激活，然后在 100 $mA \cdot g^{-1}$ 电流密度下
进行充放电循环；（c）在 100 $mA \cdot g^{-1}$ 电流密度下的循环容量和库仑效率。值得注意的是，
在 50 周循环后，以循环石墨为电极的电池以每 40 周循环为周期更换一次电解质和 Ca 金属；
（d）电流密度 50~2 000 $mA \cdot g^{-1}$ 下石墨电极的倍率容量；（e）在 0.025~1 $mV \cdot s^{-1}$ 扫描速率下，
石墨电极的 CV 曲线；（f）第 I 阶段 $[Ca(DMAc)_4]^{2+}$ 共嵌层石墨的 DFT 模拟构型

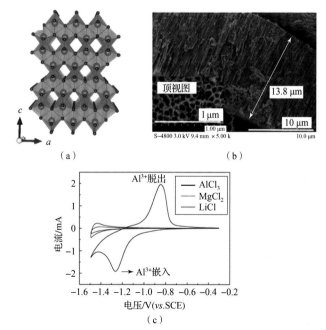

图 3.54　以 TiO_2 作为正极材料的性能

（a）锐钛矿 TiO_2 的晶体结构（蓝色球：Ti，红色球：O）；（b）锐钛矿 TiO_2 纳米管的 SEM 图像；
（c）扫描速率为 20 $mV \cdot s^{-1}$ 时，锐钛矿 TiO_2 纳米管在 1 M $AlCl_3$、$MgCl_2$ 和 LiCl 水溶液电解质中的 CV 图

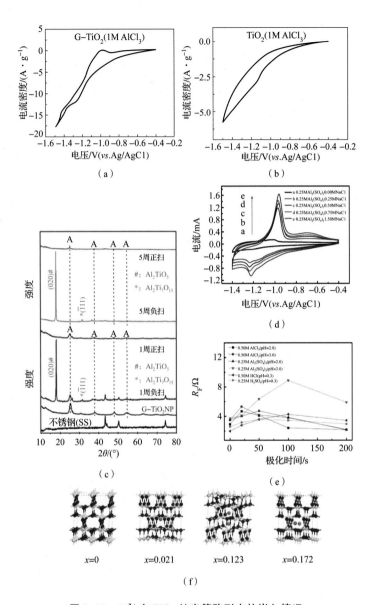

图 3.55 Al³⁺ 在 TiO₂ 纳米管阵列中的嵌入情况

在 1 M AlCl₃ 电解质中，扫描速率为 5 mV·s⁻¹时：

（a）石墨烯 – TiO₂复合材料；（b）TiO₂的 CV 曲线；

（c）在 0.5 M AlCl₃电解液中，扫描速率为 5 mV·s⁻¹时，经过第 1 次和第 5 次 CV 扫描
（0.4~1.5 V *vs.* Ag/AgCl），石墨烯 – TiO₂纳米颗粒电极的非原位 XRD 谱图（锐钛矿型
TiO₂的 XRD 峰记为 A）；（e）在不同 pH 的氯化物和硫酸盐电解质中，
TiO₂电极的法拉第电阻（R_F）随极化时间的变化；

（f）Al³⁺含量（x）不同的 M – TiO₂的晶体结构

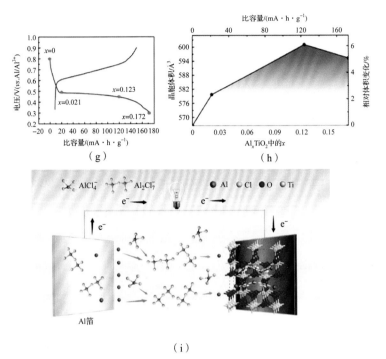

图 3.55　Al³⁺ 在 TiO₂ 纳米管阵列中的嵌入情况 （续）

在 1 M AlCl₃ 电解质中，扫描速率为 5 mV·s⁻¹ 时：

（g）在第一周循环中，M – TiO₂ 的 GCD 曲线；

（h）M – TiO₂ 晶胞体积随 Al³⁺ 含量（x）的变化；（i）TiO₂/Al 电池放电过程示意图

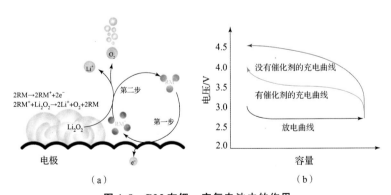

图 4.8　RM 在锂 – 空气电池中的作用

（a）Li – O₂ 电池中 RM 反应机理示意图。在充电过程中，RM（蓝色圆圈）在电极表面附近被氧化（第一步，电化学反应），然后 RM⁺（红色圆圈）化学氧化 Li₂O₂ 为 2Li⁺（绿色圆圈）和氧气（橙色圆圈）。最后，RM⁺ 还原为初始状态 RM（第二步，化学反应）；

（b）带 RM 和不带 RM 的 Li – O₂ 电池放电（黑线）和充电曲线（红线）

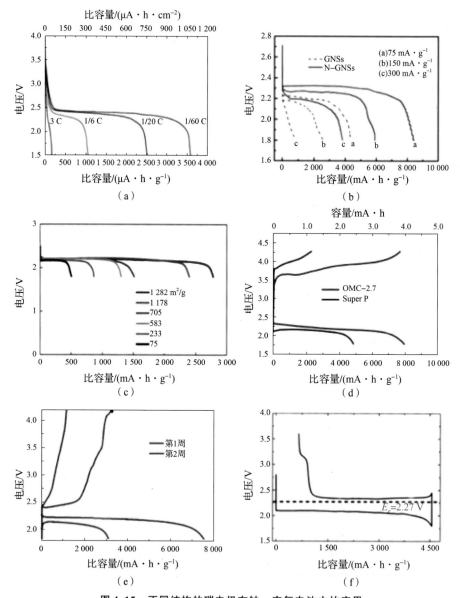

图 4.15 不同结构的碳电极在钠 – 空气电池中的应用

（a）在 1M NaPF₆／1∶1EC/DMC 中以 1/60 ~ 3 C 放电的类金刚石薄膜材料；（b）柱锡和氮掺杂
石墨烯纳米片（GNS 和 N – GNS）在 0.5 M NaSO₃CF₃/DEGDME 中以 75 ~ 300 mA · g⁻¹ 放电；
（c）不同比表面积的热处理炭黑在 0.5 M NaSO₃CF₃/ DEGDME 中以 75 mA · g⁻¹ 放电；
（d）有序介孔碳在 0.5 M NaSO₃CF₃/PC 中以 100 mA · g⁻¹ 放电；（e）碳纳米管纸在
0.5 M NaTFSI/TEGDME 中以 500 mA · g⁻¹ 放电；（f）垂直排列的碳纳米管生长在不锈钢上，
在 0.5 M NaSO₃CF₃/TEGDME 中以 67 mA · g⁻¹ 的电流密度放电；

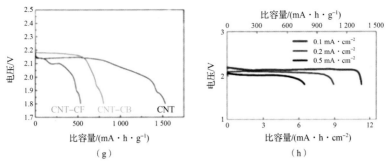

图 4.15　不同结构的碳电极在钠－空气电池中的应用（续）

（g）在 0.5 M NaOTf/DEGDME 中，碳纳米管、添加碳纳米纤维的碳纳米管（CF－CNT）和添加炭黑的碳纳米管（CB－CNT）在 200 M NaOTf/DEGDME 中以 200 μA·cm⁻² 放电；
（h）碳纸上氮掺杂碳纳米管（NCNT－CP）在 0.5 M NaSO₃CF₃/DEGDME 中以 0.1~0.5 mA·cm⁻² 的电流密度放电

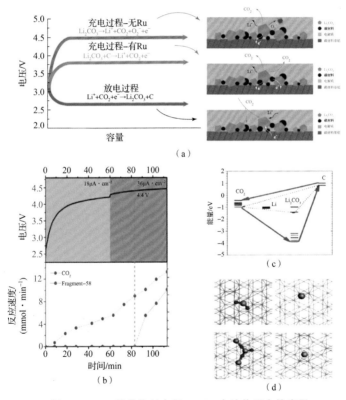

图 4.32　Ru 基催化剂在锂－CO₂ 电池体系中的应用

（a）锂－CO₂ 电池不使用 Ru 催化剂和使用 Ru 催化剂的充电过程示意图以及放电过程示意图；
（b）测试可逆 Ru@ Super P 基锂－CO₂ 电池充电过程中随电流密度增加的过程，包括 CO₂ 和溶剂分解产物的析出；（c）RuRh 正极表面反应物、中间体和产物的生成能基准；（d）相应反应物、中间体和产物（Ru，浅蓝色；Rh，绿色；Li，紫色；O，红色；C，灰色）的放大结构表示

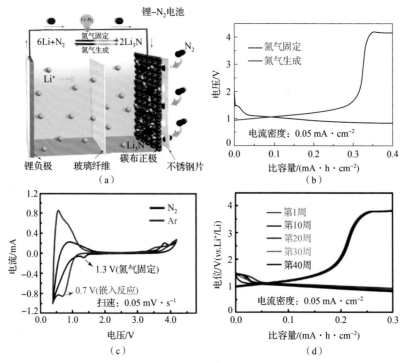

图 4.39　锂 – N₂ 电池的结构与性能

（a）具有锂箔负极、醚类电解质和碳布正极的锂 – N₂ 电池的结构；（b）具有碳布正极的锂 – N₂ 电池在 0.05 mA·cm⁻² 的电流密度下的 N₂ 固定（蓝色）曲线和 N₂ 生成（红色）曲线；（c）锂 – N₂ 电池在 N₂ 饱和（黑色）和 Ar 饱和（红色）气氛中扫描速率为 0.05 mV·s⁻¹ 的循环伏安曲线；（d）锂 – N₂ 电池在 0.05 mA·cm⁻² 电流密度下的循环性能

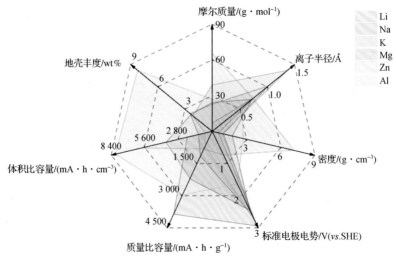

图 5.2　常见金属载流子的性质

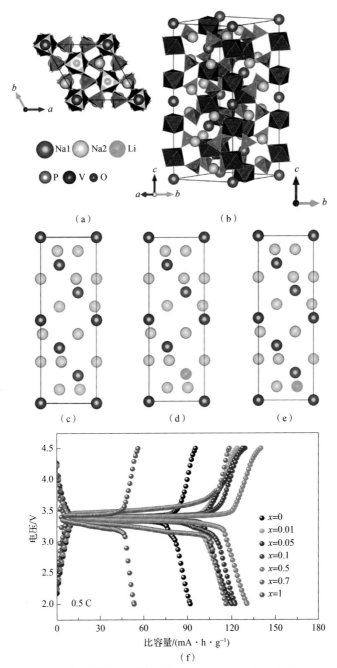

图 5.7　$Na_3V_2(PO_4)_3$ 在不同取向上的结构和 $Na_{3-x}Li_xV_2(PO_4)_3$@C 在 0.5 C 下的性能

（a）~（e）$Na_3V_2(PO_4)_3$ 在不同取向上的结构；

（f）$Na_{3-x}Li_xV_2(PO_4)_3$@C 在 0.5 C 下的充放电曲线

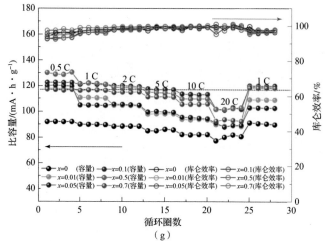

图 5.7　Na₃V₂(PO₄)₃ 在不同取向上的结构和 Na₃₋ₓLiₓV₂(PO₄)₃@C 在 0.5 C 下的性能（续）

（g）Na₃₋ₓLiₓV₂(PO₄)₃@C 在 0.5 C 下的倍率性能

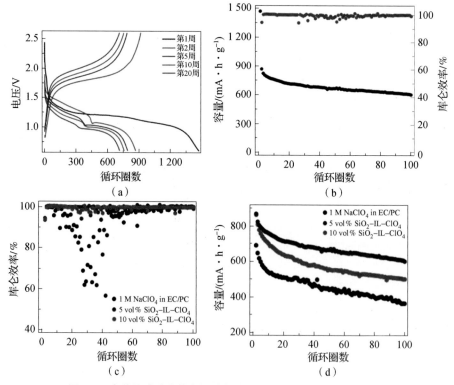

图 6.9　在普通碳酸酯基电解质中使用添加剂（SiO₂ - IL - ClO₄）

（a）放电/充电曲线；（b）含 5 vol% SiO₂ - IL - ClO₄ 电池的库仑效率循环；

（c）库仑效率；（d）含不同含量 SiO₂ - IL - ClO₄ 的电池在 0.5 C 下的比容量的比较

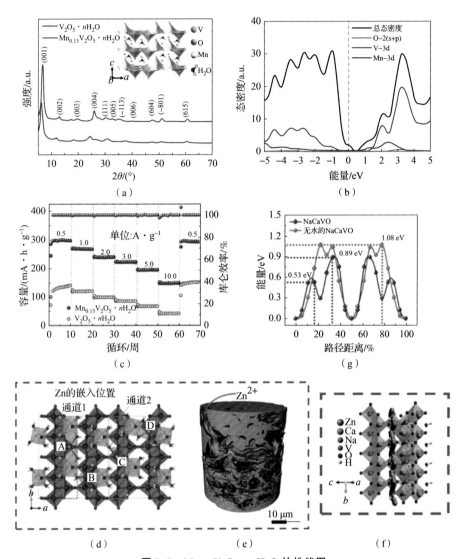

图 7.5　Mn$_{0.15}$V$_2$O$_5$·nH$_2$O 的性能图

（a）XRD 图谱；（b）态密度图；（c）倍率性能；（d）Zn 的扩散路径；

（e）三维孔隙结构和扩散模拟图；（f）NaV$_3$O$_8$·1.5H$_2$O

在 ZnSO$_4$ 电解液中的 Zn^{2+} 扩散路径；（g）迁移能垒

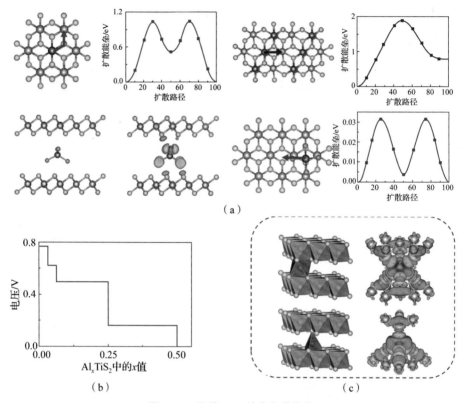

（a）

（b）

（c）

图 7.11　层状 TiS$_2$ 的电化学性能

（a）Al 和 AlCl$_4^-$ 的扩散途径和相应的能量分布在 Al$_{1/2}$TiS$_2$ 中（S、Ti、Al 和 Cl 原子分别以黄色、蓝色、橙色和绿色描绘。电荷积累区域以黄色显示，而减少区域以蓝色显示）；（b）Al 嵌入的电压值；（c）TiS$_2$ 的晶体结构和相应的电荷密度差图，Al 位于八面体位点和四面体位点

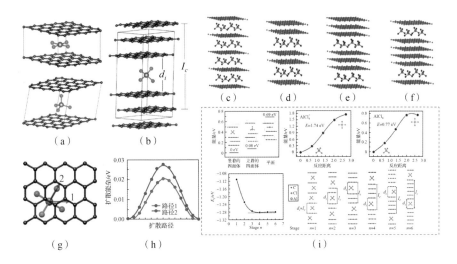

图 7.12 AlCl$_4^-$ 的结构和嵌入机理

（a）、（b）不同构型的 AlCl$_4^-$ 的结构；（c）、（d）、（e）、（f）stage – 1、stage – 2、stage – 3、

stage – 4 4 种不同的 AlCl$_4^-$ 嵌入石墨烯的机理；（g）、（h）AlCl$_4^-$ 的扩散路径和能垒图；

（i）AlCl$_4^-$ 在具体嵌入硬碳中的反应过程